中国中—新元古界
地质学与油气资源

王铁冠 等 著

科学出版社

北京

内 容 简 介

近半个多世纪以来，伴随着地球早期生命的研究进展，中—新元古代时期的生物多样性业已证实，对于中—新元古界含油气性的物质基础，业已提供了科学的证据。与此同时，全球和我国中—新元古界地质学也取得长足进展，并且在油气勘探实践中也获得了重要的突破性发现。本书系对我国中—新元古界地质学研究进展与现状的一次汇总，主要内容涉及中国中—新元古界地层划分与层序、同位素年代地层学、震旦系生物地层学、典型地区与层位的古海洋地球化学沉积环境、前寒武系烃源层与生-储-盖层组合、构造演化与多期裂谷作用、岩浆活动与围岩蚀变、全球与中国油气资源，以及对我国安岳-威远气田、燕辽裂陷带等为数众多的原生油苗与古油藏、龙门山大沥青脉等典型实例的剖析。

本书可供从事前寒武系地质学、地球化学基础性研究以及从事中—新元古界油气资源应用基础性研究的科研人员、高等院校教师和研究生参考。

审图号：GS 京（2023）1364 号

图书在版编目（CIP）数据

中国中—新元古界地质学与油气资源 / 王铁冠等著 . —北京：科学出版社，2023.9

ISBN 978-7-03-076409-6

Ⅰ. ①中… Ⅱ. ①王… Ⅲ. ①新元古代-地质学-研究-中国 ②新元古代-油气资源-研究-中国 Ⅳ. ①P534.3②P618.130.62

中国国家版本馆 CIP 数据核字（2023）第 181664 号

责任编辑：韦　沁 / 责任校对：何艳萍
责任印制：肖　兴 / 封面设计：北京图阅盛世

科学出版社 出版
北京东黄城根北街 16 号
邮政编码：100717
http://www.sciencep.com
河北鑫玉鸿程印刷有限公司 印刷
科学出版社发行　各地新华书店经销

*

2023 年 9 月第　一　版　　开本：889×1194　1/16
2023 年 9 月第一次印刷　　印张：25 1/2
字数：826 000
定价：388.00 元
（如有印装质量问题，我社负责调换）

庆贺中国地质学会创建 100 周年

本书系向中国地质学会百年华诞献礼的系列学术出版物之一

中国地质学会

中国地质学会（Geological Society of China，GSC）在 1922 年 2 月 3 日创建于北京，系中国科学技术协会（China Association for Science and Technology，CSTA）下属的中国最早建立的 12 个全国性专业学术团体之一，迄今拥有 84922 名会员，也是中国 4A 级社会团体和国际地质科学联合会（International Union of Geological Sciences，IUGS）的最高级别会员组织。学会下设 63 个专业委员会、研究分会和工作委员会，并对全国 31 个省级地质学会进行业务指导。

《中国东部中—新元古界地质学与油气资源》自序

2011 年 11 月上旬一个会议的间歇时间，我同王铁冠院士一起谈到国内外元古宙石油天然气地质学研究的一些动向，并主张组织一次"香山科学讨论会"，就这一问题在国内地质界作一次广泛的研讨。后经王铁冠院士同有关学者交换意见和积极筹划，邀请前寒武纪地质学（包括元古宙同位素年代学、地层学、沉积学、构造地质学、岩浆岩岩石学、无机和有机地球化学）以及油气地质学方面的专家 46 人，于 2012 年 11 月中旬举行了以"中国东部中—新元古界沉积地层与油气资源"为主题的"第 444 次香山科学会议"。与会者一致认为，这次会议对相关科学问题做了深度交流与讨论，开得很成功。在会议结束时，一致主张合作撰写一部学术专著，以推动今后相关领域的科学研究和学术交流。经过主编王铁冠和全体作者两年九个月的辛勤笔耕，这部 117 万字的论著已经呈现在我们的面前，对此我由衷地感到非常高兴。

专著分为四篇 24 章。四篇涵盖全球中—新元古代地层层序，中国东部中—新元古代地层、生-储-盖层发育与沉积背景，中国东部中—新元古代沉积盆地发育的地质构造背景与岩浆活动，以及中国东部中—新元古界油气富集成藏、保存条件与资源前景。在这四篇之内，又以不同的科学问题和地区分章展开阐述和讨论，内容丰富，观点明确，反映了近期以来国内外研究的基本进展，包括华北和扬子地区中—新元古代地层、沉积和构造演化历史与若干重大地质事件、石油天然气地质学等基本问题与世界各地已发现的油气田概况，以及对华北和扬子地区中—新元古界油气远景的分析等。

谈到我国中—新元古代地质学，我们会很自然地回忆起 1924 年李四光等在三峡地区首次建立的南方"震旦系"地层系统，1934 年高振西等在蓟县建立的北方"震旦系"地层系统。此后随着地质科学研究工作的发展，了解到与之相当地层在我国的广泛分布，确立北方和南方"震旦系"的层位关系及其进一步的划分和全球对比，并且逐渐更新对我国晚前寒武纪地质演化历史的判断。近年来同位素年代学数据对年代地层学提出了许多新见解，尽管还存在这样那样的分歧，但对我国中—新元古界的全面深入研究与全球范围的对比，以及重大地质事件研究等方面不断取得新的进展。本专著力图反映当前国内学术界的这些研究进展，我认为是相当成功的。

为便于广大地质工作者和在校学生熟悉我国东部中—新元古界地质学，本书的有关章节对中—新元古界地层划分、系-组-段命名、层序框架、同位素年代学测定、地层接触关系、雪球地球时期的冰期划分、构造运动、岩浆活动等地质学研究沿革与进展现状，以及全球与中国中—新元古界油气资源现状，分别均有综合性的论述。书中依据我国元古宇地层年代学研究的最新进展，将原来置于 Pt_3^1 新元古界青白口系下部的下马岭组地层，划归 Pt_2^3 中元古界，同位素年龄为 1400～1327 Ma；但在下马岭组至中元古界的顶界（年龄现设定为 1000 Ma）的地层柱中，还缺失 Pt_2^4（1327～1000 Ma）的地层记录，有待于今后的地层研究工作来弥补。

对晚前寒武纪地质与化石能源这一当代世界战略热点问题的讨论，自然也是题中之意。我们不难理解，20 世纪前期，国内外一般都不考虑将前寒武系作为油气勘探的目的层。我国黄汲清等在 1942 年开始的威远构造震旦系油气勘查活动，可能是这方面早期的工作之一，但限于技术条件，直到 1964 年才获得有商业价值的天然气田。20 世纪 70 年代，王铁冠、张一伟、赵澄林等对华北克拉通燕辽裂陷带"震旦亚界"的油气地质勘查与资源潜力研究，也应该视为我国较早开展古老地层油气地质研究活动的代表性工作。

目前认为，前寒武系烃源岩的发育主要集中在 2.76～2.67 Ga，2.0 Ga，1.5～1.4 Ga，1.0 Ga，0.7～0.6 Ga 以及 0.6～0.5 Ga 等时间段。本专著涉及的油气系统，大体上对应于 1.5 Ga 以来的几个时间段，通常认为这个时间拐点之后，油气形成与资源保存的可能性较大，也就是本专著所强调的中—新元古界。已知这个时期世界最著名的油气田产自西伯利亚的里菲系和文德系，对它们的勘查工作主要始于

20 世纪 70 年代，油气田的开发则从 20 世纪 80 年代开始；再有的当数阿拉伯半岛阿曼产自新元古界侯格夫超群的油田。我国四川威远气田以及安岳气田（高石梯气藏、磨溪气藏）的新元古界—下寒武统大型气田，亦因其重要商业价值受到国际的关注。

从全球石油天然气资源的现有统计资料来看，中—新元古界的油气储量仅占 1%~2%，远不能同显生宇相提并论，但具体到一个油气田的经济价值而言，又绝对不容产业界忽视。国际上业界经过多年研究后认为，北非、西亚的新元古代油气资源潜力，业已日益提升到受重视的地位。

前已述及，四川威远、安岳（高石梯背斜、磨溪背斜）一带已获得具有可观探明储量的大型气田，而我国其他地方还有新元古界分布。我国北方中元古界分布广泛，燕辽裂陷带的油苗、固体沥青点随处可见，业已查明发育有良好的烃源层，因此在华北寻找原生油气藏无疑应当进入业界的视野。本专著的有关章节在汇总已有数据和分析地质条件的基础上，对一些地带的油气潜力评价，将在今后的实践中接受检验，而科学见解就是在不间断的、循环往复的质疑中前进的。

作为"第 444 次香山科学会议"的组织者，以及作为本专著手稿的早期阅读者之一，我相信本书将在今后我国东部中—新元古代地质学和油气资源的研究中发挥积极的作用！

孙枢

2015 年 8 月

前　言

Menchikoff（1949 年）和 Pruvost（1951 年）最早提出"底寒武系（Infracambrian）"的地层术语，其涵盖下伏于已知含三叶虫的寒武系地层，通常又不整合上覆于变质岩基底之上的沉积地层，其中包括中—新元古界，加之部分下寒武统。直到 20 世纪 50 年代，一般认为，发育于沉积盆地、地向斜和地台中的底寒武系或前寒武系沉积岩是"不可能"具有烃类沉积的。在这些底寒武系中，前古生代早期生命的"缺失"是最经常提出来的理由，以此回应为什么石油地质家们"应该"无视前寒武系领域。

最近半个多世纪以来，伴随着对于地球早期生命的研究进展，中—新元古代时期的生物多样性已经得到证实，对于中—新元古界含油气性的物质基础，业已提供了科学的证据。与之同时，全球中—新元古界地质学也取得长足进展，并且在油气勘探实践中也获得了重要的突破性发现。事实证明，底寒武系沉积地层中，不仅确实富含有机质，而且还具有为数有众多的油苗和（或）气苗，以及大型沥青脉。特别是自 20 世纪 70 年代以来，全球一些地区（如俄罗斯西伯利亚克拉通，我国四川川中隆起、阿曼和印度等盆地）总计业已发现数十个油气田，探明的油、凝析油和（或）天然气的储量可达亿吨级至数十亿吨级油当量的规模，并且具备日产百万立方米级的单井天然气产能。

当前中—新元古界油气资源潜力已经引起国际地质界的密切关注，以至于召开一系列专题性的学术会议或研讨会，出版一系列与会议相关的论著，并激起国际石油地质家与油气勘探家们对底寒武系地质学与油气资源的兴趣。

中国是全球中—新元古界沉积地层发育最为完整的国家之一，也是系统研究中—新元古界最早的国家。例如，早在 1924 年李四光先生在长江三峡地区以及 1934 年高振西先生在燕山地区天津蓟县，分别研究并建立了我国南方和北方的"震旦系"地层剖面，在国际上产生很大影响。此后，在相当长的一个时期内，这两条地层剖面成为国际前寒武系地层划分与对比的标志性剖面。特别是，20 世纪 70 年代以来，中国的地质家们在各个地球科学学科领域与交叉学科领域，诸如生物地层学、层序地层学、年代地层学、古海洋学、古冰川学、寒武纪生物大爆发事件、活动论构造-古地理学，以及石油地质学与地球化学等，均取得重要的科研进展。就沉积地层层序而言，建立了中国统一的中—新元古界地层框架［包括七个系一级的地层单位，自下而上为长城系（Pt_2^1）、蓟县系（Pt_2^2）、华北下马岭组（Pt_2^3x）、华南"玉溪系"（Pt_2^4）、青白口系（Pt_3^1）、南华系（Pt_3^2）和震旦系（Pt_3^3）］，以及与相关的地层对比关系，并有利于在此地层框架内进行中—新元古界油气资源研究与评价。此外，古海洋、沉积古地理和区域构造研究，也有助于对中—新元古界油气资源形成、演化与保存的机理，以及生-储-盖层组合发育背景等方面的研究与理解。

近 80 年来，一连串中—新元古界油气的相继发现与研究成果，即 1942～1965 年威远气田的勘探与发现（天然气 P1 储量约 $408.61×10^8 \ m^3$）；1966～2015 年大型龙门山沥青脉的调查与发现（沥青预测储量约 $8×10^6 \ m^3$）；1978～1979 年和 2007～2010 年燕山地区为数众多的"活油苗"、沥青、沥青砂（沥青砂岩）以及相关古油藏的勘查研究；还有 2011～2016 年安岳大气田连同相关的古油藏的发现（天然气 P1 储量约 $8488×10^8 \ m^3$，3P 储量约 $1.2×10^{12} \ m^3$），不断地激励着中国石油地质学家和油气勘探家们，长期持续探索底寒武系的油气资源。

然而，与类似的国际研究相比较，中国的中—新元古界研究，不仅要面对更加古老的地层与超过 1.3 Ga 的巨大地质年龄跨度，而且有相当大的一片中—新元古界分布地区，属于复杂地质构造带，或处于高度热演化的地质条件下，致使其原生油气的研究与勘探面临诸多困难。因此，如何评价中国中—新元古界规模性油气资源的时空分布，确实是一个重要的科学问题。

当前中国中—新元古界油气资源的研究，既具有发育更加完整的地层层系，与深厚的前人科研积淀等有利条件，又面临复杂地质条件的严峻挑战，因此其科学创新研究的余地也更为宽阔。在这种形势下，2012 年 11 月在北京召开了以"中国东部中—新元古界沉积地层与油气资源"为议题的香山科学会议第 444 次学术讨论会，与会者在会后合撰出版专著《中国东部中—新元古界地质学与油气资源》。此后，在同行专家与读者们的激励与动议下，为了促进国内外的学术交流，由主编邀请部分作者进行补充修订，与时俱进，凝练科研新成果，历时六年重新撰写了这部冠名为《中国中—新元古界地质学与油气资源》（*Meso-Neoproterozoic Geology and Petroleum Resources in China*）的中、英文版新专著。

与 2016 年专著相比较，2022 年后的中、英文版专著在涉及地域上，除了原有的华北克拉通和扬子克拉通两个最主要的中—新元古界沉积盆地之外，还新增了塔里木地块；论述内容上，新专著涵盖了区域构造划分、年代地层学框架、地层学划分与研究沿革、生物地层学与层序地层学、古冰川学、特定层位的古海洋学、岩浆作用和构造演化、油气地质学与地球化学等研究成果；此外，综述了全球中—新元古界油气资源的分布与勘探现状，还针对我国安岳大气田、龙门山沥青脉和燕辽地区油苗、沥青砂（沥青砂岩）及其古油藏作了系统详细的讨论。

本书的出版之时，欣逢中国地质学会建立 100 周年华诞，作为中国最早创建的十二个全国性学术团体之一，中国地质学会在 1922 年 2 月 3 日诞生于北京。为此，本专著的作者们就以本书的出版作为向中国地质学会百年华诞的献礼！

同时，本专著的出版也是对已故著名地质学家孙枢院士的深切缅怀与纪念，作为 2016 年中文版主编之一，他生前对新的英文版专著曾寄予厚望。本书中再次刊出孙枢院士撰写的 2016 年版"自序"，以示孙枢先生与作者们同在！

如若没有众多作者们的通力合作，本专著的完成将是极其困难的，集体的鼎力贡献使本书的完成远远超出预期的目标。在此，谨向下列领衔参与合作撰写的专家们及其科研团队成员，表示衷心的谢忱（排名不分先后，以作者单位、系统为序）：翟明国、彭平安、李献华、朱茂炎（中国科学院），高林志、刘鹏举（中国地质科学院），朱士兴（天津地质矿产研究所），杜金虎、韩克猷、张水昌（中国石油天然气股份有限公司），苏犁 [中国地质大学（北京）]，罗顺社（长江大学）以及钟宁宁、宋到福 [中国石油大学（北京）]。这里，我还应特别感谢白国平、王志欣和钟大康 [中国石油大学（北京）] 对本书所做的有益的讨论、建议和帮助。

中国科学院院士

中国石油大学（北京）油气资源与探测国家重点实验室教授

2022 年 11 月 29 日

目　录

第1章　中国中—新元古代地层同位素年代学研究进展

高林志[1]，丁孝忠[1]，张　恒[1]，乔秀夫[1]，尹崇玉[1]，史晓颖[2]，张传恒[2]

1. 中国地质科学院地质研究所，北京，100037；2. 中国地质大学（北京），北京，100083

摘　要：使中国古老克拉通中—新元古界成为国际晚前寒武纪年代地层标准是中国地质学家长期奋斗的目标，而高精度前寒武纪年代地层框架的建立，是当代地质年代学研究的首要任务，也是各大陆地层对比和构造解译的基础。本章重点综述中国中—新元古界地层同位素年代学研究进展，特别是华北克拉通（NCC）中—新元古界地层柱的新标定，扬子克拉通（YC）和塔里木地块（TB）新元古界地层年代学新数据。上述地区新的同位素年龄数据彻底改变了华北克拉通与扬子克拉通的新元古界地层标定、地层划分和地层对比。由此产生的新构造观，将极大地提高我国对地球科学的认识和成矿背景的解释。近年来，我国开展了海相油气评价研究，首先对中国东部的地层基底和沉积盖层在地层柱中定位提出精确要求，尤其对中元古代黑色页岩烃源层的层位厘定以及扬子克拉通震旦系—下寒武统油气层的定位提出了挑战。近年来，同位素年代学科学技术的进步使我们得以重新精确定位中国大陆前寒武纪基底地层和沉积盖层的年龄，为广大地质工作者提供较为完整的同位素年代学数据。

关键词：中—新元古代、年代地层格架、华北克拉通（NCC）、扬子克拉通（YC）、塔里木地块（TB）。

1.1　引　言

目前，全球范围内中—新元古代最为完整、连续地层剖面发育在三个大陆上，分别在中国华北克拉通燕辽裂陷带的蓟县（现蓟州区）地区（Kao et al.，1934）、俄罗斯克拉通（又称东欧克拉通）的乌拉尔（Ural）地区（Shatsky，1945）以及加拿大地盾的育空（Yukon）地区（Thorkelson et al.，2005）。中国蓟县剖面基本上连续沉积了近万米厚的中—新元古代（1.8～0.8 Ga）地层，并且在整个华北克拉通范围内，均未遭受变质作用的影响，且出露相当广泛，构造极其简单，地层的顶底界线非常清晰（陈晋镳等，1980）。该剖面不仅是我国中—新元古界的标准剖面，也是世界范围内极为罕见的晚前寒武系完整剖面，可成为当前国际前寒武系年表和地层对比中使用的一个统一、精确和具有高精度年龄数据的地层层型剖面。此外，我国的扬子克拉通和塔里木地块则发育并出露新元古界（图1.1）。

当今前寒武纪年代地层学研究的新思维是借鉴超大陆研究中地质事件群的研究方法，使前寒武纪地层学研究变成了地球动力学研究体系中的一个有机组成部分（陆松年等，2002；Van Kranendonk et al.，2012）。地质事件群研究必须有高精确度测年结果的支撑，特别是获取关键层位火山岩夹层或辉绿岩岩床（脉）的锆石高灵敏度高分辨率离子微探针（Sensitive High Resolution Ion Micro Probe，SHRIMP）U-Pb定年数据。Plumb（1991）发表新的前寒武系年表，以3.0～2.0 Ga的时限，由老到新将元古宇总共划分为10个"系"级地层单位：古元古界有四个系，即成铁系（Sideran；2.5～2.3 Ga）、层侵系（Rhyacian；2.3～2.0 Ga）、造山系（Orosirian；2.0～1.8 Ga）、固结系（Statherian；1.8～1.6 Ga）；中元古界有三个系，即盖层系（Calymmian；1.6～1.4 Ga）、延展系（Ectacian；1.4～1.2 Ga）、狭带系（Stanian；1.2～1.0 Ga）；新元古界有三个系，即拉伸系（Tonian；1.0～0.85 Ga）、成冰系（Cryogenian；850～635 Ma）、埃迪卡拉系（Ediacaran；635 ~ 542 Ma；表 1.1）。

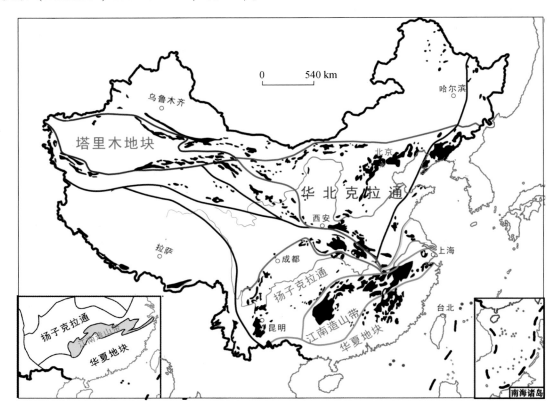

图 1.1 中国中—新元古代构造单元及地层分布图

表 1.1 中国中—新元古代地层年表（Gao et al.，2009b，修改）

国际地层委员会		全国地层委员会		地层代号		年龄/Ma
寒武系		寒武系		€		
新元古界(Pt₃)	埃迪卡拉系	新元古界(Pt₃)	震旦系	Pt_3^3	Z_2	542
					Z_1	570
	成冰系		南华系	Pt_3^2	Nh_3 Pt_3^{2c}	635
					Nh_2 Pt_3^{2b}	660
					Nh_1 Pt_3^{2a}	725
	拉伸系		青白口系	Pt_3^1	Qb_4 Pt_3^{1d}	780
					Qb_3 Pt_3^{1c}	820
					Qb_2 Pt_3^{1b}	870
					Qb_1 Pt_3^{1a}	930
中元古界(Pt₂)	狭带系	中元古界(Pt₂)	"玉溪系"	Pt_2^4	Yx	1000
	延展系		下马岭组	Pt_2^3x	Xs	1200
	盖层系		蓟县系	Pt_2^2	Jx	1400
古元古界(Pt₁)	固结系	古元古界(Pt₁)	长城系	Pt_2^1	Ch	1600 / 1670
	造山系		滹沱系	Pt_1^3	Ht	1800
	层侵系		高凡系	Pt_1^2	Gf	2000
	成铁系		未命名	Pt_1^1		2300
太古宇				Ar		2500

（元古宇 spanning 新元古界、中元古界、古元古界）

2009 年，全国地层委员会前寒武纪分会将中国中—新元古界进一步梳理划分出六个"系"级地层单位：长城系（Pt_2^1，Changchengian，时限为 1.8 ~ 1.6 Ga）、蓟县系（Pt_2^2，Jixianian，1.6 ~ 1.4 Ga）、"待建系"（Pt_2^{3-4}，1.4 ~ 1.0 Ga）、青白口系（Pt_3^1，Qingbaikouan，1.0 ~ 0.78 Ga）、南华系（Pt_3^2，Nanhuan，780 ~ 635 Ma）和震旦系（Pt_3^3，Sinian，635 ~ 542 Ma）。但是，实际上在我国，以中元古界发育最为完整的、连续的华北克拉通燕辽裂陷带地层柱为例，上述"待建系"只发育时限为 1.4 ~ 1.32 Ga 的下马岭组（Pt_2^3x），相当于《国际年代地层表》的延展系（Pt_2^3，Ectasian）下部层段，尚缺失延展系上部层段以及狭带系（Pt_2^4，Tonian）。而新元古界也仅见残余厚度为 230 m 的青白口系（Pt_3^1），并缺失南华系（Pt_3^2）和震旦系（Pt_3^3），因此我国中—新元古界年代地层学的地层柱还有待进一步补缺、完善。为此，乔秀夫等（2007）曾提出将下马岭组命名为"西山系"（时限 1.4 ~ 1.2 Ga）；基于扬子克拉通云南玉溪的前寒武系年代地层学初步研究，近期高林志等（2015b，2018）还提议新建"玉溪系"（Pt_2^4，"Yuxian"，时限 1.2 ~ 1.0 Ga；表 1.1）。

此外，国际成冰系工作组以"全球最广泛发育的那段冰期"为原则，把成冰系冰碛层底界的"金钉子"（即全球界线层型剖面和点，Global Standard Stratotype-Section and Point，GSSP）年龄标定在 720 Ma（Graham et al.，2016），改变了《国际年代地层表》原有的界线年龄 850 Ma（Ogg et al.，2016）。另外，中国地质学家依据华北克拉通前寒武纪沉积盖层的基本特征，将中元古代地层的沉积起点厘定在 1.8 Ga，有别于《国际年代地层表》的 1.6 Ga，而且《国际年代地层表》还将 1.8 ~ 1.6 Ga 的地层归入古元古界顶部的固结系（全国地层委员会，2015）。

历来天津蓟县剖面和湖北三峡剖面都是全国中—新元古界地层对比与地质填图的标准剖面。上述标准剖面一直作为高质量同位素年代学研究与优化年代地层框架的研究对象，并且是中国地质学研究的新突破点。对于中元古界底界起始时间的认识，多年来采用不同技术方法的同位素测年成果，不断充实华北克拉通中—新元古界地层格架中的同位素年代地层学年龄数据，而且认为华北中元古界的底界年龄主要需要两个约束条件：①华北北部发育的碱性基性岩脉被认为是启动燕辽裂谷（裂陷带）构造事件的岩浆活动表现，其年代范围在 1.9 ~ 1.85 Ga（Lu et al.，2008）；②长城系底部陆源碎屑砂岩的碎屑锆石最小峰值年龄为 1.85 Ga（万渝生等，2003），据此，应将华北中元古界底界年龄（即克拉通形成年龄）限制在 1.85 Ga 之后。

对于地质构造的解释，突出强调对一系列侵入岩岩体年龄的精确标定。近年来高灵敏度高分辨率离子微探针（SHRIMP）锆石、斜锆石 U-Pb 测年技术，在中—新元古界年代地层学中得到应用，如对华北克拉通燕辽裂陷带结晶基底的密云环斑花岗岩等岩体年龄的重新标定与解释（1685±15 Ma；高维等，2008）；对中元古界串岭沟组辉绿岩岩床（1638±14 Ma；高林志等，2008c）、雾迷山组辉绿岩岩床（1345±12 Ma 与 1353±14 Ma；Zhang et al.，2009）和下马岭组辉绿岩-辉长辉绿岩岩床（1320±6 Ma；李怀坤等，2009；参见第 10 章）等的年龄标定；对胶辽徐淮裂陷带徐淮地区新元古代辉绿岩岩床的测年（928±8 Ma；柳永清等，2005）。上述应用使华北中—新元古界年代地层学格架得到新一轮修正（高林志等，2009b，2010f），向建立一个统一的、高精度年龄框架的地层系统剖面迈进了一大步，其中依据密云环斑花岗岩的年龄还可重新限定华北克拉通中元古界的底界年龄；在地质构造解释上，基本限定了哥伦比亚（Columbia）超大陆的裂解时间，及其与罗迪尼亚（Rodinia）超大陆的聚合关系，确定了燕辽裂陷带的构造演化和大陆动力学特征。特别是，国际上普遍认为与密云环斑花岗岩同期的花岗岩成因与造山运动不具相关性，而与哥伦比亚超大陆的聚合密切相关（Vigneresse，2005）。然而，密云环斑花岗岩的锆石 Hf 同位素组成特征表明，该环斑花岗岩源自太古宙新生地壳的部分熔融（杨进辉等，2005），据此可认为密云环斑花岗岩具有伸展构造的背景。密云环斑花岗岩应与燕辽裂陷带（裂谷）的开裂启动时间是一致的，它应是一个新构造旋回的起点标志，并与华北克拉通中元古界的初始发育年代相当，成为超大陆裂解或裂谷启动的标志。

在年代地层学定年中，火山喷出岩的年龄测定尤为重要，燕辽裂陷带大红峪组火山岩段的富钾粗面岩锆石（1626±9 Ma；高林志等，2009）、高于庄组凝灰岩（1560±6 Ma；李怀坤等，2010）、铁岭组斑脱岩（1437±61 Ma；苏文博等，2010）和下马岭组斑脱岩（1368±12 Ma；高林志等，2007）等系列定年成果，在整个地层剖面中，起到了重要的地层标定作用。

蓟县剖面迁西杂岩锆石的形成时间的 $^{207}Pb/^{206}Pb$ 加权平均年龄为 2534±9 Ma。侵入长城系（Pt_2^1）串岭沟组中的辉绿岩继承性锆石的 SHRIMP U-Pb 年龄为 2533±14 Ma（高林志等，2009），同样可限定华北克拉通结晶基底的形成时间。由于长城系大红峪组火山岩中再次获得高质量锆石 SHRIMP U-Pb 年龄（1626±9 Ma；高林志等，2008c），结合单颗粒锆石 TIM U-Pb 年龄（1625 Ma；陆松年和李惠民，1991）和长城系串岭沟组辉绿岩岩脉的实测 SHRIMP 锆石 U-Pb 年龄（1638±14 Ma；高林志等，2008c），可阐明两个问题：①华北克拉通中元古界底界年龄应大于《国际年代地层表》的中元古界底界年龄 1.6 Ga；②《中国地层表》的中元古界底界年龄不应老于 1.8 Ga。基于上述的年龄数据，结合可用于标定华北克拉通中元古代裂解时间的密云环斑花岗岩 SHRIMP 锆石 U-Pb 年龄（1685±15 Ma；高维等，2008），本章试图重点论述华北克拉通和扬子克拉通年代地层学格架的中—新元古界系列地层年代标定问题。当前系统的、高精度的锆石 U-Pb 测年数据，使得对华北克拉通构造事件演化的表征更加明确。

华北克拉通中元古界年代地层学研究中，辉绿岩岩脉（床）锆石年代学研究取得三大进展：①长城系串岭沟组辉绿岩岩脉（床）锆石 U-Pb 年龄厘定为 1638±14 Ma；②蓟县系雾迷山组辉绿岩岩脉（床）锆石 U-Pb 年龄为 1353±14 Ma 和斜锆石 U-Pb 年龄为 1345±12 Ma；③下马岭组辉绿岩岩脉（床）锆石和斜锆石 U-Pb 年龄为 1320±6 Ma。这些 SHRIMP 锆石 U-Pb 测年结果，使华北克拉通中元古界的年代地层学划分与全球对比有了系列、可靠的年龄"锚点"，有利于准确厘定华北地区中—新元古界完整的年代学地层系统。

近期取得的另一个最具有突破性的进展：首次精确地测得下马岭组凝灰岩 SHRIMP 锆石 U-Pb 年龄为 1368±12 Ma（高林志等，2007），导致历来作为新元古界青白口系（Pt_3^1，1000～780 Ma）下部层位的下马岭组（Pt_2^3x），被调整为 1400～1320 Ma，与《国际年代地层表》的中元古界狭带系（Pt_2^4，1.2～1.0 Ga）下部层段相当。而且 2007 年全国地层委员会资助实测燕辽裂陷带河北宣化赵家山剖面下马岭组凝灰岩夹层年龄，再次获得 SHRIMP 锆石 U-Pb 年龄为 1366±9 Ma（高林志等，2008b），与叶良辅（1920）在北京西山下马岭组建组剖面上所实测的锆石年龄完全吻合，基本上证实了全国地层委员会专家提出的同期火山灰应在较大空间范围内展布以及对新构造格局的推测等问题（乔秀夫和高林志，2007）。

然而，新的地层年表又提出了三项新问题：①蓟县剖面缺失 1.2～1.0 Ga 的 Pt_2^4，国内何处的地层剖面可望弥补此地层柱的缺失？根据古生物对比信息，1.2～1.0 Ga 的地层最有可能发育在豫西地区（高维等，2011）和胶辽徐淮裂陷带（邢裕盛，1979；邢裕盛和刘桂芝，1982；邢裕盛等，1985，1989）。②在地层柱上，青白口系（Pt_3^1）骆驼岭组和景儿峪组的层位，当前依然存在重新定位的可能性（Gao et al.，2011）。③在中国地层格架中，扬子克拉通和华夏地块之间，有一个呈近东西向带状分布的新元古代浅变质沉积地层和岩浆岩区带，被称为江南造山带（图 1.1），这套地层的定位对于确定华南古大陆晚前寒武纪地层对比和构造格局极为重要（李献华，1999；李献华等，2001），其浅变质碎屑岩中的凝灰岩 SHRIMP 锆石 U-Pb 年龄对华南新元古代地层限定和新的对比方案具有重要意义（高林志等，2008a，2009，2010a，2010b，2010d，2011c，2011d，2012a，2012b，2012c，2012d，2013a，2013c，2013d，2014a，2014b，2014c；Gao et al.，2009a，2009b，2012，2013）。

蓟县和三峡地区的层型剖面至今仍是我国地质调查的前寒武纪参考剖面和填图标准，特别是在我国中—新元古界年代学的精确标定中具有重要地位。

1.2　华北克拉通中—新元古界年代地层学新进展

华北克拉通北部的中—新元古界，主要分布于克拉通南缘的熊耳裂陷带，北缘的燕辽裂陷带、扎尔泰-白云鄂博-化德裂陷带，以及东缘的胶辽徐淮裂陷带（参阅第 8 章图 8.1），其中尤其以燕辽和熊耳两个裂陷带的地层发育最为系统，保存也较为完整。燕辽裂陷带发育中—新元古界长城系（Pt_2^1）、蓟县系（Pt_2^2）、下马岭组（Pt_2^3x）和青白口系（Pt_3^1），其年龄跨度为 1670～780 Ma（表 1.1）。

1.2.1　熊耳群在地层柱中的位置

在华北克拉通前寒武纪地质演化历史中，"吕梁运动"（1.8 Ga）是一个具有重要意义的构造-热事件，标志着华北克拉通结晶基底的最终固结（王鸿祯，1979），"吕梁运动"之后，华北克拉通开始发育稳定的沉积盖层。在这个时期，华北克拉通内部和边缘发生了一系列地壳伸展和裂解事件，陆续形成了熊耳、燕辽、扎尔泰-白云鄂博-化德、胶辽徐淮等裂谷或裂陷带，其中熊耳裂陷带（裂谷）首先开裂，接受中—新元古代的巨厚沉积（孙枢等，1981，1982）。熊耳裂陷带处于华北克拉通的南缘，其南侧为秦岭褶皱带，以栾川-确山-固始深大断裂带为界；断裂带以北，由深变质的太古宇登封群、太华群和具有紧闭线褶皱的古元古界嵩山群分别构成克拉通的结晶基底和褶皱基底。吕梁运动末期，发生大幅度沉降，沿深大断裂及其北侧有大量中-基性火山岩喷发，形成厚 8000 m 以上的中元古界熊耳群，但其构造变动极其微弱，除发育脆性断裂外，褶皱构造多为宽缓的穹窿，核部叠合于基底隆起区之上，呈现出沉积盖层的属性。在豫西，熊耳裂陷带熊耳群上覆为未变质的新元古界汝阳群、洛峪群、南华系和震旦系。而陕西洛南地区，熊耳群与其上覆的官道口群呈整合沉积，下伏基底太华群所在的区域连同熊耳群一并挤压隆升，为其南侧的官道口群底部高山河期的被动陆缘沉积提供了丰富的物源。

在华北克拉通中部吕梁地区发育小两岭组火山岩，在其南部地区发育世界范围内最大规模的同期火山活动——熊耳群火山-沉积岩系（赵太平等，2019）。熊耳群为长城系初始地层的主要研究对象。依据熊耳群火山岩测年结果，中元古界长城系（Pt_2^1）的起始时间定为 1.8 Ga（表 1.2；陆松年，1998；张恒等，2019），早于《国际年代地层表》的 1.6 Ga（高林志等，2008c，2009，2010c；Cohen et al.，2013）。因此，在华北克拉通，"吕梁运动"结束时间划定在约 1.8 Ga，即作为华北克拉通沉积盖层形成和中元古界起始的时间。

在现行《国际年代地层表》中，1.8~1.6 Ga 的固结纪是从造山运动结束到沉积盖层发育之间的过渡时期，1.6~1.4 Ga 的盖层纪是以广泛发育沉积盖层作为中元古代起始的标志，因此将中元古界的底界划定在 1.6 Ga。而且，全国地层委员会始终坚持以"吕梁运动"（1.8 Ga）作为华北克拉通结晶基底最终形成的标志性构造-热事件，以长城系等作为克拉通型沉积盖层的代表，而将古元古代与中元古代的时间界线置于 1.8 Ga。

表 1.2　华北克拉通熊耳群年代学数据表

序号	地层单位	侵入体	产地	地质时代/Ma	参考文献
1	鸡蛋坪组	流纹斑岩	外方山	1751±14	He et al.，2009
2	熊耳群	流纹斑岩	汝阳	1763±15	Wang et al.，2010
3	马家河组	流纹岩	鲁山	1776±20	赵太平等，2004
4	鸡蛋坪组	火山岩	崤山	1778±5.5	He et al.，2009
5	马家河组	火山岩	崤山	1778±6.5	He et al.，2009
6	马家河组	闪长岩	石寨沟	1780±11	Cui et al.，2013
7	许山组	火山岩	崤山	1783±20	He et al.，2009
8	马家河组	A 型花岗岩	洛南	1786±7	Cui et al.，2013
9	马家河组	闪长岩	石寨沟	1789±3.5	Cui et al.，2013
10	徐山组	闪长岩	熊耳山	1789±26	赵太平等，2004
11	鸡蛋坪组	流纹斑岩	鲁山	1800±16	赵太平等，2004

值得注意的是，在国际地层委员会 2012 年出版的《地质年代表》（Gradstein et al.，2012）中，提出一份前寒武纪年代地层学划分的新方案，其中 2.06~1.78 Ga 阶段称为古元古代哥伦比亚纪，1.78~0.85 Ga 定义为罗迪尼亚纪，后者代表超大陆由裂解到聚合的阶段（Van Kranendonk et al.，2012）。值得注意的是，新方案将古元古代与中元古代界线厘定为 1.78 Ga，与我国学者长期坚持的古元古代与中元古代界线年代 1.8 Ga 基本上是一致的。

1.2.2　燕辽裂陷带的中元古界底界年龄

燕辽裂陷带的中元古界底界年龄一直是众多地质学家关注的问题。近年来不断有学者研究蓟县剖面太古宇密云群杂岩的环斑花岗岩侵入岩体或岩脉，该侵入体与上覆长城系常州沟组呈超覆不整合接触（图1.2），环斑花岗岩侵入体的锆石 SHRIMP U-Pb 年龄为 1685±15 Ma（高维等，2008），花岗岩岩脉锆石的激光剥蚀−多接收器−电感耦合等离子体质谱（Laser Ablation- Multiple Collector- Inductively Coupled Plasma Mass Spectrometry，LA-MC-ICPMS）年龄为 1673±10 Ma 和 1669 Ma（李怀坤等，2011）。密云环斑花岗岩不仅反映了地球动力学机制，而且包含长城系基底砾岩及其下伏老风化壳的区分标志，为华北克拉通中元古界底部时代的重新定标提供了依据。

图 1.2　密云环斑花岗岩古老风化壳与其上覆长城系盖层的不整合面
展示华北克拉通中元古界长城系与太古宇接触关系

常州沟组底砾岩的发现和古老风化壳锆石年龄的确定（1682 Ma，和政军等，2011a，2011b；1673 Ma，李怀坤等，2011），为华北克拉通燕辽裂陷带长城系的底界提供了新的和有效的年代标定。据此将燕辽裂陷带长城系常州沟组底界年龄划定在 1.67 Ga，此年龄值要小于华北克拉通南部熊耳群及其相当层位的地层年龄（1.8 Ga）。鉴于在燕辽裂陷带冀北坳陷的长城系（Pt_2^1）沉降中心，其顶部大红峪组与上覆蓟县系（Pt_2^2）底部高于庄组之间呈现出连续沉积的整合接触关系（参阅第 2、3、11 章），上述常州沟组底界年龄 1.67 Ga 是对《国际年代地层表》以 1.6 Ga 和《中国地层表》以 1.8 Ga 作为中元古界底界年龄提出的挑战（表 1.1）。由于此处底砾岩与风化壳直接覆盖在太古宇上，长城系与浅变质的古元古界滹沱群的关系依然是今后地层柱标定研究的重要问题（高林志等，1996）。

1.3　华北克拉通蓟县剖面缺失的"玉溪系"

1.3.1　豫西前寒武纪地层在地层柱中的层位

如何弥补华北克拉通地层柱中缺失的"玉溪系"（Pt_2^4，1.2～1.0 Ga）？依据生物演化的特征（高维等，2011），这段缺失地层可能发育于华克拉通南缘豫陕晋交界处的熊耳裂陷带，当地的汝阳群和洛峪群最有望弥补地层柱上这一段地层缺失。此外，还有地质学家们关注罗圈冰期地层的定位问题，罗圈组是目前华北克拉通发育的唯一冰碛层，也是与塔里木盆地以及华南地区新元古界冰碛层地层对比的桥梁。由于华北蓟县中—新元古界剖面是中国晚前寒武纪地层的标准剖面，因此上述年代地层学框架的进一步优化对于中国境内精确的地质填图和地层对比均具有重要的促进作用，同时对于中国前寒武纪生物（特别是宏体藻类）的演化时限也具有重要的标定意义（图 1.3）。关于华北克拉通南缘新元古代地层划分和对比，历来就存在着不同的认识，基于微古植物、地层层序以及接触关系，辅以少量海绿石年龄数据，关保德等（1988）首次提出将黄连垛组、董家组、罗圈组和东坡组均归入"震旦系"（相当于现今地层表中的南华系和震旦系）。对于豫西中—新元古代地层，曾开展过大量的生物地层学研究（邢裕盛等，1989；阎玉忠和朱士兴，1992；尹崇玉和高林志，1995；Xiao et al.，1997；尹磊明和袁训来，2003；尹磊明等，2004），并进行过相分析和层序地层划分（崔新省等，1996；周洪瑞等，1999；高林志等，2002）以及氧、碳、锶同位素分析（高林志等，2010c；尹崇玉等，2015），但是同位素年代地层学研究仅局限于碎屑锆石年龄测定（Gao et al.，2006），因此豫西中—新元古界在地层柱中精确的年代位置一直是个"谜"。苏文博等（2013）发表洛峪口组的凝灰岩锆石 U-Pb 年龄，并将洛峪口组归属于长城系；而李承东等（2017）再次将豫西地区的汝阳群和洛峪群归入中元古代早期沉积（王校锋，2015），但这与汝阳群具刺疑源类的事实之间存在着极大矛盾（高维等，2011；李猛等，2012）。汝阳群具刺疑源类辐射已发育到极高的演化阶段，如若上述凝灰岩锆石 U-Pb 年龄无误的话，将会改写地球早期具刺疑源类的演化史。

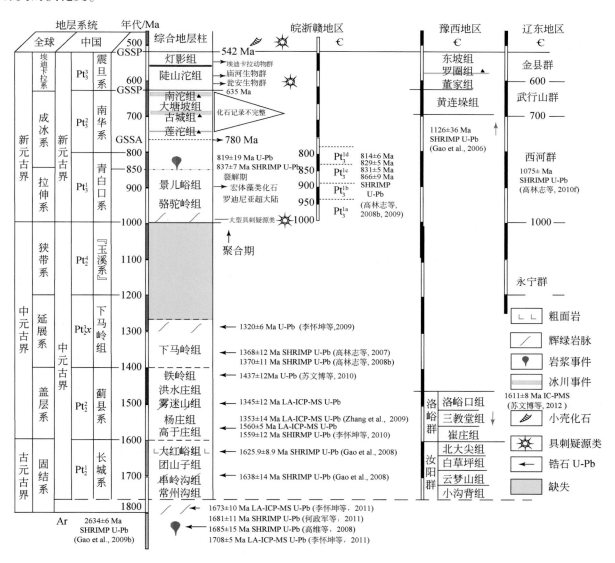

图 1.3　中国中—新元古界地层年代地层学数据图

1.3.2　胶辽徐淮裂陷带的新元古界地层柱

在地理含义上，胶辽徐淮涵盖胶东半岛、辽东半岛、徐州和淮河流域一带；在地质学上，胶辽徐淮裂陷带属于华北克拉通的东缘地带。就元古宇而论，胶辽徐淮裂陷带以辽东地区发育最为系统和完整的新元古界，自下而上包含细河群、五行山群和金县群。细河群发育在青白口系永宁组之上，由钓鱼台组、南芬组和桥头组组成，属于碎屑岩沉积，含有大量微古植物（邢裕盛和刘桂芝，1973）。五行山群由长岭子组、南关岭组和甘井子组组成。长岭子组下部为页岩夹薄层砂岩，向上逐渐夹灰岩透镜体和薄层灰岩（含液化脉），粉砂岩中含大量后生宏体藻类化石和蠕虫化石；上覆的南关岭组为灰岩（含液化脉）夹极薄层页岩，含后生动物化石（邢裕盛和刘桂芝，1973）；甘井子组由白云岩组成。金县群主要为碳酸盐岩，包括营城子组、十三里台组、马家屯组、崔家屯组和兴民村组等。在五行山群南关岭组、甘井子组以及金县群营城子组、兴民村组的碳酸盐岩中，含大量的液化脉（乔秀夫等，1994，2001）或"臼齿构造"（刘燕学等，2003；旷红伟等，2004；孟祥化等，2006）。

目前，胶辽徐淮裂陷带的新元古界生物地层学、岩石地层学及层序地层学研究，均已获得一些可靠的成果，尤其是生物地层学进展较大（邢裕盛和刘桂芝，1973；洪作民等，1991；尹崇玉和高林志，1995；唐烽和高林志，1998；高林志等，1999；乔秀夫等，2001）。该地区长岭子组页岩的 Rb-Sr 地质年龄为723±43 Ma，兴民村组页岩的 Rb-Sr 年龄为 650 Ma，而海绿石 K-Ar 年龄为 579 Ma。尽管辽南地区发育完整的地层层序并具有大量生物化石，但由于该套地层中未发现冰碛岩，又缺乏可靠的锆石年龄数据，其地层柱中的定位仍然存疑。鉴于辽东地区细河群钓鱼台组中测得碎屑锆石 U-Pb 年龄为 1075 Ma，似乎预示着吉辽地区的晚前寒武纪地层应限定在 1.0 Ga 之后（Gao et al., 2011）；而徐淮地区的倪园组辉绿岩岩床获得精确的 SHRIMP U-Pb 年龄为 928±8 Ma（柳永清等，2005）和930±10 Ma（高林志等，2009），为整个胶辽徐淮裂陷带的地层定位留下深刻印记，因为该侵入岩对碳酸盐岩地层有烘烤现象，反映了沉积地层早于该辉绿岩岩床。因此，若上述年龄可信的话，该区的整个地层将下移到 1.0 Ga 之下，这必然会引起与传统生物地层记录认识的冲突（《中国地层典》编委会，1996）。总之，胶辽徐淮裂陷带前寒武纪地层年代学尚须进一步研究确定。

1.4　青白口系骆驼岭组和景儿峪组在地层柱中的层位

1.4.1　华北克拉通青白口系

青白口系（时限1000～780 Ma）是隶属于新元古界的系一级单位，相当于《国际年代地层表》的拉伸系（Tonian），在《中国地层表》中居重要地位，该系是在中元古界转向新元古界过程中，起着承上启下重要作用的地层单位，也是扬子克拉通与华北克拉通晚前寒武纪地层对比的关键性地层单元。

因近期在原属于青白口系下部的下马岭组中，实测得到斑脱岩锆石 SHRIMP U-Pb 年龄为 1368±12 Ma（高林志等，2007），致使在地层柱上将下马岭组归入中元古界，因此目前燕辽裂陷带的青白口系仅残存骆驼岭组和景儿峪组。由于始终未获得精确的同位素测年数据，青白口系在地层柱中的确切层位目前尚难精确厘定。现有资料表明存在着两种可能性，有待于进一步证实：一是青白口系层位可能随同下马岭组一并下移到中元古界（1.2～1.0 Ga），二是青白口系仍置于中元古界与新元古界之间（1.2～0.8 Ga）。但是，不论何种可能性成立，均需要可靠的、精确的同位素测年数据加以佐证。此外，生物地层学研究表明，北京与河北地区骆驼岭组中的宏体藻类尚存一定的差异性，目前两地青白口系的划分主要还是基于岩性对比，因此首先需要明确燕辽裂陷带与辽东半岛的青白口系是否属同期地层（Gao et al., 2011）。

1.4.2　辽东地区青白口系对比

中朝板块又称"中朝古陆"或"中朝克拉通"，由华北克拉通与胶辽朝地块两部分所组成（图1.4），二者具有共同的太古宇基底。华北克拉通北部吕梁运动以后，发育燕辽裂陷带，沉积中—新元古界；在800 Ma之后，整体隆升并遭受剥蚀，青白口系景儿峪组与上覆寒武系呈平行不整合接触，从而缺失整个南华系和震旦系（时间跨度为780~542 Ma）。古郯庐断裂带的新开裂导致胶辽朝地块发育较为完整的新元古界，上覆盖层依然是寒武系。尽管生物地层研究表明，胶辽朝地块的新元古界中发育有震旦系的生物组合，但缺乏冰碛岩，其确切的地层时代定位一直是一个讨论不休的问题。

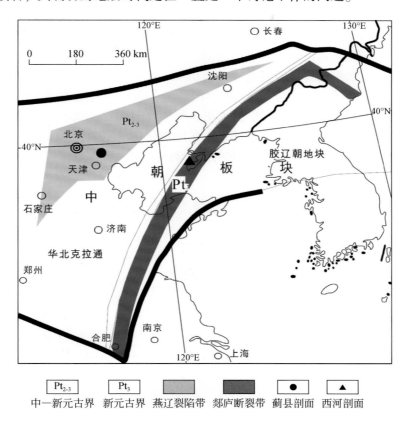

图 1.4 中朝克拉通中—新元古代构造地层框架图（乔秀夫等，2001，修改）

依据华北克拉通与胶辽朝地块的生物地层学研究（高林志等，1999），二者的新元古界定位应属上下关系，且二者的古生物组合不同。尽管两地都发育大量的宏体藻类，但胶辽朝地块新元古界中出现后生动物寓意新元古代生物演化的新纪元（邢裕盛和刘桂芝，1973；邢裕盛等，1985，1989）。新元古界下部以碎屑岩为主，上部主要发育碳酸盐岩，仅夹少量碎屑岩，沿着古郯庐断裂带还发育大量震积岩。目前，胶辽朝地块与华北克拉通的新元古界定位仍依据岩石地层学和生物地层学对比，对其精确的年代地层学定年尚未取得突破，迄今还是一个未解的难题（Gao et al.，2011）。

华北克拉通与胶辽朝地块所发育的青白口系是具有差异性的。根据钓鱼台组的碎屑锆石 U-Pb 年龄，胶辽朝地块细河群的沉积时代应在 1000 Ma 之后，是中朝板块对罗迪尼亚超大陆汇聚过程的响应，基本上可标定细河群在中朝板块中—新元古界地层柱中的层位。另外，华北克拉通中—新元古界蓟县剖面作为晚前寒武纪地层的层型剖面，其中—新元古界年代地层格架的优化对我国地质填图和精确地层对比以及前寒武纪生物地层演化研究具有重要意义，同时，对于中国前寒武纪生物演化，特别是宏体藻类发育的时限研究也具有重要意义，有助于提升华北克拉通中—新元古界剖面作为国际地层对比标准剖面的地位（高林志等，1996）。近期，青白口系下马岭组的重新定位使得华北克拉通的中—新元古界地层界线出现了新的研究动态，事关中元古代哥伦比亚超大陆如何向罗迪尼亚超大陆转换。因此，青白口系骆驼岭组和景儿峪组依然需要进一步甄别和精确定位，对其深入研究将有助于对中朝板块中—新元古代构造演化的理解以及对区域地层对比关系的厘定。

1.5　江南造山带年代地层学进展

在华南地区的地质构造格架中，扬子克拉通与华夏地块之间有一条明显呈带状分布的元古宇浅变质沉积地层和一系列岩浆岩，构成"江南造山带"（图1.1）。在中—新元古代时期，扬子克拉通及江南造山带（图1.5）经历基本相同的地质发展历史，曾经同属于统一的新元古代沉积盆地，具有被动陆缘盆地向周缘前陆盆地的转换属性，以及大体一致的中—新元古界沉积地层系统（表1.1）。只是新元古代后期的地质活动，特别是神功运动、武陵运动或晋宁运动（表1.3、表1.4），导致华夏地块与该"周缘前陆盆地"之间经历多期岛弧俯冲强烈碰撞，致使江南造山带的中—新元古界不仅遭受一定程度的变质与褶皱改造，而且成为一个夹在扬子克拉通与华夏地块之间的新元古代造山带（图1.5）。扬子克拉通与江南造山带的中—新元古界地层系统与年代地层学格架详见表1.3。由于华南地区的地质发展过程存在时空上的差异性，有的地层在横向上呈现出岩性、岩相、地层年龄时限、沉积厚度以及后期演化程度的差别，而且在华南广阔地区地层露头分散，出现不同的地层分区，以致在每个分区需建立不同的代表性地层剖面，如表1.4所示。

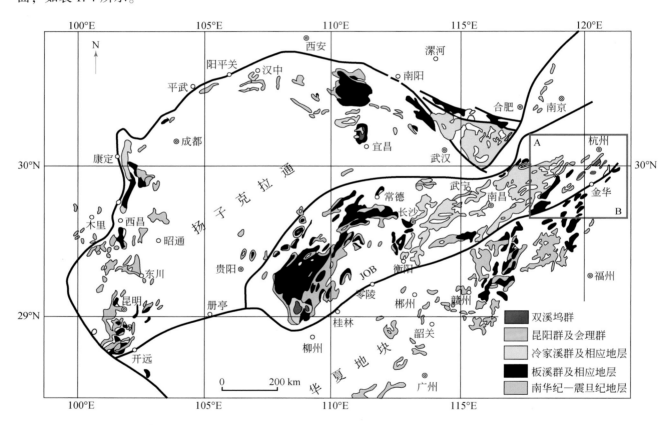

图1.5　扬子克拉通、江南造山带及华夏地块的中—新元古代构造地层分区图

JOB. 江南造山带

1.5.1　江南造山带

早在20世纪30~40年代，在中国地质学家们研究湘、黔、桂、赣、皖、浙诸省（自治区）古老变质岩基础上，黄汲清（1945）提出"江南古陆"之称谓，此后亦被称作"江南地轴"（黄汲清，1954）；郭令智等（1980，1996）又先后称其为"江南地轴"和"江南造山带"（图1.1、图1.5）。时至今日，对于江南造山带变质基底的构造属性和演化特征的认识，大致经历三个发展阶段：

表 1.3　扬子克拉通及江南造山带中—新元古界地层系统与年代地层学格架表

界	系	统	群	组	符号	岩石	年龄/Ma	资料来源
新元古界	震旦系	上统	—	灯影组	Pt_3^2dy (Z₂)	凝灰岩	549±5	尹崇玉等，2005
		下统	—	陡山沱组	Pt_3^2ds (Z₁)	—	635±5	尹崇玉等，2005
	南华系	上统	—	南沱组	Pt_3^2nt	—	—	—
		中统	—	大塘坡组	Pt_3^2dt	凝灰岩	661±7	高林志等，2013b
						凝灰岩	667±10	尹崇玉等，2005
			—	古城组	Pt_3^2gc	—	—	—
			—	富禄组	Pt_3^2fl	凝灰岩	669±13	— 晋宁运动
		下统	—	长安组/莲沱组	Pt_3^2ca/Pt_3^2lt	凝灰岩	778±5	高林志等，2013b
	青白口系	上统	—	拱洞组	Pt_3^1gd	凝灰岩	786±6	高林志等，2013c
			—	合桐组	Pt_3^1ht	凝灰岩	801±3	高林志等，2013c
			下江群	—	Pt_3^1xj	—	—	—
			板溪群/丹洲群	—	Pt_3^1bx/Pt_3^1dz	—	— 武陵运动	
		中统	冷家溪群/四堡群/梵净山群	小木坪组		凝灰岩	822±6	高林志等，2012a, 2012b, 2012c
				火成岩体	$Pt_3^1lj/$ $Pt_3^1sb/$ Pt_3^1fj	火成岩	834±4	高林志等，2013c
				—		火成岩	835±5~ 837±3	高林志等，2014a
				鱼西组		凝灰岩	842±13	高林志等，2013c 神功运动
		下统	双溪坞群	章村组	Pt_3^1sx	凝灰岩	878±6	高林志等，2014c
				火成岩体		火成岩	878±4	
				岩山组		凝灰岩	878±7	高林志等，2014c
				北坞组		凝灰岩	901±5	
				平水组		角砾 凝灰岩	904±3	Chen et al., 2004
							906±10	
						花岗岩	905±14	Ye et al., 2007
							913±15	
						凝灰岩	908±7	高林志等，2014c
中元古界	—		神农架群	铁沙街组	Pt_2ts	凝灰岩	1132±6	高林志等，2013e
						凝灰岩	1140±7	
						凝灰岩	1143±9	
						凝灰岩	1172±10	

（1）第一阶段（20 世纪 70 年代前），槽台学说在中国占主导地位，认为江南造山带在构造属性上属于地槽回返后的褶皱带（陈国达，1956）。

（2）第二阶段（20 世纪 70 年代后），随着板块构造理论的引入和发展，认为江南造山带变质基底的形成系华夏板块向扬子板块俯冲的结果，江南造山带为由岛弧、弧后盆地组成的洋陆碰撞造山带，构造上引入了地块的概念（徐备，1986，1994；徐备等，1992；郭令智等，1996）。至 20 世纪 90 年代，王鸿祯等提出以湘赣边界为界，江南造山带分为东西两段，西段属于以裂陷为主的被动大陆边缘（周洪瑞，1986；王自强等，1990），其褶皱基底形成于 780 Ma 之前。

表 1.4　江南造山带区域地层表

地层及年代		区域					构造运动
		桂北	黔东南	湘东北	浙、皖、赣西北	浙、皖、赣东北	
古生界	寒武系		梅树村组				桐湾运动
───542 Ma							
	震旦系		灯影组		灯影组		
───635 Ma							
新元古界	南华系	南沱组 大塘坡组 古城组 富禄组 长安组	两界河组 铁丝坳组	南沱组 大塘坡组 古城组 富禄组 长安组	南沱组 莲沱组	雷公坞组 休宁组	雪峰运动/ 晋宁运动
───760 Ma ───780 Ma	青白口系	丹洲群	下江群	板溪群	马涧桥群	潭头群 登山群	
───820 Ma		四堡群	梵净山群	冷家溪群	筲箕洼群	双桥山群	武陵运动/ 四堡运动
───850 Ma							
───870 Ma				仓溪岩群/宜丰岩群		双溪坞群	
───1000 Ma						田里片岩	格林威尔运动
中元古界						铁沙街组	

（3）第三阶段（21 世纪初），基于对侵入四堡群及其相当层位，且被板溪群及其相当层位不整合覆盖的下伏花岗岩岩体的深入研究，确定岩体主要为淡色花岗岩（MPG）和含堇青石花岗闪长岩（CPG），岩体的锆石 SHRIMP U-Pb 年龄为 840～820 Ma（Li et al.，2003；Li et al.，2007；Wang et al.，2003）。但是，中国学者仍然将四堡运动与"格林威尔运动"（Grenville Orogeny）相对比，并将其纳入罗迪尼亚超大陆全球的构造体系，将板溪群（含相应地层）视为罗迪尼亚超大陆在 1000 Ma 后裂解的产物，以此推断超大陆的裂解源于"超地幔柱"的活动（Li et al.，2003；Li et al.，2007）。然而，周金城等（2008）首先对江南造山带与"格林威尔运动"的对比提出质疑。随着大量前寒武纪地层中斑脱岩锆石 SHRIMP U-Pb 测年数据的获得（高林志等，2008a，2008b，2008c，2009），为再次认识江南造山带变质基底形成和演化提供新的可靠定年数据（郑永飞和张少兵，2007；高林志等，2013d）。

1.5.2　对江南造山带的新认识

在近年来新地层年表的修订中，江南造山带变质基底地层的斑脱岩锆石 SHRIMP U-Pb 年龄数据起着重要作用（高林志等，2008a，2008c，2010a，2010b，2011a，2011b，2011c，2011d，2012a，2012b，2012c，2012d，2013b，2013c）。对江南造山带的争论焦点在于新元古界南华系之下，如何理解"双层褶皱基底"的问题？它涉及的江南造山带起始时间以及"江南古陆"边界如何限定？然而，就"江南古陆"变质基底的时代问题而言，随着锆石 U-Pb 年龄数据的不断积累，人们开始怀疑"江南古陆"是否存在中元古代地层（杨明桂等，1999；Wang et al.，2006，2008），甚至怀疑江南造山带是否与格林威尔造山带属同期产物（周金城等，2008）。

新的证据表明，整个扬子克拉通的南缘或东缘，沿着江南造山带发育着一系列火山岩，指示武陵运动面（820 Ma）与下伏地层之间具有地球动力和构造的转换（表 1.4；高林志等，2010a）。在南华系之前形成了一套似盖层过渡层的地层，对其沉积关系的解释有利于理解江南造山带的地质背景、成矿条件以及地层划分等问题（王剑等，2006）。首先，在江南造山带东段双桥山群斑脱岩中，测得高精度的锆石 SHRIMP U-Pb 年龄范围为 831±6 Ma 至 829± 6 Ma（表 1.4；高林志等，2008a），极大地推动了对江南造山带变质基底的地层时代定位；随后在桂、黔交界处的四堡群斑脱岩中，获得锆石 SHRIMP U-Pb 年龄为 842 Ma（高林志等，2010a），在其上覆的下江群甲路组斑脱岩中，测得锆石 SHRIMP U-Pb 年龄为 814 Ma（高林志等，2010b）；对侵入四堡群且被下江群覆盖的摩天岭花岗岩中获得锆石 SHRIMP U-Pb 年龄为 827 Ma（表 1.4；高林志等，2010a），从而限定四堡群的地层上限年龄，即基本上将四堡运动限定在

827 Ma 与 814 Ma 之间（高林志等，2013d）。特别是湖南岳阳临湘地区冷家溪群顶部斑脱岩锆石 SHRIMP U-Pb 年龄 822 Ma 和板溪群斑脱岩锆石 SHRIMP U-Pb 年龄 802 Ma，将武陵运动限定于仅持续 20 Ma 的构造事件（表 1.4；高林志等，2011a）。

因此，通过地层中凝灰岩（斑脱岩）的高精度锆石 SHRIMP U-Pb 年龄，最终确定江南造山带变质基底地层（梵净山群、四堡群、冷家溪群、双桥山群等）的时代属新元古代，进而限定武陵运动与格林威尔造山带无关。庐山地区星子群的碎屑锆石二次离子质谱（Secondary Ion Mass Spectrometry，SIMS）U-Pb 年龄为 834±4 Ma、上覆地层筲箕洼组年龄为 830±5 Ma（关俊朋等，2010），以及筲箕洼组流纹岩锆石 SHRIMP U-Pb 年龄为 840±6 Ma、833±4 Ma 和 831±3 Ma（高林志等，2012d）等，基本上重新厘定了江南造山带最古老变质基底的地层时代（高林志等，2009，2012d）。

此前诸多论述都涉及构造运动的认识，一直将板溪群及其相当地层与下伏四堡群及相当地层之间的不整合定义为诸如四堡运动、武陵运动、双桥山运动和神功运动等，并看作 1000 Ma 前后全球格林威尔运动的表现（表 1.4）。而板溪群及相当地层与南华系（原"震旦系下统"；陆松年等，2002）间的区域不整合，如晋宁运动、雪峰运动等，则大体限定在 780 Ma（表 1.4）。但是，近年大量的年代学数据表明，在江南造山带变质基底范围内，未见有大于 1000 Ma 的地层单元，其变质基底的主要变质与变形作用都发生在 830~780 Ma 期间。因此，笔者认为江南造山带变质基底的形成、扬子古陆大陆边缘的增生以及扬子古陆的最终定型，均与 1000 Ma 的格林威尔运动无关，而是属于华南江南造山带晋宁运动的产物。

1.5.3　浙西地区双溪坞群在地层柱中的层位

地处江山–绍兴（江绍）拼合带的绍兴市平水镇发育一套新元古代浅变质地层，浙江省区域地质调查大队①将这一套岛弧型海相细碧角斑岩建造命名为"平水群"。俞国华等（1995）将平水群降格为平水组（表 1.4），并置于双溪坞群底部。陈志洪等（2009）获得"平水群"角斑岩的激光剥蚀–电感耦合等离子体质谱（Laser Ablation-Inductively Coupled Plasma Mass Spectrometry，LA-ICPMS）锆石 U-Pb 年龄为 904± 3 Ma 和 906±10 Ma，从而将平水组的地层时代厘定为新元古代早期。李春海等（2009）对平水铜矿矿体下部的含硫化物石英脉做 LA-ICPMS 锆石 U-Pb 测年，认为其成矿年龄为 899±21 Ma。上述数据与 Ye 等（2007）获得的平水组桃红花岗岩和西裘花岗岩岩体的锆石 SHRIMP U-Pb 年龄 913±15 Ma 和 905±14 Ma，明显具有时代上的冲突；然而，在 Ye 等提供的数据及其谐和图中，均剔除了一组 819 Ma 和 818 Ma 的"不和谐数据"，笔者继而在双溪坞群中获得北坞组熔结凝灰岩高精度锆石 SHRIMP U-Pb 年龄 902±7 Ma，以及章村组熔结凝灰岩年龄 899±8 Ma 和 877.6±9.2 Ma（表 1.5），从而在地层柱中，将浙西地区双溪坞群标定为 905~878 Ma，属于新元古代早期火山沉积事件，早于双桥山群、冷家溪群、溪口群、梵净山群和四堡群等。

1.5.4　铁沙街组的定年与江南造山带南界限定

江西省地处华夏地块的核心地带，境内萍乡–江山–绍兴（萍绍）断裂带对构造分区和地层划分具有深远影响；该断裂带近东西向延伸 400 余千米；沿萍乡、宜春、新余、东乡、铅山至广丰，横贯江西中部，东接浙江的江山–绍兴断裂带（江绍断裂带；图 1.6）。该断裂带为一个长期活动的区域性深大断裂带，也是划分扬子克拉通与华夏地块的一级分界线。

萍绍断裂带将赣北与赣南前寒武系分隔开来。低绿片岩相相当于新元古代双桥山群（831~824 Ma）、登山群（<820 Ma）及未变质的南华系（<760 Ma）以上的盖层，主要发育在赣西北和赣东北广大地区；而板溪群、潭头群（浒岭组、神山组、库里组和上施组）和南华系杨家桥群（古家组、下坊组、大沙江

---

① 浙江省区域地质测量大队，1990，1:50000 比例尺《平水幅》《丰惠幅》区域地质测量报告。

表 1.5　江南造山带中—新元古代地层序列与年代地层年学数据表（高林志等，2014a，2014c）

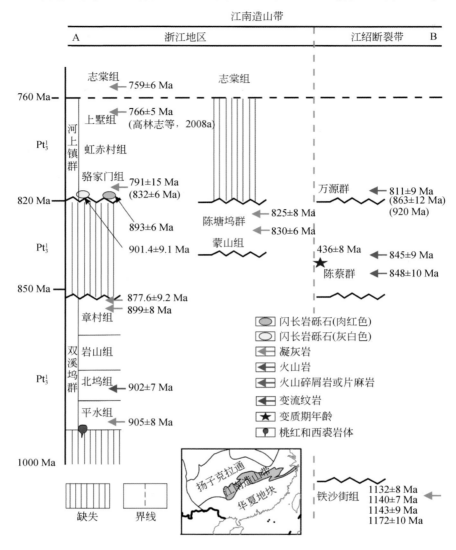

组）仅发育在赣南地区，且均发生轻度变形和变质。赣、浙、闽三省交界处，普遍发育一套中浅变质地层，包括铁沙街组（1132～1172 Ma）、田里片岩（923 Ma；表 1.4）、周潭群和万源群（930～811 Ma），主要发育在江绍断裂带之中。由于该断裂带属于深大断裂的韧性断裂带，是一条受多期构造影响的断裂带，其间的深变质地层一直是地质学家不断通过确定其地层时代来探讨华南构造背景的研究主题。

　　赣东北铁沙街组仅出露在江绍断裂带以南地区。沿浙赣铁路线南侧，从铅山鹅湖-弋阳-周潭-慈竹向西至余江马荃，分布与带状高绿片岩相-低角闪岩相当的变质岩系，属于呈东西向展布的钦杭断裂带（即钦州-萍乡-绍兴-杭州断裂带）东段的主体部分（图 1.6）。铁沙街组为萍绍断裂带与扬子克拉通东南缘之间的一套绿片岩相浅变质岩系。程海等（1991）认为，铁沙街组不是一个地层单元，而是一套混杂岩块，主要由中浅变质片岩及板岩组成，夹有大量以火山岩为主的岩块（如蛇纹石化、透闪石化橄辉岩、蛇纹石化透闪石岩、角闪岩、斜长角山岩、变细碧岩、变石英角斑岩、变流纹岩、大理岩及硅质岩；图版 1.I），含有后期的花岗片麻岩；其构造位置属于赣东北-皖南的古代沟弧盆体系（徐备，1990）、海沟或弧前沉积物及混杂岩体系。程海等通过变流纹岩的化学分析，发现稀土元素（Rare Earth Element，REE）组成特征为 Eu 亏损较大，稀土元素总量（ΣREE）高，轻稀土元素（Light Rare Earth Element，LREE）富集，岩石还具有高硅、贫钠、富钾等特点。最早报道的铁沙街组细碧岩的 Rb-Sr 等时线年龄为 1159 Ma，石英角斑岩单颗粒锆石的 U-Pb 年龄为 1201～1091 Ma，变流纹岩单颗粒锆石 U-Pb 年龄为 1196±6 Ma（程海等，1991），基本确定地层时代隶属于中元古代晚期。

　　本节提供下述铁沙街组的一组高精度实测锆石 SHRIMP U-Pb 年龄数据，所测岩样均属江绍断裂带内

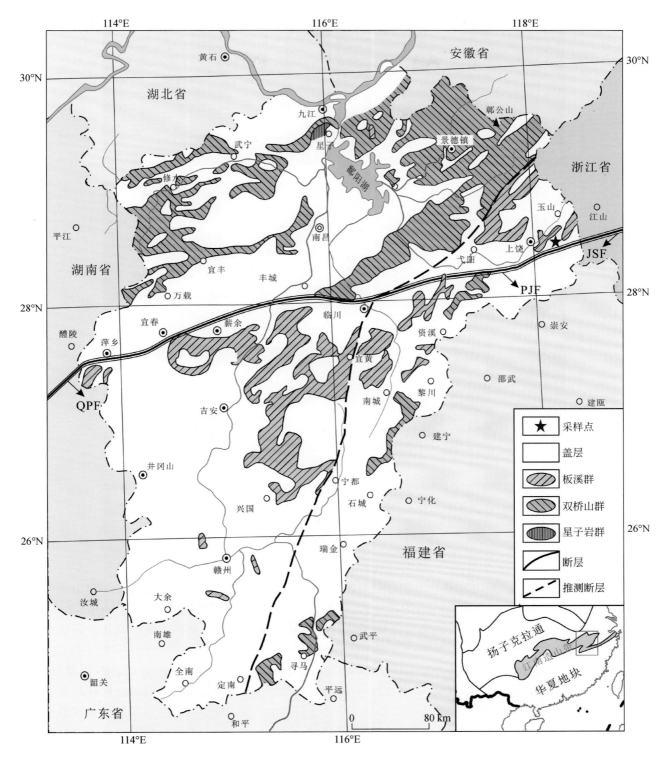

图 1.6　江西地区萍乡-江山-绍兴（萍绍）断裂带与中—新元古代地层展布图（江西省地质矿产勘查开发局，1997，修改）

QPF. 钦州-萍乡断裂；PJF. 萍乡-江山断裂带；JSF. 江山-绍兴断裂带

出露的最老沉积岩，验证其沉积时代的同时，试图探讨中元古代晚期扬子克拉通与华夏地块之间所发生的构造事件及其地层学意义。测年样品采自铁沙街铜矿的一条铁沙街组地层剖面（图版 1.IE）上的几个采样点（图版 1.IA～D）。测年岩样的相关信息描述如下：

（1）T22-3 岩样（采样点坐标为 117°24.35′E、28°15.43′N）：千枚状变质流纹斑岩。斑晶系石英和长石假象，粒径一般为 0.2～1.3 mm，呈零散定向分布（图版 1.IF）。石英斑晶为半自形-它形粒状，有的

图版 1.I　铁沙街组变流纹岩野外及显微照片

A～D. 变流纹岩野外采样点；E. 采样剖面；F～I. 变流纹岩显微照片。qtz. 石英斑晶呈熔蚀状，具波状、带状消光；长石斑晶呈近半自形板状，被石英、绢云母等交代呈假象。基质由长英质与新生矿物构成；长英质主要呈霏细-微晶状，粒径一般小于 0.1 mm，定向性明显；新生矿物为鳞片状绢云母，片径小于 0.2 mm，首尾相接呈定向分布。总共实测 24 个数据点，其中 20 个数据点沿谐和线分布；20 个数据点的 $^{206}Pb/^{207}Pb$ 年龄为 1172.3±9.7 Ma（MSWD=1.2），可表征流纹岩的侵位年龄［图 1.7(a)］。

（2）T22-5 岩样（采样点坐标为 117°24.36′E、28°15.44′N）：变流纹斑岩。具长石斑晶，呈近半自形板状-它形晶粒，粒径一般为 0.5～1.5 mm，零散定向分布，具绢云母化、褐铁矿化等。基质为长英质与新生矿物；长英质呈微晶状，粒径一般小于 0.1 mm，定向明显；新生矿物为绢云母，鳞片状，片径小于 0.1 mm（图版 1.IG）。总共测试 16 个数据点，15 个数据点沿谐和线分布，15 个数据点的 $^{206}Pb/^{238}U$ 年龄为 1132±8 Ma（MSWD=0.86），表征流纹岩的侵位年龄［图 1.7(b)］。

（3）T22-6 岩样（采样点坐标为 117°24.36′E、28°15.45′N）：变流纹斑岩。斑晶为长石和石英，晶体直径为 0.2～1.3 mm，零散定向分布，其中长石呈近半自形板状-它形晶粒，具绢云母化、石英化、褐铁矿化；而石英为半自形-它形（图 1.IH），具波状、带状消光，有熔蚀现象。基质为长英质与新生矿物；长英质呈霏细-微晶状，粒径一般小于 0.15 mm，定向明显，部分石英呈断续线纹状、似透镜状等聚集。总共测试 16 个数据点，16 个数据点沿谐和线分布，16 个数据点指示流纹岩的侵位年龄 $^{206}Pb/^{238}U$ 年龄为 1140.5±6.5 Ma［MSWD=0.99；图 1.7(c)］。

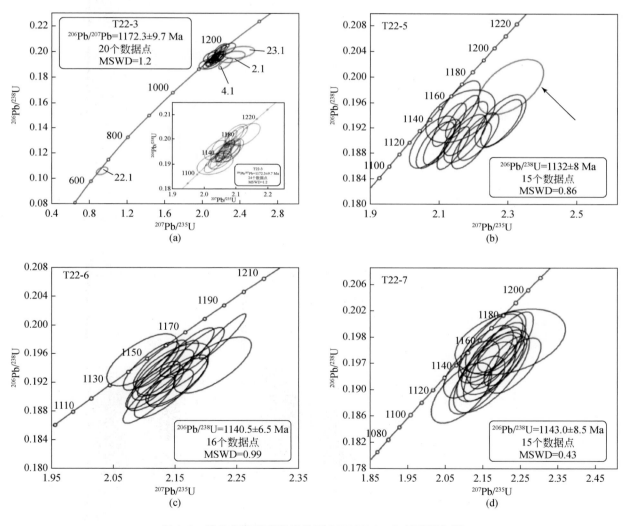

图 1.7　铁沙街组变流纹岩锆石 SHRIMP U-Pb 年龄谐和图

（4）T22-7 岩样（采样点坐标为 117°24.36′E、28°15.47′N）：变流纹岩，由长英质与新生矿物组成。长英质主要呈霏细-微晶（图 1.II），粒径一般小于 0.15 mm，定向明显，部分石英呈断续线纹状、似透镜状等聚集。新生矿物为绢云母，鳞片状，片径小于 0.1mm，首尾相接定向分布，且集合体多呈条纹状聚集分布。总共测试 15 个数据点，均沿谐和线分布，$^{206}Pb/^{238}U$ 年龄为 1143.0±8.5 Ma（MSWD = 0.43），系流纹岩的侵位年龄［图 1.7（d）］。

在构造位置上，浙皖赣交界地带处于中—新元古代弧-陆碰撞型造山带，并且发育完整的新元古代火山岩-沉积岩系。萍绍断裂带的范围内各个断块采用不同的岩石-地层单位名称，自西向东称为万源群、周潭群、铁沙街组、田里片岩和陈蔡群，其时代定位和年代学关系尚不清晰，对于其构造意义，中外地质学家们众说纷纭（许靖华，1980，1987；水涛等，1996；于津海等，2006；余达淦等，2006；胡肇荣和邓国辉，2009）。浙皖赣交界地带突出的地质问题涉及中—新元古代火山-沉积岩系同期异相地层的对比关系（唐红峰等，1998；Gao et al.，2012）。由于受到早期测年技术与后期变质作用、地球化学指数投图分析等因素的影响（胡艳华等，2011），以及不同成矿构造背景等因素的制约（杨树峰等，2009），浙皖赣交界地带中—新元古代火山-沉积岩系的时代始终具有多解性，极大地影响到扬子克拉通与华夏地块的构造解译以及关于江绍断裂带的认识（邢凤鸣等，1992；李江海和穆剑，1999；余达淦等，1999；胡开明，2001；邓国辉等，2005；Li et al.，2007；Wan et al.，2007；Xu et al.，2007；陈志洪等，2009；薛怀民等，2010；Shu et al.，2011；王自强等，2012；杨明桂等，2012；张恒等，2015a，2015b，2015c）。

目前，双桥山群斑脱岩锆石 U-Pb 年龄为 831 ~ 829 Ma（高林志等，2008a），德兴张村西浅变质流纹岩年龄为 860±3 Ma（刘树文等，2012），双溪坞群安山岩时代为 905 ~ 878 Ma，铁沙街组精确的 SHRIMP 锆石 U-Pb 年龄为 1132±8 Ma、1140±7 Ma、1143±9 Ma 和 1172±10 Ma 等，在时空上看似具有连续的演化关系（图 1.8）。刘树文等（2012）依据赣东北地区浅变质玄武岩组合的地球化学特征及成因，将该套岩石组合定位于新元古代早期，具有安第斯活动大陆边缘弧后盆地的构造背景。铁沙街组是目前江南造山带南缘或江绍断裂带中最老的火山-沉积岩地层单元。铁沙街组地层年代学和构造背景研究，对于江绍断裂带边界和寻找铁沙街型同期铜矿带均有着重要的构造地层学意义。

1.5.5　江南古陆地层构造运动面的厘定

四堡运动（Sipu Orogeny）系由黎盛斯（1962 年）创名（尹赞勋等，1965），指广西壮族自治区罗城县四堡村的板溪群（丹洲群）与下伏四堡群之间的构造运动。最初认为，四堡群中上部应与长城系及蓟县系大致相当，板溪群则可与青白口系对比；因此认为，四堡运动代表华南地区发生在蓟县纪与青白口纪之间的构造运动及其造成的不整合面，其时限为距今约 1 Ga。但是，高林志等（2013d）在桂西北获得四堡群鱼西组凝灰岩锆石 U-Pb 年龄为 842±13 Ma，以及侵入四堡群的花岗闪长岩锆石 U-Pb 年龄为 834±4 Ma，二者可限定四堡群的最大地层上限年龄；同时其上覆丹洲群合桐组凝灰岩锆石 U-Pb 年龄为 801±3 Ma，据此厘定四堡运动应当是发生在新元古代 834±4 ~ 814±6 Ma 期间的构造运动（图 1.8B）。

武陵运动（Wuling Orogeny）由湖南省地质局 423 队（1959 年）创名（尹赞勋等，1965），属于新元古代早期的一次褶皱运动。当初是依据湘西武陵山区板溪群下部官庄组与下伏冷家溪群（原称"下板溪群"）之间的角度不整合面所确定的，其时限定为 1.1 ~ 0.9 Ga，与四堡运动相当。高林志等（2011a）在临湘市陆城镇剖面上冷家溪群上部地层凝灰岩夹层中测得锆石 U-Pb 年龄为 822±10 Ma，上覆地层板溪群张家湾组凝灰岩夹层锆石 U-Pb 年龄为 803±8 Ma，说明武陵运动也是新元古代 822±10 ~ 803±8 Ma 时期的构造运动（图 1.8C）。

神功运动（Shengong Orogeny）由马瑞士和张健康（1977 年）创名，并定义为中—新元古代中期的一次构造运动。当初，神功运动命名于浙江北部的章村地区（位于富阳市东南 25 km、江绍断裂带东北端的北侧），系依据新元古界河上镇群骆家门组和下伏中元古界双溪坞群之间的角度不整合面确定的，还厘定这次运动时间为距今 1 Ga 左右。神功运动促使江绍断裂带向前陆盆地发展，导致骆家门组磨拉石建造和虹赤村组、上墅组的火山沉积岩沉积。鉴于高林志等（2013c）在双溪坞群章村组顶部火山岩获得最年轻锆石 U-Pb 年龄 878±9 Ma 和骆家门组凝灰岩锆石 U-Pb 年龄 791±15 Ma，因此神功运动是整个江南造山带中已知时限最长的或早期的造山运动（图 1.8F）。

晋宁运动（Jinning Orogeny）由 Misch（1942 年）创名，是新元古代中期的一次构造运动。系依据云

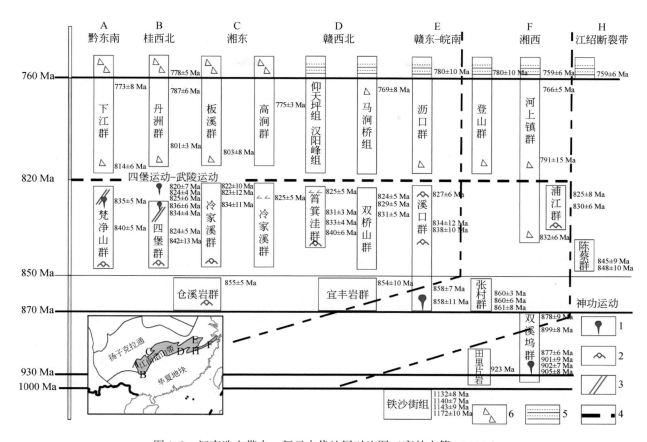

图 1.8　江南造山带中—新元古代地层对比图（高林志等，2014c）

1. 花岗岩；2. 玄武岩；3. 辉绿岩；4. 武陵运动（820 Ma）；5. 砂质板岩；6. 陆源碎屑岩

南中东部晋宁、玉溪等地的南华系澄江砂岩与下伏中元古界昆阳群之间的显著角度不整合面所确定的。这次运动发生于距今约 800 Ma，造成昆阳群的剧烈褶皱，而澄江组则属后造山期的磨拉石建造。此不整合面在华南地区普遍存在，前澄江运动、皖南运动、休宁运动、雪峰运动等均与之相当。

皖南运动（Wannan Orogeny）由李毓尧和许杰（1947 年）定名（Lee and Hsu，1947），是皖南地区发生在新元古代中期的一次构造运动，系根据皖南地区南华系"高亭组"砂岩（后改称休宁组砂岩）与下伏新元古界下部沥口群之间的角度不整合确定的。

雪峰运动（Xuefeng Orogeny）由田奇镌（1948）提出，是新元古代中期南华纪与新元古代早期、青白口纪之间的一次褶皱运动，根据湘西板溪群与南华系南沱冰碛层间的角度不整合面所确定，发生于距今约 800 Ma。

休宁运动（Xiuning Orogeny）由南京大学地质系（1958 年）提出，是安徽省休宁地区南华系底部休宁组砂岩与下伏新元古界下部沥口群之间的不整合面所代表的构造运动。在江南造山带轴部，二者呈明显的不整合接触关系，向北侧和西北侧不整合程度减弱，并在南侧和东南侧变为整合关系。与雪峰运动相当。

前澄江运动（Pre-Chengjiang Orogeny）由孟宪民和张席褆（1948 年）创名（Meng and Zhang，1948），是指云南东川矿区南华系澄江组沉积前的地壳运动。下部浅变质岩群为中元古界昆阳群，其间曾遭受过强烈褶皱和冲断，上部新元古界澄江组与之呈显著的角度不整合接触关系，其与晋宁运动相当。

澄江运动（Chengjiang Orogeny）是南华纪内部的一期褶皱运动，系根据云南澄江地区南华系南沱冰碛层与下伏澄江组砂岩之间的微角度不整合关系确定的，发生于距今约 750 Ma。此运动发生在晋宁运动的后造山期磨拉石建造出现之后，有学者认为该运动属早兴凯（萨拉伊尔）期的地壳运动范畴。

1.6　扬子克拉通南华系

在《国际年代地层表》中，新元古代成冰系（Cryogenian）的时限为 850～635 Ma，此期间的"雪球地球"时期含有三套冰期均发生在 755～635 Ma，与中国新元古代南华纪（780～635 Ma）大体相当。目前，成冰系的顶界年龄厘定为 635 Ma，即埃迪卡拉系（震旦系）的底界"金钉子"（GSSP）年龄。地层剖面中的冰碛岩（或冰碛层）是识别冰期存在的主要标志，在我国扬子克拉通和塔里木地块的新元古界南华系剖面中，分别发现有三或四个冰碛层，而迄今华北克拉通尚无冰碛岩存在的地质记录。

当前关于此 GSSP 年龄的争议焦点有三：①以最早冰川的出现为界；②以寒冷事件沉积为界；③以全球发育最广泛的冰碛岩为界。南非凯嘎斯（Kaigas）冰期年代大体晚于 770 Ma，但其全球分布的广泛性较差，在争议中地质学家可能难以认可。当前，一派地质学家提出成冰系底界（冰期起始时间）应设置在全球最广泛发育的冰川事件，即澳大利亚斯图特（Sturtian）冰期的底界，其年龄为 755 Ma；另一派地质学家强烈建议将成冰系的 GSSP 底界年龄定在寒冷事件的起始时间节点 780 Ma。

1.6.1　扬子克拉通的冰期划分

国际成冰系工作组建议成冰系底界的界线应具有下述四个基本特征：①冰碛岩（tillite/diamictite）的存在，②碳氧同位素曲线的变化，③化学蚀变指数（Chemical Index of Alteration，CIA）的变化，以及④年代地层学数据（如 U-Pb 年龄）。当前在全球范围内，唯有中国塔里木盆地东北部的库鲁克塔格地区，独具新元古代四套冰碛层的完整记录与多期火山岩地层发育的地层剖面，其年代地层学研究成果，将会直接影响全球成冰系的地层划分和对比（Gao et al.，2013；高林志等，2013c，2013d）。

依据扬子克拉通南华系的野外地层发育特征与最终研究成果，可识别出三个冰期和三个间冰期，即长安冰期和富禄间冰期；古城冰期和大塘坡间冰期；南沱冰期和上覆地层间冰期。鉴于扬子克拉通冰碛岩的空间展布尚不完全清楚，通常将包含"含铁建造"和"含锰建造"的富禄组作为一个沉积体系，据此在扬子克拉通一般划分出两套普遍认识的冰期，并与澳大利亚斯图特（Sturtian）冰期和马里诺（Marinoan）冰期进行对比。2011 年，在湖南凤凰城附近的野外考察中，笔者与湖南省地质调查所同行发现了一条包含富禄组—古城组—南沱组的连续地层剖面，结合黔、桂的长安组和富禄组连续剖面，从而证实扬子克拉通南华系存在三套冰碛层的事实（图 1.9）。

1.6.2　南华系冰期起始时间

通常以冰碛层作为南华系的地层划分依据，并以冰碛岩的出现为其起始界限标志。扬子克拉通南华系最早冰碛岩见于长安组。长安组冰期划分与地层对比存在两个争议焦点：①长安组是否可与莲沱组对比；②是以长安组底部凝灰岩的锆石 U-Pb 年龄，还是以板溪群顶部锆石凝灰岩的最小年龄，来厘定南华系的层位和地质时代（高维和张传恒，2009）。由此产生两种不同的地层对比方案。

中国前寒武纪地层的划分与对比是以标准剖面为依据的。长江三峡地区是我国"震旦系"标准剖面的发育地区，自全国地层委员会将原"震旦系"划分为南华系和震旦系以后，原"震旦系"下部莲沱组和南沱组成为南华系的对比划分标准（陆松年等，2002）。历来有学者认为，莲沱组砂岩可以与板溪群大套砂岩作对比，因此经常有学者视板溪群的同位素年龄等同于莲沱组的地质年龄，从而将其划归前冰期。但是湖南、广西、贵州三省（自治区）地质调查院的地质学家更倾向于将莲沱组砂岩与富禄组砂岩作对比，这样扬子克拉通南华系长安组的底界年龄就成为中外地质学家探讨全球冰期起始时间的选项之一。尽管目前已经具有多处年代地层学数据的实际例证，但长安组的底界年龄仍然是被关注的目标，为此首先要确定一条同位素年龄可靠、地层界线连续的层型剖面作为依据。高林志等（2013d）报道在广西罗城发现包含长安组的连续地层剖面，并首次获得一系列锆石 U-Pb 年龄数据，即四堡群鱼西组凝灰质砂岩年龄为 842±13 Ma、火成岩侵入体年龄为 834±4 Ma，丹洲群合桐组凝灰岩年龄为 801±3 Ma、拱洞组凝灰岩

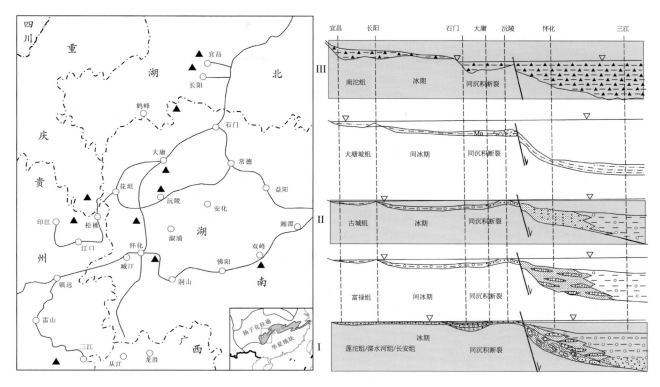

图 1.9　扬子克拉通冰期阶段示意图（▲标志冰碛层露头分布位置）

年龄为 786±6 Ma，南华系长安组底界年龄为 778±5 Ma，大塘坡组年龄为 661±7 Ma 等（表 1.3）。上述年龄数据基本上可将罗城剖面长安组底界限定在 778 Ma 左右。但是此年龄数据与其他地区，或不同学者获得的年龄数据仍有明显冲突（表 1.3），因此仍需通过扬子克拉通广大地区的系列剖面界线年龄来佐证此年龄数据的可靠性。

1.7　塔里木地块新元古界

前寒武纪地层在新疆南部塔里木盆地周缘广泛发育（图 1.1），尤其是以库鲁克塔格地区地层最为完整。库鲁克塔格位于塔里木盆地东北缘，主要发育南华系和震旦系（图 1.10）。

1.7.1　年代地层学划分

目前在全球各大陆中，新疆塔里木北缘的库鲁克塔格是唯一发育四套新元古代冰碛层和具有多期火成岩事件的地区，有关其地层沉积特征、沉积环境以及冰碛岩年代的地层学研究进展，始终是前寒武纪地质学者关切的焦点。该地区含冰碛岩层系的建立始见于瑞典学者诺林 1928～1932 年的考察报告（Norin, 1935），诺林在考察中首先发现和确定库鲁克塔格含冰碛岩层系，并划分出四套岩系："贝义西岩系"、"阿勒通沟岩系"、"特瑞爱肯岩系"和"育肯沟岩系"（图 1.11）。

20 世纪 50～70 年代，前地质矿产部第十三大队的地质学者在新疆系统的野外调查时，完善了冰碛层的地层序列，并做了系统的矿物岩石学研究和古地理分析（高振家等，1980；高振家和朱诚顺，1984）。曹仁关（1991）考察库鲁克塔格地区时，建议将阿勒通沟组上段划分出黄羊沟组，从此将四套冰期（冰碛层）与间冰期清晰地反映在地层柱中（图 1.11；高林志等，2010a），其中南华系有三套冰碛层，分别代表贝义西冰期、阿勒通沟冰期和特瑞爱肯冰期三个冰期，震旦系有一套冰碛层，对应汉格尔乔克冰期。高振家和陈克强（2003）曾建议进一步深入研究，以期成为全球新元古代冰期地层对比的典范剖面。

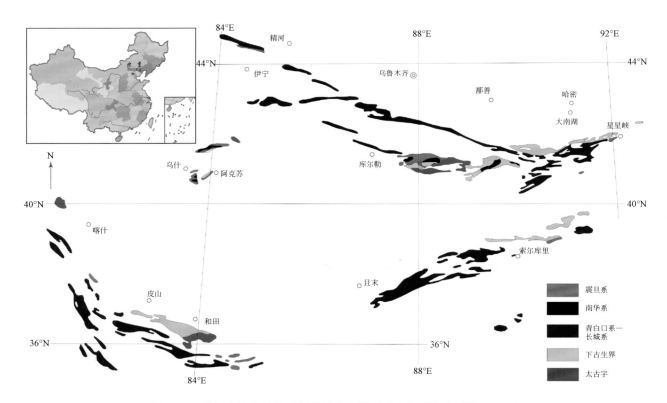

图 1.10　塔里木地块前寒武纪地层分布简图（高振家和朱诚顺，1984）

　　通过全球范围的新元古界年代地层学研究，全球冰期事件自下而上也发育四套冰期，即凯嘎斯冰期、斯图特冰期、马里诺冰期和嘎斯奇厄斯（Gaskiers）冰期（MacGabhann，2005）；其中前三者属于成冰系冰期，基本上发育于 750～635 Ma（Hoffman and Li，2009），与中国新元古代南华系时代（780～635 Ma）大体相当（尹崇玉等，2007），但二者底界年龄尚有很大的差异。国际上趋向于将成冰系底界的 GSSP 年龄限定在约 750 Ma，这与中国南华系底界年龄（780 Ma）有约 30 Ma 的时间差。嘎斯奇厄斯冰期大体相当于新元古代震旦纪末次冰期，即塔里木板块的汉格尔乔克冰期（580～570 Ma；Xiao et al.，2004），或大体上可与华北克拉通的上罗圈组对比，该冰期在《国际年代地层表》中归入埃迪卡拉系，在《中国地层表》上归入震旦系。当前，埃迪卡拉系底界定论的 GSSP 年龄即是成冰系的顶界年龄（635 Ma；Condon et al.，2005）。

　　国际成冰系工作组建议成冰系底界的界定需要考虑到全球地质演化史（Xiao et al.，2004；Hoffman and Li，2009）、冰碛岩存在（Xu et al.，2005，2009；尹崇玉等，2007；徐备等，2008；高林志等，2010e，2013a）、碳氧同位素曲线（$\delta^{13}C/\delta^{18}O$；徐备等，2002；Xiao et al.，2004）和化学蚀变指数（CIA；刘兵等，2007）。塔里木库鲁克塔格地区对全球冰川事件的研究具有重要的意义，实测锆石 SHRIMP U-Pb 年龄：贝义西组火山岩为 739±6 Ma，特瑞爱肯组中的枕状熔岩为 705±10 Ma（图 1.11；高林志等，2010b）。

1.7.2　库鲁克塔格新元古代冰期

　　作为完整的新元古代冰期序列，库鲁克塔格新元古代南华纪和震旦纪冰期可与中国和全球的同时代冰期进行对比（图 1.11），由老至新如下。

　　（1）第一期冰期：在 768±10～740±7 Ma 期间的南华系贝义西冰碛层（Xu et al.，2005，2009；尹崇玉等，2007；徐备等，2008）与扬子克拉通的南华系长安冰碛层，纳米比亚南部的卡拉哈里（Kalahari）克拉通凯嘎斯冰碛层（780±10～741±6 Ma；Allsopp et al.，1979；Frimmel et al.，1996），巴西的圣弗朗西

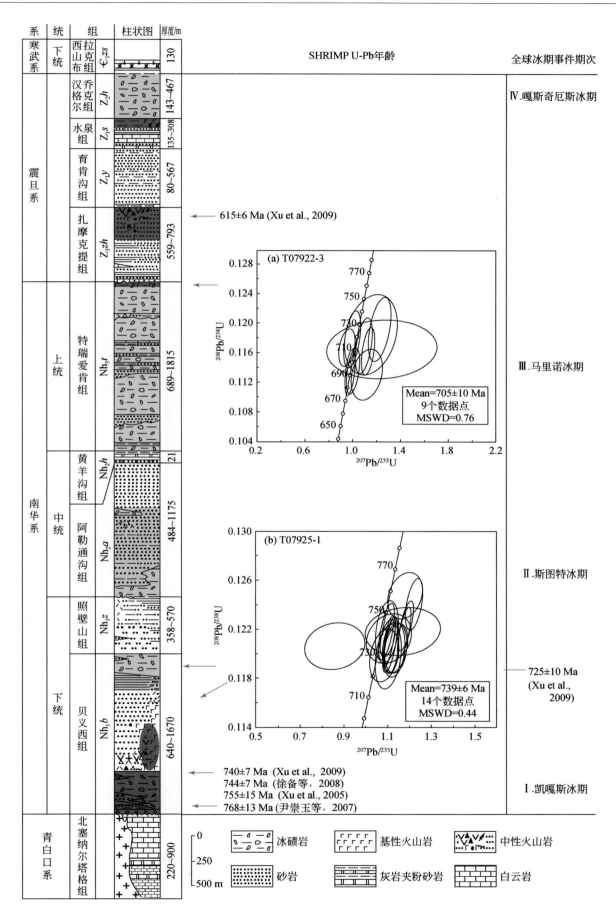

图 1.11　塔里木地块库鲁克塔格地区南华纪和震旦纪地层年表与锆石定年示意图（高振家等，1980；曹仁关，1991，修改）

斯科（São Francisco）克拉通热基塔伊（Jequitaí）、温德米尔（Windemere）冰碛层以及埃塞俄比亚的内加什（Negash）冰碛层（750~613 Ma）层位相当，照壁山组为其间冰期沉积。

（2）第二期冰期：南华系阿勒通沟冰碛层（<725±10 Ma；Xu et al.，2009）与扬子克拉通的古城冰碛层、澳大利亚的斯图特冰碛层以及阿曼的谷不拉（Gubrah）冰碛层层位相当。其间冰期沉积称为黄羊沟组。

（3）第三期冰期：南华系特瑞爱肯组冰碛层与扬子克拉通的南沱组冰碛层、澳大利亚的马里诺冰碛层（Haverson et al.，2004）和挪威波罗的海的瓦朗厄尔（Varanger）冰碛层层位相当。代表其间冰期的沉积有扎摩克提组（615±6 Ma；Xu et al.，2009）、育肯沟组和水泉组等。

（4）第四期冰期：震旦系汉格尔乔克冰碛层与华北克拉通广泛分布的罗圈冰碛层、加拿大波罗的海的嘎斯奇厄斯冰碛层（590 Ma）相当（Guerrot and Peucat，1990）。

目前，依据同位素年龄（Allen et al.，2002；尹崇玉等，2003，2005；Hoffman et al.，2004；Zhou et al.，2004；MacGabhann，2005；Zhang et al.，2005，2008；高林志等，2010a，2013b）、碳氧同位素值（Burns and Matter，1993；Derry et al.，1994；Kaufman et al.，1997；Kennedy et al.，2001；徐备等，2002；Jiang et al.，2003；de Alvarenga et al.，2004；Xiao et al.，2004；Hoffman and Li，2009）、化学蚀变指数（CIA；王自强等，2002，2009；冯连君等，2003）和后生动物演化规律（瓮安生物群、庙河生物群、埃迪卡拉动物群；Knoll，2000；Bowring et al.，2003；Chen et al.，2004；Zhou et al.，2007；尹崇玉等，2007，2009；Zhou et al.，2007；唐烽等，2009；刘鹏举等，2009，2012）等取得的冰期事件研究成果表明，全球新元古界各大陆自下而上出现凯嘎斯冰期、斯图特冰期、马里诺冰期和嘎斯奇厄斯冰期四套冰期。唯有在库鲁克塔格地区，在同一条地层剖面上系统观察到新元古代南华纪和震旦纪的四期冰碛层，其年代地层学研究的重要意义在于：①对中国华北和扬子两大克拉通和塔里木地块，以及全球各大洲不同期冰碛层或冰期的时序与对比关系提供有效的标定；②可判断全球"雪球地球"事件冰期对比的等时性。

目前，一些地质学家试图将南华系底界国际"金钉子"（GSSP）年龄定位于 720 Ma，而中国南华系底界年龄则为 780 Ma。嘎斯奇厄斯冰期可对比塔里木盆地的汉格尔乔克冰碛层（580~570 Ma；Xiao et al.，2004；图 1.11）和华北克拉通的罗圈冰碛层（Guan et al.，1986；吴瑞棠和关保德，1988；Daniel et al.，2018，2019）。然而，库鲁克塔格地区发育连续包含四套冰期的新元古界完整地层剖面，其同位素年代学研究将对全球成冰系地层划分与对比具有标示意义。因此，库鲁克塔格冰碛层序列的深入研究，对于全球新元古代沉积学、冰川学和同位素年代学研究是至关重要的。

1.8　中国中—新元古代地层格架

从全国范围来看，我国地域幅员广阔，总共集中发育华北克拉通、扬子克拉通（含低变质的江南造山带）和塔里木地块三个古老的中—新元古代沉积盆地（参见第 11 章图 11.23）。但是就古老的中—新元古界而言，其地层层序、发育程度与分布范围是非常不均衡的。依据年代地层学划分，较为连续完整的中元古界发育于华北克拉通，扬子克拉通主要发育并出露新元古界中上部，塔里木地块只有新元古界。在三个古老沉积盆地中，唯有新元古代青白口系（Pt_3^1）均有发育与分布；"玉溪系"（Pt_3^2）则主要见于扬子克拉通和华北克拉通的部分地区（表 1.6）。而且，全国中—新元古界年代地层学研究程度尚不平衡，对一些层位，或在一些地区，精确的地层年代时限与地层对比关系尚有待深入研究。

在华北克拉通北缘，燕辽裂陷带发育连续的中元古界地层剖面，地层序列完整、未曾变质、地表出露完好、顶底界限清晰、地层剖面建立时间最早（Kao et al.，1934）和地质研究程度高。中元古界地层层序包含长城系（Pt_2^1）、蓟县系（Pt_2^2）和下马岭组（Pt_2^3x），累计地层厚度为约 9260 m（参阅第 2、3 章，第 11 章表 11.12），地质年代跨度从 1670 Ma（高林志等，2008a；高维等，2008；李怀坤等，2011；和政军等，2011a，2011b）至 1320 Ma（李怀坤等，2009；见第 10 章）；但是，燕辽裂陷带的长城系底界年龄为 1670 Ma，显然要短于华北克拉通南部的长城系熊耳群底界年龄 1800 Ma。

与《国际年代地层表》相比较，华北克拉通燕辽裂陷带中元古界长城系（Pt_2^1）大红峪组与上覆蓟县系（Pt_2^2）高于庄组之间地层分界线年龄约1600 Ma，在区域上为平行不整合接触，但在河北宽城一带大红峪组的沉降中心，二者呈现出连续沉积整合接触关系（参阅第2章），导致其蓟县系的最高时限（1670～1400 Ma）穿越了国际上固结系（1800～1600 Ma）和盖层系（1600～1400 Ma）的时限。此外，在燕辽裂陷带的地层柱上，中元古界仅具有与延展系（1400～1200 Ma）下部层段相当的下马岭组（Pt_2^3x，1400～1320 Ma），而缺失其中上部层段（1320～1200 Ma）和"玉溪系"（Pt_2^4，1200～1000 Ma）。而且，华北克拉通的新元古界也只发育青白口系（Pt_3^1），还缺失南华系（Pt_3^2）和震旦系（Pt_3^3）（表1.6）；不过在华北克拉通的东面，辽东半岛的五行山群和金县群有可能属于南华系或震旦系的范畴，但是这两套地层仅发育大量宏体藻类和微古植物化石，目前未见冰碛层，也缺乏可靠的年代地层学依据。

表1.6　中国中—新元古代地层格架与年表

构造单元	扬子克拉通(YC)和江南造山带(JOB)		塔里木盆地(TB)	华北克拉通(NCC)			
	扬子西南部	扬子南部	塔里木东北	华北东南部	华北南部	华北北部	华北东北部
下寒武统(Є₁)		筇竹寺组/九老洞组	西山布拉克组	辛集组		下苇甸组	嘉城组
		朱家箐组/麦地坪组					金县群
541 Ma				上张湾组	东坡组		
震旦系(Pt₃³)		灯影组	汉格尔乔克组 ▲▲▲▲	罗圈组 ▲▲▲▲			
	王家湾组	550 Ma	水泉组				
		陡山沱组 630±12 Ma	育肯沟组				武行山群
			扎摩克提组				
635 Ma			特瑞爱肯组 ▲▲▲				
		南沱组 ▲▲▲	黄羊沟组				
南华系(Pt₃²)		大塘坡组	阿勒通沟组 ▲▲				
		古城组 ▲▲	照壁山组				
		富禄组 748±12 Ma	贝义西组 755±15 Ma ▲				
780 Ma		莲沱组/长安组/澄江组 ▲					西河群
820 Ma		黄陵花岗岩/板溪群/下江群/丹洲群					
青白口系(Pt₃¹)	禄表组	冷家溪群/方景山群/四堡群	塔里木运动 帕尔岗塔格群 912±28 Ma	董家组	景儿峪组		永宁群
	华家箐组	双溪坞群		黄连垛组	骆驼岭组		
1000 Ma	柳坝塘组						
"玉溪系"(Pt₂⁴)	盆河口组	上神农架群/铁沙街组		华家寨群			
	大龙口组						
	富良棚组			落土盘组			
	黑山头组						
	车家城组						
1200 Ma	热水塘组						
Pt₂		下神农架群		普峪组	1320 Ma 下马岭组 1368 Ma		
1400 Ma					铁岭组		
蓟县系(Pt₂²)	绿汁江组	阿尔基干群		石碑沟组 冯家湾组 杜关组 巡检司组 龙家园组	洪水庄组		
					雾迷山组 1483 Ma/1487 Ma		
	黑山组 1499.8±3.8 Ma				杨庄组		
1600 Ma					高于庄组 1560 Ma/1577 Ma		
长城系(Pt₂¹)	因民组 1742±13 Ma			洛峪群	大红峪组 团山子组 串岭沟组 常州沟组 1670 Ma		
				汝阳群			
1800 Ma				高山河群			
				熊耳群 1751 Ma/1800 Ma			
结晶基底	石屏岩群(Pt₁)	水月寺群(Pt₁)	杨吉布拉克群(Pt₁)	太华群(Ar)			

注：▲长安-贝义西冰期；▲▲古城-阿勒通沟冰期；▲▲▲南沱-特瑞爱肯冰期；▲▲▲▲罗圈-汉格尔乔克冰期。

在扬子克拉通，仅在西南缘发育中元古界长城系（Pt_2^1）因民组（1742±13 Ma、1667±13 Ma），蓟县系（Pt_2^2）黑山组（1499.8±3 Ma）和绿汁江组，以及"玉溪系"（Pt_2^4）的热水塘组、车家城组、黑山头组、富良棚组（1032±19 Ma、1043±7 Ma）、大龙口组和盆河口组。由表1.6可知，扬子克拉通发育780～635 Ma的连续沉积，且具有1400～1200 Ma的沉积间断。同时，在扬子克拉通，广泛发育新元古代地层，特别是南华系（Pt_3^2）和震旦系（Pt_3^3）。南华系包含三个冰期和两个间冰期，自下而上为莲沱冰期/长安冰期/澄江冰期（748±12 Ma、778±5 Ma）—富禄间冰期—古城冰期（669±13 Ma）—大塘坡间冰期—南沱冰期（667±10 Ma、663±4 Ma）；震旦系包括陡山沱组（Pt_3^3ds）和灯影组（Pt_3^3dy），时限为 635~541 Ma。

塔里木盆地中—新元古代地层序列仅发育阿尔基干群（Pt_2^2a）和帕尔岗塔格群（Pt_3^1p；912±28 Ma），而南华系（Pt_2^2）和震旦系（Pt_2^3）发育四套冰期沉积，包括南华系的贝义西组（755±15 Ma、740±7 Ma、725±10 Ma、739±6 Ma）、阿勒通沟组（633±23 Ma、<725±10 Ma）以及特瑞爱肯组（615±6 Ma、705±10 Ma）的三个冰期，震旦系仅有汉格尔乔克冰期（615~541 Ma）。

致谢：本章成果得到中国地质调查局地质调查项目（编号：12120113013900）及 IGMA 5000（编号：121201011120131）联合资助，在此一并致谢。特别感谢北京离子探针中心刘敦一教授的帮助。

参 考 文 献

曹仁关. 1991. 新疆南雅尔当山震旦系的新观察. 中国区域地质, 1：30-34.

陈国达. 1956. 中国地台"活动区"的实例并着重讨论"华夏古陆"问题. 地质学报, 36(3)：239-272.

陈晋镳, 张惠民, 朱世兴, 赵震, 王振刚. 1980. 蓟县震旦亚界的研究. 见：中国地质科学院天津地质矿产研究所. 中国震旦亚界. 天津：天津科学技术出版社：56-114.

陈志洪, 邢光福, 郭坤一, 董永观, 陈荣, 曾勇, 李龙明, 贺振宇, 赵玲. 2009. 浙江平水群角斑岩的成因：锆石 U-Pb 年龄和 Hf 同位素制约. 科学通报, 54(5)：610-617.

程海, 胡世玲, 唐朝辉. 1991. 赣东北铁沙街变质混杂岩块的同位素年代. 中国区域地质, 2：151-154.

崔新省, 董文明, 周洪瑞. 1996. 豫西震旦系露头层序地层学初步研究及其意义. 地球科学——中国地质大学学报, 21(3)：249-253.

邓国辉, 刘春根, 冯晔. 2005. 赣东北-皖南元古代造山带构造格架及演化. 地球学报, 26(1)：9-16.

冯连君, 储雪蕾, 张启锐, 张同钢. 2003. 化学蚀变指数(CIA)及其在新元古代碎屑岩中的应用. 地学前缘, 10(4)：539-544.

高林志, 章雨旭, 王成述, 田树刚, 彭阳, 刘友元, 董大中, 何怀香, 雷宝桐, 陈孟莪, 杨立公. 1996. 天津蓟县中新元古代层序地层初探. 中国区域地质, 1：64-74.

高林志, 尹崇玉, 邢裕盛. 1999. 新元古代微古植物组合序列与层序地层学. 见：中国地质科学院地层古生物论文集编委会. 地层古生物论文集, 第二十七辑. 北京：地质出版社：28-36.

高林志, 尹崇玉, 王自强. 2002. 华北地台南缘新元古代地层的新认识. 地质通报, (3)：131-136.

高林志, 张传恒, 史晓颖, 周洪瑞, 王自强. 2007. 华北青白口系下马岭组凝灰岩锆石 SHRIMP U-Pb 定年. 地质通报, 26(3)：249-255.

高林志, 杨明桂, 丁孝忠, 刘燕学, 刘训, 凌联海, 张传恒. 2008a. 华南双桥山群及河上镇群凝灰岩中的锆石 SHRIMP U-Pb 年龄——对江南新元古代造山带地质演化的制约. 地质通报, 27(10)：1744-1758.

高林志, 张传恒, 史晓颖, 宋彪, 王自强, 刘耀明. 2008b. 华北古陆下马岭组归属中元古界的锆石 SHRIMP 新证据. 科学通报, 53(21)：2617-2623.

高林志, 张传恒, 尹崇玉, 史晓颖, 王自强, 刘耀明, 刘鹏举, 唐烽, 宋彪. 2008c. 华北古陆中、新元古代年代地层框架 SHRIMP 锆石年龄新依据. 地球科学——中国地质大学学报, 29(3)：366-376.

高林志, 张传恒, 刘鹏举, 丁孝忠, 王自强, 张彦杰. 2009. 华北-江南地区中、新元古代地层格架的再认识. 地球学报, 30(4)：433-446.

高林志, 戴传固, 刘燕学, 王敏, 王雪华, 陈建书, 丁孝忠, 张传恒, 曹茜, 刘建辉. 2010a. 四堡群凝灰岩锆石 SHRIMP U-Pb 年龄及其地层意义. 地质通报, 29(9)：1259-1267.

高林志, 戴传固, 刘燕学, 王敏, 王雪华, 陈建书, 丁孝忠. 2010b. 黔东地区下江群凝灰岩 SHRIMP 锆石 U-Pb 年龄及其地层意义. 中国地质, 37(4)：1071-1080.

高林志, 丁孝忠, 曹茜, 张传恒. 2010c. 中国晚前寒武纪年表和年代地层序列. 中国地质, 37(4)：1014-1020.

高林志, 王自强, 张传恒. 2010d. 华北古陆南缘上元古界氧碳同位素特征及其沉积环境意义. 古地理学报, 12(12)：639-654.

高林志, 王宗起, 许志琴, 杨经绥, 张维. 2010e. 塔里木盆地库鲁克塔格地区新元古代冰碛岩锆石 U-Pb 年龄新证据. 地质通报, 29(2-3)：33-41.

高林志, 张传恒, 陈寿铭, 刘鹏举, 丁孝忠, 刘燕学, 董春燕, 宋彪. 2010f. 辽东半岛细河群沉积岩碎屑锆石年龄分布模式及地质意义. 地质通报, 29(8)：1113-1122.

高林志, 陈峻, 丁孝忠, 刘耀荣, 张传恒, 张恒, 刘燕学, 庞维华, 张玉海. 2011a. 湘东北岳阳地区冷家溪群及板溪群凝灰岩 SHRIMP 锆石 U-Pb 年龄——对武陵运动的制约. 地质通报, 30(7)：1001-1008.

高林志, 戴传固, 丁孝忠, 王敏, 刘燕学, 王雪华, 陈建书. 2011b. 侵入梵净山群白岗岩锆石 U-Pb 年龄及白岗岩底砾岩对下江群沉积的制约. 中国地质,38(6): 1413-1420.

高林志,丁孝忠,庞维华,刘燕学,陆松年,刘耀荣,陈峻,张玉海. 2011c. 湘东北前寒武纪仓溪岩群时代 SHRIMP 锆石 U-Pb 新数据. 地质通报,30(10): 1479-1484.

高林志,丁孝忠,张传恒,王自强,陈俊,刘耀荣. 2011d. 江南古陆中段沧水铺群年龄和构造演化意义. 中国地质,39(2): 13-20.

高林志,丁孝忠,庞维华,张传恒. 2011e. 中国中—新元古代地层年表的修正——锆石 U-Pb 年龄对年代地层的制约. 地层学杂志,35(1): 1-7.

高林志,丁孝忠,张传恒,陆松年,刘燕学,庞维华. 2012a. 江南古陆变质基底地层年代的修正和武陵运动构造意义. 资源调查与环境,33(2): 71-76.

高林志,丁孝忠,张传恒,王自强,陈俊,刘耀荣. 2012b. 江南古陆中段沧水铺群锆石 U-Pb 年龄和构造演化意义. 中国地质,39(1): 12-20.

高林志,黄志忠,丁孝忠,刘燕学,庞建峰,张传恒. 2012c. 赣西北新元古代修水组和马涧桥组 SHRIMP 锆石 U-Pb 年龄. 地质通报,32(7): 1086-1093.

高林志,黄志忠,丁孝忠,刘燕学,张传恒,王自强,庞建峰,韩坤英. 2012d. 庐山筲箕洼组与星子岩群年代地层关系及 SHRIMP 锆石 U-Pb 年龄的制约. 地球学报,33(3): 295-304.

高林志,丁孝忠,刘燕学,黄志忠,张传恒,许兴苗,邬祥林,宋志瑞,张恒. 2013a. 浙江浦江县蒙上地区陈堂坞组在地层柱中的位置:来自锆石 SHRIMP U-Pb 年龄的制约. 地质通报,32(7): 988-995.

高林志,郭宪璞,丁孝忠,宗文明,高振家,张传恒,王自强. 2013b. 中国塔里木板块成冰事件及地层对比. 地球学报,34(1): 1-19.

高林志,刘燕学,丁孝忠,宋志瑞,黄志忠,张传恒,张恒,史志刚. 2013c. 江山–绍兴断裂带铁沙街组流纹岩 SHRIMP 锆石 U-Pb 测年及其意义. 地质通报,32(7): 996-1005.

高林志,陆济璞,丁孝忠,王汉荣,刘燕学,李江. 2013d. 桂北地区新元古代地层凝灰岩锆石 U-Pb 年龄及地质意义. 中国地质,40(5): 1443-1452.

高林志,陈建书,戴传固,丁孝忠,王雪华,刘燕学,王敏,张恒. 2014a. 黔东地区梵净山群与下江群凝灰岩锆石 SHRIMP U-Pb 年龄. 地质通报,35(7): 949-959.

高林志,丁孝忠,刘燕学,张传恒,张恒,黄志忠,许兴苗,周宗尧. 2014b. 江山–绍兴断裂带陈蔡岩群片麻岩锆石 U-Pb 年龄及地质意义. 地质通报,35(5): 641-648.

高林志,张恒,丁孝忠,刘燕学,张传恒,黄志忠,许兴苗,周宗尧. 2014c. 江绍断裂带构造格局的新元古代 U-Pb 年代学依据. 地质通报,35(6): 763-775.

高林志,尹崇玉,丁孝忠,王泽九,张恒. 2015a. 华南地区新元古代年代地层标定及地层对比. 地球学报,36(5): 533-545.

高林志,尹崇玉,张恒,唐烽,丁孝忠,王约,张传恒. 2015b. 云南晋宁地区柳坝塘组凝灰岩 SHRIMP 锆石 U-Pb 年龄及其对晋宁运动的制约. 地质通报,34(9): 1595-1604.

高林志,张恒,张传恒,丁孝忠,武振杰,宋彪. 2018. 滇东昆阳群地层序列的厘定及其在中国地层表的位置. 地质论评,64(2): 283-298.

高维,张传恒. 2009. 长江三峡黄陵花岗岩与莲沱组凝灰岩的锆石 SHRIMP U-Pb 年龄及其构造地层意义. 地质通报,28(1): 45-50.

高维,张传恒,高林志,史晓颖,刘耀明,宋彪. 2008. 北京密云环斑花岗岩锆石 SHRIMP U-Pb 年龄及其构造意义. 地质通报,27(6): 793-798.

高维,张传恒,王自强. 2011. 华北古陆南缘大型具刺疑源类组合的发现及古地理环境分析. 中国地质,38(5): 1232-1243.

高振家,陈克强. 2003. 新疆的南华系及我国南华系的几个地质问题——纪念恩师王曰伦先生诞辰一百周年. 地质调查与研究,26(1): 8-13.

高振家,朱诚顺. 1984. 新疆前寒武纪地质. 乌鲁木齐:新疆人民出版社.

高振家,彭昌文,李永安,钱建新,朱诚顺. 1980. 新疆库鲁克塔格震旦纪冰川沉积. 见:中国地质科学院天津地质矿产研究所. 中国震旦亚界. 天津:天津科学技术出版社: 186-213.

耿元生,杨崇辉,王新社,任留东,杜利林,周喜文. 2007. 扬子地台西缘结晶基底的时代. 高校地质学报,13(3): 429-441.

耿元生,杨崇辉,王新社,杜利林,任留东,周喜文. 2008. 扬子地台西缘变质基底演化. 北京:地质出版社.

关保德,耿午辰,戎治权. 1988. 河南东秦岭北坡中—上元古界. 郑州:河南科学技术出版社.

关俊朋,何斌,李德威. 2010. 庐山地区星子群碎屑锆石 SIMS U-Pb 年龄及其地质意义. 大地构造与成矿学,34(3): 402-407.

郭令智,施央申,马瑞士. 1980. 华南大地构造格架和地壳演化. 见:国家地质总局书刊编辑室. 国际交流地质学术论文集1:区域构造、地质力学. 北京:地质出版社: 109-116.

郭令智,卢华复,施洋参,马瑞士,孙岩,舒良树,贾东,张庆龙. 1996. 江南中、新元古代岛弧的运动学和动力学. 高校地质学报,2(1):1-13.

和政军,牛宝贵,张新元,赵磊,刘仁燕. 2011a. 北京密云元古宙常州沟组之下环斑花岗岩古风化壳岩石的发现及其碎屑锆石定年. 地质通报,30(5):798-802.

和政军,牛宝贵,张新元,刘仁燕,赵磊. 2011b. 北京密云元古宙环斑花岗岩古风化壳及其与长城系常州沟组的关系. 地学前缘,18(4):123-130.

洪作民,黄镇福,刘效良. 1991. 地层古生物. 辽东半岛南部上前寒武系地质. 北京:地质出版社.

胡开明. 2001. 江绍断裂带的构造演化初探. 浙江地质,17(2):1-11.

胡艳华,顾明光,徐岩,王加恩,贺跃. 2011. 浙江诸暨地区陈蔡群加里东期变质年龄的确认及其地质意义. 地质通报,30(11):1661-1670.

胡肇荣,邓国辉. 2009. 钦-杭接合带之构造特征. 东华理工大学学报(自然科学版),26(2):114-122.

黄汲清. 1945. 中国主要地质构造单元. 中央地质调查所地质专辑,20:1-126.

黄汲清. 1954. 中国主要构造单元. 北京:地质出版社.

江西省地质矿产勘查开发局. 1997. 中国区域地质志:江西志. 北京:地质出版社.

江西省地质矿产厅. 1997. 江西省岩石地层. 武汉:中国地质大学出版社:9-49.

寇晓威,王宇,卫魏,何金有,徐备. 2008. 塔里木板块上元古界阿勒通沟组合黄羊沟组:新识别的冰期和间冰期? 岩石学报,24(12):2863-2868.

旷红伟,刘燕学,孟祥化,葛铭,蔡国印. 2004. 吉辽地区新元古代臼齿碳酸盐岩相的若干岩石学特征研究. 地球学报,25(6):647-652.

李承东,赵利刚,常青松,许雅雯,王世炎,许腾. 2017. 豫西洛峪口组凝灰岩锆石 LA-MC-ICPMS U-Pb 年龄及地层归属讨论. 中国地质,44(3):511-525.

李春海,邢光福,姜耀辉,董永观,俞锡明. 2009. 浙江平水铜矿含硫化物石英脉锆石 U-Pb 定年及其地质意义. 中国地质,37(2):477-487.

李怀坤,陆松年,李惠民,苏文博,陆松年,周红英,耿建珍,李生,杨锋杰. 2009. 侵入下马岭组基型岩床的锆石和斜锆石 U-Pb 精确定年——对华北中元古界地层划分方案的制约. 地质通报,28(10):22-29.

李怀坤,朱士兴,相振群,苏文博,陆松年,周红英,耿建珍,李生,杨锋杰. 2010. 北京延庆高于庄组凝灰岩的锆石 U-Pb 定年研究及其对华北北部中元古界划分新方案的进一步约束. 岩石学报,26(7):2131-2140.

李怀坤,苏文博,周红英,耿建珍,相振群,崔玉荣,刘文灿,陆松年. 2011. 华北克拉通北部长城系底界年龄小于 1670Ma:来自北京密云花岗斑岩岩脉锆石 LA-MC-ICPMS U-Pb 年龄的约束. 地学前缘,18(3):108-118.

李怀坤,苏文博,周红英,Huff D W,Ettensihn F R. 2014. 中—新元古界标准剖面蓟县系首获高精度年龄制约——蓟县剖面雾迷山祖和铁岭组斑脱岩 SHRIMP U-Pb 同位素定年研究. 岩石学报,30(10):2999-3012.

李江海,穆剑. 1999. 我国境内格林威尔期造山带的存在及其中元古代末期超大陆再造的制约. 地质科学,34(3):259-272.

李猛,刘鹏举,尹崇玉,唐烽,高林志,陈寿铭. 2012. 河南汝州罗圈村剖面汝阳群白草坪组的微体化石. 古生物学报,51(1):76-87.

李献华. 1999. 广西北部新元古代花岗岩的锆石 U-Pb 年代学及其构造意义. 地球化学,28(4):1-9.

李献华,李正祥,葛文春,周汉文,李武显,刘颖. 2001. 华南新元古代花岗岩的锆石 U-Pb 年龄及其构造意义. 矿物岩石地球化学通报,20(4):271-273.

刘兵,徐备,孟祥英,等. 2007. 塔里木板块新元古代地层化学蚀变指数研究及其意义. 石油学报,24(12):1664-1667.

刘鹏举,尹崇玉,陈寿铭,唐烽,高林志. 2009. 埃迪卡拉纪陡山沱期瓮安生物群中磷酸盐化球状化石新材料及其问题讨论. 地球学报,30(4):457-464.

刘鹏举,尹崇玉,陈寿铭,李猛,高林志,唐烽. 2012. 华南峡东地区埃迪卡拉(震旦)纪年代地层划分初探. 地质学报,83(6):849-866.

刘树文,杨朋涛,王宗起,罗平,王永庆,罗国辉,王伟,郭博然. 2012. 赣东北婺源-德兴地区新元古代浅变质火山岩的地球化学和锆石 U-Pb 年龄. 岩石学报,29(2):581-593.

刘燕学,旷红伟,蔡国印,孟祥化,葛铭. 2003. 辽南新元古代营城子组臼齿灰岩的沉积环境. 地质通报,22(6):419-425.

柳永清,高林志,刘燕学,宋彪,王宗秀. 2005. 徐淮地区新元古代初期镁铁质岩浆的锆石 U-Pb 定年. 科学通报,50(22):2514-2521.

陆松年. 1998. 关于中国元古宙地质年代划分几个问题的讨论. 前寒武纪研究进展,21(4):1-9.

陆松年. 2002. 关于中国新元古界划分几个问题的讨论. 地质论评,48(3):242-248.

陆松年,李惠民. 1991. 蓟县长城系大红峪组火山岩的单颗粒锆石 U-Pb 法准确定年. 中国地质科学院院报,22:137-145.

陆松年,杨春亮,李怀坤. 2002. 华北古大陆与哥伦比亚超大陆. 地学前缘,9(4):223-233.

马瑞士,张健康. 1977. 浙东北前寒武系划分及神功运动的发现——兼论华南前寒武系研究中若干方法论问题. 南京大学学报(自然科学版),1:68-90.

孟祥化,葛明,刘燕学. 2006. 中朝板块新元古代微亮晶(臼齿构造)碳酸盐事件、层序地层和建系研究. 地层学杂志,30(3):211-222.

乔秀夫,高林志. 2007. 燕辽裂陷槽中元古代古地震与古地理. 古地理学报,9(5):337-352.

乔秀夫,宋天锐,高林志,彭阳,李海兵,高劢,宋彪,张巧大. 1994. 碳酸盐岩振动液化地震序列. 地质学报,68(1):16-34.

乔秀夫,高林志,彭阳. 2001. 古郯庐带新元古界——灾变、层序、生物. 北京:地质出版社.

乔秀夫,高林志,张传恒. 2007. 中朝板块中、新元古界年代地层柱与构造环境新思考. 地质通报,26(5):503-509.

全国地层委员会. 2015. 中国地层指南及中国地层指南说明书(附中国地层表). 北京:地质出版社.

水涛,徐步台,梁如华,邱郁双. 1996. 绍兴–江山陆对接带. 科学通报,31(6):444-448.

苏文博,李怀坤,Huff W D,Ettensohn F R,张世红,周红英,万渝生. 2010. 铁岭组钾质斑脱岩锆石 SHRIMP U-Pb 年代学研究及其地质意义. 科学通报,55(22):2197-2206.

苏文博,李怀坤,徐丽,贾松海,耿建珍,周红英,王志宏,蒲含勇. 2013. 华北克拉通南缘洛峪群—汝阳群属于中元古界长城系——河南汝州洛峪口组层凝灰岩锆石 LA-MC-ICPMS U-Pb 年龄的直接约束. 地质调查与研究,35(2):96-108.

孙枢,丛柏年,李继亮. 1981. 豫陕中—晚元古代沉积盆地(一). 地质科学,4:314-322.

孙枢,陈志明,王清晨. 1982. 豫陕中—晚元古代沉积盆地(二). 地质科学,1:5-12.

唐烽,高林志. 1998. 中国"中国震旦生物群". 地质学报,72(3):193-204.

唐烽,尹崇玉,Stefan B,刘鹏举,王自强,陈寿铭,高林志. 2009. 最早的栉水母动物化石——华南伊迪卡拉纪的"八臂仙母虫". 地球学报,30(4):543-553.

唐红峰,李武显,周新民. 1998. 浙赣皖交界新元古代火山–沉积岩系的比较——有关火山作用同期异相的探讨. 地质学报,72(1):34-41.

田奇镌. 1948. 湖南雪峰地轴与古生代海侵之关系. 地质论评,13(2):203-210.

万渝生,张巧大,宋天锐. 2003. 北京十三陵长城系常州沟组碎屑锆石 SHRIMP 年龄:华北克拉通盖层物源区及最大沉积年龄的限定. 科学通报,48(18):1970-1975.

王鸿祯. 1979. 亚洲地质构造发展的主要阶段. 中国科学,(12):1187-1197.

王剑,曾昭光,陈文西,汪正江,熊国庆,王雪华. 2006. 华南新元古代裂谷系沉积超覆作用及其开启年龄新证据. 沉积与特提斯地质,26(4):1-7.

王校锋. 2015. 华北南缘中—新元古代地层年代学研究及其地质意义. 武汉:中国地质大学博士学位论文.

王自强,张玲华,周洪瑞,徐备. 1990. 扬子地台东南部和北部陆缘区中、晚元古代构造发展特征. 见:王鸿祯,杨森楠,刘本培,等. 中国及邻区构造古地理和生物古地理. 武汉:中国地质大学出版社:246-262.

王自强,尹崇玉,高林志,柳永清. 2002. 湖北宜昌峡东地区震旦系标准剖面地球化学特征和地层对比. 地质论评,48(4):197-204.

王自强,尹崇玉,高林志,唐烽. 2009. 黔南–桂北地区南华系化学地层特征. 地球学报,30(4):465-474.

王自强,高林志,丁孝忠,黄志忠. 2012. "江南造山带"变质基底形成的构造环境及演化特征. 地质论评,58(3):401-413.

吴瑞棠,关保德. 1988. 论罗圈组的冰成特征及重力流改造. 地质学报,(1):80-91.

邢凤鸣,徐祥,陈江峰,周泰禧,Foland K A. 1992. 江南古陆东南缘晚元古代大陆增生史. 地质学报,66(1):59-72.

邢裕盛. 1979. 中国震旦系. 见:国家地质总局书刊编辑室. 国际交流地质学术论文集 2:地层、古生物. 北京:地质出版社:2.

邢裕盛,刘桂芝. 1973. 燕辽地区震旦纪微古植物群及其地质意义. 地质学报,47(1):1-64.

邢裕盛,刘桂芝. 1982. 中国晚前寒武纪微古植物群及其地质意义. 中国地质科学院学报,4:55-64.

邢裕盛,段承华,梁玉左,曹仁关,高振家. 1985. 中国晚前寒武纪古生物. 北京:地质出版社.

邢裕盛,刘桂芝,乔秀夫,高振家,王自强,朱鸿,陈忆元,全秋奇. 1989. 中国地层 3:中国的上前寒武系. 北京:地质出版社.

徐备. 1986. 赣西北中、晚元古代地层及构造古地理. 见:王鸿祯,杨巍然,刘本培. 华南地区古大陆边缘构造史. 武汉:武汉地质学院出版社:159-172.

徐备. 1990. 论赣东北–皖南晚元古代沟弧盆体系. 地质学报,64(1):33-42.

徐备. 1994. 扬子板块东南大陆边缘元古代构造演化基本特征. 见:王鸿祯,王自强,张玲华,朱鸿. 中国古大陆边缘中、新元古代及古生代构造演化. 北京:地质出版社:189-201.

徐备,郭令智,施央申. 1992. 皖浙赣地区元古代地体和多起碰撞造山带. 北京:地质出版社.

徐备,郑海飞,姚海涛,李永安. 2002. 塔里木板块震旦系碳同位素组成及其意义. 科学通报,48(4):385-389.

徐备,寇晓威,宋彪,围魏,王宇. 2008. 塔里木板块上元古界火山岩SHRIMP定年及其对新元古代冰期时代的制约. 岩石学报,24(12):2857-2862.

许靖华. 1980. 薄壳板块构造模式与冲撞型造山运动. 中国科学(B辑),11:1081-1089.

许靖华. 1987. 是华南造山带不是华南地台. 中国科学(B辑),12:1107-1115.

薛怀民,马芳,宋永勤,谢亚军. 2010. 江南造山带东段新元代花岗岩组合的年代学和地球化学:对扬子与华夏地块拼合时间与过程的约束. 岩石学报,26(11):3215-3244.

阎玉忠,朱士兴. 1992. 山西永济白草坪组具刺疑源类的发现及其地质意义. 微体古生物学报,9(3):267-282.

杨进辉,吴福元,柳晓明,谢才文. 2005. 北京密云环斑花岗岩锆石U-Pb年龄和Hf同位素及其地质意义. 岩石学报,21(6):1633-1644.

杨明桂,廖瑞君,刘亚光. 1999. 江西变质基底类型及变质地层的划分对比. 江西地质,12(3):201-208.

杨明桂,祝平俊,熊清华,毛素斌. 2012. 新元古代—早古生代华南裂谷系的格局及其演化. 地质学报,86(9):1367-1375.

杨树峰,顾明光,卢成中. 2009. 浙江章村地区中元古代岛弧火山岩的地球化学及构造意义. 吉林大学学报(地球学报版),39(4):689-698.

叶良辅. 1920. 北京西山地质志　地质专报甲种第1号. 南京:前农商部地质调查所.

尹崇玉. 1985. 安徽淮南地区晚前寒武纪微古植物群及其地层意义. 见:中国地质科学院地层古生物论文集编委会. 地层古生物论文集,第十二辑. 北京:地质出版社:169-180.

尹崇玉,高林志. 1995. 中国早期具刺疑源类的演化及生物地层学意义. 地质学报,69(4):360-371.

尹崇玉,刘敦一,高林志,王自强,邢裕盛,简平,石玉若. 2003. 南华系底界与古城冰期的年龄:SHRIMP II定年证据. 科学通报,48(6):1721-1725.

尹崇玉,唐烽,柳永清,高林志,杨之青,王自强,刘鹏举,邢裕盛,宋彪. 2005. 长江三峡地区埃迪卡拉(震旦)系锆石U-Pb新年龄对庙河生物群和马雷诺冰期时限的限定. 地质通报,24(5):393-400.

尹崇玉,柳永清,高林志,王自强,唐烽,刘鹏举. 2007. 震旦(伊迪卡拉)纪早期磷酸盐化生物群——瓮安生物群特征及其环境演化. 北京:地质出版社.

尹崇玉,唐烽,刘鹏举,高林志,王自强,陈寿铭. 2009. 华南埃迪卡拉(震旦)系陡山沱组生物地层学研究的新进展. 地球学报,30(4):421-432.

尹崇玉,高林志,刘鹏举,唐烽,王自强,陈寿铭. 2015. 中国新元古代生物地层序列与年代地层划分. 北京:科学出版社.

尹磊明,袁训来. 2003. 论山西中元古代晚期汝阳群微体化石组合. 微体古生物学报,20(1):39-46.

尹磊明,袁训来,边立曾,胡杰. 2004. 东秦岭北坡中元古代晚期微体生物群——一个早期生命的新窗口. 古生物学报,43(1):1-13.

尹赞勋,徐道一,浦庆余. 1965. 中国地壳运动名称资料汇编. 地质评论,23(增刊):20-81.

于津海,魏震海,王丽娟,舒良树,孙涛. 2006. 华夏地块:一个有古老物质组成的年轻陆块. 高校地质学报,12(4):440-447.

余达淦,黄国夫,艾桂根,刘平辉. 1999. 江西周潭同位素年龄特征及其地质意义. 东华理工大学学报(自然科学版),20(2):195-200.

余达淦,管太阳,巫建华,王勇,吴仁贵. 2006. 江西基础地质研究新进展述评. 东华理工大学学报,增刊:1-11.

俞国华,包超民,方柄兴,马武平,宋福泉,何圣策. 1995. 浙江省岩石地层清理成果简介. 浙江地质,11(1):1-14.

张传恒,武振杰,高林志,史晓颖,阎全人,李大建. 2007. 滇中昆阳群凝灰岩锆石SHRIMP U-Pb年龄:华南格林威尔期造山的证据. 科学通报,52(7):818-824.

张传恒,刘耀明,史晓颖,高林志,张聪. 2009. 丹洲群沉积地质特征及其对华南新元古代构造演化的约束. 地球学报,30(4):495-504.

张恒,高林志,李廷栋,耿树方,刘燕学,丁孝忠,史志刚. 2015a. 浙西地区新元古代骆家门组SHRIMP锆石U-Pb年龄及其地质意义. 地质通报,34(2-3):447-455.

张恒,李廷栋,高林志,耿树方,丁孝忠,刘燕学,吴昊. 2015b. 江南造山带东段赣东北广丰地区翁家岭组凝灰岩SHRIMP锆石U-Pb年龄及地质意义. 中国地质,42(1):96-104.

张恒,李廷栋,高林志,耿树方,丁孝忠,刘燕学,寇彩化. 2015c. 赣东北中元古界铁沙街组石英角斑岩和流纹岩锆石SHRIMP U-Pb年龄、Hf同位素及地球化学特征. 地质论评,61(1):65-78.

张恒,高林志,周洪瑞,宋彪,丁孝忠,张传恒. 2019. 华北克拉通南缘管道口群和洛峪群的年代研究新进展——来自凝灰岩SHRIMP U-Pb年龄的新证据. 岩石学报,35(8):2470-2486.

《中国地层典》编委会. 1996. 中国地层典:新元古界. 北京:地质出版社.

赵太平,翟明国,夏斌,李惠民,张毅星,万渝生. 2004. 熊耳群火山岩SHRIMP年代研究:对华北克拉通盖层发育初始时间的制约. 科学通报,49(22):2342-2349.

赵太平,庞岚尹,仇一凡,祝禧艳,王世炎,耿元生. 2019. 古/中元古代界线:1.8 Ga. 岩石学报,35(8):2281-2298.

郑永飞,张少兵. 2007. 华南前寒武纪大陆地壳的形成和演化. 科学通报,52(1):1-10.

周洪瑞. 1986. 赣东北皖南晚元古代地与构造古地理,华南地区古大陆边缘构造史. 武汉:武汉地质学院出版社:173-182.

周洪瑞,王自强,崔新省,雷振宇,董文明,沈亚. 1999. 华北地台南部中新元古界层序地层研究. 北京:地质出版社.

周金城,王孝磊,邱检生. 2008. 江南造山带是否格林威尔期造山带? 关于华南前寒武纪地质的几个问题. 高校地质学报,14 (1):64-72.

Allen P A,Bowring S,Leather J,Brasier M,Cozzi A,Grotzinger J P,McCarron G,Amthor J J. 2002. Chronology of Neoproterozoic glaciations: new insights from Oman. In: the 16th International Sedimentological Congress,Abstract Volume,7-8.

Allsopp H,Kostlin E O,Welke H J,Burger A J. 1979. Rb-Sr and U-Pb geochronology of Late Precambrian-Early Palaeozoic igneous activity in the Richtersveld (South Africa) and southern South West Africa. Transactions of the Geological Society of South Africa, 82: 185-204.

Bowring S A,Myrow P,Landing E,Ramezani J,Grotzinger J. 2003. Geochronological constrains on terminal Neoproterozoic events and the rise of metazoans. Geophysical Research Abstracts,5(13): 219.

Burns S J,Matter A. 1993. Carbon isotopic record of latest Proterozoic from Oman. Eclogae Geologicae Helvetiae,86: 595-607.

Chen D F,Dong W Q,Zhu B Q,Chen X P. 2004. Pb-Pb ages of Neoproterozoic Doushantuo phosphorites in South China: constraints on early metazoan evolution and glaciation events. Precambrian Research,132: 123-132.

Chu X L,Zhang T G,Zhang Q R,Feng L J,Zhang F S. 2004. Carbon isotopic variations of Proterozoic carbonates in Jixian,Tianjin, China. Science in China Series D: Earth Sciences,47(2): 160-170.

Cohen K M,Finney S C,Gibbard P L,Fan J X. 2013. The ICS International Chronostratigraphic Chart. Episodes,36: 199-204.

Condon D,Zhu M Y,Bowring S. 2005. U-Pb ages from the Neoproterozoic Doushantuo Formation,China. Science,308: 95-98.

Cui M L,Zhang L C,Zhang B L,Zhu M T. 2013. Geochemistry of 1.78 Ga A-type granites along the southern margin of the North China Craton: implications for Xiong'er magmatism during the break-up of the supercontinent Columbia. International Geology Review,55(4): 496-509.

Daniel P L H,Thomas M V,Wu G H,Li M. 2018. New perspectives on the Luoquan glaciation (Ediacaran-Cambrian) of North China. Depositional Record,4: 274.

Daniel P L H,Thomas M V,Kuang H W,Liu Y Q,Chen X S,Wang Y C,Yang Z R,Lars S,Bethan D,Graham S. 2019. Bird's-eye view of an Ediacaran subglacial landscape. Geology,47(8): 705-709.

de Alvarenga C J S,Santos R V,Dantas E L. 2004. C-O-Sr isotopic stratigraphy of cap carbonates overlying Marinoan-age glacial diamictites in the Paraguay belt,Brazil. Precambrian Research,131: 1-21.

Derry L A,Brasier M D,Corfield R M. 1994. Sr and C isotopes in Lower Cambrian carbonates from the Siberian Craton: a palaeoenvironmental record during the "Cambrian explosion". Earth Planet Science Letters,128: 671-681.

Frimmel H E,Klotzli U S,Siegfried P R. 1996. New Pb-Pb single zircon age constraints on the timing of Neoproterozoic glaciation and continental break-up in Namibia. Journal of Geology,104(4): 459-469.

Gao L Z,Zhang C H,Zhao X,Yan Q R. 2006. The distribution pattern and geological significance of the detrital zircon in the Proterozoic sedimentary rocks in Jiaozuo Yuntai in Henan Province. In: Zhao X,Jiang J J,Dong S W (eds). Proceedings of the First International Symposium on Development Within Geoparks: Science and Management. Beijing: Geological Publishing House: 116-119.

Gao L Z,Zhang C H,Shi X Y,Song B,Wang Z G,Liu Y M. 2008. Mesoproterozoic age for Xiamaling Formation in North China Plate indicated by zircon SHRIMP dating. Chinese Science Bulletin,53(17): 2665-2671.

Gao L Z,Zhang C H,Frank R E,Shi X Y,Wang Z Q. 2009a. The Jiangnan orogenic belt between the Yangtze and Cathaysia Blocks for Neoproterozoic context. Acta Geoscientica Sinica,30(z1): 10-11.

Gao L Z,Zhang C H,Liu P J,Tang F,Song B,Ding X Z. 2009b. Reclassification of the Meso-and Neoproterozoic chronostratigraphy of North China by SHRIMP zircon ages. Acta Geologica Sinica(English Edition),83(6): 1074-1084.

Gao L Z,Liu P J,Yin C Y,Zhang C H,Ding X Z,Liu Y X,Song B. 2011. Some detrital Zircon SHRIMP dating of Meso-Neoproterozoic in North China and implication. Acta Geologica Sinica (English Edition),85(2): 801-811.

Gao L Z,Ding X Z,Zhang C Z,Chen J,Liu Y R,Zhang H,Liu Y X,Pang W H. 2012. Revised Chronostratigraphic framework of the metamorphic strata in the Jiangnan orogenic belt,South China and its tectonic implications. Acta Geologica Sinica (English Edition),86(2): 339-349.

Gao L Z,Ding X Z,Yin C Y,Zhang C H,Ettensohn F R. 2013. Qingbaikouan and Cryogenian in South China: constraints by SHRIMP Zircon U-Pb Dating. Acta Geologica Sinica(English Edition),87(6): 1540-1553.

Gradstein F M,Ogg J G,Schmitz M D,Ogg G M. 2012. The Geologic Time Scale. Amsterdam：Elsevier.

Graham A,Zhou S,Porter S,Halverson G P. 2016. A new rock-based definition for the Cryogenian Period (circa 720－635 Ma). Episodes,39(1)：3-8.

Guan B D,Wu R T,Hambrey M J,Geng W C. 1986. Glacial sediments and erosional pavements near the Cambrian-Precambrian boundary in western Henan Province,China. Journal of the Geological Society,143：311-323.

Guerrot C,Peucat J J. 1990. U-Pb geochronology of the Upper Proterozoic Cadomian Orogeny in the northern American Massif,France. In：D'Lemos R S,et al (eds). The Cadomian Orogeny. London：Geological Society Special Publication,51：13-26.

Cui M L,Zhang L C,Zhang B L,Zhu M T. 2013. Geochemistry of 1. 78 Ga A-type granites along the southern margin of the North China Craton：implications for Xiong'er magmatism during the break-up of the supercontinent Columbia. International Geology Review,55(4)：496-509.

Guo L Z,Shi Y S,Ma R S,Lu H F,Ye S F,Ding Z Z,Chen S Z,Xie B. 1985. Plate movement and crustal evolution of the Jiangnan Proterozoic mobile belt,Southeast China. Earth Science,The Journal of the Association for the Geological Collaboration in Japan,39(2)：156-166.

Haverson G P,Maloof A C,Hoffman P F. 2004. The Marinoan glaciation (Neoproterozoic) in northern Svalbard. Basin Research,16：297-324.

He Y H,Zhao G C,Sun M,Xia X P. 2009. SHRIMP and LA-ICP-MS zircon geochronology of the Xiong'er volcanic rocks：implications for the Paleo-Mesoproterozoic evolution of the southern margin of the North China Craton. Precambrian Research,168(3)：213-222.

Hoffman P F, Li Z X. 2009. A palaeogeographic context for Neoproterozoic glaciation. Palaeogeogrpahy, Palaeoclimatology, Palaeoecology,277：158-172.

Hoffman K H,Condon D J,Bowring S A. 2004. U-Pb zircon date from the Neoproterozoic Ghaub Formation,Zambia：constraints on Marinoan glaciation. Geology,32：817-820.

Jiang G,Kennedy M J,Christie-Blick N. 2003. Stable isotopic evidence for methane seeps in Neoproterozoic postglacial cap carbonate. Nature,426：822-825.

Kao C S,Hsiug Y H,Kao P. 1934. Preliminary notes on Sinian stratigraphy of North China. Bulletin of the Geological Society of China,13：243-288.

Kaufman A J,Knoll A H,Nabornne G M. 1997. Isotopes,ice ages and terminal Proterozoic earth history. Geology,94：6600-6605.

Kennedy M J,Christie-Blick N,Prave A R. 2001. Carbon isotopic composition of Neoproterozoic glacial carbonates as a test of palaeoceanographic models for snowball earth phenomena. Geology,29(12)：1135-1138.

Knoll A H. 2000. Learning to tell Neoproterozoic time. Precambrian Research,100：3-20.

Lee Y Y,Hsu S W C. 1947. Stratigraphy and orogeny of southern Anhui. The Publication of National Research Institute of Geology,Memoirs 6：161-165.

Li X H,Li Z X,Ge W C,Zhou H W,Li W X,Liu Y,Michael T D. 2003. Neoproterozoic granitoids in South China：crustal melting above a mantle plume at ca. 825 Ma? Precambrian Research,122：45-83.

Li Z X,Wartho,J A,Occhipinti S,Zhang C L,Li X H,Bao C M. 2007. Early history of the eastern Sibao Orogen (South China) during the assembly of Rodinia：new mica ^{40}Ar/^{39}Ar dating and SHRIMP U-Pb detrital zircon provenance constraints. Precambrian Research,159：79-94.

Lu S N,Zhao G C,Wang H C,Hao G J. 2008. Precambrian metamorphic basement and sedimentary cover of the NCC：a review. Precambrian Research,160：77-93.

MacGabhann B A. 2005. Age constraints on Precambrian glaciations and the subdivision of Neoproterozoic time. IUGS Ediacaran Subcommission Circular,21：1-13.

Meng X M,Zhang X T. 1948. Dongchuan Sichuan Geology. Former Central Research Institute of Geology,Western Publication No. 17.

Misch P. 1942. Sinian stratigraphy of central eastern Yunnan. Nat Univ Peking,Contr Coll Scil,4.

Norin E. 1935. Tertiary of the Tarim Basin. Bulletin of the Geological Society of China,1493：337-347.

Ogg J G,Ogg G M,Gradstein F M. 2016. 4-Cryogenian and Ediacaran. A Concise Geologic Time Scale,29-40.

Plumb K A. 1991. New Precambrian time scale. Episodes,14：139-140.

Shatsky N S. 1945. Notes on tectonics of Volga-Ural oil bearing region and adjacent part of the western slop of the South Ural. In：Materials to Study Geological Structure of the USSR,26：1-130.

Shu L S,Michel F,Yu J H,Jahu B M. 2011. Geochronological and geochemical features of the Cathaysia Block (South China)：new evidence for the Neoproterozoic breakup of Rodinia. Precambrian Research,187：263-276.

Thorkelson D J, Grant A J, Mortensen J K, Creaser R A, Villeneuve M E, Menicoll V J, Layer P W. 2005. Early and Middle Proterozoic evolution of Yukon, Canada. Canadian Journal of Earth Sciences, 42(6): 1045-1071.

Van Kranendonk M J, Altermann W, Beard B L, Hoffman P E, Johnson C J, Kasting J E, Melezhik V A, Nutman A P, Papineau D, Pirajno F. 2012. A chronostratigraphic division of the Precambrian: possibilities and challenges. In: Gradstein F M, Ogg J G, Schmitz M, Ogg G (eds). The Geological Time Scale 2012. Amsterdam: Elsevier, 299-392.

Vigneresse J L. 2005. The specific case of the Mid-Proterozoic rapakivi granites and associated suited within the context of the Columbia supercontinent. Precambrian Research, 137: 1-34.

Wan Y S, Liu D Y, Xu M H, Zhang J M, Song B, Shi Y R, Du L L. 2007. SHRIMP U-Pb zircon geochronology and geochemistry of metavolcanic and metasedimentary rocks in northwestern Fujian, Cathaysia Block, China: tectonic implications and the need to redefine lithostratigraphic units. Gondwana Research, 12: 166-183.

Wang J, Li X, Duan T, Liu D Y, Song B, Li Z X, Gao Y H. 2003. Zircon SHRIMP U-Pb dating for the Cangshuipu volcanic rocks and its implications for the lower boundary age of the Nanhuan strata in South China. Chinese Science Bulletin, 48(22): 2500-2506.

Wang X L, Zhao G C, Qiu J S, Zhang W L, Liu X M, Zhang G L. 2006. LA-ICPMS U-Pb zircon geochronology of the Neoproterozoic igneous rocks from northern Guangxi, South China: implications for petrogenesis and tectonic evolution. Precambrian Research, 145: 111-130.

Wang X L, Zhao G C, Zhou J C, Liu Y S, Hu J. 2008. Geochronology and Hf isotopes of zircon from volcanic rocks of the Shuangqiaoshan Group, South China: implications for the Neoproterozoic tectonic evolution of the eastern Jiangnan Orogen. Gondwana Research, 14: 355-367.

Wang X L, Wang F, Chen F K, Zhu X Y, Xiao P, Siebel W. 2010. Detrital zircon ages and Hf-Nd isotopic composition of Neoproterozoic sedimentary rocks in the Yangtze Block: constraints on the deposition age and provenance. Journal of Geology, 118(1): 79-94.

Xiao S H, Knoll A H, Yin L M, Zhang Y. 1997. Neoproterozoic fossils in Mesoproterozoic rocks? A stratigraphic conundrum from the North China Platform. Precambrian Research, 8: 197-220.

Xiao S H, Bao H, Wang H, Kaufman A J, Zhou C M, Li G, Yuan X L, Ling H. 2004. The Neoproterozoic Quruqtagh Group in eastern Chinese Tianshan: evidence for a post-Marinoan glaciation. Precambrian Research, 130: 1-26.

Xu B, Jian P, Zhang H F, Zou H B, Zhang L F, Liu D Y. 2005. U-Pb zircon geochronology and geochemistry of Neoproterozoic volcanic rocks in the Tarim Block of northwest China: implications for the breakup of Rodinia supercontinent and Neoproterozoic glaciations. Precambrian Research, 136(2): 107-123.

Xu B, Xiao S H, Zou H B, Chen Y, Li Z X, Song B, Liu D Y, Zhou C M, Yuan X L. 2009. SHRIMP zircon U-Pb age constraints on Neoproterozoic Quruqtagh diamictites in NW China. Precambrian Research, 168: 247-258.

Xu X S, O'Reilly S Y, Griffin W L, Wang X L. Pearson N J. 2007. The crust of Cathaysia: age, assembly and reworking of two terranes. Precambrian Research, 158: 51-78.

Ye M F, Li X H, Li W X, Li Z X. 2007. SHRIMP zircon U-Pb geochronological and whole-rock geochemical evidence for an Early Neoproterozoic Sibaoan magmatic arc along the southeastern margin of the Yangtze Block. Gondwana Research, 12: 144-156.

Yin L F. 1920. The Geology of His-Shan or the western hills of Peking. Memoirs of the Geological Survey of China, Series A, 1: 115.

Zhang S H, Jiang G Q, Song B, Kennedy M, Chrisite-Blick N. 2005. U-Pb sensitive high-resolution iron microprobe ages from the Doushantuo Formation in South China: constraints on Late Neoproteorozoic glaciations. Geology, 33(6): 473-476.

Zhang S H, Jiang G Q, Han Y. 2008. The age of the Nantuo Formation and Nantuo glaciation in South China. Terra Nova, 20(4): 289-294.

Zhang S H, Zhao Y, Yang Z Y, He Z F, Wu H. 2009. The 1.35 Ga diabase sills from the northern NCC: implications for breakup of the Columbia (Nuna) supercontinent. Earth and Planetary Science Letters, 288: 588-600.

Zhou C M, Tucker R, Xiao S H, Peng Z, Yuan X L, Chen Z. 2004. New constraints on the ages of Neoproterozoic glaciations in South China. Geology, 32: 437-440.

Zhou C M, Xie G W, Kathleen M, Xiao S H, Yuan X L. 2007. The diversification and extinction of Doushantuo-Pertatataka acritarchs in South China: causes and biostratigraphic significance. Geological Journal, 42: 229-262.

第2章　燕辽裂陷带中—新元古界地层层序及其划分

朱士兴，李怀坤，孙立新，刘　欢

中国地质调查局天津地质调查中心，天津，300170

摘　要：燕山地区是我国中—新元古界沉积地层最为发育的地区，中国对中元古界地质学的研究始于燕山地区，并且历史悠久。燕辽裂陷带中—新元古界划分为长城系（Pt_2^1）、蓟县系（Pt_2^2）、下马岭组（$Pt_2^3 x$）和青白口系（Pt_3^1），传统上划分为12组、10个亚组和40个岩性段。本章按照上述系–组–亚组（段）的地层序列，系统论述地层研究的历史沿革，以及时空分布、岩性特征、古生物化石与微生物岩、岩浆活动、地层接触关系与地壳运动、同位素定年、厚度变化与分布范围等。对其中一些关键问题将做详细讨论。

作为中国最老的未遭受变质作用的沉积序列，长城系（1670～1600 Ma）与上覆蓟县系（1600～1400 Ma）之间在区域上呈微角度不整合接触关系，而二者在冀北宽城一带大红峪组的沉降中心则呈整合接触关系。因此，蓟县层型剖面的长城系和蓟县系之间，可以看作一套连续的沉积地层。长城系属于与哥伦比亚（Columbia）超大陆早期裂解有关的、燕辽裂陷带早期阶段的坳拉槽碎屑沉积序列。

关键词：华北克拉通（NCC）、燕辽裂陷带（YFDZ）、长城系、蓟县系、下马岭组、青白口系。

2.1　引　言

燕辽裂陷带（Yanliao Faulted-Depression Zone，YFDZ）位于华北克拉通北缘中段的燕山地区，前人文献中曾称其为"燕辽沉降带"、"燕山准地槽"或"燕辽坳拉槽"。在地质构造上，燕辽裂陷带包含五个

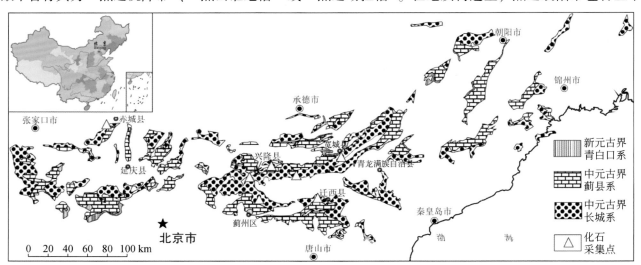

图 2.1　燕辽裂陷带中—新元古代地层分布简图

坳陷（辽西坳陷、冀北坳陷、冀东坳陷、京西坳陷和宣龙坳陷）和两个隆起（密怀隆起和山海关隆起；参见第 11 章图 11.39）。燕辽裂陷带不仅是中国北方中—新元古界的主要分布区，而且是长城系、蓟县系、下马岭组和青白口系标准剖面的所在地（图 2.1）。近十几年来，燕辽裂陷带中—新元古界研究取得重大的突破性进展，在地层层序和划分上已有显著的调整。本章对此做一些阶段性总结。

2.2　研究历史沿革

对燕辽裂陷带前寒武纪地层的研究始于 1922 年，历史上曾有"震旦系"、"震旦亚界"、"中—上元古界"和中—新元古界等四个阶段性的地层名称与划分时期，构成了该地区，乃至整个中国中—新元古界的研究历史。

2.2.1　"震旦系"时期

"震旦"一词最早是作为构造术语提出的（Pumpelly，1866），后来才被用作地层学术语（Richthofen，1882）。作为一个"系"级地层单位，"震旦系"是指一套"不整合在深变质五台系之上和平行不整合在含化石的下寒武统馒头页岩之下的、不变质或轻微变质的地层组成的岩系"（Grabau，1922）。尽管位于北京北部的南口地层剖面是最早研究燕山地区"震旦系"的剖面（Tien，1923），但是长期以来作为中国"震旦系"层型剖面的却是处于燕山东段南麓的蓟县剖面。

蓟县层型剖面位于天津市蓟县（现蓟州区）北部地区，作为太古宙和寒武纪之间的一套很厚的、未变质的前寒武纪沉积地层，最早是高振西、熊永先和高平在 1931 年研究建立的（Kao et al.，1934），当时"震旦系"划分为三群十层（表 2.1），自下而上为"下震旦"南口群（包括"长城石英岩"、"串岭沟页岩"、"大红峪石英岩和喷出熔岩"和"高于庄灰岩"）、"中震旦"蓟县群（包括"杨庄页岩"、"雾迷山灰岩"、"洪水庄页岩"和"铁岭灰岩"）和"上震旦"青白口群（包括"下马岭页岩"和"景儿峪灰岩"）。

表 2.1　蓟县剖面"震旦系"的划分表（Kao et al.，1934）

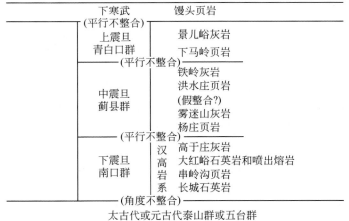

这一套"震旦系"角度不整合于太古代或元古代五台群或泰山群之上，且平行不整合于下寒武统馒头组页岩之下（Kao et al.，1934），其内部三个群之间均为平行不整合接触。Kao 等（1934）指出，雾迷山灰岩和洪水庄页岩之间也可能是平行不整合接触关系。

此后，燕山地区"震旦系"的主要研究进展如下。

（1）1935 年，张文佑（1935）和李唐泌在北京昌平十三陵剖面的"景儿峪灰岩"上部发现三叶虫，怀疑"景儿峪灰岩"为寒武纪地层，并将含三叶虫的灰岩命名为早寒武世昌平组。1957 年，孙云铸等研究确认蓟县层型剖面的上景儿峪灰岩属于下寒武统，与"震旦系"之间为角度不整合接触；并将与此不整合面对应的构造运动命名为"蓟县运动"，并指定其标准地点在蓟县城北府君山（孙云铸，1957），根据当地的碑文将"上景儿峪灰岩"改名为下寒武统的"府君山组"（王曰伦，1963；项礼文和郭振明，1964）。

（2）申庆荣和廖大从（1958）认为，高于庄组和上覆杨庄组之间为整合接触，而与下伏大红峪组之间为平行不整合接触，因而高于庄组应该划归"中震旦"蓟县群而不是"下震旦"南口群。

（3）王曰伦（1963）指出，华北蓟县剖面的"震旦系"属于前寒武纪，应该老于华南的三峡剖面属于始寒武纪（Eocambrian）的"震旦系"。

（4）1963～1964 年，华北地质科学研究所、中国地质科学院等单位重新实测蓟县剖面，系统地对蓟县剖面进行了岩石地层学、古生物地层学、同位素地质年代学和地球化学等的综合研究[①]。

（5）1966 年，中国科学院地球化学研究所进行系统的同位素年龄研究，首次提出"中国震旦地层的划分和年表"。

2.2.2　"震旦亚界"时期

为适应中国地质科学院开始编制亚洲地质图的需要，也为处理有关南、北震旦系的各界分歧意见，1975 年在北京召开关于前寒武纪的全国性座谈会，座谈会提出了一个全国性的震旦地层试行方案，将长江三峡地区的三峡（峡东）剖面所代表的南方"震旦系"，置于以蓟县剖面为代表的北方"震旦系"之上，统称为"震旦亚界"，自上而下划分为四个年代地层单位：震旦系、青白口系、蓟县系和长城系，四个系均属元古界（王曰伦等，1980；表 2.2）。

表 2.2　中国震旦亚界的划分和时限表（全国前寒武纪座谈会，1975 年）

古生界				570 Ma
元古界	震旦亚界	震旦系	（以峡东剖面为代表）	850 Ma
		青白口系	↑	1050 Ma
		蓟县系	（以蓟县剖面为代表）	1400 Ma
		长城系	↓	1950 Ma

稍前，在 1975 年华北区太原前寒武纪地层专题会议上，决定将原景儿峪组下部的一套陆源碎屑岩单独分为一个组，依据郝诒纯（1954 年）原称的"龙山砂岩"，采用"龙山组"一名（乔秀夫，1976）。后因"龙山组"与南方的龙山群地层命名相重，北京市地质研究所提议将"龙山组"改称为"长龙山组"（北京市区域地层表编写组，1977）。但是北京地区并无"长龙山"的地名，1982 年邢裕盛等提出用蓟县的骆驼岭来命名这套陆源碎屑岩，称为"骆驼岭组"（邢裕盛等，1989；《中国地层典》编委会，1996）。

自 1975 年起，我国兴起一个前寒武纪地层研究的高潮，对燕辽裂陷带更多的"震旦亚界"地层剖面进行详细研究，除了蓟县标准剖面（陈晋镳等，1980）以外，还有北京北部的十三陵（汪长庆等，1980）以及燕山西段张家口（杜汝霖和李培菊，1980）、东段宽城-平泉（徐正聪和崔步洲，1980）等辅助层型剖面的研究成果，集中反映在《中国震旦亚界》（中国地质科学院天津地质矿产研究所，1980）以及相关科研单位与研究者的论著中。此期间对燕辽裂陷带"震旦亚界"的主要研究进展在于系统的岩石学、古生物学和地球化学等多学科的研究，厘定地层界线、提出新的地层划分方案与地层年龄框架（表 2.3）。

2.2.3　"中—上元古界"时期

随着国际地质科学联合会（International Union of Geological Sciences，IUGS）关于前寒武纪地层分新方案的提出（表 2.4E），并鉴于"震旦亚界"名称的不规范性，1982 年我国又一次召开前寒武纪座谈会，

---

① 华北地质科学研究所，1965，蓟县震旦系现场学术讨论会议论文汇编（内部刊物）。

表 2.3 中国震旦亚界的划分和时限表（王曰伦等，1980）

			蓟县运动（约850 Ma）
青白口系	景儿峪组	景儿峪亚组：灰岩	
		长龙山亚组：砂岩	蔚县上升
	下马岭组	砂页岩	
			芹峪上升（约1050 Ma）
蓟县系	铁岭组	老虎顶亚组	
		代庄子亚组	铁岭上升
	洪水庄组	页岩	
	雾迷山组	各种白云岩（自下而上分罗庄、磨盘峪、二十里堡和闪坡岭四亚组）	
	杨庄组	红色泥质白云岩	
			滦县上升（约1400 Ma）
南口系	高于庄组	各种白云岩（自下而上官地、桑树鞍、张家峪和环秀寺四亚组）	
	大红峪组	砂岩、火山岩	青龙上升
	团山子组	白云岩	（约1700 Ma） 兴城上升
长城系	串岭沟组	页岩	
	常州沟组	砾岩、砂岩	
			吕梁运动（约1950 Ma）

全国地层委员会决定废弃"震旦亚界"一名，将震旦系限用于三峡剖面所代表的原南方"震旦系"，而蓟县剖面的原北方"震旦系"则在高振西等的地层划分基础上（Kao et al.，1934；表 2.4A），自上而下分为青白口系、蓟县系和长城系三个地层单位，置于震旦系之下，时限为 1800～800 Ma（表 2.4B）。由此，确立以蓟县剖面为代表的燕山地区原"震旦系"属中—新元古界，提出三系十二组的新划分方案。

2.2.4 中—新元古界时期

随着同位素地质年代学定年技术的进步，年代地层学研究取得巨大进展，特别是下马岭组和长城系的年龄测定成果。1998 年，根据国内的研究进展以及国际地层委员会前寒武纪分会的有关决议，全国地层委员会发布了"关于推荐《中国地质年代表》的通告"，在通告中，将元古宙（宇）划分为古元古代（界）、中元古代（界）和新元古代（界）；其中，中元古代（界）又分为长城纪（系；1800～1400 Ma）和蓟县纪（系；1400～1000 Ma），新元古代（界）分为青白口纪（系；1000～800 Ma）和震旦纪（系；800～600 Ma）。至此，蓟县剖面三个纪（系）正式列入中国地质年代表，成为我国中—新元古代（界）正式的地质年代单位（表 2.4B）。2013 年，全国地层委员会颁布了新版《中国地层表（试用稿）》（表 2.4C；全国地层委员会《中国地层表》编委会，2013）。新版地层表与原地层表的主要区别如下：

（1）提出设立"待建系"（1400～1000 Ma；表 2.4C）相当于《国际年代地层表》的延展系（1400～1200 Ma）与狭带系（1200～1000 Ma）。由于当时国内的年代地层学最新成果只有华北克拉通燕辽裂陷带原"新元古代"下马岭组的诸多新测定地层年龄数据，均在 1400～1320 Ma 范围之内（表 2.4C 和 D），据此其层位应属于中元古界中部（相当于《国际年代地层表》狭带系的下部），而不再是新元古界青白口系的下部。

（2）在华北克拉通青白口系和下马岭组之间，识别出一个很长的沉积间断（1320～1000 Ma；相当于狭带纪早中期至延展纪）。

（3）作为蓟县系的最上部层位，将铁岭组从中元古界的顶部层位下移至中元古界的中下部层位。

（4）燕辽裂陷带蓟县中—新元古界层型剖面包含四个地层单位，自下而上为长城系（Pt_2^1，1650～1600 Ma）、蓟县系（Pt_2^2，1600～1400 Ma）、下马岭组（Pt_2^3x，1400～1320 Ma）和青白口系（Pt_3^1，1000～780 Ma）。

表2.4 燕山地区元古宇沉积地层划分方案对照表

A. 蓟县剖面划分简表 (Kao et al., 1934)		B. 《中国地层表》(全国地层委员会, 2001) 《中国地层表》			C. 《中国地层表(试用稿)》(全国地层委员会《中国地层表》编委会, 2013)			D. 本章采用			E. 《国际年代地层表》(2013年)	
年代地层	岩石地层	年代地层	岩石地层	地质年龄/Ma	年代地层	岩石地层	地质年龄/Ma	年代地层	岩石地层	地质年龄/Ma	年代地层	地质年龄/Ma
震旦系 上震旦 蓟县青白口群	景儿峪灰岩 下马岭页岩 (平行不整合)	新元古界 青白口系	景儿峪组 骆驼岭组 下马岭组	800 —1000	新元古界 青白口系	景儿峪组 骆驼岭组		新元古界 青白口系	景儿峪组 骆驼岭组	800(K-Ar) —1000	新元古界 拉伸系	850 —1000
中震旦 蓟县群	铁岭灰岩 洪水庄页岩 (假整合?) 雾迷山灰岩 杨庄页岩 (平行不整合)	蓟县系	铁岭组 洪水庄组 雾迷山组 杨庄组	—1200 —1400	中元古界 蓟县系	下马岭组 铁岭组 洪水庄组 雾迷山组 杨庄组 高于庄组	1320(李怀坤等, 2009) 1368(高林志等, 2007) 1380(Su et al., 2008) 1437(苏文博等, 2010) 1560(李怀坤等, 2010) 1625(陆松年和李惠民, 1991) 1622(Lu et al., 2008)	中元古界 ?系 蓟县系	下马岭组 铁岭组 洪水庄组 雾迷山组 杨庄组 高于庄组	1200 —1320 —1400	中元古界 狭带系 延展系 盖层系	1200 —1400 —1600
下震旦 南口群	高于庄灰岩 大红峪石英岩和喷出熔岩 串岭沟页岩 长城石英岩 (角度不整合) 汉高岩系	中元古界 长城系	高于庄组 大红峪组 团山子组 串岭沟组 常州沟组	—1600 —1800	长城系	高于庄组 大红峪组 团山子组 串岭沟组 常州沟组		长城系	高子庄组 大红峪组 团山子组 串岭沟组 常州沟组	1600 —1670 1685(高维等, 2008) 1682(和政军等, 2011a, 2011b) 1673(李怀坤等, 2011) —1800	古元古界 固结系	1600 —1800

（5）长城系和蓟县系之间的地层界面，从高于庄组和杨庄组之间的界面下移至大红峪组和高于庄组之间的区域性平行不整合界面，而这个界面在河北宽城大红峪沉降中心则表现为整合接触关系。

由于"待建系"不符合我国"系"级地层单位的命名惯例与国际地层规范，目前也缺乏建系的完整地层剖面作为依据。因此，本专著对"待建系"这一地层术语未予采用，本章仅将下马岭组（Pt_2^3x，1400~1320 Ma）视为一个独立的地层单位处理，其具体层位在蓟县系之上，相当于《国际年代地层表》（2013 版；表 2.4E）的延展系（Ectasian；1400~1200 Ma）下部（表 2.4D）。而延展系中上部和狭带系在燕辽裂陷带缺失（表 2.4C 和 D），至于我国其他地区与之相当的地层，还有待进一步的工作认定。例如，高林志等（2015，2018）报道在扬子克拉通云南玉溪地区存在"玉溪系"（Pt_2^4y），其实测年龄与1200~1000 Ma 相符，相当于狭带系，但是目前还未列入全国地层委员会的《中国地层表》中。

2.3 中—新元古界地层序列

参照《中国地层表（试用稿）》（表 2.4C；全国地层委员会《中国地层表》编委会，2013），燕辽裂陷带中—新元古界地层序列简述如下（图 2.2）。

2.3.1 长城系（Pt_2^1 或 Ch）

蓟县层型剖面长城系主要分布于天津蓟州下营地区，其下部为典型坳拉槽硅质碎屑岩、中上部为泥质岩和碳酸盐岩、上部为硅质碎屑岩和富钾火山岩，长城系地层厚度为 2525 m，时限为 1670~1600 Ma。自下而上包括四个组：常州沟组、串岭沟组、团山子组和大红峪组。

长城系分布于燕辽裂陷带中东段山海关隆起的南北两侧，以及燕辽裂陷带西段昌平–怀柔水下隆起的周缘。长城系受控于燕辽裂陷带槽，呈北东向展布（图 2.3），其地层呈角度不整合于下伏新太古界变质岩之上，与上覆蓟县系之间也为角度不整合接触关系。自下而上包括以下四个组。

2.3.1.1 常州沟组（Pt_2^1c 或 Chc）

早期曾被称为"长城石英岩"（Kao et al.，1934）、"南口系"（申庆荣和廖大从，1958）、"黄崖关组"（陈荣辉和陆宗斌，1963）和"常州村组"（俞建章等，1964）。1964 年，蓟县震旦系现场学术讨论会[①]建议改称常州沟组，此称谓沿用至今，其正层型剖面选定在天津蓟县下营地区（《中国地层典》编委会，1999）。

以蓟县剖面为例，常州沟组由硅质砂岩组成，地层厚度为 859 m，可划分三段：①下段（常州沟组一段，简称常一段，$Pt_2^1c^1$）为河流相砂岩和含砾粗粒长石石英砂岩；②中段（常州沟组二段，简称常二段，$Pt_2^1c^2$）为滨海沙滩相淡紫色石英岩状砂岩和白色长石石英砂岩；③上段（常州沟组三段，简称常三段，$Pt_2^1c^3$）为潮汐带板状、楔状长石石英砂岩与薄层状粉砂质页岩互层（图 2.4）。常州沟组底界年龄为约 1670 Ma，地层呈角度不整合覆盖于新太古界遵化岩群（2458 Ma）石榴斜长角闪片麻岩之上（图 2.5）。

常州沟组在燕辽裂陷带中的区域变化特征如下：

（1）地层厚度变化很大，有些地方超过 1000 m，如在冀北坳陷从东到西的地层厚度为兴隆 1065 m、宽城 2048 m、平谷 1286 m，而在一些地方则很薄，在一些断陷边缘和昌平–怀柔水下隆起周缘（京西坳陷至宣龙坳陷）仅有 100 m 左右的厚度。

（2）在燕辽裂陷带的中心（如冀东坳陷以及冀北坳陷的兴隆、宽城和平谷等地），常州沟组下部层位通常为河流相粗粒沉积岩，以砾岩和粗粒长石石英砂岩为主；而在昌平–怀柔水下隆起的周缘，除了底砾岩外，还缺失河流相砂岩，主要由海相石英砂岩和白云岩组成，顶部出现叠层石白云岩。

（3）在燕辽裂陷带的沉积中心，有黑色细粒沉积岩；常州沟组中部发育碳质页岩和砂质页岩；在庞家堡地区，该组地层仅厚 173.7 m，常一段由潟湖相砂岩和页岩构成。

---

① 华北地质科学研究所，1965，蓟县震旦系现场学术讨论会议论文汇编（内部资料）。

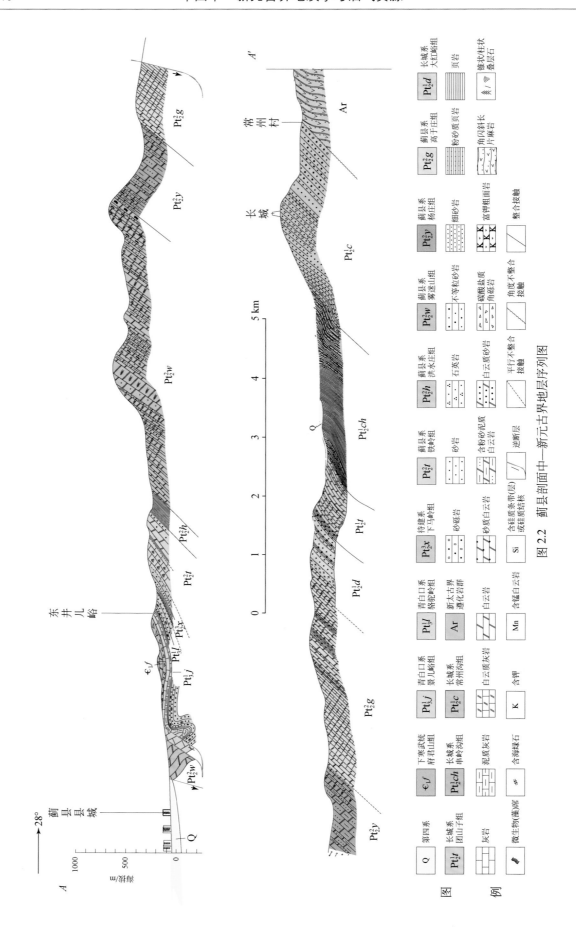

图 2.2　蓟县剖面中—新元古界地层序列图

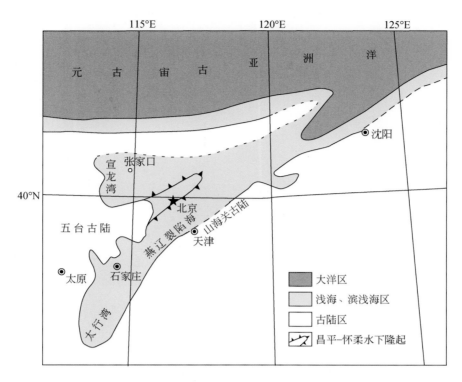

图 2.3　燕辽裂陷带长城系构造-古地理图（王鸿祯，1985）

图 2.4　常州沟一带常州沟组岩性特征照片

（a）常一段（$Pt_2^1c^1$）砂岩和含砾粗粒长石石英砂岩；（b）常一段（$Pt_2^1c^1$）河流相交错层理；（c）常二段（$Pt_2^1c^2$）厚层-块状淡紫色石英岩状砂岩和白色长石石英砂岩；（d）常三段（$Pt_2^1c^3$）板状长石石英砂岩

（4）在燕辽裂陷带宣龙坳陷的宣化-龙关地区，常二段石英砂岩中含有多层含铁砂岩，甚至在常二段顶部发育含叠层石铁矿，即著名的宣龙式赤铁矿。

图 2.5　常州沟组（Pt_2^1c）和新太古界片麻岩之间的角度不整合面照片

Ar. 新太古界石榴斜长角闪片麻岩；Ch*c*. 常州沟组（Pt_2^1c）底部含砾粗粒长石石英砂岩；Pw. 古土壤层

2.3.1.2　串岭沟组（Pt_2^1ch 或 Ch*ch*）

串岭沟组明显不同于常州沟组形成的高山地形特征。由 889 m 厚的泥岩构成，与下伏常州沟组呈整合接触关系（图 2.6），可划分为三段：①下段（串岭沟组一段，简称串一段，$Pt_2^1ch^1$）由黄色、灰绿色透镜状砂岩、粉砂岩和粉砂质伊利石页岩互层构成；②中段（串岭沟组二段，简称串二段，$Pt_2^1ch^2$）以黄绿色、黑色页岩和粉砂质伊利石页岩为特征；③上段（串岭沟组三段，简称串三段，$Pt_2^1ch^3$）以褐色伊利石页岩为主，夹粉砂岩、细砂岩及一些碳质白云岩（图 2.7）。

图 2.6　常州沟沟口常州沟组（Pt_2^1c 或 Ch*c*）和串岭沟组（Pt_2^1ch 或 Ch*ch*）之间的整合接触关系露头照片

在蓟县剖面上，串岭沟组中经常能见到岩浆岩，包括斜长石斑岩、角闪云斜煌岩、正长斑岩和火山角砾岩，部分岩浆岩是大红峪期的次火山岩，有些则是燕山期（侏罗-白垩纪）的岩床。

在燕辽裂陷带中，串岭沟组地层厚度（30～1000 m）和沉积相在横向上变化很大，沉积相带变化特征如下（图 2.8）。

（1）障壁岛砂体，或夹障壁岛砂体的潟湖相，每层砂岩厚 10 m 至数十米，地层总厚度达 800～1000 m，形成潟湖盆地相沉积（以串二段为主）；

图 2.7　郭家沟和刘庄村附近串岭沟组露头照片

（a）串一段（$Pt_2^1ch^1$）粉砂质页岩夹薄层粉砂岩；（b）串一段（$Pt_2^1ch^1$）泥裂构造（?）；

（c）串二段（$Pt_2^1ch^2$）绿色页岩；（d）串三段（$Pt_2^1ch^3$）黑色页岩夹薄层粉砂岩和细砂岩

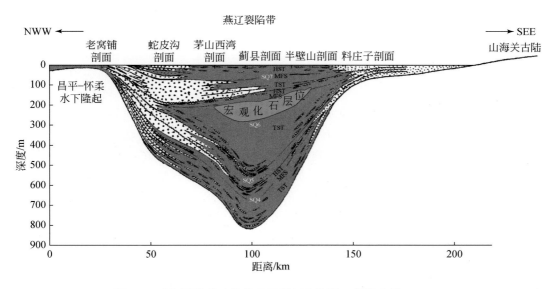

图 2.8　燕辽裂陷带串岭沟组沉积相变化图（黄学光等，2000）

HST. 高位体系域，High-stand System Tract；TST. 海进体系域，Transgressive System Tract；MFS. 最大海泛面，Maximum Flooding Surface

（2）在昌平-怀柔水下隆起西侧京西坳陷内，串岭沟组地层厚度很薄，如老窝铺剖面只有 30 m。主要由深灰色、淡紫色和灰绿色薄板至纹层状细砂岩、粉砂岩和粉砂质页岩构成，夹透镜层和波状层，局部发育收缩裂隙。

（3）在昌平-怀柔水下隆起以西京西坳陷-宣龙坳陷的十三陵和宣龙一带，一直到太行山南段，串岭沟组只有数十米厚，串一段以碳质页岩为特征，串二段以翠绿色富钾页岩为特征，串三段则以礁状叠层石（*Eucapsiphora*）白云岩为主（Zhu and Chen，1992；朱士兴，1993）。

（4）冀东坳陷和冀北坳陷的蓟州、宽城和庞家堡等地，串岭沟组富含疑源类化石，并出现了多种独特的真核藻类化石，如 *Leioarachnitum*（图 2.9）、*Trachyarachnitum*、*Diplomembrana*、*Schizospora*、*Goniocystis*、*Qingshania* 和 *Foliomorpha* 等。

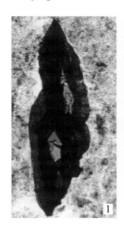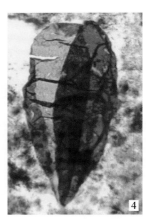

图 2.9　串岭沟组梭形或橄榄形疑源类化石

1. 光面橄榄藻（未定种），*Leioarachnitum* sp.；2. 开放光面橄榄藻，*Leioarachnitum apertum*；
3. 有褶船形藻，*Scapha rugosa*；4. 中华光面橄榄藻，*Leioarachnitum sinitum*

2.3.1.3　团山子组（Pt_2^1t 或 Cht）

曾被称为"串岭沟页岩"的"上碳酸盐岩层"（Kao et al.，1934），1960 年河北省区域地质调查队在蓟县剖面的团山子村附近发现了相应的碳酸盐岩层，建议使用团山子组指代这套碳酸盐岩，在 1964 年蓟县震旦系现场学术讨论会上，采用"团山子组"为正式的岩石地层单位[①]。

蓟县剖面团山子组地层厚度为 518 m，与上覆和下伏地层均呈整合接触关系，可划分为两段：①下段（团山子组一段，简称团一段，$Pt_2^1t^1$）厚 269 m，为块状厚层灰黑色泥质和粉砂质白云岩与白云质泥岩互层，由于白云岩含泥、砂量不等，构成平直的薄–厚层间互的韵律层［图 2.10（a）］。因为其中的铁白云石富含铁，白云岩的风化面呈黄褐色。在泥质白云岩中发现了丰富的碳质碎片和宏体藻类化石。沉积相分析揭示了团一段形成于局限的潮下带低能沉积环境，即淡化潟湖环境。②上段（团山子组二段，简称团二段，$Pt_2^1t^2$）为 149 m 厚的白云岩与白云岩、白云质砂岩互层，夹石英岩状砂岩和砂岩，中层至薄层，显示向上变薄序列［图 2.10（b）］，层面上波痕和泥裂构造常见［图 2.10（d）］，在薄层状粉砂质白云岩的底面上有时可见岩盐假晶和冲沟模和槽模。另外，在团二段的中部有叠层石生物丘发育［图 2.10（c）］。因此，团二段代表盐化的潮间–潮上带的沉积环境。

在燕辽裂陷带中，团山子组的区域性地层变化特征如下：

（1）在冀东坳陷-冀北坳陷的蓟州、兴隆和宽城等地发育最厚，可达数百米。

（2）在京西坳陷-宣龙坳陷的昌平-怀柔水下隆起及其西侧，以及冀东坳陷迁西县，团山子组的地层厚度则小得多，甚至不足 100 m。在这些地方，团一段主要由紫色含铁白云岩、泥质和含砂白云岩、叠层石白云岩构成，团二段则为燧石条带白云岩和硅质叠层石白云岩。

（3）在京西坳陷平谷北部，团山子组中上部有两层厚约 1 m 的富钾粗面安山岩夹层，发育杏仁状构造。

（4）在京西坳陷红旗甸和冀北坳陷西部的兴隆，团一段的下部发育流纹质凝灰岩夹层，而在冀北坳陷中部的宽城则见有绿色富钾页岩互层。

---

① 华北地质科学研究所，1965，蓟县震旦系现场学术讨论会议论文汇编（内部资料）。

图 2.10　团山子组沉积特征野外照片

（a）团一段（Pt$_2^1$t^1）块状厚层灰黑色含铁白云岩；（b）团二段（Pt$_2^1$t^2）下部薄层砂质白云岩夹薄层状砂岩；

（c）团二段（Pt$_2^1$t^2）中部叠层石生物丘；（d）团二段（Pt$_2^1$t^2）上部泥裂构造

（5）团山子组微古植物较为贫乏，但是团一段宏体藻类化石则很丰富，特别是团山子藻 *Tuanshanzia* 和长城藻 *Changchengia*（图 2.11；Zhu and Chen，1995；闫玉忠和刘志礼，1997），这可能标志早期地球宏观多细胞生物的首次暴发。在区域上，团山子组普遍发育叠层石礁，主要有 *Gruneria* 和 *Xiayingella* 等（朱士兴等，1978；中国地质科学院天津地质矿产研究所，1980；Zhu and Chen，1992）。

（6）本组地层分布区一般呈低山地貌特征，比串岭沟组分布区地势略高。

2.3.1.4　大红峪组（Pt$_2^1$d 或 Chd）

曾称"大红峪石英岩"，在 1959 年第一届全国地层会议上被重新命名为大红峪组。蓟县剖面的大红峪组厚度为 408 m，由石英岩状砂岩为主，夹火山岩和白云岩（图 2.12）。可分三段：①下段（大红峪组一段，简称大一段，Pt$_2^1$d^1）主要由厚层白色石英岩状砂岩组成，夹紫红色粉砂岩、浅绿色硅质条带状砂质白云岩、白云质石英岩状砂岩和亮绿色富钾页岩互层；②中段（大红峪组一段，简称大二段，Pt$_2^1$d^2）为富钾镁铁质火山岩［图 2.13（b）］、火山角砾岩和火山集块岩，夹少量石英岩状砂岩和凝灰岩；③上段（大红峪组一段，简称大三段，Pt$_2^1$t^3）为灰色、白色厚层块状燧石质叠层石白云岩和燧石层。在砂岩层中，斜层理、波痕和泥裂构造普遍发育。在蓟县剖面和邻区，大红峪组与下伏团山子组呈整合接触关系［图 2.13（a）］。

在大红峪组中，叠层石主要发育在大三段的燧石质白云岩中，大多已硅化。以锥状叠层石为主，与上覆高于庄组一段中的叠层石组合类似，叠层石个体大、由硅质基本层构成，如大红峪锥叠层石 *Conophyton dahongyuensis*（中国地质科学院天津地质矿产研究所，1980）。大红峪组微体生物化石相对匮乏，仅在大一段的泥质夹层中有所发现，目前发现了 8 属 14 种（朱士兴等，1994），近期在大三段燧石层中发现了丰富的单细胞真核微体生物化石（Shi et al.，2017）。

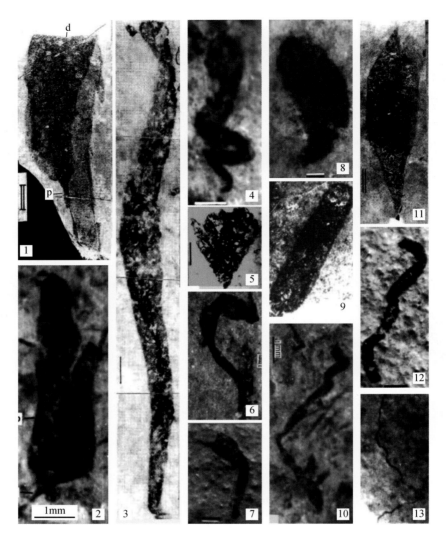

图 2.11 团山子组宏体藻类化石①

标尺：单线 1 mm，双线 10 mm。1，2. *Changchengia stipitata*（Yan）；3，4. *Tuanshanzia fasciaria*（Yan）；5. *Eopalmaria pristina*（Yan）；6，11. *Lanceoforma* sp.；7. *Longfengshania* sp.?；8. *Glossophyton* sp.?；9. *Tawuia* sp.?；10. *Vendotaenia* sp.?；12. *Grypania* sp.；13. *Tyrasotaenia* sp.?

大二段顶部富钾火山岩锆石 U-Pb 年龄为 1625±6 Ma，为大红峪组的顶界年龄（约 1600 Ma）提供有效制约（陆松年和李惠民，1991），该年龄后来得到高灵敏度高分辨率离子微探针（Sensitive High Resolution Ion Micro Probe，SHRIMP）U-Pb 定年结果 1622 Ma 和 1625 Ma 的验证（Lu et al.，2008；高维等，2008）。

在区域上，大红峪组的地层特征如下：

（1）火山岩仅发育于燕辽裂陷带中段的蓟县剖面及其邻区，如冀北坳陷的平谷和兴隆，以及燕辽裂陷带东段的局部地区，如冀北坳陷的滦县；

（2）与下伏几个组类似，在冀东坳陷-冀北坳陷的蓟州、兴隆和宽城地区，大红峪组厚度较大，通常达到数百米（如在宽城为 450 m）。而在蓟州以西，大红峪组地层厚度则要薄得多，在京西坳陷十三陵剖面仅 81 m、庞家堡剖面仅 112 m。

（3）燕辽裂陷带内各地大红峪组的岩性基本一致，通常形成中等高度的山岭地貌。

---

① 朱士兴，孙淑芬，孙立新，刘欢，2009，燕山地区中元古界碳酸盐岩古生物学研究（科研报告），有修改。

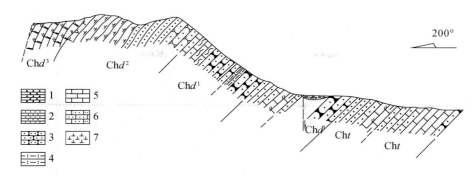

图 2.12　大红峪沟大红峪组实测剖面图

Ch*t*. 团山子组；Ch*d*^{1}. 大一段；Ch*d*^{2}. 大二段；Ch*d*^{3}. 大三段。1. 中粒砂岩；2. 细粒砂岩和粉砂岩；3. 石英岩状砂岩；
4. 粉砂质伊利石页岩；5. 白云岩；6. 砂质灰岩；7. 富钾镁铁质火山岩

图 2.13　大红峪组砂岩和火山岩照片

（a）大红峪组（Ch*d* 或 Pt$_2^1$*d*）与团山子组（Ch*t* 或 Pt$_2^1$*t*）呈整合接触关系；（b）大二段（Pt$_2^1$*d*^{2}）富钾镁铁质火山岩，发育杏仁状构造

2.3.2　蓟县系（Pt$_2^2$ 或 Jx）

蓟县系与《国际年代地层表》中的中元古代盖层系相当（1600～1400 Ma；表 2.4E），自下而上包含高于庄组、杨庄组、雾迷山组、洪水庄组和铁岭组。除了洪水庄组主要由页岩组成外，蓟县系主要为碳酸盐岩地层。蓟县系与下伏大红峪组和上覆下马岭组之间均为区域性平行不整合接触关系，但是在冀北坳陷宽城一带大红峪沉降中心，蓟县系高于庄组与下伏大红峪组之间呈整合接触关系（表 2.4D）。

2.3.2.1　高于庄组（Pt$_2^2$*g* 或 Jx*g*）

曾称"高于庄灰岩"（Kao et al., 1934），在 1959 年第一届全国地层会议上被改称高于庄组。高于庄组划分为四个亚组：官地亚组、桑树庵亚组、张家峪亚组和环秀寺亚组（陈晋镳等，1980）或十个段（高于庄组一段—高于庄组十段，简称高一段—高十段，Pt$_2^2$*g*$^{1-10}$）[①]。在蓟县剖面，高于庄组地层厚度为 1596 m。

（1）官地亚组（高一段—高二段，Pt$_2^2$*g*$^{1-2}$）：在底部层位为 3 m 厚的石英岩状砂岩和 4 m 厚的灰紫色砂质页岩，发育泥裂构造；向上变为潮间–潮上带的燧石条带、结核白云岩和叠层石白云岩 [图 2.14（a）]。该亚组可划分为二段：①下段（高一段）富含硅质碎屑物；②上段（高二段）富含锰。该亚组地层厚度为 267 m。

---

① 朱士兴，孙淑芬，孙立新，刘欢．2009．燕山地区中元古界碳酸盐岩古生物学研究（科研报告）。

（2）桑树庵亚组（高三段，$Pt_2^2g^3$）：底部由潮间–潮下带的含锰粉砂岩或粉砂质页岩组成［图 2.14（b）］，局部形成小型锰矿；上部层位以厚层富锰灰质白云岩为特征。该亚组地层厚度为 282 m。

（3）张家峪亚组（高四段—高八段，$Pt_2^2g^{4-8}$）：该亚组地层厚度约 700m，主要由潮下带暗色微晶白云岩、灰质白云岩和白云质灰岩构成，常见瘤状灰岩、滑动构造和"臼齿构造"［molar-tooth structure；图 2.14（c）、（d）］。纹层中常富含有机质碎片，有时保存为宏体藻类化石，如 *Grypania* Walter 和 *Parachuaria* Sun（杜汝霖和田立富，1985；Walter et al.，1990；孙淑芬，2006；孙淑芬等，2006；杜汝霖等，2009）；文献报道的高于庄组多细胞真核生物宏观化石组合即产自该亚组（Zhu et al.，2016）。该亚组灰黑色微晶白云岩富含有机质，可作为过成熟的烃源岩，可进一步划分为五段，自下而上为高四段至高八段。

（4）环秀寺亚组（高九段—高十段，$Pt_2^2g^{9-10}$）：该亚组地层厚度为 347 m，分为两段，其下段（高九段）由中-厚层粗晶白云质灰岩组成，底部为沥青质白云岩和沥青质角砾白云岩；上段（高十段）为厚层燧石质粗晶白云岩，含大型同心圆状结核和连生结核，发育多层岩溶（？）角砾岩。

图 2.14　蓟县剖面高于庄组代表岩性照片

（a）官地亚组硅化叠层石白云岩；（b）官地亚组燧石条带白云岩（g1）与桑树庵亚组含锰粉砂质页岩（g2）的界面；
（c）张家峪亚组下部瘤状灰岩；（d）张家峪亚组上部"臼齿构造"

根据区域地质观察和地层等厚线图（图 2.15）研究，高于庄组具有以下区域分布特征：

（1）高于庄组的地层厚度变化大，从 80 m 到 1990 m，地层沉降中心主要位于蓟州–迁西（冀东坳陷），在迁西最大厚度可达 1900 m。

（2）地层等厚线图显示，在山海关—唐山一线地层厚度向南东方向逐渐变薄，至山海关已趋向于沉积零线，明显受山海关隆起的限制；并且向北西方向至崇礼–隆化断裂以北，也可能为剥蚀零线。

（3）燕辽裂陷带西段地层等厚线略呈北西向展布、中段呈近东西向展布、东段呈北东向延伸。

（4）与长城系各组的地层分布对比，高于庄组不仅分布范围更广，而且在张家峪亚组中部出现了灰岩沉积，甚至出现了以瘤状灰岩为代表的盆地相和具滑塌构造的斜坡沉积。

（5）高于庄组白云岩地层通常形成中等高度的山岭地貌。

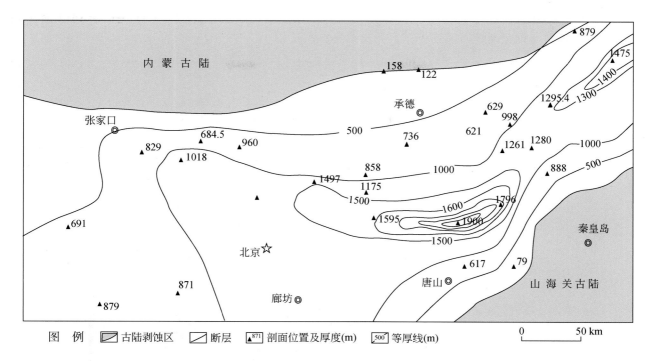

图 2.15　燕辽裂陷带蓟县系高于庄组（Pt_2^2g）地层等厚线图

2.3.2.2　杨庄组（Pt_2^2y 或 Jxy）

该地层单元早期被叫作"杨庄页岩"（Kao et al., 1934），组名取自该组地层的经典出露地点——杨庄村名。杨庄组以其醒目的紫红色、砖红色粉砂质白云岩为特征。

杨庄组可分为三段：除了中段（杨庄组二段，简称杨二段，$Pt_2^1y^2$）的紫红色和灰白色泥质白云岩（图 2.16；所谓的"软白云岩"），下段（杨庄组一段，简称杨一段，$Pt_2^1y^1$）和上段（杨庄组三段，简称杨三段，$Pt_2^1y^3$）为互层状燧石结核和燧石条带叠层石白云岩、深灰色沥青质白云岩和硅质白云岩（所谓的"硬白云岩"），从而形成蓟县剖面中的软、硬白云岩韵律层。

图 2.16　蓟县剖面杨庄组紫红色和灰白色泥质白云岩互层照片

根据区域地质观察和地层等厚线图（图 2.17）研究，杨庄组分布特征如下。

（1）杨庄组地层厚度变化于 12 m 至 770 m，杨庄组的沉降中心亦位于冀东坳陷的蓟州–迁西地区。

（2）燕辽裂陷带东段和西段，杨庄组分别向北东和北西西方向尖灭，分别受山海关古陆和内蒙古陆控制（图 2.17）。

（3）在燕辽裂陷带西段，密云以西（京西坳陷）杨庄组地层厚度大多小于 100 m，越往西越薄，直至宣化-阳原西部（宣龙坳陷西部）杨庄组完全缺失。

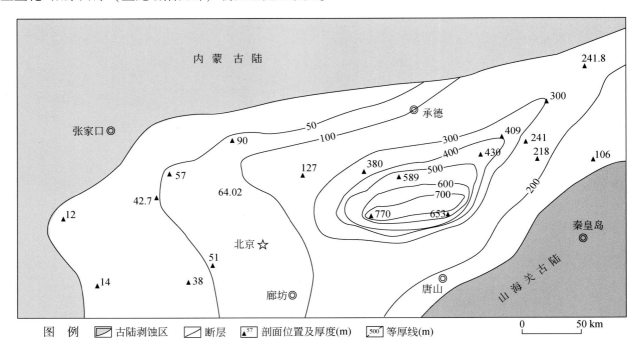

图 2.17　燕辽裂陷带蓟县系杨庄组（$Pt_2^2 y$）地层等厚线图

（4）在燕辽裂陷带杨庄组紫红色地层从东到西主要分布在蓟州和迁西一带（冀东坳陷）、宽城地区（冀北坳陷）和兴隆地区（宣龙坳陷）；而到燕辽裂陷带东端和西端，紫红色地层消失，因而这些地区的杨庄组和上覆雾迷山组不易区分。

（5）杨庄组与下伏高于庄组为整合接触关系，当然在有些地方，二者表现为角度不整合接触，如滦县地区（冀北坳陷）。

2.3.2.3　雾迷山组（$Pt_2^2 w$ 或 Jxw）

该组名称来自"雾迷山灰岩"（Kao et al.，1934），雾迷山组由各种白云岩构成，具有如下特征。

（1）雾迷山组地层巨厚，在蓟县剖面达 3416 m，是蓟县层型剖面中—新元古界序列最厚的一个"组"级地层单元。

（2）雾迷山组碳酸盐岩以白云质微生物岩为主，占该组地层总厚度的 80%～90%，野外观察可见微生物岩呈棕色豆状、球状和斑点状纹层，这些纹层可与某些叠层石的基本韵律层相串联。

（3）雾迷山组沉积韵律层十分发育，实际上巨厚的雾迷山组是由不同级别的沉积韵律层和旋回层叠合而成（图 2.18），最基本的沉积韵律层自下而上由下列 A～E 五个韵律单元层构成（图 2.19）：

A 韵律单元（底层）：潮上带上部砂质、泥质微晶白云岩，见泥裂和岩盐假晶；

B 韵律单元（下层）：潮间带纹层状硅质条带微晶白云岩，含有层状、穹状叠层石类型的微生物岩，通常称为"藻席白云岩"或"下藻席层"；

C 韵律单元（中层）：潮下带厚层块状亮晶白云岩组成，具有凝块状和含锥叠层石微生物岩；

D 韵律单元（上层）：潮间带的纹层状硅质条带微晶白云岩，含有层状和穹状叠层石微生物岩，被划归"上藻席层"的下部；

E 韵律单元（顶层）：潮上带浅色硅质条带微晶白云岩（淡水淋滤带），含有浅色硅化层状和穹状叠层石，被划归"上藻席层"的上部。

据不完全统计，蓟县剖面雾迷山组由 400 多个基本沉积韵律层构成。根据基本韵律单元组合和不同的沉积旋回性特征，雾迷山组可以进一步划分为四个亚组（罗庄亚组、磨盘峪亚组、二十里堡亚组和闪坡

图 2.18　蓟州北部桑园村附近雾迷山组（Pt$_2^2$w）韵律性白云岩照片

图 2.19　蓟县剖面北段王庄村西侧雾迷山组基本沉积韵律层照片

A ~ E 为 A ~ E 韵律单元，构成基本沉积韵律层

岭亚组）八个岩性段（雾迷山组一段—雾迷山组八段，简称雾一段—雾八段，Pt$_2^1$w$^{1-8}$）。自下而上，四个亚组的基本特征如下。

（1）罗庄亚组（雾一段—雾二段，Pt$_2^1$w$^{1-2}$）：该亚组地层厚度为 860 m，其下部层位为由灰色凝块石白云岩、藻席白云岩和白云质页岩构成的韵律层；中部为由叠层石白云岩、藻席白云岩和微晶白云岩构成的韵律层；上部为由藻席白云岩、微晶白云岩、粉砂质–泥质白云岩和白云质页岩构成的韵律层；顶部为白云质角砾岩和硅质岩。该亚组富含微型叠层石 *Pseudogymnosolen* 和 *Scyphus* 等。

（2）磨盘峪亚组（雾三段—雾四段，Pt$_2^1$w$^{3-4}$）：该亚组地层厚度为 766 m，主要由厚层至块层状凝块石白云岩、叠层石白云岩、燧石团块或条带微晶白云岩、藻席白云岩和白云质页岩组成。通常在每个韵律层的顶部有一层硅质结壳或红层。该亚组以发育大型、巨型锥叠层石为特征，如 *Conophyton lituum* 和 *Jacutophyton furcatum* 等。

（3）二十里堡亚组（雾五段—雾六段，Pt$_2^1$w$^{5-6}$）：该亚组地层厚度为 963 m，其底部层位为紫红色砂泥质白云岩、白云质砂岩和亮晶砾屑白云岩；下部为灰白色微晶白云岩、藻席白云岩和白云质页岩韵律层夹鲕粒硅质岩和亮晶砾屑白云岩；上部为灰色块层状凝块石白云岩、藻席白云岩、叠层石白云岩泥质白云岩和白云质页岩韵律层。该亚组丰富的锥状和柱状叠层石，如 *Conophyton lituum*，*C. shanpoulingense*，*Colonnella* cf. *discreta* 等。

（4）闪坡岭亚组（雾七段—雾八段，$Pt_2^1w^{7-8}$）：该亚组地层厚度为 827 m，其底部为灰色白云质石英砂岩；下部主要为灰白色灰质白云岩夹燧石条带微晶白云岩；上部为浅灰色燧石条带灰质白云岩、藻席白云岩和厚层叠层石白云岩。该亚组富含叠层石，中部有锥叠层石 *Conophyton* 和 *Jacutophyton*，顶部有中等尺度的柱叠层石 *Pseudochihisienella inconspicua*、*Wumishanella changzilingensis* 和 *Paraconophyton inconspicum*，该组顶部的叠层石柱体间普遍充填海绿石。

雾迷山组地层厚度（图 2.20）和岩相区域变化特征如下：

（1）雾迷山组地层厚度变化基本在 650 m 与 3330 m 之间，在青龙地区厚度最大可达 3368 m（冀东坳陷）。

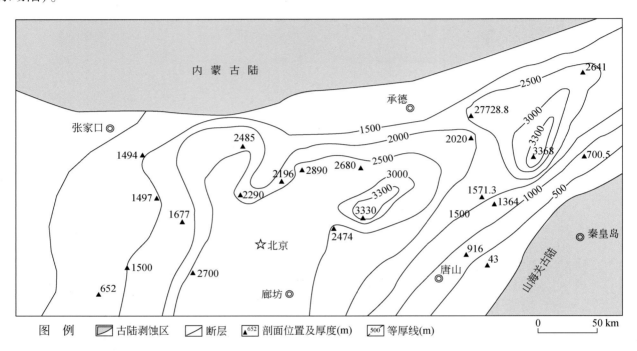

图 2.20　燕辽裂陷带蓟县系雾迷山组（Pt_2^2w）地层等厚线图

（2）在燕辽裂陷带东段，雾迷山组地层等厚线显示北东向展布，最大沉降中心位于蓟州一带（冀东坳陷），雾迷山组厚度超过 3000 m；在山海关—唐山一线的南东方向上，受山海关古陆控制，雾迷山组地层厚度从 910 m 减薄至 43 m，并趋向于沉积零线。

（3）在燕辽裂陷带西段，雾迷山组地层等厚线显示东西向展布特征，向西逐渐减薄，到太行山古陆边缘的宣化-阳原一带（宣龙坳陷-京西坳陷），雾迷山组地层厚度趋于零值。

（4）在燕辽裂陷带北缘，可能是由于剥蚀或崇礼-隆化断裂影响，雾迷山组地层厚度不明。

（5）总体来讲，雾迷山组地层等厚线图显示由东到西有两个沉降幅度较大的地带和两个沉降幅度较小的地带相间出现，呈现出相对的"两凹-两隆"的古构造格局，似乎在北东向断陷的背景上，还有北西向断陷构造的叠加。在两个坳陷中，一个地层沉降中心在青龙，最大沉积厚度为 3368 m；另一个地层沉降中心在蓟州，最大沉积厚度为 3330 m。

（6）雾迷山组与下伏杨庄组为整合接触关系。

2.3.2.4　洪水庄组（Pt_2^2h 或 Jxh）

该组名称来自命名地点洪水庄村，最初称为"洪水庄页岩"（Kao et al.，1934）。

洪水庄组主要由黑色、深灰色和黄绿色页岩构成，在蓟县剖面地层厚度为 131 m，可划分两个段：①下段（洪水庄组一段，简称洪一段，$Pt_2^1h^1$）由黄绿色薄层泥质白云岩占主导，夹有深灰色薄层泥岩，富含有机质；②上段（洪水庄组二段，简称洪二段，$Pt_2^1h^2$）主要由黑色、灰色和黄绿色页岩构成，含硅镁质和黄铁矿结核和透镜状白云岩（图2.21）。

从地层等厚线图（图2.22）分析，洪水庄组具有如下变化特征。

（1）在燕辽裂陷带东段地层等厚线呈北东东向延展，而在中西段则呈北西西向延展，地层厚度为40~140 m，地层沉降中心位于宽城（冀北坳陷）到蓟州-青龙（冀东坳陷）一带，在沉降中心青龙具有最大地层厚度，可达130~140 m。

图2.21　洪水庄村附近蓟县剖面蓟县系洪水庄组岩性特征照片

（a）洪一段（Jxh^1 或 $Pt_2^1h^1$）薄层泥质白云岩和褐色页岩互层与下伏雾迷山组（Jxw 或 Pt_2^1w）平行不整合接触；

（b）洪二段（Jxh^2 或 $Pt_2^1h^2$）以黑色页岩为主

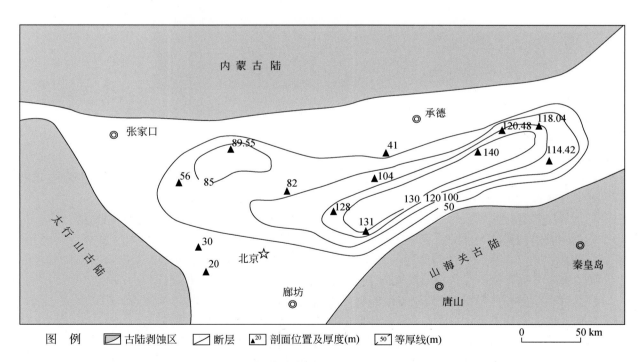

图2.22　燕辽裂陷带蓟县系洪水庄组（Pt_2^2h）地层等厚线图

（2）由于受山海关古陆控制，在燕辽裂陷带东段，沿冀东坳陷山海关—唐山一线呈南东方向，地层厚度从130 m减薄至0 m。

（3）在燕辽裂陷带西段，地层厚度则是向西减薄，从130 m减薄至0 m，至宣龙坳陷宣化-阳原以西为沉积零线，显然是受太行山古陆的控制。

（4）沿着燕辽裂陷带北缘，地层变化情况不明，可能是由于剥蚀或崇礼-隆化古断裂的影响，地层厚度趋于零线。

（5）洪水庄组下部深灰色泥质白云岩直接覆盖在下伏雾迷山组叠层石白云岩之上，两者可能为突变的平行不整合接触关系。

2.3.2.5　铁岭组（Pt_2^2t 或 Jxt）

主要为一套碳酸盐岩序列，初期被称为"铁岭灰岩"，名称取自蓟县城北的铁铃村（Kao et al.，1934）。陈晋镳等（1980）发现铁岭组上部和下部具有明显的岩性差别，且存在明显的沉积间断和古地磁极倒转现象，因此自下而上将铁岭组分为两个亚组（代庄子亚组和老虎顶亚组）或两段：①代庄子亚组（铁岭组一段，简称铁一段，$Pt_2^2t^1$）：地层厚度为 153 m，其底部层位为灰白色薄层状或透镜状石英砂岩；下部为褐色内碎屑含锰叠层石白云岩、含砂含锰砾屑砂屑微晶白云岩夹灰绿色页岩；上部为黑色、紫红色、翠绿色等杂色页岩夹含锰白云岩。该亚组与下伏洪水庄组（Pt_2^2h）为整合接触关系（图 2.23）。②老虎顶亚组（铁岭组二段，简称铁二段，$Pt_2^2t^2$）：作为一个灰岩序列，在蓟县剖面地层厚度为 181 m。其下部为灰质白云岩、白云质灰岩和竹叶状砾屑灰岩；上部为叠层石灰岩，在顶部有泥质和白云质灰岩。

图 2.23　铁岭组（Jxt 或 Pt_2^2t）和洪水庄组（Jxh 或 Pt_2^2h）之间整合接触关系照片

根据地层等厚线图（图 2.24），铁岭组具有如下变化特征：

（1）全区铁岭组地层厚度变化范围为 120~380 m，沿京西坳陷密云—冀北坳陷宽城—冀东坳陷蓟州一线，沉积厚度为 330~380 m，地层沉降中心位于密云，沉积厚度可达 380 m（图 2.24）。

（2）地层分布范围与下伏洪水庄组类似（参阅图 2.22），但是在上覆下马岭组沉积之前，由于"芹峪上升"长期剥蚀的影响，导致宣龙坳陷遵化东部下马岭组完全缺失。

（3）在燕辽裂陷带东段，铁岭组地层等厚线图显示北东向延展特征，而由于受山海关古陆控制，在冀东坳陷从山海关到唐山一线，地层厚度向南东方向从 300 m 逐渐减薄为 0 m。

（4）在燕辽裂陷带中—西段，地层等厚线显示东西向延展特征，地层向西减薄逐渐尖灭，由于太行山古陆的影响，至宣龙坳陷宣化-阳原以西地层厚度趋于零线。

2.3.3　下马岭组（Pt_2^3x）

1920 年下马岭组由叶良辅命名，原名"下马岭页岩"，命名剖面位于京西坳陷北京市门头沟区下马岭村附近。

蓟县剖面下马岭组主要为一套细碎屑岩沉积，在骆驼岭一带出露厚度最大（图 2.25），约 168 m。其底部发育细砾岩，下部主要由灰色、灰紫色粗砂岩，灰黑色粉砂质页岩和粉砂岩组成，具交错层理和波痕。上部以灰黑色、黄绿色粉砂质页岩为主，夹细粒粉砂岩。本组与下伏铁岭组呈平行不整合接触。

根据野外调查和地层等厚线图分析（图 2.26），下马岭组具有如下地层特征：

（1）下马岭组地层厚度在 100~537 m。走向近东西向，受控于东南侧的山海关古陆、西北-北侧的内

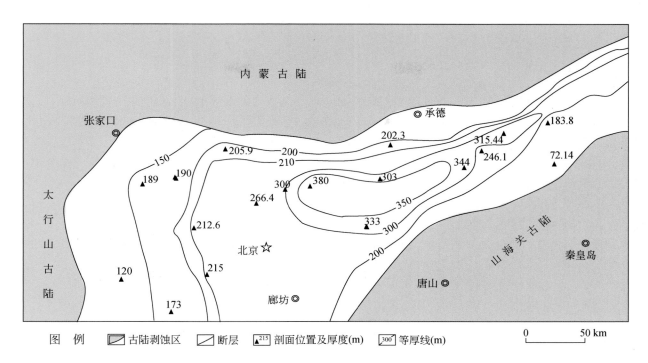

图 2.24　燕辽裂陷带蓟县系铁岭组（Pt_2^2t）地层等厚线图

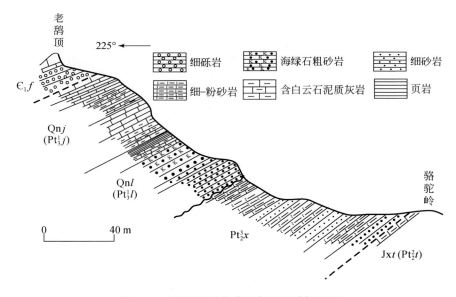

图 2.25　骆驼岭至老鸹顶实测地质剖面图

Jxt. 蓟县系铁岭组（Pt_2^2t）；Pt_2^3x. 下马岭组；Qnl. 青白口系骆驼岭组（Pt_3^1l）；Qnj. 青白口系景儿峪组（Pt_3^1j）；$\mathcal{C}_1f$. 下寒武统府君山组

蒙古陆以及西侧的太行山古陆。

（2）下马岭组最大的地层厚度可达 545 m，其最大沉降中心位于燕辽裂陷带西段怀来赵家山剖面（宣龙坳陷；图 2.26）。

（3）位于宣龙坳陷的下马岭组自下而上可分为四段：①下马岭组一段（简称下一段，$Pt_2^3x^1$）砂质页岩；②下马岭组二段（简称下二段，$Pt_2^3x^2$）灰绿色页岩；③下马岭组三段（简称下三段，$Pt_2^3x^3$）黑色页岩；④下马岭组四段（简称下四段，$Pt_2^3x^4$）杂色页岩夹泥灰岩（图 2.27）。

（4）相比之下，位于燕辽裂陷带东段冀东坳陷蓟县剖面的下马岭组层位仅相当于西段宣龙坳陷赵家山剖面的下一段和下二段底部。在燕辽裂陷带中段冀北坳陷宽城剖面的下马岭组残留层段仅相当于赵家山剖面下一段。

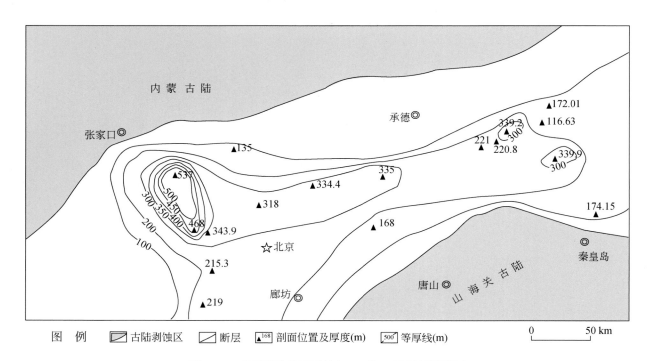

图 2.26　燕辽裂陷带下马岭组（Pt_2^2x）地层等厚线图

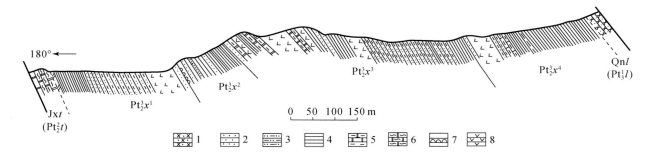

图 2.27　燕辽裂陷带西段怀来赵家山下马岭组实测地层剖面图（杜汝霖和李培菊，1980，修改）

1. 石英砂岩；2. 砂岩；3. 泥质粉砂岩；4. 页岩；5. 泥质白云岩；6. 硅质条带、条纹白云岩；7. 含铁质结核砂岩；
8. 基性岩床。Jxt. 铁岭组（Pt_2^2t）；$Pt_2^3x^{1-4}$. 下一段—下四段；Qnl. 骆驼岭组（Pt_3^1）

2.3.4　青白口系（Pt_3^1 或 Qn）

青白口系原称为"青白口群"，由高振西命名（Kao et al., 1934），主要包括两个组：骆驼岭组和景儿峪组（表 2.4）。

2.3.4.1　骆驼岭组（Pt_3^1l 或 Qnl）

骆驼岭组不整合覆盖在下马岭组之上（图 2.28）。从区域角度看，两者间应为微角度不整合接触。在蓟县层型剖面中，骆驼岭组主要为一套碎屑岩沉积，厚 118 m。自下而上可分为两段：骆驼岭组一段（简称骆一段，$Pt_3^1l^1$）为砂岩段，其中包括①底部为黄褐色中-厚层含砾长石石英砂岩和透镜状细砾岩；②下部为含长石石英砂岩夹灰黄色泥质粉砂岩，层内发育大型板状、楔状、人字形和鱼骨状交错层理，泥质粉砂岩层面具波痕和泥裂；③中部为灰白色厚层块状含海绿石石英砂岩，夹浅灰色中薄层石英砂岩与灰色页片状粉砂质页岩；④上部为灰白色厚层块状石英砂岩，夹灰绿色粉砂质页岩，其中发育以 *Longfengshania* 为代表的宏观碳质化石（杜汝霖和田立富，1985；杜汝霖等，2009）和其他微体疑源类。

骆驼岭组二段（简称骆二段，$Pt_3^1 l^2$）主要为灰紫色、灰黑色和灰绿色等杂色页岩。

图 2.28　夏庄子村骆驼岭组（$Pt_3^1 l$ 或 Qnl）和下马岭组（$Pt_2^3 x$）之间的微角度不整合接触关系照片

$Pt_2^3 x$. 下马岭组顶部页岩；Qnl. 骆驼岭组（$Pt_3^1 l$）底部砾岩和含砾长石粗砂岩

2.3.4.2　景儿峪组（$Pt_3^1 j$ 或 Qnj）

相当于 Kao 等（1934）命名的"景儿峪灰岩"下部。蓟县剖面景儿峪组主要为一套海相碳酸盐岩沉积，厚 112 m。底部有厚 1～20 cm 的含细砾海绿石粗砂岩；下部主要为灰色、灰紫色薄层泥灰岩；中部灰色、蛋青色厚层泥晶灰岩夹泥灰岩；上部灰色薄层泥质含灰白云岩、白云质灰岩夹紫红色页岩。

在蓟县东井儿峪村，景儿峪组底部灰绿色薄层灰岩中发育一些宏观碳质压型化石，如 *Chuaria circularis* 和 *Shouhsienia shouhsiensis*（朱士兴等，1994）。景儿峪组与下伏骆驼岭组之间，一般看作整合接触，但接触面发育薄层含细砾的海绿石粗砂岩，因而也不排除曾有一短暂的沉积间断（图 2.29）。

图 2.29　景儿峪组（$Pt_3^1 j$ 或 Qnj）与下伏骆驼岭组（$Pt_3^2 l$ 或 Qnl）接触关系照片

景儿峪组顶部被下寒武统府君山组微角度不整合覆盖，代表著名的蓟县运动（图 2.30）。在西井儿峪村北岭，景儿峪组上覆为下寒武统府君山组，其自下而上为①红色古风化壳；②含角砾的粗砂岩或碳酸盐岩胶结的角砾岩；③沥青质核形石灰岩；④块状豹皮灰岩。豹皮灰岩中产 *Redlichia chinensis* Walcott 和

Megapalaeolenus fengyangensis Chu 等三叶虫化石。

图 2.30　下寒武统府君山组（$\epsilon_1 f$，b）和下伏景儿峪组（$Pt_3^2 j$，a）之间接触关系照片

白色虚线为微角度不整合接触面

2.4　地质年代学和年代地层学

《中国地层表（试用稿）》（表 2.4C；全国地层委员会《中国地层表》编委会，2013）与《中国地层表》（表 2.4B；全国地层委员会，2001）相比已有很多变化，这些变化反映了近十几年燕辽裂陷带中—新元古界的同位素年代学和岩石地层学研究方面取得的进展，总结如下。

2.4.1　马岭组和青白口系的地层界限和年龄数据

根据前人研究成果，燕辽裂陷带下马岭组不仅与下伏铁岭组和上覆骆驼岭组之间均呈平行不整合接触，而且地层年龄的时限为 1000～900 Ma。因而，下马岭组曾被归入新元古界青白口系的下部层位。当时依据的年龄数据有：①铁岭组上部海绿石 K-Ar 年龄 1050 Ma（钟富道，1977）；②下马岭组伊利石页岩中获得的 957 Ma 年龄（于荣炳和张学祺，1984）；③北京西山下马岭组下部获得的 Pb-Pb 年龄为 879±18 Ma（乔秀夫和高劢，1997）。

但是，目前，已更新了一系列有关下马岭组的实测测年数据，总结如下：

（1）下三段斑脱岩锆石高灵敏度高分辨率离子微探针（SHRIMP）U-Pb 年龄数据：京西坳陷为 1368±12 Ma 和 1370±11 Ma（高林志等，2007；Gao et al.，2007），宣龙坳陷中赵家山剖面为 1366±9 Ma（高林志等，2008a，2008b；Gao et al.，2009）。

（2）上述两个地点中，下马岭组钾质斑脱岩中获得锆石 SHRIMP U-Pb 年龄为 1379±12 Ma 和 1380±36 Ma（Su et al.，2008）。

（3）冀北坳陷中宽城和平泉下马岭组辉长辉绿岩岩床中获得斜锆石二次离子质谱（Secondary Ion Mass Spectrometry，SIMS）U-Pb 年龄为 1327.5±2.4 Ma 和 1327.3±2.3 Ma（参见第 10 章）[①]。

（4）冀北坳陷宽城地区侵入下马岭组辉绿岩岩床斜锆石热电离质谱（Thermal Ionization Mass Spectrometry，TIMS）U-Pb 年龄为 1320±6 Ma（李怀坤等，2009）。

（5）冀北坳陷和辽西坳陷交界处的下马岭组钾质斑脱岩中获得锆石 SHRIMP U-Pb 年龄为 1372±18 Ma（苏文博等，2010）。

（6）下伏铁岭组钾质斑脱岩中获得锆石 SHRIMP U-Pb 年龄为 1437±21 Ma（苏文博等，2010）。

---

① 王铁冠，钟宁宁，朱士新等，2009，华北地台下组合含油性及区带预测（科研报告），北京：中国石油大学（北京）。

综上所述，上文报道的下马岭组年代地层学证据都是当今最可靠的同位素测年数据，利用不同矿物斜锆石、锆石等，所有年龄在 1400 ~ 1320 Ma 的范围之内。因此，下马岭组应归入中元古代中期，而不是先前认为的新元古代早期的青白口系。如果骆驼岭组底部海绿石 K-Ar 年龄 1000 Ma 或 900 Ma 是可靠的（于荣炳和张学祺，1984；乔秀夫和高劢，1997），那么中元古界下马岭组和新元古界骆驼岭组之间则存在 320 ~ 420 Ma 的沉积间断。

2.4.2　长城系和蓟县系的界限

从表 2.4A、B 可知，早先 Kao 等（1934）认为，蓟县剖面的高于庄组与上覆杨庄组之间为平行不整合接触，高于庄组和下伏大红峪组之间为整合接触，将长城系和蓟县系的界限定在高于庄组和杨庄组之间（全国地层委员会，2001）。

早在 20 世纪 50 年代，申庆荣和廖大从（1958）首次提出，高于庄组与下伏大红峪组之间呈平行不整合接触，进而提出，将高于庄组由长城系划归蓟县系的意见。

但是，上述重要观点并没有引起广泛关注。鉴于问题的重要性，笔者聚焦地层之间接触界限，进行了复查和区域追索，结果如下。

2.4.2.1　高于庄组与上覆和下伏地层的接触关系

蓟县系高于庄组与下伏长城系大红峪组之间，总体上均呈区域性平行不整合接触。除了冀北坳陷宽城一带沉积盆地的沉降中心呈局部整合接触［图 2.31（d）］之外，在燕辽裂陷带的多数出露的地层剖面上，该平行不整合接触关系都很清晰。下述地质现象可以为上述地层界限与接触关系提供佐证。

（1）冀东坳陷大红峪组顶部的锥叠层石 Conophyton dahongyuense 被上覆高于庄组底部石英砂岩侵蚀而呈现截顶现象［图 2.31（a）］；

（2）在燕辽裂陷带东部冀东坳陷和西部宣龙坳陷，大红峪组顶部有时可见铁质风化壳［图 2.31（b）］；

（3）在冀东坳陷青龙和迁西一带，高于庄组底部发育 2 ~ 5.6 m 厚的底砾岩［图 2.31（c）］；

（4）燕辽裂陷带边部地区的太行-五台山区，高于庄组常超覆于古元古代或太古宙的变质地层之上。

总之，上述证据均表明，高于庄组与其下伏地层之间，主要表现为一个区域性平行不整合或超覆不整合的接触关系，前人将发生于高于庄组沉积之前的地壳运动，以冀东坳陷青龙县城南的高于庄组底砾岩为代表，称为"青龙上升"（陈晋镳等，1980）。

在冀东坳陷桃园等地也有杨庄组底砾岩存在，而且砾石成分主要有片麻岩、基性-酸性火山岩等，最大砾径约可达 40 cm，显示杨庄组和下伏高于庄组之间为明显的局部平行不整合接触关系，其代表的地壳运动前人称为"滦县上升"。相较"青龙上升"而言，"滦县上升"仅造成了中元古界杨庄组和高于庄组之间局部的平行不整合接触。

另外，在蓟县剖面，含紫红色泥质白云岩夹层的杨庄组与下伏高于庄组之间呈整合接触关系（图 2.32），可能"滦县上升"并未波及此处。因此，此处可以将紫红色砂质和泥质白云岩的出现作为判别杨庄组的唯一标志。

从岩石地层学角度看，除个别地区外，燕辽裂陷带杨庄组和高于庄组之间的地层界限，在区域上是整合的（图 2.32）。因此，将蓟县系和下伏长城系界限置于高于庄组底部是证据充分的。

2.4.2.2　蓟县系和长城系界限年龄

在大红峪组中部火山熔岩中获得单颗粒锆石 U-Pb 年龄为 1625±6 Ma（陆松年和李惠民，1991），这一年龄被相同露头的地层锆石 SHRIMP U-Pb 年龄 1622 Ma 和 1625 Ma 所佐证（Lu et al.，2008；高林志等，2008a；Gao et al.，2009）。

综上所述，虽然高于庄组和大红峪组之间界限呈区域性平行不整合接触关系，但在燕辽裂陷带冀北坳陷作为下伏大红峪组的沉降中心，仍呈现出整合接触连续沉积的地层产状，表明高于庄组与大红峪组

图 2.31　高于庄组（Pt$_2^2$g）底界的各种产状照片

（a）蓟县剖面小红峪沟地区高于庄组（Pt$_2^2$g）底部石英砂岩切割大红峪组（Pt$_2^1$d）顶部锥叠层石的顶端；（b）迁西夏庄子村大红峪组顶部的铁质风化壳；（c）迁西马蹄峪村高于庄组底部的底砾岩；（d）宽城崖门子村高于庄组底部砂岩与大红峪组顶部砂岩呈整合接触

图 2.32　蓟县剖面高于庄组（Jxg 或 Pt$_2^2$g）与上覆杨庄组（Jxy 或 Pt$_2^2$y）之间的整合接触关系照片

之间的沉积间断时间不会很长。因此，1600 Ma 大致相当于蓟县系底部年龄。蓟县系底部年龄证据还有燕辽裂陷带西部高于庄组上部火山岩凝灰岩的锆石 SHRIMP U-Pb 年龄为 1559±12 Ma 和锆石激光剥蚀–多接收器–电感耦合等离子质谱（Laser Ablation-Multiple Collector-Inductively Coupled Plasma Mass Spectrometry，

LA-MC-ICPMS）U-Pb 年龄为 1560±5 Ma（李怀坤等，2010）。蓟县系持续时间从 1600～1400 Ma（表 2.4D），相当于《国际年代地层表》中的盖层系（表 2.4E）。

2.5　结论和展望

（1）燕辽裂隙带中—新元古代地层进一步划分为三个系和一个组，自下而上为长城系（Pt_2^1；包含常州沟组、串岭沟组、团山子组和大红峪组）、蓟县系（Pt_2^2；包含高于庄组、杨庄组、雾迷山组、洪水庄组和铁岭组）、下马岭组（Pt_2^3x）和青白口系（Pt_3^1；包含骆驼岭组和景儿峪组）。

（2）根据同位素测年数据（如下部凝灰岩定年为 1368 Ma 和中上部辉绿岩定年为 1320 Ma），将下马岭组归入中元古代中期，相当于《国际年代地层表》的延展系（Ectasian）下部。

（3）中元古界下马岭组和新元古界骆驼岭组之间，存在一个长期的沉积间断（从 1320～1000 Ma，时限约 320 Ma），青白口系底部与下马岭组之间呈区域性微角度不整合，可能反映与导致罗迪尼亚（Rodinia）超大陆裂解的格林威尔（Grenville）造山带有关的一次构造运动。

（4）燕辽裂陷带长城系（1670～1600 Ma）是中国最老的未变质沉积序列。主要为碎屑沉积序列，代表了燕辽裂陷带（YFDZ）的早期沉积与哥伦比亚超大陆的早期裂解有关，也与地球早期生命宏观多细胞生物的辐射有关。

（5）燕辽裂陷带长城系顶部大红峪组和上覆蓟县系底部高于庄组之间总体上呈区域性平行不整合接触；但是冀北坳陷宽城一带，在长城系顶部大红峪组的沉降中心处，长城系与上覆蓟县系呈现局部性整合接触连续沉积，表明长城系与蓟县系之间的区域性平行不整合及其沉积间断的时间是短暂的，不足以成为古元古界与中元古界的两个时代的地层划分标志。况且长城系底部常州沟组底界同位素年龄（1670 Ma），以及长城系—蓟县系连续沉积地层的时间跨度（1670～1400 Ma），明显跨越了国际地层委员会厘定的古元古界固结系（Statherian，1800～1600 Ma）和中元古界盖层系（Calymmian，1600～1400 Ma）的时限。在蓟县层型剖面的长城系和蓟县系是连续的沉积地层，构成非常完整的沉积盖层，长城系的层位理应归属于中元古界，从而对《国际年代地层表》古元古代与中元古代分界年龄 1600 Ma，提出了有力的质疑。

（6）作为层型剖面，蓟县剖面从长城系、蓟县系、下马岭组到青白口系，中—新元古代地层的完整性应重新进行考量，完全有条件作为全球盖层系的候选剖面。

致谢：本章研究成果得到国家自然科学基金委（编号：41272015）、中国地质调查局（编号：1212010611802）和中国石油化工股份有限公司（编号：YPH08086）的支持。研究过程中，中国地质调查局天津地质调查中心（原天津地质矿产研究所）陆松年、黄学光、孙淑芬研究员先后参加了很多室内外工作，提供了很多宝贵资料和意见。在此一并说明和感谢。

参 考 文 献

北京市区域地层表编写组. 1977. 华北地区区域地层表:北京市分册. 北京:地质出版社.

陈晋镳,张惠民,朱士兴,赵震,王振刚. 1980. 蓟县震旦亚界的研究. 见:中国地质科学院天津地质矿产研究所. 中国震旦亚界. 天津:天津科学技术出版社:56-114.

陈荣辉,陆宗斌. 1963. 河北蓟县震旦系标准地质剖面. 地质丛刊甲种,前寒武纪地质专号,(1):99-127.

杜汝霖,李培菊. 1980. 燕山西段震旦亚界. 见:中国地质科学院天津地质矿产研究所. 中国震旦亚界. 天津:天津科学技术出版社:341-357.

杜汝霖,田立富. 1985. 燕山青白口系宏体藻类龙凤山藻属的发现和初步研究. 地质学报,(3):183-190.

杜汝霖,田立富,胡华斌,孙黎明,陈洁. 2009. 新元古代青白口纪龙凤山生物群. 北京:科学出版社.

高林志,张传恒,史晓颖,周洪瑞,王自强. 2007. 华北青白口系下马岭组凝灰岩锆石 SHRIMP U-Pb 定年. 地质通报,26(3):249-255.

高林志,张传恒,史晓颖,宋彪. 2008a. 华北古陆下马岭组归属中元古界的 SHRIMP 锆石新证据. 科学通报,53(11):2617-2623.

高林志,张传恒,尹崇玉,史晓颖,王自强,刘耀明,刘鹏举,唐烽,宋彪. 2008b. 华北古陆中、新元古代年代地层框架SHRIMP锆石年龄新依据. 地球科学——中国地质大学学报,29(3):366-376.

高林志,尹崇玉,张恒,唐烽,丁孝忠,王约,张传恒. 2015. 云南晋宁地区柳坝塘组凝灰岩SHRIMP锆石U-Pb年龄及其对晋宁运动的制约. 地质通报,34(9):1595-1604.

高林志,张恒,张传恒,丁孝忠,武振杰,宋彪. 2018. 滇东昆阳群地层序列的厘定及其在中国地层表的位置. 地质论评,64(2):283-298.

高维,张传恒,高林志,史晓颖,刘耀明,宋彪. 2008. 北京密云环斑花岗岩的锆石SHRIMP U-Pb年龄及其构造意义. 地质通报,27(6):793-798.

和政军,牛宝贵,张新元,赵磊,刘仁燕. 2011a. 北京密云元古宙常州沟组之下环斑花岗岩古风化壳岩石的发现及其碎屑锆石定年. 地质通报,30(5):798-802.

和政军,牛宝贵,张新元,刘仁燕,赵磊. 2011b. 北京密云元古宙环斑花岗岩古风化壳及其与长城系常州沟组的关系. 地学前缘,18(4):123-130.

黄学光,朱士兴,贺玉贞,陈辉能. 2000. 河北承德地区中、上元古界层序地层学研究. 天津:天津地质矿产研究所.

李怀坤,陆松年,李惠民,孙立新,相振群,耿建珍,周红英. 2009. 侵入下马岭组的基性岩床的锆石和斜锆石U-Pb精确定年——对华北中元古界地层划分方案的制约. 地质通报,28(10):1396-1404.

李怀坤,朱士兴,相振群,苏文博,陆松年,周红英,耿建珍,李生,杨峰杰. 2010. 北京延庆高于庄组凝灰岩的锆石U-Pb定年研究及其对华北北部中元古界划分新方案的进一步约束. 岩石学报,26(7):2131-2140.

李怀坤,苏文博,周红英,耿建珍,相振群,崔玉荣,刘文灿,陆松年. 2011. 华北克拉通北部长城系底界年龄小于1670 Ma:来自北京密云花岗斑岩岩脉锆石LA-MC-ICPMS U-Pb年龄的约束. 地学前缘,18(3):108-118.

陆松年,李惠民. 1991. 蓟县长城系大红峪组火山岩的单颗粒锆石U-Pb法准确定年. 中国地质科学院院报,22:137-145.

乔秀夫. 1976. 青白口系地层学研究. 地质科学,(4):246-256.

乔秀夫,高劢. 1997. 中国北方青白口系碳酸盐岩Pb-Pb同位素测年及意义. 地球科学,(1):1-7.

全国地层委员会. 2001. 中国地层指南即中国地层指南说明书(修订本). 北京:地质出版社.

全国地层委员会《中国地层表》编委会. 2013. 中国地层表(试用稿). 北京:地质出版社.

申庆荣,廖大从. 1958. 燕山山脉震旦纪地层及震旦纪沉积矿产. 地质学报,38(2):263-278.

苏文博,李怀坤,Huff W D,张世红,周红英,万渝生. 2010. 铁岭组钾质斑脱岩锆石SHRIMP U-Pb年代学研究及其地质意义. 科学通报,55(22):2197-2206.

孙淑芬. 2006. 中国蓟县中、新元古界微古植物. 北京:地质出版社.

孙淑芬,朱士兴,黄学光. 2006. 天津蓟县中元古界高于庄组宏观化石的发现及其地质意义. 古生物学报,45(2):207-220.

孙云铸. 1957. 寒武纪下界问题. 地质知识,(4):1-2.

汪长庆,肖宗正,施福美等. 1980. 北京十三陵地区的震旦亚界. 见:中国地质科学院天津地质矿产研究所. 中国震旦亚界. 天津:天津科学技术出版社:332-340.

王鸿祯. 1985. 中国古地理图集. 北京:地图出版社.

王曰伦. 1963. 中国北部震旦系和寒武系分界问题. 地质学报,43(2):116-140.

王曰伦,陆宗斌,邢裕盛,高振家,张录易,陆松年. 1980. 中国上前寒武系的划分和对比. 见:中国地质科学院天津地质矿产研究所. 中国震旦亚界. 天津:天津科学技术出版社:1-30.

项礼文,郭振明. 1964. 河北昌平灰岩组内的三叶虫化石及其地层意义. 古生物学报,12(4):622-625.

邢裕盛,刘桂芝,乔秀夫,高振家,王自强,朱鸿,陈忆元,全秋奇. 1989. 中国地层3:中国的上前寒武系. 北京:地质出版社.

徐正聪,崔步洲. 1980. 燕山东段震旦亚界. 见:中国地质科学院天津地质矿产研究所. 中国震旦亚界. 天津:天津科学技术出版社:358-369.

闫玉忠,刘志礼. 1997. 中国蓟县长城系团山子宏体藻群. 古生物学报. 36(1):18-41.

叶良辅. 1920. 北京西山地质志:地质专报甲种第一号. 北京:地质调查所.

于荣炳,张学祺. 1984. 燕山地区晚前寒武纪同位素地质年代学的研究. 天津地质矿产研究所所刊,(11):1-24.

俞建章,崔盛芹,仇甘霖. 1964. 再论辽东地区震旦纪地层及其与燕山地区的对比. 地质学报,44(1):1-12.

张文佑. 1935. 中国北部震旦纪与前寒武纪地层之分界问题. 中央研究院院务汇报,6(2):30-50.

《中国地层典》编委会. 1996. 中国地层典:新元古界. 北京:地质出版社.

《中国地层典》编委会. 1999. 中国地层典:中元古界. 北京:地质出版社.

中国地质科学院天津地质矿产研究所. 1980. 中国震旦亚界. 天津:天津科学技术出版社.

钟富道. 1977. 从燕山地区震旦地层同位素年龄论中国震旦地质年表. 中国科学D辑:地球科学,(2):151-161.

朱士兴. 1993. 中国叠层石. 天津:天津大学出版社.

朱士兴,曹瑞骥,赵文杰,梁玉左. 1978. 中国震旦亚界蓟县层型剖面叠层石的研究概要. 地质学报,52(3):209-221.

朱士兴,邢裕盛,张鹏远,等. 1994. 华北地台中、上元古界生物地层序列. 北京:地质出版社.

Gao L Z, Zhang C H, Shi X Y, Zhou H R, Wang Z Q, Song B. 2007. A new SHRIMP age of the Xiamaling Formation in the North China Plate and its geological significance. Acta Geologica Sinica-English Edition, 81(6):1103-1109.

Gao L Z, Zhang C H, Liu P J, Tang F, Song B, Ding X Z. 2009. Reclassification of the Meso- and Neoproterozoic chronostratigraphy of North China by SHRIMP zircon ages. Acta Geoligica Sinica,83(6):1074-1084.

Grabau A W. 1922. The Sinian System. Bulletin of the Geological Society of China,1:44-88.

Kao C S, Hsiung Y H, Kao P. 1934. Preliminary notes on Sinian stratigraphy of North China. Bulletin of the Geological Society of China,13(2):243-288.

Lu S N, Zhao G C, Wang H C, Hao G J. 2008. Precambrian metamorphic basement and sedimentary cover of the North China Craton: a review. Precambrian Research,160:77-93.

Pumpelly R. 1866. Geological researches in China, Japan and Mongolia. Smithsonian Contributions to Knowledge,202:38-39.

Richthofen F V. 1882. China. Berlin: Verlay von Dietrich Reimer.

Shi M, Feng Q L, Khan M Z, Awramik S, Zhu S X. 2017. Silicified microbiota from the Palaeoproterozoic Dahongyu Formation, Changcheng Group, North China. Journal of Paleontology,91(3):369-392.

Su W B, Zhang S H, Warren D H. 2008. SHRIMP U-Pb age of K-bentonite beds in the Xiamaling Formation: implications for revised subdivision of the Neoproterozoic history of the North China. Gondwana Research,14:543-553.

Tien C C. 1923. Stratigraphy and palaeontology of the Sinian rocks of Nankou. Bulletin of the Geological Society of China,2(1-2):105-110.

Walter M R, Du R L, Horodyski R J. 1990. Coiled carbonaceous megafossils from the Middle Proterozoic of Jixian (Tianjin) and Montana. American Journal of Science,290-A:133-148.

Zhu S X, Chen H N. 1992. Characteristics of Palaeoproterozoic stromatolites in China. Precambrian Research,57:135-163.

Zhu S X, Chen H N. 1995. Megascopic organisms from 1700 million years old Tuanshanzi Formation in the Jixian area, North China. Science, New Series,270(5236):620-622.

Zhu S X, Zhu M Y, Knoll A H, Yin Z J, Zhao F C, Sun S F, Qu Y G, Shi M, Liu H. 2016. Decimetre-scale multicellular eukaryotes from the 1.56-billion-year-old Gaoyuzhuang Formation in North China. Nature Communications,7:1-8.

第3章 燕辽裂陷带冀北坳陷中—新元古界层序地层、沉积相及生-储-盖层组合

罗顺社[1,2]，高振中[1,2]，旷红伟[1,2]，吕奇奇[1,2]，邵 远[2]，席明利[2]

1. 长江大学，油气资源与勘探技术教育部重点实验室，荆州，434023；2. 长江大学地球
科学学院，荆州，434023

摘 要：燕辽裂陷带中—新元古界沉积盆地以其岩层齐全、出露连续、保存完好和菌藻类生物化石丰富等特色闻名于世。本章通过对燕辽裂陷带冀北坳陷中—新元古界的野外实测结果，结合沉积岩石学、层序地层学等理论方法，将中—新元古界划分为13个二级层序和39个三级层序；发育两个沉积体系，即陆表海碳酸盐岩沉积体系和陆缘海碎屑岩沉积体系，其中碳酸盐岩台地相主要发育在蓟县系高于庄组、杨庄组、雾迷山组、洪水庄组、铁岭组和青白口系景儿峪组，生物礁相主要发育在西缘的高九段至高十段，碎屑岩浅海陆棚相和无障壁海岸相主要发育在研究区下马岭组和骆驼岭组。研究结果表明纵向上形成三套良好的生（烃源层、生油层）-储（储集层、储层）-盖层组合，即洪水庄组（生）-铁岭组（储）-下马岭组（盖层）组合、洪水庄组（生）-下马岭组砂岩（储）-下马岭组页岩（盖层）组合和高于庄组（生）-雾迷山组（储）-洪水庄组（盖层）组合。

关键词：中—新元古界、燕辽裂陷带、冀北坳陷、层序地层、生-储-盖层组合。

3.1 区域地质概况

在地理上，燕辽裂陷带西起河北省张家口以西，东到辽宁省北票、阜新一带，横跨冀、京、津、辽四省（直辖市），呈一条主体近东西向展布，东段转为北东向延伸的带状山区。在大地构造区划上，燕辽裂陷带北临内蒙地轴，南接华北平原，隶属于华北克拉通北缘，是克拉通的活动性次级构造单元，也是中国最古老的含油气构造单元，前人曾称为"燕辽沉降带"（陈晋镳等，1980）。燕辽裂陷带内部的地质构造可划分为两个隆起和五个坳陷，即山海关隆起、密怀隆起，以及辽西坳陷、冀东坳陷、冀北坳陷、京西坳陷和宣龙坳陷（图3.1）。

中—新元古代时期，燕辽裂陷带为华北克拉通北缘的裂谷-坳陷带，构造活动基本上以断裂与升降运动为主，区内沉积了一套巨厚而横向稳定的中—新元古界海相碳酸盐岩夹碎屑岩地层，总厚度可达8000～9000 m以上。这套未经变质的沉积岩系出露良好、分布广泛，可划分为三个系和12个组，由下至上分为中元古界长城系（Pt_2^1）常州沟组、串岭沟组、团山子组和大红峪组，蓟县系（Pt_2^2）高于庄组、杨庄组、雾迷山组、洪水庄组和铁岭组，下马岭组（Pt_2^3x），新元古界青白口系（Pt_3^3）骆驼岭组和景儿峪组。

本章基于与燕辽裂陷带冀东坳陷中—新元古界蓟县层型剖面的地层对比（表3.1），试图论述并总结冀北坳陷宽城尖山子、凌源魏杖子和宽城北杖子三条野外露头剖面（图3.1）的层序地层学、沉积相研究与油气地质学的生-储-盖层组合分析的成果，以蓟县系（Pt_2^2）、下马岭组（Pt_2^3x）和青白口系（Pt_3^1）为主要研究层位。

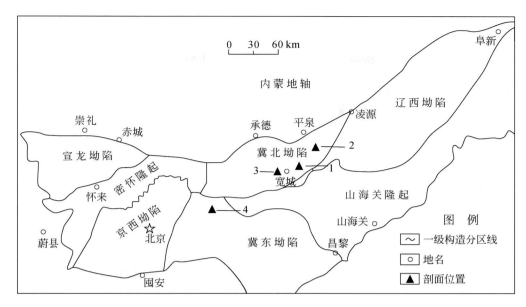

图 3.1　燕辽裂陷带构造单元划分与中—新元古界地层剖面位置图（王铁冠，1980，修改）

1. 宽城尖山子剖面；2. 凌源魏杖子剖面；3. 宽城北杖子剖面；4. 蓟县层型剖面

3.2　层序地层学格架

通过对冀北坳陷三条地层野外露头剖面的野外实测与实验分析，综合年代地层学、生物地层学和化学地层学成果，对冀北坳陷中—新元古界高于庄组至景儿峪组（表 3.1）做了详细的层序地层学研究。

3.2.1　层序划分的依据

3.2.1.1　年代地层学

年代地层学是在沉积地层与层序做年龄检测的基础上，为地层划分提供界面同位素突变的依据。迄今为止，燕辽裂陷带中—新元古界已发表的同位素年代学数据汇编于图 3.2。

3.2.1.2　岩石地层学

不同的岩石类型或岩相组合，反映不同沉积层序类型，而沉积层序变化是受海平面升降变化与海水进退制约的沉积产物。特别是在副层序内部，不同岩相的叠置可组成不同沉积微旋回层序的叠加类型，它们的进一步组合则构成体系域或更高级别的层序。因此，在层序地层学研究中，岩石地层是最为基础，又最为直接的研究对象。另外，一些特殊岩相的出现往往对地层层序的划分具有明显指示意义，如雾迷山组基本沉积旋回的组成、硅质结壳层的出现、岩溶角砾的产生以及与其岩相伴生的具有指相意义的沉积构造等（武铁山，2002）。

3.2.1.3　生物层序地层学

燕辽裂陷带中—新元古界地层地质年代久远，缺少硬体古生物化石，主要含有一些隐藻类化石、叠层石及其他非骨骼碳酸盐岩（如凝块石、核形石等），现今称为微生物岩。在进行燕辽裂陷带地层层序划分时，可利用不同微生物岩的产状或形态、叠层石的属种及其组合类型的差异来区分沉积环境的水深变化，从而辨别出海平面升降，为层序划分提供依据（闵隆瑞等，2002）。

表 3.1　中—新元古界冀北坳陷野外露头剖面与冀东坳陷蓟县层型剖面地层对比表

界	系	组	段	地层厚度/m			
				冀北坳陷		冀东坳陷（蓟县层型剖面）	
寒武系		府君山组	—			—	
新元古界	青白口系	景儿峪组	—	9.2		94	
		骆驼岭组	骆二段	2.6		138	45
			骆一段				93
中元古界	蓟县系	下马岭组	下四段	369.5	—	198	—
			下三段				
			下二段				
			下一段		369.5		198
		铁岭组	铁二段	211.1	123.5	290	145
			铁一段		87.6		145
		洪水庄组		101.7		114	
		雾迷山组	雾八段	2947.4	547.6	2902	763
			雾七段		313.7		
			雾六段		260.2		835
			雾五段		483.0		
			雾四段		93.6		870
			雾三段		462.5		
			雾二段		452.7		434
			雾一段		334.1		
		杨庄组	杨三段	322.2	61.0	1048	300
			杨二段		154.1		547
			杨一段		107.2		201
		高于庄组	高十段	938.9	64.3	1543	277
			高九段		44.4		
			高八段		105.3		706
			高七段		49.9		
			高六段		93.8		
			高五段		96.6		
			高四段		104.2		
			高三段		124.4		245
			高二段		124.7		315
			高一段		131.3		
长城系				—	—	—	—

　　燕辽裂陷带中—新元古界发育的叠层石种类繁多（表 3.2），其形态以纹层状、缓波状、锥状和柱状为主，其间还发育凝块石和核形石等。通常认为，锥状叠层石的沉积环境水体最深，其次是柱状叠层石、凝块石和核形石，而纹层状、缓波状叠层石则发育在较浅的沉积水体环境中。沉积序列中出现的不同微生物岩组合，可提供有效的副层序划分，与判断海平面的升降变化的判断依据，成为确定体系域、各级层序划分和对比的重要标志。

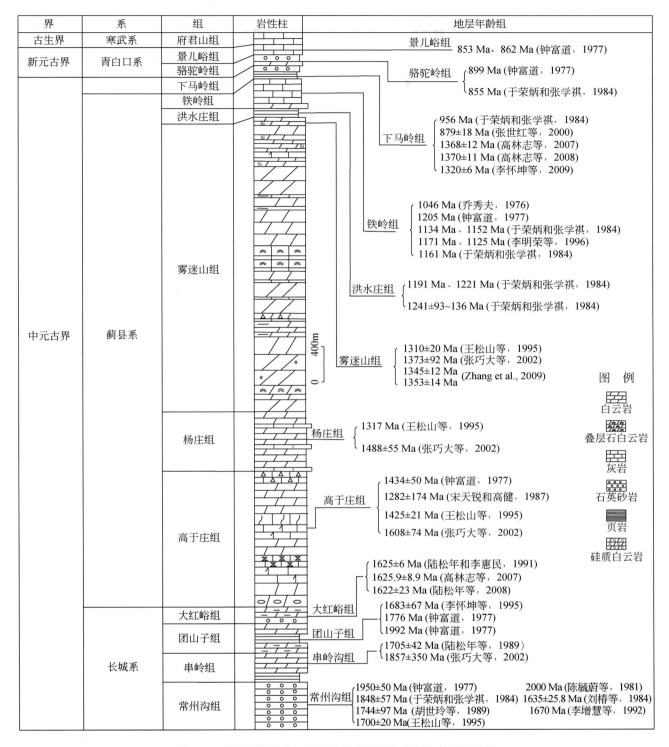

图 3.2　燕辽裂陷带中—新元古界实测同位素年龄数据汇编图

3.2.1.4　化学地层学

在沉积与成岩过程中，沉积环境的各种化学反应信息均保存在沉积地层中，这些沉积记录包含有关岩石学、生物地层学和年代地层学的重要化学信息。在地层学研究中，化学地层学信息的应用，主要涉及岩层中各种化学元素和化合物成分的含量、分布特征与演变规律，在地层划分、对比中的应用，以及判断地层形成时的地球化学环境及其演变规律（吴智勇，1999）。

表 3.2　中—新元古界生物地层学划分与化石组合表

岩石地层学			生物地层学			
年代地层	群	组	微古植物		宏体藻类	微生物岩（叠层石）
			页岩相	燧石相		
新元古界	青白口系	景儿峪组	—	—	—	—
		骆驼岭组	*Nucellosphaeridium*、*Tasmanites*	—	—	—
中元古界		下马岭组	*Microconcentrica*、*Jixiania*	—	*Chuaria-Shouhsienia* 组合带	—
	蓟县系	铁岭组	*Trachysphaeridium acis*	—	*Chuaria cicularis* 组合带	*Tielingella-Chihsienella* 组合带
		洪水庄组	*Orygmatosphaeridium*、*Quadratimorpha*			
		雾迷山组	*Asperatopsophosphaera umishanensis*		*Wumishania bifurcata* 组合带	*Conophyton-Pseudogymnosolen* 组合带
		杨庄组	*Asperatopsophosphaera*、*Kildinella*	*Eomycetopsis*、*Bigeminococcus*	*Grypania spiralis* 组合带	
		高于庄组	*Pseudofavososphaera*、*Gunflintia*			*Conophyton cylindricium* 组合带
	长城系	大红峪组	*Leiosphaeridia parvula*、*Stictosphaeridium*	*Oscillatoriopsis*、*Myxococcoides*	—	*Conophyton dahongyuense*
		团山子组	*Trachysphaeridium attenuatum*、*Eomycetopsis*	*Gunflintia*、*Eomycetopsis*	*Tuanshanzia-Changchengia* 组合带	—
		串岭沟组	*Trachysphaeridium*、*Diplomembrana*、*Foliomorpha*	—	*Chuaria-Tyrasotaenia* 组合带	*Gruneria-Xiayingella* 组合带
		常州沟组	*Leiopsophosphaera*、*Schizofusa*、*Foliomorpha*	—	*Chuaria-Shouhsienia-Tawuia* 组合带	

　　以往有关燕辽裂陷带中—新元古界化学地层学的研究工作，主要集中于冀东坳陷蓟县层型剖面，并对冀北坳陷针对宽城尖山子、凌源魏杖子及宽城北杖子等中—新元古界的野外露头剖面（在图 3.1 中依次编号 1、2、3 号剖面），曾进行过碳、氧、锶同位素（刘建清等，2007）以及常量元素、微量元素和 X 衍射的系统测试分析（刘英俊等，1984）。对这些化学测试数据的分析，为我们准确划分层序界面（Sequence Boundary，SB）提供了新的证据，可根据所得结果对三级层序划分进行校正和优化，在地层的层序界面处，元素或化合物含量均显示出突变（图 3.3、图 3.4）。

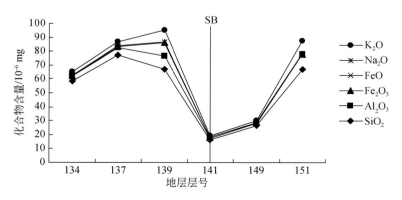

图 3.3　利用常量元素变化划分三级层序界面

划分冀北坳陷高于庄组层序 5（SQ5）和层序 6（SQ6）；SB. 层序界面，下同

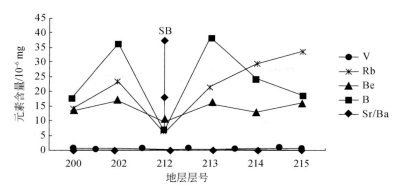

图 3.4　利用微量元素变化划分三级层序界面
划分冀北坳陷杨庄组层序 10（SQ10）和层序 11（SQ11）

　　地层层序界面处往往曾经历过沉积期后的剥蚀及后生成岩作用，岩石的同位素组成也会发生较大的变化，利用层序界面处碳氧同位素的突变，来识别三级层序界面，是一种较常用的办法（田景春等，2006）。例如，根据冀北坳陷宽城尖山子剖面杨庄组岩样同位素分析测试结果（图 3.1），做出地层剖面的碳氧同位素分布变化曲线图（图 3.5），在层序 10（SQ10）和层序 11（SQ11）界面处可见碳氧同位素变化曲线均发生了较大的转折，对野外露头识别的层序界面和划分的三级层序可以起到校正和优化的作用。

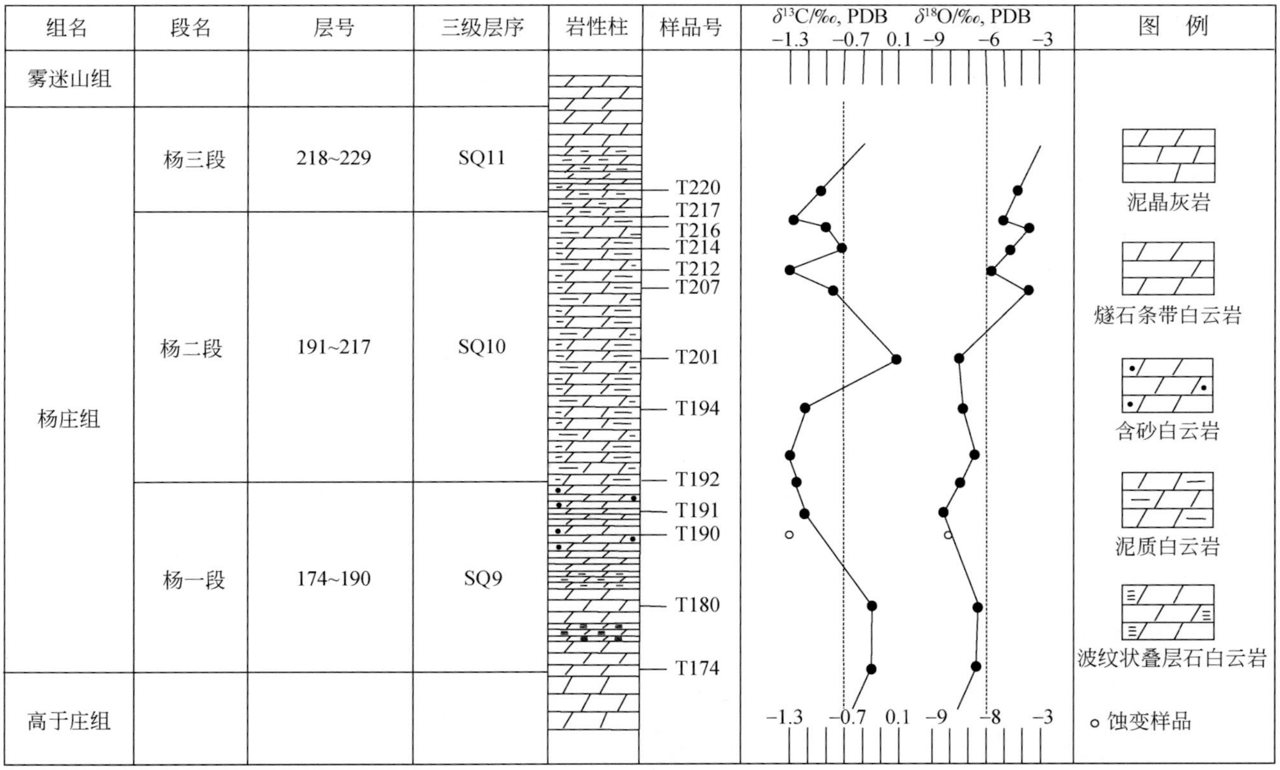

组名	段名	层号	三级层序	岩性柱	样品号	$\delta^{13}C$/‰, PDB	$\delta^{18}O$/‰, PDB	图　例
雾迷山组								泥晶灰岩
杨庄组	杨三段	218~229	SQ11		T220　T217　T216　T214　T212　T207			燧石条带白云岩
	杨二段	191~217	SQ10		T201　T194			含砂白云岩
	杨一段	174~190	SQ9		T192　T191　T190　T180　T174			泥质白云岩
高于庄组						−1.3　−0.7　0.1　−9　−8　−3		波纹状叠层石白云岩 ∘ 蚀变样品

图 3.5　冀北坳陷杨庄组基于碳氧同位素变化划分三级层序界面图

3.2.1.5　层序地层学

　　在野外层序地层学研究中，最核心的内容就是识别出不同级别的地层层序；而不同级别的地层又是以不同级别的地质界面加以区分的。因此一个很重要的内容，就是在露头上识别与层序有关的地质界面，包括层面、海泛面和不整合面（孟祥化和葛铭，2002）。

　　研究露头并对地层进行精细分层的过程中，首先要识别层面。层序界面是指不整合面及与其具有可对比性的整合面，即侧向上连续的、分布范围一般覆盖整个盆地的地层界面，而且可能具有全球可对比性。层序界面是在全球海平面下降阶段形成的，同时由于海平面下降幅度不同，而分为 I 型和 II 型两类层序界面，二者特征各异，易于识别（王峰等，2011）。

深切谷是鉴别 I 型层序界面的主要标志之一。在陆架上，深切谷以 I 型层序界面为底界，并以第一次最大海泛面或海进面为顶界。在深切谷之间的地区，与其侵蚀面相应的不整合面为陆表暴露面，以古土壤层或根土层为标志。

由于地质历史时期形成的 II 型层序界面难以保存，现今对 II 型层序界面的研究较少，因此 II 型层序界面的识别标志也相对少一些。II 型层序界面不整合的识别标志有上覆层的上超、海岸上超的向下迁移、轻微裁削的陆表暴露。这类界面在沉积滨线坡折的向陆一侧难以识别。

3.2.2　层序界面的识别

3.2.2.1　层序界面划分的标志

前人对沉积盆地构造背景分析与沉积层序划分表明，燕辽裂陷带各地层组基本处于陆架以上的沉积环境，沉积体域普遍缺少低水位体系域，而以水进体系域向上变为高水位体系域为主，同时沉积的水环境也很少有深水盆地环境，凝缩段的凝缩程度很难达到理论上的要求。因此，依据碳酸盐岩环潮坪旋回层序叠加特点（柳永清等，1997），代表浅水环境，特别是含有暴露标志的沉积物及沉积构造可以作为层序界面的识别标志；而代表较深水环境的沉积物及沉积构造则可以是最大海泛面产物，作为最大海泛面的标志。所以燕辽裂陷带以上两类界面标志的识别，对地层层序的划分具有重要意义。

下面是野外观察到的 12 类标志，可作为本章划分层序界面的主要依据（朱士兴，1993；高林志等，1996；黄学光等，2001；周洪瑞等，2006；图 3.6），其中，浅水环境标志有七种、深水环境标志有五种。

1. 浅水环境标志

（1）风化壳和不整合面，即界面以下地层有不同程度的缺失［图 3.6(a)］。

（2）在潮上带或滨岸带的干化现象，其中最常见的是干裂构造［图 3.6(b)］。

（3）硅质结壳层，是本区碳酸盐岩中常见的暴露标志，主要发育在雾迷山组、杨庄组和高于庄组的潮坪碳酸盐岩中。它是由暴露在地表的碳酸盐岩在淡水淋滤作用等因素影响下硅质聚集形成的，厚度很不稳定［图 3.6(c)］。

（4）波痕，一般代表水体比较浅的环境［图 3.6(d)］。

（5）鸟眼构造，一般是出现在潮上带，代表水体很浅，甚至暴露。

（6）岩溶面和岩溶角砾岩，碳酸盐岩经暴露而形成的古岩溶面及其充填的岩溶角砾岩是很好的暴露标志［图 3.6(e)］。

（7）侵蚀冲刷面［图 3.6(f)］。

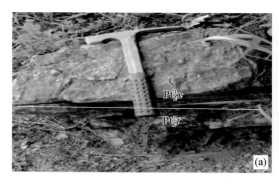
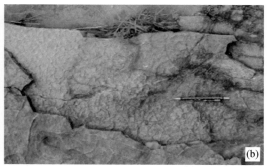

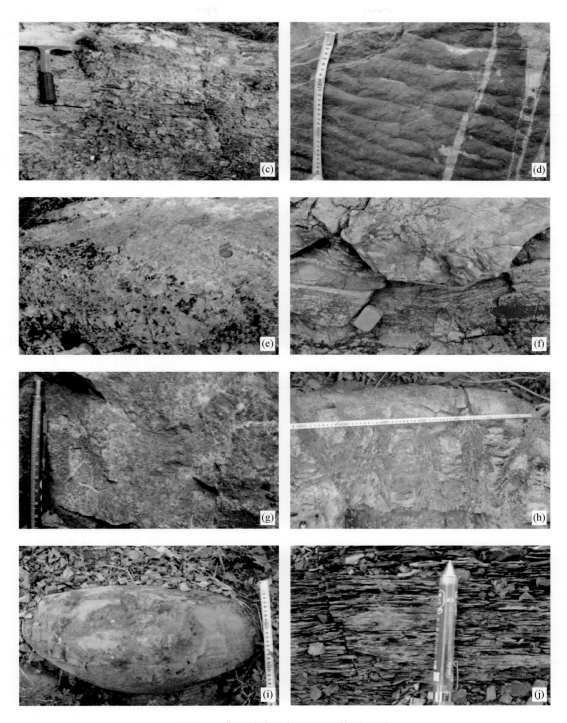

图 3.6　冀北坳陷层序界面识别标志照片

(a) 铁岭组（Pt_2^2t）与上覆下马岭组（Pt_2^3x）间的铁质风化壳和不整合面；(b) 雾迷山组 358 层的干裂构造；(c) 高于庄组 172 层的硅质结壳层；(d) 杨庄组 209 层的波痕；(e) 雾迷山组 8 层的岩溶角砾岩；(f) 雾迷山组 48 层的侵蚀冲刷面；(g) 雾迷山组 246 层的凝块石白云岩；(h) 雾迷山组 160 层的锥状叠层石；(i) 高于庄组 141 层的大型瘤状灰岩；(j) 洪水庄组 8 层的黑灰色页岩

2. 深水环境标志

（1）潮下凝块石白云岩，以厚层至块状出现，主要沉积颗粒为凝块石和核形石，是潮下高能动荡环境的产物 [图 3.6(g)]；

（2）锥状叠层石的出现，代表着潮下带上部较深的水体环境 [图 3.6(h)]；

（3）瘤状灰岩［图 3.6（i）］；

（4）深色叶片状页岩［图 3.6（j）］；

（5）臼齿构造（Fairchild et al.，1997；Frank and Lyons，1998）。

3.2.2.2　沉积地球化学识别标志

地层中微量元素与常量元素的含量以及相关的元素比值高低，与海平面的变化密切相关。目前，在沉积环境的研究中，应用最广的微量元素主要有 B、Sr、Ba、V、Ni 及相关的比值，不仅可以用于区分淡水和海水沉积物，而且可以用于测定古盐度和分析古气候（王随继等，1997），同时还可以判别沉积环境及其与海平面升降的关系。

本章对燕辽裂陷带目标层段，按 10 m 间隔系统采集岩样分析微量元素，以 20 m 间隔系统采样分析常量元素，以 40 m 间隔系统测试碳氧同位素。全部选用新鲜样品，在岩样粉碎后，在中国地质调查局天津地质调查中心（原天津地质矿产研究所）实验室，采用 X 射线光谱仪，测定常量元素 Al、Si、Fe、Mg、Ca、K、Mn、P、烧失量，微量元素 V、Rb、Sr、Ba、Be、B，同位素测试包含 C、O、Sr 元素的同位素（严兆彬等，2005）。依据前人研究资料，总结出常量元素、微量元素和同位素数据变化与海平面升降的关系（表 3.3）。

表 3.3　常量元素、微量元素和同位素数据变化与海平面升降的关系表

海平面上升	海平面下降
Al_2O_3、SiO_2、Fe_2O_3、K_2O、TiO_2降低	Al_2O_3、SiO_2、Fe_2O_3、K_2O、TiO_2增大
MnO 升高	MnO 降低
V、Rb、Be、B、Sr/Ba、Ca/Mg 增高	V、Rb、Be、B、Sr/Ba、Ca/Mg 降低
$\delta^{13}C$ 正漂移	$\delta^{13}C$ 负漂移
$\delta^{18}O$ 负漂移	$\delta^{18}O$ 正漂移
$^{87}Sr/^{86}Sr$ 降低	$^{87}Sr/^{86}Sr$ 增高

例如，野外分层表明，依据岩性特征，杨庄组可分为三个岩性段，杨一段主要由灰白色泥质白云岩、紫红色夹灰白色泥质白云岩以及灰色硅质白云岩组成，向上变为厚层块状硅质白云岩、叠层石白云岩。杨二段底部为一套紫红色含泥硅质白云岩与泥质白云岩，向上变为以厚层块状灰白色或紫红色泥晶白云岩、泥质白云岩为主。杨三段则主要由灰白色和紫红色薄层泥晶或泥质白云岩、含砂白云岩组成，显示出由下往上水体逐渐变浅的过程。微量元素的分析结果也显示了相同的特点（图 3.7），每个岩性段代表一次较大的海平面升降旋回，V、Rb、Sr/Ba、B、Be 等表现出由低—高—低的变化，在岩性段分界线处呈现出由低值向高值的突变，表征由海退向海进转化的转换面（范德廉等，1977）。从这些微量元素的总变化趋势看，整个杨庄组呈现出一个由相对较高的海平面向相对较低的海平面变化的过程。

冀北坳陷地层剖面的地层序列碳氧同位素呈现出纵向上的变化具有明显的旋回性，多数情况下均为正相关关系，碳同位素组成（$\delta^{13}C$）值变化范围在 -3‰ 与 3‰ 之间，呈低幅高频振荡；$\delta^{18}O$ 值变化则在 -8‰ 至 -2‰ 范围内，呈现高幅高频振荡。而 $\delta^{13}C$ 值的上升，多与从潮间带向潮下带的沉积环境演变，以及海平面上升、海水变淡、生物量增多等因素相关联；$\delta^{13}C$ 值降低则代表潮间-潮上带的沉积环境，且多与层序界面相对应。

高于庄组瘤状灰岩及洪水庄组页岩具特殊性，其 $\delta^{13}C$ 值为低负值，代表最大海泛面的沉积，而非层序界面的指征（储雪蕾等，2003）。氧同位素的变化表明，燕辽裂陷带总体上属于咸化环境，在杨庄组沉积晚期和雾迷山组沉积早期，海水的盐度达到最高值，其后盐度逐渐降低，直至雾迷山组沉积晚期又有所升高。

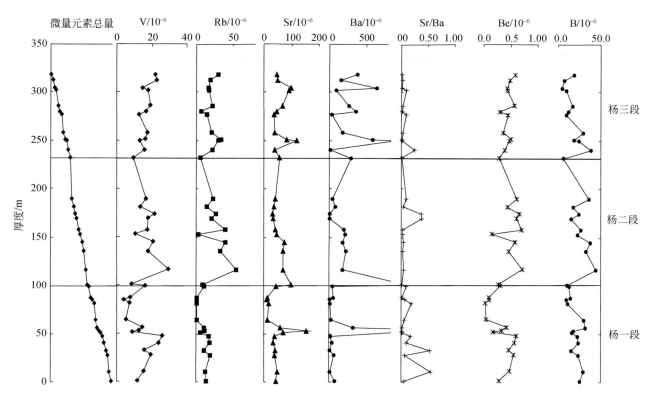

图 3.7   冀北坳陷宽城尖山子剖面杨庄组微量元素分布与地层层序关系图

3.2.3   地层层序划分

根据上述层序划分的原则与依据，冀北坳陷中—新元古界总体上属于一套陆表海碳酸盐岩沉积，从蓟县系高于庄组至青白口系景儿峪组，总共可划分为 13 个二级层序和 39 个三级层序（图 3.8 ~ 图 3.10，表 3.4 ~ 表 3.7）。研究发现，每个地层组中均有各自不同的岩性组合，这些岩石的叠合构成了各个组中最基本的微旋回层序，而这些微旋回层序的不同叠加型式为三级层序中体系域的划分奠定了基础。现对冀北坳陷的地层剖面，按组、段进行如下的三级层序特征描述。

3.2.3.1   高于庄组（Pt_2^2g）

由于宽城尖山子剖面处于大红峪组的地层沉降中心（图 3.1 中剖面 1），高于庄组底部为一套厚 13.2 m 的石英砂岩，与下伏的大红峪组厚层滨岸相石英砂岩之间呈现连续沉积过渡性接触关系，二者间不存在明显的沉积间断或不整合面；但区域上，二者间主要呈平行不整合接触。

通过野外系统观察与室内分析，特别是常量元素与微量元素分析，以及碳、氧、锶同位素分析结果，将高于庄组可细分为 146 层、10 个段以及 8 个三级层序（图 3.8，表 3.4）。根据微旋回叠加型式，其中可划分出不同的体系域，即高位体系域（Highstand System Tract，HST）、海进体系域（Transgressive System Tract，TST）、最大海泛面（Maximum Flooding Surface，MFS；图 3.8，表 3.4）。

3.2.3.2   杨庄组（Pt_2^2y）

总体上杨庄组与下伏高于庄组之间呈区域性整合接触关系，但在局部地区（如冀北坳陷宽城尖山子实测剖面以及冀东坳陷滦县），二者呈平行不整合接触。

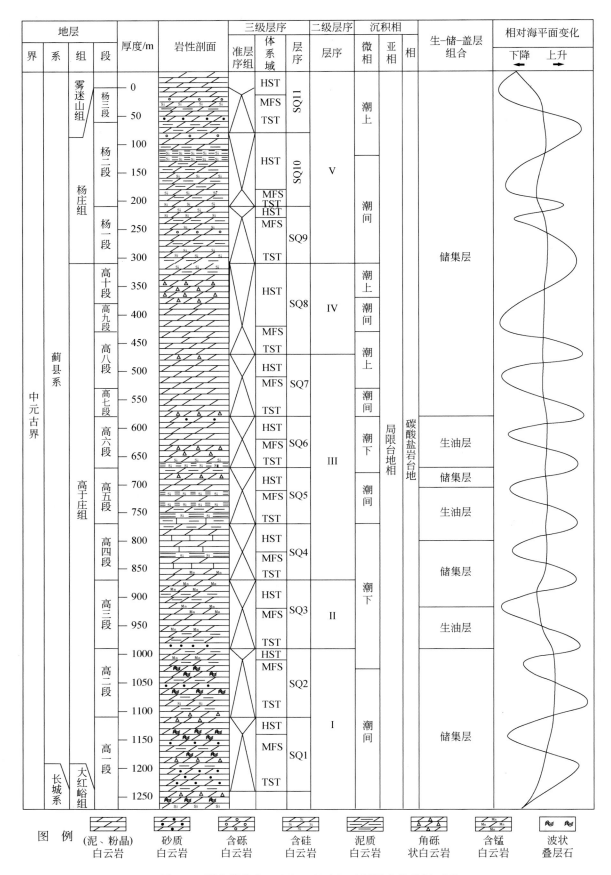

图 3.8　冀北坳陷高于庄组—杨庄组地层层序柱状剖面图

表 3.4　冀北坳陷高于庄组地层层序划分与体系域特征表

组	三级层序	二级层序	岩性特征	层号
高于庄组	SQ8	IV	TST：层纹状藻白云质灰岩、层纹状藻灰质白云岩和层纹状藻含灰白云岩	168~173
			MFS：层纹状藻白云质灰岩、灰色硅质团块层纹状白云质灰岩	
			HST：硅质团块或结核层纹状藻灰岩和藻白云岩	
	SQ7		TST：灰色厚层块状白云岩、灰色中层块状含灰白云岩夹薄层白云岩	157~167
			MFS：灰色层纹状藻白云岩与厚层块状含灰白云岩互层	
			HST：灰质白云岩夹含藻屑泥-细晶灰质白云岩和深灰色厚层白云岩	
	SQ6	III	TST：灰色厚-中层含泥白云岩夹含粉砂页岩和硅质条带，以及深灰色、灰色厚块状含灰质白云岩	148~156
			MFS：深灰色薄层瘤状灰岩	
			MFS：层纹状含灰藻白云岩、砂质粉泥晶砾屑含灰白云岩	
	SQ5		HST：硅质层夹泥晶灰岩薄层或瘤体向上变为泥晶灰岩	134~147
			MFS：黑灰色中-薄层状泥晶白云岩与硅质层互层	
			HST：灰色中层状纹层白云岩	
	SQ4		TST：中-薄层状含锰白云岩与中-薄层状白云质灰岩不等厚互层，以及页状泥晶灰岩与厚层状白云质灰岩互层	113~133
			MFS：深灰色瘤状灰岩	
			HST：厚层块状粉晶灰岩与土黄色薄层状含灰泥质白云岩不等厚互层	
	SQ3	II	TST：灰色含锰泥质白云岩、薄层泥质白云岩	92~112
			MFS：中层含锰泥晶白云岩	
			HST：中厚层泥晶白云岩，向上变为中薄层泥晶白云岩	
	SQ2	I	TST：深灰色厚层硅质白云岩、灰色中层硅质白云岩和灰色厚层含层状叠层石白云岩	56~91
			MFS：中厚层锥状叠层石白云岩	
			HST：波状叠层石白云岩与泥质白云岩互层	
	SQ1		TST：石英砂岩、砂质白云岩和薄层砂岩	28~55
			MFS：深灰色厚层白云岩、薄层页状白云岩	
			HST：厚层块状含叠层石白云岩、薄层泥质白云岩	

在野外观察、分层描述、室内薄片鉴定、沉积相研究、化学元素分析以及同位素分析成果的基础上，将其划分为 56 层、3 个段及 3 个三级层序，并且根据微旋回叠加型式的不同，划分不同的体系域（图 3.8，表 3.5）。该组底部基本上为灰白色、紫红色薄层含泥质白云岩，向上变成灰色含硅质条带或结核的泥晶白云岩，构成海进体系；以灰色厚层含紊乱锥状叠层石泥晶白云岩或棕红色厚层泥质白云岩的出现，代表最大海泛面；高位体系域由灰白色含泥或硅质白云岩和硅质层组成。

表 3.5　冀北坳陷杨庄组地层层序划分与体系域特征表

组	三级层序	二级层序	岩性特征	层号
杨庄组	SQ11		TST：薄层石英砂岩、含粉砂泥质白云岩等	218~229
			MSF：褐黄色中层状泥晶白云岩夹砂质泥晶白云岩垂向加积	
			HST：含砂屑、砾屑泥质白云岩	
	SQ10	V	TST：不发育	191~217
			MSF：页片状泥质白云岩	
			HST：硅质泥粉晶白云岩、含砂泥质白云岩	
	SQ9		TST：紫红色泥质白云岩、灰色硅质白云岩	174~190
			MSF：小型锥状叠层石白云岩、紊乱锥状叠层石白云岩	
			HST：中厚层含燧石团块、燧石结核硅质白云岩	

3.2.3.3　雾迷山组（Pt_2^2w）

雾迷山组实测地层位于凌源魏杖子剖面（图3.1中剖面2）。继杨庄期干旱气候下的沉积后，燕辽裂陷带气候逐渐向潮湿转化，但主要还是以潮坪相为主，以下为冀北坳陷雾迷山组微旋回叠加型式及沉积环境展示（图3.9）。在雾迷山组中，共识别出12种成因岩石，它们是构成雾迷山组微旋回层的基本单位。这些基本岩石的不同岩性叠加组合型式，构成雾迷山组不同层序海进体系域、最大海泛面、高位体

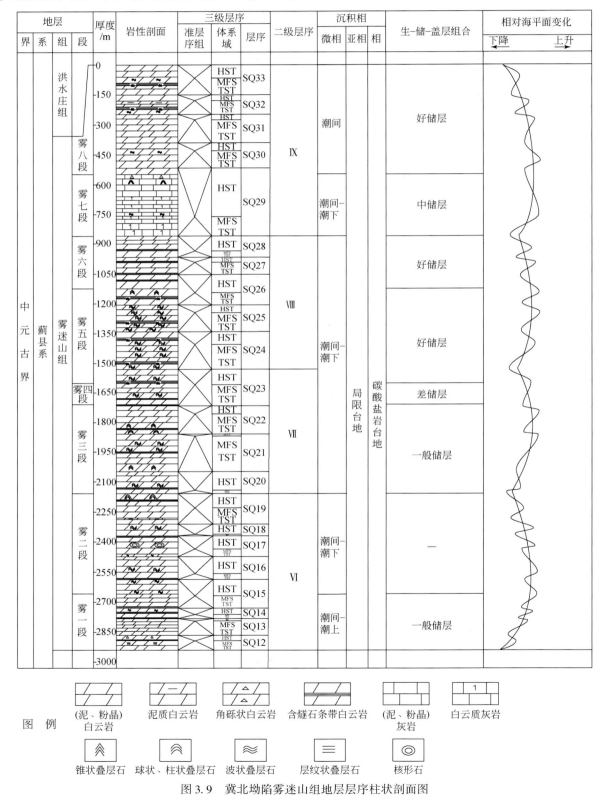

图3.9　冀北坳陷雾迷山组地层层序柱状剖面图

系域的岩石沉积组合。通过化学分析、微量元素分析，以及碳、氧、锶同位素分析结果，对划分出的三级层序进行了校正与优化，冀北坳陷雾迷山组共可划分出 411 层、8 个段及 22 个三级层序（图 3.9，表 3.6）。雾迷山组与下伏杨庄组呈过渡型整合接触。

表 3.6　冀北坳陷雾迷山组地层层序划分与体系域特征表

组	三级层序	二级层序	岩性特征	层号
雾迷山组	SQ33	IX	HST：深灰色含硅质条带泥晶白云岩	393～411
			MSF：大型波状叠层石泥晶白云岩	
			TST：灰色泥晶白云岩	
	SQ32		HST：灰色中层泥晶白云岩，向上变为灰色含硅质团块或条带泥晶白云岩	376～392
			MSF：灰色中厚层泥晶白云岩	
			TST：灰色纹层状泥晶白云岩，向上变为灰色中–厚层泥晶白云岩与灰白色硅质岩互层	
	SQ31		HST：灰色中厚层含硅质团块或条带泥晶白云岩，向上变为灰色纹层状含叠层石泥晶白云岩	355～375
			MSF：巨厚层泥晶白云岩	
			TST：灰色中层泥晶白云岩或含黑色硅质条带泥晶白云岩，向上变为黑色薄层硅质层	
	SQ30		HST：灰色纹层状泥晶叠层石白云岩夹少量硅质条带和团块，向上变为灰色含缓波状叠层石纹层状泥晶白云岩	331～354
			MSF：灰色纹层发育的含大缓波状叠层石泥粉晶白云岩	
			TST：灰色略带肉红色中薄层泥晶白云岩与灰色纹层状叠层石白云岩交替出现	
	SQ29		HST：深灰色中层灰岩，向上变为深灰色中层灰质白云岩，再向上变为灰色薄层泥质白云岩	294～330
			MSF：深灰色薄层泥晶灰岩	
			TST：灰色薄层含叠层石泥晶灰岩、岩溶角砾岩等	
	SQ28	VIII	HST：灰色中层泥晶白云岩，向上变为灰色中–厚层藻纹层泥晶白云岩	275～293
			MSF：灰色中–厚层藻纹层凝块石粉晶白云岩	
			TST：灰色中层含砾泥晶白云岩、灰色薄层状藻纹层泥晶白云岩和灰色薄层状硅质岩	
	SQ27		HST：灰色中层泥晶白云岩，向上变为灰色薄层状硅质岩	260～274
			MSF：灰色中–薄层凝块石粗粉晶白云岩	
			TST：灰色薄层状藻纹层泥晶白云岩夹硅质条带或硅质团块等	
	SQ26		HST：灰色藻纹层泥晶白云岩夹硅质条带、灰色中厚层层状叠层石粉晶白云岩	230～259
			MSF：灰色厚层亮晶凝块石白云岩	
			TST：灰色中层藻纹层泥晶白云岩	
	SQ25		HST：灰色纹层发育的含硅质条带白云岩，向上变为灰色硅质岩	213～229
			MSF：块状细晶白云岩	
			TST：中层藻纹层发育的含硅质条带泥晶白云岩，向上变为厚层含波状叠层石泥粉晶白云岩	
	SQ24		HST：含硅质团块–条带粉晶白云岩，向上变为厚层含缓波状叠层石泥晶白云岩	191～212
			MSF：厚层含波状、穹状叠层石泥晶白云岩	
			TST：穹状叠层石泥晶白云岩，向上变为灰色中层藻纹层白云岩	
	SQ23	VII	HST：灰色中层泥晶白云岩，向上变为含硅质条带泥晶白云岩	170～190
			MSF：巨厚层块状、缓波状、锥状叠层石白云岩	
			TST：灰色中层泥晶白云岩，向上变为灰色厚层含缓波状、穹状和少量锥状叠层石白云岩	
	SQ22		HST：灰色厚层泥晶白云岩，向上变为灰色纹层发育的含硅质条带泥晶白云岩	158～169
			MSF：深灰色厚层含核形石白云岩	
			TST：硅质条带发育的灰色泥晶白云岩，向上变为深灰色厚层含核形石白云岩	

续表

组	三级层序	二级层序	岩性特征	层号
雾迷山组	SQ21	VII	HST：灰色中层泥晶白云岩，向上变为灰色含硅质条带泥晶白云岩	129~157
			MSF：灰色厚层状粉晶叠层石白云岩	
			TST：灰色中厚层含硅质团块-条带泥晶白云岩、灰色薄层纹层发育的叠层石白云岩	
	SQ20		HST：灰色藻纹层发育的泥晶白云岩，向上变为灰色硅质条带异常发育的泥晶白云岩或硅质岩	121~128
			MSF：灰色厚层块状、锥状叠层石白云岩	
			TST：灰色中厚层泥晶白云岩，向上变为灰色波状叠层石发育的泥晶白云岩	
	SQ19	VI	HST：灰色硅质团块-条带发育的泥晶白云岩，向上变为灰色硅质结壳层	100~120
			MSF：灰色厚层块状粉晶白云岩，底部含缓波状及小锥状叠层石	
			TST：灰色穹状叠层石发育的泥-粉晶白云岩	
	SQ18		HST：灰色水平纹层发育的叠层石泥晶白云岩，向上变为灰色硅质结壳层	87~99
			MSF：大型缓波状和小锥状叠层石	
			TST：灰色含硅质团块泥晶白云岩、硅质条带发育的灰色白云岩或硅质层	
	SQ17		HST：灰色硅质结壳层，向上变为岩溶角砾岩	75~86
			MSF：厚层含核形石白云岩	
			TST：灰色中层泥晶白云岩、硅质条带发育的泥晶白云岩	
	SQ16		HST：灰色中层泥晶白云岩，向上变为灰色硅质条带发育的泥晶白云岩	53~74
			MSF：灰色厚层块状含缓波状、半球状叠层石白云岩	
			TST：灰色中层泥晶白云岩、纹层状叠层石白云岩	
	SQ15		HST：灰色中厚层泥晶白云岩，向上变为灰色含硅质团块-条带白云岩	33~52
			MSF：深灰色厚层含缓波状、半球状叠层石泥晶白云岩	
			TST：深灰色薄层含砾、含砂泥晶白云岩	
	SQ14		HST：深灰色中层泥晶白云岩、含硅质条带白云岩	24~32
			MSF：深灰色含缓波状、纹层状、小锥状叠层石藻泥晶白云岩	
			TST：薄层岩溶角砾岩，向上变为深灰色中-厚层泥-粉晶白云岩	
	SQ13		HST：岩溶角砾岩石，向上变为黄灰色含砂泥质白云岩、白云质砂岩	14~23
			MSF：灰色厚层白云岩垂向加积	
			TST：黄灰色中-薄层含粉砂泥质白云岩、纹层发育的泥晶白云岩	
	SQ12		HST：灰色硅质条带异常发育的白云岩	1~13
			MSF：厚层层纹状叠层石白云岩	
			TST：浅灰色中-薄层含砂、含泥白云岩，灰色中厚层泥晶白云岩和含硅质条带泥晶白云岩	

3.2.3.4　洪水庄组（Pt_2^2h）

宽城北杖子实测地层剖面（图 3.1 中剖面 3）表明，洪水庄组与下伏雾迷山组呈不整合接触关系。洪水庄组底部为薄层泥质白云岩，向上变为页岩夹泥质白云岩组成海进体系域，将其划分为 11 层、1 个段及 1 个三级层序（表 3.7，图 3.10）。第 8 层出现的黑色页岩为洪水庄组海侵达到最大水深时期，此后出现灰白色含粉砂泥质白云岩，表明水位开始下降，进入高位体系域（图 3.10 中 SQ34）。洪水庄组与下伏雾迷山组之间岩性突变，为超覆性平行不整合接触。

3.2.3.5　铁岭组（Pt_2^2t）

宽城北杖子实测剖面（图 3.1 中剖面 3）表明，铁岭组与下伏洪水庄组呈整合接触，可将其划分为 35 层、2 个段及 2 个三级层序（表 3.7，图 3.10）。铁一段的底部为含锰泥晶白云岩夹页状泥质白云岩，向上变为含粉砂泥质白云岩和硅质白云岩，反映水体逐渐变浅。铁二段以风暴砾屑灰岩、薄层泥晶灰岩、页岩为主，表明海平面升高，水体开始变深。铁一段与上覆铁二段的界面为铁质风化壳，说明铁一段与铁二段之间存在短暂侵蚀面，此时期发生的构造运动称为"铁岭上升"。

表 3.7　冀北坳陷洪水庄组—景儿峪组地层层序划分与体系域特征表

组	三级层序	二级层序	岩性特征	层号
景儿峪组	SQ39	XIII	HST：泥晶灰岩，顶部出现豹皮灰岩	70～74
			MSF：黑灰色中厚层泥晶灰岩	
			TST：薄层状泥晶灰岩	
骆驼岭组	SQ38	XII	HST：含海绿石砾屑灰岩	64～69
			MSF：黄灰色（风化色）薄层状泥质粉砂岩	
			TST：薄层状细–中粒石英砂岩	
下马岭组	SQ37	XI	HST：灰黄色中–厚层状含砾石英粗砂岩	55～63
			MSF：深灰色页岩	
			TST：薄层状细–粉砂岩、薄层状细–中粒石英砂岩	
	SQ36		HST：中薄层板岩、辉绿岩和石英砂岩	47～54
			MSF：深灰色页岩夹少量泥质粉砂岩透镜体	
			TST：含砾石英砂岩夹粉砂岩条带	
铁岭组	SQ35		HST：藻席灰岩与泥晶灰岩薄互层，以及薄板状泥晶灰岩与页岩不等厚互层	28～46
			MSF：黄绿色页岩夹瘤状（透镜状）灰岩	
			TST：白云质灰岩夹页岩、灰质白云岩夹页岩	
洪水庄组	SQ34	X	HST：含粉砂泥质白云岩、含锰泥晶白云岩	12～27
			MSF：巨厚黑色页岩	1～11
			TST：黑色硅质页岩与黑灰色薄层泥质白云岩不等厚互层	

3.2.3.6　下马岭组（Pt_2^3x）

燕辽裂陷带西段的宣龙坳陷处于下马岭组的沉降中心，该组地层最为发育，最大地层厚度可达 545 m，自下而上可分为四个段，即下一段至下四段。受"蔚县上升"构造运动的影响，燕辽裂陷带中–东段冀北坳陷、冀东坳陷和辽西坳陷下马岭组大部分地层遭受剥蚀，在宽城北子实测下马岭组地层剖面（图 3.1 中剖面 3）仅残存 369.5 m 厚的下一段。该剖面的下马岭组仅残存 17 层、1 个段（下一段）及 2 个三级层序（表 3.7，图 3.10）。下一段地层岩性为含沥青、含砾石英粗砂岩，与下伏铁岭组铁二段顶部的薄板状泥晶灰岩呈平行不整合接触关系，该期构造运动称为"芹峪上升"。

根据下马岭组与上覆青白口系骆驼岭组沉积微旋回的叠加型式差异，划分出不同的体系域（图 3.10）。该组下部为含沥青、含砾石英粗砂岩，向上变为薄层状页岩夹薄层砂质条带，构成海进体系域，以出现深灰色页岩作为最大海泛面的标志。在冀北坳陷下马岭组中，普遍夹有 2～4 层辉长辉绿岩岩床侵入体，导致下马岭组页岩普遍性地遭受到不同程度的围岩热蚀变，变成碳质页岩、角岩和板岩。

3.2.3.7　骆驼岭组（Pt_3^1l）

实测的骆驼岭组地层剖面属于宽城北杖子剖面（图 3.1 中剖面 3），由杂色碎屑岩组成。底部为灰黄色中–厚层状含铁质含砾石英粗砂岩，与下伏下马岭组顶部页岩呈平行不整合接触，标志构造运动"蔚县上升"。在冀东坳陷，骆驼岭组划分为两个段，即下部骆一段为砂岩段，上部骆二段为杂色页岩段；但在冀北坳陷，骆驼岭组厚度较薄，未划分岩性段，整体以石英砂岩为主，并且出现羽状交错层理，反映水体不是很深，主体属于滨岸相沉积，未见页岩段。可划分为 6 层和 1 个三级层序（表 3.7，图 3.10）。

3.2.3.8　景儿峪组（Pt_3^1j）

实测的景儿峪组位于宽城北杖子剖面（图 3.1 中剖面 3）。景儿峪组与下伏骆驼岭组之间属于整合接

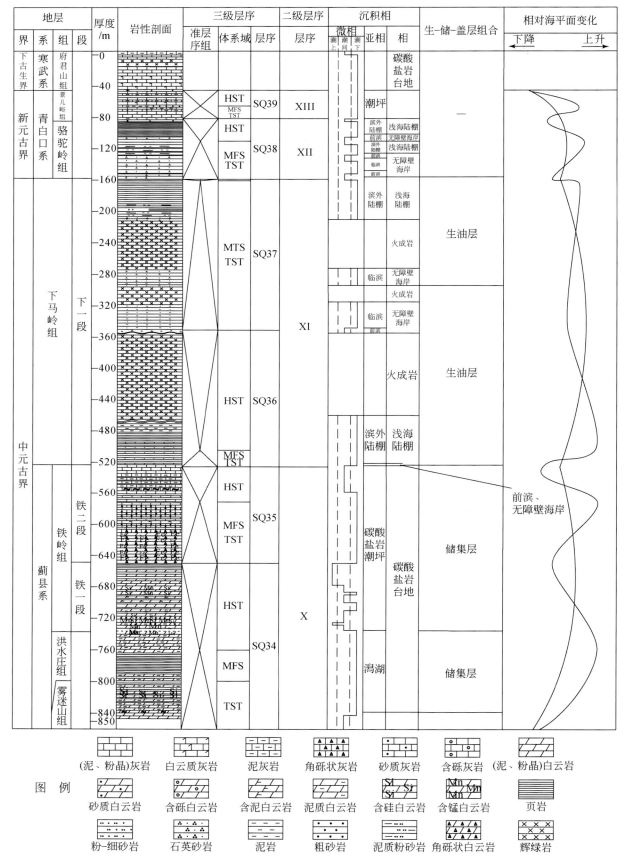

图 3.10 冀北坳陷洪水庄组—景儿峪组地层层序柱状剖面图

触关系，但与上覆下寒武统府君山组呈不整合接触。景儿峪组可细分为 4 层、1 个三级层序（表 3.7，图 3.10）。该组呈砂质砾屑灰岩–薄层状的泥质粉砂岩–薄层泥晶灰岩岩性组合，表明沉积环境水体加深。以紫灰色薄板状泥灰岩与泥晶灰岩互层作为最大海泛面产物。随后地壳大规模抬升，海平面下降，直至下寒武统府君山组第 76 层豹皮灰岩的出现为止，结束了中—新元古界沉积。

　　总之，根据上列地层层序划分原则及依据，将燕辽裂陷带中—新元古界冀北坳陷蓟县系高于庄组至青白口系景儿峪组划分为 39 个三级层序（图 3.11，表 3.4～表 3.7），并可与冀东坳陷中—新元古界蓟县层型剖面进行同步对比。

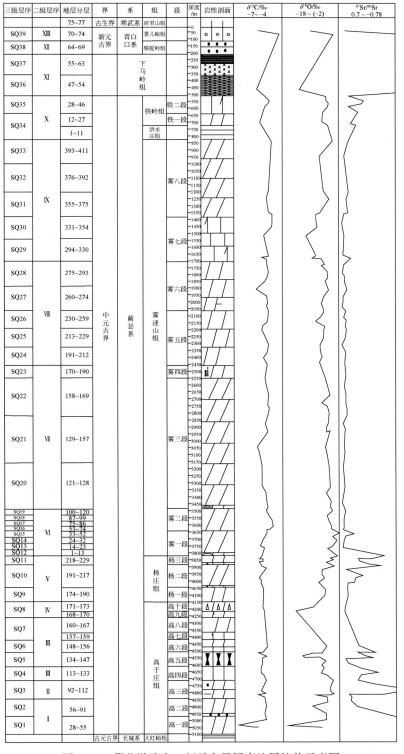

图 3.11　冀北坳陷中—新元古界层序地层柱状示意图

3.3　沉积环境与沉积相

　　燕辽裂陷带中—新元古界地层剖面的地球化学研究始于 20 世纪 70 年代后期,早期工作主要是常量元素的沉积地球化学研究。80 年代中期,以石油地质学与油气地球化学研究为目的,对华北克拉通中—新元古界和下古生界碳酸盐岩开展了有机地球化学研究。随着燕辽裂陷带中—新元古界沉积地球化学分析资料的积累,以及数学地质和地球化学的研究进展,新兴学科的研究成果开始引入地层划分对比研究。近年来的研究成果表明,沉积物中常量元素、微量元素和稳定同位素对于分析古盐度、古气候、古海平面变化等诸多方面具有重要意义(邓宏文和钱凯,1993;李任伟等,1999)。

　　本章采集的常量元素、微量元素和锶同位素分析所采集的岩石样品,大部分为白云岩,少数为灰岩的新鲜岩样,均采自冀北坳陷中元古界碳酸盐岩地层,均未曾遭受过蚀变、矿化或次生风化作用的影响,所采岩样的地层层位分布见表 3.8。中国地质调查局天津地质调查中心(天津地质矿产研究所)用 TRITON 质谱仪测试分析常量元素,使用 PW4400/40X 型射线荧光光谱仪测试微量元素,所检测的元素包括 Ca、Mg、Si、Al、Fe、Mn、Na、K、B、Ba 以及锶同位素,从中选取若干含量较高且变化较大的元素作为研究对象,测试数据见表 3.9。

表 3.8　冀北坳陷中—新元古界微量元素、氧化物分析岩样的层位分布统计表

地层层位	高于庄组	杨庄组	雾迷山组	洪水庄组	铁岭组	下马岭组	骆驼岭组
样品数/个	84	23	251	5	15	11	5

表 3.9　冀北坳陷中—新元古界 B、Mg/Al、Mg/Ca、$^{87}Sr/^{86}Sr$ 平均值统计表

系	组	段	$B/10^{-6}$	Mg/Al	Mg/Ca	$^{87}Sr/^{86}Sr$
青白口系	骆驼岭组	平均值	30.5	0.11	2.04	0.80
	下马岭组	平均值	28.4	0.20	1.01	0.73
蓟县系	铁岭组	平均值	12.1	7.50	0.57	0.75
	洪水庄组	平均值	4.5	2.92	1.64	0.78
	雾迷山组	雾八段	9.9	98.70	0.65	0.71
		雾七段	21.0	5.72	0.08	0.71
		雾六段	14.1	127.30	0.71	0.71
		雾五段	10.0	134.60	0.71	0.71
		雾四段	10.2	154.10	0.73	0.71
		雾三段	11.7	123.80	0.70	0.71
		雾二段	6.3	148.90	0.73	0.71
		雾一段	7.6	155.50	0.72	0.71
		平均值	11.4	118.50	0.63	0.71
	杨庄组	杨三段	18.9	9.69	0.73	0.73
		杨二段	28.9	7.12	0.72	0.73
		杨一段	30.7	8.41	0.70	0.71
		平均值	26.2	8.42	0.72	0.73
	高于庄组	高十段	15.4	28.30	0.49	—
		高九段	8.0	32.20	0.16	—
		高八段	18.6	8.55	0.31	—
		高七段	15.3	9.20	0.43	—
		高六段	23.2	6.01	0.43	—

续表

系	组	段	$B/10^{-6}$	Mg/Al	Mg/Ca	$^{87}Sr/^{86}Sr$
蓟县系	高于庄组	高五段	52.3	3.95	0.34	0.72
		高四段	48.7	4.51	0.35	0.71
		高三段	50.9	14.70	0.64	0.71
		高二段	51.7	63.30	0.64	0.72
		高一段	20.4	13.00	0.64	0.74
		平均值	30.5	18.40	0.44	0.72

3.3.1　古海水深度变化

据研究，海水中锶（Sr）的存留时间约 2.5 Ma，比海水的完全混合时间 1000 a 要长三个数量级（McArthur et al.，1992）。因此，任何地质时代的全球海水锶同位素组成都是均一的，这一结论业已为现代海水的 $^{87}Sr/^{86}Sr$ 值测定结果所证实（杨杰东等，2001）。但是，显生宙以来海水中的 $^{87}Sr/^{86}Sr$ 值是随着时间的变化而改变的；通常沉积碳酸盐岩中 $^{87}Sr/^{86}Sr$ 初始值分布范围为 0.706 ~ 0.710（Huang and Zhou，1997）。一般认为，海水中锶同位素主要来源于陆壳的风化物质以及洋中脊热液活动带出的幔源物质；相对幔源锶全球平均值 0.70（Palmer and Elderfield，1985），壳源锶具有较高的 $^{87}Sr/^{86}Sr$ 值（全球平均值 0.7119），而且 $^{87}Sr/^{86}Sr$ 质量差很小（Palmer and Edmond，1989）。因此碳酸盐矿物沉淀时，锶同位素的分馏效应可忽略不计，直接由海水的 $^{87}Sr/^{86}Sr$ 值标定矿物的锶同位素特征。当板块碰撞、构造隆升及其伴随的海平面下降时，古陆地暴露面积增大，由陆壳风化作用进入海洋的壳源锶增加，从而引起海水 $^{87}Sr/^{86}Sr$ 值的相对增高（蓝先洪，2001）；而当海底火山活动、海底扩张及与之伴随的海平面上升时，一方面大量幔源锶溶入海水，另一方面由于古陆地暴露面积减小而使壳源锶减少，二者的叠加效应导致海水的 $^{87}Sr/^{86}Sr$ 值相对变小。由此可见，$^{87}Sr/^{86}Sr$ 值的高低与同期海平面的升降呈负相关关系。地史中海相碳酸盐岩的 $^{87}Sr/^{86}Sr$ 值正漂移意味着海平面下降和古陆扩大，负漂移则反映海平面上升和古陆收缩。因此，在没有大规模海底火山活动影响的情况下，全球海平面的变化是对海水锶同位素组成最重要的控制因素（Pratt，1998a，1998b）。我国对显生宙海相碳酸盐岩地层的锶同位素研究取得了一定进展，演化曲线越来越完善，然而对于前寒武纪的锶同位素则研究较少，特别是中元古界锶同位素的研究成果更为零星。燕辽裂陷带高于庄组时期无大规模的海底火山作用，构造活动基本上以简单的升降为主。因此，可依据锶同位素特征判断同期海平面变化。

由表 3.9 可看出，自下而上从高一段到高三段，整体上碳酸盐岩的 $^{87}Sr/^{86}Sr$ 值呈现变小的趋势，而在高三段中后期，其值有相对增大的趋势，$^{87}Sr/^{86}Sr$ 最小值见于高三段中下部地层，这说明从高一段到高三段，海平面呈相对上升的趋势，而自高三段沉积中期以后，海平面则呈下降态势，在高三段中前期海平面相对最高。高一段具有较高的 $^{87}Sr/^{86}Sr$ 值说明其海平面相对较低，这与前人分析结论一致，高于庄初期基本上继承了大红峪期的浅水环境。整体上高于庄组 $^{87}Sr/^{86}Sr$ 值波动较大，这反映出高于庄组沉积期间海平面的频繁变化。

结合高于庄组沉积特征，由其 $^{87}Sr/^{86}Sr$ 值得纵向演化特征可知，高于庄初期为发育范围广泛的浅水碳酸盐潮坪，中期区域海平面上升，盆地水域增大，形成较深水碳酸盐台盆相沉积，晚期海平面下降，水体有相对变浅的趋势。杨庄组 $^{87}Sr/^{86}Sr$ 值总体呈增大趋势，表明整体上杨庄组沉积期为一个还退的过程（刘鹏举等，2005）。从图 3.12 雾迷山组 $^{87}Sr/^{86}Sr$ 值的变化趋势可以得出，雾迷山组沉积期海平面整体呈现下降的趋势。洪水庄组—骆驼岭组 $^{87}Sr/^{86}Sr$ 值总体逐渐增大（图 3.13），反映了水体深度减小的过程。

3.3.2　古气候与古盐度

Mg/Ca 值可作为气候变化的良好指标：高值指示干热气候，低值指示潮湿气候；但遇碱性层位时则

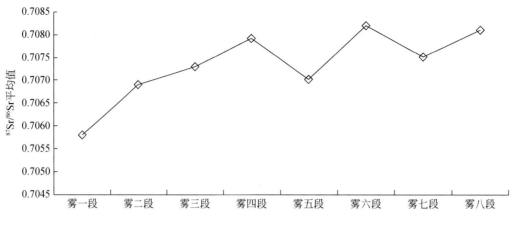

图 3.12　冀北坳陷雾迷山组各段$^{87}Sr/^{86}Sr$ 平均值分布图

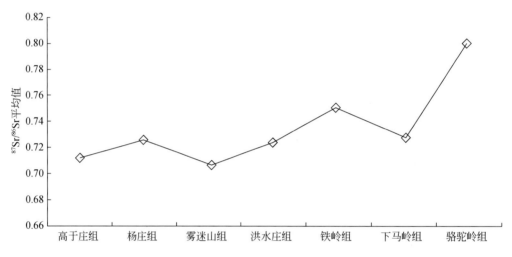

图 3.13　冀北坳陷高于庄组—骆驼岭组各段$^{87}Sr/^{86}Sr$ 平均值分布图

相反（旷红伟等，2005）。这是因为，碱层的成分是碳酸钠盐岩，当钠盐开始沉淀时，由于水介质中充分沉淀，使 Mg^{2+}、Ca^{2+} 浓度已降至很低，况且 Mg^{2+} 的活动性比 Ca^{2+} 差得多，二者相比，前者几乎消耗殆尽，故岩层中 Mg/Ca 值表现为低值或极低值（宋明水，2005）。由此应该对 Mg/Ca 值的气候指标做一些必要补充，即当钠盐、钾盐等易溶性盐类不参与沉淀时，Mg/Ca 高值指示干热气候；而当它们参与沉淀时，Mg/Ca 低值和 K^+、Na^+ 的相对高值共同指示干热气候。

　　如图 3.14 所示，高于庄组 Mg/Ca 值变化极为特殊，整体上呈先高后低、再升高的变化趋势，反映沉积期间气候从相对干热到逐渐潮湿、再转为干热的变化过程；海水古盐度逐渐减小再变大的变化过程。由 Mg/Ca 值的变化趋势可以得出（图 3.15），高于庄组、雾迷山组和铁岭组 Mg/Ca 值相对较低，平均值分别为 0.4425、0.6320、0.5655，表明气候相对潮湿，海水古盐度相对较低，其中雾七段 Mg/Ca 值仅为 0.11，气候相对最为潮湿湿润，海水古盐度最低，与最大海侵有关。而杨庄组、洪水庄组、下马岭组及骆驼岭组的气候相对干燥，海水古盐度相对较高。

3.3.3　沉积体系与沉积相类型

　　燕辽裂陷带中—新元古界地层岩石类型丰富多样，可划分为三种类型：①第一类为碳酸盐岩类：以白云岩为主，发育少量的灰岩，其中白云岩包括泥晶白云岩、结晶白云岩、泥质白云岩、叠层石白云岩、颗粒白云岩及过渡白云岩类，灰岩包括泥晶灰岩、粉晶灰岩、颗粒灰岩、瘤状灰岩、条带状灰岩及过渡灰岩类；②第二类为陆源碎屑岩类：主要为砂岩、砾岩和黏土岩；③第三类为其他岩类：硅质岩、风暴

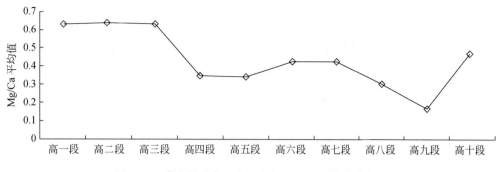

图 3.14　冀北坳陷高于庄组各段 Mg/Ca 平均值分布图

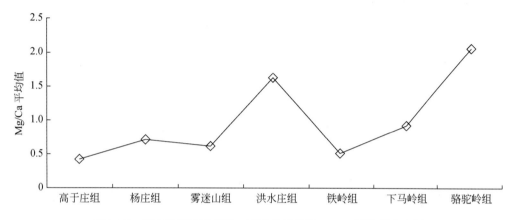

图 3.15　冀北坳陷高于庄组—骆驼岭组各段 Mg/Ca 平均值分布图

岩、障积–黏结岩和角砾岩等。沉积构造主要发育水平层理、平行层理、交错层理、波状层理、波痕、冲刷面、干裂、叠层石等（图 3.16）。

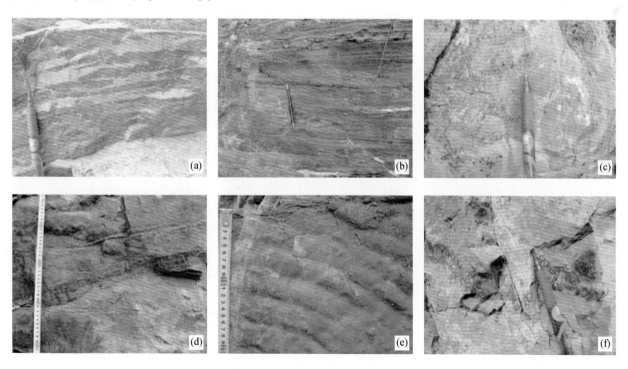

图 3.16　冀北坳陷沉积相标志图

（a）高二段条带状泥晶灰岩；（b）雾二段层纹状叠层石；（c）铁二段柱状叠层石灰岩；（d）骆驼岭组褐灰色中层状细粒石英砂岩，发育中型槽状交错层理；（e）杨庄组波痕；（f）高九段障积岩

根据冀北坳陷宽城尖山子、凌源魏杖子、宽城北杖子剖面（累计厚度约 5047.5 m），辅以一定数量的观察剖面、观察点以及在 1000 多件岩石薄片鉴定、20 件粒度分析和 2000 多件岩石地球化学分析资料（包括微量元素、常量元素、锶同位素、碳氧同位素和 X 衍射）的基础上，通过岩石颜色、自生矿物、粒度、成分、结构、沉积构造及古生物化石等相标志的研究，并结合本区的区域地质概况（宋天锐，2007），总结出燕辽裂陷带中—新元古界主要发育海相碳酸盐岩和海相碎屑岩两种沉积体系，沉积体系发育的相、亚相及微相详见表 3.10。

表 3.10　冀北坳陷中—新元古界地层沉积相划分表

沉积体系	相	亚相	微相	分布组段
陆表海碳酸盐岩沉积体系	碳酸盐岩台地	潮坪	潮上带	高于庄组、雾迷山组
			潮间带	杨庄组、洪水庄组
			潮下带	铁岭组、景儿峪组
		潟湖	潟湖泥	高于庄组、洪水庄组
	生物礁	障积–黏结礁	障积–黏结岩	高九段、高十段
陆缘海碎屑岩沉积体系	浅海陆棚	过渡带	—	下马岭组、骆驼岭组
		滨外陆棚	—	下马岭组、骆驼岭组
	无障壁海岸	前滨	—	下马岭组、骆驼岭组
		临滨	—	下马岭组、骆驼岭组

3.3.3.1　碳酸盐台地相

燕辽裂陷带发育的碳酸盐台地为陆表海碳酸盐台地，其地形平坦开阔，水体较浅，岩性、岩相无十分明显的变化，白云岩非常发育，陆源物质供应较少，具有形态多样而又数量丰富的叠层石和类型多样的砾屑白云岩。海平面升降变化显著，使沉积物具有明显的旋回性和韵律性。潜水动荡和干旱蒸发沉积标志说明，燕辽裂陷带中元古代具有广阔的潮汐波浪作用带。其元素地球化学总体特征表现为以 CaO 和 MgO 为主，$\omega(CaO)>\omega(MgO)$，而且 SiO_2、Al_2O_3、Fe_2O_3、FeO 和 K_2O 等含量较少；Sr、Sr/Ba 及 Sr/Ca 值随着水体的加深逐渐增大。而且碳酸盐台地相主要分布在蓟县系高于庄组、杨庄组、雾迷山组、洪水庄组、铁岭组（王可法和陈锦石，1993）和青白口系景儿峪组，由潮坪和潟湖两种亚相组成（表 3.10）。

（1）潮坪亚相：燕辽裂陷带地质营力主要受潮汐作用影响，波浪作用影响较弱，其影响范围非常宽广，横向上可达 100～1000 km。由于周期性的涨潮、落潮，在横向上该相带沉积物的分布具有分带性。依据水体能量相对强弱程度可细分为潮上带、潮间带和潮下带三个微相（赵震，1988）。

①潮上带：位于平均高潮面和最大高潮面之间，常暴露于大气中，与潮间带上部常呈过渡关系，只有在大风暴和大潮汐时才被海水淹没。该地带白云化作用较强烈，白云岩为准同生作用，岩石类型主要以浅灰色、灰色、褐灰色薄–厚层状或纹层状泥–粉晶白云岩、泥晶灰岩、泥质白云岩为主，由于该带通常保持较干燥环境，藻叠层石沉积不太发育，有时掺杂少量的铁质，常有碎屑物质的混入形成黄灰色、黄绿色、紫红色页岩以及碳酸盐岩与碎屑岩的过渡类型，如含泥白云岩、含砂白云岩等，有时见干裂、石膏假晶、鸟眼构造等干旱蒸发沉积标志。其元素地球化学特征表现为 V、Rb、Be、P_2O_5 和 MnO 的含量值相对最低；SiO_2、Al_2O_3 的含量相对较大，是由于潮上带离海岸最近，陆源物质供应相对充足所致。潮上带 $\delta^{13}C$ 均值最小，仅 -0.78‰；$\delta^{18}O$ 均值最大，达 -5.10‰。

②潮间带：位于平均高潮面与平均低潮面之间，以间歇能沉积为特点，为潮坪环境中最宽的地带。总体上泥质混入而形成泥质粉砂质白云岩或灰岩。常见波状、层状叠层石发育，偶见锥柱状叠层石；主要为粉细晶白云岩、内碎屑白云岩、鲕粒白云岩夹黑灰色硅质白云岩、硅质页岩或硅质团块，局部含少量锰质，有时有少量陆源粉砂质；且由下至上依次由柱状变为波状、薄层状。一般沉积物颜色较浅，常见到泥裂、鸟眼构造和羽状交错层理等。

潮间带可分为潮间低能带和潮间高能带；其中潮间低能带主要以纹层–微波状叠层石白云岩、竹叶状白云岩和低幅度波痕为特征；而潮间高能带以发育大波纹状、中小型锥（柱）状藻叠层白云岩、亮晶颗粒白云岩、颗粒白云岩（含内碎屑、鲕粒、藻鲕及团粒）、角砾白云岩、交错层理等为特征。元素地球化学特征表现为 V、Rb、Be、P_2O_5 和 MnO 的含量介于潮上带与潮下带之间；SiO_2、Al_2O_3 的含量相对较小，是由于潮间带离海岸较远，陆源物质供应相对较少所致。潮间带 $\delta^{13}C$ 均值为 0.17‰，$\delta^{18}O$ 均值为 −5.61‰，都介于潮上带和潮下带值之间。

③潮下带：位于平均低潮面之下，可以进一步分为潮下高能带和潮下低能带。潮下高能带位于平均低潮面以下、浪基面以上，其水动力较强，岩石类型为砂砾屑白云岩（灰岩）、鲕粒白云岩、凝块石白云岩等颗粒白云岩。常见大型锥状或柱状藻叠层白云岩以及藻礁等，局部含锰质和硅质条带，夹风暴岩，发育各种交错层理、平行层理和波痕等构造。

潮下低能带位于浪基面以下，由于水体较深，光线微弱，藻类活动少，因此主要为贫藻迹的、化学沉淀为主的块状泥晶白云岩或灰岩、瘤状灰岩、页岩，有时含较多锰质，多呈厚层状，泥质含量高时可称为含泥和泥云岩，常见水平层理。元素地球化学特征表现为 V、Rb、Be、P_2O_5 和 MnO 含量相对最高；SiO_2、Al_2O_3 含量相对最低，是由于潮下带离海岸最远，几乎没有陆源物质供应所致。潮下带 $\delta^{13}C$ 均值最大，达 0.59‰；$\delta^{18}O$ 均值最小，仅 −6.36‰。

（2）潟湖亚相：当水流不断将潮下高能带的鲕、藻鲕、藻团等搬运到潮间带的中下部，形成浅滩型沉积。浅滩形成遮挡作用，使近岸海与广海相隔绝，致使海水流通受到一定程度的限制，使海水处于局限流通或半流通状态，向陆一侧形成了以潮汐为主要营力，而波浪作用不太明显的闭塞潟湖沉积环境。潟湖中海水能量较低，沉积物主要以深色页岩为主，夹薄层泥晶白云岩，水平层理发育，含铁锰结核及黄铁矿。

3.3.3.2　生物礁相

生物礁相在燕辽裂陷带不甚发育，仅在冀北坳陷西缘兴隆县潘家店剖面高九段—高十段和宣龙坳陷古子房剖面发现（图3.17），冀北坳陷和宣龙坳陷的沉积水体在高于庄组沉积时期是相互连通的。

其为浅灰色巨厚块状粉-细晶藻白云岩，内部隐约可见藻丝体或宏观藻，呈垂直、分枝状原地固着生长，藻间为粉-细晶白云石充填，发育大量孔洞，孔洞方向大多垂直层面延伸，孔洞内被结晶白云石或硅质燧石、石英充填或半充填。该生物礁的造礁生物为蓝绿藻和宏观藻，由于对海水中沉积物进行障积和黏结，形成障积-黏结礁（肖传桃等，2001）。

从区域展布分析，在其东侧的冀北坳陷宽城尖山子剖面高九段—高十段均为藻灰结核或核形石灰岩和岩溶角砾岩（图3.17），而西侧的宣龙坳陷宣化剖面为含硅质条带的白云岩和叠层石白云岩与厚层状角砾白云岩，但其沉积厚度较小，因此，外貌呈丘状隆起（图3.17）。

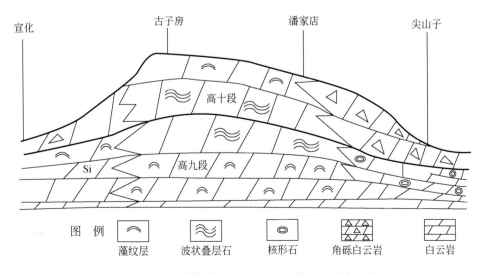

图 3.17　燕辽裂陷带高九段—高十段生物礁相分布示意图

3.3.3.3　浅海陆棚相

该带位于波基面之上、地形平坦、坡度较小、水动力较弱、水体与外界循环交换良好，主要为悬浮质沉积，沉积物主要为大量页岩夹薄层状泥质粉砂岩、细砂岩或灰岩透镜体。其元素地球化学总体特征表现以 SiO_2 的含量占绝对优势，且 CaO 和 MgO 含量较低，Al_2O_3、Fe_2O_3、FeO 和 K_2O 等含量相对碳酸盐台地相明显较高；Sr、Sr/Ba 及 Sr/Ca 值也随着水体的加深逐渐增大。燕辽裂陷带发现的浅海陆棚相分布于下马岭组与青白口系骆驼岭组，可进一步划分为滨外陆棚和过渡带两个亚相。

（1）滨外陆棚亚相：位于过渡带外侧至大陆坡内边缘的浅海区。岩性主要为深灰色页岩，局部可见一些深灰色薄层状含硅泥岩、含铁灰岩透镜体、黄褐色（风化色）泥质白云岩。层理不发育，水动力条件较弱，且页岩的颜色较深，反映当时沉积环境为水体较深的还原环境。在该亚相中，碳酸盐岩少量发育主要是因为滨外陆棚离岸相对较远，陆源物质相对较少。与陆缘海碎屑岩沉积体系的其他亚相相比，元素地球化学特征表现为 SiO_2 的含量值最高；V、Rb、Be 等大多数微量含量值相对最高；Al_2O_3、Fe_2O_3、K_2O 等大多数常量元素含量值相对最低。

（2）过渡带亚相：近滨与滨外陆棚之间的过渡沉积区，位于浪基面以下。岩性主要为灰绿色页岩，夹薄层状泥质粉砂岩、细砂岩。水动力条件相对较弱，页岩中黏土矿物及陆源物质都较高，发育微细有水平层理和砂纹层理。局部还含鲕绿泥石及海绿石自生矿物，常含有褐铁矿或菱铁矿结核及透镜体，结核大小为 10~50 cm 不等，顺层分布，透镜体长可达 60 cm。其中菱铁矿结核及透镜体反映当时沉积环境为一种水体较安静的弱碱性还原环境。元素地球化学特征表现为 SiO_2 的含量值较高；V、Rb、Be 等大多数微量含量值相对较高；Al_2O_3、Fe_2O_3、K_2O 等大多数常量元素含量值相对较低。

3.3.3.4　无障壁海岸相

该类型海岸无障壁岛的遮挡，与大洋连通较好，受较明显的波浪和沿岸流作用，海水可以进行充分的流通和循环，因此又称广海型海岸。根据水动力状况、沉积物成分、结构和构造等因素，元素地球化学总体特征表现为 SiO_2 含量较高，CaO、MgO 含量较低，Al_2O_3、Fe_2O_3、FeO 和 K_2O 等含量相对碳酸盐岩台地相明显较高，Sr、Sr/Ba 及 Sr/Ca 值随着水体的加深逐渐增大。燕辽裂陷带发现的无障壁海岸相分布于下马岭组与青白口系骆驼岭组，可进一步划分为临滨和前滨两个亚相。

（1）临滨亚相：又称近滨亚相，位于平均低潮线和正常浪基面之间，地理位置相当于潮下带。岩性主要为灰色、深灰色含铁细-粉砂岩和黄绿色页岩，由下自上砂岩颗粒由细变粗，砂岩层厚度逐渐变厚，粒径一般在 0.5~5 mm，分选磨圆较好，呈椭圆状、次圆状。砂岩中石英含量约 80% 以上，常含黄铁矿和硅质，胶结物以泥质、硅质胶结为主，砂岩中常见海绿石自生矿物。因水动力条件相对较强，砂岩中发育有平行层理、透镜状层理以及小型砂纹层理。MnO 含量相对较大，指示了水体相对较浅的氧化环境。元素地球化学特征表现为 V、Rb、Be 等大多数微量含量值在碎屑岩亚相中最低；Al_2O_3、Fe_2O_3、K_2O 等大多数常量元素含量值相对较低。

（2）前滨亚相：前滨位于平均高潮面和平均低潮面之间，地理位置相当于潮间带。但沉积机理和沉积物特征与潮间带不同，前滨的水动力条件以波浪的冲洗为特征，因此沉积物有充分的时间磨蚀、淘洗。岩性以灰黄色中-厚层状含砾中-粗石英砂岩为主，局部含沥青，砾石主要为细砾，粒径在 2~5 mm，石英含量约 90%，分选磨圆较好、层理清晰，为铁泥质、硅质、海绿石质胶结。发育平行层理、冲洗层理和交错层理，其中冲洗层理为多组平行层理以低角度相互截切，细层厚 2~8 mm，层系厚 6~14 cm。元素地球化学特征表现为 V、Rb、Be 等大多数微量含量值较低；Al_2O_3、Fe_2O_3、K_2O 等大多数常量元素含量值也相对较低。

3.3.4　剖面相分析

本章仅针对实测的冀北坳陷蓟县系（Pt_2^2）、下马岭组（Pt_2^3x）和青白口系（Pt_3^1）开展剖面相分析，其中不包含未实测的长城系（Pt_2^1）。

3.3.4.1 蓟县系 (Pt$_2^2$)

（1）高于庄组 (Pt$_2^2$g)：伴随海平面的升降，高于庄组沉积经历了由潮间带—潮下带—潮间带—潮上带的演变过程。冀北坳陷宽城尖山子剖面高于庄组共划分出 146 层（第 28 ~ 173 层）、10 个段（高一段—高十段）和 5 个二级层序（层序 I ~ IV；表 3.1、表 3.4，图 3.8、图 3.11，参阅第 2 章）。

①高一段（第 28 ~ 55 层；表 3.4）：底部为厚约 13 m 的石英砂岩，向上为燧石条带、结核、叠层石白云岩夹泥质白云岩、薄层石英砂岩和中—厚层白云岩夹含砾屑白云质砂岩，以含陆屑和含锰为特征，可见平行层理，局部发育波状、穹状和柱状叠层石，属潮上-潮间带沉积，相当于二级层序 I 下部。

②高二段（第 56 ~ 91 层；表 3.4）：岩性以深灰色、灰色（含）硅质白云岩、泥质白云岩、含锰白云岩，以及深灰色、灰色薄层叠层石白云岩为主，叠层石发育层状、波状、锥柱状，属潮间-潮下带沉积，相当于二级层序 I 上部。

③高三段（第 92 ~ 112 层；表 3.4）：下部以薄层泥质粉砂岩与含锰页岩为主，向上以含锰白云岩、含锰粉砂质白云岩、含锰细晶白云岩为主，属潮间-潮下带沉积，相当于二级层序 II。

④高四段（第 113 ~ 133 层；表 3.4）：岩性以深灰色、浅灰色的泥晶白云岩、白云质灰岩以及泥质灰岩为主，以含锰、硅质条带和结核为特征；中下部发育少量瘤状灰岩，代表海侵过程的最大海泛面（MFS）。高四段经过间或出现的潮间带环境后进入一个水流闭塞、不适于藻类生长的潮下带低能环境，属潮下带沉积，相当于二级层序 III 底部。

⑤高五段（第 134 ~ 147 层；表 3.4）：底部为黑色硅质页岩与白云质页岩互层，夹瘤状灰岩，向上变成厚层瘤状灰岩与硅质层互层、深灰色中—厚层状白云岩；顶部发育一层角砾状白云岩，局部可见水平纹层，属潮下-潮间带沉积，相当于二级层序 III 下部。

⑥高六段（第 148 ~ 156 层；表 3.4）：底部为深灰色中层块状砂屑灰岩、砂质灰岩和块状砂屑白云岩，可见灰岩条带和透镜体，局部砂屑灰岩底部隐约可见交错层理；中部为深灰色薄层瘤状灰岩、白云质灰岩与厚—中层含灰白云岩互层，层间夹页岩，组成多个韵律。自本段开始，有短暂的海平面上升，继而海平面下降，属潮间-潮下带沉积，相当于二级层序 III 中部。

⑦高七段（第 157 ~ 159 层；表 3.4）：灰岩与白云岩多以互层形式出现，层间夹页岩，组成多个韵律。顶底部页岩夹层较多，白云岩单层较薄；中部页岩夹层相对较薄，白云岩较厚，白云岩中发育水平纹层、波状纹理，局部可见灰岩条带、透镜体、波痕构造等，砂屑灰岩底部隐约可见交错层理，属潮间带沉积，相当于二级层序 III 中上部。

⑧高八段（第 160 ~ 167 层；表 3.4）：底部以白云质灰岩，向上灰质逐渐减少；中下部为薄层含灰白云岩，可见灰质团块或条带；上部为深灰色厚层泥晶白云岩、灰质白云岩和白云质灰岩，可见硅质条带、团块，偶见硅镁结核。某些层面上露出较大的波痕、泥裂。水体继续变浅，属潮上带沉积，相当于二级层序 III 中上部。

⑨高九段（第 168 ~ 170 层；表 3.4）：下部以深灰色、黑灰色中厚层块状泥粉晶灰岩和白云质灰岩为主，白云质灰岩纹层发育；上部以深灰色中厚层泥粉晶灰岩为主，发育少量白云质灰岩，可见含纹层状（藻席）白云质细层，少量硅质团块、结核。总体来说泥晶灰岩发育较多，局部可见藻灰结核，粉晶灰岩较少，灰岩中常含砂质、粉砂质，偶含白云质，属潮间带沉积，相当于二级层序 IV 下部。

⑩高十段（第 171 ~ 173 层；表 3.4）：下部为灰色、深灰色中厚层块状泥晶灰岩、泥晶白云岩，其中含较多硅质，硅质岩呈团块、条带、结核状；上部为厚层块状角砾岩，角砾成分为白云岩或灰质白云岩，棱角状，大小悬殊，砾径大者可达数十厘米，一般为 1 ~ 5 cm，顶部 2 m 含少量硅质团块或条带。表明水体又开始变浅，属潮间-潮上带沉积，相当于二级层序 IV 中上部。

（2）杨庄组 (Pt$_2^2$y)：继承高于庄组晚期的海退趋势，属于干热气候下的近岸陆表海沉积，有较多的陆源碎屑物质供应，以紫红色含粉砂泥质泥晶白云岩为主要特征，形成一套以潮间-潮上带为主的沉积物。中段以后，岩石颜色以红色为主，红灰相间，反映周期性干旱气候条件和氧化的介质环境。冀北坳陷宽城尖山子剖面杨庄组共划分出 56 个层（第 174 ~ 229 层）、3 个段（杨一段—杨三段）和 1 个二级层序（层序 V；表 3.1、表 3.5，图 3.8、图 3.11，参见第 2 章）。

①杨一段（第174～190层；表3.5）：以紫红色、灰色中层状泥晶白云岩为主，局部发育小型锥柱状、波纹状、缓波状叠层石，可见干裂、收缩缝、鸟眼构造、低幅度不对称波痕、羽状交错层理等，属潮间–潮上带沉积，相当于二级层序 V 下部。

②杨二段（第191～217层；表3.5）：以紫红色、棕红色含砂泥白云岩为主，典型特征是陆源泥、砂增多，可见薄层石英砂岩与含砂泥质或泥晶白云岩构成的旋回，偶夹层状、波状叠层石白云岩，常见浅水波痕，有时可见干裂、石膏及石盐假晶等干旱蒸发沉积标志，表明以潮上带沉积为主，相当于二级层序 V 中上部。

③杨三段（第218～229层；表3.5）：下部浅灰色燧石条带泥晶白云岩为主，夹含砂白云岩；中上部为红灰相间的泥晶白云岩，属潮间–潮上带沉积，相当于二级层序 V 上部。

（3）雾迷山组（Pt_2^2w）：地层巨厚，以发育韵律性的白云质微生物岩为特征。雾迷山组时期海底升降运动频繁，水体深浅多变。冀北坳陷雾迷山组地层厚达 2947.2 m，几乎全部由 A、B、C、D、E 五种基本韵律单元呈不同组合型式的 400 多个韵律层所构成（图3.18）。韵律层之间大都具有短暂的沉积间断，记录海平面的小幅度频繁的震荡变化，明显表现出沉积盆地的颤动性下沉特点。冀北坳陷凌源魏杖子剖面雾迷山组自下而上可细分为 411 层（第1～411层）、8 个段（雾一段—雾八段）和 4 个二级层序（层序 VI～IX；表3.1、表3.6，图3.9、图3.11，参见第2章）。

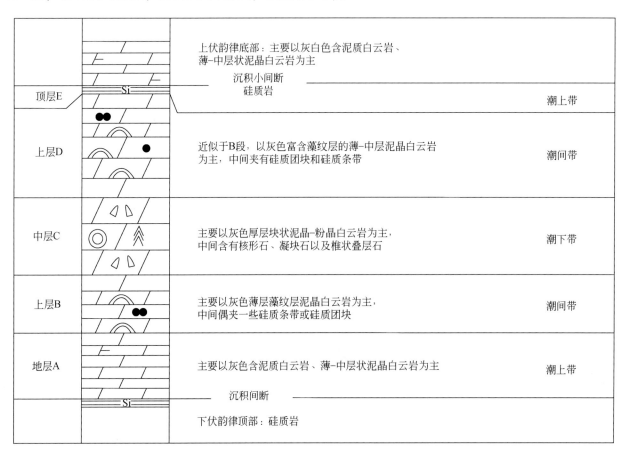

图3.18　雾迷山组沉积韵律层五个基本韵律单元组合模式图

以冀北坳陷为例，简述雾迷山组各段的岩性–岩相特征如下：

①雾一段（第1～52层；表3.6）：A-B-D-E 韵律单元都比较发育，主要岩性为灰色藻纹层凝块石白云岩、灰色藻纹层叠层石白云岩和白云质页岩。C 单元不常见，即使见到的话厚度也不大，代表一个水体相对较浅的环境，属潮上低能沉积。三级层序 SQ14 中 C 单元才开始较多出现，厚度也有所加大，水体开始加深。整体而言相当于二级层序 VI 中下部。

②雾二段（第53～120层；表3.6）：岩性主要为灰色含粉砂泥质白云岩、藻纹层白云岩和白云质页

岩。主要包含三种韵律单元组合：以 A-B-D-E 韵律单元组合（缺 C）为主，C 单元基本不发育，反映一个浅水的环境；B-C-D 韵律单元组合（缺 A、E）出现，代表水体加深；B-D-E 韵律单元组合（缺 A、C）出现，表明水体由深开始变浅。雾二段总体仍以潮间带沉积为主，相当于二级层序 VI 上部。

③雾三段（第 121～169 层；表 3.6）：岩性主要为灰色厚层块状凝块石白云岩、厚层块状叠层石白云岩、含硅质团块或硅质条带泥晶白云岩、藻纹层白云岩和白云质页岩。雾三段包含三级层序 SQ20～SQ22，相当于表 3.6 中二级层序 VII 中的大部分。SQ20 以 A-B-D-E 韵律单元组合（缺 C）为主，反映为浅水环境。SQ21、SQ22 以 A-B-C-D-E 韵律单元组合为主（图 3.18），其中 SQ21 中 B、C、D 韵律单元都比较发育，大型柱状和锥状叠层石的产出说明此时期水体能量较强，沉积环境为潮间–潮下带。

④雾四段（第 170～190 层；表 3.6）：岩性主要为灰色中厚层状泥–粉晶白云岩。本段继承雾三段的水体环境，地层还是以 B-C-D 韵律单元组合为主，反映了海平面基本没有发生大的变化，以潮下带沉积为主，相当于二级层序 VII 上部。

⑤雾五段（第 191～259 层；表 3.6）：由灰色泥晶白云岩、藻纹层白云岩、白云质页岩、鲕粒硅质岩、砂砾屑白云岩组成韵律层。从整体上来看，本段还是以 B-C-D 韵律单元组合（缺 A、E）大量出现为特征，表明依然是一个水体较深的环境。但中间偶夹几层 A-B、B-E 韵律单元组合。在本段的顶部，虽然 C 单元依然存在，可是它的厚度开始减小，而且 A-B-E 韵律单元组合（缺 C、D）开始频繁出现，反映水体开始变浅。第五段总体表现为水退，潮上带的沉积环境明显多于前几段，沉积环境以潮下–潮间带为主，相当于二级层序 VIII 下部。

⑥雾六段（第 260～293 层；表 3.6）：由灰色块状凝块石白云岩、藻纹层白云岩、叠层石白云岩、白云质页岩组成韵律层。以 A-B-E 韵律单元组合（缺 C、D）为主，为潮上–潮间–潮上带水体较浅的沉积环境。雾六段底部为 A-E-A-E 韵律单元组合（缺 B、C、D），出现"鸟眼构造"，为潮上带水体较浅的沉积环境。整体上相比较雾五段和雾七段，雾六段整体水体较浅，$\delta^{13}C$ 值明显较低，相当于二级层序 VIII 上部。

⑦雾七段（第 294～354 层；表 3.6）：下部岩性主要由灰色、深灰色薄层泥晶灰岩与泥质白云岩、灰质白云岩互层组成，灰岩颜色局部为肉红色和紫红色，层纹状、缓波状叠层石发育，可见水平层理、微型冲刷面；上部灰岩颜色变深，层厚变薄，局部为页状，可见穿状、柱状、锥状叠层石，臼齿构造异常发育。本段 $\delta^{13}C$ 值整体呈升高的趋势且高于其他段，这表明雾七段整体水体较深且地层从下至上海水逐渐加深，沉积环境以潮下带为主，相当于二级层序 IX 下部。

⑧雾八段（第 355～411 层；表 3.6）：岩性以浅灰色含硅质条带白云岩、藻纹层白云岩和厚层锥状、柱状叠层石白云岩为主。以 B-D-E 韵律单元组合为主，局部见火山岩入侵。由于频繁的地壳运动，水体变的更浅，沉积环境为潮间–潮下带，相当于二级层序 IX 中上部。

（4）洪水庄组（Pt_2^2h）：继雾迷山期大规模海侵之后，到洪水庄期基底上升，海水退却，海域面积大幅度缩小。洪水庄组主要由灰黑色、黄绿色页岩组成，可分为 11 层（第 1～11 层）、1 个段和 1 个三级层序，与上覆铁一段同属冀北坳陷宽城尖山子剖面二级层序 X（表 3.1、表 3.7、图 3.10、图 3.11，参见第 2 章）。

下部主要为灰黑色硅质页岩与中薄层泥质白云岩互层组成，其中灰黑色页岩有机质丰富。上部主要为黄绿色、灰黑色、黑色页岩和泥质白云岩组成，含硅质、黄铁矿结核和透镜体。洪水庄组为潟湖相沉积，相当于冀北坳陷宽城剖面中二级层序 X 下部（朱士兴等，2005）。

（5）铁岭组（Pt_2^2t）：铁岭期再度小规模海侵，水体逐渐加深，从铁一段的潮间–潮上带过渡为铁二段的潮下带。冀北坳陷宽城剖面铁岭组向上依次可分为 35 层（第 12～46 层）、2 个段（铁一段、铁二段）和相当于二级层序 X 的三分之二（表 3.1、表 3.7、图 3.10、图 3.11，参见第 2 章）。

①铁一段：由棕色含锰内碎屑叠层石白云岩和砂质含砂屑、含砾屑泥晶白云岩，底部夹灰绿色、杂色页岩，上部夹含锰白云岩组成，说明当时低能环境与高能环境交替出现。相当于二级层序 X 下部，与下伏洪水庄组整合接触。

②铁二段：下部为灰色薄层泥晶灰岩与灰绿色页岩略等厚互层，局部夹风暴砾屑灰岩；中部为薄板状灰质白云岩与页岩互层，常见灰质白云岩透镜状、交错层理，偶见硅质结核；上部缓波状叠层石灰岩

与灰绿色页岩夹瘤状灰岩互层，沉积环境以潮下带为主，相当于二级层序 X 中上部。

3.3.4.2　下马岭组（Pt_2^3x）

受铁岭末期的"芹峪上升"的影响，该区再次上升为陆，至中元古代末期，或相当于下马岭组沉积时期，海水由东北侵入北华北，形成面积不大的内陆海湾。下马岭组早期，海水较浅，海底处于弱还原-弱氧化条件；下马岭组中后期，地壳差异沉降，海水不断加深，冀北坳陷宽城西南海域范围大大拓宽，海底还原条件加强，使得下马岭组中后期沉积物富含有机质，沉积岩以深色页岩为主。

在宣龙坳陷，下马岭组可明显的分为四个段（下一段—下四段），地层厚度最大可达 545 m（参见第 2 章）。然而由于"芹峪上升"，地层遭受剥蚀，冀北坳陷仅见下一段，可划分 17 层（第 46~63 层），相当于宽城剖面二级层序 XI（表 3.1、表 3.7、图 3.10、图 3.11，参见第 2 章）。

下马岭组页岩以灰黑色、深灰色为主，风化后呈绿灰色、灰褐色和黄绿色，为浅海陆棚沉积。砂岩仅见于底部和中部，底砂岩呈白色、黄灰色中层状含砾含石英砂岩，厚 1~3.8 m，砂岩粒度从细砂岩至粗砂不等，砂粒质纯，石英含量约 90% 以上，分选及磨圆好，呈次圆-浑圆状，硅质胶结，见平行层理、交错层理，表明该砂岩沉积于水动力较强的环境，为一套前滨沉积。

在冀北坳陷河北省平泉县双洞、宽城县芦家庄、辽宁省凌源市龙潭沟等地，下马岭组底砂岩的粒间孔隙经常为黑色固体沥青所充填，形成沥青砂岩。在露头点，下马岭组底部沥青砂岩可沿下马岭组底界断续追踪达 5~8 km。在龙潭沟剖面，可发现纯沥青胶结的沥青砂与硅质胶结的沥青砂岩共生产出（参见第 11、12 章）。

冀北坳陷下马岭组普遍夹有 2~4 层辉长辉绿岩岩床（自下而上依次命名为 $\beta\mu$-1~$\beta\mu$-4），尤以 $\beta\mu$-1 岩床为多见。据 11 条地层剖面统计，岩床总厚度可达 117.5~312.3 m，岩床与下马岭组沉积厚度占比为 0.5（凌源龙潭沟）~1.6（承德滴水岩），辉长辉绿岩岩床的侵入通常导致下马岭组页岩普遍性地遭受到不同程度的围岩蚀变，使原底砂岩油藏蚀变成为古油藏。但是，宣龙坳陷下马岭组页岩中，辉绿岩岩体多呈薄层岩脉产状，侵入下一段、下三段和下四段，围岩蚀变与热烘烤的影响明显减弱，甚至在张家口下花园剖面上，未见辉绿岩岩脉。

3.3.4.3　青白口系（Pt_3^1）

（1）骆驼岭组（Pt_3^1l）：该组岩性为一套富含海绿石的硅质碎屑岩，包含 6 层（第 64~69 层），相当于冀北坳陷宽城剖面二级层序 XII（表 3.1、表 3.7、图 3.10、图 3.11，参见第 2 章）。

底部为灰黄色中-粗粒含砾石英砂岩，发育大量羽状层理、冲洗层理以及大型板状、楔状、人字形交错层理，指示潮汐作用的反复冲刷，属前滨沉积。

下部为灰绿色细-中粒海绿石石英砂岩，石英含量在约 80% 以上，石英粒径一般在 1~2 mm，次圆-浑圆状，分选磨圆较好，硅质及泥质胶结，常含黄铁矿和硅质，发育小型交错层理、平行层理，沉积物颗粒较细，反映水动力条件较弱，主要为临滨沉积。

上部为紫红色粉砂质页岩与细粒海绿石石英砂岩互层，砂岩成分以石英为主，石英含量 85% 以上，胶结物为铁质及少量硅质，镶嵌式胶结为主，发育水平层理，主要为滨外陆棚沉积。

（2）景儿峪组（Pt_3^1j）：该组包含第 70~74 层，相当于冀北坳陷宽城剖面二级层序 XII（表 3.1、表 3.7、图 3.10、图 3.11，参见第 2 章）。

该组底部由黄色中层石英粗砂岩、砂质砾屑灰岩以及薄层状泥质粉砂岩组成，砂质砾屑灰岩粒度较粗，砾径最大为 2.0 cm×1.5 cm，一般顺层分布，表明水动力条件较强；下部为灰色薄层泥晶灰岩、泥灰岩与页岩组成，向上由薄层泥灰岩与紫红色页岩组成，页岩增厚，白云质含量增加；上部发育薄层泥晶灰岩、泥灰岩、粉砂质灰岩，少量紫红色页岩，沉积环境较安静，发育的灰岩多为厚层，且厚度较大，为潮下带沉积。

3.3.5　沉 积 模 式

燕辽裂陷带中—新元古代时期海相沉积的岩石类型，既有碎屑岩，又有碳酸盐岩，需分别建立碎屑岩和碳酸盐岩两类岩性的沉积模式。

　　燕辽裂陷带碳酸盐岩地层的岩性、岩相较为单调，无明显变化，但以韵律性很强作为显著的沉积特征，在数千米厚的地层剖面中，发育大量的泥粉晶白云岩，颗粒白云岩少见。就沉积岩的构造而论，形态多样而数量丰富的藻叠层石非常发育，偶见波浪作用形成的交错层理；以上特征说明燕辽裂陷带中—新元古界沉积环境主要受潮汐作用控制，古地理背景较为平坦，属于延伸范围广、坡度低、水浅的陆表海碳酸盐岩沉积环境。

　　本章基于燕辽裂陷带中—新元古界实测地层剖面，在大量的相标志资料收集和相分析的基础上，依据相序规律或相变法则，参考欧文以及 Young 等采取海水能量及潮汐作用划分相带的方法（Irwin, 1965；Young et al., 1972），分别建立燕辽裂陷带中—新元古界的碳酸盐岩（图 3.19）和碎屑岩沉积模式（图 3.20），主要反映其横向上沉积相的相变规律。

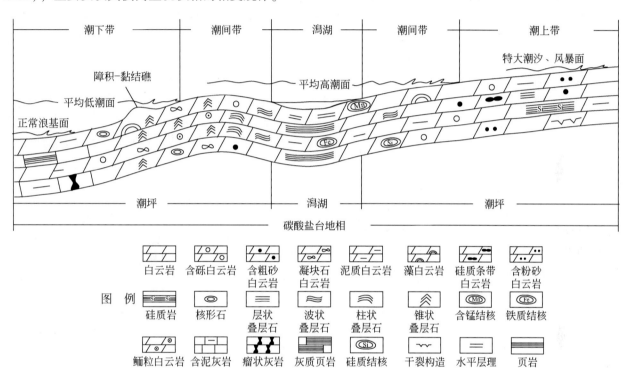

图 3.19　燕辽裂陷带中—新元古界碳酸盐岩沉积模式图

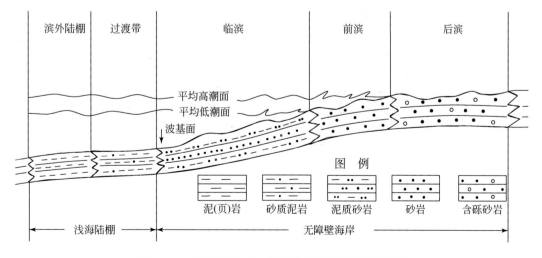

图 3.20　燕辽裂陷带中—新元古界碎屑岩沉积模式图

3.4　层序地层格架内的生–储–盖层组合

基准面的升降导致沉积可容纳空间的增加与减小。在基准面旋回内，随着地理位置的迁移，使沉积物以不同的可容纳空间比例，堆积在不同的沉积环境中，由此导致沉积相的成因类型、几何形态、空间展布的变化乃至特定生–储–盖层组合的形成（赵澄林等，1977）。

3.4.1　沉积层序对烃源层与储集层的控制

一般而言，地层层序中大规模的烃源岩和盖层主要发育于层序格架中各三级层序的最大海泛面，优质储层的有利区带的发育，主要见于各层序最大海侵早期和高位体系域晚期，特别是层序界面附近。同一层序内部或相邻层序间，可形成较为完整的生–储–盖层组合（邹才能等，2004）。

3.4.1.1　沉积层序对烃源层的控制

烃源岩一般发育在长期基准面旋回上升到下降的转换位置，因为该层位处于基准面旋回中可容纳空间最大位置。

燕辽裂陷带的高于庄组沉积期是中—新元古界的最大海侵期，是大红峪期海侵期的继续和发展，此期间燕辽裂陷带的海域面积大大扩展。在高三段（SQ3）中下部、高四段（SQ4）上部、高五段（SQ5）下部和高六段（SQ6），其岩性均以灰色、深灰色含泥质白云岩和灰岩为主，夹少量页岩，叠层石十分发育，形态多样。沉积环境以潮下带的还原环境占优势，属于三级层序的最大海泛面（MFS）和海进体系域（TST）时期的沉积（图 3.8）。该层段平均总有机碳（Total Organic Carbon，TOC）含量达到 1.16% 左右，TOC 含量高于 0.5% 的烃源岩累计厚度可达 164 m，等效镜质组反射率 eqR_o 平均值为 1.59%，有机质类型好，成熟度达到过成熟阶段，为优良过成熟烃源岩。

洪水庄组下部（SQ34 下部）岩性为黑色或黑褐色页岩段，沉积环境属潟湖相的强还原环境，属于三级层序的 MFS 和 TST 时期的沉积（图 3.10）。该层段 TOC 丰度高，均值达 4.65%，氯仿沥青含量平均为 0.265%，成熟度中等，等效镜质组反射率 eqR_o 平均值为 1.19%，为优质烃源岩，可作为冀北坳陷的有效烃源层。

尽管燕辽裂陷带宣龙坳陷下马岭组（尤其是下三段）的黑色页岩、泥岩被视为燕辽裂陷带的第三个烃源层，但由于在下马岭组沉积期间，冀北坳陷大规模同期辉长辉绿岩岩床的顺层侵入（图 3.21），使其页岩、泥岩大都遭受到围岩蚀变成为角岩或板岩，生烃潜力丧失殆尽；而且下马岭组沉积以后的"芹峪上升"运动，引起燕辽裂陷带中东部强烈的隆升与剥蚀作用，以致冀北、冀东、辽西等坳陷的下马岭组仅残存下一段，不具备以下马岭组为烃源层的生–储–盖层组合。

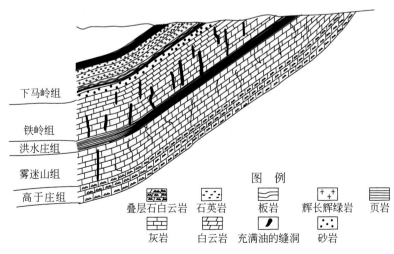

图 3.21　冀北坳陷生–储–盖层组合配置与保存条件示意图

总之,燕辽裂陷带中—新元古界烃源岩主要发育于水体相对较深、沉积环境相对闭塞的潮下带、潟湖和滨外陆棚的还原环境(刘宝泉等,1985)。受层序格架中各个三级层序的约束,层序地层中大规模的烃源岩主要位于层序格架中的各三级层序的最大海泛面(MSF)。

3.4.1.2 地层层序对储集层的控制

储集层(储层)的宏观分布受有利沉积相带的控制,沉积相控制着岩石的岩性、结构和沉积构造,从而制约岩石原生孔隙的发育程度,并在很大程度上影响成岩作用的发生和演化。据钻井和露头资料统计,冀北坳陷的中—新元古界储层岩石类型主要为碳酸盐岩和砂岩储层。含油层岩性主要为藻结构碳酸盐岩、结晶白云岩以及砂岩,其中藻结构碳酸盐岩储层岩石类型主要为凝块石、叠层石白云岩和灰岩,以及核形石、层纹石白云岩,储集空间属于原生的孔隙与裂隙。此外,古岩溶和构造裂隙发育带也是重要的次生储集区空间。原生与次生孔隙-裂隙的复合部位,往往形成最佳的储集层。

从表3.11可见,冀北坳陷储集物性较好的层位主要分布在高于庄组、雾迷山组和下马岭组。高于庄组的高一段(SQ1)、高二段(SQ2)和高九段—高十段(SQ8)的储集性能好,岩性以泥-粉晶白云岩、藻叠层石白云岩及古风化壳白云岩为主,为潮间-潮下带的高能环境,所属体系域为TST早期和HST晚期;主要发育的宏观储集空间类型,包括构造缝、溶缝、溶洞(孔)和少量层间缝;古面孔率平均值约10%。

表3.11 冀北坳陷好储集层的层位、岩性特征与沉积环境一览表

组	所在层位	岩性	沉积相带	储层评价
下马岭组	下一段(SQ36、SQ37)	(白云质)砂岩	潮上-潮间带	
铁岭组	铁二段(SQ35)	粒屑白云岩、粉晶白云岩、灰岩	潮间-潮下带	
	铁一段(SQ34上部)			
雾迷山组	雾八段(SQ30~SQ33)	泥-粉晶白云岩	潮上带及潮下带	
	雾三段(SQ20~SQ22)	藻叠层石白云岩、泥-粉晶白云岩	潮间-潮下带、潮上带及潮下带	好
	雾一段(SQ12~SQ15)	粒屑白云岩、(白云质)砂岩	潮间-潮下带、潮上-潮间带	
高于庄组	高九段—高十段(SQ8)	古风化壳白云岩	潮上暴露带	
	高二段(SQ2)	泥-粉晶白云岩、藻叠层石白云岩、(白云质)砂岩	潮上带及潮下带、潮间-潮下带、潮上-潮间带	
	高一段(SQ1)	泥-粉晶白云岩、(白云质)砂岩、粉屑白云岩	潮上带及潮下带	

雾迷山组中雾一段(SQ12~SQ15)、雾三段(SQ20~SQ22)及雾八段(SQ30~SQ33)储集性能好,岩性以粒屑白云岩、白云质砂岩、藻叠层石白云岩、泥-粉晶白云岩为主,属于潮间带的高能环境,所属体系域为海进体系域(TST)早期和高位体系域(HST)晚期;主要发育宏观储集空间类型有构造缝、溶缝、溶洞等;古面孔率平均值约10%,最高可达15%。

铁岭组中铁一段(SQ34上部)、铁二段(SQ35)储集性能较好,岩性以粒屑白云岩、粉晶白云岩、灰岩为主;为潮间-潮下带的高能环境;属于三级层序最大海泛面(MFS)和海进体系域(TST);主要宏观储集空间以裂缝为主,包括构造节理缝、层间缝、溶缝等,古面孔率为5%~8%。

下马岭组中下一段(SQ36、SQ37)底部储集性能好,岩性以石英砂岩为主,沉积环境为滨外陆棚,属于三级层序的MSF和TST,主要储集空间为粒间溶孔和溶孔,古面孔率为12%~18%。

总之,层序地层中大规模储集层主要发育于三级层序海进体系域(TST)早期和高位体系域(HST)晚期,特别是层序界面附近,储集性能最佳。

3.4.2 生-储-盖层组合配置

一般而言,在长期基准面旋回中,基准面上升的早期及下降的晚期,则为优质储层发育的有利区带,

最大海泛面期间的地层往往发育较好的烃源岩和盖层。在多个基准面旋回升降过程中，同一个长期基准面旋回的内部，或相邻长期旋回之间，可形成较为完整的生–储–盖层组合。

燕辽裂陷带中—新元古界具备原生油气藏的基本石油地质条件，有比较好的烃源层、储集层与盖层条件，形成有利的生–储–盖层组合，在冀北坳陷内以洪水庄组黑色、深灰色页岩或泥岩为主要成熟–高成熟烃源岩，高于庄组黑色、深灰色叠层石白云岩为潜在的过成熟烃源岩，纵向上形成了两种、六套潜在的生–储–盖层组合（图 3.21；参见第 10、11、12 章）：

（1）石油纵向运移和聚集形成的生–储–盖层组合：

①高于庄组黑色白云岩（生）–雾迷山组裂缝和岩溶型白云岩（储）–雾迷山组或杨庄组碳质岩（盖层），如平泉双洞古油藏；

②高于庄组黑色白云岩（生）–铁岭组裂缝和岩溶型灰岩（储）–洪水庄组页岩（盖层），如平泉双洞古油藏；

③高于庄组黑色白云岩（生）–下马岭组基底沥青砂、砂岩（储）–下马岭组页岩（盖层），如平泉双洞古油藏、宽城芦家庄古油藏、凌源龙潭沟古油藏；

④洪水庄组黑色、深灰色页岩、泥岩（生）–铁岭组裂缝和岩溶型灰岩（储）–下马岭组页岩（盖层），如平泉双洞古油藏、宽城化皮古油藏；

⑤洪水庄组黑色、深灰色页岩、泥岩（生）–下马岭组基底沥青砂、砂岩（储）–下马岭组页岩（盖层），如平泉双洞古油藏、宽城芦家庄古油藏、凌源龙潭沟古油藏；

（2）石油侧向运移和聚集形成的生–储–盖层组合：

⑥洪水庄组黑色、深灰色页岩（生）–雾迷山组裂缝和岩溶型白云岩（储）–雾迷山组、杨庄组泥质白云岩（盖层），如平泉双洞古油藏。

3.5 结　论

（1）根据岩石学地层学特征与层序地层学原理，并结合碳、氧、锶同位素以及常量元素、微量元素等地球化学标志，对燕辽裂陷带冀北坳陷中—新元古界地层剖面进行详细的层序划分，确立了层序地层基本格架。认为在漫长的中—新元古代时期，冀北坳陷从高于庄组到景儿峪组经历多次较大级别的构造运动、沉积事件和海平面升降，据此划分出 13 个二级层序，39 个三级层序，在此基础上具体划分到体系域。

（2）燕辽裂陷带中—新元古界主要为一套巨厚的海相碳酸盐岩夹碎屑岩地层。根据研究认为，主要发育陆表海沉积体系和陆缘海沉积体系两种沉积体系，其中海相碳酸盐岩沉积体系可分为两种沉积相、三种亚相和五种微相：

①沉积相：碳酸盐台地和生物礁；

②亚相：碳酸盐潮坪、潟湖和障积–黏结礁；

③微相：潮上带、潮间带、潮下带、潟湖泥和障积–黏结岩。

海相碎屑岩体系可分为两种沉积相、四种亚相：

①沉积相：浅海陆棚和无障壁海岸；

②亚相：滨外陆棚、过渡带、前滨和临滨。

（3）碳酸盐台地相主要发育在冀北坳陷高于庄组、杨庄组、雾迷山组、洪水庄组、铁岭组和景儿峪组；生物礁相仅发育在冀北坳陷西部高九段—高十段（图 3.17）。碎屑岩浅海陆棚相和无障壁海岸相主要发育在下马岭组和骆驼岭组。

（4）从冀北坳陷优质烃源层和有利储集层在层序中的分布位置看，烃源层主要发育于高于庄组、洪水庄组各三级层序的最大海泛面，而有利储集层主要发育在高于庄组、铁岭组、雾迷山组各层序海侵体系早期和高位体系域晚期，特别是层序界面附近。

（5）冀北坳陷中—新元古界具备形成原生油气藏的基本石油地质条件，有比较好的烃源层、储集层、盖层条件和有利的生–储–盖层组合。冀北坳陷内以洪水庄组黑色、深灰色页岩、泥岩和高于庄组黑色、深灰色叠层石白云岩为主要烃源岩。存在六类潜在的生-储-盖层组合,其中五类纵向组合:洪水庄组烃源岩-铁岭组、下马岭组储集层,高于庄组烃源岩-雾迷山组、铁岭组和下马岭组储集层;一类侧向组合:洪水庄组烃源岩-雾迷山组储集层。

致谢:感谢中国地质调查局天津地质调查中心对微量元素分析的全力支持;感谢国家自然科学基金项目(编号:40772078)和中国石油化工股份有限公司海相前瞻性项目(编号:YPH08025)对于研究工作的鼎力资助和支持。

参 考 文 献

陈晋镳,张惠民,朱世兴,赵震,王振刚. 1980. 蓟县震旦亚界的研究. 见:中国地质科学院天津地质矿产研究所. 中国震旦亚界. 天津:天津科学技术出版社:56-114.

陈毓蔚,钟富道,刘菊英,毛存孝,洪文兴. 1981. 我国北方前寒武岩石铅同位素年龄测定——兼论中国前寒武地质年表. 地球化学,10(3):209-219.

储雪蕾,张同钢,张启锐,冯连君,张福松. 2003. 蓟县元古界碳酸盐岩的碳同位素变化. 中国科学,33(10):951-959.

邓宏文,钱凯. 1993. 沉积地球化学与环境分析. 兰州:甘肃科学技术出版社.

范德廉,杨红,代永定,张友南,王连城,张汝凡. 1977. 蓟县等地震旦地层沉积地球化学. 地球质学报,76(4):446-453.

高林志,章雨旭,王成述,田树刚,彭阳,刘友元,董大中,何怀香,雷宝桐,陈孟莪,杨立公. 1996. 天津蓟县中新元古代层序地层初探. 中国区域地质,(1):64-74.

高林志,张传恒,史晓颖,周洪瑞,王自强. 2007. 华北青白口系下马岭组凝灰岩锆石 SHRIMP U-Pb 定年. 地质通报,26(3):249-255.

高林志,张传恒,尹崇玉,史晓颖,王自强,刘耀明,刘鹏举,唐烽,宋彪. 2008. 华北古陆中、新元古代年代地层框架 SHRIMP 锆石年龄新依据. 地球学报,29(3):366-376.

胡世玲,刘鸿允,王松山,胡文虎,桑海清,裴冀. 1989. 据 ^{40}Ar/^{39}Ar 快中子年龄新资料讨论震旦系底界年龄. 地质科学,29(1):437-449.

黄学光,朱士兴,贺玉贞. 2001. 蓟县中新元古界剖面层序地层学研究的几个基本问题. 前寒武纪研究进展,24(4):201-219.

旷红伟,刘燕学,孟祥化,葛铭. 2005. 吉辽地区震旦系碳酸盐岩地球化学特征及其环境意义. 天然气地球科学,16(1):54-58.

蓝先洪. 2001. 海洋锶同位素研究进展. 地质调查与研究,17(10):1-3.

李怀坤,李惠民,陆松年. 1995. 长城系团山子组火山岩颗粒锆石 U-Pb 年龄及其地质意义. 地球化学,24(1):43-48.

李怀坤,陆松年,李惠民,孙立新,相振群,耿建珍,周红英. 2009. 侵入下马岭组的基性岩床的锆石和斜锆石 U-Pb 精确定年——对华北中元古界地层划分方案的制约. 地质通报,28(10):1396-1404.

李明荣,王松山,裴冀. 1996. 京津地区铁岭组、景儿峪组海绿石 ^{40}Ar-^{39}Ar 年龄. 岩石学报,12(3):416-423.

李任伟,陈锦石,张淑坤. 1999. 中元古代雾迷山组碳酸盐岩碳和氧同位素组成及海平面变化. 科学通报,44(16):1697-1702.

李增慧,林源贤,马来斌. 1992. 蓟县常州沟组顶界年龄的讨论. 矿物岩石地球化学通讯,11(1):43-44.

刘宝泉,梁狄刚,方杰,贾荣芬,傅家谟. 1985. 华北地区中上元古界、下古生界碳酸盐岩有机质成熟度与找油远景. 地球化学,14(2):150-162.

刘椿,王启超,张建中,陈伯延,袁相国,陈惠霞,刘海山. 1984. 太行山区元古代早期和中期地层的古地磁学测定结果及其地质意义. 地质科学,19(4):455-460.

刘建清,贾保江,杨平,陈玉禄,彭波,李振江. 2007. 碳、氧、锶同位素在羌塘盆地龙尾错地区层序地层研究中的应用. 地球学报,28(3):253-260.

刘鹏举,王成文,孙跃武,张宝福,王连合,岳书范. 2005. 河北平泉中元古代高于庄组和杨庄组地球化学特征. 吉林大学学报(地球科学版),35(1):1-6.

刘英俊,曹励明,李兆麟,王鹤年,储同庆,张景荣. 1984. 元素地球化学. 北京:科学出版社.

柳永清,刘晓文,李寅. 1997. 燕山中、新元古代裂陷槽构造旋回层序研究——兼论裂陷槽构造旋回概念及级序的划分. 地球学报,18(2):142-149.

陆松年,李惠民. 1991. 蓟县长城系大红峪组火山岩的单颗粒锆石 U-Pb 法准确定年. 中国地质科学院院报,2:137-145.

陆松年,张学祺,黄承义,刘文兴. 1989. 蓟县-平谷长城系地层年龄数据新知及年代格架讨论. 中国地质科学院天津地质矿产研究所文集,23:11-21.

陆松年,李怀坤,王惠初,郝国杰,相振群. 2008. 从超大陆旋回研究中-北亚地区中—新元古代地质演化特征. 亚洲大陆深部地质作用与浅部地质-成矿响应学术研讨会论文摘要: 24-26.

孟祥化,葛铭. 2002. 中朝板块旋回层序、事件和形成演化的探索. 地学前缘,9(3): 125-140.

闵隆瑞,迟振卿,朱关祥,姚培毅,牛平山. 2002. 河北阳原东目连第四纪叠层石古环境分析. 地质学报,76(4): 446-453.

乔秀夫. 1976. 青白口群地层学研究. 地质科学,11(3): 246-265.

宋明水. 2005. 东营凹陷南斜坡沙四段沉积环境的地球化学特征. 矿物岩石,25(1): 67-73.

宋天锐. 1988. 北京十三陵前寒武纪碳酸盐岩地层中的一套可能的地震——海啸序列. 科学通报,33(8): 609-611.

宋天锐. 2007. 北京十三陵地区中元古界长城系沉积相标志及沉积环境模式. 古地理学报,9(5): 461-472.

宋天锐,高健. 1987. 北京十三陵前寒武系沉积岩. 北京: 地质出版社.

田景春,陈高武,张翔,聂永生,赵强,韦东晓. 2006. 沉积地球化学在层序地层分析中的应用. 成都理工大学学报(自然科学版),33(1): 30-35.

王峰,陈洪德,赵俊兴,陈安清,苏中堂,李浩. 2011. 鄂尔多斯盆地寒武系—二叠系层序界面类型特征及油气地质意义. 沉积与特提斯地质,31(1): 6-12.

王可法,陈锦石. 1993. 燕山地区铁岭组稳定同位素组成特征及其地质意义. 地球化学,22(1): 10-17.

王松山,桑海清,裴冀,陈孟莪,李明荣. 1995. 蓟县剖面杨庄组和雾迷山组形成年龄的研究. 地质科学,30(2): 166-173.

王随继,黄杏珍,妥进才,邵宏舜,阎存凤,王寿庆,何祖荣. 1997. 泌阳凹陷核桃园组微量元素演化特征及其古气候意义. 沉积学报,15(S1): 65-69.

王铁冠. 1980. 燕山地区震旦亚界油苗的原生性及其石油地质意义. 石油勘探与开发,7(2): 34-53.

吴智勇. 1999. 化学地层学及其研究进展. 地层学杂志,23(3): 234-240.

武铁山. 2002. 华北晚前寒武纪(中、新元古代)岩石地层单位及多重划分对比. 中国地质,29(2): 147-154.

肖传桃,李艺斌,胡明毅,龚文平,肖安成,林克湘,张存善. 2001. 藏北巴青中侏罗世 Liostrea 障积礁的发现. 中国区域地质,20(1): 90-93.

严兆彬,郭福生,潘家永,郭国林,张日静. 2005. 碳酸盐岩 C,O,Sr 同位素组成在古气候、古海洋环境研究中的应用. 地质找矿论丛,20(1): 53-56.

杨杰东,郑文武,王宗哲,陶仙聪. 2001. Sr,C 同位素对苏皖北部上前寒武系时代的界定. 地层学杂志,25(1): 44-47.

于荣炳,张学祺. 1984. 燕山地区晚前寒武纪同位素地质年代学的研究. 中国地质科学院天津地质矿产研究所文集,11: 1-23.

张巧大,宋天锐,和政军,丁孝忠. 2002. 北京十三陵地区中—新元古界碳酸盐岩 Pb-Pb 年龄研究. 地质论评,48(4): 416-423.

张世红,李正祥,吴怀春,王鸿祯. 2000. 华北地台新元古代古地磁研究新成果及其古地理意义. 中国科学 D 辑: 地球科学,5(S1): 138-147.

赵澄林,李儒峰,周劲松. 1977. 华北中新元古界油气地质与沉积学. 北京: 地质出版社.

赵震. 1988. 一个陆表海的潮坪沉积模式. 沉积学报,6(2): 68-75.

钟富道. 1977. 从燕山地区震旦地层同位素年龄论中国震旦地质年表. 中国科学,(2): 151-161.

周洪瑞,梅冥相,罗志清,邢矿. 2006. 燕山地区新元古界青白口系沉积层序与地层格架研究. 地学前缘,13(6): 280-290.

朱士兴. 1993. 中国叠层石. 天津: 天津大学出版社: 146-186.

朱士兴,黄学光,孙淑芬. 2005. 华北燕山中元古界长城系研究的新进展. 地层学杂志,29(11): 437-449.

邹才能,池英柳,李明,薛叔浩. 2004. 陆相层序地层学分析技术——油气勘探工业化应用指南. 北京: 石油工业出版社.

Fairchild I J, Einsele G, Song T R. 1997. Possible seismic origin of molar-tooth structures in Neoproterozoic carbonate ramp deposits North China. Sedimentology, 44: 611-636.

Frank T D, Lyons T W. 1998. "Molar-tooth" structures: a geochemical perspective on a Proterozoic enigma. Geology, 26: 683-686.

Huang S J, Zhou S H. 1997. Carbon and strontium isotopes of Late Palaeozoic marine carbonates in the Upper Yangtze Platform, Southwest China. Acta Geologica Sinica (English Edition), 71(3): 282-292.

Irwin M L. 1965. General theory of epeiric clear water sedimentation. AAPG, 49: 445-459.

McArthur J M, Burnett J, Hancock J M. 1992. Strontium isotopes at K/T boundary, discussion. Nature, 355(6355): 28.

Palmer M R, Edmond J M. 1989. The strontium isotope budget of the modern ocean. Earth and Planetary Science Letters, 92(1): 11-26.

Palmer M R, Elderfield H. 1985. Sr isotope composition of seawater over the past 75 Myr. Nature, 314(6011): 526-528.

Pratt B R. 1998a. Gas bubble and expansion crack origin of "molar tooth" calcite structures in the Middle Proterozoic belt supergroup, western Montana-Discussion. Journal of Sedimentary Research, 68: 1136-1140.

Pratt B R. 1998b. Molar-tooth structure in Proterozoic carbonate rock: origin from synsedimentary earthquake and implications for the natural and evolution of basins and marine sedimentary. GSA Bulletin, 110(8): 1028-1045.

Young L M,Fiddler L C,Jones R W,et al. 1972. Carbonate facies in Ordovician of northern Arkansas. AAPG,56:68-80.

Zhang S H,Zhao Y,Liu X C,Liu D Y,Chen F K,Xie L W,Chen H H. 2009. Late Paleozoic to Early Mesozoic mafic-ultramafic complexes from the northern North China Block:constraints on the composition and evolution of the lithospheric mantle. Lithos,110(1-4):229-246.

第 4 章　华南埃迪卡拉纪（震旦纪）生物地层学研究进展

刘鹏举，尹崇玉，唐　烽

中国地质科学院地质研究所，自然资源部地层学与古生物学重点实验室，北京，100037

摘　要： 华南埃迪卡拉纪（震旦纪）地层中含有丰富的微体化石和宏体化石，这些化石不但为研究寒武纪生物大爆发前夕的早期地球生物演化提供了丰富的古生物化石依据，也为埃迪卡拉纪生物地层划分与对比，进而对埃迪卡拉纪的年代地层细化，提供了重要的化石资料。迄今为止，华南埃迪卡拉纪微体化石仅发现于陡山沱组中下部，并建立了两个微体化石组合，即下部的 *Tianzhushania spinosa* 组合和上部的 *Hocosphaeridium scaberfacium-H. anozos* 组合；其中，*Tianzhushania spinosa* 组合可以和印度小喜马拉雅（Lesser Himalaya）地区的微体化石组合相对比，*Hocosphaeridium scaberfacium-H. anozos* 组合可以与澳大利亚南部的埃迪卡拉纪复杂疑源类孢粉植物群（Ediacaran Complex Acritarch Palynoflora，ECAP）组合相对比。另外，在华南地区也发现了一些保存较好的埃迪卡拉纪的宏体生物群，包括产自陡山沱组下部的蓝田生物群，陡山沱组上部的翁会生物群、庙河生物群，以及产自灯影组中上部的西陵峡（石板滩）生物群、高家山生物群、武陵山生物群和江川生物群。其中，庙河生物群和翁会生物群可以与俄罗斯白海生物群和澳大利亚南部弗林德斯山脉西部著名的埃迪卡拉生物组合相对比；西陵峡（石板滩）生物群、高家山生物群、武陵山生物群和江川生物群可与纳米比亚的纳马生物群相对比。根据生物地层学和碳同位素地层学的研究，华南埃迪卡拉系可划分为两统六阶。

关键词： 华南、埃迪卡拉纪（震旦纪）、化石组合、生物地层学。

4.1　引　　言

埃迪卡拉系（Ediacaran）是 2004 年国际地层委员会新建立的系级年代地层单位，位于新元古界最上部，相当于我国的震旦系（Sinian）。埃迪卡拉系底界的全球界线层型剖面和点位（Global Standard Stratotype-section and Point，GSSP）位于澳大利亚南部芬德斯（Flinders）山脉伊诺拉马（Enorama）剖面上覆盖在埃拉提纳期（Elatina；相当于马里诺期）冰碛岩之上的地层，且处于具有独特构造和化学特征的盖帽碳酸盐岩层的底部；埃迪卡拉系顶界由位于加拿大纽芬兰的寒武系底界的 GSSP 所定义（Knoll et al.，2004）。在中国，新元古界最上部的地层单元称为震旦系，1999 年"晚前寒武系工作组"对震旦系含义进行了重新厘定，将震旦系底界置于南沱冰碛层与陡山沱组盖帽碳酸盐岩之间（邢裕盛等，1999）。由于南沱冰碛层可以与马里诺冰碛层相对比（Zhou et al.，2004），修订后震旦系的层位与国际上的埃迪卡拉系相当。因此，尽管震旦系的称谓在中国被普遍使用，但仍有许多学者建议用埃迪卡拉系的名称来取代震旦系（彭善池等，2012），本章采用埃迪卡拉系。

目前，随着研究程度的不断深入，特别是越来越多的埃迪卡拉纪宏体化石和微体化石在世界各地的不断发现（Grey，2005；Narbonne，2005；McCall，2006；Fedonkin et al.，2007；Sergeev et al.，2011；Moczydłowska and Nagovitsin，2012，Liu et al.，2014b；Xiao et al.，2014；Liu et al.，2015；Joshi and Tiwari，2016；Liu and Moczydłowska，2019 及其参考文献），埃迪卡拉纪年代地层的进一步细分和洲际地

层对比已经成为埃迪卡拉系的研究重点之一（刘鹏举等，2012；Narbonne et al.，2012；Liu et al.，2014a；Xiao et al.，2016）。近几十年来，众多学者对华南连续出露的埃迪卡拉系剖面开展了深入研究，在陡山沱组燧石结核和磷酸岩中发现了大量的微体化石，并在陡山沱组黑色页岩及灯影组黑色薄层灰岩中发现了大量宏体化石（尹磊明和李再平，1978；赵自强等，1988；丁莲芳等，1996；Zhang et al.，1998；Xiao et al.，2002，2014；Zhao et al.，2004；Yuan et al.，2011；Chen Z. et al.，2014；Liu et al.，2014b；Liu and Moczydłowska，2019；Shang et al.，2019）。这些化石不但对了解早期生物的演化具有重要意义，而且一些化石物种分布广泛，显示出全球生物地层对比的潜力（Zhou et al.，2007；Zhu et al.，2008；Liu et al.，2013，2014a，2014b；Xiao et al.，2014；Chen Z. et al.，2014；Liu and Moczydłowska，2019；Shang et al.，2019）。本章针对华南埃迪卡拉纪生物群的研究成果积累，拟对该时期的古生物群及生物地层学研究现状做一简单的介绍。

4.2 岩石地层序列

华南埃迪卡拉系仅包含陡山沱组和灯影组，下伏于成冰系（南华系）南沱冰碛层之上，其上覆为寒武系整合或平行不整合覆盖。在峡东地区，陡山沱组可以进一步划分为四个岩性段（图4.1），自下而上为陡山沱组一段（简称陡一段，下白云岩段或帽碳酸盐岩段）灰色中厚层白云岩，厚约 5 m；陡山沱组二段（简称陡二段，下页岩段）黑色页岩夹灰色中厚层含燧石结核白云岩，局部夹灰岩，厚 80~120 m；陡山沱组三段（简称陡三段，上白云岩段）灰色中厚层含燧石条带或燧石结核白云岩，中上部见有厚度不等的灰色泥质条带灰岩，厚 40~60 m；陡山沱组四段（简称陡四段，上页岩段）厚约 10 m 的黑色页岩夹透镜状白云岩。灯影组可以进一步划分为三个岩性段，自下而上为蛤蟆井段、石板滩段和白马沱段。蛤蟆井段为一套灰白色厚层白云岩，厚 10~200 m；石板滩段为一套深灰色至黑色薄层含泥质条纹灰岩，厚 100~200 m；白马沱段为一套灰白色厚层结晶白云岩，厚 40~400 m；顶部发育一个侵蚀面，其上被寒武系所覆盖（Zhu et al.，2007）。

4.3 碳同位素地层学特征

近 30 多年来，许多学者先后开展了对峡东地区埃迪卡拉纪地层的碳稳定同位素地层学研究，取得了大量分析数据和相关成果（Lambert et al.，1987；Yang et al.，1999；王自强等，2002；Chu et al.，2003；Jiang et al.，2003，2007，2011；Shen et al.，2005；Zhou and Xiao et al.，2007；Zhu M. Y. et al.，2007，2013；An et al.，2015；Zhou et al.，2017b）。几个典型剖面的碳同位素数据显示，峡东地区埃迪卡拉系碳稳定同位素变化曲线由四次碳同位素负漂移（negative carbon isotope excursion，EN；$\delta^{13}C$ 负异常）事件、两次碳同位素正漂移（positive carbon isotope excursion，EP）事件和一次碳同位素中值事件构成（图4.1），自下而上为①在陡一段（盖帽碳酸盐岩）和陡二段最下部的显著碳同位素负漂移事件（EN1/CANCE）；②陡二段下部到陡二段上部的显著碳同位素正漂移事件（EP1）；③陡二段最上部的碳同位素负漂移事件（EN2/BAINCE）；④陡三段下部的碳同位素正漂移事件（EP2）；⑤从陡三段上部到陡四段的显著碳同位素负漂移事件（EN3/DOUNCE）；⑥从灯影组蛤蟆井段下部到白马沱段上部的埃迪卡拉系（震旦系）碳同位素中值（Ediacaran/Sinian Intermediate value，EI）事件；⑦在白马沱段最上部的碳同位素负漂移事件。在部分剖面上，在 EP1 中部还可以观察到一次规模小的碳同位素负漂移事件——瓮安生物群碳同位素负漂移（Weng'an Negative Carbon Excursion，WANCE）事件（Sawaki et al.，2010；Liu et al.，2013；Zhu M. Y. et al.，2013），该事件的时代已经被确定发生在约 610 Ma（Liu et al.，2009b；Zhou et al.，2017a）。此外，在一些剖面上，EN3 是由两次碳同位素负漂移事件和一次碳同位素正漂移事件构成（An et al.，2015；Zhou et al.，2017b），正漂移事件称为吊崖坡正漂移（Diaoyapo Positive Excursion，DPE），两次正漂移事件分别称为九曲脑负漂移（Jiuqunao Negative Excursion，JNE）和庙河负漂移（Miaohe Negative Excursion，MNE）（Zhou et al.，2017b）。

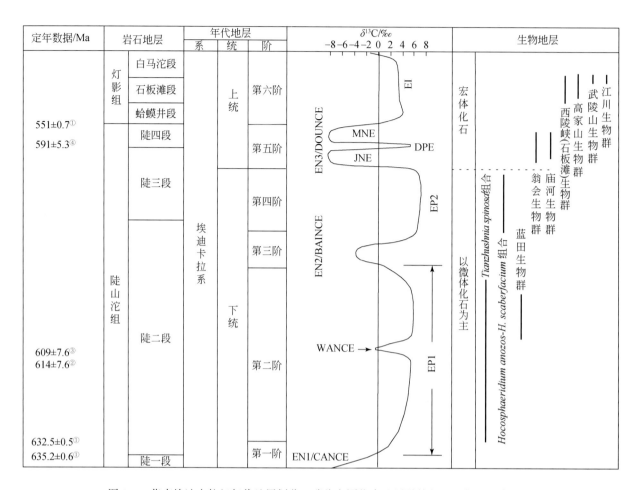

图 4.1　华南埃迪卡拉纪年代地层划分、碳稳定同位素地层学特征及生物地层序列图

①Condon et al.，2005；②Liu et al.，2009b；③Zhou et al.，2017a；④Zhu B. et al.，2013。EN. 碳同位素负漂移事件；EN1/CANCE. 盖帽白云岩碳同位素负漂移（Cap Carbonate Negative Carbon Excursion），指陡山沱组陡一段底部盖帽白云岩碳同位素负漂移事件；EN2/BAINCE. 白果园碳同位素负漂移（Baiguoyuan Negative Carbon Excursion），指陡二段中部白果园碳酸盐岩的碳同位素负漂移事件；EN3/DOUNCE. 陡山沱（舒拉姆）碳同位素负漂移（Doushantuo/Shuram Negative Carbon Excursion）事件，指陡二段上部碳酸盐岩碳同位素负漂移事件；WANCE. 瓮安生物群碳同位素负漂移。EP. 碳同位素正漂移事件：EP1 和 EP2 两次正漂移事件分别介于 EN1～EN3 三次负漂移事件之间。EI. 埃迪卡拉系（震旦系）碳同位素中值事件，震旦系灯影组主体部位稳定碳同位素组成保持在 $\delta^{13}C$ 值 2.5‰左右。JNE. 九曲脑负漂移；DPE. 吊崖坡正漂移；MNE. 庙河负漂移

4.4　微体古生物群特征及微化石生物地层序列

华南埃迪卡拉纪微体化石保存在陡山沱组燧石结核和磷酸岩中，其中最具代表性的、保存在燧石结核中的硅化微体化石来自于峡东地区，而保存在磷酸岩中的磷酸盐化微体化石则以贵州瓮安磷酸盐化化石群最为典型。这些微体化石为研究早期生物演化、生物地层划分和洲际生物地层对比提供了重要的化石材料。特别是，先前的研究已经显示出微体化石中的大型具刺疑源类在地层划分与对比研究中具有重要的实际应用价值（Grey et al.，2003；Grey，2005；Willman and Moczydłowska，2008；尹崇玉等，2009；McFadden et al.，2009；Yin C. Y. et al.，2011；Liu et al.，2012，2013，2014a，2014b；Moczydłowska and Nagovitsin，2012；Joshi and Tiwari，2016；Liu and Moczydłowska，2019）。

4.4.1　微体生物群特征

4.4.1.1　峡东地区硅化保存的微体生物群

近 40 年来，基于对峡东地区埃迪卡拉系陡二段、陡三段燧石结核岩石薄片的观察，发现了大量硅化保存的微体化石，包括大型具刺疑源类、球-丝状蓝细菌、多细胞藻类、管状微体化石、瓶状化石和胚胎化石等（尹磊明和李再平，1978；Zhang，1981；张忠英，1984；Awramik et al.，1985；Yin，1985，1987；尹磊明，1986；尹崇玉和刘桂芝，1988；尹崇玉，1990，1996；Zhang et al.，1998；Xiao，2004；Zhou et al.，2007；Yin L. M. et al.，2007，2011；尹磊明等，2008；解古巍等，2008；Liu et al.，2009a，2012，2013，2014a，2014b；McFadden et al.，2009；陈寿铭等，2010；欧阳晴等，2015；Liu and Moczydłowska，2019；Shang et al.，2019）；其中以大型具刺疑源类对于地层划分与对比最为重要。根据几条剖面上具刺疑源类化石的时空分布和组成特征，建立了两个微体化石组合，即下部的 *Tianzhushania spinosa* 组合（图 4.2）和上部的 *Hocosphaeridium scaberfacium-H. anozos* 组合（图 4.3；尹崇玉等，2009；Yin C. Y. et al.，2011；Liu et al.，2013，2014a，2014b）。两个组合分别位于陡二段、陡三段，其间被一个不含微体化石的碳同位素负漂移区（EN2/BAINCE）所分隔（图 4.1）。

下部的 *Tianzhushania spinosa* 组合位于陡二段，组合中所有的化石发现于碳同位素正漂移（EP1）区内，化石出现的最低层位于陡山沱组底界之上约 6.8 m（Liu and Moczydłowska，2019）。基于先前的研究，该组合中至少包含了 28 种具刺疑源类，包括 *Appendisphaera grandis*、*A.? hemisphaerica*、*A. magnifica*、*A. tenuis*、*Apodastoides basileus*、*Asterocapsoides sinensis*、*Briareus borealis*、*Cavaspina acuminate*、*C. basiconica*、*Cymatiosphaeroides kullingii*、*Dicrospinasphaera zhangii*、*Distosphaera speciosa*、*Eotylotopalla dactylos*、*E. delicata*、*Ericiasphaera magna*、*E. rigida*、*E. sparsa*、*E. spjeldnaesii*、*Meghystrichosphaeridium chadianensis*（=*Mengeosphaera chadianensis*）、*M. perfectum*（=*Mengeosphaera perfecta*）、*Papilomembrana compta*、*Taedigerasphaera lappacea*、*Tanarium conoideum*、*Tianzhushania spinosa*、*T. polysiphonia*、*T. tuberifera*（=*Yinitianzhushania tuberifera*）、*Variomargosphaeridium lithoschum*、*Weissiella* cf. *brevis* 等（Yin et al.，2007；Zhou et al.，2007；尹磊明等，2008；McFadden et al.，2009；陈寿铭等，2010；Liu et al.，2013，2014a；欧阳晴等，2015；Liu and Moczydłowska，2019）。统计数据显示，*Tianzhushania spinosa* 自下而上分布于整个组合中，属该组合占主导地位的种（McFadden et al.，2009；Liu et al.，2013）*Tianzhushania tuberifera* 在组合中也具有相对较高的丰度（图 4.2），而其他种相对稀少。此外，在峡东地区，许多种仅出现在该组合中，如 *Briareus borealis*、*Ericiasphaera rigida*、*E. sparsa*、*Tianzhushania spinosa*、*T. polysiphonia*、*T. tuberifera* 等（Liu et al.，2013，2014a）。

上部的 *Hocosphaeridium scaberfacium-H. anozos* 组合位于陡三段的下部，该组合的所有化石均发现在碳同位素正漂移区（EP2）内。与下部的 *Tianzhushania spinosa* 组合相比，组合中的化石具有更高的丰度和分异度（Liu et al.，2013，2014a，2014b）。Liu 等（2014b）在该组合中识别出 66 种具刺疑源类、7 种球状微体化石、12 种球状和丝状蓝细菌、4 种多细胞藻类和 2 种管状微体化石。详细的微体化石组成清单见 Liu 等（2014b）文献中的表 1。在这些化石中，大部分具刺疑源类是新种或者是首次在华南地区发现的种。*Hocosphaeridium scaberfacium* 和 *H. anozos*（图 4.3）自下而上分布于整个组合中，是该组合占主导地位的种，*Appendisphaera clava*、*A.? hemisphaerica*、*A. longispina*、*Eotylotopalla delicata*、*Knollisphaeridium maximum*、*Mengeosphaera bellula*、*M. constricta*、*Schizofusa zangwenlongii*、*Sinosphaera rupina*、*Tanarium acus*、*T. elegans*、*Variomargosphaeridium floridum*、*Xenosphaera liantuoensis* 等在组合中也具有较高的丰度。

4.4.1.2　瓮安生物群中的磷酸盐化微体化石

瓮安生物群是一个特异保存的化石库，保存在贵州瓮安-福泉地区陡山沱组上部磷质岩中，所有化石被磷酸盐化立体保存。这些磷酸盐微化石很容易通过醋酸酸解处理从基质中分离出来，因此，对于这些化石的古生物学研究基于岩石薄片和扫描电镜的观察。在近 30 年来，在瓮安生物群中已经发现大量的微

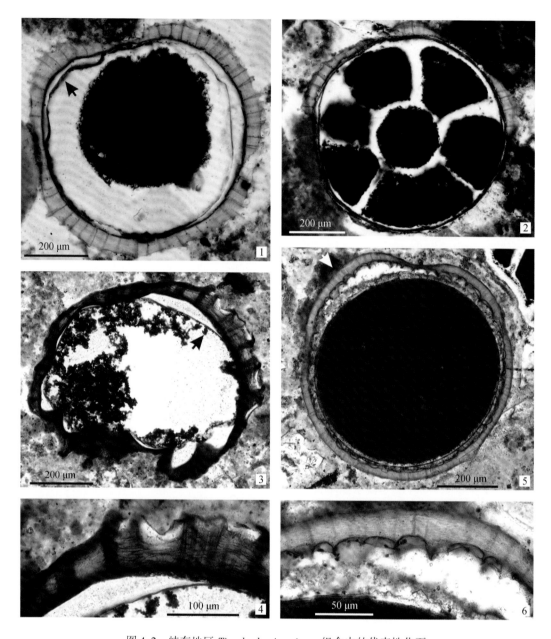

图 4.2　峡东地区 *Tianzhushania spinosa* 组合中的代表性化石

1、2. *Tianzhushania spinosa*，2 显示化石具有子细胞；3、4. *Tianzhushania polysiphonia*，
4 为 3 中箭头所指处的放大；5、6. *Yinitianzhushania tuberifera*，6 为 5 中箭头所指处的放大

体化石，包括大型具刺疑源类、球状微体化石、球–丝状蓝细菌、多细胞藻类、管状微体化石、地衣类、胚胎和后生动物化石（陈孟莪和刘魁梧，1986；袁训来等，1993；Yuan and Hofmann，1998；薛耀松和唐天福，1995；Xiao et al.，1998，2000，2007，2014；Xiao and Knoll，1999，2000；Zhang et al.，1998；Chen et al.，2000，2002，2004；Yuan et al.，2005；Liu et al.，2006，2008；Yin et al.，2013，2015，2016；Chen L. et al.，2014）。在这些化石中，大型具刺疑源类具有最大的分异度，共发现54个种（包括大型球状化石 *Megasphaera*；见 Xiao et al.，2014 文献中的表1），而且大部分具刺疑源类化石也发现于峡东地区陡二段，如 *Appendisphaera grandis*、*A. tenuis*、*Cavaspina acuminate*、*Dicrospinasphaera zhangii*、*Distosphaera speciosa*、*Eotylotopalla dactylos*、*Ericiasphaera magna*、*E. rigida*、*Mengeosphaera chadianensis*、*Papillomembrana compta*、*Tianzhushania spinosa*、*T. polysiphonia*、*Yinitianzhushania tuberifera* 等。生物学属性被解释为休眠卵和胚胎的球状化石 *Megasphaera inornata* 和 *Megasphaera ornata* 在瓮安生物群中具有最大的丰度。Yin 等（2004）对保存在瓮安地区陡山沱组燧石和磷质岩中微体化石进行了形态学和埋藏学研究，磷质岩中磷酸盐化保存的 *Megasphaera ornata* 和燧石中硅化保存的 *Yinitianzhushania tuberifera* （=

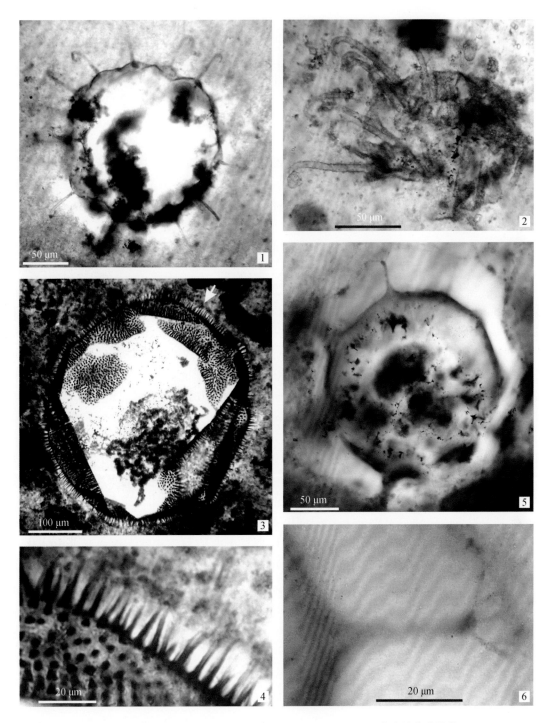

图 4.3　峡东地区 *Hocosphaeridium scaberfacium-H. anozos* 组合中的代表性化石

1. *Hocosphaeridium anozos*；2. *Hocosphaeridium scaberfecium*；3、4. *Knollisphaeridium maximum*，4 为 3 中箭头
所指处的放大；5、6. *Variomargosphaeridium litoschum*，6 为 5 中化石上部刺的放大，注意刺的末端分叉

Tianzhushania tuberifera）被看作不同矿化条件下保存的相同分类单元，而燧石中保存的 *Tianzhushania spinosa* 可能是磷酸盐化保存的 *Megasphaera inornata* 的首异名（senior synonym）。笔者认为这一观点不失为是一种较为合理的认识。如此，尽管瓮安生物群含有几个峡东地区 *Hocosphaeridium scaberfacium-H. anozos* 组合中的典型分子（Xiao et al.，2014），但总体上与峡东地区的 *Tianzhushania spinosa* 组合特征更为相似，可以对比。

4.4.2　微体化石的生物地层对比

除中国华南外，埃迪卡拉纪大型具刺疑源类在世界其他大陆也有发现，包括澳大利亚（Zang and Walter，1992；Grey，2005；Willman et al.，2006；Willman and Moczydłowska，2008，2011）、欧洲板块东部（Veis et al.，2006；Vorob'eva et al.，2006，2008，2009a，2009b）、挪威（Vidal，1990）、西伯利亚（Moczydłowsk et al.，1993；Golubkova et al.，2010；Moczydłowska and Nagovitsin，2012）、印度北部（Tiwari and Knoll，1994；Tiwari and Pant，2004；Shukla and Tiwari，2014；Joshi and Tiwari，2016）和斯瓦尔巴特群岛（Knoll and Ohta，1988；Knoll，1992）。一些分布时限短、特征显著和全球分布的属种，对于埃迪卡拉纪地层划分和国际对比具有重要的应用价值（Grey et al.，2003；Grey，2005；Willman and Moczydłowska，2008，2011；Vorob'eva et al.，2009b；Sergeev et al.，2011；刘鹏举等，2012；Moczydłowska and Nagovitsin，2012；Liu et al.，2013，2014a，2014b；Joshi and Tiwari，2016；Liu and Moczydłowska，2019）。

目前，下部组合中的特征分子 *Tianzhushania spinosa* 仅见于华南陡二段（Liu et al.，2013，2014a）和印度小喜马拉雅地区的因弗拉克罗组（Infrakrol Formation；Joshi and Tiwari，2016），显示出下部的 *Tianzhushania spinosa* 组合可与印度小喜马拉雅地区的因弗拉克罗组对比。此外，由于 *Tianzhushania spinosa* 在西伯利亚、欧洲板块东部和澳大利亚等地尚未发现，显示上述地区可能缺失 *Tianzhushania spinosa* 组合。然而，由于上述地区在马里诺冰碛层（相当于南沱冰碛层）和具有具刺疑源类层位之间的地层厚度巨大，没有证据能够说明这些地区缺失与 *Tianzhushania spinosa* 组合相当的地层，目前还不清楚这些地区是由于化石保存问题，还是其他原因导致 *Tianzhushania spinosa* 组合的缺失，有待今后进一步的研究和解释。

前人的研究显示 *Hocosphaeridium scaberfacium*-*H. anozos* 组合中特征种在澳大利亚埃迪卡拉纪具刺疑源类孢粉植物群（ECAP）组合中也存在，因此两者可以对比（Liu et al.，2013，2014a）。这一对比方案也得到了在澳大利亚和华南均发育的、标志着埃迪卡拉纪大型具刺疑源类绝灭的一次重要的碳同位素负漂移所支持。这一碳同位素负漂移事件（EN3/DOUNCE）在华南出现在陡山沱组上部，该事件被认为时间上等同于澳大利亚发育的沃诺克（Wonoka）碳同位素负漂移（Jiang et al.，2007；Zhu et al.，2007）。同样地，华南陡山沱组上部微体化石组合中的许多属种也见于西伯利亚和欧洲板块东部微体化石组合中（Vorob'eva et al.，2009b；Sergeev et al.，2011；Moczydłowska and Nagovitsin，2012），表明它们之间是可以对比的。此外，在西伯利亚东部，几乎所有的微体化石产于乌拉组（Ura Formation）及同期地层中，并且在一次碳同位素负漂移事件［相当于陡山沱（舒拉姆）-沃诺克碳同位素负漂移事件］出现之前绝灭（Vorob'eva et al.，2009b；Sergeev et al.，2011；Moczydłowska and Nagovitsin，2012），这一现象也支持了上述的对比方案。然而，这仅仅是一个粗略的对比方案，还需今后来进一步完善。

4.5　宏体生物群特征及其生物地层序列

华南埃迪卡拉系页岩和碳酸盐岩中保存有几个化石保存精美的宏体生物群，包括庙河生物群、蓝田生物群、武陵山生物群、高家山生物群、翁会生物群、江川生物群和西陵峡（石板滩）生物群。这些化石群总体上以宏体藻类化石为主，并含有许多确切的后生动物实体化石，为研究早期后生动物起源与演化、生物地层划分与对比以及建立埃迪卡拉纪年代地层格架提供了极其重要的化石材料。

4.5.1　典型生物群特征

4.5.1.1　蓝田生物群

蓝田生物群发现于20世纪80年代（邢裕盛等，1985），保存在安徽南部休宁、黟县一带埃迪卡拉系陡山沱组中部的斜坡-盆地相黑色页岩中。该区埃迪卡拉系（震旦系）由蓝田组和皮园村组构成，两组分别与峡东地区的陡山沱组和灯影组对比。与陡山沱组相似，蓝田组也划分为四个段，可以与陡山沱组的四个段相对比。最下部的陡一段为厚约 2 m 的盖帽碳酸盐岩，与下伏马里诺冰碛层整合接触；陡二段为 35 m 厚的黑色页岩；陡三段为 34 m 厚的白云岩，下部夹有泥岩，上部夹有条带状碳酸盐岩；陡四段为厚约 20 m 的粉砂质泥岩。宏体化石产于蓝田组二段（简称蓝二段；Yuan et al., 2011）。

蓝田生物群具有较高的属种分异度和形态分化。先前的研究已经描述了大量的宏体化石类型，包括简单圆盘–球状类型（如 *Chuaria*）、二歧式分枝类型（如 *Doushantuophyton*；图 4.4）、藻丝呈松散束状类型（如 *Huangshanophyton*）、由密集藻丝形成的锥状类型（如 *Anhuiphyton*）、扇状类型（如 *Flabellophyton*）和链状类型（如 *Obisiana*）。此外，至少五个形态类型推测可能为宏体后生动物（Yuan et al., 2011；Wan et al., 2016 及其参考文献）。通常，这一生物群主导类型为 *Anhuiphyton*、*Huangshanophyton* 和 *Flabellophyton*。

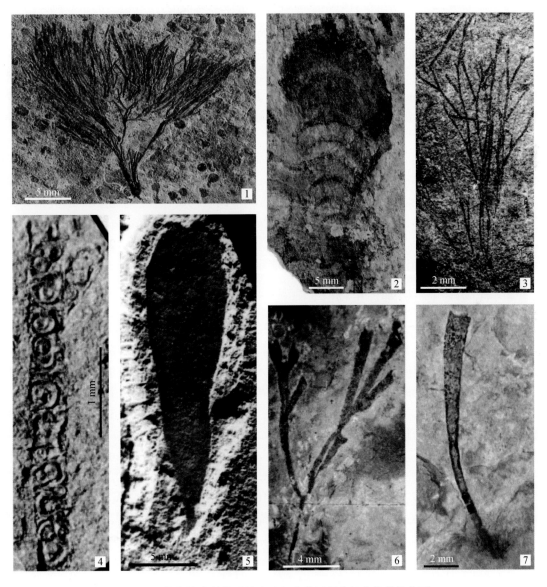

图 4.4　华南埃迪卡拉系陡山沱组和蓝田组中的宏体藻类化石

1. *Doushantuophyton cometa*，产自蓝田生物群（Yuan et al., 2011）；2. *Flabellophyton strigata*，产自蓝田生物群（Yuan et al., 2011）；3. *Doushantuophyton lineare*，产自庙河生物群（Xiao et al., 2002）；4. *Miaohephyton bifurcatum*，产自庙河生物群（Xiao et al., 2002）；5. *Gesinella hunanensis*，产自武陵山生物群（Steiner et al., 1992）；6. *Konglingiphyton erecta*，产自庙河生物群（Xiao et al., 2002）；7. *Baculyphyca taeniata*，产自庙河生物群（Xiao et al., 2002）

由于缺乏同位素定年数据，蓝田生物群确切的地质时代还不清楚，但据其产出层位刚好在埃迪卡拉系盖帽碳酸盐岩之上推测，这一生物群的时代应为埃迪卡拉纪早期，或许在马里诺冰期结束不久就快速发展起来。

4.5.1.2　庙河生物群

庙河生物群也是发现于 20 世纪 80 年代（朱为庆和陈孟莪，1984），保存在华南峡东地区埃迪卡拉系陡四段黑色页岩中（Xiao et al.，2002；An et al.，2015 及其参考文献）。所有化石均呈碳质薄膜保存，并且具有较高的属种分异度和形态分化。在 20 世纪 90 年代，总共正式描述了 100 多个属种的宏体化石（丁莲芳等，1996）。但通过对已发布属种和化石新材料的再研究，Xiao 等（2002）认为，庙河生物群仅包含 20 多个属种。这些化石中的大多数可以明确地解释为群体原核生物或多细胞藻类；其中，无分枝的棒状类型 *Baculiphyca*（图 4.4）和二歧分枝类型 *Enteromorphites*、*Doushantuophyton*（图 4.4）具有较高的丰度。此外，该生物群中具有八个旋臂的 *Eoandromeda* 是典型的埃迪卡拉型动物化石（Tang et al.，2008，2011；Zhu et al.，2008），而且 *Protoconites* 和 *Calyprina* 的特征也更接近动物化石（Xiao et al.，2002）。

庙河生物群的地层层位为陡四段（即庙河段），其年龄为顶部火山灰层中获得的高精度同位素稀释热电离质谱（Isotope Dilution-Thermal Ionization Mass Spectrometry，ID-TIMS）锆石 U-Pb 年龄 551.1±0.7 Ma 所限定（Condon et al.，2005）。结合具有八个旋臂的后生动物化石 *Enteromorphites* 也发现于澳大利亚芬德斯山脉西部的罗恩斯利（Rawnsley）石英岩中（Zhu et al.，2008），显示出庙河生物群可以与俄罗斯的白海生物群（560～550 Ma）以及澳大利亚芬德斯山脉西部的埃迪卡拉生物组合相对比。

4.5.1.3　翁会生物群

翁会生物群最早报道于 2004 年（Zhao et al.，2004），保存在华南贵州翁会地区陡山沱组上部的黑色页岩中。该生物群与庙河生物群相似，所有的宏体化石均呈碳质薄膜保存，生物群中的大部分属种也见于庙河生物群，如 *Baculiphyca*、*Doushantuophyton*、*Enteromorphites*、*Eoandromeda*（图 4.5）、*Glomulus*、*Longifuniculum*、*Miaohephyton*、*Sinocylindra* 等（Zhao et al.，2004；Tang et al.，2008；Wang et al.，2008）。此外，两个生物群均产于陡山沱组上部黑色页岩中，因此翁会生物群可以与庙河生物群相对比。

4.5.1.4　西陵峡（石板滩）生物群

保存在华南三峡地区埃迪卡拉系陡山沱组石板滩段的灰岩中。在 20 世纪 80 年代，在石板滩段就已经发现了大量的遗迹化石、宏体藻类化石 *Vendotaenia*，以及埃迪卡拉型化石 *Paracharnia* 和 *Sinotubulites*（丁启秀和陈忆元，1981；Sun，1986；赵自强等，1988）。近几年，在石板滩段又大量发现一些标志性的埃迪卡拉型化石，包括 *Charniodiscus*、*Hiemalora*、*Peteridinium*（图 4.5）、*Rangea*、*Wutubus*（图 4.5）、*Yangtziramulus* 等（Xiao et al.，2005；Shen et al.，2009；Chen Z. et al.，2014）。这些化石显著扩大了埃迪卡拉系几个关键类群的生态范围，支持它们是海洋生物的观点（Chen Z. et al.，2014）。所发现的这些埃迪卡拉型化石大多地理分布广、地层跨度大（Chen Z. et al.，2014）。但是，由于在陡山沱组顶部获得了 551.1±0.7 Ma 的年龄（Condon et al.，2005），以及灯影组的上覆地层岩家河组含有典型寒武纪早期的小壳化石和微体化石（Guo et al.，2014；Shang et al.，2016；Ahn and Zhu，2017 及其参考文献），灯影组的时代已经被限定在 551 Ma 和 541 Ma 之间，显示出西陵峡生物群和纳玛生物群（550～540 Ma）的时代相当。

4.5.1.5　武陵山生物群

武陵山生物群系指产于湘西桃源地区，与峡东地区灯影组可以对比的留茶坡组内，呈碳质压膜保存的、以宏体藻类化石为主的埃迪卡拉纪晚期生物群，最早报道于 20 世纪 90 年代（Steiner et al.，1992；陈孝红等，1999）。该生物群中大部分化石类型是宏体藻类，已经正式描述了 17 个种，如带状的藻类化石 *Chenlidenella*、*Gesinella*（图 4.4）和 *Longifuniculum*，直立且不分枝的管状宏观藻 *Longfengshania*、*Paralongfengshania*、*Miaohenella* 和 *Cystoculum*，末端存在二歧式分枝的丝状宏观藻 *Setoralga*，以及水母状化石 *Taoyuania*、*Liaonanella*、*Wulingshania* 等（陈孝红等，1999）。最近，在湖南西部留茶坡组下部火山灰夹层中获得了一个新的化学溶蚀热电离质谱（Chemical Abrasion-Thermal Ionization Mass Spectromater，

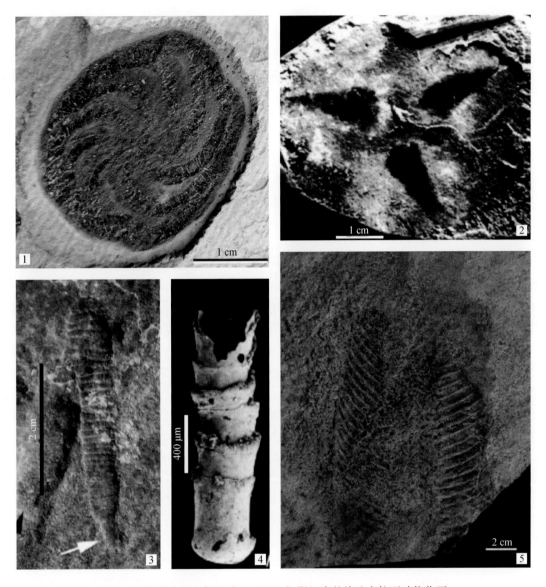

图 4.5　华南埃迪卡拉系陡山沱组和灯影组中的埃迪卡拉型动物化石

1. *Eoandromeda octobrachiata*，产自翁会生物群（Tang et al.，2008）；2. *Triactindiscus sinensis*，产自翁会生物群（赵元龙等，2010）；
3. *Wutubus annularis*，产自西陵峡生物群（Chen Z. et al.，2014）；4. *Cloudina hartmannae*，产自高家山生物群（Hua et al.，2005）；5. *Pteridinium*，
产自西陵峡生物群（Chen Z. et al.，2014）

CA-TIMS）锆石 U-Pb 年龄 545.76±0.66 Ma（Yang et al.，2017），该年限将武陵山生物群的时代限定在小于 545 Ma。

4.5.1.6　高家山生物群

高家山生物群为一个由大量呈黄铁矿化三维保存的管状和锥管状动物化石、遗迹化石和宏体藻类化石组成的化石库，化石保存在埃迪卡拉系灯影组高家山段碎屑岩和碳酸盐岩中（Hua et al.，2007；Cai et al.，2017 及其参考文献）。系统研究揭示该生物群自下而上可以划分为三个化石组合带，即①产于高家山段底部的 *Shaanxilithes-Helminthopsis* 组合带；②产于高家山段中部的 *Conotubus-Gaojiashania-Protolagena* 组合带；③产于高家山段上部的 *Sinotubulites-Cloudina* 组合带（华洪等，2001）。高家山生物群中标志性的化石 *Shaanxilithes*、*Sinotubulites* 和 *Cloudina* 也见于三峡地区石板滩段、纳米比亚的纳玛生物群和世界上许多埃迪卡拉纪晚期地层剖面上（Hua et al.，2007；Yang et al.，2016 及其参考文献），显示出高家山生物群可以与西陵峡（石板滩）生物群和纳玛生物群相对比。

近年来，在云南东部江川地区埃迪卡拉系灯影组旧城段发现了一个高分异度的宏体化石组合（唐烽

等，2006，2007），所发现的化石呈碳质压膜保存在灰色粉砂质页岩中。除有丰富的 *Vendotaenia* 和 *Tyrasotaenia* 外，以形体较大的 *Tawuia* 类和 Longfengshaniaceae 科等具固着构造的底栖多细胞藻类化石占据优势，另有一些形态奇特、亲缘关系不明的宏体化石。该组合与华南陡山沱组和灯影组石板滩段的宏体化石组合存在着明显的差别（唐烽等，2009）。由于云南东部的旧城段可以与三峡地区的石板滩段相对比（罗惠麟等，1988），江川生物群和西陵峡（石板滩）生物群可能是同时期保存在不同岩相中的生物群。

4.5.2　宏体化石的生物地层序列

根据宏体化石的地层分布，华南埃迪卡拉纪宏体化石主要产自三个层位，自下而上如下。

（1）陡二段。该层位产出的最重要和最典型的宏体化石组合是产自皖南的蓝田生物群（Yuan et al.，2011）。此外，也有一些零星报道的产于此层位的宏体碳质压膜化石，如产于三峡地区的一些形态简单的 *Chuaria* 和 *Tawuia*，以及具有均等分枝的 *Enteromorphites*（Tang et al.，2006）。宏体化石中主要为宏体藻类化石，也有一些推测可能为后生动物的宏体化石，其中最常见的属种包括 *Anhuiphyton*、*Doushantuophyton* 和 *Flabellophyton*（Yuan et al.，2011）。在三峡及相邻地区，已经从火山灰和黑色页岩中获得了几个年龄数据，包括从陡二段底部获得的 ID-TIMS 锆石 U-Pb 年龄 632.5±0.5 Ma（Condon et al.，2005）、从陡二段中部获得的高灵敏度高分辨率离子微探针（SHRIMP）II 锆石 U-Pb 年龄 614±7.6 Ma（Liu et al.，2009b）以及从陡四段底部获得的 Re-Os 年龄 591.1±5.3 Ma（Zhu B. et al.，2013）。如此，该生物群的年龄被限定在 632 Ma 和 591 Ma 之间，结合其产出层位于陡二段中部，其产出层位的年龄应该在 615 Ma 左右，与微体化石 *Tianzhushania spinosa* 组合的时代相当。

（2）陡四段上部。该层位产两个宏体生物群，即庙河生物群和翁会生物群。所有化石均呈碳质薄膜保存，以宏体藻类化石为主。此外，还产出几个典型的埃迪卡拉型化石，如具有八个旋臂的 *Eoandromeda*（图 4.5）和具有三个叶脊的 *Triactindiscus*（图 4.5；Tang et al.，2008；Wang et al.，2008；Zhu et al.，2008；赵元龙等，2010）。上面已经讨论，这两个生物群可以与白海生物群相对比，时代为 560～550 Ma。

（3）灯影组。该层位产出西陵峡（石板滩）生物群、高家山生物群、武陵山生物群和江川生物群。最重要的特征是在此层位中发现了丰富的具骨骼的埃迪卡拉型管状化石（如 *Cloudina*；图 4.5）和其他埃迪卡拉型化石（如 *Charniodiscus*、*Hiemalora*、*Pteridinium*、*Rangea* 等；Hua et al.，2005，2007；Chen Z. et al.，2014；Cai et al.，2017）。此外，此层位中还发现大量的宏体藻类化石和遗迹化石（Steiner et al.，1992；唐烽等，2007；Chen Z. et al.，2013）。上面已经讨论，产化石层位的年龄已经被限定在 550～541 Ma，可以与纳玛生物群相对比。

4.6　生物地层序列与年代地层格架建立

自 2004 年国际地质科学联合会建立埃迪卡拉系（Knoll et al.，2004）以来，有关埃迪卡拉纪年代地层的细划已成为埃迪卡拉系研究中最为迫切的任务。近年来，丰富的埃迪卡拉纪微体化石和宏体化石相继在世界各地不断被发现，尽管这些化石受岩相、埋藏学偏差和化石分类问题的困扰，但其中确有一些化石属种具有广泛性的分布，显示出在全球地层划分与对比中具有主要的应用潜力（Grey et al.，2003；Grey，2005；Willman and Moczydłowska，2008；尹崇玉等，2009；McFadden et al.，2009；Vorob'eva et al.，2009a；Liu et al.，2013，2014a）。在华南三峡地区，多年来通过对区内埃迪卡拉系的深入综合研究，显示出区内剖面具有成为埃迪卡拉纪年代地层划分标准的潜力。基于生物地层和化学地层的综合研究，已经提出了两统五阶的划分方案（Zhu et al.，2007；刘鹏举等，2012）。相应的，还初步提出了埃迪卡拉纪年代地层划分的四个重要界线（点）（Liu et al.，2014a）。根据生物地层学、化学地层学的研究进展，本章进一步将华南埃迪卡拉系划分为两统六阶（图 4.1）。下统含有大量的以具刺疑源类为主的微体化石，上统则产有丰富的宏体藻类和埃迪卡拉型动物化石。上统的底界以第三次碳同位素负漂移（EN3/DOUNCE）的低点为标记。第一阶与南沱期（相当于马里诺期）冰川有关，由盖帽白云岩和陡二段的最低部分组成。第二阶由陡二段下部构成，并被限定在第一次碳同位素正漂移（EP1）内，底界以 *Tianzhushania spinosa*

组合带标志性化石 *Tianzhushania spinosa* 的始现为标志。第三阶由陡二段上部组成，底界以第二次碳同位素负漂移（EN2/BAINCE）的出现为标志，迄今为止，在华南这一层位中还没有发现任何微体化石。第四阶由陡三段的下部构成，其底界以 *Hocosphaeridium scaberfacium-H. anozos* 组合带中标志性化石的出现为标志。第五阶由陡三段上部和陡四段构成，以富含宏体藻类化石和含有埃迪卡拉型具有八个旋臂的动物化石 *Enteromorphites* 为特征，其底界即为上统的底界。第六阶由灯影组组成，以含有丰富的具有骨骼的管状化石以及其他埃迪卡拉型动物化石为特征，其底界以骨骼化的管状化石 *Cloudina* 或与之相像的化石（如 *Conotubus*、*Gaojiashania*、*Sinotubulites*）的出现为标志。

4.7　结　　论

中国华南板块埃迪卡拉纪地层发育、层序清晰、研究历史悠久、含有丰富的微体和宏体化石、建立有完善的碳同位素地层学数据，以及已经获取多个重要的高精度同位素测年数据，是国际上同时代地层中最具代表性的地区之一。据当前已有的研究成果，已经建立起两个微体化石组合带和三个宏体化石组合。此外，基于生物地层学、碳同位素地层学和锆石 U-Pb 定年数据，可将埃迪卡拉系划分为两统六阶。然而，当前的年代地层划分只是初步的探索性方案，还有待于今后的深入工作来不断完善。

致谢：感谢国家自然科学基金（编号：41872024）和中国地质调查局项目（编号：DD20190008）联合资助。

参 考 文 献

陈孟莪,刘魁梧. 1986. 晚震旦世陡山沱期磷块岩中微体化石的发现及其地质意义. 地质科学,1：46-53.

陈寿铭,尹崇玉,刘鹏举,高林志,唐烽,王自强. 2010. 湖北宜昌樟村坪埃迪卡拉系陡山沱组硅磷质结核中的微体化石. 地质学报,84(1)：70-77.

陈孝红,汪啸风,王传尚,李志宏,陈立德. 1999. 湘西震旦系留茶坡组炭质宏化石初步研究. 华南地质与矿产,2：15-30.

丁莲芳,李勇,胡夏嵩,肖娅萍,苏春乾,黄建成. 1996. 震旦纪庙河生物群. 北京：地质出版社.

丁启秀,陈忆元. 1981. 湖北峡东地区震旦纪软躯体后生动物化石的发现及其意义. 地球科学——中国地质大学学报,6(2)：53-56.

华洪,张录易,张子福,王静平. 2001. 高家山生物群化石组合面貌及其特征. 地层学杂志,25(1)：13-17.

刘鹏举,尹崇玉,陈寿铭,李猛,高林志,唐烽. 2012. 华南峡东地区埃迪卡拉(震旦)纪年代地层划分初探. 地质学报,86(6)：849-866.

罗惠麟,武希彻,欧阳麟,蒋志文,宋学良. 1988. 扬子地台震旦系—寒武系界线剖面地层对比的新认识. 云南地质,7(1)：13-27.

欧阳晴,周传明,关成国,王伟. 2015. 宜昌峡东地区埃迪卡拉系陡山沱组疑源类化石新材料及其生物地层学意义. 古生物学报,54(2)：207-229.

彭善池,汪啸风,肖书海,童金南,华洪,朱茂炎,赵元龙. 2012. 建议在我国统一使用全球通用的正式年代地层单位——埃迪卡拉系(纪). 地层学杂志,6(1)：55-59.

唐烽,宋学良,尹崇玉,刘鹏举,Awramik S,王自强,高林志. 2006. 华南滇东地区震旦(Ediacaran)系顶部 *Longfengshaniaceae* 藻类化石的发现及意义. 地质学报,80(11)：1643-1649.

唐烽,尹崇玉,刘鹏举,王自强,高林志. 2007. 滇东伊迪卡拉(震旦)系顶部旧城段多样宏体化石群的发现? 古地理学报,9(5)：533-540.

唐烽,尹崇玉,刘鹏举,高林志,王自强. 2009. 华南新元古代宏体化石特征及生物地层序列. 地球学报,30(4)：505-522.

王自强,尹崇玉,高林志,柳永清. 2002. 湖北宜昌峡东震旦系层型剖面化学地层特征及其国际对比. 地质论评,48(4)：408-415.

解古巍,周传明,McFadden K A,肖书海,袁训来. 2008. 湖北峡东地区九龙湾剖面震旦系陡山沱组微体化石的新发现. 古生物学报,47(3)：279-291.

邢裕盛,毕志国,王贤芳. 1985. 皖南震旦系发现宏观藻类化石. 见:中国地质科学院. 中国地质科学院地质研究所所刊,第12号. 北京：地质出版社.

邢裕盛,尹崇玉,高林志. 1999. 震旦系的范畴、时限及内部划分. 现代地质,13(2)：202-204.

薛耀松,唐天福. 1995. 贵州瓮安–开阳地区陡山沱期含磷岩系的大型球形绿藻化石. 古生物学报,34(6):688-706.

尹崇玉. 1990. 峡东震旦系陡山沱组燧石中的带刺微化石及其地质意义. 微体古生物学报,7(3):265-270.

尹崇玉. 1996. 湖北秭归庙河地区震旦系陡山沱组微化石的新发现. 地球学报,17(3):322-329.

尹崇玉,刘桂芝. 1988. 湖北震旦纪的微古植物. 见:赵自强,邢裕盛,丁启秀,等. 湖北震旦系. 武汉:中国地质大学出版社:
    90-100,170-180.

尹崇玉,刘鹏举,陈寿铭,唐烽,高林志,王自强. 2009. 峡东地区埃迪卡拉系陡山沱组疑源类生物地层序列. 古生物学报,
    48(2):146-154.

尹磊明. 1986. 长江三峡地区震旦系的微体植物化石. 地层学杂志,10(4):262-269.

尹磊明,李再平. 1978. 西南地区前寒武纪微古植物群及其地层意义. 见:中国科学院南京地质古生物研究所. 中国科学院南
    京地质古生物研究所集刊,第十号. 北京:科学出版社:41-108.

尹磊明,周传明,袁训来. 2008. 湖北宜昌埃迪卡拉系陡山沱组天柱山卵囊胞——*Tianzhushania* 的新认识. 古生物学报,
    42(2):129-140.

袁训来,王启飞,张昀. 1993. 贵州瓮安磷块晚前寒武纪陡山沱期的藻类化石群. 微体古生物学报,10(4):409-420.

张忠英. 1984. 峡东震旦系微浮游植物的新资料. 植物学报. 26(1):94-98.

赵元龙,伍孟银,彭进,杨兴莲,杨荣军,杨宇宁. 2010. 贵州江口桃映埃迪卡拉系陡山沱组中的三叶脊动物化石. 微体古生物
    学报,27(4):305-314.

赵自强,邢裕盛,丁启秀. 1988. 湖北震旦系. 武汉:中国地质大学出版社.

朱为庆,陈孟莪. 1984. 峡东区上震旦统宏体化石藻类的发现. 植物学报,26(5):558-560.

Ahn S Y,Zhu M Y. 2017. Lowermost Cambrian acritarchs from the Yanjiahe Formation,South China:implication for defining the base
    of the Cambrian in the Yangtze Platform. Geological Magazine,154(6):1217-1231.

An Z H,Jiang G Q,Tong J N,Tian L,Ye Q,Song H Y,Song H J. 2015. Stratigraphic position of the Ediacaran Miaohe biota and its
    constrains on the age of the upper Doushantuo δ^{13}C anomaly in the Yangtze Gorges area,South China. Precambrian Research,271:
    243-253.

Awramik S M,McMenamin D S,Yin C Y,Zhao Z Q,Ding Q X,Zheng S S. 1985. Prokaryotic and eukaryotic microfossils from a
    Proterozoic/Phanerozoic transition in China. Nature,315(6021):655-658.

Cai Y P,Cortijo I,Schiffbauer J D,Hua H. 2017. Taxonomy of the Late Ediacaran index fossil Cloudina and a new similar taxon from
    South China. Precambrian Research,298:146-156.

Chen J Y,Oliveri P,Li C W,Zhou G Q,Gao F,Hagadorn J W,Peterson K J,Davidson E H. 2000. Precambrian animal diversity:
    putative phosphatized embryos from the Doushantuo Formation of China. Proceedings of the National Academy of Sciences,97(9):
    4457-4462.

Chen J Y,Oliveri P,Gao F,Dornbos S Q,Li C W,Bottjer D J,Davidson E H. 2002. Precambrian animal life:probable developmental
    and adult cnidarian forms from Southwest China. Developmental Biology,248(1):182-196.

Chen J Y,Bottjer D J,Oliveri P,Dornbos S Q,Gao F,Ruffins S,Chi H M,Li C W,Davidson E H. 2004. Small bilaterian fossils from
    40 to 55 million years before the Cambrian. Science,305(5681):218-222.

Chen L,Xiao S H,Pang K,Zhou C M,Yuan X L. 2014. Cell differentiation and germ-soma separation in Ediacaran animal embryo-like
    fossils. Nature,516:238-241.

Chen Z,Zhou C M,Meyer M,Xiang K,Schiffbauer J D,Yuan X L,Xiao S H. 2013. Trace fossil evidence for Ediacaran bilaterian
    animals with complex behaviors. Precambrian Research,224:690-701.

Chen Z,Zhou C M,Xiao S H,Wang W,Guan C G,Hua H,Yuan X L. 2014. New Ediacara fossils preserved in marine limestone and
    their ecological implications. Scientific Reports,4(1):4180-4190.

Chu X L,Zang Q R,Zhang T G,Feng L J. 2003. Sulfur and carbon isotopic variations in Neoproterozoic sedimentary rocks from
    southern China. Progress in Natural Science,13(11):875-880.

Condon D,Zhu M Y,Bowring S,Wang W,Yang A H,Jin Y G. 2005. U-Pb ages from the neoproterozoic Doushantuo Formation,China.
    Science,308(5718):95-98.

Fedonkin M A,Simonetta A,Ivantsov A Y. 2007. New data on Kimberella,the Vendian mollusc-like organism(White Sea region,
    Russia):palaeoecological and evolutionary implications. Geological Society,London,Special Publications,286(1):157-179.

Golubkova E Y,Raevskaya E G,Kuznetsov A B. 2010. Lower Vendian microfossil assemblages of East Siberia:significance for solving
    regional stratigraphic problems. Stratigraphy and Geological Correlation,18(4):353-375.

Grey K. 2005. Ediacaran palynology of Australia. Memoirs of the Association of Australasian Palaeontologists,31:1-439.

Grey K,Walter M R,Calver C R. 2003. Neoproterozoic biotic diversification:snowball Earth or aftermath of the Acraman impact?

Geology,31(5):459-462.

Guo J F,Li Y,Li G X. 2014. Small shelly fossils from the Early Cambrian Yanjiahe Formation,Yichang,Hubei,China. Gondwana Research,25(3):999-1007.

Hua H,Chen Z,Yuan X L,Zhang L Y,Xiao S H. 2005. Skeletogenesis and asexual reproduction in the earliest biomineralizing animal Cloudina. Geology,33(4):277-280.

Hua H,Chen Z,Yuan X L. 2007. The advent of mineralized skeletons in Neoproterozoic Metazoa—new fossil evidence from the Gaojiashan fauna. Geological Journal,42(3-4):263-279.

Jiang G Q,Sohl L E,Christie-Blick N. 2003. Neoproterozoic stratigraphic comparison of the Lesser Himalaya (India) and Yangtze Block (South China):paleogeographic implications. Geology,31(10):917-920.

Jiang G Q,Kaufman A J,Christie-Blick N,Zhang S H,Wu H C. 2007. Carbon isotope variability across the Ediacaran Yangtze Platform in South China:implications for a large surface-to-deep ocean δ^{13}C gradient. Earth and Planetary Science Letters,261(1-2):303-320.

Jiang G Q,Shi X Y,Zhang S H,Wang Y,Xiao S H. 2011. Stratigraphy and paleogeography of the Ediacaran Doushantuo Formation (ca. 635−551 Ma) in South China. Gondwana Research,19(4):831-849.

Joshi H,Tiwari M. 2016. *Tianzhushania spinosa* and other large acanthomorphic acritarchs of Ediacaran Period from the Infrakrol Formation,Lesser Himalaya,India. Precambrian Research,286:325-336.

Knoll A H. 1992. Vendianmicrofossils in metasedimentary cherts of the Scotia Group,Prins Karls Forland,Svalbard. Palaeontology,35:751-774.

Knoll A H,Ohta Y. 1988. Microfossils in metasediments from Prins Karls Forland,western Svalbard. Polar Research,6(1):59-67.

Knoll A H,Walter M R,Narbonne G M,Christie-Blick N. 2004. A new period for the geologic time scale. Science,305(5684):621-622.

Lambert I B,Walter M R,Zang W L,Lu S N,Ma G G. 1987. Palaeoenvironment and carbon isotope stratigraphy of Upper Proterozoic carbonates of the Yangtze Platform. Nature,325:140-142.

Liu A G,Kenchington C G,Mitchell E G,2015. Remarkable insights into the paleoecology of the Avalonian Ediacaran macrobiota. Gondwana Research,27(4):1355-1380.

Liu P J,Moczydłowska M. 2019. Ediacaran microfossils from the Doushantuo Formation chert nodules in the Yangtze Gorges area,South China,and new biozones. Fossils and Strata,65,1-172.

Liu P J,Yin C Y,Tang F. 2006. Microtubular metazoan fossils with multi-branches in Weng'an biota. Chinese Science Bulletin,51(5):630-632.

Liu P J,Xiao S H,Yin C Y,Zhou C M,Gao L Z,Tang F. 2008. Systematic description and phylogenetic affinity of tubular microfossils from the Ediacaran Doushantuo Formation at Weng'an,South China. Palaeontology,51:339-366.

Liu P J,Xiao S H,Yin C Y,Tang F,Gao L Z. 2009a. Silicified Tubular Microfossils from the upper Doushantuo Formation (Ediacaran) in the Yangtze Gorges area,South China. Journal of Paleontology,83(4):630-633.

Liu P J,Yin C Y,Gao L Z,Tang F,Chen S M. 2009b. New material of microfossils from the Ediacaran Doushantuo Formation in the Zhangcunping area,Yichang,Hubei Province and its zircon SHRIMP U-Pb age. Chinese Science Bulletin,54(6):1058-1064.

Liu P J,Yin C Y,Chen S M,Tang F,Gao L Z. 2012. Discovery of *Ceratosphaeridium* (Acritarcha) from the Ediacaran Doushantuo Formation in Yangtze Gorges,South China and its biostratigraphic implication. Bulletin of Geosciences,87(1):195-200.

Liu P J,Yin C Y,Chen S M,Tang F,Gao L Z. 2013. The biostratigraphic succession of acanthomorphic acritarchs of the Ediacaran Doushantuo Formation in the Yangtze Gorges area,South China and its biostratigraphic correlation with Australia. Precambrian Research,225:29-43.

Liu P J,Chen S M,Zhu M Y,Li M,Yin C Y,Shang X D. 2014a. High-resolution biostratigraphic and chemostratigraphic data from the Chenjiayuanzi section of the Doushantuo Formation in the Yangtze Gorges area,South China:implication for subdivision and global correlation of the Ediacaran System. Precambrian Research,249:199-214.

Liu P J,Xiao S H,Yin C Y,Chen S M,Zhou C M,Li M. 2014b. Ediacaran acanthomorphic acritarchs and other microfossils from chert nodules of the Upper Doushantuo Formation in the Yangtze Gorges area,South China. Journal of Paleontology,88(SP72):1-139.

McCall G J H. 2006. The Vendian (Ediacaran) in the geological record:enigmas in geology's prelude to the Cambrian explosion. Earth-Science Reviews,77(1-3):1-229.

McFadden K A,Xiao S,Zhou C,Kowalewski M. 2009. Quantitative evaluation of the biostratigraphic distribution of acanthomorphic acritarchs in the Ediacaran Doushantuo Formation in the Yangtze Gorges area,South China. Precambrian Research,173(1-4):170-190.

Moczydłowska M, Nagovitsin K E. 2012. Ediacaran radiation of organic-walled microbiota recorded in the Ura Formation, Patom Uplift, East Siberia. Precambrian Research, 198-199: 1-24.

Moczydłowsk M, Vidal G, Rudavskaya V A. 1993. Neoproterozoic (Vendian) Phytoplankton from the Siberian Platform, Yakutia. Palaeontology, 36: 495-521.

Narbonne G M. 2005. The Ediacara biota: Neoproterozoic origin of animals and their ecosystems. Annual Review of Earth and Planetary Sciences, 33: 421-442.

Narbonne G M, Xiao S H, Shields G. 2012. The Ediacaran Period. In: Gradstein F, et al (eds). The Geologic Time Scale 2012, Vol. 1. Amsterdam: Elsevier: 413-435.

Sawaki Y, Ohno T, Tahata M, Komiya T, Hirata T, Maruyama S, Windley B, Han J, Shu D, Li Y. 2010. The Ediacaran radiogenic Sr isotope excursion in the Doushantuo Formation in the Three Gorges area, South China. Precambrian Research, 176(1-4): 46-64.

Sergeev V N, Knoll A H, Vorob'Eva N G. 2011. Ediacaran microfossils from the Ura Formation, Baikal-Patom Uplift, Siberia: taxonomy and biostratigraphic significance. Journal of Paleontology, 85(5): 987-1011.

Shang X D, Liu P J, Yang B, Chen S M, Wang C C. 2016. Ecology and phylogenetic affinity of the Early Cambrian tubular microfossil Megathrix longus. Palaeontology, 59(1): 13-28.

Shang X D, Liu P J, Moczydłowska M. 2019. Acritarchs from the Doushantuo Formation at Liujing section in Songlin area of Guizhou Province, South China: implications for Early-Middle Ediacaran biostratigraphy. Precambrian Research, 334: 105453.

Shen B, Xiao S H, Zhou C M, Yuan X L. 2009. *Yangtziramulus zhangi* new genus and species, a carnonate-hosted macrofossil from the Ediacaran Dengying Formation in the Yangtze Gorges area, South China. Journal of Paleontology, 83(4): 575-587.

Shen Y A, Zhang T G, Chu X L. 2005. C-isotopic stratification in a Neoproterozoic postglacial ocean. Precambrian Research, 137(3-4): 243-251.

Shukla R, Tiwari M. 2014. Ediacaran acanthomorphic acritarchs from the outer Krol belt, Lesser Himalaya, India: their significance for global correlation. Palaeoworld, 23: 209-224.

Steiner M, Erdtmann B D, Chen J Y. 1992. Preliminary assessment of new Late Sinian (Late Proterozoic) large siphonous and Filamentous "megaalgae" from eastern Wulingshan, North-central Hunan, China. Berhner Geowissenschafiiche Abhandlungen, 3(E): 305-319.

Sun W G. 1986. Late precambrian pennatulids (sea pens) from the eastern Yangtze Gorge, China: *Paracharnia* gen. nov. Precambrian Research, 31(4): 361-375.

Tang F, Yin C Y, Bengtson S, Liu Y Q, Wang Z Q, Liu P J, Gao L Z. 2006. A new discovery of macroscopic fossils from the Ediacaran Doushantuo Formation in the Yangtze Gorges area. Chinese Science Bulletin, 51(12): 1487-1493.

Tang F, Yin C Y, Bengtson S, Liu P J, Wang Z, Gao L Z. 2008. Octoradiate spiral organisms in the Ediacaran of South China. Acta Geologica Sinica(English Edition), 82(1): 27-34.

Tang F, Bengtson S, Wang Y, Wang X L, Yin C Y. 2011. Eoandromeda and the origin of Ctenophora. Evolution and Development, 13(5): 408-414.

Tiwari M, Knoll A. 1994. Large acanthomorphic acritarchs from the Infrakrol Formation of the Lesser Himalaya and their stratigraphic significance. Journal of Himalayan Geology, 5(2): 193-201.

Tiwari M, Pant C. 2004. Neoproterozoic silicified microfossils in Infra Krol Formation, Lesser Himalaya, India. Himalayan Geology, 25(1): 1-21.

Veis A F, Vorob'eva N G, Golubkova E Y. 2006. The early Vendian microfossils first found in the Russian Plate: taxonomic composition and biostratigraphic significance. Stratigraphy and Geological Correlation, 14(4): 368-385.

Vidal G. 1990. Giant Acanthomorph Acritarchs from the Upper Proterozoic insouthern Norway. Palaeontology, 33(2): 287-298.

Vorob'eva N G, Sergeev V N, Semikhatov M. 2006. Unique lower Vendian Kel'tma microbiota, Timan ridge: new evidence for the paleontological essence and global significance of the Vendian System, Doklady. Earth Sciences, 410(3): 366-371.

Vorob'eva N G, Sergeev V N, Chumakov N. 2008. New finds of early Vendian microfossils in the Ura Formation: revision of the Patom Supergroup age, middle Siberia. Doklady Earth Sciences, 419(6): 782-787.

Vorob'eva N G, Sergeev V N, Knoll A H. 2009a. Neoproterozoic microfossils from the margin of the East European Platform and the search for a biostratigraphic model of lower Ediacaran rocks. Precambrian Research, 173(1-4): 163-169.

Vorob'eva N G, Sergeev V N, Knoll A H. 2009b. Neoproterozoic microfossils from the northeastern margin of the East European Platform. Journal of Paleontology, 83(2): 161-196.

Wan B, Yuan X L, Chen Z, Guan C G, Pang K, Tang Q, Xiao S H. 2016. Systematic description of putative animal fossils from the Early Ediacaran Lantian Formation of South China. Palaeontology, 59(4): 515-532.

Wang Y,Wang X L,Huang Y M. 2008. Megascopic symmetrical metazoans from the Ediacaran Doushantuo Formation in the northeastern Guizhou,South China. Journal of China University of Geosciences,19(3):200-206.

Willman S,Moczydłowska M. 2008. Ediacaran acritarch biota from the Giles 1 drillhole,Officer Basin,Australia,and its potential for biostratigraphic correlation. Precambrian Research,162(3-4):498-530.

Willman S,Moczydłowska M. 2011. Acritarchs in the Ediacaran of Australia—local or global significance? Evidence from the Lake Maurice West 1 drillcore. Review of Palaeobotany and Palynology,166(1-2):12-28.

Willman S,Moczydłowska M,Grey K. 2006. Neoproterozoic (Ediacaran) diversification of acritarchs—a new record from the Murnaroo 1 drillcore,eastern Officer Basin,Australia. Review of Palaeobotany and Palynology,139:17-39.

Xiao S H. 2004. New multicellular algal fossils and acritarchs in Doushantuo chert nodules (Neoproterozoic;Yangtze Gorges,South China). Journal of Paleontology,78(2):393-401.

Xiao S H,Knoll A H. 1999. Fossil preservation in the Neoproterozoic Doushantuo phosphorite Lagerstatte,South China. Lethaia,32(3):219-240.

Xiao S H,Knoll A H. 2000. Phosphatized animal embryos from the Neoproterozoic Doushantuo Formation at Weng'an,Guizhou,South China. Journal of Paleontology,74(5):767-788.

Xiao S H,Zhang Y,Knoll A H. 1998. Three-dimensional preservation of algae and animal embryos in a Neoproterozoic phosphorite. Nature,391(6667):553-558.

Xiao S H,Yuan X L,Knoll A H. 2000. Eumetazoan fossils in terminal Proterozoic phosphorites? Proceedings of the National Academy of Sciences of the United States of America,97(25):13684-13689.

Xiao S H,Yuan X L,Steiner M,Knoll A H. 2002. Macroscopic carbonaceous compressions in a terminal Proterozoic shale:a systematic reassessment of the Miaohe biota,South China. Journal of Paleontology,76(2):347-376.

Xiao S H,Shen B,Zhou C M,Xie G W,Yuan X L. 2005. A uniquely preserved Ediacaran fossil with direct evidence for a quilted bodyplan. Proceedings of the National Academy of Sciences of the United States of America,102(29):10227-10232.

Xiao S H,Hagadorn J W,Zhou C,Yuan. 2007. Rare helical spheroidal fossils from the Doushantuo Lagerstatte:Ediacaran animal embryos come of age? Geology,35(2):115-118.

Xiao S H,Zhou C M,Liu P J,Wang D,Yuan X L. 2014. Phosphatized acanthomorphic acritarchs and related microfossils from the Ediacaran Doushantuo Formation at Weng'an (South China) and their implications for biostratigraphic correlation. Journal of Paleontology,88(1):1-67.

Xiao S H,Narbonne G M,Zhou C M,Laflamme M,Grazhdankin D V,Moczydłowska M,Cui H. 2016. Toward an Ediacaran time scale:problems,protocols,and prospects. Episodes,39(4):540-555.

Yang B,Steiner M,Zhu M Y,Li G X,Liu J N,Liu P J. 2016. Transitional Ediacaran-Cambrian small skeletal fossil assemblages from South China and Kazakhstan:implications for chronostratigraphy and metazoan evolution. Precambrian Research,285:202-215.

Yang C,Zhu M Y,Condon D J,Li X H. 2017. Geochronological constraints on stratigraphic correlation and oceanic oxygenation in Ediacaran-Cambrian transition in South China. Journal of Asian Earth Sciences,140:75-81.

Yang J D,Sun W G,Wang Z Z,Xue Y S,Tao X C. 1999. Variations in Sr and C isotopes and Ce anomalies in successions from China:evidence for the oxygenation of Neoproterozoic seawater? Precambrian Research,93(2-3):215-233.

Yin C Y,Bengtson S,Yue Z. 2004. Silicified and phosphatized Tianzhushania,spheroidal microfossils of possible animal origin from the Neoproterozoic of South China. Acta Palaeontologica Polonica,49(1):1-12.

Yin C Y,Liu P J,Awramik S M,Chen S M,Tang F,Gao L Z,Wang Z Q,Riedman L A. 2011. Acanthomorph biostratigraphic succession of the Ediacaran Doushantuo Formation in the East Yangtze Gorges,South China. Acta Geologica Sinica (English Edition),85(2):283-295.

Yin L M. 1985. Microfossils of the Doushantuo Formation in the Yangtze Gorge district,western Hubei. Palaeontologia Cathayana,(2):229-249.

Yin L M. 1987. Microbiotas of latest Precambrian sequences in China. In:Nanjing Institute of Geology and Palaeontology,Academia Sinica (ed). Stratigraphy and Palaeontology of Systemic Boundaries in China,Precambrian-Cambrian Boundary. Vol. 1. Nanjing:Nanjing University Publishing House:415-494.

Yin L M,Zhu M Y,Knoll A H,Yuan X L,Zhang J M,Hu J. 2007. Doushantuo embryos preserved inside diapause egg cysts. Nature,446(7136):661-663.

Yin L M,Wang D,Yuan X L,Zhou C M. 2011. Diverse small spinose acritarchs from the Ediacaran Doushantuo Formation,South China. Palaeoworld,20:279-289.

Yin Z J,Zhu M Y,Tafforeau P,Chen J Y,Liu P J,Li G. 2013. Early embryogenesis of potential bilaterian animals with polar lobe formation from the Ediacaran Weng'an biota, South China. Precambrian Research, 225: 44-57.

Yin Z J, Zhu M Y, Davidson E H, Bottjer D J, Zhao F C, Tafforeau P. 2015. Sponge grade body fossil with cellular resolution dating 60 Myr before the Cambrian. Proceedings of the National Academy of Sciences, 112(12): E1453-E1460.

Yin Z J, Zhu M Y, Bottjer D J, Zhao F C, Tafforeau P. 2016. Meroblastic cleavage identifies some Ediacaran Doushantuo (China) embryolike fossils as metazoans. Geology, 44(9): 735-738.

Yuan X L, Hofmann H J. 1998. New microfossils from the Neoproterozoic (Sinian) Doushantuo Formation, Weng'an, Guizhou Province, southwestern China. Alcheringa, 22(3-4): 189-222.

Yuan X L, Xiao S H, Taylor T N. 2005. Lichen-like symbiosis 600 million years ago. Science, 308(5724): 1017-1020.

Yuan X L, Chen Z, Xiao S H, Zhou C M, Hua H. 2011. An Early Ediacaran assemblage of macroscopic and morphologically differentiated eukaryotes. Nature, 470(7334): 390-393.

Zang W L, Walter M R. 1992. Late Proterozoic and Cambrian microfossils and biostratigraphy, Amadeus Basin, central Australia. The Association of Australasia Palaeontologists Memoir, 12: 1-132.

Zhang Y, Yin L M, Xiao S H, Knoll A H. 1998. Permineralized fossils from the terminal Proterozoic Doushantuo Formation, South China. Journal of Paleontology, 72(4): 1-52.

Zhang Z Y. 1981. Precambrian microfossils from the Sinian of South China. Nature, 289: 792-793.

Zhao Y L, He M H, Chen M W, Peng J, Yu M Y, Wang Y, Yang R J, Wang P L, Zhang Z H. 2004. Discovery of a Miaohe-type biota from the Neoproterozoic Doushantuo Formation in Jiangkou County, Guizhou Province, China. Chinese Science Bulletin, 49(20): 2224-2226.

Zhou C M, Xiao S H. 2007. Ediacaran δ^{13}C chemostratigraphy of South China. Chemical Geology, 237(1-2): 89-108.

Zhou C M, Tucker R, Xiao S H, Peng Z X, Yuan X L, Chen Z. 2004. New constraints on the ages of Neoproterozoic glaciations in South China. Geology, 32(5): 437-440.

Zhou C M, Xie G W, McFadden K, Xiao S H, Yuan X L. 2007. The diversification and extinction of Doushantuo-Pertatataka acritarchs in South China: causes and biostratigraphic significance. Geological Journal, 42(3-4): 229-262.

Zhou C M, Li X H, Xiao S H, Lan Z W, Ouyang Q, Guan C G, Chen Z. 2017a. A new SIMS zircon U-Pb date from the Ediacaran Doushantuo Formation: age constraint on the Weng'an biota. Geological Magazine, 154(6): 1193-1201.

Zhou C M, Xiao S H, Wang W, Guan C G, Ouyang Q, Chen Z. 2017b. The stratigraphic complexity of the Middle Ediacaran carbon isotopic record in the Yangtze Gorges area, South China, and its implications for the age and chemostratigraphic significance of the Shuram excursion. Precambrian Research, 288: 23-38.

Zhu B, Becker H, Jiang S, Pi D, Fischer-Gödde M. Yang J. 2013. Re-Os geochronology of black shales from the Neoproterozoic Doushantuo Formation, Yangtze Platform, South China. Precambrian Research, 225: 67-76.

Zhu M Y, Zhang J M, Yang A H. 2007. Integrated Ediacaran (Sinian) chronostratigraphy of South China. Palaeogeography, Palaeoclimatology, Palaeoecology, 254(1-2): 7-61.

Zhu M Y, Gehling J G, Xiao S H, Zhao Y L, Droser M. 2008. Eight-armed Ediacara fossil preserved in contrasting taphonomic windows from China and Australia. Geology, 36(11): 867-870.

Zhu M Y, Lu M, Zhang J M, Zhao F C, Li G X, Yang A H, Zhao X, Zhao M J. 2013. Carbon isotope chemostratigraphy and sedimentary facies evolution of the Ediacaran Doushantuo Formation in western Hubei, South China. Precambrian Research, 225: 7-28.

第5章　华南新元古代地层、沉积
环境与生-储-盖层组合

朱茂炎[1,2]，张俊明[1]，杨爱华[3]，李国祥[1]，赵方臣[1]，吕　苗[1]，
殷宗军[1]，苗兰云[1]，胡春林[1,2]

1. 中国科学院南京地质古生物研究所，现代地层学与古生物学国家重点实验室，南京，210008；2. 中国科学院大学，地球与行星科学学院，北京，100049，3. 南京大学，地球科学与工程学院，南京，210023

　　摘　要：华南新元古代沉积地层发育，古生物化石和矿产资源丰富，研究历史悠久，目前是全球最受关注的新元古代地层、生物和地球环境演变研究热点地区之一。根据笔者多年的野外研究，结合国内外的最新研究进展，本章以扬子克拉通长江三峡地区震旦系地层剖面和江南造山带前震旦系地层剖面为标准，建立了一套完整的华南板块新元古代中晚期地层序列，将华南新元古代区分为青白口纪、南华纪和震旦纪三个时段；系统总结各时段的地层序列发育特征、沉积相时空演变和沉积环境背景、年代地层划分和对比等研究进展与现状；客观地评述现存问题和业内争议，并讨论今后研究的重点。另外，本章还对华南新元古界（主要为震旦系）油气生-储-盖层的发育特征和时空分布做一概要性阐述，为今后的华南新元古代基础地质研究、地矿普查和油气勘探提供参考依据。

　　关键词：扬子克拉通、江南造山带、青白口系、南华系、震旦系、生-储-盖层组合。

　　新元古代是地球-生命系统（Earth-life system）从以微生物为主体的稳定而简单的隐生宙系统，向以宏体多细胞动植物为主体的显生宙系统转折的关键时期（Butterfield，2011）。换言之，这个时期是原始地球-生命系统向现代地球-生命系统转折的一段关键地质时期。在这个关键转折期，岩石圈的活动加剧导致罗迪尼亚（Rodinia）超大陆的聚合和裂解，以及随后冈瓦纳（Gondwana）超大陆的聚合等强烈的构造运动（Li et al.，2008，2013；Zhao et al.，2018）。同时，还发生了多期全球性极端气候波动事件（如"雪球地球"事件；Hoffman et al.，1998；Hoffman and Schrag，2002）、大气和海洋氧含量的快速增加（Shields-Zhou and Och，2011；Lyons et al.，2014）以及海水化学条件和营养元素的显著改变（Knauth，2005；Komiya et al.，2008）。伴随着这些地球表层系统物理、化学事件的发生，生物圈产生最具革命性的演变，复杂多细胞生命呈现出加速演化模式，导致生物多样性快速增加，并在寒武纪早期后生动物呈现指数级辐射演化，也就是著名的寒武纪生物大爆发事件（Yin et al.，2007；Love et al.，2009；Erwin et al.，2011 及其参考文献；Yuan et al.，2011；Van Iten et al.，2016；Darroch et al.，2018）。在新元古代发生的这种地球-生命系统剧烈演变，很可能是地球各圈层相互作用的结果，同时也可能受到宇宙和星系系统的影响（Gaidos et al.，2007；沙金庚，2009；Erwin and Valentine，2013；Maruyama et al.，2014；Zhang et al.，2014；Shields et al.，2019；Wood et al.，2019），因此，揭示新元古代地球历史演变规律，成为地球科学界和演化生物学界共同关注的前沿研究领域。

　　精确年代地层框架的建立是进行地球-生命系统研究的基石。然而，由于前寒武纪地质记录经历过漫长时期的各种地质作用（变质作用、构造运动和岩浆活动等），导致产生地层缺失、变质、变形等后期改造作用，加之标准化石记录的稀缺，从而相对于显生宙而言，前寒武纪地层划分和对比研究具有较大的难度。因此，前寒武纪的地层年代主要是依据地球重大岩浆-构造演化事件的绝对年龄作为划分标志，即"全球标准地层年龄"（Global Standard Stratigraphic Age，GSSA；Plumb and James，1986；Plumb，1991）。

随着研究的不断深入，近年来前寒武纪的年代划分框架也在不断更新，并取得重要进展（Gradstein et al.，2012），但现行的国际前寒武纪年代地层框架并不适用于全球地层对比。因而，包括新元古代在内，各国、各地区均建立了区域性的前寒武纪地层系统和年代地层名称。依据国际地层委员会最新的《国际年代地层表》（2021 年），新元古代目前划分为三个阶段，即拉伸纪（1000 ~ 720 Ma）、成冰纪（720 ~ 635 Ma）和埃迪卡拉纪（635 ~ 541 Ma，在中国称震旦纪；Gradstein et al.，2020）；其中只有埃迪卡拉纪是按照国际地层指南中"全球界线层型剖面和点"（Global Standard Stratotype-section and Point，GSSP）的规则确定了底界，并在 2004 年 3 月经国际地质科学联合会批准，作为"纪"一级新的地质年代单位（Knoll et al.，2004）。截至目前，新元古代这三个"纪"的内部尚无进一步的细分方案。因此，现有的新元古代年代地层框架还不能满足更好地理解这个重要时期地球–生命系统转变的需求。

中国新元古代地层发育，研究历史悠久，长期以来形成了一套中国的新元古代地层系统。目前，全国地层委员会采用的方案是将新元古代划分为青白口纪（Pt_3^1，1000 ~ 780 Ma）、南华纪（Pt_3^2，780 ~ 635 Ma）和震旦纪（Pt_3^3，635 ~ 541 Ma；表 5.1；章森桂等，2015）。在中外文献中，这些区域年代地层名称业也被广泛使用；其中震旦纪的定义相当于《国际年代地层表》（2012 年）中的埃迪卡拉纪（全国地层委员会，2002；尹崇玉等，2006a），而南华纪的底界是以华南新元古代第一次冰期的开始作为标准确定的（尹崇玉和高林志，2013）。鉴于目前我国的"震旦纪"和"南华纪"与全球地质年代单位"埃迪卡拉纪"和"成冰纪"的概念完全一致，遵照国际地层准则，"系"一级的年代地层单位应该全球统一（Murphy and Salvador，1999），这些名称本应停止使用（彭善池等，2012），但是考虑到国内地质界对新元古界与"震旦系"研究的积淀与认知现状，顾及本专著地层年代框架的统一性，本章仍然沿用上述全国地层委员会关于青白口纪、南华纪和震旦纪的划分方案。另外，南华纪的底界应由 780 Ma 修改为 720 Ma（Shields-Zhou et al.，2016；Gradstein et al.，2020）。

华南板块是新元古代早期由扬子和华夏两个古老地块拼接而成的，其中扬子地块包含扬子克拉通与江南造山带两部分，介于扬子克拉通与华夏地块之间的江南造山带，在中—新元古代时期是一个裂谷盆地，与扬子克拉通属于同一构造单元，二者具有基本相同的地质发展历史和大体一致的中—新元古界沉积地层系统。只是到了古生代中期，扬子地块与华夏地块再次发生碰撞，使其间的深水裂谷盆地得以封闭，导致扬子地块东南部裂谷盆地内的中—新元古界沉积地层，遭受一定程度的变质与变形改造，自成一个构造单元——江南造山带。上述复杂的构造演化历史导致华南板块的新元古代早期地层在不同构造区域之间具有明显的差异。

20 世纪 50 年代之前，南方"震旦系"基本上涵盖了华南新元古界。这是因为李四光和赵亚曾（1924）最初在宜昌峡东建立了南方"震旦系"标准地层剖面，其"震旦系"概念是泛指三斗坪群变质杂岩（包含黄陵花岗岩和崆岭片岩）与含三叶虫化石的寒武系之间的一套未变质地层，其底界为莲沱组底部不整合面（Lee and Chao，1924）。但是，在扬子克拉通周缘，特别是其东南部（皖浙赣边界、湘黔桂边界），相当于典型的震旦系之下，还发育了一套"火山–沉积岩系"，也就是最为熟知的"板溪群"及其年代相当的地层（表 5.1，图 5.1），在 20 世纪 50 年代之前曾被笼统作为前震旦系的一部分（刘鸿允等，1999）。它的底界为角度不整合面，被视作具有与莲沱组底部不整合面相同的属性，代表晋宁运动及其同期的造山运动（刘鸿允等，1991，1999；邢裕盛等，1999），年龄约 900 Ma（刘鸿允等，1991）；而将晋宁运动不整合面下伏的地层视作"中元古界"。

近 20 年来，在国内外同行的共同努力下，加上同位素定年技术的不断改进，华南新元古代地层序列和年代框架发生了显著的变更（表 5.1，图 5.1）。目前，以扬子克拉通长江三峡地区震旦系地层剖面和江南造山带前震旦系剖面为标准，可以建立一套完整的华南新元古代地层序列（表 5.1，图 5.1）。

根据作者多年的野外研究，结合国内外同行的最新研究成果，本章试图对华南新元古代地层、沉积环境背景和有利的油气生–储–盖层发育情况做一概要性综述，并客观地评述当前仍然存在的和业内争议的问题，为今后进一步的华南新元古代基础地质研究、地矿普查和油气勘探提供参考和依据。

表 5.1　华南扬子地块新元古界地层表

年龄/Ma	年代地层	扬子地块西部								扬子地块东部	
		滇东	川中南	鄂西	湘西北	湘中	黔东南	湘西南	桂北	皖南	浙北
520	寒武系	玉案山组 石岩头组	九老洞组	水井沱组	木昌组	小烟溪组	九门冲组	小烟溪组	清溪组	荷塘组	荷塘组
		朱家箐组	麦地坪组	岩家河组	杨家坪组						
540～620	震旦系 (Pt₃³)	灯影组	灯影组	灯影组	灯影组	留茶坡组	留茶坡组	留茶坡组	老堡组	皮园村组	皮园村组
		鲁那组(观音崖组)	喇叭岗组(观音崖组)	陡山沱组	陡山沱组	陡山沱组	陡山沱组	陡山沱组(金家洞组)	陡山沱组	蓝田组	西峰寺组
640	南华系 (Pt₃²)	南沱组	列古六组	南沱组	南沱组	南沱组	黎家坡组	洪江组	泗里口组	雷公坞组	雷公坞组
660				大塘坡组	大塘坡组	大塘坡组(湘锰组)	大塘坡组	大塘坡组(湘锰组)	大塘坡组		洋安组
680				东山峰组	东山峰组	东山峰组	铁丝坳组 / 富禄组	富禄组	富禄组		下涯埠组
700							长安组	长安组	长安组		
720～800	青白口系 (Pt₃¹)	澄江组	开建桥组 / 苏雄组	莲沱组	渫水河组 / 老山崖组	板溪群（马底驿组、沧水铺组）	隆里组、平略组、五强溪组、番召组、乌叶组、甲路组	岩门寨组、高涧群（砖墙湾组、黄狮洞组、石桥铺组）、下江群、清水江组	拱洞组、架枧田组、三门街组、丹洲群（合桐组、白竹组）	休宁组、铺岭组、沥口群、邓家组	志堂组、上墅组、河上镇群、虹赤村组、骆家门组
820～900					冷家溪群	冷家溪群	梵净山群	冷家溪群	四堡群	溪口群（上溪群）	双溪坞群
			武陵运动/四堡运动　　晋宁运动								
		昆阳群	会理群	崆岭群	马槽园群 神农架群	变质基底				平水群	

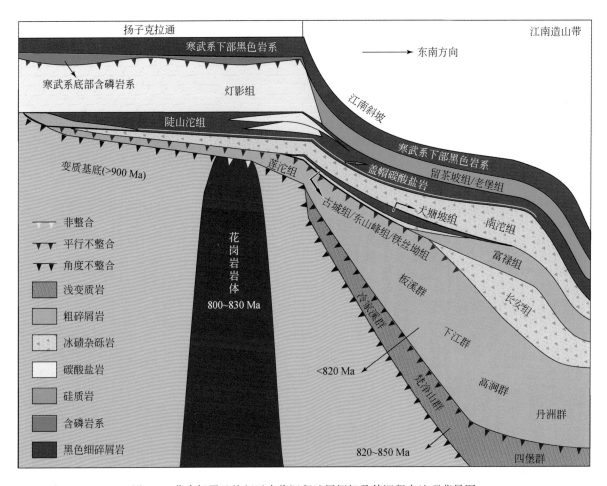

图5.1　华南扬子地块新元古代沉积地层框架及其沉积古地理背景图

5.1　华南新元古代地层框架与构造背景

近年来的研究成果表明，在新元古代早期扬子地块和华夏地块拼合形成华南板块，华南板块又经历古生代中期（广西运动）和中—新生代的多期构造-岩浆活动的改造。由于构造背景与地质演化历史的差异性，在华南板块范围内新元古代地层的发育程度相差巨大（表5.1，图5.1），华夏地块遭受后期构造-岩浆活动的破坏较扬子地块更为显著，新元古代地层残缺不全，所获资料也有限。所以，本章重点论述扬子地块（包含扬子克拉通与江南造山带）的新元古代地层。如表5.1和图5.1所示，华南板块新元古代早期存在两个角度不整合面。第一个不整合面代表了扬子和华夏两个古老地块拼接过程中的造山运动——晋宁运动，不整合面下伏岩石以古—中元古代变质片岩、杂岩为主，构成华南板块的结晶基底，此不整合面形成的时间大约在900 Ma之前。第二个不整合面处于板溪群及相当地层之下，代表又一次构造运动，称之为四堡运动或武陵运动。在处于扬子地块和华夏地块交界部位的江南造山带，这两个不整合面之间，即在板溪群与结晶变质基底之间，发育了一套浅变质火山-沉积岩系，如冷家溪群、梵净山群、四堡群、双溪坞群等。不断积累的同位素年代学研究表明，除了扬子地块东部的双溪坞群年代较早外（约890 Ma；Li et al.，2009；高林志等，2011a），这套地层年龄介于820 Ma和850 Ma之间，都属于新元古代（Wang X. C. et al.，2012；高林志等，2012）。值得注意的是，在神农架地区，关于过去被认为与四堡群年代相当的马槽园群是否属于新元古代？目前还缺乏证据（Wang J. et al.，2013）。由于不同学者之间对扬子地块和华夏地块拼接过程和岩浆活动的认识不统一（参见Li et al.，2009；李献华等，2012；Wang Y. J. et al.，2013及其参考文献），对于代表晋宁运动和四堡运动的两个不整合面，在构造运动时间和构造属性上的认识可能完全不相同（表5.1），以往曾将晋宁运动和四堡运动视作同一期构造运动，容易混淆华南的构造地质历史，因而建议维持它们的原始定义，晋宁运动定义为新元古代地层与古—中元古代变质岩系之间角度不整合面所代表的构造运动（约 900 Ma），而四堡运动则特指丹洲群及相当地层与下伏四堡群及相当地层之间角度不整合面（多为低角度不整合）所代表的构造运动（820 Ma；表 5.1）。

尽管对于四堡群及其相当地层形成的构造背景归属于拉张裂谷，还是弧后盆地，抑或活动大陆边缘的认识，还有待进一步研究确认（李献华等，2012 及其参考文献），然而，在四堡运动或武陵运动不整合面之上，也就是覆盖在四堡群及其相应地层之上的板溪群及其相当地层，代表扬子地块和华夏地块拼接之后的板内裂谷盆地沉积，这种解释得到广泛认同（王剑，2000；Wang and Li，2003；Wang X. C. et al.，2012）。由于板溪群及其相当地层代表扬子地块最早的稳定沉积盖层，地层序列清晰，本章所涉及的华南板块新元古代地层将主要讨论从板溪群（及其相当地层）到寒武系底界之间的青白口系、南华系和震旦系。

华南新元古代地层框架和构造沉积环境演化过程，可以用图 5.1 来概括；图中清晰地表明，扬子地块的新元古代沉积盖层发育差异巨大。在南华纪及其之前，扬子地块的地层序列以裂谷盆地型沉积序列为代表，以粗碎屑岩为主，沉积速率快，地层厚度巨大；板溪群及相当地层还发育大量同期火山岩和凝灰岩，是裂谷活动早期的证据。而同一时期，扬子地块西部有很大区域还是古陆剥蚀区，缺失任何沉积，仅部分地区发育沉积序列不完整的地层，厚度也不大，富含大量凝灰岩沉积。这个阶段扬子克拉通的青白口系厚度明显小于东南部江南裂谷盆地（江南造山带）。在震旦纪时期，扬子地块裂谷活动结束，形成一个深海盆地。此时，扬子地块主体部分（扬子克拉通）则逐渐形成一个浅水碳酸盐台地。与南华纪及其之前的沉积序列恰恰相反，震旦纪地层在江南造山带内发育一套沉积速率非常缓慢、地层高度凝缩的细碎屑岩和硅质岩地层序列，导致震旦纪地层厚度在扬子克拉通区明显大于江南造山带区域。

特别值得关注的是，扬子克拉通南华系缺失明显，底部形成一个巨大的平行不整合，前人曾经将其视作一次地壳抬升运动，并命名为澄江运动，或雪峰运动。但是，从表 5.1 可见，从江南造山带到扬子克拉通的西部，南华系地层缺失越来越明显，以至在扬子克拉通西部缺失整个南华纪甚至震旦纪早期的沉积记录。王剑（2000）曾经提出，南华纪早期扬子克拉通和江南造山带是"大陆冰盖区"，导致这些地区南华系下部地层不整合或缺失。这种解释是合理的，南华纪代表全球大冰期阶段，也就是"雪球地球"时期，此时海平面的大幅度下降，大陆面积扩大并广覆冰川。这种环境下，冰盖区不仅缺乏沉积，而且由于冰川刨蚀作用，还可造成下伏地层部分缺失。所以，汪正江等（2013）使用澄江运动、雪峰运动来解释南华系下部地层不整合或缺失是不合适的。

5.2　华南青白口纪沉积盖层的发育特征及区域对比

华南青白口纪沉积盖层在本章是指层位处于四堡运动不整合面与南华系之间的板溪群（及其相当时代的地层；表 5.1，图 5.1），也就是南华纪之前的沉积盖层。前文所述，这个时期在扬子地块的西部、西北部和东南部发育多个裂谷盆地（Li et al.，2009），因而发育在扬子克拉通和裂谷盆地内的地层相差极大。笔者选择从扬子地块西北到东南的八个代表性剖面，来阐述这个时期不同沉积区的地层特征和差异（图 5.2），它们分别是湖北三峡莲沱–王丰岗剖面（赵自强等，1980）、湘西北壶瓶山杨家坪剖面（尹崇玉等，2004）、湘西古丈剖面（张世红等，2008）、湘中益阳–桃江剖面（王剑，2000）、黔东北松桃剖面（朱金陵，1976）、黔东南锦屏剖面（杨菲等，2012）、湘西南黔阳（洪江）黄狮洞剖面（黄建中等，1996）和桂北罗城黄金剖面（杨菲等，2012）。

5.2.1　青白口系沉积层序特征

图 5.2 清楚地展示板溪群及相当地层的时空变化特征。首先，地层序列从扬子克拉通到江南造山带逐渐增厚。在三峡地区，南华纪南沱组之下的莲沱组仅仅几十米到 100 m，为一套紫红色砾岩和砂岩，覆盖在黄陵花岗岩之上（赵自强等，1980）。而在江南造山带的最大厚度超过 10000 m，如黔东南锦屏一带（杨菲等，2012）。在江南造山带东南方向的远端，接近华夏地块处，如湘西南和桂北地区沉积厚度明显减薄，只有 1000~2000 m。

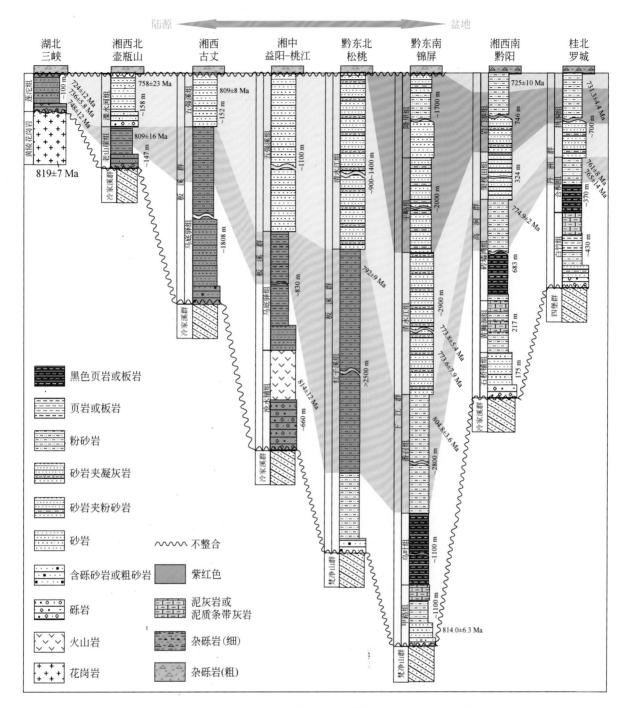

图 5.2　华南扬子地块新元古代南华纪之前不同沉积相区的沉积地层序列图

　　其次，沉积物的粒度和颜色发生明显变化。从扬子克拉通到江南造山带，沉积物的粒度变细，颜色从紫红色到深灰色，显示处从古沉积盆地的近陆源区向沉积中心的岩性变化，近陆源区紫红色沉积物是Fe、Mn 氧化物含量高的表现，沉积颗粒和颜色的横向变化反映古沉积环境水体逐渐加深。在黔东南、湘西南和桂北地区，下江群、高涧群和丹洲群的下部发育一套厚度达几百米至上千米的灰黑色或黑色泥质粉砂岩或粉砂质泥岩，有机碳含量较高，反映深水盆地相沉积。

　　再者，地层序列在纵向上显示沉积物从粗到细的两个明显沉积旋回（图 5.2、图 5.3）。其中，第二个沉积旋回只在处于沉积中心的黔东南、湘西南和桂北地区发育完整。向扬子克拉通的中心区方向，地层序列不完整，顶部具有明显的地层缺失。尽管沉积旋回发育不全，但是可以依据沉积序列的演变识别沉积旋回。在湘西北壶瓶山地区，杨家坪剖面地层序列由老山崖组和溇水河组两个由粗到细的沉积旋回构成（刘鸿允等，1999）；在湘西古丈地区，第一沉积旋回为马底驿组，下部为砾岩和粗砂岩，中上部以紫红色板岩和泥岩为主；在湘中的益阳-桃江地区，马底驿组下伏还发育一套砾岩和火山角砾岩，第二沉积旋回是五强溪组，以杂色的砂岩为主，夹有泥岩和板岩，交错层理发育，顶部为侵蚀面，所以沉积旋回发育不全。黔东北与湘西地区相似，板溪群由下部的红子溪组和上部的清水江组构成两个沉积旋回；红子溪组底部为粗碎屑岩，中上部以紫红色板岩和凝灰岩为主；红子溪组上覆的清水江组以杂砂岩为主，底部为较纯的石英砂岩。在江南造山带的湘黔桂边界区，两个沉积旋回较易识别，两个沉积旋回具有各自不同的沉积序列演变特征：第一沉积旋回从底部的砾岩和砂岩开始，向上沉积颗粒逐渐变细，普遍发育了一段含有碳酸盐岩透镜层或薄层大理岩化的层段（如下江群甲路组上部、高涧群黄狮洞组上部、丹洲群白竹组上部），在碳酸盐岩层段之上，普遍发育灰黑色的粉砂质泥岩沉积序列，沉积颗粒变粗，颜色变浅；第二个沉积旋回以下江群清水江组、高涧群架枧田组和丹洲群拱洞组下部砂岩的出现开始，向上沉积颗粒逐渐变细，并发育了典型的"鲍马序列"，其顶部沉积颗粒又开始变粗。湘黔桂边界区的两个沉积旋回均明显反映了海水由浅—深—浅—深—浅的变化过程。

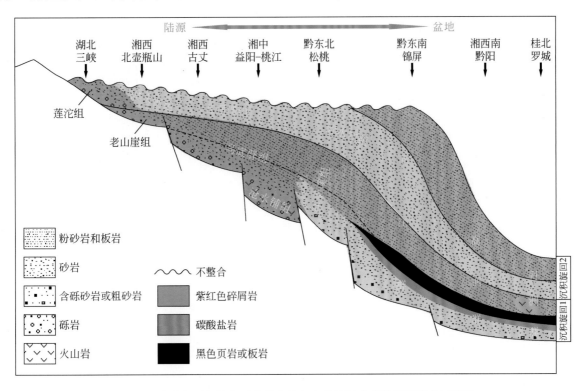

图 5.3　华南扬子板块新元古代南华纪之前地层序列的沉积模式解释图

最后，从扬子克拉通到江南造山带，在整个地层序列中普遍存在火山凝灰岩。特别是在江南造山带，发育多阶段的火山角砾岩、基性−中酸性喷发岩和热水沉积事件层。火山活动在两个沉积旋回中具有差异性（王剑，2000），第一沉积旋回以陆相喷发岩为主，如湘中沧水铺组，其上部主要以中酸性火山碎屑岩为特征；第二沉积旋回以海相火山喷发岩为主，同时具有"双峰式"特点，如合桐组火山岩。

5.2.2　青白口系沉积相与沉积环境分析

依据沉积特征，特别是缺乏深水环境的"复理石建造"特征，刘鸿允等（1999）认为，板溪群形成于滨、浅海沉积环境。由此推断江南造山带在这个沉积时期水体不深。其实，发育板溪群的东南区，也就是处于江南造山带沉积盆地中心的湘黔桂边界区，在高涧群和丹洲群的上部发育典型的"鲍马序列"，指示深海浊积岩的典型特征（杨菲等，2012）。依据此新元古代地层序列，王剑曾提出江南造山带在此时期为裂谷盆地（王剑，2000；Wang and Li，2003；江新胜等，2012）。新元古代沉积旋回的特征反映裂谷作用的阶段性，第一沉积旋回代表裂谷早期，沉积盆地范围较小；第二沉积旋回代表裂谷高峰期，沉积盆地范围扩大，海水进入扬子板块中心区域，形成大规模地层超覆。裂谷盆地模型能够很好地解释地层序列的沉积特征。随着裂谷作用的加强,第二沉积旋回最大海泛期的盆地水深明显大于第一沉积旋回,这就可以解释江南沉积盆地中心的湘黔桂边界区第二沉积旋回何以见到具有典型"鲍马序列"深海浊积岩的沉积特征。按照裂谷模型,地幔隆起导致由张性断裂形成不同级别的地堑盆地,还可解释盆地不同部位地层序列沉积厚度和序列的差异。

另一种观点认为,江南沉积盆地是位于扬子地块和华夏地块之间没有封闭的残留洋盆,中间具有岛弧造山带和弧前-深海盆地。因而,沉积序列的变化受到俯冲碰撞形成的断裂控制(许效松等,2012)。这种残留海沉积模型认为,怀化-新晃断裂与怀化-靖州-黎平断裂之间的黔东南地区,下江群厚度最大,被解释弧后盆地;而在怀化-靖州-黎平断裂与三江-融安断裂之间,称为四堡岛弧隆起,在三江-融安断裂以东和湖南双峰以南地区,则解释为浅深海-深海斜坡,沉积序列以高涧群和丹洲群代表;而在新化-城步断裂和龙胜断裂以东地区,海水最深,属于弧前深海盆地,沉积序列由深色的板岩和硅质岩组成,以新田的大江边群为代表。然而,这种沉积模型存在的问题,在于江南沉积盆地中部具有隆起区(如四堡岛弧隆起),还需要沉积学的证据。

沉积盆地的构造背景对解释沉积序列差异非常重要,并影响地层划分和对比。其实,不管裂谷模型,还是残留海洋模型,就沉积特征的时空演变分析而言,可以用图5.3的简单沉积模型来解释。在第一沉积旋回阶段,盆地的近陆源方向沉积物粒度粗,颜色普遍为紫红色,沉积厚度明显大于盆地方向。在盆地内,海进和海退过程的沉积特征明显,黑色细碎屑岩段指示了最大海泛面。这种海进和海退过程在近陆源方向的浅水地区,也可以通过沉积粒度的纵向变化来识别。在第二沉积旋回阶段,盆地范围扩大,扬子克拉通的沉积以滨岸相紫红色粗碎屑岩为主,向江南造山带盆地方向,颜色变深、颗粒变细;在盆地向陆源方向的陆架转折处沉积速率最快,所以形成厚度巨大的下江群和板溪群。陆架转折处斜坡的存在,可以很好地解释高涧群和丹洲群中部浊积岩大量发育的特征。综上所述,在板溪群沉积时期,从扬子克拉通向江南造山带方向,盆地逐渐加深,最深处为湘黔桂边界区,导致这个地区以高涧群和丹洲群为代表的地层总体厚度较小,并在下部发育了碳酸盐岩和黑色泥页岩,上部发育浊积岩的特征沉积序列。

5.2.3 青白口系划分与对比

板溪群(及其相当的华南青白口系)的顶底界比较容易识别,底部以代表四堡运动的不整合面为界,顶部以南华系冰碛杂砾岩的出现为标志。但是,由于缺乏可用于高精度地层对比的标准化石,这套沉积地层的划分和对比非常困难。主要问题包括顶底界年龄是多少?顶底界在不同地区的是否等时?以及是否可以寻找可靠地层标志用于内部划分和对比?

就目前的年代地层学研究资料(马国干等,1984;尹崇玉等,2003;王剑等,2003;Zhou J. B. et al.,2007;张世红等,2008;Zhang S. H. et al.,2008;汪正江等,2009,2013;高林志等,2010b;Wang X. L. et al.,2012;马慧英等,2013;Du et al.,2013;Lan et al.,2014,2015,2020),板溪群及其相当地层的底界应该晚于820 Ma,顶界不早于718 Ma。

目前,在没有可靠化石依据的情况下,板溪群及其相当地层的内部划分和区域对比只能依据地层层序界面并结合同位素年代学来进行。这套地层可以划分为两个沉积旋回,可能相当于二级层序,这两个层序之间的界面可用于地层划分和对比。另外,两个层序中间的最大海泛面也可作为等时面应用于地层对比。如图5.2和图5.3所示,两个层序之间的界面位于下江群清水江组、高涧群架枧田组和丹洲群拱洞组(或者三门街组)底部,在湘西北位于溉水河组底部。第二层序沉积时间与以双峰式火山活动代表的裂谷作用时间相一致,大约在800~760 Ma期间(Wang X. L. et al.,2012),代表江南裂谷作用的高峰期,底界应该小于800 Ma。在这个时期江南盆地沉积范围扩大,发生最大规模的海侵,海水达到扬子板块上大部分区域,莲沱组和澄江组是第二层序在扬子板块上的代表性沉积序列,这种对比得到莲沱组和澄江组最新年代学研究的支持(马国干等,1984;高维和张传恒,2009;Wang X. C. et al.,2012;Du et al.,2013;Lan et al.,2015)。在相关的文献中,下江群番召组划归第二层序(江新胜等,2012;Wang X. C. et al.,2012),实际上这与番召组的年代学研究是相矛盾的(约805 Ma;Wang X. C. et al.,2012),将其置于第一层序可能更加合理。

但是，应该注意到，部分学者认为板溪群及其相当地层的顶界，或者说南华系（成冰系）的底界年龄应该为 780 Ma（尹崇玉和高林志，2013）。将华南系底界置于 780 Ma 的结果导致尹崇玉和高林志（2013）将三峡地区的莲沱组和湘西北杨家坪的渫水河组作为南华系对待，并采用了化学蚀变指数（CIA）作为对比的佐证（冯连君等，2004；王自强等，2006）。如果莲沱组和渫水河组相当于长安组中部的同期沉积（张启锐等，2008；尹崇玉和高林志，2013），那么莲沱组（>714 Ma；高维和张传恒，2009；Lan et al.，2015）和渫水河组（758 Ma；尹崇玉等，2003）的年龄需要进一步确证。另外，导致这种认识差异的原因可能是化学蚀变指数的应用问题。化学蚀变指数的应用需要详细的岩相分析作为基础，运用不同岩相的沉积物中所获得的数据对比需要论证其可靠性（Dobrzinski et al.，2004；Bahlburg and Dobrzinski，2011）。

5.3 华南南华系发育特征、划分与对比

在传统上中国将成冰系（Cryogenian）称为南华系，自建系以来（全国地层委员会，2002），其顶界定义非常明确，由震旦系（埃迪卡拉系）底界所限定，即陡山沱组底界。但是，南华系底界则是参考三峡地区莲沱组底界年龄来限定的（800 Ma），由于缺乏明确的定义和标准剖面作为依据，关于南华系底界问题成为近 10 年来国内地层学界讨论的热点（陆松年，2002；Zhang et al.，2003，2011；尹崇玉等，2003，2004；彭学军等，2004；王剑，2005；张启锐和储雪蕾，2006；林树基等，2010；汪正江等，2013）。随着国际地层委员会决定采用 GSSP 的概念界定成冰系，国际成冰纪地层分会目前倾向于选择新元古代全球性冰期的开始去厘定成冰系底界（Shields-Zhou et al.，2012），这也使得我国的地层工作者在如何定义南华系底界的问题上逐步达成共识（尹崇玉和高林志，2013），即将华南新元古代第一次冰期（长安冰期）的开始作为确定南华系底界的标志。

近年来新的地质年代学数据表明南华纪在华南的底界（亦即长安冰期的起始时间）应该不早于 718 Ma（Lan et al.，2014，2020；Song et al.，2017），这一结果与阿曼（Bowring et al.，2007）和北美（Macdonald et al.，2010）一致。这些来自不同大陆的年龄数据支持了"雪球地球"假说（Hoffman et al.，1998，2017）提出的成冰纪冰期全球同步快速启动的推论，从而 720 Ma 也取代了原来的 850 Ma 成为《国际年代地层表》中成冰系新的底界年龄（Shields-Zhou et al.，2016）。此外，大塘坡组底部年龄将南华纪下冰期的结束时间限定为约 660 Ma（Zhou et al.，2004，2019a；Wang et al.，2019；Rooney et al.，2020）。地质年代学数据还表明代表南华纪上冰期的南沱组底部的年龄不老于 657.17±0.78 Ma（Zhang S. H. et al.，2008；Liu et al.，2015；Rooney et al.，2020），旋回地层研究则表明南沱组沉积应晚于 651 Ma（Bao et al.，2018）。不过由于华南不同地区的南华系沉积层序差异极大，目前有关南华系的划分和对比还未统一（Zhang et al.，2011；尹崇玉和高林志，2013；林树基等，2013）。

为了清楚阐述华南不同地区南华系的沉积层序差异，笔者选择从扬子克拉通到江南造山带的八条代表性剖面进行描述和讨论（图 5.4），这八条剖面分别为湖北宜昌三峡剖面、湘西北杨家坪剖面（刘鸿允等，1999）、湘西古丈龙鼻嘴剖面、黔东北松桃剖面（王砚耕等，1984；许效松等，1991；何明华，1997；黄道光等，2010）、湘西南洪江和黔阳剖面（彭学军等，2004）、贵州从江黎家坡剖面（卢定彪等，2010）和广西三江石眼剖面（Zhang et al.，2011）。由于下扬子地区的剖面出露较差，研究程度相对较低（施少峰等，1985；王贤方和毕治国，1985；关成国等，2012；钱迈平等，2012），这里不再做详细阐述。

5.3.1 南华系沉积层序特征

如图 5.4 所示，从扬子克拉通到江南造山带南华系的沉积层序差异明显。整体上看，在江南造山带南华系层序完整，如湘黔桂边界区，由上、下两段明显的冰碛杂砾岩和中间的间冰期沉积序列构成，最大厚度达到 4000 m 以上，底部与下伏地层呈整合接触关系，这种整合的地层连续变化，在贵州黎平肇兴剖面非常明显（张启锐和储雪蕾，2006）。但是，从江南造山带到扬子克拉通的陆源浅水区，地层序列越来越不完整，底部与下伏地层之间具有一个明显的不整合面，下冰碛杂砾岩段逐步缺失，至扬子克拉通仅

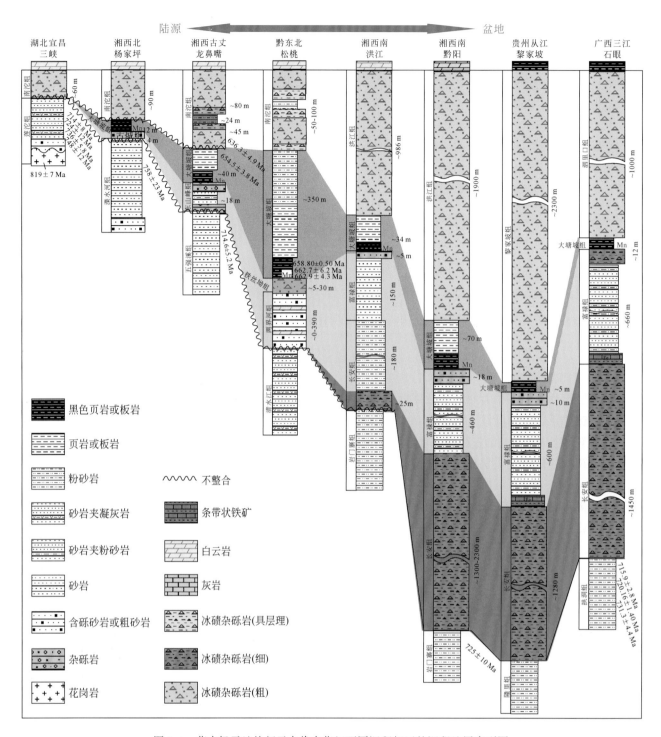

图5.4　华南扬子地块新元古代南华纪不同沉积相区的沉积地层序列图

记录了上冰碛杂砾岩段（如湖北三峡地区）。在扬子克拉通西部的大部分地区仅仅见几米后的杂砾岩，甚至缺失任何南华系沉积。

在江南造山带，下冰碛杂砾岩段称为长安组，最大厚度达2000余米，一般以块状含杂砾的砂岩、粉砂岩和板岩为特征，层理不发育；砾石较稀少，颗粒直径一般为毫米级，少量达到厘米级，甚至达10 cm以上；但是，在长安组常夹有成层砂岩、粉砂岩或板岩的沉积层段。长安组上覆富禄组最大厚度可达600余米，底部以条带状铁建造或富铁沉积层为标志，由不含杂砾的砂岩、粉砂岩和板岩为特征，层理发育，常见具鲍马序列的浊积岩层、滑塌沉积和快速塑性脱水的变形沉积构造。在湖南通道一带，富禄组的中部发育厚度不等（0.5~23 m）的碳酸盐岩层段（林树基等，2010）。富禄组的顶部有时见有几米厚（一般小于10 m）的含砾杂砂岩或杂砾岩，基质颗粒粗，分选和成熟度较高，砾石一般为毫米级。这个顶部层段在江南造山带发育不稳定，有时缺失，称为"古城段"或"古城组"（彭学军等，2004；卢定彪等，2010；张启锐等，2012）。覆盖在富禄组上覆的大塘坡组，是一套含锰的黑色页岩和粉砂岩，厚度一般几米到几十米不等，局部地区底部发育成锰矿，如黔东南和湘西南的锰矿（刘铁深和周旭林，2002；杨瑞东等，2010）。上冰碛杂砾岩段在江南盆地区基质颗粒细，呈粉砂质和泥质，砾石稀少且普遍粒径较小（小于 3 cm），在桂北可见有硅质泥岩夹层。由于其沉积特征与湖北三峡地区的南沱组有较明显差异，在湘黔桂均有不同的岩石地层名称，在湘西南称为洪江组，在黔东南称为黎家坡组，在桂北称为泗里口组。

　　在江南造山带至扬子克拉通之间的过渡区，南华系同样发育三段式地层序列，即下部和上部杂砾岩段，中间夹有黑色和灰色的泥岩和粉砂岩段。下段发育差异极大，一般由厚度不等（几十厘米至几十米）的杂砾岩组成，但是杂砾岩的沉积特征不同，不同地区具有不同地层单元名称，如湖北长阳的古城组、湘西北的东山峰组和黔东北的铁丝坳组。古城组/东山峰组/铁丝坳组与下伏的前南华系呈不整合接触。但是，黔东北的铁丝坳组层序和沉积特征变化明显，底部可直接与下江群呈不整合接触。一般含两层或两层以上杂砾岩，并含有一层或多层碳酸盐岩层（王砚耕等，1986；何明华，1998；黄道光等，2010）；有时铁丝坳组整合覆盖在两界河组之上，两界河组为下江群和铁丝坳组之间的杂砂岩地层（贵州省地质矿产局，1987；刘鸿允等，1991），但是铁丝坳组与两界河组在不同沉积盆地的层序和厚度差别很大，其间的关系不易澄清。正因为如此，何明华（1998）曾建议将两组合并。过渡区的大塘坡组下部由黑色含锰页岩系构成，上部由灰绿钙质泥岩和粉砂岩构成。大塘坡组在过渡区最厚，个别地区（如松桃大塘坡地区）厚度达 300 余米，该地区大塘坡组底部的锰矿层也最发育（黄道光等，2010）。过渡区南沱组杂砾岩具有明显的冰碛杂砾岩特征，砾石的粒径和密度均较盆地区大。过渡区南沱组厚度不大，一般小于 100 m。最为显著的特征是在块状的杂砾岩之间，夹有页岩和含杂砾的页岩段，常为紫红色。在一些地区，南沱组底部与大塘坡组为连续沉积，如贵州剑河五河剖面，大塘坡组顶部由粉砂质泥岩过渡到含砾的具有层理的粉砂质泥岩，并逐步转变为块状杂砾岩。但是在一些地区，南沱组底部与大塘坡组沉积界线突变，南沱组底部可能为沉积间断，具有地层缺失，如湖南古丈一带。

　　在扬子克拉通内如发育南华系，一般仅由南沱组组成。扬子克拉通的南沱组底部是一个明显的侵蚀面，具有典型的近陆滨海或者陆相冰碛杂砾岩的特征，有时夹有河流相或冰湖沉积层，厚度可达几十米，一般不超过百米。

5.3.2　南华系沉积相与沉积环境分析

　　从扬子克拉通到江南造山带，南华系的沉积层序变化特征基本上延续南华纪之前裂谷盆地沉积相的演变特征（图 5.5）。但是，除了沉积盆地水体深浅和距陆源区远近对沉积相具有明显影响之外，南华纪之前的沉积相主要与构造控制裂谷盆地的不同发展阶段和海平面的升降相关，而南华系沉积相既受盆地构造演变的控制，又受到全球冰期引起海平面升降的控制。近年来，华南南华系的研究主要聚焦于如下几个方向：冰期的发育过程与时限（Huang et al.，2016；Lang et al.，2018a；Zhou et al.，2019a；Hu and Zhu，2020；Rooney et al.，2020；Yan et al.，2020）、江南造山带的氧化还原状态演化（Zhang et al.，2015；Wei et al.，2016，2018；Cheng et al.，2018；Lang et al.，2018b；Ye et al.，2018；Peng et al.，2019）以及富禄组底部条带状铁建造（Busigny et al.，2018；Zhu et al.，2019）与大塘坡组底部锰矿的成因（安正泽等，2014；Yu et al.，2016；周琦等，2016）。由于不同学者之间的研究侧重点和采取的研究手段不同，对南华系沉积相和沉积环境的认识差异较大，甚至相互矛盾，需要今后系统性的沉积学和沉积地球化学研究加以澄清。本章仅依据笔者野外观察研究，结合前人研究资料，从地层沉积序列时空演变和岩石沉积特征上，对南华系沉积相和沉积环境做一概括性的总结。

　　首先，依据长安组杂砾岩的沉积特征，如冰筏坠石构造砾石小、成分复杂、基质颗粒细，以及夹有浊积岩层、海相砂岩层等，表明长安组杂砾岩具有海洋冰碛杂砾岩的特征。可能由于长安组杂砾岩代表的冰期规模大，海平面下降达几百米至上千米，导致沉积地层仅限于江南造山带，而过渡区和扬子克拉通主要是冰川覆盖和侵蚀区，缺少完整的长安冰期沉积地层。最近的研究在过渡区的贵州东北部和湖南西部的长安冰期沉积铁丝坳组或东山峰组底部识别出独特的冰下变形构造，表明冰川接地线延伸至江南

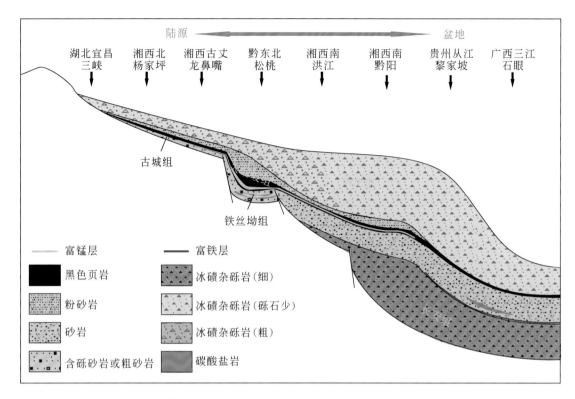

图 5.5　华南扬子地块新元古代南华纪地层序列的沉积模式解释图

造山带的斜坡区域，进一步证明长安冰期时期海平面的显著下降，以及当时冰盖厚度巨大（Hu and Zhu，2020）。此外，铁丝坳组或东山峰组的岩相组合分析还表明，该套地层沉积于近端冰海环境，并记录了冰盖的多次旋回进退，表明长安冰期的冰盖是暖基底的，运动迅速且对气候变化敏感（Hu and Zhu，2020）。

　　南华系上部的南沱组及相当地层具有典型的冰碛杂砾岩的特征，特别是在近陆源地区，杂砾岩砾石表面的冰川擦痕、非卵圆形的砾石形态和刻磨特征、杂砾岩的基质颗粒分选差和成熟度低等就是非常典型的证据。同时，在南沱组夹有含冰筏坠石的泥页岩，也是冰期沉积的典型标志。如上所述，南沱冰期沉积从扬子克拉通到江南造山带呈现明显的变化，砾石颗粒逐步减少、砾径变小、基质颗粒变细，在盆地区夹有硅质泥岩等，说明冰碛杂砾岩由陆相逐步变化为海相。这就是为什么南沱组底部在近陆源区是侵蚀面，在杂砾岩中夹有冰河或冰湖沉积层；而在较深的海水盆地中南沱组底部与下伏大塘坡组是连续沉积，还夹有深水的硅质泥岩层。正是由于这种相变，在湘黔桂盆地区，南沱组同期地层分别被称为洪江组/黎家坡组/泗里口组。就像林树基等（2013）所强调的那样，与南沱组的陆相冰川沉积不同，盆地区洪江组/黎家坡组/泗里口组内部具有海相夹层，为海相冰川沉积。

　　两套冰碛杂砾岩之间，不具有杂砾的砂岩和泥页岩一般被称为间冰期沉积。由于不同学者对富禄组以及与古城组相当的沉积序列和沉积岩特征的解释不同，有关间冰期的沉积相划分和沉积环境特点争议较大。但是目前来看，将大塘坡组所代表的沉积作为间冰期沉积并无异议，而一部分学者将富禄组作为冰期沉积则值得继续探讨。根据野外研究，将富禄组作为冰期沉积没有任何支撑证据。首先，富禄组主要由层状的砂岩和泥岩组成，层理发育，砂岩分选和成熟度高，没有见到任何冰筏坠石。另外，野外观察到的富禄组杂砾岩夹层具有典型浊积岩鲍马序列 A 段的特征，并非冰碛杂砾岩。在过渡区，部分与古城组相当的沉积层段颗粒粗，主要是砾岩和含砾砂岩，可能是富禄组近陆源等时沉积，从而形成富禄间冰期沉积向陆地超覆的特征，表明海平面的上升过程。大塘坡期沉积特征一致，分布范围广，为富含有机质的黑色岩系，代表间冰期高温阶段的沉积序列。大量地球化学研究结果表明，大塘坡组底部富含有机质和锰矿的层段属于底层水缺氧和海水分层的高海平面时期沉积，长安冰期结束后海平面快速上升和营养物质高速率供应造成底部缺氧硫化水体的形成（Wei et al.，2016；Yu et al.，2016；Ye et al.，2018；Peng et al.，2019；Ai et al.，2021；Tan et al.，2021）。但是，大塘坡组厚度变化巨大（黄道光等，2010），可能受到同生断层的控制，断层引起的热液活动也是导致大塘坡锰矿发育的重要控制因素（周琦等，2016）。这些由断层控制的盆地主要发育在盆地近陆边缘，说明江南造山带的裂谷盆地在该时期仍然处于活动期。

5.3.3　南华系地层划分与对比

南华系的地层划分与对比问题，实际上就是南华纪大冰期的冰期划分问题。最早王曰伦等（1980）将华南冰期划分为长安冰期、富禄间冰期、南沱冰期，这个方案得到广泛应用。刘鸿允等（1991）将整个新元古代冰川时期统称为"南华大冰期"，南华纪（系）的名称也来源于此。但是，陆松年等（1985）认为，富禄组中下部也为冰筏海洋沉积，仅上部含锰岩系为间冰期，故将冰期划分修改为古城冰期、大塘坡间冰期、南沱冰期，其中古城冰期以湖北长阳古城剖面的古城组为标准，大塘坡间冰期以贵州松桃大塘坡剖面的大塘坡组为标准，南沱冰期以峡东剖面的南沱组为代表；并认为古城冰期的古城组为底碛岩和冰川前缘冰水沉积，夹有冰湖纹泥岩，铁丝坳组为冰前滨海沉积，而长安组则为冰筏海洋沉积。

不过，也有将南华冰期划分为三期冰期二个间冰期的观点（彭学军等，2004）。这种观点认为，古城冰期与长安冰期不等时，从而将南华纪划分为长安冰期、富禄间冰期、古城冰期、大塘坡间冰期和南沱冰期。张启锐和储雪蕾（2006）依据沉积特征支持陆松年等（1985）的观点，认为富禄组不是间冰期沉积。Zhang 等（2011）还认为，通常所谓的"长安冰期"不包含可能仍然是冰期沉积的富禄组，而古城冰期只是下冰期末期的"一个特殊的、短暂的冰阶段"，是一次"倒春寒"事件，不适于代表整个下冰期，故建议采用湖南江口组对应的地层时段作为下冰期代表，以"江口冰期"取代长安冰期作为华南下冰期的名称。实际上，"江口组"与桂北的长安组和富禄组的地层序列相似，目前已废弃这一术语（彭学军等，2004）。鉴于长安冰期作为华南纪冰期的下冰期得到长期而广泛的采用，无论富禄组是否是冰期沉积，建议保留使用长安冰期的名称。

林树基等（2010，2013）维持长安冰期、富禄间冰期、南沱冰期的划分方案，但是将富禄间冰期划分为三个较温暖的间冰段和两个较寒冷的冰段，即三江间冰段、龙家冰段、烂阳间冰段、两界河（古城）冰段、大塘坡间冰段。这种方案还需要更多富禄组剖面的研究成果加以论证。目前看来，关于南华系划分与对比问题争论的核心是两个问题：一是，古城冰期是否与长安冰期等时？二是，富禄组是否是冰期沉积？另外，年代学证据为南华系地层划分和对比提供了重要的参考依据，即南沱组底界年龄为 636 Ma（Zhang Q. R. et al.，2008），南沱组顶界年龄为 635 Ma（Condon et al.，2005）。如果以南沱组为代表的南沱冰期的时限仅约持续 1 Ma，那么相对于长安冰期的时限，将南沱组作为一个独立的冰期似乎时间太短了。

目前看来，国内研究者均认可一种对比方案，即将古城组与东山峰组和铁丝坳组做对比，作为相当于富禄组顶部的等时冰期沉积（彭学军等，2004；张启锐等，2012；林树基等，2013）。实际上，按照原始定义，在黔东北地区的铁丝坳组和两界河组是上下关系，并将铁丝坳组解释为冰碛杂砾岩（王砚耕等，1984），而两界河组作为富禄组等时沉积（刘鸿允等，1991；张启锐等，2008）。但是，两界河组和铁丝坳组沉积序列变化大，地层关系比较复杂，依据作者的野外观察，古城组/东山峰组/铁丝坳组以及富禄组顶部的所谓冰碛杂砾岩层的沉积特征差异显著，部分地区见有多层杂砾岩，导致对比困难，因而需要更多的深入研究来澄清这些问题。

还有一个大家关注的问题是湘西北溇水河组的地层对比问题。张启锐和储雪蕾（2006）曾详细讨论过溇水河组具有冰川沉积特征。如前文所述，溇水河组与三峡地区莲沱组一样，其年龄（758 Ma；尹崇玉等，2003）和化学蚀变指数的证据均需要进一步研究加以澄清。正是由于将溇水河组作为南华纪下冰期的沉积，尹崇玉等（2003）曾建议将湘西北石门的杨家坪剖面作为南华系的标准剖面。但是，由于杨家坪剖面没有相当于长安冰期的典型冰碛杂砾岩地层，张启锐和储雪蕾（2006）建议以贵州黎平的肇兴剖面作为华南冰期的层型剖面，取代杨家坪剖面。由于肇兴剖面出露较差，并有断层破坏，卢定彪等（2010）近期又提议贵州从江的黎家坡剖面作为最能代表华南冰期地层序列的标准剖面。

综上所述，南华系地层划分与对比还存在大量的不确定性问题。华南南华系是目前全球最好的新元古代冰期沉积地层序列之一，解决南华系的地层划分与对比问题，不仅可以为新元古代冰期提供全球地层划分和对比标准，更加重要的是还可以为揭示新元古代冰期的古气候模型提供重要依据。同时，大塘坡期锰矿和潜在烃源岩具有重要的经济价值，因而值得今后从不同角度予以关注和大力研究。

5.4　震旦系发育特征、地层划分与对比

"震旦纪（系）"自见诸文献以来，其定义历经多次修改，有关"震旦系"研究和定义的演变历史详见 Zhu 等（2007a，2007b）和刘鹏举等（2012）及其参考文献，这里不再赘述。目前采用的震旦纪定义与《国际年代地层表》中的埃迪卡拉纪（Ediacaran）的定义一致，其底界以新元古代全球大冰期的结束为标志，置于下伏南沱组冰碛杂砾岩之上的盖帽碳酸盐岩底部，即陡山沱组底部。10 余年来，华南震旦系的研究进展非常快，特别是关于陡山沱组的地层、古生物和沉积环境的研究，均极大地改变了以前的认识，成为全球新元古代末期地球生物与环境演化研究的焦点之一（Li et al.，1998；Xiao et al.，1998，2000；Chen et al.，2000，2004，2006，2009；Jiang et al.，2003，2011；Condon et al.，2005；Yin et al.，2007；Zhu et al.，2007a，2007b，2008，2013；Bao et al.，2008；McFadden et al.，2008；Li et al.，2010，2016；Bristow et al.，2011；Yuan et al.，2011；Sahoo et al.，2012；Liu et al.，2013，2014a，2014b；Chen et al.，2014，2018，2019；An et al.，2015）。

然而，除了有关化石群的研究之外，华南震旦纪的地层研究工作主要集中在湖北三峡及其周边地区，该地区是震旦系标准剖面的所在地。实际上，华南震旦系沉积时的古地理格局，较之前的地层序列古地理构造背景区别显著，江南造山带基底趋于稳定，维持一个深海沉积盆地环境；而在扬子克拉通主体逐步发展成一个碳酸盐台地，部分地区长期暴露缺乏沉积记录，成为沉积物的物源区。台地边缘斜坡带沉积基底则不稳定，地层序列发育也不完整。区域上沉积环境背景的巨大差异，使得峡东地区由陡山沱组、灯影组构成的震旦系岩石地层序列不能应用于其他地区，所以在不同沉积相区、不同的沉积地层序列被不同岩石地层名称所取代（表 5.2）。

为了概要阐明震旦系沉积序列在区域上的变化和沉积相的演变，这里我们选择华南不同相区的 10 条代表性研究剖面进行讨论，即扬子克拉通西北部外陆架斜坡环境的四川万源大竹剖面，西部近陆浅水台地环境的四川南江杨坝剖面、云南会泽银厂坡剖面和澄江东大河剖面，内部较深水盆地环境的湖北宜昌雾河剖面和湖北宜昌晓峰剖面，东南外边缘浅水环境的贵州瓮安北斗山剖面，东南外陆架斜坡环境的贵州麻江羊跳剖面和贵州剑河五河剖面，以及江南造山带深水盆地环境的广西三江同乐剖面（图 5.6）。

5.4.1　震旦系发育特征

如图 5.6 所示，10 条代表性震旦系剖面基本上涵盖华南震旦系地层层序的所有基本类型：

（1）扬子克拉通西北部外陆架斜坡相震旦系沉积层序，以四川万源大竹剖面为代表。震旦系底部具有一套粗碎屑岩地层，称为明月组。其上覆一套黑色页岩层段夹有碳酸盐岩透镜层，具有三峡地区陡山沱组的特征。在大巴山地区这个层位发育有富锰层段，局部成矿。陡山沱组之上为碳酸盐岩段，既有灰岩段，又有白云岩段，称为枸皮湾组。枸皮湾组上覆黑色硅质岩系，称为火石湾组。覆盖在南沱组杂砾岩之上的明月组粗碎屑岩，底部无盖帽碳酸盐岩，这套粗碎屑岩不仅限于扬子克拉通西北部外陆架斜坡相，而且扬子克拉通西北部的浅水台地区均广泛发育（表 5.2）。

（2）扬子克拉通西部近陆浅水台地相震旦系沉积层序类型之一，以四川南江杨坝剖面为代表。这种类型的震旦系发育不全，底部基本上由厚度不等的粗碎屑岩组成，在陕南和四川盆地称为喇叭岗组，直接覆盖在新元古代花岗岩或者变质岩基底之上。上部为典型的灯影组浅水碳酸盐岩，具三段式层序特征，上、下段均为白云岩段，分别称为杨坝段和碑湾段；中间由一套杂色的碎屑岩构成，称为高家山段。这种类型的震旦系地层序列是以四川盆地为中心的扬子克拉通西部地区的典型层序特征（表 5.2）。

表 5.2　华南扬子地块震旦系岩石地层表

系	扬子北缘	← 北　　扬子克拉通　　南 →													→ 东南　江南造山带				扬子地块东部	
	四川万源大竹	陕西西乡	陕西镇巴	陕西宁强	陕西南郑	川北	川中威远	川中峨眉	川南	滇东北	滇东	湖北宜昌	湘西北	黔北黔中	黔东	黔东南	湘中南	桂北	浙北皖南	浙西江山
寒武系	山上坪组	郭家坝组	水井沱组 / 西蒿坪组	郭家坝组	郭家坝组	郭家坝组	九老洞组	九老洞组	九老洞组	玉案山组 / 石岩头组	玉案山组 / 石岩头组	水井沱组	木昌组	牛蹄塘组	九门冲组	九门冲组	小烟溪组	清溪组	荷塘组	荷塘组
	宽川铺组	宽川铺组		宽川铺组	宽川铺组	宽川铺组	麦地坪组	麦地坪组	麦地坪组	朱家箐组	朱家箐组	岩家河组	杨家坪组							
震旦系	火石湾组（硅质岩）	灯影组	灯影组	灯影组	碑湾段（灯影组） 高家山段 杨坝段	灯影组 二段 一段	灯影组 二段 一段	灯影组 二段 一段	灯影组	白岩哨段 旧城段 东龙潭段（灯影组）	白岩哨段 旧城段 东龙潭段（灯影组）	白马沱段 石板滩段 蛤蟆井段（灯影组）	三段 二段 一段（灯影组）	灯影组 二段 一段	硅岩段 『灯影』组 白云岩段	留茶坡组	留茶坡组	老堡组	皮园村组	灯影组 一段
	枸皮湾组（碳酸盐岩） 陡山沱组	陡山沱组	陡山沱组	陡山沱组	喇叭岗组	喇叭岗组	观音崖组	观音崖组		鲁那寺组（观音崖组）		陡山沱组	陡山沱组	陡山沱组	陡山沱组	金家洞组		陡山沱组	蓝田组	陡山沱组
	明月组	明月组	明月组	明月组																
南华系	南沱组	南沱组	南沱组	南沱组				列古六组				南沱组	南沱组	南沱组	南沱组	黎家坡组	洪江组	雷里口组	雷公坞组	南沱组

（3）扬子克拉通西部近陆浅水台地相震旦系沉积层序类型之二，以云南会泽银厂坡剖面为代表。与上述浅水类型不同，这种类型的震旦系仅由灯影组浅水碳酸盐岩构成，直接覆盖在新元古代花岗岩或者变质岩基底之上。灯影组同样由三段式层序特征，上、下段为白云岩段，分别称为东龙潭段和白岩哨段；中间由一套杂色的碎屑岩构成，称为旧城段。这种类型的震旦系层序在扬子克拉通西部多处可见，不仅滇东地区，也包括川北地区（表 5.2）。

（4）扬子克拉通西部近陆浅水台地相震旦系沉积层序类型之三，以云南澄江东大河剖面为代表。这种类型的沉积层序的特征是，震旦系覆盖在厚度不等的南沱期杂砾岩之上，相当于陡山沱组在川南和滇东地区称为观音崖组或者鲁那寺组，其下部是一套以紫红色为主的粗碎屑岩，底部无盖帽碳酸盐岩，向上相变为白云岩层段，并过渡到灰岩层段。这个地区灯影组与扬子克拉通西部其他地区的灯影组层序相同，由三段式层序特征，即东龙潭段、旧城段和白岩哨段。该剖面的详细描述见 Zhu 等（2007b）。

（5）扬子克拉通内部较深水盆地相震旦系沉积层序类型之一，以湖北宜昌雾河剖面为代表。这种类型的剖面长期作为华南震旦系的标准剖面，由典型的陡山沱组和灯影组组成，研究历史悠久。陡山沱组沉积层序由四段构成：陡一段为覆盖在南沱杂砾岩之上的盖帽碳酸盐岩段，一般为 4~5 m；陡二段以黑色页岩夹粉砂质泥质碳酸盐岩薄层为特征，一般含有明显的硅质结核；陡三段为碳酸盐岩段，下部为含燧石的中厚层白云岩，上部为条带状白云质灰岩；陡四段即陡山沱组顶部，为 10~20 m 的黑色页岩，常见碳酸盐岩透镜体。灯影组也由三个岩性段组成；下部蛤蟆井段由中厚层颗粒状白云岩构成，中部石板滩段为一套深灰色纹层状灰岩和白云质灰岩，上部的白马沱段为中厚层灰白色白云岩。

（6）扬子克拉通内部较深水盆地相震旦系沉积层序类型之二，以湖北宜昌晓峰剖面为代表。与峡区的标准剖面不同，晓峰剖面的陡二段中部碳酸盐岩发育；而陡三段鲕粒白云岩发育，缺少灰岩段和顶部黑色页岩段。陡山沱组的厚度也明显大于峡区。该剖面的详细描述见 Zhu 等（2013）。

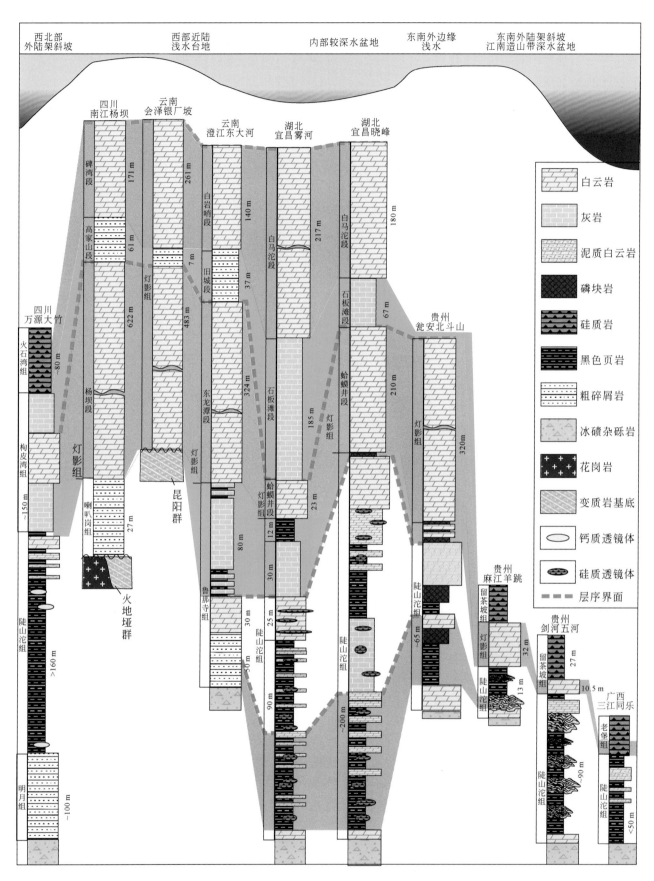

图 5.6　华南扬子地块新元古代震旦纪不同沉积相区的沉积地层序列图

（7）扬子克拉通东南外边缘浅水相震旦系沉积层序类型，以贵州瓮安北斗山剖面为代表。北斗山剖面因产瓮安生物群而著名，该剖面的详细描述见 Zhu 等（2007b）文献。在陡山沱组底部为 20 余米的白云岩段，不具有典型的盖帽碳酸盐岩特征。北斗山剖面陡山沱组发育两层磷矿，中间由白云岩段分隔。陡山沱组上部鲕粒白云岩发育，顶部缺失黑色页岩段，以条带状胶磷矿层与白云岩互层为特征，向上渐变为灯影组块状鲕粒白云岩。这种类型的沉积层序典型特征是在陡山沱中部和上部可见两个明显的沉积间断面，在北斗山剖面以两个明显的喀斯特侵蚀面为标志。另外，震旦系发育有 2~3 层富磷沉积层或磷矿层。

（8）扬子克拉通东南外陆架斜坡相震旦系沉积层序类型之一，以贵州麻江羊跳剖面为代表。羊跳剖面是目前所测到厚度最少的震旦系剖面，总厚度少于 50 m，其中陡山沱组仅 13 m，而灯影组也只有 32 m。陡山沱组底部为白云岩段，但不具有盖帽碳酸盐岩的典型特征，其上部由滑塌块状白云岩组成。滑塌构造在陡山沱组发育多层。灯影组之上是寒武系底部的硅质粉砂岩夹黑色页岩，含大量的磷结核。该剖面的详细描述见 Zhu 等（2007b）。

（9）扬子克拉通东南外陆架斜坡相震旦系沉积层序类型之二，以贵州剑河五河剖面为代表的。五河剖面的震旦系下部陡山沱组厚度大约 90 m，底部发育典型的盖帽碳酸盐岩，陡山沱组的典型特征是由黑色页岩与多达十层以上的高锰碳酸盐岩滑塌层构成。震旦系上部则由 10 m 厚的灯影组块状白云岩和上覆留茶坡组硅质岩构成。这种剖面在扬子克拉通东南斜坡区是非常典型的，在一些剖面不仅可见大量的具有包卷层理的滑塌事件层，还发育滑塌角砾岩和不同规模的不变形的沉积滑塌体（Vernhet et al.，2007）。

（10）江南造山带深水相震旦系沉积层序类型，以广西三江同乐剖面为代表。这种类型的震旦系剖面地层厚度较小，底部无盖帽碳酸盐岩，由陡山沱组和老堡组/留茶坡组构成。陡山沱组以黑色页岩为主，夹少量薄层粉砂质泥质碳酸盐岩，厚度不足 50 m，滑塌层则基本缺失；老堡组/留茶坡组主要由硅质岩组成，向上逐渐页岩夹层增加。

依据上述 10 条代表性剖面，总体上可将华南震旦系沉积层序特征归纳如下：首先，震旦系地层厚度差异巨大，变化范围从不足 50 m 至近 1000 m。其次，华南震旦系沉积可明显地区分为扬子克拉通浅水区、斜坡区和深水盆地区三类典型层序；尽管各相区的沉积序列差异明显，但基本上都具有两段式沉积层序：在扬子克拉通内，震旦系上部均以厚层白云岩为特征，而下部则以碎屑岩夹碳酸盐岩为特征；在不同的沉积相区发育差异极大，扬子克拉通西部以粗碎屑岩为主，扬子克拉通东南部以黑色页岩夹碳酸盐岩为特征。在深水外陆棚和盆地区，震旦系上部以黑色硅质岩系为特征，而下部以黑色页岩系为特征。在斜坡相区，震旦系沉积层序兼具扬子克拉通和深水盆地区的特征，但沉积序列中发育的滑塌事件导致沉积层序混乱，部分层段缺失、部分层段叠加。这种沉积层序不适于高分辨率地层研究。

震旦系底部特征明显的盖帽碳酸盐岩仅见于扬子克拉通东南部地区，在扬子克拉通西部的等时沉积相变为粗碎屑岩，而在深水盆地则为细碎屑岩。灯影组一般具有三段式沉积层序，上、下部均为白云岩段，而中部层序在扬子克拉通西部以杂色碎屑岩为特征，在远离陆源的台内盆地区则以深色灰岩为特征，而两者之间则以中薄层纹层状白云岩为特征。一般灯影组下段比上段厚（图5.6），但是在三峡地区下段厚度明显小于上段，如陡山沱–石牌沿江剖面，下部蛤蟆井段的厚度和岩性变化明显，在黄陵背斜东翼厚达 100 余米；而黄陵背斜西翼仅厚几米，如茅坪四溪剖面（吕苗等，2009）。

综上所述，华南震旦系沉积层序的区域性差异明显，以三峡地区的剖面为标准建立的震旦系岩石地层单位不能广泛适用于不同沉积相区，因此目前仍应保留部分地区性的岩石地层单位名称（表5.2）。

5.4.2 震旦系沉积相、沉积环境分析与层序划分

从上述代表性地层剖面所展示的震旦系沉积层序特征清晰可见，震旦系沉积层序受到沉积盆地的构造–古地理背景控制（图5.6、图5.7）。在震旦纪灯影组白云岩沉积之前，扬子克拉通西部大部分地区处于古陆剥蚀区，只有部分低洼地区接受沉积，并以粗碎屑岩为主，可能代表近陆的滨海或河口三角洲沉积；甚至克拉通西部一些震旦纪早期较深的低洼盆地（如以澄江东大河剖面为代表的部分滇东地区），还可能发育湖泊沉积；由于地势较低，中部和东南部地区普遍接受沉积，以至震旦纪地层序列较完整。由

于距离古陆较远，震旦系陡山沱组沉积时期，沉积物以细碎屑岩和泥页岩为主，夹有碳酸盐岩。而在地台的外边缘和外陆棚上斜坡区，发育了多层磷矿层以及锰富集层，说明磷和锰来源于开放海洋，受到大洋上升洋流的影响。在灯影组沉积时期，整个扬子克拉通均被海水覆盖，由于域内无古陆，缺乏陆源碎屑沉积物，克拉通内浅水区普遍以碳酸盐岩沉积为特征，形成碳酸盐台地。

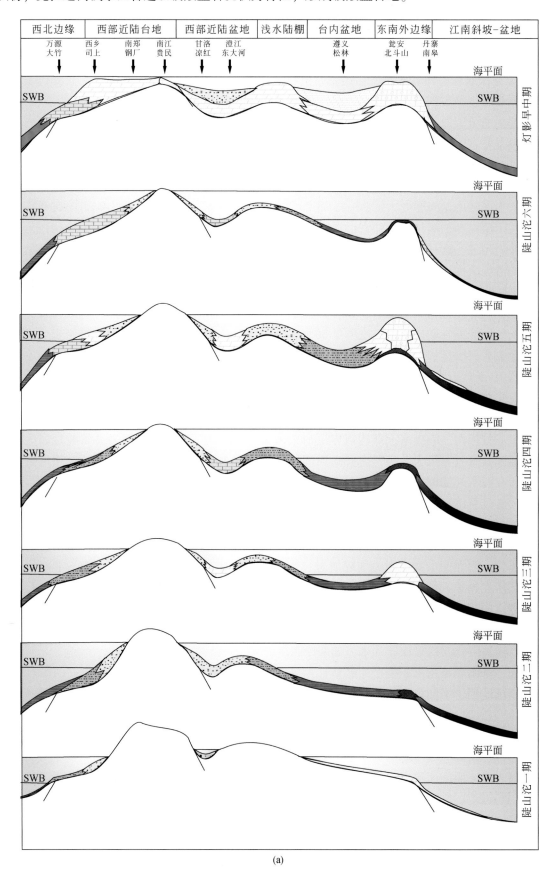

(a)

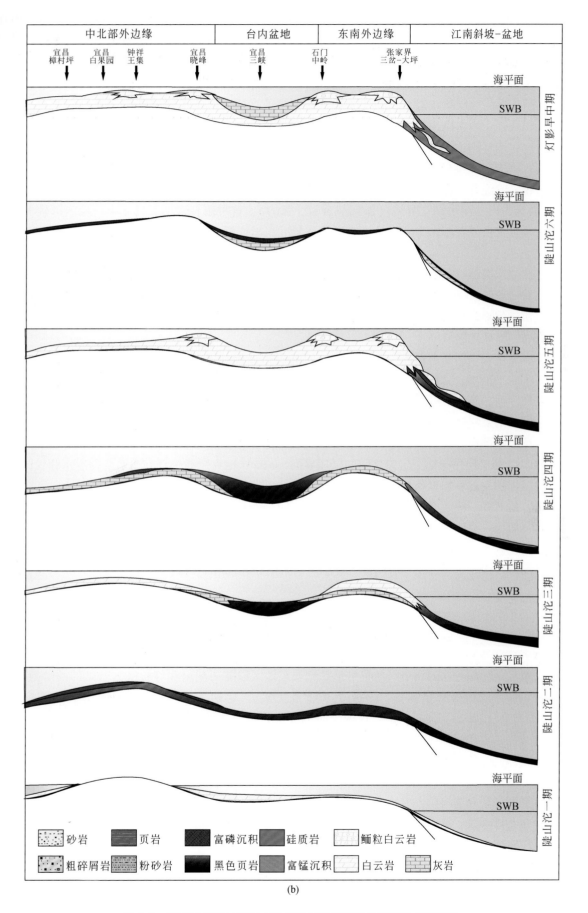

(b)

图 5.7　华南扬子地块新元古代震旦纪地层序列的沉积模式解释图

依据沉积岩石组合和沉积物组构和沉积序列变化特征,震旦系沉积序列可划分为不同类型的沉积相区(图5.7);其中三峡地区解释为克拉通内部较深水盆地环境,并得到下列证据的支持:①地层序列发育完整,内部未见明显的沉积间断面或剥蚀面;②在陡山沱组二段发育较厚的黑色页岩系,TOC含量高,夹有丰富的硅质结核;③陡山沱组顶部的黑色页岩段也较厚;④灯影组下段蛤蟆井段较薄,常见滑塌构造;⑤灯影组中部为纹层状灰岩。以上特征均有别于扬子克拉通内浅水陆棚环境和克拉通东南边缘典型的浅滩相沉积序列,为克拉通内部较深水盆地的存在提供有力的支持。因而,扬子克拉通是一个外缘具有浅滩的镶边台地(rimmed platform;图5.6、图5.7)。在扬子克拉通西部(通称"上扬子地区",包括贵州西北部、重庆东部和东北部、湖北西部等地区),类似的较深水盆地沉积环境分布较为广泛,且主要呈南北向展布。曾经有学者将震旦纪时期扬子克拉通内部较深水盆地称为"克拉通内潟湖"(Jiang et al.,2011),甚至认为由"淡水湖"环境(Bristow et al.,2009),这种解释表明,扬子克拉通内部较深水盆地与外海缺乏海水交换或者海水交换不畅,这显然是与沉积学证据和古生物学证据相互矛盾的(Zhu et al.,2013)。

扬子克拉通东南部震旦系具有典型斜坡相区的沉积学证据和沉积序列特征。首先,在斜坡带可见大量的具有包卷层理的滑塌事件层、滑塌角砾岩和不同规模的沉积滑塌体(Vernhet et al.,2007;Zhu et al.,2007b)。其次,斜坡带沉积层序混乱,斜坡上部地层厚度减薄,缺失明显;而斜坡中下部,具滑塌事件沉积层的叠加,导致地层增厚。

依据扬子克拉通中部和东南部完整沉积序列的沉积相分析,华南震旦系可以区分出四个主要的沉积层序(Zhu et al.,2007b,2013):第一层序(S1)由陡山沱组下部沉积序列组成,第二层序是属于陡山沱组中部沉积序列,第三层序为陡山沱组顶部与灯影组下部沉积序列,第四层序系灯影组中上部沉积序列。第一层序与第二层序之间的层序界面(SB1)在克拉通的外边缘浅水较易识别,如贵州瓮安北斗山剖面以及陡山沱组中部白云岩段顶部呈典型的喀斯特侵蚀面,而在扬子克拉通内部较深水盆地则不易识别(如三峡地区)。第二层序与第三层序之间的层序界面(SB2)在克拉通中部和东南部的浅水和较深水盆地的剖面上均可识别,前者如贵州瓮安北斗山剖面的陡山沱组上部磷质白云岩段顶部,也是一个典型的喀斯特侵蚀面,后者如三峡地区陡山沱组三段中上部。第三层序与第四层序之间的层序界面位于灯影组中段的底部,一般为一个明显的岩性转换面,如西部高家山段和旧城段底部砂岩与下部白云岩之间的岩性转换面,三峡地区石板滩段底部深灰色纹层状灰岩与下部白云岩之间的岩性转换面。依据沉积层序体系域代表的时间段,图5.7通过七个时间段,展示震旦系沉积相和环境的演变过程,为震旦系的划分和对比奠定了基础。

5.4.3　震旦系地层划分和对比

震旦系地层划分和对比的历史,最早可追踪到峡东地区以陡山沱组和灯影组为基础的两阶划分方案,即陡山沱阶和灯影峡阶(邢裕盛等,1999及其参考文献),这种划分一直作为标准方案得到广泛使用(全国地层委员会,2002)。但是,由于这两个阶的界限是以岩石地层单位的界限为标志的,且陡山沱阶与陡山沱组又存在重名问题,殷继成等(1993)修改了灯影峡阶的底界,将其置于灯影组中含动物化石的石板滩段底部,并将陡山沱阶改名为陡山沱村阶。后来,汪啸风等(2001)依据峡东地区震旦系剖面含生物化石的特征,提出了两统四阶的划分方案,也将石板滩段底界作为震旦系上、下两统的界线,下统划分为田家园子阶和庙河阶,其中庙河阶界限以产庙河生物群的陡山沱组四段的底界为标志;上统划分为四溪阶和龙灯峡阶,其中龙灯峡阶底界以克劳德管类(Cloudinids)管壳化石的首现为标志,接近灯影组白马沱段底部。

但是,在陡山沱组顶部和底部年龄得到确定后,即底部为635 Ma、顶部为551 Ma(Condon et al.,2005),对上述震旦系的划分方案就需要彻底修改,因为地层厚度不及占灯影组四分之一的陡山沱组,所持续的时间却占整个震旦纪时限的90%以上。因而,尽管陡山沱组沉积层序高度凝缩,震旦系的地层划分主要还应该取决于陡山沱组的内部划分。正因为如此,考虑到同位素年代学成果,Zhu等(2007b)依据层序地层、碳同位素化学地层和生物地层,将震旦系细分为两统五阶,这个方案的上统称为扬子统,下统称为峡东统。两统以陡山沱组中部一个明显沉积层序界面为界，该界面不仅记录了嘎斯奇厄斯冰期（Gaskiers glacial stage）引起的海平面变化（581 Ma，后又定年为 580 Ma；Pu et al.，2016），而且与瓮安生物群碳同位素负漂移（Weng'an Negative Carbon Excursion，WANCE）事件和大型具刺疑源类的多样性快速增加相一致。依据疑源类化石研究进展，刘鹏举等（2012）对上述震旦系两统五阶的划分方案的统和阶的界限做了修订。

由于震旦系不同于寒武纪及之后的地层，可用于地层对比的标准化石稀少，利用生物地层学方法对震旦系的地层划分和对比受到极大限制，因此要想建立理想的震旦系划分和对比的年代地层学标准，需要采用包括层序地层、化学地层、生物地层和同位素年代学等综合地层学方法。同时，从上述震旦系层序地层划分可以看出，震旦系的沉积序列受到明显的沉积相控制，沉积序列发育最完整的地区是扬子克拉通的中部和东南部（图 5.6），而峡东地区经典的震旦系沉积层序发育在克拉通内部较深水盆地环境，这种沉积层序与浅水陆棚区沉积层序的差异性导致震旦系区域性地层对比较困难。为解决这个问题，朱茂炎等对鄂西地区不同沉积相的震旦系沉积层序进行详细的综合地层学分析（Zhu et al.，2013），其中既有典型的浅水陆棚相沉积序列，又有典型的克拉通内部较深水盆地相沉积序列，研究结果澄清和修正了以前存在的对比问题，为解决震旦系的地层划分和对比提供重要的依据。这里笔者综合最新的研究材料，对华南震旦系地层学做如下简要的论述。

（1）层序地层学：依据上文震旦系沉积层序的划分和陡山沱组的年代地层学数据，灯影组中上部的沉积层序时限可能不超过 5 Ma，应该属于三级层序，而之下的三个层序的每个层序时限可能超过或接近 30 Ma，应该属于二级层序或超层序（Zhu et al.，2007b，2013；杨爱华等，2015）。由于陡山沱组代表一个强烈的凝缩层段，难以做更进一步的层序划分，不过对其中厚层碳酸盐岩的准层序分析取得了一定的进展（Hu et al.，2019；Ding et al.，2021）。

（2）生物地层学：扬子地块震旦系含有丰富的古生物化石，包括以磷酸盐化动物胚胎化石而著名的瓮安生物群，以宏观有机质碳膜化石为特征的蓝田生物群、翁会生物群和庙河生物群等，灯影组中部以弱矿化管状化石和遗迹化石为特征的高家山生物群等，还有以埃迪卡拉型化石为代表的西陵峡（石板滩）生物群以及以大型具刺疑源类为代表的微体化石群等（朱茂炎，2010 及其参考文献；Cai et al.，2010，2019；Chen et al.，2014；Liang et al.，2020；Xiao et al.，2021）。其中，弱矿化管状化石和软躯体埃迪卡拉型化石均具有生物地层的应用潜力；更重要的是，保存在陡山沱组磷块岩和燧石结核中的多种大型具刺疑源类，在进行区域和全球地层对比方面有重要作用，目前已识别出两个化石组合，即 *Tianzhushania spinisa* 组合和 *Hocosphaeridium scaberfacium-H. anozos* 组合（Liu et al.，2013，2014a，2014b），最新研究又对大型具刺疑源类组合带做了更新（Liu and Moczydłowska，2019）。

（3）化学地层学：自 Lambert 等（1987）最早开展震旦系的碳酸盐岩碳同位素地层研究以来，近几年来震旦系的化学地层研究进展非常显著（如 Jiang et al.，2007，2011；Zhou C. M. et al.，2007，2017b；Zhu et al.，2007a，2007b，2013；McFadden et al.，2008；Sawaki et al.，2010；Lu et al.，2013；Tahata et al.，2013；An et al.，2015；陈孝红等，2015；Furuyama et al.，2016；Cui et al.，2017；Gao et al.，2018），尤其是在陡山沱组中识别出了三个显著的碳同位素负异常（Jiang et al.，2007；Zhou C. M. et al.，2007；Zhu et al.，2007a），其中陡山沱组底部和顶部的碳同位素负异常定义明确，但中部的碳同位素负异常（被称作 N2、EN2 或 WANCE）的幅度和地层位置尚有很大的地区差异，有碍精确的地层对比。

新的研究表明，陡山沱组中部存在两个碳同位素负异常（Zhu et al.，2013），亦即陡山沱组应该记录了四个明显的碳同位素负异常，为区分这四个不同层位的负异常事件，并避免在使用中发生混淆，每个负异常事件均已被命名，分别是①盖帽白云岩碳同位素负漂移（Cap Carbonate Negative Carbon Excursion，CANCE）位于陡山沱组底部盖帽碳酸盐岩段，相当于 Jiang 等（2007）的 N1 和 Zhou C. M. 等（2007）的 EN1 负异常；②瓮安生物群碳同位素负漂移（WANCE）事件，位于陡山沱组中部第一层序与第二层序界面附近，在峡东位于陡山沱组二段的中部；③白果园碳同位素负漂移（Baiguoyuan Negative Carbon Excursion，BAINCE）位于陡山沱组第二层序的中部，在峡东位于陡山沱组二段顶部，相当于 Jiang 等（2007）的 N2 和 Zhou C. M. 等（2007）的 EN2 负异常；④陡山沱（舒拉姆）碳同位素负漂移（Doushantuo/Shuram Negative Carbon Excuesion，DOUNCE），位于陡山沱组顶部，相当于 Jiang 等（2007）

的 N3 和 Zhou C. M. 等（2007）的 EN3 负异常。

WANCE 事件虽然还未引起广泛关注，但已经在湖北西部多个剖面中有所表现（Tahata et al.，2013；陈孝红等，2015；Gao et al.，2018）。此外，灯影组底部年龄 550.5±0.8 Ma 已被广泛认为是 DOUNCE 事件的结束时间，但对黄陵背斜西部几个剖面的研究表明，在 DOUNCE 之上，即位于陡山沱顶部（Zhou et al.，2017b）或灯影组底部（An et al.，2015），可能还存在一个短暂的碳同位素负异常，这一结果给 DOUNCE 事件的结束时间带来了不确定性。

三峡地区震旦系的锶同位素（$^{87}Sr/^{86}Sr$）变化明显（Sawaki et al.，2010），即自下而上显现出明显的数值上升趋势，即从底部的 0.7080 增加到顶部的 0.7085，这个增值过程主要发生在峡东陡山沱组三段的底部，但是之后又很快发生负漂移。$^{87}Sr/^{86}Sr$ 值在 DOUNCE 事件时间段内出现明显的正异常，达到 0.7090。

（4）地质年代学和旋回地层学：继陡山沱组底部（635 Ma）和顶部（551 Ma）的同位素稀释热电离质谱（Isotope Dilution- Thermal Ionization Mass Spectrometry，ID-TIMS）锆石 U-Pb 年龄（Condon et al.，2005）发表之后，在湖北宜昌樟村坪剖面陡山沱组第二层序界面之下，与紧邻第二层序界面之上的层位中分别报道了 614.0±7.6 Ma 的锆石高灵敏度高分辨率离子微探针（Sensitive High Resolution Ion Micro Probe，SHRIMP）U-Pb 年龄（Liu et al.，2009）和 609±5 Ma 的锆石二次离子质谱（Secondary Ion Mass Spectrometry，SIMS）U-Pb 年龄（Zhou et al.，2017a）。云南东部灯影组旧城段下部和中部火山灰层中亦分别获得了 553.6±2.7 Ma 和 546.3±2.7 Ma 的锆石 SIMS U-Pb 年龄（Yang et al.，2017a）。在斜坡相区，贵州剑河附近的方陇剖面灯影组下部和留茶坡组下部分别获得了 557±3 Ma 和 550±3 Ma 的锆石 U-Pb 年龄（Zhou et al.，2018）；湖南西部龙鼻嘴剖面留茶坡组下部获得了 545.76±0.66 Ma 的锆石 U-Pb 年龄（Yang et al.，2017b）。结合旋回地层学数据（Gong et al.，2017，2019；Sui et al.，2018，2019），上述锆石 U-Pb 年龄为震旦纪关键地层界线、生物群和事件提供了更好的年龄限定。

依据层序地层、生物地层、化学地层和同位素年龄的最新进展，建议保留震旦系两统五阶的年代地层划分方案，并对笔者 2007 年提出的统、阶底界的定义进行修订（表 5.3）。震旦纪碳酸盐岩碳同位素的演变反映大洋表层海水的演化，可用于大区域和全球地层划分和对比，因此在笔者的划分方案中，除了底部第一阶和顶部第五阶，其余三个阶的底界均以碳酸盐岩的碳同位素负异常事件为标准确定。

（1）第一阶底界和全球震旦系底界一致，位于南沱组杂砾岩上覆的陡山沱组底部盖帽碳酸盐岩的底界。该阶底界年龄以盖帽碳酸盐岩顶部年龄 635 Ma 做限定（Condon et al.，2005；Zhou et al.，2019b）。

（2）第二阶底界以 WANCE 事件的出现为标志，位于陡山沱组中部第二层序界面附近，其年龄暂定为 600 Ma 左右。主要根据在宜昌北部获得的两个年龄，一个位于第二层序界面之下（614.0±7.6 Ma；Liu et al.，2009），另一个位于该界面之上（609±5 Ma；Zhou et al.，2017a）。

（3）第三阶底界以 BAINCE 事件的出现为标志，也与疑源类组合带 *Tianzhushania spinisa* 组合和 *Hocosphaeridium scaberfacium-H. anozos* 组合之间的界线相一致（Liu et al.，2014a，2014b）。BAINCE 事件被认为很可能与嘎斯奇厄斯冰期有关，主要依据 BAINCE 事件层内氧同位素数据和出现的六水碳钙石硅质假晶（Tahata et al.，2013；Furuyama et al.，2016；Wang Z. C. et al.，2017，2020）；因此，该阶底界年龄定在 580 Ma 左右（Pu et al.，2016）。

（4）第四阶底界以 DOUNCE 事件的出现为标志，也与三峡地区陡山沱组三段上部记录大型具刺疑源类的灭绝时间面相一致（Lu et al.，2013；Liu et al.，2014a，2014b）。DOUNCE 事件是地球历史时期发生的最大碳同位素负异常事件，可能是深海溶解有机碳库氧化的结果（Condon et al.，2005；Shields et al.，2019）。在时间上该事件与复杂大型生物的演化密切相关（Zhu et al.，2008），进一步支持了深部海洋氧化的假说。考虑到该阶底界的重要性，建议将其作为震旦系内部"统"一级地层划分的底界。据旋回地层学的研究，该阶底界年龄为 570 ~ 571 Ma（Sui et al.，2019；Gong and Li，2020）。

（5）第五阶底界以首现特征性的克劳德管类矿化管状化石为标志，因为克劳德管类化石在全球的震旦系顶部均有发现，是震旦纪末期的标准化石，具有全球地层对比意义。该阶的底界在层位上接近于灯影组石板滩段和高家山组的底界，但还需更进一步的验证（Cai et al.，2010，2019；Liang et al.，2020）。综合地层对比表明，该阶底界年龄为 546 ~ 551 Ma（Condon et al.，2005；Yang et al.，2017a）。

表 5.3　华南扬子地块震旦系综合地层表

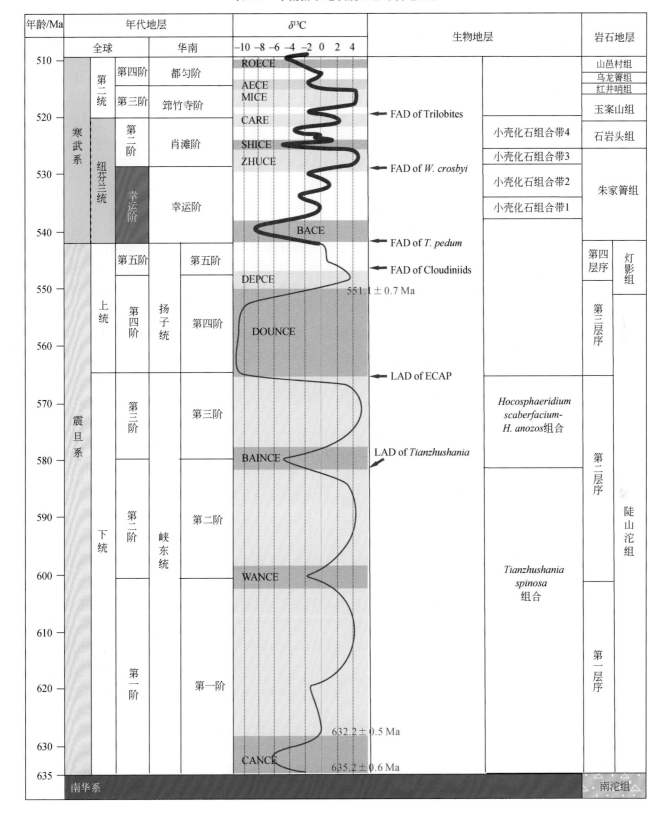

表 5.3 的震旦系年代地层划分方案可以很好地应用于扬子克拉通不同沉积相区的震旦系地层序列对比（图 5.6）。但是，因为缺少海相碳酸盐岩沉积，缺乏明显可识别的层序界面以及生物地层数据，在斜坡和深水盆地沉积相区第二、四阶底界的识别较为困难。由于第二阶和第四阶的底界涉及层序界面，因而 WANCE 事件和 DOUNCE 事件的记录可能是不完整的，或因不整合或同沉积滑塌而增加其复杂性（Lu et al.，2013；Zhu et al.，2013）。此外，因为扬子克拉通的震旦系地层序列沉积于台内盆地，持续时间较

短的 WANCE 事件可能因缺乏碳酸盐岩地层而无法判识。尽管如此，已知的化学地层数据表明，三峡地区震旦系第二阶的底界接近于第二段中部的一层厚层碳酸盐岩与富集硅质结核的凝缩层之间的突变接触面（Tahata et al.，2013；Zhu et al.，2013；陈孝红等，2015；Gao et al.，2018）。该接触面上下地层沉积相的急剧变化可能由海平面变化引起，这一论点也得到了氧化还原数据的支持（Li et al.，2010）。

最近 Zhou 等（2019b）提出震旦系两统六阶的划分方案。该方案认为，第二阶底界应该由首现大型带刺疑源类来定义，在九龙湾剖面上，该界面位于盖帽碳酸盐岩之上约 2.8 m 处。这一定义最初是由国际地层委员会震旦系分会所提出（Xiao et al.，2016），问题在于，该方案会导致第一阶持续时间过于短暂（<3 Ma）。两个方案间的差异还在于，Zhou 等（2019b）的方案将本章方案中的第三阶分成了"第三阶"和"第四阶"，并且用 DOUNCE 之上存在的短暂碳同位素负异常来定义一个新的"第五阶"，该"阶"以庙河生物群为特征。此外，Zhou 等（2019b）建议 DOUNCE 底界的年龄设为 580 Ma。总的来说，两种方案的差异反映其化学地层学依据的不确定性以及对某些关键事件缺乏年龄约束，此问题急需进一步的后续研究。

华南震旦系是全球最佳的由碳酸盐岩和细碎屑岩组成的复合型沉积序列，含有丰富的生物化石，因而该区震旦系的年代地层划分，可为全球埃迪卡拉系的划分和对比提供标准。但是，就目前看来，要想解决震旦系的全球对比问题，还存在如下几个方面的主要问题：①碳酸盐岩碳同位素负异常事件的全球性对比问题；②对于碳同位素负异常事件和阶的界限，缺乏高精度同位素年代学控制；③因为缺少海水沉积的碳酸盐岩，这种以碳同位素负异常事件为主要依据的地层划分，在深水相区沉积层序应用尚存在困难。

5.5　华南新元古代生-储-盖层的发育状况

华南新元古代地层（特别是震旦系）是我国南方重要的海相含油气层位。威远气田和安岳气田的发现与勘探（参见第 14 章）、湖南南山坪和浙江泰山灯影组白云岩古油藏的存在，以及川西北、陕南一带以陡山沱组黑色页岩作为烃源的大量沥青脉（如矿山梁沥青脉；参见第 13、15 章）的发现，均表明华南新元古代具有重要的潜在含油气前景。本节试图从地层学的研究视角，对扬子克拉通新元古代生油气层（烃源层）、油气储集层以及油气盖层的地层组合（即生-储-盖层组合）及其时空分布，做一初步剖析。

5.5.1　青白口系烃源岩层

如上文所述，华南新元古代冰期之前的富含有机质的沉积地层，主要是在板溪群（及其相当地层）的第一沉积旋回中下部（图 5.2、图 5.3）。这套由灰黑色粉砂质泥岩构成的富有机质沉积序列，厚度达到几百米，主要分布于湘黔桂边界区，包括下江群乌叶组、高涧群砖墙湾组下部和丹洲群合桐组下部。

5.5.2　南华系烃源

大塘坡组下部黑色页岩是一套凝缩的间冰期海侵序列，有机碳含量较高（1.6%~4.3%，均值为 2.8%；Ai et al.，2021）。这套富含有机质的黑色页岩常与含锰碳酸盐岩或锰矿共生，基本发育在扬子克拉通东南过渡区和江南造山带，沉积中心位于黔东北和湘西交界处（图 5.4、图 5.5）。过渡区大塘坡组下部的黑色含锰页岩系一般厚 2~3 m，个别地区（如松桃大塘坡地区）可厚度达几十米，这个地区大塘坡组底部的锰矿层最发育（许效松等，1991；何明华，1997；黄道光等，2010）。在盆地区，大塘坡组含锰的黑色页岩和粉砂岩厚度一般几米到几十米不等，局部地区底部发育成锰矿，如黔东南和湘西南地区的锰矿（刘铁深和周旭林，2002；杨瑞东等，2010）。总的来说，大塘坡组黑色页岩的厚度从几米至几十米，其变化主要受扬子板块边缘裂谷作用引起的北东向拉伸断层的控制（周琦等，2016；Qu et al.，2020）。

5.5.3　震旦系烃源层

震旦系主要的烃源层为暗色泥页岩、碳酸盐岩和硅质岩；其中陡山沱组及同期的黑色细碎屑岩和泥页岩广泛分布，构成华南新元古代重要的潜在烃源层；局部地区灯影组富有机质地层较为发育。

（1）陡山沱组：该组黑色碳质页岩、碳质泥岩、灰黑色含碳页岩和含碳泥岩可作为主要烃源岩；其次是灰黑色薄层状泥-微晶白云岩和泥-微晶石灰岩，以及少量黑色薄层硅质岩。它们主要发育于震旦系三个层序的下部，即海侵体系域（图5.6、图5.7）。据 Ai 等（2021），陡山沱组下部和中部黑色页岩的有机碳含量为 1.2%~3.5%（均值为2.1%），其中以陡四段（庙河段）黑色页岩有机碳含量最高，达 7.7%~9.4%。

这个时期的烃源层分布、厚度和有机碳含量受沉积相的控制（Qu et al., 2020；Xiao et al., 2020），主要分布于扬子克拉通中-东部内的台盆、斜坡和深水盆地，其地层厚度介于30 m 和379 m 之间，一般厚度为60~149 m。在宜昌峡区-鹤峰-石门-铜仁-遵义、德兴-开化-宁国以及黎平-三江-临桂-全州等地区，其厚度一般大于60 m，在鹤峰最厚达379 m，厚度等值线除在黎平-三江-临桂-全州地区呈北西-南东向延伸外，其余地区基本呈南西-北东向展布。此外，在陕西宁强和万源-城口一带厚度较大，宁强胡家坝厚579 m、万源大竹厚310 m、城口明月厚309 m。除上述地区外，其他地区烃源岩厚度小于60 m。

（2）灯影组：该组烃源层主要为黑色、灰黑色含泥灰岩、沥青质含泥灰岩，以及黑色、灰黑色薄层硅质岩。暗色灰岩主要发育于灯影组石板滩段，暗色硅质岩在过渡区发育在灯影组上部（相当于灯影组三段，简称灯三段）。在深水盆地区，发育于留茶坡组、皮园村组和老堡组的上部；其中留茶坡组硅质岩的有机质类型为 I 型（腐泥型；黄第藩等，1984）。

灯影组同时期的烃源层主要分布于扬子克拉通中-东部的周边深水斜坡和盆地沉积相区。其厚度为20~393 m，一般厚度为40~140 m。主要分布在怀化-常德-通山地区和休宁-淳安，厚度一般大于40 m，最厚在休宁蓝田可达166 m。其厚度等值线呈南西-北东向延伸。此外，在宜昌峡区灯影组二段（简称灯二段）灰黑色、黑色灰岩烃源岩厚65~185 m，呈北西-南东向沿长江展布，以及江西德兴、横峰一带烃源岩为黑色硅岩厚201~393 m。在广西全州-临桂-河池，烃源岩为黑色硅岩，厚78~230 m，其厚度等值线呈南西-北东向延伸。其他地区的烃源岩厚度均小于20 m。在灯影中期，扬子克拉通西部形成了台内（裂谷）盆地，包含四川西北部万源大竹区域的北东向盆地和四川中部德阳-安岳地区北西向盆地（Wang Z. C. et al., 2017；Zhao et al., 2017）。灯影组中部以碎屑岩为主的高家山段/旧城段也为可能的烃源岩。

5.5.4　华南新元古代潜在的储集层和盖层

华南新元古代储集层（储层）的岩石类型主要有碳酸盐岩和中-粗粒碎屑岩；其中震旦系灯影组白云岩是主要的储层。根据刘树根等（2008）资料，川西南地区震旦系灯影组白云岩孔隙度为1.39%，渗透率为 $0.61×10^{-3} \mu m^2$；川中地区灯影组白云岩孔隙度为1.86%~2.05%，渗透率为 $0.01×10^{-3}~8.02×10^{-3} \mu m^2$；川东南丁山1井灯影组白云岩孔隙度为1.78%，渗透率为 $0.0746×10^{-3} \mu m^2$。在威远、资阳地区震旦系灯影组中钻获天然气藏就说明了灯影组作为储层的重要性。

灯影组储层的发展和分布受沉积相和后期喀斯特作用的控制，尤其是灯影组顶部后期的喀斯特作用进一步提升了其作为储层的品质。例如，德阳-资阳裂陷边缘沿北西向广泛分布的丘滩相和后期喀斯特作用控制了安岳气田（高石梯-磨溪地区）广泛连续的灯影组储层的发育（Luo et al., 2017；Wang et al., 2020）。

震旦系有利油气聚集的储层主要分布在灯影组一段（简称灯一段，表5.2和图5.6中的东龙潭段/蛤蟆井段以及其他章节中的灯二段）和灯三段（表5.2和图5.6中的白岩哨段/白马沱段以及其他章节中的灯四段）。

（1）灯一段储层分布：灯一段有利天然气聚集的储层主要分布在川滇黔碳酸盐台地，其次在湘鄂碳酸盐台地，川滇黔碳酸盐台地储层厚度介于141 m和758 m之间，在长宁一带最厚达900~1100 m，其次在禄劝–东川一带厚816～939 m。储层岩性为不同类型的白云岩，有晶粒白云岩、颗粒白云岩和层纹石白云岩。其中，颗粒白云岩较发育的地区有贵州眉潭–福泉、遵义–金沙–大方一带，云南东川–会泽，四川盐边、峨眉–乐山–资阳和南江–旺苍一带。这些地区灯一段颗粒白云岩组成准浅滩。在湘鄂碳酸盐台地储集岩厚度为151～355 m，其中南漳和随州洪山地区最厚分别达到353 m和355 m。储集岩包含晶粒白云岩、颗粒白云岩和层纹石白云岩。颗粒白云岩最发育的地区在张家界三岔–慈利一带和湘鄂碳酸盐台地北缘房县东蒿坪一带，颗粒白云岩组成台地边缘浅滩。在宜昌峡东地区由鲕粒、核形石组成的台内准浅滩，其次在南京六合一带颗粒（内碎屑、核形石、鲕粒）白云岩厚30～150 m，也是有利的储层分布区。

（2）灯三段储层分布：主要分布在川滇黔和湘鄂两个碳酸盐台地，在川滇黔碳酸盐台地储层在南江–宁强–南郑南部一带厚度为146～365 m，勉县最厚达627 m；乐山–峨眉–荥经–甘洛一带其厚度介于164 m和270 m之间；在普格–金阳–巧家–会东–会泽一带储层厚度为180～259 m；在会理–华坪–盐边一带厚度介于162～410 m；在织金–大方–毕节–丁山1井–利1井白云岩厚度为121～285 m；在长宁、威远、资阳、龙女寺一带灯三段大部分剥蚀，在长宁残留97 m，龙女寺残留58 m，资阳大多数井中已剥蚀；向西至绵竹王家坪、宝兴、卢山、天全、泸定一带灯三段已被剥蚀。灯三段白云岩以泥–微晶白云岩为主，硅化微晶白云岩较发育，颗粒白云岩不甚发育，但白云岩中裂缝较为发育，在南江、宁强灯三段白云岩中裂缝中充填黑色沥青，呈网状分布。作为储集空间裂缝的发育大大改善了白云岩的储集性能。在湘鄂碳酸盐台地，灯三段白云岩厚度介于88 m和410 m之间，房县东蒿坪和随州洪山白云岩厚度分别为547 m和555 m。储集岩为白云岩，其白云岩类型主要为泥–微晶白云岩局部发育有颗粒白云岩，其中房县一带颗粒白云岩厚157 m，随州洪山一带厚63.6 m，其他地区如宜昌南沱颗粒白云岩以夹层产出。在湖南慈利南山坪和浙江余杭泰山古油藏赋存于灯三段，表明灯三段白云岩局部地区储集性能较好。

综上所述，扬子克拉通中–西部地区震旦系灯影组储层较发育，尤以灯一段晶粒白云岩、颗粒白云岩和层纹石白云岩次生成岩结构孔洞和裂缝储集空间相应较发育，是优质的储层，主要分布在川中–川北和川南北部地区，以及黔中、黔北地区。

盖层主要是指稳定覆盖在油气藏上方的区域性非渗透性岩层，一般为厚度大、分布面积广和稳定性好的岩层，岩性主要为泥岩、页岩和泥质粉砂岩。扬子克拉通沉积区震旦系灯影组上覆地层为寒武纪早期巨厚层的黑色岩系，如扬子克拉通西部的筇竹寺组、郭家坝组和牛蹄塘组，扬子克拉通中部的水井沱组、小烟溪组、东坑组和扬子克拉通东部的荷塘组等。有的盖层也是优质的烃源层，如威远气藏的盖层是以412 m厚的筇竹寺组黑色泥质岩系作为巨厚的区域性盖层，同时也是烃源层。

致谢：本章是多年相关地层工作的总结，感谢国内外同行、特别是参与中德合作项目的德国同行对野外和室内研究中提供的建议和帮助，同时感谢课题组成员杨兴莲、赵美娟、赵鑫等为本章相关研究所做出的贡献。本研究得到中国科学院战略性先导科技专项（B）（编号：XDB26000000、XDB18000000）、国家自然科学基金（编号：41921002）和科技部973计划项目（编号：2013CB835000）的支持。

参 考 文 献

安正泽,张仁彪,陈甲才,覃英,潘文,吴桂武,郑超,张飞飞,王海宾. 2014. 贵州省松桃县道坨超大型锰矿床的发现及其成因探讨. 矿床地质,33(4)：870-884.

陈孝红,周鹏,张保民,王传尚. 2015. 峡东埃迪卡拉系陡山沱组稳定碳同位素记录及其年代地层意义. 中国地质,42(1)：207-223.

冯连君,储雪蕾,张启锐,张同钢,李禾,姜能. 2004. 湘西北南华系滠水河组寒冷气候成因的新证据. 科学通报,49(12)：1172-1178.

高林志,杨明桂,丁孝忠,刘燕学,刘训,凌联海,张传恒. 2008. 华南双桥山群和河上镇群凝灰岩中的锆石 SHRIMP U-Pb 年龄——对江南新元古代造山带演化的制约. 地质通报,27：1744-1751.

高林志,戴传固,刘燕学,王敏,王雪华,陈建书,丁孝忠,张传恒,曹茜,刘建辉. 2010a. 黔东南–桂北地区四堡群凝灰岩锆石SHRIMP U-Pb 年龄及其地层学意义. 地质通报,29(9)：1259-1267.

高林志,戴传固,刘燕学,王敏,王雪华,陈建书,丁孝忠. 2010b. 黔东地区下江群凝灰岩锆石 SHRIMP U-Pb 年龄及其地层意义. 中国地质,37(4)：1071-1080.

高林志,戴传固,丁孝忠,王敏,刘燕学,王雪华,陈建书. 2011a. 侵入梵净山群白岗岩锆石 U-Pb 年龄及白岗岩底砾岩对下江群沉积的制约. 中国地质,38(6):1413-1420.

高林志,丁孝忠,庞伟华,张传恒. 2011b. 中国中—新元古代地层年表的修正——锆石 U-Pb 年龄对年代地层的制约. 地层学杂志,35(1):1-7.

高林志,刘燕学,丁孝忠,张传恒,王自强,陈俊,刘耀荣. 2012. 江南古陆中段沧水铺群锆石 U-Pb 年龄和构造演化意义. 中国地质,39(1):12-20.

高维,张传恒. 2009. 长江三峡黄陵花岗岩及莲沱组凝灰岩锆石 SHRIMP U-Pb 年龄及其构造地层意义. 地质通报,38(1):45-50.

葛文春,李献华,李正祥,周汉文. 2001. 龙胜地区镁铁质侵入体:年龄及其地质意义. 地质科学,36(1):112-118.

关成国,万斌,陈哲,傅强. 2012. 皖南新元古代冰期地层再认识. 地层学杂志,36:611-619.

贵州省地质矿产局. 1987. 贵州省区域地质志. 北京:地质出版社.

何明华. 1997. 贵州东部及邻区震旦纪大塘坡期事件沉积与地层对比. 贵州地质,14(1):21-29.

何明华. 1998. 贵州东部及邻区震旦纪铁丝坳期和南沱期沉积相与环境演化纪构造属性探讨. 贵州地质,15(1):26-31.

黄道光,牟军,王安华. 2010. 贵州印江-松桃地区含锰岩系早期沉积环境演化. 贵州地质,27(1):13-21.

黄第藩,李替超,张大江. 1984. 干酪根的类型及其分类参数的有效性、局限性和相关性. 沉积学报,2(3):18-33.

黄建中,唐晓珊,张晓阳,郭乐群. 1996. 对峡东莲沱组与湖南板溪群对比问题的一点浅见. 地层学杂志,20:232-236.

江新胜,王剑,崔晓庄,史皆文,熊国庆,陆俊泽,刘建辉. 2012. 滇中新元古代澄江组锆石 SHRIMP U-Pb 年代学研究及其地质意义. 中国科学:地球科学,42:1496-1507.

李四光,赵亚曾. 1924. 峡东地质及长江之历史. 中国地质学会志,3(3-4):351-391.

李献华,李武显,何斌. 2012. 华南陆块的形成与 Rodinia 超大陆聚合–裂解——观察、解释与检验. 矿物岩石地球化学通报,31(6):543-559.

林树基,肖加飞,卢定彪,刘爱民,牟世勇,陈仁,易成兴,王兴理. 2010. 湘黔桂交界区富禄组与富禄间冰期的再划分. 地质通报,29:195-204.

林树基,卢定彪,肖加飞,熊小辉,李艳桃. 2013. 贵州南华纪冰期地层的主要特征. 地层学杂志,37:542-557.

刘鸿允,董榕生,陈孟莪. 1991. 中国震旦系. 北京:科学出版社.

刘鸿允,郝杰,李曰俊. 1999. 中国中东部晚前寒武纪地层与地质演化. 北京:科学出版社.

刘鹏举,尹崇玉,陈寿铭,李猛,高林志,唐烽. 2012. 华南峡东地区埃迪卡拉(震旦)纪年代地层划分初探. 地质学报,86:849-866.

刘树根,马永生,王国芝,蔡勋育,黄文明,张长俊,徐国盛,雍自权,盘昌林. 2008. 四川盆地震旦系—下古生界优质储层形成与保存机理. 油气地质与采收率,15(1):1-5.

刘铁深,周旭林. 2002. 湘西南地区早震旦世湘锰期沉积相特征与成矿模式. 湖南地质,21(1):30-34.

卢定彪,肖加飞,林树基,刘爱民,牟世勇,陈仁,易成兴,王兴理. 2010. 湘黔桂交界区贵州省从江县黎家坡南华系剖面新观察——一条良好的南华大冰期沉积记录剖面. 地质通报,29:1143-1151.

陆松年. 2002. 关于中国新元古界划分几个问题的讨论. 地质论评,48(3):242-248.

陆松年,马国干,高振家,林蔚兴. 1985. 中国晚前寒武纪冰成岩系初探. 见:地质矿产部《前寒武纪地质》编辑委员会. 前寒武纪地质,第 1 号,中国晚前寒武纪冰成岩论文集. 北京:地质出版社:1-86.

吕苗,朱茂炎,赵美娟. 2009. 湖北宜昌茅坪泗溪剖面埃迪卡拉系岩石地层和碳同位素地层研究. 地层学杂志,33:359-372.

马国干,李华芹,张自超. 1984. 华南地区震旦系时限范围的研究. 中国地质科学院宜昌地质矿产研究所所刊,8:1-29.

马慧英,孙海清,黄建中,马铁球. 2013. 湘中地区高涧群凝灰岩 LA-ICP-MS 锆石 U-Pb 年龄及其地质意义. 矿产地质,4(1):69-74.

彭善池,汪啸风,肖书海,童金南,华洪,朱茂炎,赵元龙. 2012. 建议在我国统一使用全球通用的正式年代地层单位——埃迪卡拉系(纪). 地层学杂志,1:55-59.

彭学军,刘耀荣,吴能杰,陈建超,李建清. 2004. 扬子陆块东南缘南华纪地层对比. 地层学杂志,28(4):354-359.

钱迈平,张宗言,姜杨,余明刚,阎永奎,丁保良. 2012. 中国东南部新元古代冰碛岩地层. 地层学杂志,36:587-589.

全国地层委员会. 2002. 中国区域年代地层(地质年代)表说明书. 北京:地质出版社.

沙金庚. 2009. 世纪飞跃——辉煌的中国古生物学. 北京:科学出版社:81-95.

施少峰,蒋传仁,张健康. 1985. 浙江省西部震旦纪冰成岩研究. 见:地质矿产部《前寒武纪地质》编辑委员会. 前寒武纪地质,第 1 号,中国晚前寒武纪冰成岩论文集. 北京:地质出版社:261-282.

汪啸风,陈孝红,王传尚,陈立德. 2001. 震旦系底界及内部年代地层单位划分. 地层学杂志,23(增刊):370-376.

汪正江,王剑,谢渊,杨平,卓皆文. 2009. 重庆秀山凉桥板溪群红子溪组凝灰岩 SHRIMP 锆石测年及其意义. 中国地质,

36(4)：761-768.

汪正江，许效松，杜秋定，杨菲，邓奇，伍皓，周小琳. 2013. 南华冰期的底界讨论：来自沉积学与同位素年代学证据. 地球科学进展，28：477-489.

王剑. 2000. 华南新元古代裂谷盆地沉积演化——兼论与 Rodinia 解体的关系. 北京：地质出版社.

王剑. 2005. 华南"南华系"研究新进展——论南华系地层划分与对比. 地质通报，24：491-495.

王剑，李献华，Duan T Z，刘敦一，宋彪，李忠雄，高永华. 2003. 沧水铺火山岩锆石 SHRIMP U-Pb 年龄及"南华系"底界新证据. 科学通报，48(16)：1726-1731.

王贤方，毕治国. 1985. 皖南震旦纪冰碛层. 见：地质矿产部《前寒武纪地质》编辑委员会. 前寒武纪地质，第 1 号，中国晚前寒武纪冰成岩论文集. 北京：地质出版社：245-260.

王砚耕，尹崇玉，郑淑芬，秦守荣，陈玉林，罗其玲，朱士兴，王福星，钱逸. 1984. 贵州上前寒武系及震旦系–寒武系界限. 贵阳：贵州人民出版社.

王砚耕，谢志强，王来兴，陈德昌，朱顺才. 1986. 贵州东部及邻区铁丝坳组层序及沉积环境成因. 中国区域地质，4：341-348.

王曰伦，陆宗斌，邢裕盛，高振家，林蔚兴，马国干，张录易，陆松年. 1980. 中国上前寒武系的划分和对比. 见：中国地质科学院天津地质矿产研究所. 中国震旦亚界. 天津：天津科学技术出版社：1-30.

王自强，尹崇玉，高林志，唐烽，柳永清，刘鹏举. 2006. 宜昌三斗坪地区南华系化学蚀变指数特征及南华系划分、对比的讨论. 地质论评，52：577-585.

王自强，尹崇玉，高林志，唐烽. 2009. 黔南–桂北地区南华系化学地层特征. 地球学报，30：465-474.

邢裕盛，尹崇玉，高林志. 1999. 震旦系的范畴、时限及内部划分. 现代地质，13(2)：202-203.

许效松，黄慧琼，刘宝珺，王砚耕. 1991. 上扬子地块早震旦世大塘坡期锰矿成因和沉积学. 沉积学报，9(1)：63-71.

许效松，刘伟，门玉澎，张海全. 2012. 对新元古代湘桂海盆及邻区构造属性的探讨. 地质学报，86：1892-1904.

杨爱华，朱茂炎，张俊明，赵方臣，吕苗. 2015. 扬子板块埃迪卡拉系(震旦系)陡山沱组层序地层划分与对比. 古地理学报，17(1)：1-20.

杨菲，汪正江，王剑，杜秋定，邓奇，伍浩，周小琳. 2012. 华南西部新元古代中期沉积盆地性质及其动力学分析——来自桂北丹洲群的沉积学制约. 地质论评，58(5)：854-864.

杨瑞东，高军波，程玛莉，魏怀瑞，许利群，文雪峰，魏晓. 2010. 贵州从江高增新元古代大塘坡组锰矿沉积地球化学特征. 地质学报，84：1781-1790.

殷继成，何廷贵，李世麟，蔡学林，温春齐，袁海华，叶祥华. 1993. 四川盆地周边及其邻区震旦亚代地质演化与成矿作用. 成都：成都科技大学出版社.

尹崇玉，高林志. 2013. 中国南华系的范畴、时限及地层划分. 地层学杂志，37(4)：534-541.

尹崇玉，刘敦一，高林志. 2003. 南华系底界与古城冰期的年龄：SHRIMPII 定年证据. 科学通报，48(16)：1721-1725.

尹崇玉，高林志，邢裕盛，王自强，唐烽. 2004. 新元古界南华系及其候选层型剖面研究进展. 见：中国地质科学院地层古生物论文集编委会. 地层古生物论文集，第二十八辑. 北京：地质出版社：1-10.

尹崇玉，刘鹏举，唐烽，高林志. 2006a. 国际埃迪卡拉系年代地层学研究进展与发展趋势. 地质论评，52：765-770.

尹崇玉，王砚耕，唐烽，万渝生，王自强，高林志，邢裕盛，刘鹏举. 2006b. 贵州松桃南华系大塘坡组凝灰岩锆石 SHRIMPII U-Pb 年龄. 地质学报，80：273-278.

张启锐，储雪蕾. 2006. 扬子地区江口冰期地层的划分对比与南华系层型剖面. 地层学杂志，30：306-314.

张启锐，储雪蕾. 2007. 南华系建系问题探讨. 地层学杂志，31：222-228.

张启锐，储雪蕾，冯连君. 2008. 南华系"渫水河组"的对比及其冰川沉积特征的探讨. 地层学杂志，32：246-252.

张启锐，黄晶，储雪蕾. 2012. 湖南怀化新路河地区的南华系. 地层学杂志，36：761-763.

张世红，蒋干清，董进，韩以贵，吴怀春. 2008. 华南板溪群五强溪组 SHRIMP 锆石 U-Pb 年代学新结果及其构造地层学意义. 中国科学 D 辑：地球科学，38：1496-1503.

章森桂，张允白，严惠君. 2015. 《中国地层表》(2014)正式使用. 地层学杂志，4：359-366.

赵自强，邢裕盛，马国干，余汶，王自强. 1980. 湖北峡东震旦系. 见：中国地质科学院天津地质矿产研究所. 中国震旦亚界. 天津：天津科学技术出版社：31-55.

周传明，燕夔，胡杰，孟凡巍，陈哲，薛耀松，曹瑞骥，尹磊明，王金权，王金龙，肖书海，鲍惠铭，袁训来. 2001. 皖南新元古代两次冰期事件. 地层学杂志，25：247-258.

周琦，杜远生，袁良军，张遂，余文超，杨胜堂，刘雨. 2016. 黔湘渝毗邻区南华纪武陵裂谷盆地结构及其对锰矿的控制作用. 地球科学，41(2)：177-188.

朱金陵. 1976. 贵州省各时代地层总结：贵州的前震旦系. 全国地质资料馆，DOI：10.35080/n01.c.51170.

朱茂炎. 2010. 动物的起源和寒武纪大爆发：来自中国的化石证据. 古生物学报，49(3)：269-287.

Ai J Y, Zhong N N, Zhang T G, Zhang Y, Wang T G, George S C. 2021. Oceanic water chemistry evolution and its implications for post-glacial black shale formation: insights from the Cryogenian Datangpo Formation, South China. Chemical Geology, 566: 120083.

An Z H, Jiang G Q, Tong J N, Tian L, Ye Q, Song H Y, Song H J. 2015. Stratigraphic position of the Ediacaran Miaohe biota and its constraints on the age of the upper Doushantuo δ^{13}C anomaly in the Yangtze Gorges area, South China. Precambrian Research, 271: 243-253.

Bahlburg H, Dobrzinski N. 2011. A review of the chemical index of alternation (CIA) and its application to the study of Neoproterozoic glacial deposits and climate transitions. In: Arnaud E, Halverson G P, Shileds-Zhou G (eds). The Geological Record of Neoprterozoic Glaciations. London: Geological Society, Memoirs, 36: 81-92.

Bao H, Lyons J R, Zhou C. 2008. Triple oxygen isotope evidence for elevated CO_2 levels after a Neoproterozoic glaciation. Nature, 453: 504-506.

Bao X J, Zhang S H, Jiang G Q, Wu H C, Li H Y, Wang X Q, An Z Z, Yang T S. 2018. Cyclostratigraphic constraints on the duration of the Datangpo Formation and the onset age of the Nantuo (Marinoan) glaciation in South China. Earth and Planetary Science Letters, 483: 52-63.

Bowring S A, Grotzinger J P, Condon D J, Ramezani J, Newall M J, Allen P A. 2007. Geochronologic constraints on the chronostratigraphic framework of the Neoproterozoic Huqf Supergroup, Sultanate of Oman. American Journal of Science, 307(10): 1097-1145.

Bristow T F, Kennedy M J, Derkowski A, Droser M L, Jiang G, Creaser R A. 2009. Mineralogical constraints on the paleoenvironments of the Ediacaran Doushantuo Formation. Proceedings of the National Academy of Sciences of the United States of America, 106: 13190-13195.

Bristow T F, Bonifacie M, Derkowski A, Eiler J M, Grotzinger J P. 2011. A hydrothermal origin for isotopically anomalous cap dolostone cements from South China. Nature, 274: 68-71.

Busigny V, Planavsky N J, Goldbaum E, Lechte M A, Feng L J, Lyons T W. 2018. Origin of the Neoproterozoic Fulu iron formation, South China: insights from iron isotopes and rare earth element patterns. Geochimica et Cosmochimica Acta, 242: 123-142.

Butterfield N J. 2011. Animals and the invention of the Phanerozoic Earth system. Trends in Ecology and Evolution, 26: 81-87.

Cai Y P, Hua H, Xiao S H, Schiffbauer J D, Li P. 2010. Biostratinomy of the Late Ediacaran pyritized Gaojiashan Lagerstätte from southern Shaanxi, South China: importance of event deposits. Palaios, 25(8): 487-506.

Cai Y P, Xiao S H, Li G X, Hua H. 2019. Diverse biomineralizing animals in the terminal Ediacaran Period herald the Cambrian explosion. Geology, 47(4): 380-384.

Chen J Y, Oliveri P, Li C W, Zhou G Q, Gao F, Hagadorn J W, Peterson K J, Davidso E H. 2000. Precambrian animal diversity: putative phosphatized embryos from the Doushantuo Formation of China. Proceedings of the National Academy of Sciences of the United States of America, 97: 4457-4462.

Chen J Y, Bottjer D J, Oliveri P, Dornbos S Q, Gao F, Ruffins S, Chi H M, Li C W, Davidson E H. 2004. Small bilaterian fossils from 40 to 55 million years before the Cambrian. Science, 305: 218-222.

Chen J Y, Bottjer D J, Davidson E H, Dornbos S Q, Gao X, Yang Y H, Li C W, Li G, Wang X Q, Xian D C, Wu H J, Hwu Y K, Tafforeau P. 2006. Phosphatized polar lobe-forming embryos from the Precambrian of Southwest China. Science, 312: 1644-1646.

Chen J Y, Bottjer D J, Li G, Hadfield M G, Gao F, Cameron A R, Zhang C Y, Xian D C, Tafforeau P, Liao X, Yin Z J. 2009. Complex embryos displaying bilaterian characters from Precambrian Doushantuo phosphate deposits, Weng'an, Guizhou, China. Proceedings of the National Academy of Sciences of the United States of America, 106: 19056-19060.

Chen Z, Zhou C M, Xiao S H, Wang W, Guan C G, Hua H, Yuan X L. 2014. New Ediacaran fossils preserved in marine limestone and their ecological implications. Scientific Reports, 4(1): 1-10.

Chen Z, Chen X, Zhou C M, Yuan X L, Xiao S H. 2018. Late Ediacaran trackways produced by bilaterian animals with paired appendages. Science Advances, 4(6): eaao6691.

Chen Z, Zhou C M, Yuan X L, Xiao S H. 2019. Death march of a segmented and trilobate bilaterian elucidates early animal evolution. Nature, 573(7774): 412-415.

Cheng M, Li C, Chen X, Zhou L, Algeo T J, Ling H F, Feng L J, Jin C S. 2018. Delayed Neoproterozoic oceanic oxygenation: evidence from Mo isotopes of the Cryogenian Datangpo Formation. Precambrian Research, 319: 187-197.

Condon D, Zhu M Y, Bowring S, Wang W, Yang A H, Jin Y G. 2005. U-Pb ages from the Neoproterozoic Doushantuo Formation, China. Science, 308: 95-98.

Cui H, Kaufman A J, Xiao S H, Zhou C M, Liu X M. 2017. Was the Ediacaran Shuram Excursion a globally synchronized early diagenetic event? Insights from methane-derived authigenic carbonates in the uppermost Doushantuo Formation, South China.

Chemical Geology，450：59-80.

Darroch S A F，Smith E F，Laflamme M，Erwin D E. 2018. Ediacaran extinction and Cambrian explosion. Trend in Ecology and Evolution，33：653-663.

Ding Y，Li Z W，Liu S G，Song J M，Zhou X Q，Sun W，Zhang X H，Li S J，Ran B，Peng H L，Li Z Q，Wang H，Chen D Z. 2021. Sequence stratigraphy and tectono-depositional evolution of a late Ediacaran epeiric platform in the upper Yangtze area，South China. Precambrian Research，354：106077.

Dobrzinski N，Bahlburg H，Strauss H，Zhang Q R. 2004. Geochemical climate proxies applied to the Neoproterozoic glacial succession on the Yangtze Platform，South China. In：Jenkins G，McMaenamin M，McKay C P，Sohl L（eds）. The Extreme Proterozoic：Geology，Geochemistry and Climate. American Geophysical Union Monograph Series，146：13-32.

Du Q D，Wang Z J，Wang J，Qiu Y S，Jiang X S，Deng Q，Yang F. 2013. Geochronology and paleoenvironment of the pre-Sturtian glacial strata：evidence from the Liantuo Formation in the Nanhua rift basin of the Yangtze Block，South China. Precambrian Research，233：118-131.

Erwin D H，Valentine J W. 2013. The Cambrian Explosion：the Construction of Animal Biodiversity. Greenwood Village，Colorado：Roberts and Company Publisher.

Erwin D H，Laflamme M，Tweedt S M，Sperling E A，Pisani D，Peterson K J. 2011. The Cambrian conundrum：early divergence and later ecological success in the early history of animals. Science，334：1091-1097.

Furuyama S，Kano A，Kunimitsu Y，Ishikawa T，Wang W. 2016. Diagenetic overprint to a negative carbon isotope anomaly associated with the Gaskiers glaciation of the Ediacaran Doushantuo Formation in South China. Precambrian Research，276：110-122.

Gaidos E，Dubuc T，Dunford M，Mcandrew P，Padilla-Ganino J，Studer B，Weersing K，Stanley S. 2007. The Precambrian emergence of animal life：a geobiological perspective. Geobiology，5：351-373.

Gao Y P，Zhang X L，Zhang G J，Chen K F，Shen Y A. 2018. Ediacaran negative C-isotopic excursions associated with phosphogenic events：evidence from South China. Precambrian Research，307：218-228.

Gong Z，Li M S. 2020. Astrochronology of the Ediacaran Shuram carbon isotope excursion，Oman. Earth and Planetary Science Letters，547：116462.

Gong Z，Kodama K P，Li Y X. 2017. Rock magnetic cyclostratigraphy of the Doushantuo Formation，South China and its implications for the duration of the Shuram carbon isotope excursion. Precambrian Research，289：62-74.

Gong Z，Kodam K P，Li Y X. 2019. Paleomagnetism and rock magnetic cyclostratigraphy of the Ediacaran Doushantuo Formation，South China：constraints on the remagnetization mechanism and the encoding process of Milankovitch cycles. Palaeogeography，Palaeoclimatology，Palaeoecology，528：232-246.

Gradstein F M，Ogg J G，Schmitz M D，Ogg G M. 2012. The Geologic Time Scale 2012. Oxford：Elsevier.

Gradstein F M，Ogg J G，Schmitz M D，Ogg G M. 2020. The Geologic Time Scale 2020. Oxford：Elsevier.

Hoffman P F，Schrag D P. 2002. The snowball Earth hypothesis：testing the limits of global change. Terra Nova，14：129-155.

Hoffman P F，Kaufman A J，Halverson G P，Schrag D P. 1998. A Neoproterozoic snowball Earth. Science，281：1342-1346.

Hoffman P F，Abbot D S，Ashkenazy Y，Benn D I，Brocks J J，Cohen P A，Cox G M，Creveling J R，Donnadieu Y，Erwin D H，Fairchild IJ，Ferreira D，Goodman J C，Halverson G P，Jansen M F，Le Hir，G，Love G D，Macdonald F A，Maloof A C，Partin C A，Ramstein G，Rose B E J，Rose C V，Sadler P M，Tziperman E，Voigt A，Warren S G. 2017. Snowball Earth climate dynamics and Cryogenian geology-geobiology. Science Advances，3：e1600983.

Hu C L，Zhu M Y. 2020. Lithofacies and glacio-tectonic deformation structures of the Tiesi'ao/Dongshanfeng Formation on the Yangtze Craton，South China：implications for Sturtian glaciation dynamics. Palaeogeography，Palaeoclimatology，Palaeoecology，538：109481.

Hu M Y，Gao D，Wei G Q，Yang W Q，Xie W R. 2019. Sequence stratigraphy and facies architecture of a mound-shoal-dominated dolomite reservoir in the Late Ediacaran Dengying Formation，central Sichuan Basin，SW China. Geological Journal，54（3）：1653-1671.

Huang K J，Teng F Z，Shen B，Xiao S H，Lang X G，Ma H R，Fu Y，Peng Y B. 2016. Episode of intense chemical weathering during the termination of the 635 Ma Marinoan glaciation. Proceedings of the National Academy of Sciences，113（52）：14904-14909.

Jiang G Q，Kennedy M J，Christie-Blick N. 2003. Stable isotopic evidence for methane seeps in Neoproterozoic postglacial cap carbonates. Nature，426：822-826.

Jiang G Q，Kaufman A J，Christie-Blick N，Zhang S H，Wu H C. 2007. Carbon isotope variability across the Ediacaran Yangtze Platform in South China：implications for a large surface-to-deep ocean $\delta^{13}C$ gradient. Earth and Planetary Science Letters，261（1-2）：303-320.

Jiang G Q，Shi X Y，Zhang S H，Wang Y，Xiao S H. 2011. Stratigraphy and paleogeography of the Ediacaran Doushantuo Formation (ca. 635-551 Ma) in South China. Gondwana Research,19: 831-849.

Knauth L P. 2005. Temperature and salinity history of the Precambrian ocean: implications for the course of microbial evolution. Palaeogeography, Palaeoclimatology, Palaeoecology,219: 53-69.

Knoll A H, Walter M R, Narbonne G M, Christie-Blick N. 2004. A new period for the geologic time scale. Science,305: 621-622.

Komiya T, Hirata T, Kitajima K, Yamamoto S, Shibuya T, Sawaki Y, Ishikawa T, Shu D, Li Y, Han J. 2008. Evolution of the composition of seawater through geologic time, and its influence on the evolution of life. Gondwana Research,14: 159-174.

Lambert I B, Walter M R, Zhang W, Lu S N, Ma G G. 1987. Paleoenvironment and carbon isotope stratigraphy of Upper Proterozoic carbonates of the Yangtze Platform. Nature,325: 140-142.

Lan Z W, Li X H, Zhu M Y, Chen Z Q, Zhang Q R, Li Q L, Lu D B, Liu Y, Tang G Q. 2014. A rapid and synchronous initiation of the wide spread Cryogenian glaciations. Precambrian Research,255: 401-411.

Lan Z W, Li X H, Zhu M Y, Zhang Q R, Li Q L. 2015. Revisiting the Liantuo Formation in Yangtze Craton, South China: SIMS U-Pb zircon age constraints and regional and global significance. Precambrian Research,263: 123-141.

Lan Z W, Huyskens M H, Lu K, Li X H, Zhang G Y, Lu D B, Yin Q Z. 2020. Toward refining the onset age of Sturtian glaciation in South China. Precambrian Research,338: 105555.

Lang X G, Chen J T, Cui H, Man L, Huang K J, Fu Y, Zho, C M, Shen B. 2018a. Cyclic cold climate during the Nantuo glaciation: evidence from the Cryogenian Nantuo Formation in the Yangtze Craton, South China. Precambrian Research,310: 243-255.

Lang X G, Shen B, Peng Y B, Xiao S H, Zhou C M, Bao H M, Kaufman A J, Huang K J, Crockford P W, Liu Y G, Tang W B, Ma H R. 2018b. Transient marine euxinia at the end of the terminal Cryogenian glaciation. Nature Communications,9(1): 1-8.

Lee L S, Chao Y T. 1924. Geology of the Gorge district of the Yangtze (from Ichang to Tzekuei) with special reference to the development of the Gorges. Bulletin of the Geological Society of China,3(3-4): 351-391.

Li C, Love G D, Lyons T W, Fike D A, Sessions A L, Chu X L. 2010. A stratified redox model for the Ediacaran ocean. Science,328: 80-83.

Li C, Zhu M Y, Chu X L. 2016. Preface: atmospheric and oceanic oxygenation and evolution of early life on Earth: new contributions from China. Journal of Earth Science,27(2): 167-169.

Li C W, Chen J Y, Hua T E. 1998. Precambrian sponges with cellular structures. Science,279: 879-882.

Li X H, Li W X, Li Z X, Lo C H, Wang J, Ye M F, Yang Y H. 2009. Amalgamation between the Yangtze and Cathaysia Blocks in South China: constraints from SHRIMP U-Pb zircon ages, geochemistry and Nd-Hf isotopes of the Shuangxiwu volcanic rocks. Precambrian Research,174: 117-128.

Li Y Q, He D F, Li D, Li S J, Wo Y J, Li C X, Huang H Y. 2020. Ediacaran (Sinian) palaeogeographic reconstruction of the Upper Yangtze area, China, and its tectonic implications. International Geology Review,62(12): 1485-1509.

Li Z X, Bogdanova S V, Collins A S, Davidson A, De Waele B, Ernst R E, Fitzsimons I C W, Fuck R A, Gladkochub D P, Jacobs J, Karlstrom K E, Lu S, Natapov L M, Pease V, Pisarevsky S A, Thrane K, Vernikovsky V. 2008. Assembly, configuration, and break-up history of Rodinia: a synthesis. Precambrian Research,160: 179-210.

Li Z X, Evans D A D, Halverson G P. 2013. Neoproterozoic glaciations in a revised global palaeogeography from the breakup of Rodinia to the assembly of Gondwanaland. Sedimentary Geology,294: 219-232.

Liang D D, Cai Y P, Nolan M, Xiao S H. 2020. The terminal Ediacaran tubular fossil Cloudina in the Yangtze Gorges area of South China. Precambrian Research,351: 105931.

Liu P J, Moczydłowska M. 2019. Ediacaran microfossils from the Doushantuo Formation chert nodules in the Yangtze Gorges area, South China, and new biozones. Fossils and Strata,65: 1-172.

Liu P J, Yin C Y, Gao L Z, Tang F, Chen S M. 2009. New material of microfossils from the Ediacaran Doushantuo Formation in the Zhangcunping area, Yichang, Hubei Province and its zircon SHRIMP U-Pb age. Chinese Science Bulletin,54(6): 1058-1064.

Liu P J, Yin C Y, Chen S M, Tang F, Gao L Z. 2013. The biostratigraphic succession of acanthomorphic acritarchs of the Ediacaran Doushantuo Formation in the Yangtze Gorges area, South China and its biostratigraphic correlation with Australia. Precambrian Research,225: 29-43.

Liu P J, Chen S M, Zhu M Y, Li M, Yin C Y, Shang X D. 2014a. High-resolution biostratigraphic and chemostratigraphic data from the Chenjiayuanzi section of the Doushantuo Formation in the Yangtze Gorges area, South China: implication for subdivision and global correlation of the Ediacaran System. Precambrian Research,249: 199-214.

Liu P J, Xiao S H, Yin C Y, Chen S M, Zhou C M, Li M. 2014b. Ediacaran acanthomophic acritarchs and other microfossils from chert nodules of the upper Doushantuo Formation in the Yangtze Gorges area, South China. Journal of Paleontology,88(SP72): 1-139.

Liu P J, Li X H, Chen S M, Lan Z W, Yang B, Shang X D, Yin C Y. 2015. New SIMS U-Pb zircon age and its constraint on the beginning of the Nantuo glaciation. Science Bulletin,60: 958-963.

Love G D, Grosjean E, Stalvies C, Fike D A, Grotzinger J P, Bradley A S, Kelly A E, Bhatia M, Meredith W, Snape C E, Bowring S A, Condon D J, Summons R E. 2009. Fossil steroids record the appearance of Demospongiae during the Cryogenian. Nature, 457 (7230): 718-723.

Lu M,Zhu M Y,Zhao F C. 2012. Revisiting the Tianjiayuanzi section—the stratotype section of the Ediacaran Doushantuo Formation, Yangtze Gorges,South China. Bulletin of Geosciences,87: 183-194.

Lu M,Zhu M Y,Zhang J M,Shields G A,Li G X,Zhao F C,Zhao X. Zhao M J. 2013. The DOUNCE event at the top of the Ediacaran Doushantuo Formation of South China: wide stratigraphic occurrence and non-diagenetic origin. Precambrian Research, 225: 86-109.

Luo B,Yang Y M,Luo W J,Wen L,Wang W Z,Chen K. 2017. Controlling factors of Dengying Formation reservoirs in the central Sichuan paleo-uplift. Petroleum Research,2(1): 54-63.

Lyons T W,Reinhard C T,Planavsky N J. 2014. The rise of oxygen in Earth's early ocean and atmosphere. Nature,506: 307-315.

Macdonald F A,Schmitz M D,Crowley J L,Roots C F,Jones D S,Maloof A C,Strauss J V,Cohen P A,Johnston D T,Schrag D P. 2010. Calibrating the Cryogenian. Science,327(5970): 1241-1243.

Maruyama S,Sawaki Y,Ebisuzaki T,Ikoma M,Omori S,Komabayashi T. 2014. Initiation of leaking Earth: an ultimate trigger of the Cambrian explosion. Gondwana Research,25(3): 910-944.

McFadden K A,Huang J,Chu X,Jiang G,Kaufman A J,Zhou C,Yuan X,Xiao S. 2008. Pulsed oxidation and biological evolution in the Ediacaran Doushantuo Formation. Proceedings of the National Academy of Sciences of the United States of America,105: 3197-3202.

McFadden K A,Xiao S,Zhou C,Kowalewski M. 2009. Quantitative evaluation of the biostratigraphic distribution of acanthomorphic acritarchs in the Ediacaran Doushantuo Formation in the Yangtze Gorges area,South China. Precambrian Research,173: 170-190.

Murphy M A, Salvador A. 1999. International subcommission on stratigraphic classification of IUGS international commission on stratigraphy-international stratigraphic guide-an abridged version. Episodes, 22(4): 255-271.

Peng X,Zhu X K,Shi F Q,Yan B,Zhang F F,Zhao N N,Peng P A,Li J,Wang D,Shields G A. 2019. A deep marine organic carbon reservoir in the non-glacial Cryogenian ocean (Nanhua Basin, South China) revealed by organic carbon isotopes. Precambrian Research,321: 212-220.

Plumb K A. 1991. New Precambrian time scale. Episodes,14(2): 139-140.

Plumb K A, James H L. 1986. Subdivision of Precambrian time: recommendations and suggestions by the Subcommission on Precambrian Stratigraphy. Precambrian Research,32(1): 65-92.

Pu J P,Bowring S A,Ramezani J,Myro,P,Raub T D,Landing E,Mills A,Hodgin E,Macdonald F A. 2016. Dodging snowballs: geochronology of the Gaskiers glaciation and the first appearance of the Ediacaran biota. Geology,44(11): 955-958.

Qu H J,Li P,Dong Y P,Yang B,Chen S,Han X,Wang K,He M. 2020. Development and distribution rules of the main Neoproterozoic source and reservoir strata in the Yangtze Craton,southern China. Precambrian Research,350: 105915.

Rooney A D,Yang C,Condon D J,Zhu M Y,Macdonald F A. 2020. U-Pb and Re-Os geochronology tracks stratigraphic condensation in the Sturtian snowball Earth aftermath. Geology,48(6): 625-629.

Sahoo S K,Planavsky N J,Kendall B,Wang X Q,Shi X Y,Scott C,Anbar A D,Lyons T W,Jiang G Q. 2012. Ocean oxygenation in the wake of the Marinoan glaciation. Nature,489: 546-549.

Sawaki Y,Ohno T,Tahata M,Komiya T,Hirata T,Maruyama S,Windley B,Han J,Shu D G,Li Y. 2010. The Ediacaran radiogenic Sr isotope excursion in the Doushantuo Formation in the Three Gorges area,South China. Precambrian Research,176(1-4): 46-64.

Shields G A,Mills B J,Zhu M Y,Raub T D,Daines S J,Lenton T M. 2019. Unique Neoproterozoic carbon isotope excursions sustained by coupled evaporite dissolution and pyrite burial. Nature Geoscience,12(10): 823-827.

Shields-Zhou G A,Och L. 2011. The case for a Neoproterozoic oxygenation event: geochemical evidence and biological consequences. GSA Today,21: 4-11.

Shields-Zhou G A,Hill A C,Macgabhann B A. 2012. Chapter 17: the Cryogenian Period. In: Gradstein F M,Ogg J G,Schmitz M D (eds). The Geologic Time Scale 2012. Oxford: Elsevier: 399-411.

Shields-Zhou G A,Porter S,Halverson G P. 2016. A new rock-based definition for the Cryogenian Period (circa 720-635 Ma). Episodes,39(1): 3-8.

Smith M P,Harper D A T. 2013. Causes of the Cambrian explosion. Nature,341: 1355-1356.

Song G Y,Wang X Q,Shi X Y,Jiang G Q. 2017. New U-Pb age constraints on the upper Banxi Group and synchrony of the Sturtian glaciation in South China. Geoscience Frontiers,8: 1161-1173.

Sui Y,Huang C J,Zhang R,Wang Z X,Ogg J,Kemp D B. 2018. Astronomical time scale for the lower Doushantuo Formation of Early Ediacaran,South China. Science Bulletin,63(22): 1485-1494.

Sui Y,Huang C J,Zhang R,Wang Z X,Ogg J. 2019. Astronomical time scale for the middle-upper Doushantuo Formation of Ediacaran in South China: implications for the duration of the Shuram/Wonoka negative $\delta^{13}C$ excursion. Palaeogeography,Palaeoclimatology, Palaeoecology,532: 109273.

Tahata M,Ueno Y,Ishikawa T,Sawaki Y,Murakami K,Han J,Shu D G,Li Y,Guo J F,Yoshida N. 2013. Carbon and oxygen isotope chemostratigraphies of the Yangtze Platform,South China: decoding temperature and environmental changes through the Ediacaran. Gondwana Research,23(1): 333-353.

Tan Z Z,Jia W l,Li J,Yin L,Wang S S,Wu J X,Song J Z. Peng P A. 2021. Geochemistry and molybdenum isotopes of the basal Datangpo Formation: implications for ocean-redox conditions and organic matter accumulation during the Cryogenian interglaciation. Palaeogeography,Palaeoclimatology,Palaeoecology,563: 110169.

Van Iten H,Leme J M,Pacheco M L,Simões M G,Fairchild T R,Rodrigues F,Galante D,Boggiani P C,Marques A C. 2016. Origin and early diversification of phylum Cnidaria: key macrofossils from the Ediacaran System of North and South America. In: Goffredo S,Dubinsky Z (eds). The Cnidaria,Past,Present and Future. Cham Switzerland: Springer:31-40.

Vernhet E,Heubeck E C,Zhu M Y,Zhang J M,2007. Stratigraphic reconstruction of the Ediacaran Yangtze Platform margin (Hunan Province,China) from margin-originated large-scale olistolith. Palaeogeography,Palaeoclimatology,Palaeoecology,254: 123-139.

Wang D,Zhu X K,Zhao N N,Yan B,Li X H,Shi F Q,Zhang F F. 2019. Timing of the termination of Sturtian glaciation: SIMS U-Pb zircon dating from South China. Journal of Asian Earth Sciences,177: 287-294.

Wang J,Li Z X. 2003. History of Neoproterozoic rift basins in South China: implications for Rodinia break-up. Precambrian Research, 122: 141-158.

Wang J,Deng Q,Wang Z J,Qiu Y S,Duan T Z,Jiang X S,Yang Q X. 2013. New evidences for sedimentary attributes and timing of the "Macaoyuan conglomerates" on the northern margin of the Yangtze Block in southern China. Precambrian Research,235: 58-57.

Wang X C,Li X H,Li Z X,Li Q L,Tang G Q,Gao Y Y,Zhang Q R,Liu Y. 2012. episodic Precambrian crust growth: Evidence from U-Pb ages and Hf-O isotopes of zircon in the Nanhua Basin,central South China. Precambrian Research,222-223: 386-403.

Wang X L,Shu L X,Xing G F,Zhou J C,Tang M,Shu X J,Qi L,Hu Y H,2012. Post-orogenic extension in the eastern part of the Jiangnan Orogen: evidence from ca. 800−760 Ma volcanic rocks. Precambrian Research,222-223: 404-423.

Wang Y J,Zhang A M,Cawood P A,Zhang Y Z,Fan W M,Zhang G W. 2013. Geochronological and geochemical fingerprinting of an early Neoproterozoic arc-back-arc system in South China and its accretionary assembly along the margin of Rodinia. Precambrian Research,231: 343-371.

Wang Z,Wang J S,Suess E,Wang G Z,Chen C,Xiao S H. 2017. Silicified glendonites in the Ediacaran Doushantuo Formation (South China) and their potential paleoclimatic implications. Geology,45(2): 115-118.

Wang Z,Chen C,Wang J S,Suess E,Chen X H,Ma X C,Wang G Z,Xiao S H. 2020. Wide but not ubiquitous distribution of glendonite in the Doushantuo Formation,South China: implications for Ediacaran climate. Precambrian Research,338: 105586.

Wang Z C,Zhao W Z,Hu S Y,Xu A N,Jiang Q C,Jiang Q C,Huan S P,Li Q F. 2017. Control of tectonic differentiation on the formation of large oil and gas fields in craton basins: a case study of Sinian-Triassic of the Sichuan Basin. Natural Gas Industry B, 4(2): 141-155.

Wei W,Wang D,Li D,Ling H F,Chen X,Wei G Y,Zhang F F,Zhu X K,Yan B. 2016. The marine redox change and nitrogen cycle in the Early Cryogenian interglacial time: evidence from nitrogen isotopes and Mo contents of the basal Datangpo Formation, northeastern Guizhou,South China. Journal of Earth Science,27(2): 233-241.

Wei W,Frei R,Klaebe R,Li D,Wei G Y,Ling H F. 2018. Redox condition in the Nanhua Basin during the waning of the Sturtian glaciation: a chromium-isotope perspective. Precambrian Research,319: 198-210.

Wood R,Liu A G,Bowyer F,Wilby P R,Dunn F S,Kenchington C G,Cuthill J F H,Mitchell E G,Penny A. 2019. Integrated records of environmental change and evolution challenge the Cambrian Explosion. Nature Ecology and Evolution,3: 528-538.

Xiao D,Cao J,Luo B,Tan X C,Xiao W J,He Y,Li K Y. 2020. Neoproterozoic postglacial paleoenvironment and hydrocarbon potential: a review and new insights from the Doushantuo Formation Sichuan Basin,China. Earth-Science Reviews,212: 103453.

Xiao S H,Zhang Y,Knoll A H. 1998. Three-dimensional preservation of algae and animal embryos in a Neoproterozoic phosphorite. Nature,391: 553-558.

Xiao S H,Yuan X L,Knoll A H. 2000. Eumetazoan fossils in terminal Proterozoic phosphorites? Proceedings of the National Academy of Sciences of the United States of America,97: 13684-13689.

Xiao S H,Narbonne G M,Zhou C M,Laflamme M,Grazhdankin D V,Moczydłowska M,Cui H. 2016. Towards an Ediacaran time scale: problems, protocols, and prospects. Episodes, 39(4): 540-555.

Xiao S H, Chen Z, Pang K, Zhou C M, Yuan X L. 2021. The Shibantan Lagerstätte: insights into the Proterozoic-Phanerozoic transition. Journal of the Geological Society, 178(1): jgs2020-135.

Yan B, Shen W B, Zhao N N, Zhu X K. 2020. Constraints on the nature of the Marinoan glaciation: cyclic sedimentary records from the Nantuo Formation, South China. Journal of Asian Earth Sciences, 189: 104137.

Yang C, Li X H, Zhu M Y, Condon D J. 2017a. SIMS U-Pb zircon geochronological constraints on upper Ediacaran stratigraphic correlations, South China. Geological Magazine, 154(6): 1202-1216.

Yang C, Zhu M Y, Condon D J, Li X H. 2017b. Geochronological constraints on stratigraphic correlation and oceanic oxygenation in Ediacaran-Cambrian transition in South China. Journal of Asian Earth Sciences, 140: 75-81.

Ye Y T, Wang H J, Zhai L N, Wang X M, Wu C D, Zhang S C. 2018. Contrasting Mo-U enrichments of the basal Datangpo Formation in South China: implications for the Cryogenian interglacial ocean redox. Precambrian Research, 315: 66-74.

Yin L M, Zhu M Y, Knoll A H, Yuan X L, Zhang J M, Hu J. 2007. Doushantuo embryos preserved inside diapause egg cysts. Nature, 446: 661-663.

Yin Z J, Zhu M Y, Davidson E H, Bottjer D J, Zhao F C, Tafforeau P. 2015. Sponge grade body fossil with cellular resolution dating 60 Myr before the Cambrian. Proceedings of the National Academy of Sciences of the United States of America, 112(12): E1453-E1460.

Yu W C, Algeo T J, Du Y S, Maynard B, Guo H, Zhou Q, Peng T P, Wang P, Yuan L J. 2016. Genesis of Cryogenian Datangpo manganese deposit: hydrothermal influence and episodic post-glacial ventilation of Nanhua Basin, South China. Palaeogeography, Palaeoclimatology, Palaeoecology, 459: 321-337.

Yuan X L, Chen Z, Xiao S H, Zhou C M, Hua H. 2011. An early Ediacaran assemblage of macroscopic and morphologically differentiated eukaryotes. Nature, 470: 390-393.

Zhang F F, Zhu X K, Yan B, Kendall B, Peng X, Li J, Algeo T J, Romaniello S. 2015. Oxygenation of a Cryogenian ocean (Nanhua Basin, South China) revealed by pyrite Fe isotope compositions. Earth and Planetary Science Letters, 429: 11-19.

Zhang Q R, Chu X L, Bahlburg H, Feng L J, Dobrzinski N, Zhang T G. 2003 The stratigraphic architecture of the Neoproterozoic glacial rocks in "Xiang-Qian-Gui" region of the central Yangtze Block, South China. Progress in Natural Science, 13(10): 783-787.

Zhang Q R, Li X H, Feng L J, Huang J, Song B. 2008. A new age constraint on the onset of the Neoproterozoic glaciations in the Yangtze Platform, South China. Journal of Geology, 116: 423-429.

Zhang Q R, Chu X L, Feng L J. 2011. Neoproterozoic glacial records in the Yangtze Region, China. In: Arnaud E, Halverson G P, Shields-Zhou G A (eds). The Geological Record of Neoproterozoic Glaciations. London: Geological Society, Memoirs, 36: 357-366.

Zhang S H, Jiang G Q, Han Y G. 2008. The age of the Nantuo Formation and Nantuo glaciation in South China. Terra Nova, 20: 289-294.

Zhang X L, Shu D G, Han J, Zhang Z F, Liu J N, Fu D J. 2014. Triggers for the Cambrian explosion: hypotheses and problems. Gondwana Research, 25(3): 896-909.

Zhao G C, Wang Y J, Huang B C, Dong Y P, Li S Z, Zhang G W, Yu S. 2018. Geological reconstructions of the East Asian blocks: from the breakup of Rodinia to the assembly of Pangea. Earth-Science Reviews, 186: 262-286.

Zhao W Z, Wei G Q, Yang W, Mo W L, Xie W R, Su N, Liu M C, Zeng F Y, Wu S J. 2017. Discovery of Wanyuan-Dazhou Intracratonic Rift and its significance for gas exploration in Sichuan Basin, SW China. Petroleum Exploration and Development, 44(5): 697-707.

Zhou C M, Xiao S H. 2007. Ediacaran δ^{13}C chemostratigraphy of South China. Chemical Geology, 237: 89-108.

Zhou C M, Tucker R, Xiao S H, Peng Z X, Yuan X L, Chen Z. 2004. New constraints on the ages of Neoproterozoic glaciations in South China. Geology, 32: 437-440.

Zhou C M, Xie G W, McFadden K, Xiao S H, Yuan X L. 2007. The diversification and extinction of Doushantuo-Pertatataka acritarchs in South China: causes and biostratigraphic significance. Geological Journal, 42: 229-262.

Zhou C M, Li X H, Xiao S H, Lan Z W, Ouyang Q, Guan C G, Chen Z. 2017a. A new SIMS zircon U-Pb date from the Ediacaran Doushantuo Formation: age constraint on the Weng'an biota. Geological Magazine, 154(6): 1193-1201.

Zhou C M, Xiao S H, Wang W, Guan C G, Ouyang Q, Chen Z. 2017b. The stratigraphic complexity of the middle Ediacaran carbon isotopic record in the Yangtze Gorges area, South China, and its implications for the age and chemostratigraphic significance of the Shuram excursion. Precambrian Research, 288: 23-38.

Zhou C M, Huyskens M H, Lang X G, Xiao S H, Yin Q Z. 2019a. Calibrating the terminations of Cryogenian global glaciations.

Geology,47(3):251-254.

Zhou C M,Yuan X L,Xiao S H,Chen Z,Hua H. 2019b. Ediacaran integrative stratigraphy and timescale of China. Science China Earth Sciences,62(1):7-24.

Zhou J B,Li X H,Ge W,Li Z X. 2007. Age and origin of middle Neoproterozoic mafic magmatism in southern Yangtze Block and relevance to the break-up of Rodinia. Gondwana Research,12:184-197.

Zhou M Z,Luo T Y,Huff W D,Yang Z Q,Zhou G H,Gan T,Yang H,Zhang D. 2018. Timing the termination of the Doushantu negative carbon isotope excursion:evidence from U-Pb ages from the Dengying and Liuchapo Formations,South China. Science Bulletin,63(21):1431-1438.

Zhu M Y,Strauss H,Shields G A. 2007a. From Snowball Earth to the Cambrian bioradiation:calibration of Ediacaran-Cambrian Earth history in South China. Palaeogeography,Palaeoclimatology,Palaeoecology,254:1-6.

Zhu M Y,Zhang J M,Yang A H. 2007b. Integrated Ediacaran (Sinian)chronostratigraphy of South China. Palaeogeography,Palaeoclimatology,Palaeoecology,254:7-61.

Zhu M Y,Gehling J G,Xiao S H,Zhao Y L,Droser M L. 2008. An eight-armed Ediacara fossil preserved in contrasting taphonomic windows from China and Australia. Geology,36:867-870.

Zhu M Y,Lu M,Zhang J M,Zhao F C,Li G X,Zhao X,Zhao M J. 2013. Carbon isotope chemostratigraphy and sedimentary facies evolution of the Ediacaran Doushantuo Formation in western Hubei,South China. Precambrian Research,225:7-28.

Zhu X K,Sun J,Li Z H. 2019. Iron isotopic variations of the Cryogenian banded iron formations:a new model. Precambrian Research,331:105359.

第6章 前寒武纪烃源层特征
与发育背景浅析

彭平安，贾望鲁，陈　键

中国科学院广州地球化学研究所，有机地球化学国家重点实验室，广州，510640

摘　要： 前寒武纪烃源岩在世界各地均有分布，主要集中在 2.7～2.6 Ga、约 2.0 Ga、1.6～1.4 Ga、约 1.0 Ga、0.7～0.6 Ga 以及 0.6～0.5 Ga 等地质时代。烃源岩的特征与微生物的演化（包括水生蓝细菌和真核藻类）以及有机质的选择性保存作用有关。真核藻类出现并占据生态系统主导地位可能促进倾油型烃源岩的形成，地质过程（包括陆壳风化作用、火山以及冰川活动）也是大规模烃源岩发育的主控因素。一般认为有机质热降解作用是控制前寒武纪烃源岩有效性的最为重要的因素之一，因此系统而准确地研究成熟度对评价其油气潜力至关重要。由于前寒武纪烃源岩普遍缺乏宏体化石，生物标志物（即分子化石）是示踪前寒武纪微生物类型的有力工具。例如，根据特定的生物标志物可以将硫酸盐还原细菌和绿硫细菌的最早出现时间追溯到 1.64 Ga。前寒武纪地层生物标志物的多样性为油源对比奠定了基础。例如，通过 $13\alpha($正烷基$)$-三环萜烷、C_{19} A-降甾烷分别确定了下马岭组沥青砂岩与阿曼原油的母源。研究还显示，前寒武纪地层的有机碳同位素组成与显生宙明显不同。尽管前寒武纪生物标志物研究已经取得了巨大的进展，但这些化合物含量极低，从而引发了有关前寒武纪有机质原生性的争论。随着分析技术的进步，相信这一问题会得到最终解决。

关键词： 前寒武纪、烃源岩、生物标志物、原生性、发育机制。

6.1　引　言

现今人们业已普遍认同，前寒武纪（隐生宙）的全球沉积环境与显生宙大不相同（Li et al., 2010；Craig et al., 2013）。前寒武纪地质的研究历史已经超过一个世纪，并取得了巨大的进展（Mossman et al., 2005；Zhang et al., 2007；Wang et al., 2008；Frolov et al., 2011；刘岩等，2011；Dutta et al., 2013）。由于时代跨度大以及地质背景特殊，有关前寒武纪烃源岩的有机质来源与演化，仍存在很多尚未解决的科学问题（Brocks et al., 2003a, 2005；Bao et al., 2004；Sherman et al., 2007；Wang et al., 2008；Grosjean et al., 2009）。尽管前寒武纪富含有机质的烃源岩分布广泛，但有效烃源岩的发育机制明显有别于显生宙。从有机质保存的角度看，前寒武纪的海洋具有较低的溶解氧含量或硫酸盐含量（Li et al., 2010；Lyons et al., 2014），抑制了水柱与早期成岩作用中的有机质氧化过程，从而有利于活性有机质（如纤维素、蛋白质等）的保存，并促进了发酵与甲烷生成等生物化学过程。但对于最为重要的类脂化合物等生烃母质而言，活性物质的不完整去除导致其有机质氧含量较高，有机质类型较差。从有机质生产力的角度看，由于前寒武纪海水中溶解铁的含量高于现代海洋（Lyons et al., 2014；Koll and Nowak, 2017），生产力的主要控制因素可能并非氮，而可能是磷。不同时-空尺度的陆壳风化和火山作用是水体营养盐富集的重要制约因素（Condie et al., 2001）。此外，在真核藻类繁盛以前，前寒武纪微生物系统中以蓝细菌为主，也决定了其衍生的有机质性质有别于显生宙（Brocks et al., 2017；Koll and Nowak, 2017）。这些有关前寒武纪烃源岩发育的认识尚停留在推论阶段，需要在今后的工作中加以验证。

前寒武纪地层的油气前景是十分广阔的（Craig et al.，2013），特别是在新元古界中，已经发现了一批大型的油气田。例如，阿曼的宰海班（Dhahaban）油气系统年产油达 30×10^6 t，以及华南扬子地台西部新元古界震旦系灯影组与下寒武统龙王庙组中发现的大型安岳气田。加强前寒武纪烃源岩特征与发育机制的研究，对于前寒武纪地层的油气勘探具有重要的意义。前寒武纪地层烃源层的有机质特征，与当时海洋水体生态系统密切相关，所以，前寒武纪烃源层研究也能为地球早期生命演化提供重要证据。

本章试图总结全球已报道的前寒武纪烃源层地球化学特征，探讨烃源岩的发育机制，并在此基础之上，分析前寒武纪烃源层研究的一些重要问题，希望能为今后前寒武纪烃源层研究提供有用信息。

6.2　全球前寒武纪烃源层的分布及特征

6.2.1　非　　洲

6.2.1.1　南非开普法尔克拉通盆地太古宙烃源层

Buick 等（1998）发现开普法尔（Kaapvaal）克拉通盆地布莱克里夫组（Black Reef Formation；2.59 Ga）和威特沃特斯兰德群（Witwatersrand Group；2.85 Ga）含有大量的焦沥青结核，指示了来自邻近页岩的烃类运移过程。在二者的页岩中总有机碳（TOC）含量分别达 9.1% 和 0.28%，可以作为这些焦沥青结核的烃源岩。Dutkiewicz 等（1998）进一步在这两套地层中发现了含油包裹体，为古老原油聚集提供了令人信服的证据。此外，盆地内德兰士瓦群（Transvaal Group）的纳瓜组（Nauga Formation）与克莱因脑特组（Klein Naute Formation）也发育有 10～100 m 厚度不等的黑色页岩，TOC 含量在 0.1%～12%（平均值 3%；Kendall et al.，2010）。

6.2.1.2　加蓬弗朗斯维尔盆地古元古代烃源层

液态包裹体成分研究显示（Dutkiewicz et al.，2007），弗朗斯维尔（Franceville）克拉通内盆地弗朗斯维尔建造（2.1～1.7 Ga）的 FA 组（2.1 Ga）砂岩包裹体中的油源自上覆地层 FB 组（1.9 Ga）黑色页岩中的有机质。FB 组厚度为 600～1000 m，TOC 含量最高可达 15%（Mossman et al.，2005），可以作为很好的烃源层；但其有机质氢碳原子比 H/C 和氧碳原子比 O/C 非常低，分别为 0.5 与 0.3，表明其成熟度非常高。一般认为，包裹体这种赋存形式能很好保存原生有机质，且避免了后期烃类的污染，是研究前寒武系有机质的良好材料。在这些含油包裹体中，检出了一系列生物标志物（Dutkiewicz et al.，2007），包括低碳数正烷烃、规则甾烷、C_{30} 正丙基胆甾烷、藿烷、重排藿烷、2α-甲基藿烷、伽马蜡烷等，主要指示了蓝细菌的输入贡献。

6.2.2　北　美　洲

6.2.2.1　古元古代烃源层

这个地质时代的北美烃源岩少见报道。据 Mancuso 等（1989）报道，五大湖区 1.9～2.0 Ga 地层中有焦沥青产出，其碳同位素组成（$\delta^{13}C$）值在 -35‰ 至 -31‰，可能为来自古元古代烃源岩衍生的烃类。

6.2.2.2　中部大陆裂谷系中元古代诺内萨奇组烃源层（1.1 Ga）

湖相诺内萨奇组（Nonesuch Formation）烃源岩在北美分布广泛、研究历史悠久（Imbus et al.，1988）。堪萨斯东北一带的赖斯组（Rice Formation）是这一时期典型的烃源层（Newell et al.，1993），TOC 含量可达 2.5%，热解峰顶温度 Tmax 在 440℃ 和 460℃ 之间，表明其热演化程度介于成熟–过成熟阶段。有机岩石学分析结果表明，有机质主要为 I、II 型干酪根，$\delta^{13}C$ 值在 -34‰ 至 -30‰ 之间。利用亚稳态反应监测气相色谱–质谱（Metastable Reaction Monitoring Gas Chromatography-Mass Spectrometry，MRM GC-MS）和气相色谱–串联质谱（Gas Chromatography-Mass Spectrophy/Mass Spectrophy，GC-MS/MS）方法，从这套烃源岩中检出丰富的生物标志物，包括藿烷、2α-甲基藿烷、3β-甲基藿烷，以及微量的规则甾烷与重排甾烷（Pratt et al.，1991）。

6.2.2.3　美国西部新元古代楚尔群沃尔科特段烃源层

楚尔群（Chuar Group）沃尔科特段（Walcott Member）烃源层在美国西北部的犹他州和亚利桑那州广泛分布（Summons et al.，1988），地层年龄为 900~850 Ma。这套烃源层 TOC 含量可达 9%，氢指数（Hydrogen Index，HI）约 255 mg$_\text{烃}$/g$_\text{TOC}$，Tmax 值为 433~449℃（Uphoff，1997），总体上处于生油窗范围内。沃尔科特段烃源层可能是其上覆地层泰皮特斯（Tapeats）砂岩中原油的母源，检出的生物标志物包括甾烷、藿烷、重排藿烷与伽马蜡烷。

6.2.3　澳 大 利 亚

6.2.3.1　皮尔巴拉克拉通太古宙烃源层

皮尔巴拉（Pilbara）克拉通在福尔托库埃群（Fortecue Group；2.75 Ga）、拉拉鲁克组（LallaRookh Formation；3.0 Ga）、莫斯基托克里克组（Mosquito Creak；3.25 Ga）和沃拉乌纳群（Warrawoona Group；3.46 Ga）等多套湖相地层中发现沥青结核。这些沥青很可能源自太古宇页岩（Buick et al.，1998），但这些页岩的有机质成熟度高，TOC 含量低（0.21%~0.32%），能否生成规模性的沥青储量值得怀疑。在拉拉鲁克组和沃拉乌纳群中发现的含油包裹体可能代表了源自太古宇页岩的油气运移产物（Dutkiewicz et al.，1998）。

随后对福尔托库埃群和其上的哈默利斯群（Hamersley Group；2.5 Ga）钻孔岩样的研究（Brocks et al.，1999，2003a，2003b，2003c）揭示高 TOC 含量页岩的存在：福尔托库埃群页岩可达 11.4%，哈默利斯群页岩也高达 7.9%，证明这套烃源层完全可以形成太古宇的大量沥青结核。两套页岩的实测等效镜质组反射率 eqR_o 高达 2.6%，干酪根 H/C 低至 0.1；二者均检测出大量生物标志物，如规则甾烷、藿烷、2α-甲基藿烷、3β-甲基藿烷等，其中 2α-甲基藿烷是蓝细菌的标志物，而 3β-甲基藿烷则是甲烷氧化古菌的标志物。Rasmussen 等（2008）重新评价这些地层中检出的生物标志物，认为甾烷和藿烷主要是 2.2 Ga 后烃类运移的结果。因此，这些新证据否定了这两套地层中生物标志物的原生性，以及产氧光合作用最早出现于 2.7 Ga 前等认识（Brocks et al.，1999，2003a，2003b，2003c）。

6.2.3.2　麦克阿瑟盆地古—中元古代烃源层

麦克阿瑟（McArthur）克拉通内盆地内发育二套烃源层：一是古元古代巴尼克里克组（Barney Creek Formation；1.64 Ga）页岩。钻孔样品数据显示，巴尼克里克组页岩 TOC 含量可达 8%，HI 值高达 500 mg$_\text{烃}$/g$_\text{TOC}$，Tmax 从 435~450℃，是一套富含有机质，并且在中等成熟度范围内的烃源层（Lee and Brocks，2011）。这一地层内产出油苗，是古油藏存在的证据。在这套烃源层内，有机地球化学研究检出大量生物标志物，包括支链烷烃、藿烷、重排藿烷、甾烷等；值得注意的是，还检测出完整的芳基类二烯烷烃化合物，证明当时发生大规模的细菌硫酸盐还原作用的存在，并且其形成的 H$_2$S 已扩散至透光带内（Brocks et al.，2005）。

二是中元古代维尔克里组页岩（Velkerri Formation；1.43 Ga；Crick et al.，1988；Volk et al.，2003）。这套页岩 TOC 含量可达 8%，HI 值变化范围大，最高可达 600 mg$_\text{烃}$/g$_\text{TOC}$，Tmax 值 435~470℃；检出的生物标志物类型与巴尼克里克组页岩类似，但伽马蜡烷含量较低。对贝西克拉克组（Bessie Creek Formation；1.2 Ga）砂岩含油包裹体的有机岩石学和地球化学研究表明，包裹体中的原油来源于上覆的维尔克里组烃源层，为高成熟凝析油（气）与正常原油混合充注的产物（Dutkiewicz et al.，2003，2004；Volk et al.，2005）。

6.2.4　俄罗斯与欧洲

6.2.4.1　俄罗斯西北部古元古代烃源层

位于奥涅加湖附近厚达 600 m 的扎奥涅兹卡亚组（Zaonezhskaya Formation；2.0 Ga）含有大量成熟的硬沥青岩（Melezhik et al.，1999）。其 TOC 含量为 0.1%~50%，并含有微量 N、O、S 和 H 元素；有机碳同位素组成变化大，$\delta^{13}C$ 值介于 $-45‰$ 至 $-17‰$ 之间，且呈双峰态分布，主峰 $\delta^{13}C$ 值为 $-34‰$。研究还显示，扎奥涅兹卡亚组沉积于半咸水的湖相环境，这些硬沥青可能是扎奥涅兹卡亚组页岩的原生沥青。

6.2.4.2　东欧地台中—新元古代烃源层

莫斯科盆地向斜以及东欧克拉通（又称俄罗斯克拉通）里菲系发育三套烃源层（Bazhenova and Arefiev，1996），分别位于下里菲统上部（约 1.4 Ga）、中里菲统（约 1.2 Ga）、上里菲统（约 0.9 Ga）；其 TOC 含量分别到 3.0%、3.2% 和 1.2%，均属中等成熟烃源岩，Tmax 值约 435℃。此外，文德系也含有二套烃源层，分别位于其底部（约 0.65 Ga）和中部（约 0.63 Ga）；TOC 含量分别达到 3.0% 和 1.1%，也属中等成熟度，Tmax 值约 430℃。

6.2.4.3　俄罗斯西伯利亚地台中—新元古代烃源层

西伯利亚是举世闻名的油气富集区，油气主要分布于西伯利亚克拉通（Frolov et al.，2011；Kelly et al.，2011；Ulmishek，2001a，2001b）。与莫斯科盆地和东欧克拉通相似，西伯利亚克拉通里菲系主要有三套烃源层，分别位于下里菲统顶部（约 1.4 Ga）、中里菲统（约 1.2 Ga）、上里菲统（约 0.9 Ga）。这些烃源层 TOC 含量分别达 3.0%、0.7% 和 1.2%，但成熟度较高，Tmax 值约 500℃，HI 低于 100 mg$_{烃}$/g$_{TOC}$。从这些烃源岩中检出丰富的生物标志物（Kelly et al.，2011），包括规则甾烷、重排甾烷、C_{30} 正丙基胆甾烷、C_{30} 异丙基胆甾烷、藿烷、2α-甲基藿烷、3β-甲基藿烷以及伽马蜡烷等。值得一提的是，C_{30} 异丙基胆甾烷是海绵类动物的生物标志物。尽管深入的油–源对比还有待开展，但根据这些生物标志物组合推测，西伯利亚地台的前寒武纪原油应主要来自里菲系和文德系烃源层。

6.2.5　亚　　洲

6.2.5.1　阿曼新元古代—早寒武世侯格夫超群烃源层

阿曼盖拜（Ghaba）、费胡德（Fahud）、南阿曼（South Oman）含盐盆地中的侯格夫超群（Huqf Supegroup；0.81~0.53 Ga）主要发育三套富有机质页岩层（Hold et al.，1999；Terken and Frewin，2000；Terken et al.，2001；Grosjean et al.，2009）。一是奈丰群（Nafun Group）马西拉湾组（Masirah Bay Formation；0.635 Ga）页岩，TOC 含量达 4.9%，Tmax 值约 435℃，HI 从 300 mg$_{烃}$/g$_{TOC}$ 至 400 mg$_{烃}$/g$_{TOC}$；二是奈丰群（Nafun Group）舒赖姆组（Shuram Formation）和布什组（Buah Formation）页岩（0.56~0.55 Ga），TOC 含量可达 11%，Tmax 值约 435℃，HI 从 300 mg$_{烃}$/g$_{TOC}$ 至 600 mg$_{烃}$/g$_{TOC}$；三是阿拉群（Ara Group）的 U 组和苏来拉特组（Thuleilat Formation）页岩（0.54 Ga），TOC 含量可达 11%，Tmax 值为 425~430℃，HI 高达 600 mg$_{烃}$/g$_{TOC}$。

阿曼三个盆地中发现的始寒武纪油气田统称"宰海班（Dhahaban）油气系统"，原油和天然气地质储量分别为 $16×10^8 \ m^3$、$1×10^{12} \ m^3$，其中 30% 的原油与 70% 的天然气属于可采储量。详细的油源对比已经证明，阿曼原油主要来自于 U 组和苏来拉特组页岩，成藏时代约 50 Ma，使得阿曼含盐盆地成为世界上最为知名的前寒武纪油气富集区之一。

详细的研究在烃源岩中检出了丰富的生物标志物，包括支链烷烃、伽马蜡烷、三环萜烷、藿烷、2α-甲基藿烷、3β-甲基藿烷、规则甾烷与重排藿烷等。值得一提的是，Grosjean 等（2009）在烃源岩中检出

的 C_{19} A-降甾烷，为区域内的油源对比提供了关键性指标；而 Love 等（2009）用催化加氢热解方法证实马西拉湾组（0.635 Ga）页岩中存在最早的海绵标志物，即 24-异丙基胆甾烷。

6.2.5.2　北印度克罗地台新元古代烃源层

北印度克罗（Krol）地台新元古代烃源岩沉积于 635 ~ 541 Ma，即紧接着马里诺（Marinoan）冰期之后。克罗地台新元古代烃源岩包括克罗群（Krol Group）、因弗克罗组（Infra Krol Formation）和布莱尼组（Blaini Formation；Kaufman et al.，2006），其中布莱尼组页岩 TOC 含量相对较低，而克罗群 B、C 层页岩的 TOC 含量可高达 1.85%。该区原油的有机地球化学研究较少，Dutta 等（2013）曾检出一系列常见的生物标志物，包括规则甾烷、重排甾烷、藿烷、伽马蜡烷、三环萜烷以及甲基色满；其中的甲基色满可指示分层水体沉积环境，规则甾烷系列以 C_{29} 居优势，反映绿藻的显著贡献。正烷烃、姥鲛烷和植烷的分子碳同位素组成较轻，$\delta^{13}C$ 值介于 $-37‰ ~ -33‰$。总体来看，这些原油的分子组成与碳同位素组成特征与阿曼候格夫群产出的原油特征十分相似。

6.2.5.3　中国西北部塔里木盆地新元古界上部—下寒武统烃源层

近年来塔里木盆地深层-超深层油气勘探的突破（Jin et al.，2017；杨海军等，2020），极大地促进了新元古界上部到下寒武统烃源岩的再评价研究[①]（Zhu et al.，2018；Deng et al.，2021；李建忠等，2021）。目前，主要基于露头剖面的研究，揭示在这个时期塔里木盆地发育四套潜在烃源层 [图 6.1(a)]，但是相对下寒武统烃源层，对新元古界上部两套潜在烃源岩的认识仍然知之甚少。

在南华纪（相当于国际上的成冰纪）的间冰期，发育两套较为古老的潜在烃源层，最古老的一套烃源层见于下南华统阿勒通沟组顶部，位于该组冰碛层之上和特瑞爱肯组之下，岩性为黑色富有机质泥岩，总厚度约 10 m，TOC 含量为 0.97%~2.83%[①]［均值 1.65%；图 6.1(a)］。

最近的一项研究显示，上南华统特瑞爱肯组下部发育第二套厚约 320 m 潜在烃源层 [图 6.1(a)]，TOC 含量为 1.0%~2.6%（李建忠等，2021）。这套烃源层位于特瑞爱肯组底部白云岩之上和该组冰碛岩之下。

第三套潜在烃源层见于震旦系水泉组上部（相当于埃迪卡拉系中上部）。初步研究显示，这套潜在烃源层有机质丰度较低，雅而当山剖面的 TOC 含量为 0.06%~0.61%[①]，可能受风化作用的影响较大，使 TOC 值偏低。而最近的研究表明，这套潜在烃源层厚约 60 m，TOC 含量较高，达 0.92%~1.75%（李建忠等，2021）。

最年轻的一套富有机质层即广为熟知的下寒武统烃源层，近年来人们逐渐认识到这套潜在烃源岩是塔里木盆地深部原油的重要母源（Huang et al.，2016）。与新元古代烃源层相比，下寒武统烃源层 TOC 含量显著偏高（可达 22%；顾忆等，2012）。总体上这套烃源层以黑色页岩与硅质岩互层为主要特征，但其厚度、有机质含量与碳同位素都存在较大的变化 [图 6.1(b)、(c)]。以塔里木盆地西部柯坪地区什爱日克剖面为例 [图 6.1(b)]，这套烃源层属于下寒武统玉尔吐斯组，厚度较薄，但 TOC 含量较高（0.05%~11.5%，均值 3.72%），且纵向上 TOC 含量向上逐渐增加（Zhu et al.，2018）。在横向上，在塔里木盆地东部雅而当山剖面 [图 6.1(c)]，这套烃源层属于下寒武统西山布拉克组和西大山组，厚度明显大于盆地西部的玉尔吐斯组烃源层。但是，西山布拉克组和西大山组的 TOC 含量为 0.08%~1.42%（均值 0.58%），显然低于玉尔吐斯组。此外，玉尔吐斯组有机碳同位素组成明显比东部的西山布拉克组和西大山组偏轻。这些结果与近期的研究结论总体是一致的（Chen et al.，2020）。在塔里木盆地不同部位，下寒武统烃源层地质与地球化学特征的显著差异可能与陆源物质输入、生物类型以及沉积环境对不同碳源的同位素组成影响等多种因素有关（Huang et al.，2016；Deng et al.，2021）。

---

① 彭平安，2015，塔里木盆地深层烃源岩的演化、模拟及厘定，国家油气重大专项报告（2011ZX05008-002-30），广州：中国科学院广州地球化学研究所。

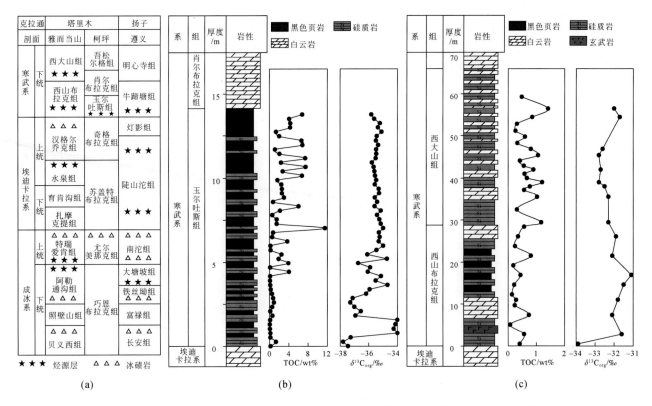

图 6.1　（a）塔里木盆地新元古界—下寒武统潜在烃源层分布①（贾承造等，2003；李建忠等，2021）、
（b）塔里木盆地西部柯坪地区什爱日克剖面下寒武统烃源岩有机碳含量与同位素变化（Zhu et al., 2018）
以及（c）塔里木盆地东部雅而当山剖面下寒武统烃源岩的有机碳含量与同位素变化图

6.2.5.4　中国扬子地台西部新元古代烃源层

扬子地台西部南华纪和震旦纪发育两套过成熟的富有机质烃源层：一是湘锰组或大塘坡组（663 Ma）黑色页岩，TOC 含量最高可达 10%（均值 3.3%；Tan et al., 2021）；二是陡山沱组（<635 Ma）黑色页岩，TOC 含量最高可达 20%（均值 3.9%；Wang et al., 2017）。由于成熟度太高，生物标志物少有报道（Wang et al., 2008）。孟凡巍等（2003）利用色谱–质谱仅在大塘坡组检测出了含量极低的甲藻甾烷，但也有研究通过孕甾烷、规则甾烷以及三环萜烷分布特征的初步对比，认为陡山沱组富有机质黑色页岩是龙门山构造带沥青脉的主要母源（王兰生等，2005；孙枢和王铁冠，2016；参见本书第 15 章）。

6.2.5.5　中国华北克拉通燕辽裂陷带中—新元古代烃源层

华北克拉通燕辽裂陷带主要发育三套中元古代烃源岩（刘宝泉等，2000；王杰等，2002；Bao et al., 2004；Zhang et al., 2007；Luo et al., 2013；参见本书第 11 章）。一是高于庄组（约 1.6 Ga）页岩，TOC 含量为 0.5%~4.29%（均值 1.16%），等效镜质组反射率 eqR_o 为 1.38%~1.75%（均值为 1.59%），HI 较低，为 11 mg$_{烃}$/g$_{TOC}$ 至 45 mg$_{烃}$/g$_{TOC}$（均值为 21 mg$_{烃}$/g$_{TOC}$），处于成熟–高成熟度阶段。二是红水庄组（1.5~1.42 Ga）成熟–高成熟页岩，其 TOC 含量为 0.5%~7.21%（均值 4.65%），eqR_o 为 0.9%~1.42%（均值 1.19%），HI 较高，为 97~311 mg$_{烃}$/g$_{TOC}$（均值为 233 mg$_{烃}$/g$_{TOC}$）。三是下马岭组（1.4~1.32 Ga）页岩，有机质丰度总体较高，TOC 含量为 2.20%~4.71%（均值 3.16%），eqR_o 变化范围大，为 0.96%~7.53%（均值为 1.87%），HI 高达 500 mg$_{烃}$/g$_{TOC}$。其中，下马岭组有效烃源层的分布主要局限于宣龙坳陷，在京西坳陷一带可能也有分布（参见第 11 章）。

---

①　彭平安，2015，塔里木盆地深层烃源岩演化、模拟及厘定，国家油气重大专项报告（2011ZX05008-002-30），广州：中国科学院广州地球化学研究所。

　　前人对燕辽裂陷带冀北坳陷中元古代下马岭组的底部沥青砂岩进行过详细研究。王铁冠（1980）、王铁冠等（1988）最早报道，下马岭组底沥青砂岩属于中国已知最古老的古油藏（1.4～1.327 Ga；参见本书第 10、12 章）。刘岩等（2011）认为，这一古油藏是原生油藏遭受辉长辉绿岩岩浆侵入的热蚀变作用所形成的。

　　Wang（1991），Wang 和 Simoneit（1995）在下马岭组沥青砂岩中检出一个新的生物标志物系列，即 $C_{18} \sim C_{23}$ 13α(正烷基)-三环萜烷，标志原生油藏的原油是微生物生源输入的产物。Wang（2009）认为，真核藻类应具有重要贡献。13α(正烷基)-三环萜烷系列化合物不仅在下马岭组沥青砂岩中检出，在燕辽裂陷带中—新元古代页岩（Zhang et al.，2007；Wang et al.，2011）有关的油苗（孙枢和王铁冠，2016；参见本书第 11 章），以及扬子克拉通西部龙门山构造带下寒武统郭家坝组沥青脉中均有所报道（黄第藩和王兰生，2008；参见本书第 15 章）。王兰生等（2005）指出，郭家坝组沥青脉应源自新元古代震旦纪陡山沱组的黑色页岩。迄今为止，显生宙沉积有机质中还没有检出过 13α(正烷基)-三环萜烷系列化合物。因此，这类化合物可作为前寒武纪烃类来源的诊断性生物标志物。

　　利用催化加氢热解和色谱–质谱技术，开展的烃源岩干酪根降解产物与沥青砂岩或油苗中 13α(正烷基)-三环萜烷系列化合物的对比结果显示，中元古代洪水庄组页岩是燕辽裂陷带下马岭组古油藏或油苗的烃源岩（参见本书第 12 章）。此外，燕辽裂陷带冀东坳地层中也检出了很多生物标志物（Peng et al.，1998；Li et al.，2003），如在长城系、蓟县系、青白口系中检出的甾烷、重排甾烷、三环萜烷、五环三萜烷、伽马蜡烷、重排藿烷等化合物。

6.3　前寒武纪烃源岩发育的规律与可能机制

　　从地质历史角度看，前寒武纪烃源层的发育过程具有阶段性，主要集中在 2.76～2.67 Ga、约 2.0 Ga、1.5～1.4 Ga、约 1.0 Ga、0.7～0.6 Ga 以及 0.6～0.5 Ga 六个地质时代（图 6.2）。烃源层的阶段性发育与大陆地壳的风化作用具有正相关性的内在联系，二者的相关系数可高达 70%（图 6.3；Condie et al.，2001）。然而，在前寒武纪时期，大陆地壳规模性的风化作用首先与超大陆的形成与裂解相关联。人们普遍认为，在前寒武纪可能存在四次重要的超大陆发育时期，包括古元古代超大陆（2.5～2.1 Ga）、中元古代超大陆（约 1.8 Ga）、罗迪尼亚（Rodinia）超大陆（1.3～1.0 Ga）以及新元古代文德（Vendia）古陆（约 0.6 Ga）。古超大陆裂解与新超大陆形成其间的过渡阶段是大陆地壳风化作用较为强烈的时期，风化作用为水生生物提供大量的营养物质，进而营造烃源层发育的有利条件。

　　如果说超大陆的形成与裂解对风化作用的影响是长时间尺度的，那么冰期与暖期变化和火山作用，可导致在较短时间内，水生生态系统中营养盐的快速增加，利于造成水体的富营养化，促进烃源岩的阶段性发育。例如，前寒武纪斯图特（Sturtian）冰期与马里诺（Marinoan）冰期的大陆地壳物理风化作用可使大量的营养盐残积在陆地上，在随后的暖期，大量的营养盐进入海洋，形成大塘坡组与陡山沱组烃源岩。火山熔岩与火山灰的水解也可形成大量的营养盐，促进烃源岩的发育。火山的另一个作用是导致冰期结束。由于研究程度较低，前寒武纪烃源层与火山作用的关系尚不十分明确，据笔者研究认为，C_{30} 重排藿烷的出现可作为火山作用标志，若这一推论成立，则前寒武纪烃源岩中广泛存在的重排藿烷，可表明其形成与火山作用相关。

　　前寒武纪烃源层的原始有机质性质由于成熟度高普遍较难识别，但从生物演化角度看，早期有机质的生源母质应以蓝细菌为主体，而后期有机质母质以真核藻类的贡献较大。真核藻类出现的时间是一个有争议的问题，从以上所谈到的生物标志物看，真核藻类可能出现较早，但可能不是有机质的主要母体。吴庆余等（1996）的热解研究证实，蓝细菌可能是以倾向生气藻类为主，而真核藻类则以倾向生油藻类为主。从固体沥青、油砂、原油等地层分布来看，中元古代（1.6～1.4 Ga）可能是一个重要的阶段，在这之前只有固体沥青出现，而之后原油形成与保存的可能性增大。这种分布时限除了与有机质成熟度有关以外，也可能与真核藻类是否在生态系统中占主体地位有关。

　　前寒武纪地层中生物标志物的分布也反映了微生物系统的演化过程。例如，甲基–链烷烃和 2α-甲基藿烷是蓝细菌的标志物，两类化合物在 1.64 Ga 时的中元古代地层中均已检出（Brocks et al.，2005），略

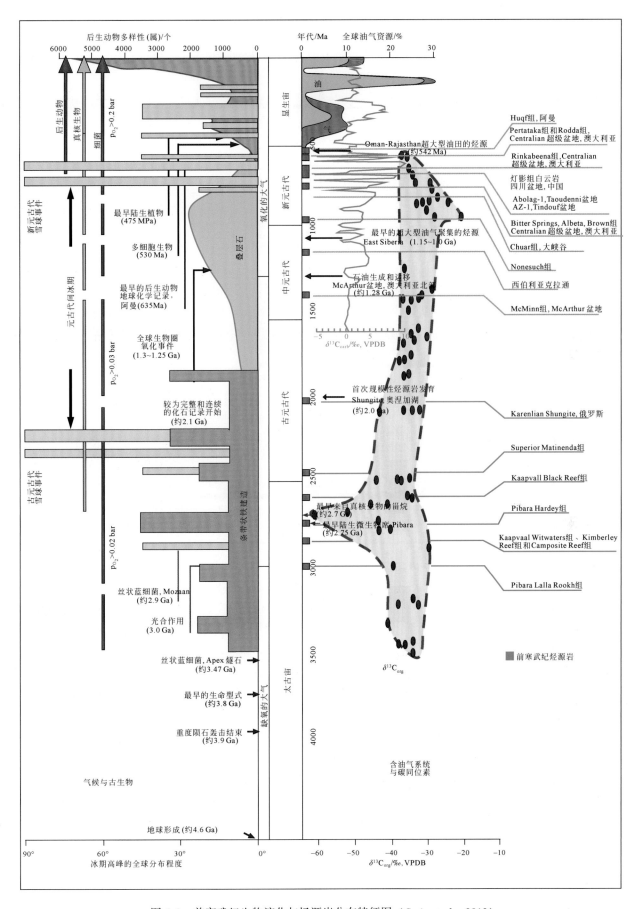

图 6.2 前寒武纪生物演化与烃源岩分布特征图（Craig et al.，2013）

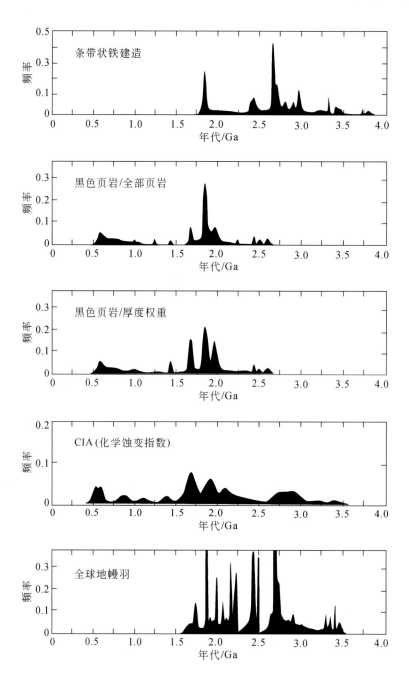

图 6.3 　前寒武纪化学蚀变指数（Chemical Index of Alteration，CIA）与黑色页岩分布特征（Condie et al.，2001）

大部分黑色页岩是条带状铁建造（Banded Iron Formation，BIF）形成之后，即大氧化事件（Great Oxidation Event，GOE）之后沉积的

晚于蓝细菌化石的最早出现时代（约 1.9 Ga；Fischer et al.，2016）。在同时代地层中检出甲烷氧化古菌的生物标志物，即 3β-甲基藿烷，首次为早期地球系统甲烷的形成和氧化提供了令人信服的证据。这些结果揭示了早期海洋底水或沉积物中，大量产甲烷菌的活动以及表层海水被氧化的依据，这一结果现在看来很好理解，因为早期地球生命产生的有机质不可能全部被氧化降解，相当一部分蛋白质和纤维素可以保存下来，形成一些低分子量有机分子和氢气聚集在底水或沉积物中，或者被产甲烷菌利用形成甲烷。还有一类来自绿硫细菌的关键生物标志物，即芳基类异戊二烯烃类，也在 1.64 Ga 的地层中检出（Brocks et al.，2005），证明当时硫酸盐还原菌的繁盛以及海洋硫沉降的增加。侯格夫超群中检出的 24-异丙基胆甾烷证明了海绵这类最早的原生动物出现于 0.81 Ga（Love et al.，2009）。而前寒武纪地层中检出的其他的特殊生物标志物，包括 13α(正烷基)-三环萜烷和 C_{19} A-降甾烷，也已经广泛用于油–源对比。

6.4 讨 论

6.4.1 氢指数低

上述烃源层特征的综述表明，除了候格夫超群之外，其他烃源层的氢指数（HI）都较低。造成氢指数低的一个共性原因是前寒武纪烃源岩的成熟度偏高。但是除成熟度之外，还可能有其他原因：前寒武纪藻类和蓝细菌来源的有机质 H/C 普遍较低，类型偏差。因而越接近显生宙，在前寒武纪地层中找倾油型烃源层的可能性越大。因此，我们要特别注意成冰纪和埃迪卡拉纪（震旦纪）的烃源层，它们生成和保存油气的可能性最大，是当前勘探的重点。

6.4.2 碳同位素倒转

前寒武纪烃源岩一个很重要的特征是正烷烃等低分子量化合物的碳同位素组成比干酪根偏重（图 6.4）。早期研究者以有机质的混合来源来解释这一现象：

（1）$\delta^{13}C_{正烷烃}>\delta^{13}C_{干酪根}$：可能一部分光合作用生物来源的正烷烃被水体中异养型古细菌降解，并被其生成的具有较重碳同位素组成的正烷烃所取代（Logan et al., 1997；Li et al., 2003）。

（2）$\delta^{13}C_{类异戊二烯烷烃}>\delta^{13}C_{干酪根}$：部分具有较重碳同位素组成的喜盐类等古细菌的类脂与光合作用生物来源的类异戊二烯烷烃混合（Grice et al., 1998；Peng et al., 2000）。

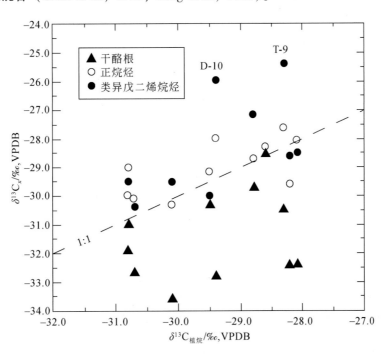

图 6.4 蓟县剖面前寒武纪（>1.4 Ga）地层中干酪根、正烷烃与类异戊二烯烷烃的碳同位素组成关系（Li et al., 2003）

（3）正烷烃和类异戊二烯烷烃在碳同位素组成上存在明显的相关性：异养型古细菌可能就是喜盐类古细菌（Li et al., 2003）。

由于在水柱中藻质体的烷基链难以被降解，异养型古细菌的降解作用很难造成这种碳同位素的异常现象。因此，对上述解释仍存在争议，有些研究者认为，这种现象仅仅反映来自于年轻地层低分子物质的污染（Brocks et al., 2003a；Sherman et al., 2007）；另一种合理的解释是，应该是裂解过程控制的碳同位素分馏效导致这种碳同位素反转的现象（刘虎等，2013）。在高成熟至过成熟阶段，低分子量化合物不断裂解生成并被排出，造成残余体系中其碳同位素不断变重（Jia et al., 2014），而大分子量干酪根的结构稳定，同位素组成的热降解效应的影响较小。因此，这种结构稳定性的差异造成低分子量化合物和干酪根之间碳同位素组成的倒转。

6.4.3　有机质的原生性问题

如前所述，烃源岩中的生物标志物在生物演化（特别是微生物）方面具有重要的示踪作用。但这些示踪作用都是在生物标志物原生性基础上推演的，而前寒武纪生物标志物的原生性经常是研究者面临的严峻挑战。

问题之一是实验室的污染。由于生物标志物含量低，实验室污染的影响是普遍存在的。但只要所用试剂足够干净，操作规范，实验室污染还是可以避免的，世界上有不少实验室都能达到无污染的水平（French et al., 2015）。为了达到这一要求，加标样的平行样品空白实验是控制与检验实验室污染最好的方法。

问题之二是野外样品的污染问题。由于风化作用和现代植物生长都可能对地面露头岩样造成污染，目前大家的共识是采用钻孔岩心样品进行生物标志物研究，可以大大降低野外地表污染的风险。

问题之三是古老地层中的生物标志物受到来自年轻地层的运移烃类污染。这种污染过程发生在地质历史时期，也是最难检验与排除的。众所周知，游离态的烃类是很易于迁移的，不同地层之间的交叉污染完全有可能发生。人们曾试图用包裹体中的烃类代表原始有机质，但也遭到质疑，因为大多数包裹体烃类也属于外来运移烃成因。克服这个问题的办法之一是研究与干酪根结合的有机质，它发生迁移的可能性很少。尽管如此，结合态的烃类含量低、信息少，想得到有用的结果也有一定的难度。

尽管问题仍然很多，了解前寒武纪生命演化的好奇心驱使研究人员不断地发展新方法排除污染影响。其中一个技术发展的方向是去除块状岩石表层有机质的污染。早期一般采用溶剂淋洗、气相色谱–串联质谱（GC-MS/MS）检测的方法；后来多采用机械切割的方法去除块状岩石表层，只分析样品内部的有机质（Sherman et al., 2007）。排除污染影响的另一发展方向是，只选择 TOC 含量高且成熟度低的样品，并利用催化加氢热解技术对干酪根结合态的烃类进行生物标志物分析（Love et al., 2009；参加本书第 12 章）。因此，随着技术的进步，前寒武纪生物标志的原生性问题有望得到解决。

参 考 文 献

顾忆,赵永强,贾存善,何光玉,罗宇,王斌,路清华. 2012. 塔里木盆地阿瓦提坳陷油气资源潜力分析. 石油实验地质,34(3)：257-266.

黄第藩,王兰生. 2008. 川西北矿山梁地区沥青脉地球化学特征. 石油学报,29(1)：23-28.

贾承造,张师本,吴绍祖. 2003. 塔里木盆地及周边地层(各纪总结). 北京：科学出版社.

李建忠,陶小晚,白斌,黄士鹏,江青春,赵振宇,陈燕燕,马德波,张立平,李宁熙,宋微. 2021. 中国海相超深层油气地质条件、成藏演化及有利勘探方向. 石油勘探与开发,48(1)：1-16.

刘宝泉,秦建中,李欣. 2000. 冀北坳陷中—上元古界烃源岩特征及油苗、油源分析. 海相油气地质,5(1-2)：35-46.

刘虎,廖泽文,张海祖,程斌,田彦宽. 2013. 干酪根及其演化产物中稳定碳同位素的倒转分布——研究进展及对塔里木盆地海相油气藏研究的启发. 矿物岩石地球化学通报,32(4)：497-502.

刘岩,钟宁宁,田永晶,齐雯,母国妍. 2011. 中国最老古油藏——中元古界下马岭组沥青砂岩古油藏. 石油勘探与开发,38(4)：503-512.

孟凡巍,袁训来,周传明,陈致林. 2003. 新元古代大塘坡组黑色页岩中的甲藻甾烷及其生物学意义. 微体古生物学报,20(1)：97-102.

孙枢,王铁冠. 2016. 中国东部中—新元古界地质学与油气资源. 北京：科学出版社：371-400.

王杰,陈践发,王大锐,张水昌. 2002. 华北北部中、上元古界生烃潜力及有机质碳同位素组成特征研究. 石油勘探与开发,29(5)：13-15.

王兰生,韩克猷,谢邦华,张鉴,杜敏,万茂霞,李丹. 2005. 龙门山推覆构造带北段油气田形成条件探讨. 天然气工业,27(增刊)：1-5.

王铁冠. 1980. 燕山地区震旦亚界油苗的原生性及其石油地质意义. 石油勘探与开发,7(2)：34-52.

王铁冠,黄光辉,徐中一. 1988. 辽西龙潭沟元古界下马岭组底砂岩古油藏探讨. 石油与天然气地质,9(3):278-287.

吴庆余,章冰,盛国英,傅家谟. 1996. 藻类生物化学成分差异对其热解生烃产率和特征的影响. 矿物岩石地球化学通报, 15(2):75-79.

杨海军,陈永权,田军,杜金虎,朱永峰,李洪辉,潘文庆,杨鹏飞,李勇,安海亭. 2020. 塔里木盆地轮探 1 井超深层油气勘探重大发现与意义. 中国石油勘探,25(2):62-72.

Bao Z D, Chen J F, Zhang S C, Zhao H W, Zhang Q H, Li Y. 2004. Sedimentary environment and development controls of the hydrocarbon source beds: Middle and Upper Proterozoic in northern North China. Science in China Series D: Earth Sciences, 47(S2):133-140.

Bazhenova O K, Arefiev O A. 1996. Geochemical peculiarities of Pre-Cambrian source rocks in the East European Platform. Organic Geochemistry,25(5-7):341-351.

Brocks J J, Logan G A, Buick R, Summons R E. 1999. Archean molecular fossils and the early rise of eukaryotes. Science,285 (5430):1033-1036.

Brocks J J, Buick R, Logan G A, Summons R E. 2003a. Composition and syngeneity of molecular fossils from the 2.78 to 2.45 billion-year-old Mount Bruce Supergroup, Pilbara Craton, western Australia. Geochimica et Cosmochimica Acta, 67 (22): 4289-4319.

Brocks J J, Love G D, Snape C E, Logan G A, Summons R E, Buick R. 2003b. Release of bound aromatic hydrocarbons from Late Archean and Mesoproterozoic kerogens via hydropyrolysis. Geochimica et Cosmochimica Acta,67(8):1521-1530.

Brocks J J, Summons R E, Buick R, Logan G A. 2003c. Origin and significance of aromatic hydrocarbons in giant iron ore deposits of the Late Archean Hamersley Basin, western Australia. Organic Geochemistry,34(8):1161-1175.

Brocks J J, Love G D, Summons R E, Knoll A H, Logan G A, Bowden S A. 2005. Biomarker evidence for green and purple sulphur bacteria in a stratified Palaeoproterozoic sea. Nature,437(7060):866-870.

Brocks J J, Jarrett A J M, Sirantoine E, Hallmann C, Hoshino Y, Liyanage T. 2017. The rise of algae in Cryogenian oceans and the emergence of animals. Nature,548(7669):578-581.

Buick R, Rasmussen B, Krapez B. 1998. Archean oil: Evidence for extensive hydrocarbon generation and migration 2.5-3.5 Ga. AAPG Bulletin,82(1):50-69.

Chen J, Jia W L, Xiao Z Y, Peng P A. 2020. Catalytic hydropyrolysis of asphaltenes in marine oil from the Tarim Basin, NW China: implications to complicated oil charging histories in an old composite basin. Marine and Petroleum Geology,114:104232.

Condie K C, Marais D J D, Abbott D. 2001. Precambrian superplumes and supercontinents: a record in black shales, carbon isotopes, and palaeoclimates? Precambrian Research,106(3-4):239-260.

Craig J, Biffi U, Galimberti R F, Ghori K A R, Gorter J D, Hakhoo N, Le Heron D P, Thurow J, Vecoli M. 2013. The Palaeobiology and geochemistry of Precambrian hydrocarbon source rocks. Marine and Petroleum Geology,40:1-47.

Crick I H, Boreham C J, Cook A C, Powell T G. 1988. Petroleum geology and geochemistry of Middle Proterozoic Mcarthur Basin, northern Australia,2. assessment of source rock potential. AAPG Bulletin,72(12):1495-1514.

Deng Q, Wang H Z, Wei Z W, Li S D, Zhang H Z, Liu H, Faboya O L, Cheng B, Liao Z W. 2021. Different accumulation mechanisms of organic matter in Cambrian sedimentary successions in the western and northeastern margins of the Tarim Basin, NW China. Journal of Asian Earth Sciences,207:104660.

Dutkiewicz A, Rasmussen B, Buick R. 1998. Oil preserved in fluid inclusions in Archaean sandstones. Nature,395(6705):885-888.

Dutkiewicz A, Volk H, Ridley J, George S C. 2003. Biomarkers, brines, and oil in the Mesoproterozoic, Roper Superbasin, Australia. Geology,31(11):981-984.

Dutkiewicz A, Volk H, Ridley J, George S C. 2004. Geochemistry of oil in fluid inclusions in a Middle Proterozoic igneous intrusion: implications for the source of hydrocarbons in crystalline rocks. Organic Geochemistry,35(8):937-957.

Dutkiewicz A, George S C, Mossman D J, Ridley J, Volk H. 2007. Oil and its biomarkers associated with the Palaeoproterozoic Oklo natural fission reactors, Gabon. Chemical Geology,244(1-2):130-154.

Dutta S, Bhattacharya S, Raju S V. 2013. Biomarker signatures from Neoproterozoic-Early Cambrian oil, western India. Organic Geochemistry,56:68-80.

Fischer W W, Hemp J, Johnson J E. 2016. Evolution of oxygenic photosynthesis. Annual Review of Earth and Planetary Sciences,44: 647-683.

French K L, Hallmann C, Hope J M, Schoon P L, Zumberge J A, Hoshino Y, Peters C A, George S C, Love G D, Brocks J J, Buick R, Summons R E. 2015. Reappraisal of hydrocarbon biomarkers in Archean rocks. Proceedings of the National Academy of Sciences of the United States of America,112(19):5915-5920.

Frolov S V, Akhmanov G G, Kozlova E V, Krylov O V, Sitar K A, Galushkin Y I. 2011. Riphean basins of the central and western Siberian Platform. Marine and Petroleum Geology, 28(4): 906-920.

Grice K, Schouten S, Nissenbaum A, Charrach J, Sinninghe Damsté J S. 1998. Isotopically heavy carbon in the C_{21} to C_{25} regular isoprenoids in halite-rich deposits from the Sdom Formation, Dead Sea Basin, Israel. Organic Geochemistry, 28(6): 349-359.

Grosjean E, Love G D, Stalvies C, Fike D A, Summons R E. 2009. Origin of petroleum in the Neoproterozoic-Cambrian South Oman Salt Basin. Organic Geochemistry, 40(1): 87-110.

Hold I M, Schouten S, Jellema J, Damste J S S. 1999. Origin of free and bound mid-chain methyl alkanes in oils, bitumens and kerogens of the marine, Infracambrian Huqf Formation (Oman). Organic Geochemistry, 30(11): 1411-1428.

Huang H P, Zhang S C, Su J. 2016. Palaeozoic oil-source correlation in the Tarim Basin, NW China: a review. Organic Geochemistry, 94: 32-46.

Imbus S W, Engel M H, Elmore R D, Zumberge J E. 1988. The origin, distribution and hydrocarbon generation potential of organic-rich facies in the Nonesuch Formation, central North-American Rift system: a regional study. Organic Geochemistry, 13(1-3): 207-219.

Jia W L, Wang Q L, Liu J Z, Peng P P, Li B H, Lu J L. 2014. The effect of oil expulsion or retention on further thermal degradation of kerogen at the high maturity stage: a pyrolysis study of type II kerogen from Pingliang shale, China. Organic Geochemistry, 71: 17-29.

Jin Z J, Liu Q Y, Yun J B, Tenger. 2017. Potential petroleum sources and exploration directions around the Manjar Sag in the Tarim Basin. Science China Earth Sciences, 60: 235-245.

Kaufman A J, Jiang G Q, Christie-Blick N, Banerjee D M, Rai V. 2006. Stable isotope record of the terminal Neoproterozoic Krol Platform in the Lesser Himalayas of northern India. Precambrian Research, 147(1-2): 156-185.

Kelly A E, Love G D, Zumberge J E, Summons R E. 2011. Hydrocarbon biomarkers of Neoproterozoic to Lower Cambrian oils from eastern Siberia. Organic Geochemistry, 42(6): 640-654.

Kendall B, Reinhard C T, Lyons T, Kaufman A J, Poulton S W, Anbar A D. 2010. Pervasive oxygenation along Late Archaean ocean margins. Nature Geoscience, 3(9): 647-652.

Koll A H, Nowak M A. 2017. The timetable of evolution. Science Advances, 3(5): e1603076.

Lee C, Brocks J J. 2011. Identification of carotane break down products in the 1. 64 billion year old Barney Creek Formation, McArthur Basin, northern Australia. Organic Geochemistry, 42(4): 425-430.

Li C, Peng P A, Sheng G Y, Fu J M, Yan Y Z. 2003. A molecular and isotopic geochemical study of Meso-to Neoproterozoic (1. 73– 0. 85 Ga) sediments from the Jixian section, Yanshan Basin, North China. Precambrian Research, 125(3-4): 337-356.

Li C, Love G D, Lyons T W, Fike D A, Sessions A L, Chu X. 2010. A stratified redox model for the Ediacaran ocean. Science, 328: 8-83.

Logan G A, Summons R E, Hayes J M. 1997. An isotopic biogeochemical study of Neoproterozoic and Early Cambrian sediments from the Centralian Superbasin, Australia. Geochimica et Cosmochimica Acta, 61(3): 5391-5409.

Love G D, Grosjean E, Stalvies C, Fike D A, Grotzinger J P, Bradley A S, Kelly A E, Bhatia M, Meredith W, Snape C E, Bowring S A, Condon D J, Summons R E. 2009. Fossil steroids record the appearance of Demospongiae during the Cryogenian Period. Nature, 457(7230): 718-721.

Luo Q Y, Zhong N N, Zhu L, Wang Y N, Qin J, Qi L, Zhang Y, Ma Y. 2013. Correlation of burial organic carbon and palaeoproductivity in the Mesoproterozoic Hongshuizhuang Formation, northern North China. Chinese Science Bulletin, 58(11): 1299-1309.

Lyons T W, Reinhard C T, Planavsky N J. 2014. The rise of oxygen in Earth's early ocean and atmosphere. Nature, 506(7488): 307-315.

Mancuso J J, Kneller W A, Quick J C. 1989. Precambrian vein pyrobitumen—evidence for petroleum generation and migration 2 Ga ago. Precambrian Research, 44(2): 137-146.

Melezhik V A, Fallick A E, Filippov M M, Larsen O. 1999. Karelian shungite—an indication of 2. 0-Ga-old metamorphosed oil-shale and generation of petroleum: geology, lithology and geochemistry. Earth-Science Reviews, 47(1-2): 1-40.

Mossman D J, Gauthier-Lafaye F, Jackson S E. 2005. Black shales, organic matter, ore genesis and hydrocarbon generation in the Palaeoproterozoic Franceville Series, Gabon. Precambrian Research, 137(3-4): 253-272.

Newell K D, Burruss R C, Palacas J G. 1993. Thermal maturation and organic richness of potential petroleum source rocks in Proterozoic Rice Formation, North-American Midcontinent Rift system, Northeastern Kansas. AAPG Bulletin, 77(11): 1922-1941.

Peng P A, Sheng G Y, Fu J M, Yan Y Z. 1998. Biological markers in 1. 7 billion year old rock from the Tuanshanzi Formation, Jixian strata section, North China. Organic Geochemistry, 29(5-7): 1321-1329.

Peng P A, Sheng G Y, Fu J M, Jiang J G. 2000. Immature crude oils in the salt lake depositional environment are related to organic matter precipitated at stage of carbonate in salt lake sedimentation sequences. Chinese Science Bulletin, 45(Z1): 1-6.

Pratt L M, Summons R E, Hieshima G B. 1991. Sterane and triterpene biomarkers in the Precambrian Nonesuch Formation, North-American Midcontinent Rift. Geochimica et Cosmochimica Acta, 55(3): 911-916.

Rasmussen B, Fletcher I R, Brocks J J, Kilburn M R. 2008. Reassessing the first appearance of eukaryotes and Cyanobacteria. Nature, 455(23): 1101-1104.

Sherman L S, Waldbauer J R, Summons R E. 2007. Improved methods for isolating and validating indigenous biomarkers in Precambrian rocks. Organic Geochemistry, 38(12): 1987-2000.

Summons R E, Brassell S C, Eglinton G, Evans E, Horodyski R J, Robinson N, Ward D M. 1988. Distinctive hydrocarbon biomarkers from fossiliferous sediment of the Late Proterozoic Walcott member, Chuar Group, Grand-Canyon, Arizona. Geochimica et Cosmochimica Acta, 52(11): 2625-2637.

Tan Z Z, Jia W L, Li J, Yin L, Wang S S, Wu J X, Song J Z, Peng P A. 2021. Geochemistry and molybdenum isotopes of the basal Datangpo Formation: Implications for ocean-redox conditions and organic matter accumulation during the Cryogenian interglaciation. Palaeogeography, Palaeoclimatology, Palaeoecology, 563: 110169.

Terken J M J, Frewin N L. 2000. The Dhahaban petroleum system of Oman. AAPG Bulletin, 84(4): 523-544.

Terken J M J, Frewin N L, Indrelid S L. 2001. Petroleum systems of Oman: charge timing and risks. AAPG Bulletin, 85(10): 1817-1845.

Ulmishek G F. 2001a. Petroleum geology and resources of the Baykit high province, East Siberia. US Geological Survey Bulletin, 2201-F: 1-18.

Ulmishek G F. 2001b. Petroleum geology and resources of the Nepa-Botuoba High, Angara-Lena Terrace, and Cis-Patom Foredeep, southeastern Siberian Craton, Russia. US Geological Survey Bulletin, 2201-C: 1-16.

Uphoff T L. 1997. Precambrian Chuar source rock play: an exploration case history in southern Utah. AAPG Bulletin, 81(1): 1-15.

Volk H, Dutkiewicz A, George S C, Ridley J. 2003. Oil migration in the Middle Proterozoic Roper Superbasin, Australia: evidence from oil inclusions and their geochemistries. Journal of Geochemical Exploration, 78-79: 437-441.

Volk H, George S C, Dutkiewicz A, Ridley J. 2005. Characterization of fluid inclusion oil in a Mid-Proterozoic sandstone and dolerite (Roper Superbasin, Australia). Chemical Geology, 223(1-3): 109-135.

Wang C J. 2009. Biomarker evidence for eukaryote algae flourishing in a Mesoproterozoic (1.6−1.5 Ga) stratified sea on the North China Craton. Geochimica et Cosmochimica, 73(13): 1407.

Wang C J, Wang M, Xu J, Li Y, Yu Y, Bai J, Dong T, Zhang X, Gai H. 2011. 13α(n-alkyl)-tricyclic terpanes: a series of biomarkers for the unique microbial mat ecosystem in the Middle Mesoproterozoic (1.45−1.30 Ga) North China Sea. Mineralogical Magazine, 75: 2114.

Wang T G. 1991. A novel tricyclic terpane biomarker in the Upper Proterozoic bituminous sandstone, eastern Yanshan region. Science in China Series B: Chemistry, 34(4): 479-489.

Wang T G, Simoneit B R T. 1995. Tricyclic terpanes in Precambrian bituminous sandstone from the eastern Yanshan region, North China. Chemical Geology, 120(1-2): 155-170.

Wang T G, Li M J, Wang C J, Wang G L, Zhang W B, Shi Q, Zhu L. 2008. Organic molecular evidence in the Late Neoproterozoic tillites for a palaeo-oceanic environment during the snowball Earth era in the Yangtze region, Southern China. Precambrian Research, 162(3-4): 317-326.

Wang W, Guan C, Zhou C, Peng Y, Pratt L M, Chen X, Chen L, Chen Z, Yuan X, Xiao S. 2017. Integrated carbon, sulfur, and nitrogen isotope chemostratigraphy of the Ediacaran Lantian Formation in South China: spatial gradient, ocean redox oscillation, and fossil distribution. Geobiology, 15: 552-571.

Zhang S C, Zhang B M, Bian L Z, Jin Z J, Wang D R, Chen J F. 2007. The Xiamaling oil shale accumulated by Rhodophyta over 800 Ma ago. Science in China Series D: Earth Sciences, 50(4): 527-535.

Zhu G Y, Chen F R, Wang M, Zhang Z Y, Ren R, Wu L. 2018. Discovery of the lower Cambrian high-quality source rocks and deep oil and gas exploration potential in the Tarim Basin, China. AAPG Bulletin, 102(10): 2123-2151.

第7章 华北燕辽裂陷带下马岭组沉积环境与古海洋地球化学

张水昌[1], 王晓梅[1], 王华建[1], 苏 劲[1], 叶云涛[1], D. E. Canfield[1,2]

1. 中国石油勘探开发研究院, 油气地球化学重点实验室, 北京, 100083;
2. 南丹麦大学, 地球演化北欧中心, 欧登塞, M5230

摘 要: 全球中元古代沉积记录对于揭示前寒武纪真核生物生态系统演化与烃源岩发育等至关重要。位于华北克拉通被动大陆边缘环境的下马岭组 (1400~1320 Ma) 是沉积了数十个百万年、保存完好的一套低成熟–成熟地层序列, 蕴含了丰富的中元古代大气–海洋环境和生物演化的信息。本章通过铁组分、微量元素、生物标志物等多学科手段, 对下马岭组沉积时期的古海洋环境进行了重建。根据沉积学和地球化学特征, 将下马岭组自上而下划分为六个岩性单元, 并系统研究了单元-1~单元-4, 从而揭示其含氧、缺氧和缺氧–硫化等动态演化规律。古海洋化学条件的变化对初级生产力和烃类的保存有显著影响。

关键词: 中元古代、下马岭组、最小含氧带、沉积环境、古海洋化学。

7.1 引 言

燕辽裂陷带地处华北克拉通北缘。一直以来, 围绕这一地区的构造、沉积地层和烃源岩等问题, 开展了广泛研究, 并取得系统性进展 (Kao et al., 1934; Wang and Simoneit, 1995; Zhang et al., 2007; Gao et al., 2008; Lu et al., 2008; Shi et al., 2012; Luo et al., 2013; Zhao et al., 2019)。然而, 对燕辽裂陷带在中元古代的海洋化学和沉积环境却较少深入研究。国际学术界普遍认为, 这个时期的海洋被硫化氢所充斥 (Canfield, 1998; Bjerrum and Canfield, 2002; Poulton et al., 2004), 由于生物生存所必需的微量元素 (如 Mo 等) 无法溶解在含硫水域中 (Anbar and Knoll, 2002), 硫化缺氧条件可能阻碍真核生物的多样性演化, 使生命进化过程变得单调而艰难。由于硫酸盐供应有限, 在 1.8 Ga 之前, 深部海水基本是铁化的, 并且这种富铁的环境可能在 0.7~0.54 Ga 再次出现 (Canfield et al., 2008)。处于其间的 "地球中世纪" ("Earth Middle Age"; 1.8~0.8 Ga) 海洋的氧化还原状态一直存在争议。

古海洋氧化还原环境在生物进化过程中起着重要甚至决定性的作用, 是烃源岩形成的关键性控制因素, 它不仅代表着海洋生物的生存空间, 而且为有机质的沉积和埋藏提供场所。因此, 认识和重建海洋的氧化还原状态下烃源岩的发育机制具有重要意义。

虽然在距今 2.4 Ga 的大氧化事件时, 大气中已经出现自由氧, 但海洋的完全氧化则是 0.6 Ga 之后的事 (Poulton and Canfield, 2011)。中元古代作为一个重要的过渡期, 其海洋化学结构一直是学者们争论的焦点。一些学者认为, 在中元古代, 海洋氧化水平仍然很低, 且大气中的氧气水平低于 0.1% (现代大气水平, present atmospheric level; Planavsky et al., 2014)。沉积界面之上, 含有自由氧的海水深度不会超过 25 m (Brocks et al., 2005), 但是深水仍是富铁的 (Planavsky et al., 2014)。然而, 也有证据表明, 中元古代海水中溶解氧的浓度已经有所升高。根据 Mo 同位素研究, 中元古代海洋的氧化还原状态曾发生明显波动 (Ye et al., 2021)。对北澳大利亚克拉通罗珀群 (Roper Group) 的分析表明, 在 1.5~1.4 Ga 时, 海洋中的氧含量随海水深度而变化, 从富氧的表层水向深部的硫化缺氧水体过渡 (Shen et al., 2003)。另一项对俄罗斯中部卡尔塔瑟群（Kaltasy Group）的研究显示，在 1.42 Ga 深海中已存在溶解氧（Sperling et al.，2014）。

上述研究表明，中元古代海洋的氧化还原状态可能是不稳定的，同时也呈现出高度的时空差异性。目前的问题是，中元古代海水化学条件的变化与现代大气氧水平之间是否存在关联？由于中元古界在世界范围内的分布有限，要系统回答这一问题是十分困难的，但下马岭组为此提供了得天独厚的科研机遇。该组形成于 1.4 ~ 1.32 Ga，沉积时限达 80 Ma，其地层连续性和岩性多样性对于揭示中元古代海洋氧化还原环境和动态演化是十分理想的。

7.2　地　质　背　景

7.2.1　地层年代和划分

7.2.1.1　地层年代

华北下马岭组主要由页岩、粉砂岩和砂岩组成，处于中元古界蓟县系铁岭组碳酸盐岩之上，新元古界青白口系骆驼岭组砂岩之下，与下伏铁岭组和上覆骆驼岭组之间分别存在两个沉积间断［Qu et al.，2014；图 7.1（a）］。最初根据海绿石砂岩的 K-Ar 测年结果，下马岭组沉积时曾限定为 1000 ~ 900 Ma（李明荣等，1996）。然而，近十多年来，对下马岭组凝灰岩中实测的一系列锆石 U-Pb 或 Pb-Pb 同位素年龄范围为 1320±6 Ma 至 1392±1.2 Ma［图 7.1（a）；李怀坤等，2009；Gao et al.，2007，2008；Su et al.，2008；Li et al.，2013；Zhang et al.，2015；参阅第 2、10 章］，从而证明下马岭组的层位应归属于中元古界，而非新元古界。此外，在铁岭组中部实测的两个锆石 U-Pb 年龄（1437±21 Ma 和 1439±14 Ma；Su et al.，2010；李怀坤等，2014）进一步将下马岭组的底界年龄限定在 1400 Ma。

此外在冀北坳陷，下马岭组夹有广泛分布的 2 ~ 4 层辉长辉绿岩岩床。从辉长辉绿岩中测得锆石 U-Pb 年龄为 1320±6 Ma（李怀坤等，2009），以及两个斜锆石 U-Pb 年龄分别为 1327.3±2.3 Ma 和 1327.5±2.4 Ma（参阅第 2、10 章），据此得出下马岭组上限年龄为 1320 Ma［图 7.1（a）］。因此，下马岭组的年龄时限应该是 1400 ~ 1320 Ma，这一成果对于研究燕辽裂陷带，甚至华北克拉通的中元古代构造演化是至关重要的。

7.2.1.2　地层划分

传统上燕辽裂陷带的区域地层划分将下马岭组由下至上划分为四个段（范文博，2015；参阅第 2、3 章）。下一段主要为细砂岩、杂色粉砂岩和页岩；下二段由紫红色泥岩和绿色粉砂质页岩组成，含泥质透镜体和海绿石砂岩；下三段为黑色页岩，含纸片状页岩和硅质岩夹层；下四段由杂色粉砂质页岩、含泥灰岩透镜体页岩和叠层石组成（图 7.2；参阅第 2、3 章）。

通过与赵家山、古子坊（宣龙坳陷）、门头沟（京西坳陷）、宽城（冀北坳陷）等剖面的地层对比，本章基于对宣龙坳陷下花园剖面［图 7.1（b）］的详细地球化学和沉积学研究，尝试提出下马岭组自上而下划分为六个岩性单元的地层划分方案（图 7.2；Wang et al.，2017；Zhang et al.，2019）；其中，由于下三段上部黑色粉砂质页岩与下部黑色页岩和硅质岩互层的沉积学和地球化学特征差异，将其分解为两个岩性单元（单元-2 和单元-3）。此外，下二段由于上部红色泥岩和绿色粉砂岩互层与下部海绿石砂岩的差别，也细分成岩性单元-4 和单元-5（图 7.2；Zhang et al.，2015，2019；Wang et al.，2017）。

根据古地磁资料，确定在下马岭组沉积时期，华北克拉通的古地理位置应该在 10°N 至 30°N 之间（Evans and Mitchell，2011；Zhang et al.，2012）。Meng 等（2011）根据火山碎屑岩的沉积记录，曾提出下马岭组是被动大陆边缘到弧后盆地的过渡产物。但由于下马岭组的火山碎屑岩出现频率很低，到目前为止，仅在单元-2 发现四层凝灰岩，在单元-3 发现一层钾质斑脱岩（图 7.2），所以将这些火山碎屑岩归因于下马岭组沉积时的两次火山活动的记录。根据单元-3 的锆石年代学数据推断，下马岭组 400 m 厚地层

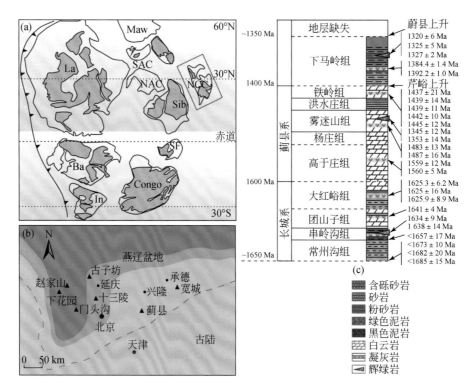

图7.1　(a) 1400 Ma 华北克拉通位置、(b) 下马岭组沉积古地理 (Pisarevsky et al., 2014) 与 (c) 燕辽裂陷带
中元古界地层柱状图 (Wang et al., 2017; Li et al., 2019; Zhang et al., 2019)

Ba. 波罗地克拉通；In. 印度克拉通；La. 劳伦克拉通；Maw. 莫森克拉通；NAC. 北澳大利亚克拉通；NCC. 华北克拉通；
SAC. 南澳大利亚克拉通；SF. 圣弗朗西斯科；Sib. 西伯利亚克拉通；▲剖面位置；●市、县

的沉积速率约0.8 m/Ma，而且也没有发现由湍流或重力流造成的典型弧后构造环境特征。因此，单元-2和单元-3的火山碎屑岩应是沉积在深水环境，而不是弧后构造环境。

7.2.2　沉积构造背景与沉降中心

7.2.2.1　沉积构造背景

　　长城群底部常州沟组花岗斑岩岩脉的实测锆石 U-Pb 年龄为 1673±10 Ma (李怀坤等，2011)，据此判定，长城群的底部年龄应被限定在 1670 Ma。而在华北克拉通北缘，燕辽裂陷带的形成和演化可能与 1650 ~ 1320 Ma 期间哥伦比亚超大陆裂解有关 [图 7.1(a)；Meng et al., 2011]。由于地壳的持续伸展和洋壳的出现，华北克拉通北部在蓟县纪沉积时期进入被动大陆边缘环境 (1600 ~ 1400 Ma；Qu et al., 2014)。铁岭组沉积后，名为"芹峪上升"的地壳运动将燕辽地区整体抬升，从而引发铁岭组的剥蚀 [图 7.1(c)；乔秀夫，1976]。华北克拉通底部洋壳的低角度俯冲被认为是抬升的驱动力，随后可能又发生了洋壳的大角度俯冲，形成了一系列裂谷盆地 (Qu et al., 2014)。然而，火山灰层在下马岭组较为少见，目前仅发现两层，因此弧后盆地的观点仍然缺乏有力的证据。

　　下马岭组沉积之后又一次地壳运动，称为"蔚县上升"，导致下马岭组上部沉积物的剥蚀，与上覆骆驼岭组之间呈角度不整合 [图 7.1(c)；Qu et al., 2014；范文博，2015]，在宣龙坳陷，下马岭组与上覆侏罗系之间呈不整合接触 (图 7.2)。这次抬升可能是由华北克拉通与相邻地块间的碰撞引起的，也是对罗迪尼亚超大陆拼合的早期响应 (Qu et al., 2014)。

　　值得注意的是，不仅在下马岭组中存在 1327 ~ 1320 Ma 的侵入岩 [图 7.1(c)；李怀坤等，2009；Liu et al., 2011；参阅第 10 章]，在下伏的蓟县系雾迷山组、高于庄组和铁岭组中，都有多处辉长辉绿岩岩床或辉绿岩岩脉，其年龄集中在 1330 ~ 1300 Ma，峰值年龄为 1320 Ma (张拴宏和赵越华，2018)。这些辉长

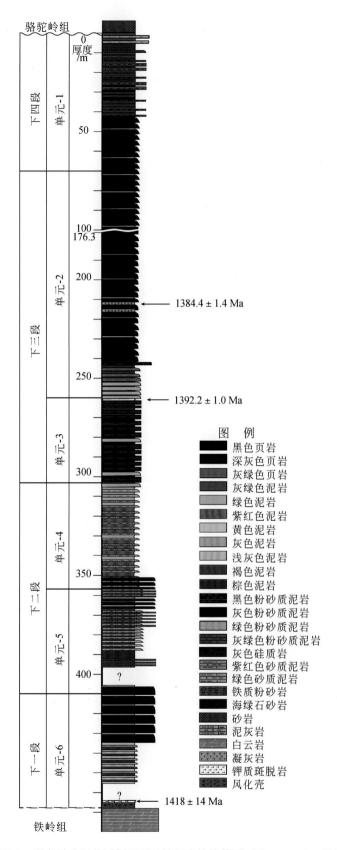

图 7.2　宣龙坳陷下花园剖面下马岭组岩性柱状图（Zhang et al.，2019）

辉绿岩岩床和辉绿岩岩脉代表了燕辽大火成岩省，其在年龄、产状、岩相组合和地球化学成分方面类似于北澳大利亚 1320 Ma 的代里姆–加里温库（Derim-Galiwinku）大火成岩省（张拴宏和赵越华，2018）。此外，两个克拉通中元古代晚期的地层序列和年代也非常相似。华北下马岭组和澳大利亚罗珀群（Roper

Group）维尔克里组（Velkerri Formation）都主要由黑色页岩构成，表明两个克拉通可能相互连接，或至少是彼此相邻的 ［图 7.1（a）］。白云鄂博矿床中富含稀土 Nb 的碳酸岩年龄为 1301±12 Ma，这一岩层也被认为在空间和时间上与燕辽大火成岩省相关，其成因可能与哥伦比亚超大陆的裂解有关（张拴宏和赵越华，2018）。综上所述，下马岭组沉积时期的华北克拉通北缘可能仍处于伸展环境，与开阔大洋相连通 ［图 7.1（b）］。由此推断，下马岭组沉积物应具有当时古海水信息的记录。

7.2.2.2　地层沉降中心

与蓟县系相比，燕辽裂陷带下马岭组的沉降中心应从东南部（冀东坳陷）向西北部（宣龙坳陷）转移（参见第 11 章）。宣龙坳陷赵家山、下花园和黄土岗剖面所测量的下马岭组地层厚度均超过 500 m ［图 7.1（b）；宋春青和张振春，1983；范文博，2015］。砂岩、绿色或红色页岩、黑色页岩、绿色页岩和叠层石自下至上依次沉积，可划分为四个地层岩性段（参阅第 2、3 章），或自上而下六个岩性单元。在京西坳陷的门头沟和十三陵剖面测得的下马岭组厚度分别为 352 m 和 318 m。在冀北坳陷、辽西坳陷和冀东坳陷，其厚度仅为 168 ~ 280 m（Qu et al.，2014；范文博，2015），由于"蔚县上升"，这些地区的下马岭组大部分均被剥蚀，仅保留了下一段底部的绿色粉砂质页岩（范文博，2015；参阅第 2、3 章）。在下马岭组沉积期间（1400 ~ 1320 Ma），燕辽盆地经历了一个从地壳沉降持续海侵到快速隆升海退的完整过程，因此，宣龙坳陷保存了该时期最完整的地层记录。

7.3　下马岭组岩性和岩相

在下马岭组的六个岩性单元中，我们对单元-1 ~ 单元-4 进行了较为详细的研究。每个岩性单元都具有独特的地球化学特征，反映了沉积环境的动态变化（Wang et al.，2017）。下面就各单元的岩性自下而上做一简要论述（图 7.2）。

（1）最底部的单元-6 与下伏铁岭组之间呈平行不整合接触。从底部到顶部，岩性从砾岩变为砂质泥岩，再到杂色（如灰色、绿灰色、浅棕色、浅黄色）页岩。其主要沉积环境应为浅水高能相带。

（2）单元-5 下部主要为灰黑色薄层页岩和菱铁矿结核或富铁的砂质泥岩，上部为灰绿色泥质粉砂岩和海绿石砂岩，夹富铁的砂质泥岩（Canfield et al.，2018）。沉积环境由深水低能相向浅水陆棚高能相转变。

（3）单元-4 包括杂色薄层泥岩-页岩和灰绿色粉砂岩-砂岩的互层 ［图 7.3（a）］，1 ~ 2 cm 厚的薄层灰绿色或紫红色粉砂岩-砂岩含有典型的平行层理 ［图 7.3（b）］，时有交错层理 ［图 7.3（c）］，灰绿色粉砂岩-砂岩向上变为紫红色和（或）绿色泥岩 ［图 7.3（d）］。其中，灰绿色粉砂岩-砂岩是远端浊流输入的外源物质，紫红色泥岩应为原地沉积物，与灰绿色泥岩和粉砂岩-砂岩交替出现。在本岩性单元上部，紫红色泥岩消失，灰绿色泥岩和粉砂岩-砂岩交替出现，泥质组分厚度增加。此外，薄层黑色页岩作为单元-4 的顶部边界，出现在紫红色泥岩上方约 10 m 处。浊积岩的存在说明本单元的沉积水深可能与风暴浪基面相当。

（4）单元-3 以黑色页岩与硅质岩互层为最主要的岩性特征，不再出现紫红色泥岩。黑色页岩富含有机质，呈极细的纹层状，也称为"纸片状页岩"，其间偶尔夹有薄层硅质岩 ［图 7.3（e）］，硅质岩层内有机质相对贫乏，在露头 ［图 7.3（e）］ 或薄片 ［图 7.3（f）］ 中，均可观察到岩性的明显转变。由于沉积物粒度细，且未见波浪或水流改造的证据，因此，单元-3 可归诸为深水相沉积。在单元顶部，有约 20 m 厚的绿色泥质粉砂岩层，其中包含碳酸盐岩薄层、透镜体和结核，偶尔还产出碳酸盐矿物胶结的砂岩层。黑色页岩在碳酸盐岩、粉砂岩层消失后继续发育。

（5）单元-2 中，黑色和灰色页岩在其露头上显示出非常清晰的层理 ［图 7.3（i）］，但新鲜岩心样品中的成层性不太明显，可能是由于富有机物或硫化物黑色页岩和贫有机质灰色页岩的差异风化显现出清晰的层理。黑色和灰色页岩是单元-2 的主要岩性，在岩石薄片上也可以观察到微细层理 ［图 7.3（j）］。除顶部外，没有沉积证据表明单元-2 中发生过水动力的扰动 ［图 7.3（k）］，因此，可以认为本单元也属深水相沉积。总体上看，单元-3 和单元-2 可能代表了下马岭组沉积过程中的最大海泛时期。

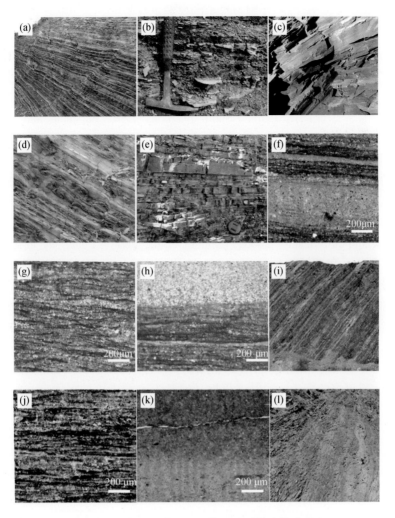

图 7.3　下马岭组单元-1～单元-4 野外及薄片照片

单元-4：（a）紫红色泥岩–页岩与灰绿色粉砂岩–砂岩野外照片；（b）1～2 cm 厚的灰绿色粉砂岩–砂岩，见平行层理；（c）灰绿色粉砂岩–砂岩，见交错层理；（d）灰绿色粉砂岩向上和向下逐渐过渡至紫红色泥岩。单元-3：（e）黑色页岩与硅质岩野外照片；（f）薄片下黑色页岩与硅质岩互层；（g）黑色页岩中见有明显的有机质纹层；（h）黑色页岩与硅质岩呈突变接触。单元-2：（i）杂色页岩野外照片；（j）黑色页岩中的有机质纹层；（k）富有机质页岩与贫有机质页岩的渐变接触。单元-1：（l）黑色页岩与灰绿色泥岩互层

（6）单元-1 主要由黑色、灰色、灰绿色泥岩–页岩以及含粉砂岩–砂岩夹层的砂质泥岩组成。深色粉砂岩–砂岩具有交错层理，可能反映了较浅的海水或风暴浪的影响。含结核的碳酸盐岩为该单元顶部附近的主要岩性，并且常具有碳酸盐矿物胶结形成的交错纹层，指示沉积环境处于接近于风暴浪基面。此外，本单元最顶部含有薄层叠层石泥灰岩，且可以观察到波浪扰动的证据。因此单元-1，尤其是其上部，应当代表一次海退序列。

7.4　地球化学指标

7.4.1　古海洋地球化学参数的指示意义

通过无机化学、有机化学和同位素分析，获得了一系列地球化学参数，包括 Fe_{HR}/Fe_T、Fe_{Py}/Fe_{HR}、$\delta^{13}C$、TOC、HI、TMAIs，以及微量元素 Mo、V、U 的含量，用以研究下马岭组的古海洋沉积环境。

（1）总有机碳（TOC, %）和氢指数（HI，$mg_{烃}/g_{TOC}$）。TOC 值是沉积岩中总有机碳所占的百分比，HI 值是有机质中的烃含量，可用于评估沉积有机质的丰度和烃类的保存。作为重要的评价参数，TOC 主

要反映有机质的丰度和初级生产力，而 HI 则对烃类的保存更为敏感。

（2）生物标志物 2,3,6-三甲基芳基类异戊二烯（2,3,6-TMAIs）的含量（$ng_{烃}/g_{岩石}$）。通过气相色谱–质谱分析，在下马岭组各个岩性单元的泥质岩中，均检测到 $C_{13} \sim C_{23}$ 2,3,6-TMAIs（Summons and Powell，1986）。由于沉积环境的改变，从单元-1 至单元-4 2,3,6-TMAIs 的含量有明显变化（图 7.4）。$C_{13} \sim C_{23}$ 2,3,6-TMAIs 是芳香类胡萝卜素色素异胡萝卜素和 β-异胡萝卜素的成岩产物，二者均源自绿菌科（Chlorobiaceae）的光合自养绿硫细菌（Green Sulfur Bacteria, GSB；Summons and Powell，1986，1987）。对于 $C_{13} \sim C_{23}$ 2,3,6-TMAIs 同系物的定量检测发现，C_{17} 和 C_{23} 同系物的含量较低（图 7.4），为此类物质的 GSB 来源提供了独特而重要的证据（Summons and Powell，1986，1987）。沉积物中高含量的 GSB 反映了缺氧硫化的环境，有利于绿菌科的繁衍（Summons and Powell，1987；Brocks et al.，2005）。

（3）铁组分。铁组分分析通常用于评价沉积水体的化学条件（Canfield et al.，1992；Raiswell and Canfield，1998；Shen et al.，2002；Poulton et al.，2004；Poulton and Canfield，2005；Raiswell and Anderson，2005；Lyons and Severmann，2006；Canfield et al.，2008；Planavsky et al.，2011）。总铁成分（Fe_T）由高活性铁（Fe_{HR}）和低活性铁组成。Fe_{HR} 包括氧化铁（赤铁矿，Fe_2O_3）、碳酸铁（菱铁矿，$FeCO_3$）和硫化铁（黄铁矿，FeS_2；Fe_{Py}），黄铁矿和赤铁矿是不能共存的。理论上，高含量的黄铁矿和高活性铁指向缺氧硫化的沉积环境。根据 Raiswell 和 Canfield（1998，2012）的研究，沉积物中的高 Fe_{HR}/Fe_T 值表征水体的缺氧条件，通过对显生宙海相沉积岩的统计发现，$Fe_{HR}/Fe_T > 0.38$ 时（即高活性铁含量超过总铁含量的 38%），海洋为缺氧环境。Poulton 和 Raiswell（2002）指出，氧化环境的沉积物平均 Fe_{HR}/Fe_T 值为 0.14 ± 0.08，因此，铁组分可用以区分缺氧（$Fe_{HR}/Fe_T > 0.38$）和含氧（$Fe_{HR}/Fe_T < 0.22$）的水化学状态。当约 70% 或更多的高活性铁以硫化物（通常为黄铁矿）的形式存在时，即 $Fe_{Py}/Fe_{HR} > 0.7$，指示缺氧硫化的水体环境，而 $Fe_{Py}/Fe_{HR} < 0.7$ 则表明沉积环境是铁化的或非硫化的（Raiswell and Canfield，2012）。

依据 Fe_{Py}/Fe_{HR} 和 Fe_{Py}/Fe_{HR} 值，图 7.5 给出了沉积水化学环境的划分方案，可用于区分下马岭组的古海洋环境，该图分为三个区域。

A 区：高活性铁（Fe_{HR}）和黄铁矿（Fe_{Py}）含量高，$Fe_{HR}/Fe_T > 0.38$，且自生黄铁矿在 Fe_{HR} 中占优势（$Fe_{Py}/Fe_{HR} > 0.7$）。因此，A 区指示强烈的缺氧硫化环境。

B 区：除 A 区外，B 区的 Fe_{HR} 含量也较高，$Fe_{HR}/Fe_T > 0.22$。因此，B 区的水化学特征为缺氧非硫化，即以碳酸盐岩铁为主。

C 区：Fe_{HR} 含量不高，$Fe_{HR}/Fe_T < 0.22$（Poulton and Raiswell，2002），仅包含铁氧化物或氢氧化物。这一区域反映了氧化或弱氧化的古海洋环境。

（4）微量元素 Mo、U、V 的含量（ppm[①]）。Mo、U 和 V 均为对氧化还原敏感元素，这些元素在氧化水体中以溶解状态存在 [如 MoO_4^{2-}、HVO_4^{2-}、$UO_2(CO_3)_3^{4-}$]，当水变得缺氧时，则转化为不溶的沉淀物（如 MoS_4^{2-}、V_2O_3、UO_2），导致它们从水体向沉积物转移（Algeo and Lyons，2006；Tribovillard et al.，2006；Algeo and Rowe，2012）。因此，在缺氧环境下，沉积物中的 Mo、U 和 V 含量远高于氧化沉积物。

7.4.2　下马岭组地球化学剖面

下马岭组不仅包含多样的沉积环境，而且在各个岩性单元也呈现出不同的地球化学特征，下马岭组地球化学剖面如图 7.6 所示。

（1）单元-4 的杂色泥岩–页岩和粉砂岩中检测到非常低的 TOC 值（0.05% ~ 0.4%）、低的 HI 值（大部分小于 50 $mg_{烃}/g_{TOC}$）、微量的 $C_{18} \sim C_{19}$ TMAIs 含量、低至中等的 Fe_{HR}/Fe_T（0.05 ~ 0.65，大部分在 0.38 左右）和非常低的 Fe_{Py}/Fe_{HR}，Mo、U 含量非常低（Mo < 10 ppm，U < 5 ppm）。

（2）单元-3 中的黑色页岩具有非常高的 TOC 值（>5%，最大值达为 20%）、非常高的 HI 值（大部分大于 200 $mg_{烃}/g_{TOC}$）、较低的 $C_{18} \sim C_{19}$ TMAIs 含量（最高达 107.55 $ng_{烃}/g_{岩石}$）、中等的 Fe_{HR}/Fe_T（大部

---

① 　1 ppm = 1×10^{-6}。

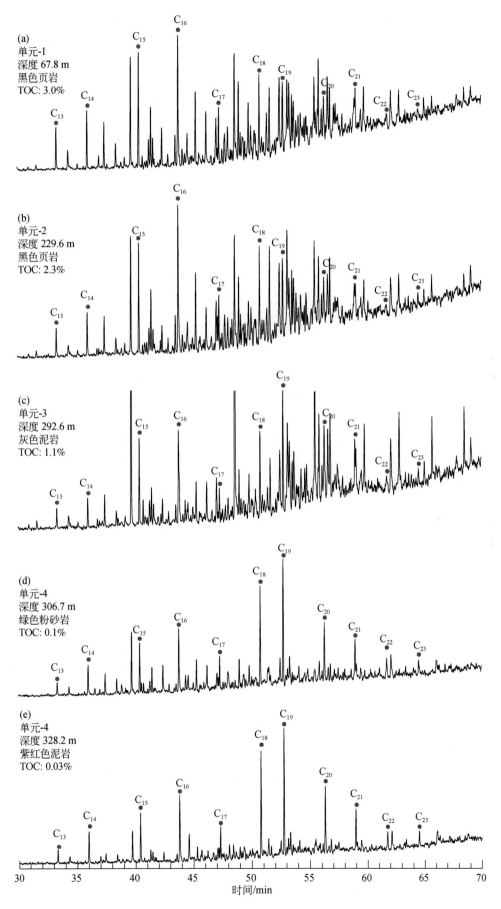

图 7.4　下马岭组不同岩性单元泥质岩气相色谱–质谱 m/z 134 质量色谱图

红点标注 2,3,6-TMAIs 系列的同系物；C_i 标记同系物的碳数 (i)

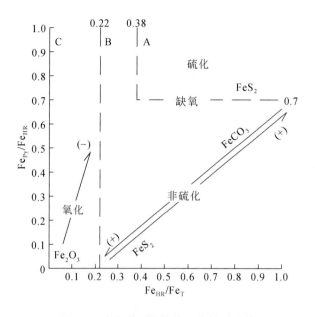

图 7.5　古海洋环境的铁组分判别图谱

A 区：缺氧硫化，高活性铁以自生黄铁矿为主；B 区：缺氧非硫化，高活性铁以碳酸盐岩铁为主；C 区：氧化，高活性铁以铁氧化物为主

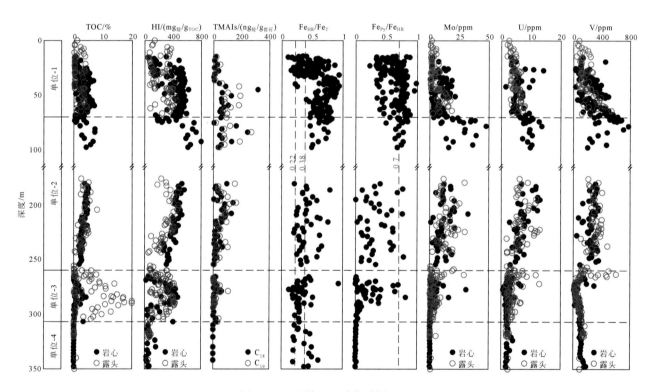

图 7.6　下马岭组地球化学剖面图

分大于 0.22，在 0.38 左右）和低至中等的 Fe_{Py}/Fe_{HR}（0.05 ~ 0.7，个别大于 0.7），Mo、U 含量均为中低水平（Mo<30 ppm，U<15 ppm），值得注意的是，290 ~ 270 m 区间内出现 V 的亏损（最小值仅为 7.6 ppm）。

（3）单元-2 中的黑色页岩具有较高的 TOC 值（大部分为 2% ~ 7%）、极高的 HI 值（高达 800 $mg_{烃}$/g_{TOC}）、高的 C_{18} ~ C_{19} TMAIs 含量（最高达 269.53 $ng_{烃}$/$g_{岩石}$）、高的 Fe_{HR}/Fe_{T}（0.2 ~ 0.8，大部分大于 0.38）和较高的 Fe_{Py}/Fe_{HR}（0.1 ~ 0.8），高的 Mo（47.7 ppm）、U（13.6 ppm）和 V（819 ppm）含量。这些特征在单元-2 上部尤为显著。

（4）单元-1 中的黑色、灰色和灰绿色泥岩显示出较高的 TOC 值（大部分为 2%~5%）、较高的 C_{18} ~ C_{19} TMAIs 含量（可达 300 ng$_{烃}$/g$_{岩石}$）、高的 Fe_{HR}/Fe_T（大部分大于 0.38，最高为 1）和高的 Fe_{Py}/Fe_{HR}（大部分大于 0.7），中高的 Mo（21.4 ppm）、U（14 ppm）和 V（622.5 ppm）含量。上述地球化学参数在单元-1 上段几乎全部呈明显下降趋势（图 7.6）。

这种地球化学指标的强烈波动在前人文献中也有报道，被认为反映了沉积盆地的地表径流和水循环模式（Rossignol-Strick，1987；Cramp and O'Sullivan，1999；Beckmann et al.，2005）与信风强度、上升流速率及元素源汇储库有关（Yarincik et al.，2000；Beckmann et al.，2005；Hofmann and Wagner，2011）。上述地球化学参数可以作为评估下马岭组沉积环境的依据。

7.5　下马岭组古海洋地球化学

7.5.1　单元-4：氧化至弱缺氧环境

单元-4 由杂色泥岩–页岩、粉砂岩和砂岩组成，其中紫红色泥岩–页岩中的 Fe_{HR} 富含赤铁矿，而灰绿色泥岩–页岩中的 Fe_{HR} 则以菱铁矿为主。单元-4 的杂色地层通常显示低至中等的 Fe_{HR}/Fe_T 值（0.2~0.6）和非常低的 Fe_{Py}/Fe_{HR} 值，低的氧化还原敏感元素含量（Mo<10 ppm，U<5 ppm），以及少量的 GSB 生物标记物（C_{18} ~ C_{19} TMAIs）。总体而言，这些特征表明水体环境处于氧化或弱缺氧的状态。

在 Fe_{Py}/Fe_{HR} 与 Fe_{HR}/Fe_T 相关图上（图 7.7），单元-4 的所有岩石样品均落在 C 区和 B 区内。此外，泥岩具有非常低的 TOC 值（<0.3%）和低 HI 值（大部分小于 100 mg$_{烃}$/g$_{TOC}$；图 7.6）。这意味着本单元沉积时的有机质丰度非常低，保存差，古海洋的初级生产力可能也是较低的。

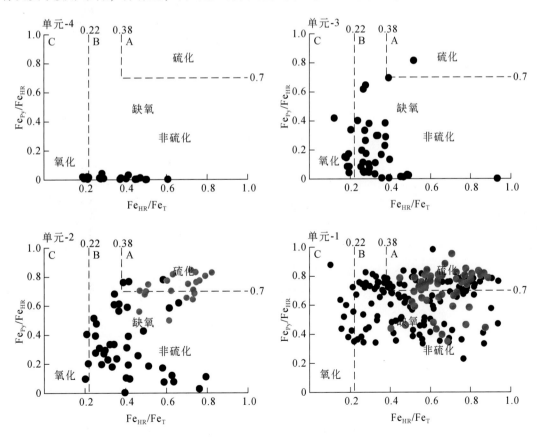

图 7.7　Fe_{Py}/Fe_{HR} 与 Fe_{HR}/Fe_T 相关图

红点为单元-2 上部至单元-1 中下部岩样的数据

7.5.2　单元-3：缺氧非硫化环境与最小含氧带

单元-3 主要包括黑色页岩和硅质岩的互层，黑色页岩具极薄的纹层，没有表现出任何受到波浪或水流改造的迹象，其沉积特征应为深水相沉积物。这些页岩具有中等的 Fe_{HR}/Fe_T 值（大部分大于 0.22）和低至中等的 Fe_{Py}/Fe_{HR} 值（大部分小于 0.7），低至中等含量的氧化还原敏感元素 Mo、U（Mo<30 ppm，U<15 ppm）和中等含量的 GSB 生物标记物（$C_{18} \sim C_{19}$ TMAIs，大部分小于 50 ng$_{烃}$/g$_{岩石}$，最高为 107.55 ng$_{烃}$/g$_{岩石}$）。从单元-4 到单元-3 代表了海侵序列（图 7.6）。在 Fe_{Py}/Fe_{HR} 与 Fe_{HR}/Fe_T 相关图上（图 7.7），单元-3 中的大部分数据点主要集中在 B 区内，个别落入 C 区和 A 区。总体而言，单元-3 属于缺氧非硫化的深水沉积。

值得注意的是，单元-3 的页岩富集 TOC、Mo 和 U，但 V 含量较低（图 7.6）。在现代低氧沉积水体中（氧气仅穿透沉积物几毫米），V 通常会从沉积物中释放出来，导致沉积物不富集 V 元素（Emerson and Huested, 1991；Nameroff et al., 2002）。单元-3 中的 V 曲线与 Mo 和 U 曲线形成对比，这与海洋最小含氧带（Oxygen Minimum Zone，OMZ）沉积背景相一致。氧化还原敏感元素 Mo、U 和 V 通常在沉积于缺氧 OMZ 核心部位的沉积物中共同富集。然而，在 OMZ 下部，底水氧气水平开始上升，V 含量回落至地壳平均水平甚至更低（Bennett and Canfield, 2020）。与此形成反差的是，在 TOC 值较高的沉积物中，Mo、U 的富集程度高于地壳平均水平（Zhang et al., 2016；Wang et al., 2017）。

最小含氧带（OMZ）指现代海洋中层靠近陆架区的缺氧层，其形成是由于表层有机物物下沉过程中的耗氧降解，以及深部富营养物质水体的上涌而共同导致的，尤其出现在一些现代热带区域（如北太平洋东岸、阿拉伯海等），OMZ 可以延伸至几百米深（Ulloa et al., 2012）。$C_{18} \sim C_{19}$ TMAIs 含量的增加也证明了 OMZ 海洋化学环境的存在（图 7.6），GSB 的生长依赖于透光带水体的硫化或铁化（Zhang et al., 2016）。V 亏损和 GSB 的发育说明沉积物–水界面附近充氧，而上覆水柱透光带缺氧的特征，这与 OMZ 的情形一致。

在缺氧非硫化环境中，单元-3 的黑色页岩表现出非常高的 TOC 值（大部分大于 5%，最高可达 20%）和较高的 HI 值（大部分为 200 mg$_{烃}$/g$_{TOC}$ 左右，最高达 435 mg$_{烃}$/g$_{TOC}$；图 7.6），表明初级生产力高且保存条件良好。

7.5.3　单元-2：缺氧非硫化至部分硫化环境

单元-2 的黑色、灰色页岩为未经任何沉积扰动的静海相沉积物，呈现明显的条带，这是差异风化的结果。这些条带在新鲜岩心表面可能见不到，但在岩石切片上可以观察到微尺度条带，这是深水相的特征。

总体而言，该单元页岩具有较高的 Fe_{HR}/Fe_T 值（0.2 ~ 0.8，大部分大于 0.38）和中等至高的 Fe_{Py}/Fe_{HR} 值（0.1 ~ 0.8，部分大于 0.7）。$C_{18} \sim C_{19}$ TMAIs 含量较高（最高可达 269 ng$_{烃}$/g$_{岩石}$），以及高含量的 Mo（47.7 ppm）、U（13.6 ppm）和 V（819 ppm）。这些特征在单元-2 的上部尤为明显。

在 Fe_{Py}/Fe_{HR} 与 Fe_{HR}/Fe_T 相关图上（图 7.7），单元-2 可被划分为两部分：红点代表上部样品，对应缺氧硫化的 A 区和缺氧非硫化的 B 区的一部分；黑点代表中下部，大致落在缺氧非硫化的 B 区（图 7.7）。这种特征显示了古海洋环境自下而上由缺氧非硫化向缺氧硫化水体的转变。地球化学参数，包括 TOC、HI、$C_{18} \sim C_{19}$ TMAIs 含量、Fe_{HR}/Fe_T、Fe_{Py}/Fe_{HR}，以及 Mo、U、V 含量在垂向上均呈现逐渐增高的趋势，显示了从缺氧非硫化到硫化的海侵序列（图 7.6、图 7.7）。该序列可能缘于单元-2 沉积期间，海平面的升高和海水深度的增加，并在单元-2 上部进入了最大海泛期。

单元-2 中，$C_{18} \sim C_{19}$ TMAIs 的含量自下而上增加，说明水化学条件支持 GSB 的持续生长。氧化还原敏感微量元素 Mo、U 和 V 的富集也支持这一结论，尤其是在单元-2 上部（图 7.6）。在本单元，GSB 的生长环境为缺氧非硫化至部分硫化。

单元-2 的黑色页岩具有较高的 TOC 值（达 7.2%）、高的 $C_{18} \sim C_{19}$ TMAIs 含量和非常高的 HI 值（可达 800 mg$_烃$/g$_{TOC}$），表明沉积期间初级生产力高，沉积有机质保存条件非常好，尤其是上部地层。HI，氧化还原敏感元素 Mo、U、V 和 C$_{18}$ ~ C$_{19}$ TMAIs 的垂直变化显示，这些地球化学参数在单元-2 上部出现最大值（图 7.6）。

7.5.4　单元-1：缺氧硫化至非硫化环境

多种地球化学指标显示，单元-1 的下–中段为持续的深水硫化环境（图 7.6），其黑色、灰色和灰绿色泥岩–页岩呈现非常高的 Fe$_{HR}$/Fe$_T$（大部分大于 0.38，最大为 1）、Fe$_{Py}$/Fe$_{HR}$ 值（大部分大于 0.7，最大为 1），较高的 C$_{18}$ ~ C$_{19}$ TMAIs 含量（最高达 300 ng$_烃$/g$_{岩石}$），以及中等至高含量的 Mo（21.4 ppm）、U（14 ppm）和 V（622.5 ppm）。单元-1 的上部所有这些参数均呈下降的趋势（图 7.6）。

在 Fe$_{Py}$/Fe$_{HR}$ 与 Fe$_{HR}$/Fe$_T$ 相关图上（图 7.7），单元-1 也可被划为两部分，中下部的红点主要集中在 A 区，其 Fe$_{Py}$/Fe$_{HR}$ 和 Fe$_{HR}$/Fe$_T$ 值较高，指示典型的缺氧硫化环境；上部的黑点则主要分散在 B 区中，其 Fe$_{Py}$/Fe$_{HR}$ 和 Fe$_{HR}$/Fe$_T$ 值变化较大，指示缺氧非硫化环境和海退序列。单元-1 自下而上显示了海退过程中水体由缺氧硫化到非硫化的转变。

7.6　下马岭组的沉积模式

下马岭组的地球化学剖面显示了完整的海平面变化周期，包括持续稳定的海侵过程（从单元-4 到单元-2 中部）和快速海退过程（单元-1 上部），而单元-2 上部和单元-1 下部则属于具有典型缺氧硫化环境的最大海泛时期（图 7.6）。

本章提出了下马岭组沉积期的古海洋化学模型（图 7.8）。单元-4 反映了氧化到弱缺氧的环境，存在周期性的上升洋流和地表径流的输入。单元-3 的黑色页岩沉积时的初级生产力最高，与 OMZ 环境相吻合。单元-2 沉积于缺氧非硫化至部分硫化的水体环境，其下部为缺氧非硫化，上部为硫化。单元-1 处于缺氧硫化环境（下部）到缺氧非硫化环境（上部）的过渡。

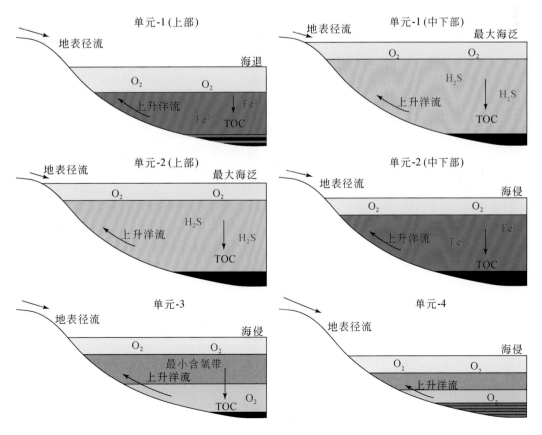

图 7.8　下马岭组沉积模式图（Wang et al.，2017）

在单元-2 上部至单元-1 下部的缺氧硫化序列中，Fe_{HR}/Fe_T、Fe_{HR}/Fe_T、HI、TMAIs 和微量元素（Mo、U 和 V）含量均呈现最大值，但单元-3 具有最高的 TOC 值（达 20%）。这说明在下马岭组的古海洋环境中，硫化作用可能对生物多样性和生物量有所制约。现代海洋的 OMZ 区域由于富营养水体的上涌，导致表层高的初级生产力以及有机物下沉过程中对氧气的强烈消耗（Scholz，2018）。如今，秘鲁上升流区的表层初级生产力为 1300 $g_{碳}/(m^2 \cdot a)$，比黑海的初级生产力高出十倍（Pennington et al.，2006）。

营养物质丰富的深部水体上涌是支持表层高初级生产力的关键。此外，中深度缺氧水体中磷和铁的再循环也对初级生产的增加有积极影响。具体而言，铁和磷酸盐通过铁氧化物的溶解和有机物的矿化得以释放，重新作用于初级生产力，并构成全球海洋系统中溶解铁和磷酸盐的重要环节（Noffke et al.，2012）。

与缺氧非硫化沉积环境相比，缺氧硫化环境中生物种群组成相对单调，生物量有限，但是氧化作用对有机质的降解程度低。下马岭组单元-3 的 TOC 值最高，而单元-1 和单元-2 的 TOC 值稍低、HI 值却很高。因此，OMZ 背景下的非硫化环境具有最大的初级生产力，而缺氧硫化水体最有利于烃类的保存。下马岭组沉积特征和古海洋地球化学信号的变化可能与热带辐合带以及华北克拉通在哈德里环流带的相对位置有关。这些驱动力将会影响初级生产力、氧气浓度分布以及盆地物源等问题（Broccoli et al.，2006；Arbuszewski et al.，2013；Wagner et al.，2013；Schneider et al.，2014）。

7.7　结　　论

中元古代下马岭组的沉积序列记录了华北克拉通燕辽裂陷带在该时期的水体环境，展示了一个完整的沉积周期，包括持续稳定的海侵过程（单元-4 至单元-2 中部）和快速海退过程（单元-1 上部），其最大海侵序列位于单元-2 上部至单元-1 中部。根据铁状态、微量元素和有机地球化学分析，下马岭组单元-4 形成于含氧或弱缺氧沉积环境；单元-3 属于 OMZ 背景下的非硫化环境，其初级生产力最高，并可能受古气候影响；单元-2 沉积在风暴浪基面以下的缺氧非硫化至缺氧硫化环境；单元-1 沉积在缺氧硫化至非硫化环境，硫化环境下烃类的保存条件最好。

参 考 文 献

范文博. 2015. 华北克拉通中元古代下马岭组地质特征及研究进展——下马岭组研究百年回眸. 地质论评，61（6）：1383-1406.

李怀坤，陆松年，李惠民，孙立新，相振群，耿建珍，周红英. 2009. 侵入下马岭组的基性岩床的锆石和斜锆石 U-Pb 精确定年——对华北中元古界地层划分方案的制约. 地质通报，28（10）：1396-1404.

李怀坤，苏文博，周红英，耿建珍，相振群，崔玉荣，刘文灿，陆松年. 2011. 华北克拉通北部长城系底界年龄小于 1670 Ma：来自北京密云花岗斑岩岩脉锆石 LA-MC-ICPMS U-Pb 年龄的约束. 地学前缘，18（3）：108-120.

李怀坤，苏文博，周红英，相振群，田辉，杨立公，Huff W D，Ettensohn F R. 2014. 中新元古界标准剖面蓟县系首获高精度年龄制约——蓟县剖面雾迷山组和铁岭组斑脱岩锆石 SHRIMP U-Pb 同位素定年研究. 岩石学报，30（10）：2999-3012.

李明荣，王松山，裘冀. 1996. 京津地区铁岭组景儿峪组海绿石 ^{40}Ar-^{39}Ar 年龄. 岩石学报，12（3）：416-423.

乔秀夫. 1976. 青白口群地层学研究. 地质科学，（3）：246-264.

宋春青，张振春. 1983. 河北下花园地区的下马岭组及其古地理环境. 地层学杂志，7（2）：104-111.

张拴宏，赵越华. 2018. 华北克拉通北部 13.3 亿～13.0 亿年基性大火成岩省与稀土-铌成矿事件. 地学前缘，25（5）：34-49.

Algeo T J，Lyons T W. 2006. Mo-total organic carbon covariation in modern anoxic marine environments：implications for analysis of paleoredox and paleohydrographic conditions. Paleoceanography，21：PA1016.

Algeo T J，Rowe H. 2012. Paleoceanographic applications of trace-metal concentration data. Chemical Geology，324：6-18.

Anbar A D，Knoll A H. 2002. Proterozoic ocean chemistry and evolution：a bioinorganic bridge？ Science，297：1137-1142.

Arbuszewski J A，Cléroux C，Bradtmiller L，Mix A. 2013. Meridional shifts of the Atlantic intertropical convergence zone since the Last Glacial Maximum. Nature Geoscience，6（11）：959-962.

Beckmann B，Flogel S，HoFormationann P，Schulz M，Wagner T. 2005. Orbital forcing of Cretaceous river discharge in tropical Africa and ocean response. Nature，437：241-244.

Bennett W W，Canfield D E. 2020. Redox-sensitive trace metals as paleoredox proxies：a review and analysis of data from modern sediments. Earth-Science Reviews,204: 103175.

Bjerrum C J,Canfield D E. 2002. Ocean productivity before about 1. 9 Gyr ago limited by phosphorus adsorption onto iron oxides. Nature,417: 159-162.

Broccoli A J,Dahl K A,Stouffer R J. 2006. Response of the ITCZ to northern Hemisphere cooling. Geophysical Research Letters, 33(116): L01702.

Brocks J J,Love G D,Summons R E,Knoll A H,Logan G A,Bowden S A. 2005. Biomarker evidence for green and purple sulphur bacteria in a stratified Palaeoproterozoic sea. Nature,437(7060): 866-870.

Calvert S,Pedersen T. 1993. Geochemistry of recent oxic and anoxic marine sediments: implications for the geological record. Marine Geology,113(1): 67-88.

Canfield D E. 1998. A new model for Proterozoic ocean chemistry. Nature,396: 450-453.

Canfield D E,Raiswell R,Bottrell S H. 1992. The reactivity of sedimentary iron minerals toward sulfide. American Journal of Science, 292(9): 659-683.

Canfield D E,Poulton S W,Knoll A H,Narbonne G M,Ross G,Goldberg T,Strauss H. 2008. Ferruginous conditions dominated Later Neoproterozoic deep-water chemistry. Science,321: 949-952.

Canfield D E,Zhang S C,Wang H J,Wang X M,Zhao W Z,Su J,Bjerrum C J,Haxen E R,Hammarlund E U. 2018. A Mesoproterozoic iron formation. Proceedings of the National Academy of Sciences of the United States of America,115: E3895-E3904.

Cramp A,O'Sullivan G. 1999. Neogene sapropels in the Mediterranean: a review. Marine Geology,153(1-4): 11-28.

Emerson S R,Huested S S. 1991. Ocean anoxia and the concentrations of molybdenum and vanadium in seawater. Marine Chemistry, 34(3-4): 177-196.

Espitalié J. 1986. Use of Tmax as a maturation index for different types of organic matter:comparison with vitrinite reflectance. In: Burrus J (ed). Thermal Modelling in Sedimentary Basins. Paris: Editions Technip,44:475-496.

Espitalié J,Laporte J L,Madec M,Marquis F,Leplat P,Paulet J,Boutefeu A. 1977. Rapid method for source rocks characterization and for determination of petroleum potential and degree of evolution. Revue De L Institut Francais Du Petrole,32: 23-42.

Evans D A,Mitchell R N. 2011. Assembly and breakup of the core of Paleoproterozoic-Mesoproterozoic supercontinent Nuna. Geology, 39(5): 443-446.

Gao L Z,Zhang C H,Shi X Y,Zhou H R,Wang Z Q,Song B. 2007. A new SHRIMP age of the Xiamaling Formation in the North China Plate and its geological significance. Acta Geologica Sinica (English Edition),81(6): 1103-1109.

Gao L Z,Zhang C H,Shi X Y,Song B,Wang Z,Liu Y M. 2008. Mesoproterozoic age for Xiamaling Formation in North China Plate indicated by zircon SHRIMP dating. Chinese Science Bulletin,53(17): 2665 -2671.

Hofmann P,Wagner T. 2011. ITCZ controls on Late Cretaceous black shale sedimentation in the tropical Atlantic Ocean. Paleoceanography,26: PA4223.

Kao C S,Hsiung Y H,Kao P. 1934. Pleliminary notes on Sinian stratigraphy of North China. Bulletin of Geological Society of China, 13(2): 243-288.

Kuypers M M,Lourens L J,Rijpstra C I W,Pancosta R D,Nijenhuis I A,Damsté J S S. 2004. Orbital forcing of organic carbon burial in the proto-North Atlantic during oceanic anoxic event 2. Earth Planetary Science Letters,228: 465-482.

Li H K,Lu S N,Su W B,Xiang Z Q,Zhou H Y,Zhang Y. 2013. Recent advances in the study of the Mesoproterozoic geochronology in the North China Craton. Journal of Asian Earth Sciences,72: 216-227.

Li Z H,Xi S L,Hu J M,Dong X P,Zhang G S. 2019. New insights about the Mesoproterozoic sedimentary framework of North China Craton. Geological Journal,54(1): 409-425.

Liu Y,Zhong N N,Tian Y J,Qi W,Mu G Y. 2011. The oldest oil accumulation in China: Meso- proterozoic Xiamaling Formation bituminous sandstone reservoirs. Petroleum Exploration and Development,38(4): 503-512.

Lu S N,Zhao G C,Wang H C,Hao G J. 2008. Precambrian metamorphic basement and sedimentary cover of the North China Craton: a review. Precambrian Research,160(1-2): 77-93.

Luo Q Y,Zhong N N,Zhu L,Wang Y N,Qin J,Qi L,Zhang Y,Ma Y. 2013. Correlation of burial organic carbon and paleoproductivity in the Mesoproterozoic Hongshuizhuang Formation,northern North China. Chinese Science Bulletin,58(11): 1299-1309.

Lyons T W,Severmann S. 2006. A critical look at iron paleoredox proxies: new insights from modern euxinic marine basins. Geochimica et Cosmochimica Acta,70(23): 5698-5722.

Meng Q R,Wei H H,Qu Y Q,Ma S X. 2011. Stratigraphic and sedimentary records of the rift to drift evolution of the northern North China Craton at the Paleo- to Mesoproterozoic transition. Gondwana Research,20(1): 205-218.

Nameroff T,Balistrieri L,Murray J. 2002. Suboxic trace metal geochemistry in the eastern tropical North Pacific. Geochimica et Cosmochimica Acta,66(7): 1139-1158.

Noffke A,Hensen C,Sommer S,Scholz,F,Bohlen L,Mosch T,Graco M,Wallmann K. 2012. Benthic iron and phosphorus fluxes across the Peruvian oxygen minimum zone. Limnology and Oceanography,57: 851-867.

Pennington J T,Mahoney K L,Kuwahara V S,Kolber D D,Calienes R,Chavez F P. 2006. Primary production in the eastern tropical Pacific: a review. Progress in Oceanography,69: 285-317.

Pisarevsky S A,Elming,S Å,Pesonen L J,Li Z X. 2014. Mesoproterozoic paleogeography: supercontinent and beyond. Precambrian Research,244: 207-225.

Planavsky N J,McGoldrick P,Scott C T,Li C,Reinhard C T,Kelly A E,Chu X,Bekker A,Love G D,Lyons T W. 2011. Widespread iron-rich conditions in the Mid-Proterozoic ocean. Nature,477: 448-451.

Planavsky N J,Reinhard C T,Wang X,Thomson D,McGoldrick P,Rainbird R H,Johnson T,Fischer W W,Lyons T W. 2014. Low Mid-Proterozoic atmospheric oxygen levels and the delayed rise of animals. Science,346: 635-638.

Poulton S W,Canfield D E. 2005. Development of a sequential extraction procedure for iron: implications for iron partitioning in continentally derived particulates. Chemical Geology,214(3): 209-221.

Poulton S W,Canfield D E. 2011. Ferruginous conditions: a dominant feature of the ocean through Earth's history. Elements,7(2): 107-112.

Poulton S W,Raiswell R. 2002. The low-temperature geochemical cycle of iron: from continental fluxes to marine sediment deposition. American Journal of Science,302: 774-805.

Poulton S W,Fralick P W,Canfield D E. 2004. The transition to a sulphidic ocean approximately 1.84 billion years ago. Nature,431: 173-177.

Qu Y Q,Pan J G,Ma S X,Lei Z P,Li L,Wu G L. 2014. Geological characteristics and tectonic significance of unconformities in Mesoproterozoic successions in the northern margin of the North China Block. Geoscience Frontiers,5,127-138.

Raiswell R,Anderson T. 2005. Reactive iron enrichment in sediments deposited beneath euxinic bottom waters: constraints on supply by shelf recycling. Geological Society,London,Special Publications,248(1): 179-194.

Raiswell R,Canfield D E. 1998. Sources of iron for pyrite formation in marine sediments. American Journal of Science,298(3): 219-245.

Raiswell R,Canfield D E. 2012. The iron biogeochemical cycle past and present. Geochemical Perspectives,1(1): 1-210.

Riboulleau A,Baudin F,Deconinck J F,Derenne S,Largeau C,Tribovillard N. 2003. Sedimentary conditions and organic matter preservation pathways in an epicontinental environment: the Upper Jurassic Kashpir oil shales (Volga Basin, Russia). Palaeogeography,Palaeoclimatology,Palaeoecology,197(3): 171-197.

Rossignol-Strick M. 1987. Rainy periods and bottom water stagnation initiating brine accumulation and meal concentrations: 1. the Late Quaternary. Paleoceanography,2(3): 333-360.

Schneider T,Bischoff T,Haug G H. 2014. Migrations and dynamics of the intertropical convergence zone. Nature,513: 45-53.

Scholz F,2018. Identifying oxygen minimum zone-type biogeochemical cycling in Earth history using inorganic geochemical proxies. Earth Science Reviews,184:29-45.

Shen Y,Canfield D E,Knoll A H. 2002. Middle Proterozoic ocean chemistry: evidence from the McArthur Basin,northern Australia. American Journal of Science,302(2): 81-109.

Shen Y,Knoll A H,Walter M R. 2003. Evidence for low sulphate and anoxia in a Mid-Proterozoic marine basin. Nature,423: 632-635.

Shi Y,Liu D,Kröner A,Jian P,Miao L,Zhang F. 2012. Ca. 1318 Ma A-type granite on the northern margin of the North China Craton: implications for intraplate extension of the Columbia supercontinent. Lithos,148: 1-9.

Sperling E,Rooney A,Hays L,Sergeev V,Vorob'eva N,Sergeeva N,Selby D,Johnston D,Knoll A. 2014. Redox heterogeneity of subsurface waters in the Mesoproterozoic ocean. Geobiology,12(5): 373-386.

Su W B,Zhang S H,Huff W D,Li H K,Ettensohn F R,Chen X,Yang H,Han Y,Song B,Santosh M. 2008. SHRIMP U-Pb ages of K-bentonite beds in the Xiamaling Formation: implications for revised subdivision of the Meso- to Neoproterozoic history of the North China Craton. Gondwana Research,14(3): 543-553.

Su W B,Li H K,Huff W D,Zhang S H,Zhou H Y,Wan Y S. 2010. SHRIMP U-Pb dating for a K-bentonite bed in the Tieling Formation,North China. Chinese Science Bulletin,55(29): 3312-3323.

Summons R F,Powell T G. 1986. Chlorobiaceae in Palaeozoic seas revealed by biological markers, isotopes and geology. Nature, 319(27): 763-765.

Summons R F,Powell T G. 1987. Identification of aryl isoprenoids in source rocks and crude oils: biological markers for the green sulphur bacteria. Geochimica et Coamochimica Acta,51：557-566.

Tribovillard N,Algeo T J,Lyons T W,Riboulleau A. 2006. Trace metals as paleoredox and paleoproductivity proxies：an update. Chemical Geology,232(1-2)：12-32.

Ulloa O,Canfield D E,DeLong E F,Letelier R M,Stewart F J. 2012. Microbial oceanography of anoxic oxygen minimum zones. Proceedings of the National Academy of Sciences of the United States of America,109(40)：15996-16003.

Wagner T,Hofmann P,Flögel S. 2013. Marine black shale deposition and Hadley Cell dynamics：a conceptual framework for the Cretaceous Atlantic Ocean. Marine and Petroleum Geology,43：222-238.

Wang T G,Simoneit B R T. 1995. Tricyclic terpanes in Precambrian bituminous sandstone from the eastern Yanshan region,North China. Chemical Geology,120(1-2)：155-170.

Wang X M,Zhang S C,Wang H J,Bjerrum C J,Hammarlund E U,Haxen E R,Su J,Wang Y,Canfield D E. 2017. Oxygen,climate and the chemical evolution of a 1400 million year old tropical marine setting. American Journal of Science,317(8)：861-900.

Yarincik K M,Murray R W,Peterson L C. 2000. Climatically sensitive eolian and hemipelagic deposition in the Cariaco Basin, Venezuela,over the past 578,000 years：results from Al/Ti and K/Al. Paleoceanography,15(2)：210-228.

Ye Y,Zhang S,Wang H,Wang X,Tan C,Li M,Wu C,Canfield D E. 2021. Black shale Mo isotope record reveals dynamic ocean redox during the Mesoproterozoic Era. Geochemical Perspectives Letters,18：16-21.

Zhang S C,Zhang B M,Bian L Z,Jin Z J,Wang D R,Chen J F. 2007. The Xiamaling oil shale generated through Rhodophyta over 800 Ma ago. Science in China Series D：Earth Sciences,50(4)：527-535.

Zhang S C,Wang X M,Hammarlund E U,Wang H J,Costa M M,Bjerrum C J,Connelly J N,Zhang B M,Bian L Z,Canfield D E. 2015. Orbital forcing of climate 1. 4 billion years ago. Proceedings of the National Academy of Sciences of the United States of America,112(12)：E1406-E1413.

Zhang S C,Wang X M,Wang H J,Bjerrum C J,Hammarlund E U,Costa M M,Connelly J N,Zhang B,Su J,Canfield D E. 2016. Sufficient oxygen for animal respiration 1,400 million years ago. Proceedings of the National Academy of Sciences of the United States of America,(113)：21731-21736.

Zhang S C,Wang X M,Wang H J,Hammarlund E U,Su J,Wang Y,Canfield D E. 2017. The oxic degradation of sedimentary organic matter 1400 Ma constrains atmospheric oxygen levels. Biogeosciences,14：1-17.

Zhang S C,Wang X M,Wang H J,Bjerrum C J,Hammarlund E U,Haxen E R,Wen H J,Ye Y T,Canfield D E. 2019. Paleoenvironmental proxies and what the Xiamaling Formation tells us about the Mid-Proterozoic ocean. Geobiology,17(3)： 225-246.

Zhang S H,Li Z X,Evans D A,Wu H,Li H,Dong J. 2012. Pre-Rodinia supercontinent Nuna shaping up：a global synthesis with new paleomagnetic results from North China. Earth and Planetary Science Letters,353：145-155.

Zhao W Z,Wang X M,Hu S Y,Zhang S C,Wang H J,Guan S W,Ye Y T,Ren R,Wang T S. 2019. Hydrocarbon generation characteristics and exploration prospects of Proterozoic source rocks in China. Science China Earth Sciences,62(6)：909-934.

第8章 华北克拉通中—新元古代多期裂谷与岩浆活动

翟明国[1,2]，胡 波[3]，彭 澎[1]，赵太平[4]，孟庆任[1]

1. 中国科学院地质与地球物理研究所，中国科学院矿产资源研究重点实验室，北京，100029；
2. 西北大学，大陆动力学国家重点实验室，西安，710069；3. 长安大学，地球科学与资源学院，西安，710064；4. 中国科学院广州地球化学研究所，广州，510640

摘 要：华北克拉通形成于约 2.5 Ga，在 2.50~2.35 Ga 期间经历构造静止期之后，进入一个重要的造山期，即滹沱运动。该构造事件以裂解、俯冲和碰撞等构造运动为特征，可能与哥伦比亚（Columbia）[又称努纳（Nuna）] 超大陆的演化有关。对华北克拉通识别出三个古元古代活动带（造山带），分别为胶辽吉活动带、晋豫活动带和丰镇活动带。胶辽吉活动带位于华北克拉通东部，主要由辽河群和粉子山群组成。晋豫活动带位于华北克拉通的中西部地区，主要由吕梁群、滹沱群和中条群组成。丰镇活动带展布于华北克拉通的西北部，主要由丰镇群和二道洼群组成。古元古代的岩性主要是基性和酸性火山岩及沉积岩，且经历了低角闪岩相-绿片岩相变质。在岩石学和地球化学上，火山岩显示双峰式特征，指示板内构造环境。这三个造山带明显地记录了古元古代晚期的板块构造演化。2.3~2.0 Ga 期间，华北克拉通处于伸展阶段，以裂谷和洋盆的发育为特征；至 2.01~1.95 Ga 时期，华北克拉通经历了俯冲和碰撞，导致其面积缩小。

滹沱运动之后华北克拉通的构造环境趋于稳定，进入超过 1.0 Ga 的稳定克拉通演化阶段，并开始裂谷系的发育与演化；在古元古代的结晶基底之上，裂谷系发育了中—新元古代的沉积序列。华北克拉通的裂谷系大致包含四条裂谷（或称裂陷带），主要有南、北两条地表没有完全连接的裂谷，即南部的熊耳裂谷（裂陷带）和中北部的燕辽裂谷（裂陷带），以及西北缘的渣尔泰-白云鄂博—化德裂谷（裂陷带）与东缘的胶辽徐淮裂谷（裂陷带），其地层序列记录了华北克拉通中—新元古代的沉积演化历史。熊耳裂谷发育熊耳群，其双峰式火山岩最古老的岩浆年龄为 1.8~1.78 Ga，上覆的中—新元古代地层依次有汝阳群、洛峪群等；而燕辽裂谷的中—新元古代地层，自下而上为长城系（Pt_2^1）、蓟县系（Pt_2^2）、下马岭组（Pt_2^3x）和青白口系（Pt_3^1），其长城系始于约 1.67 Ga 的常州沟组。因此熊耳裂谷的中元古代地层的发育要早于燕辽裂谷，而燕辽裂谷则发育更为系统完整的中元古代沉积序列。蓟县系对应于国际年代地层表中的盖层系，下马岭组对应于延展系，新元古代的青白口系对应于拉伸系。在中—新元古代时期，华北克拉通识别出四期岩浆事件：①1.8~1.78 Ga 的熊耳岩浆事件；②1.73~1.620 Ga 的非造山岩浆事件；③1.35~1.32 Ga 的辉绿岩-辉长辉绿岩岩床（岩墙）群；④925~900 Ma 的镁铁质岩墙群。这些岩浆事件指示在 1.8~0.7 Ga 期间，华北克拉通处于板内（克拉通内）构造环境。中—新元古代的矿床包括岩浆型铁矿床和 REE-Nb-Fe 或 Pb-Zn-Cu-Fe 矿床，而缺乏造山带金属矿床。华北克拉通也缺乏格林威尔（Grenville）运动或其他中—新元古代造山事件的地质记录，据此判断华北克拉通在元古宙时可能距哥伦比亚超大陆较远。中元古代时期，具有稳定的岩石圈和长期的热地幔，导致其具有多阶段的岩浆事件和裂谷作用。本章认为地球在元古宙经历了非板块构造-初始板块构造-现代板块构造的演化过程。

关键词：华北克拉通、元古宙、裂解、岩浆作用、板块构造。

8.1　引　　言

在约 2.5 Ga 时，华北克拉通业已完成克拉通化，形成稳定的古陆，面积超过 30×10^4 km²，主要由前寒武纪结晶变质基底、中元古代—古生代与中—新生代沉积盖层所组成，经历过多阶段的地壳生长（Zhai and Santosh, 2011）。对华北克拉通的早期研究，主要聚焦于早前寒武纪地质、克拉通化过程（赵宗溥，1993；Windley, 1995；Zhao et al., 2001；Liu S. W. et al., 2006；Kusky et al., 2007b；Zhai, 2011）以及中生代岩石圈减薄（Fan and Hooper, 1991；范蔚茗等，1993；Menzies et al., 1993；Zhai et al., 2002, 2007a；翟明国，2008；Kusky et al., 2014）。在 2.5 ~ 2.3 Ga 期间，华北克拉通在持续约 0.2 Ga 的构造静寂期之后，经历了一个裂谷过程，该过程与 Condie 和 Kröner（2008）假设的新太古代末超级克拉通形成之后的第一次全球规模裂解事件相对应，在华北表现为形成三个主要的活动带（造山带），图 8.1 展示太古宙岩石、古元古代活动带及中—新元古代裂谷系的分布。太古宙岩石几乎遍布于整个克拉通，主要由变质表壳岩和绿岩带组成。华北克拉通的克拉通化被认为是在太古宙末完成的（赵宗溥，1993；翟明国等，2001；Zhai et al., 2005；Wan et al., 2011；Geng et al., 2012）。华北克拉通的东北部、中部和西北部分别分布三个古元古代的活动带，即胶辽吉活动带、晋豫活动带和丰镇活动带（图 8.1；Zhai et al., 2010），主要的地层分别是辽河群—粉子山群、滹沱群—吕梁群—中条山群和二道洼群—上集宁群，均属双峰式火山-沉积建造，经历过级中-高级变质作用（局部麻粒岩相）。这些活动带发育在太古宙基底之上，在 2.35 ~ 2.00 Ga 期间，活动于克拉通内部或大陆边缘。古元古代的构造在某些方面与显生宙造山带相似，但不同于太古宙花岗岩-绿岩带。华北克拉通经历过一系列裂解-俯冲-增生过程，约在 2.5 Ga 时的克拉通化事件之后，在古元古代时期发生碰撞（Zhai and Liu, 2003；Kusky and Li, 2003；Kröner et al., 2005；Zhai and Santosh, 2011；Geng et al., 2012）。在 2.30 ~ 2.00 Ga 时期，华北克拉通发生漂移，形成大陆裂谷（裂陷带）和洋盆（Zhai and Santosh, 2011）。有些学者认为，华北克拉通元古宙的构造以弧-陆或陆-陆碰撞为主体（Zhao et al., 2001；Kusky et al., 2007a；Santosh et al., 2009），因俯冲和碰撞致使在 2.01 ~ 1.95 Ga 时期发生地壳缩短（Wang et al., 2007；Zhai, 2011；Stern et al., 2013）。

华北克拉通的中—新元古代沉积序列覆盖在结晶基底之上，且未遭受变质作用（翟明国，2004）。中元古代的盆地包括华北南部的熊耳裂谷（裂陷带）、北部的燕辽裂谷（裂陷带）、西北缘的渣尔泰-白云鄂博-化德裂谷（裂陷带），东缘的胶辽徐淮裂谷（裂陷带）延续到朝鲜半岛北部（图 8.1）。尽管现今朝鲜半岛北部与华北克拉通在空间上是分隔开的，在地质历史上二者被认为曾经是相连的（赵宗溥，1993）。上述四个裂谷（裂陷带）虽然发育时间有差异，但在沉积相组合和地层厚度方面是具有共性的，均经历过相当长时期的多阶段裂解作用。华北克拉通在中—新元古代具有四期岩浆事件，且与多期的裂解作用联系紧密：① 1.80 ~ 1.78 Ga 时期的熊耳岩浆事件；② 1.73 ~ 1.62 Ga 的非造山岩浆事件；③ 1.35 ~ 1.32 Ga 的辉绿岩-辉长辉绿岩岩床（岩墙）群；④ 925 ~ 900 Ma 的镁铁质岩墙群。这四期岩浆事件指示华北克拉通在 1.8 ~ 0.7 Ga 期间长期处于板内构造环境。沉积盆地分析（Meng et al., 2011）和岩浆作用（翟明国等，2014；Zhai et al., 2015）揭示华北克拉通在中—新元古代处于稳定的构造环境，发育克拉通沉积序列；直至中生代末期之前，中—新元古代地层并未发生过显著的变形。此外，地球化学研究也支持上述四期岩浆事件的伸展背景（赵太平等，2002；Zhao T. P. et al., 2002, 2009；Wang et al., 2004, 2008；解广轰，2005；Peng et al., 2006, 2011a, 2011b；Hou et al., 2008；Yang et al., 2011；Wang et al., 2011；Wang et al., 2012；Peng, 2015），而且这些岩浆岩的形成也是地幔持续升温的结果（Korenaga and Jordan, 2001；Korenaga, 2006；Prokoph et al., 2004），如若元古宙的哥伦比亚超大陆确实存在，推测华北克拉通应处于该超大陆分离的边缘部位。

值得注意的是，华北克拉通自古元古代至新元古代，经历过多期裂谷事件，但是期间没有块体拼合的构造事件记录，也不存在与格林威尔期或其他造山运动相关地质事件的证据（Zhang et al., 2012b），仅在华北克拉通的南缘秦岭构造带的北缘，有约 1000 Ma 的格林威尔（四堡）期岩浆岩报道。另外华北克拉通的新元古代，虽有相当于南华裂谷的沉积，但是与扬子克拉通相当的雪球事件以及埃迪卡拉纪（震旦纪）沉积记录尚有待进一步确定，华北南缘罗圈组和朝鲜平南盆地飞狼洞组的疑似冰碛岩也是很重要

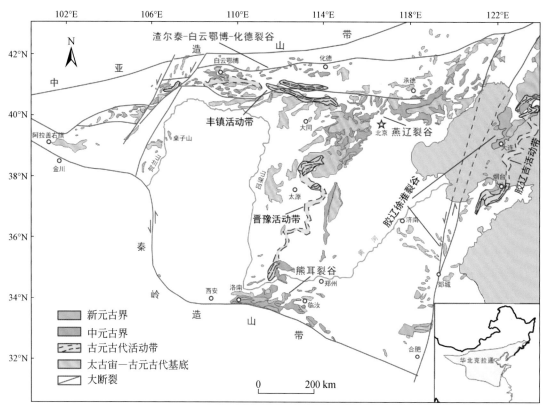

图 8.1　华北克拉通前寒武纪地质简图（Hu et al.，2014，修改）

的。然而，约1.8~0.7 Ga的中—新元古代可能是华北克拉通一个特殊的地球发展时期，该时期具有稳定的岩石圈和热地幔，并且岩石圈地幔足以热到使下地壳发生广泛的熔融，并导致上覆的岩石圈发生裂解（Zhai et al.，2015）。本章试图讨论华北克拉通中—新元古代时期所发生的地质事件。

8.2　裂谷系和地层

华北克拉通中—新元古代沉积地层发育广泛，且大多未变质。燕辽裂谷出露巨厚连续的中元古代地层序列，整个沉积序列起始于约1.8 Ga，发育于裂谷盆地（陈晋镳等，1980；邢裕盛等，1989；王鸿祯和李光岑，1990）。同时期的沉积地层分别发育于华北克拉通的南部、北部和西北缘与东缘。翟明国和彭澎（2007）将这些元古宙的裂谷分别称为熊耳裂谷（南部）、燕辽裂谷（北部）、渣尔泰–白云鄂博–化德裂谷（西北缘）和胶辽徐淮裂谷（东缘；图8.1）。这些裂谷在中—新元古代时期均经历了多阶段的伸展。

8.2.1　熊耳裂谷（裂陷带）

熊耳裂谷位于华北克拉通南部，横跨豫、晋、陕三省，被中元古代熊耳群火山岩及其上覆的中—新元古代地层所充填（图8.2）。熊耳群在豫西王屋山和山西中条山一带又称西阳河群（河南省地质矿产局，1989），主要由火山–沉积序列组成，自下而上分为四个组［图8.3(a)］：①大古石组呈角度不整合覆盖于下伏太古宙—古元古代结晶基底之上，为一套河湖相砂岩和泥岩，下部为黄色、黄绿色及紫红色含砾长石石英砂岩，上部为紫红色砂岩、页岩，岩性与厚度变化大，分选差，厚度为40~289 m，代表搬运不远的干燥气候下的不稳定环境沉积；②许山组为一套玄武安山质和安山质熔岩夹流纹岩与火山碎屑岩，与下伏大古石组呈整合接触，或不整合于太华群之上，厚2400~3000 m；③鸡蛋坪组一套酸性火山岩系，为紫红色、灰黑色流纹岩、英安岩、石英斑岩，夹玄武安山质和安山质熔岩，厚百余米至千余米不等；④马家河组以玄武安山质和安山质熔岩为主，以沉积岩夹层数量多、厚度大为特征，厚约2000 m。

熊耳群火山岩的锆石U-Pb年龄介于1.8~1.78 Ga，早于长城系（图8.2），其下伏太华杂岩的变质时

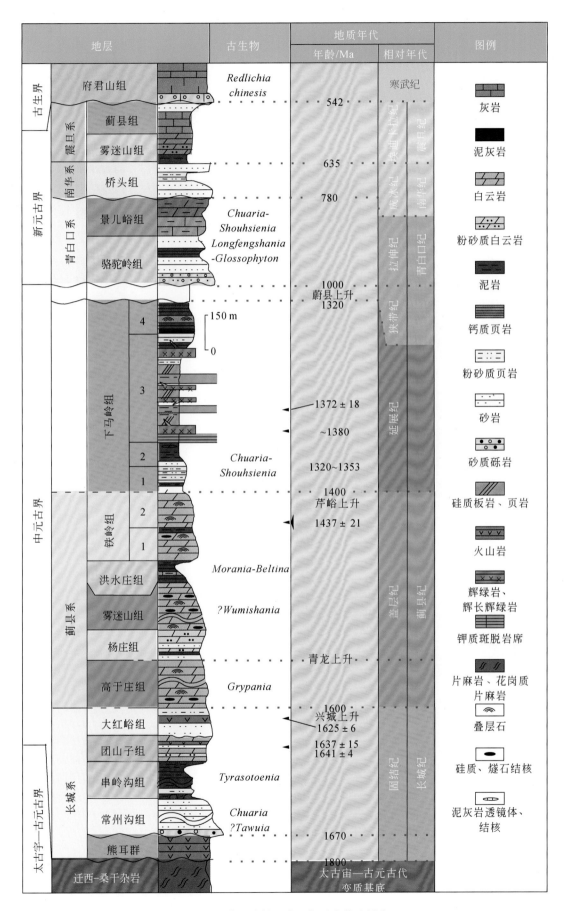

图 8.2　华北克拉通中—新元古代地层表

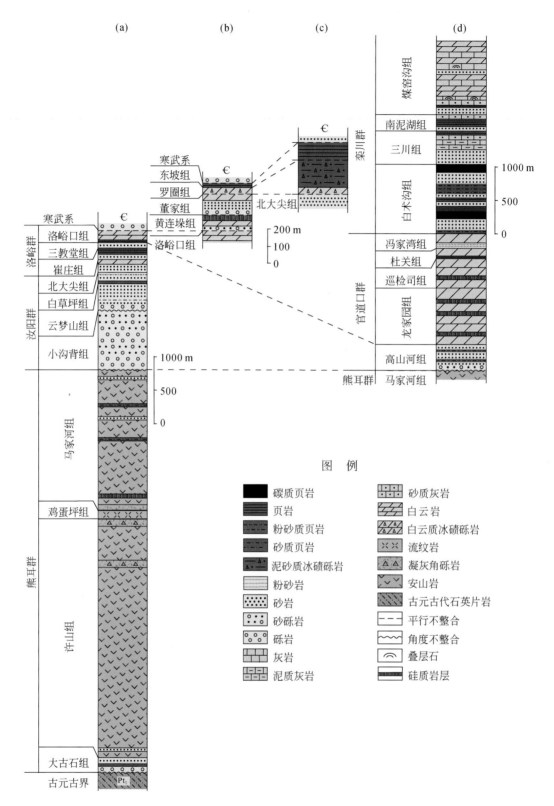

图 8.3　熊耳裂谷中—新元古代地层柱状图

（a）西北部中条山地区；（b）东部鲁山地区；（c）东部临汝地区；（d）中部熊耳山地区。

（a）据赵太平等，2005；（b）~（d）据河南省地质矿产局，1989

代为 1.84 Ga。关于熊耳群的成因和构造背景，现有处于安第斯型大陆边缘（贾承造等，1988；胡受奚等，1988；He et al.，2009，2010；Zhao G. C. et al.，2009）和大陆裂谷环境（孙枢等，1985；Zhai et al.，2000；Zhao T. P. et al.，2002；赵太平等，2002，2005，2007；Cui et al.，2011）两种观点。

熊耳群上覆的中—新元古代地层，在三门峡-洛阳-信阳地区，称为汝阳群和洛峪群，以碎屑岩为主，有少量白云岩。汝阳群以角度不整合覆盖于熊耳群/西阳河群之上，自下而上包括四个组［图 8.3(a)］：①小沟背组为一套砾岩和含砾粗砂岩；②云梦山组与下伏小沟背组呈角度不整合接触，以条带状石英砂岩为主，下部夹火山岩；③白草坪组以石英砂岩和页岩为主；④北大尖组主要由石英砂岩和含叠层石白云岩组成。洛峪群与下伏汝阳群呈整合接触，自下而上包含三个组［图 8.3(a)］：①崔庄组以杂色页岩为主体，底部为石英砂岩；②三教堂组为一套石英砂岩；③洛峪口组由页岩和含叠层石白云岩组成，在中条山地区，上覆寒武系与落峪群呈不整合接触［图 8.3(a)］，而在鲁山地区二者为平行不整合接触［图 8.3(b)］。苏文博等（2012）获得洛峪口组上部凝灰岩夹层的锆石 U-Pb 年龄为 1611±8 Ma。结合下伏熊耳火山岩的时代，汝阳群和洛峪群可能形成于 1.75～1.6 Ga。

在熊耳山地区，熊耳群上覆地层称为官道口群和栾川组。官道口群与熊耳群呈角度不整合接触，自下而上分成五个组［图 8.3(d)下部］：①高山河组为黏土岩和石英砂岩；②龙家园组和③巡检司组以燧石条带白云岩和厚层白云岩为主；④杜关组主要由含砂砾页岩和白云岩组成；⑤冯家湾组主要为泥质白云岩夹白云质板岩。栾川群整合覆盖于官道口群之上，自下而上包括四个组［图 8.3(d)上部］：①白术沟组主要为碳质千枚岩和石英岩；②三川组由中细粒变质砂岩、黑云大理岩、绢云大理岩和钙质片岩等组成；③南泥湖组以石英岩、二云片岩和黑云母大理岩为主；④煤窑沟组主体为白云岩和含叠层石大理岩，下部为变质细砂岩与云母片岩、大理岩互层。

通过地层对比，李钦仲等（1985）、赵澄林等（1997）和赵太平等（2005）推测，熊耳裂谷中条山地区的汝阳群、熊耳山地区的官道口群均与燕辽裂谷的长城系相当。Zhu 等（2011）报道，高山河组的碎屑锆石最小年龄值约 1.85 Ma，限定官道口群的最大沉积年龄。最近苏文博等（2012）运用激光剥蚀-多接收器-电感耦合等离子质谱（Laser Ablation-Multiple Collector-Inductively Coupled Plasma Mass Spectrometry, LA-MC-ICPMS）方法，获得 1611±8 Ma 的高精度年龄，精确标定了洛峪口组的形成时间，并显示该组顶界应接近于 1600 Ma，据此将洛峪群的顶界厘定为长城系与上覆蓟县系的分界。

中条山、鲁山和临汝地区，震旦-寒武系以区域性平行不整合与下伏的洛峪群分开。震旦系自下而上包括四个组［图 8.3 (b)、(c)］：①黄连垛组主要由含燧石结核白云岩和燧石岩组成；②董家组主要由长石石英砂岩和泥质白云岩组成；③罗圈组为一套冰碛岩和冰碛杂砾岩；④东坡组主要为页岩和粉砂岩。基于微古植物化石认为，董家组和罗圈组可与华南克拉通的南沱组和灯影组相对比（河南省地质矿产局，1989）。

8.2.2　燕辽裂谷（裂陷带）

燕辽裂谷又称燕辽裂陷带，位于华北克拉通北部，沿燕山山脉横贯冀、辽两省和北京、天津两市（图 8.1），发育较为连续完整的中—新元古代地层沉积序列（图 8.2、图 8.4）。其中长城系（Pt_2^1）主要为一套碎屑岩，夹少量的碱性火山岩，自下而上分为四个组（图 8.4）：①常州沟组不整合覆盖在新太古代迁西群之上，以海相砾岩、含砾砂岩和砂岩为主；②串岭沟组中下部主要为页岩夹细砂岩，上部以白云岩为主；③团山子组为白云岩和粉砂质页岩，上部有超高钾玄武岩和粗面岩；④大红峪组由滨-浅海相的砂岩、页岩及富钾粗面岩组成，上部为燧石质白云岩。岩石地球化学的研究指示这些火山岩是初始裂谷环境下的产物（邱家骧和廖群安，1998）。

蓟县系（Pt_2^2）主要为白云岩夹硅质岩，平行不整合于长城系之上，自下而上分为五个组（图 8.4）：①高于庄组主要为一套灰色、灰黑色含泥质、硅质及叠层石白云岩，具有底部砂岩；②杨庄组以紫红色、灰白色含泥质白云岩为特征；③雾迷山组以大套含叠层石韵律性白云岩为主，夹硅质岩；④洪水庄组主要为黑色页岩；⑤铁岭组由含锰白云岩、页岩及叠层石灰岩等组成。

下马岭组（Pt_2^3x）以页岩为主夹砂质页岩、砂岩和辉绿岩-辉长辉绿岩岩床（岩墙），平行不整合于铁岭组（Pt_2^2t）之上。

青白口系（Pt_3^1）自下而上包括两个组（图 8.4）：①骆驼岭组为砂砾岩和杂色页岩组合，与下伏下马岭组呈微角度不整合接触；②景儿峪组以含泥质微晶灰岩和泥灰岩为主，底部为含海绿石石英砂岩。

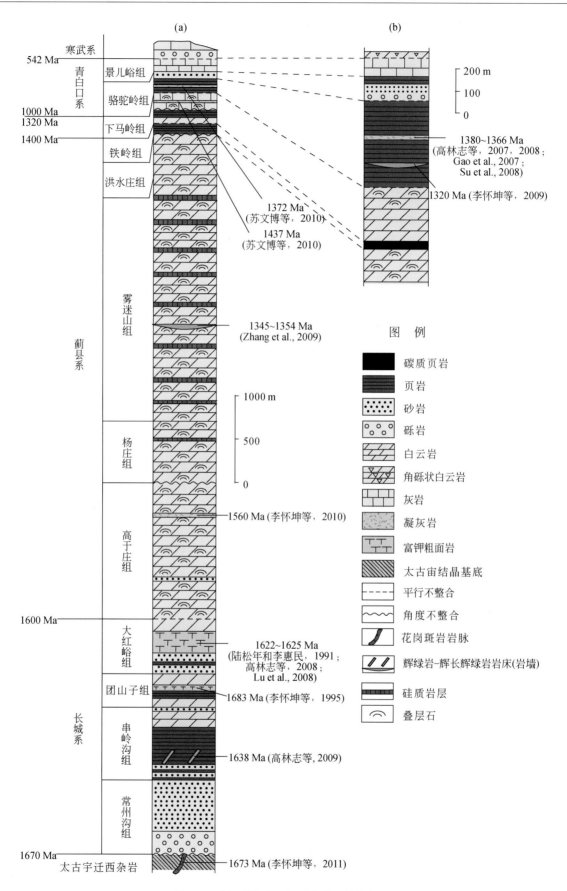

图8.4 燕辽裂谷中—新元古代地层柱状图

（a）天津蓟县剖面的地层柱（高林志等，2008，修改）；（b）北京西山地层柱[1]

　　燕辽裂谷的中—新元古代地壳运动呈现出整体升降的特点，有蓟县纪末铁岭组沉积后的芹峪上升、下马岭组沉积后的蔚县上升以及青白口纪末的蓟县运动（陈晋镳等，1980）。

　　近年来随着高精度同位素年代地层学研究进展，对华北克拉通中—新元古代地层序列提供了更好的年代学制约。根据常州沟组砂岩中最年轻的碎屑锆石（万渝生等，2003；李怀坤等，2011；参见第 2 章）、团山子组与大红峪组中的富钾火山岩（陆松年和李惠民，1991；李怀坤等，1995；高林志等，2008；Lu et al.，2008）、侵入串岭沟组中的辉绿岩岩墙（高林志等，2009）以及侵入太古宙基底并被常州沟组覆盖的花岗斑岩脉等的锆石 U-Pb 年龄（图 8.3；李怀坤等，2011），将长城系的沉积时代限定为 1670～1600 Ma。根据高于庄组凝灰岩锆石 U-Pb 年龄 1559～1560 Ma（图 8.3；李怀坤等，2010）、铁岭组钾质斑脱岩锆石 U-Pb 年龄 1437 Ma（苏文博等，2010）以及侵入雾迷山组辉绿岩岩床锆石和斜锆石 U-Pb 年龄 1345～1354 Ma（Zhang et al.，2009，2017a），可将蓟县系的年龄限定于 1600～1400 Ma。在原先被划归青白口系的下马岭组的钾质斑脱岩与侵入下马岭组的基性岩床中，得到 1380～1320 Ma 的锆石和斜锆石 U-Pb 同位素年龄（图 8.2；Gao et al.，2007；高林志等，2007，2008；Su et al.，2008；李怀坤等，2009；苏文博等，2010；参见第 10 章），从而将下马岭组的时代从早先的新元古代厘定为中元古代中期，与国际上的延展纪（Ectasian）相当。

8.2.3　渣尔泰–白云鄂博–化德裂谷（裂陷带）

　　华北克拉通西北缘的渣尔泰–白云鄂博–化德裂谷处于河北北部与内蒙古南部（图 8.1），其中发育一套浅变质的沉积变质岩系，自西向东主要划分为三个群，即渣尔泰群、白云鄂博群和化德群（图 8.5）。

　　（1）渣尔泰群分布于狼山和渣尔泰山地区，不整合于新太古代固阳绿岩带之上，自下而上分为四个组 [图 8.5（a）]：①书记沟组主要由变质砾岩、长石石英砂岩和石英岩组成，上部有以碱性玄武岩为主的火山岩（王楫等，1992）；②增隆昌组主要为白云质板岩、含叠层石结晶灰岩和白云岩；③阿古鲁沟组以碳质板岩为主；④刘洪湾组则以石英岩为主。

　　在狼山地区，书记沟组基性火山岩的锆石 U-Pb 年龄为 1.74 Ga，可作为渣尔泰–白云鄂博–化德裂谷的裂陷起始时间（Li Q. L. et al.，2007）；渣尔泰群还有少量双峰式火山岩，具有大陆裂谷的地球化学特征（王楫等，1992；彭润民和翟裕生，1997；彭润民等，2004，2007），其中钾质细碧岩 Sm-Nd 等时线年龄为 1.824 Ga（彭润民，1998）。此外，彭润民等（2010）还在狼山西南段的渣尔泰群中，识别出年龄为 817～805 Ma 的具有大陆裂谷性质的酸性火山岩，从而可厘定渣尔泰群主体形成于中—新元古代。

　　（2）白云鄂博群出露于内蒙古自治区的白云鄂博–四王子琪–商都一带，平面上在渣尔泰群露头区以北，呈近东西向断续分布，白云鄂博群与渣尔泰群之间被太古宙变质岩系所分隔，至商都一带则与化德群出露区相连。

　　白云鄂博群不整合覆盖于新太古代结晶基底之上，其岩性组合以碎屑岩类和泥质岩类占绝对优势，自下而上包括七个组 [图 8.5（b）、（c）]：底部的①都拉哈拉组主要为石英岩、砾岩和含砾长石石英砂岩等粗碎屑岩；中部②尖山组、③哈拉霍疙特组和④比鲁特组以泥质岩和浊积岩为主体；上部⑤白音宝拉格组和⑥呼吉尔图组以碎屑岩为主；顶部⑦阿牙登组以结晶灰岩为主，夹粉砂质板岩。

　　白云鄂博群下伏最年轻的基底岩石锆石 U-Pb 年龄约 1.9 Ga，可限定白云鄂博群最老的沉积年龄（王凯怡等，2001；杨奎锋，2008）。白云鄂博群下部层位的玄武岩锆石 U-Pb 年龄约 1.73 Ga（Lu et al.，2002），可能代表白云鄂博群沉积的起始时间；侵入都拉哈拉组的火成碳酸岩岩脉的锆石 U-Pb 年龄为 1.42 Ga（范宏瑞等，2006），限制都拉哈拉组—比鲁特组的沉积时代不晚于 1.42 Ga。根据这些同位素年龄资料，白云鄂博群下部四个组的沉积时代可厘定为 1.73～1.42 Ga，大致与长城系—蓟县系沉积时间一致。

　　（3）化德群分布于内蒙古自治区的化德地区和河北省的康保地区，是白云鄂博群的东延。化德群为一套浅变质或未变质的沉积岩系，主要由碎屑岩、钙硅酸盐岩和灰岩等组成 [图 8.5（d）、（e）]，尚未发现火山岩，部分岩石经历过低级变质作用。化德群下部主要为碎屑岩组合，其中①毛忽庆组为厚层变质含砾长石砂岩夹变石英砂岩；②头道沟组中下部以变质石英砂岩和钙质板岩为主，其上部为钙硅碳酸盐

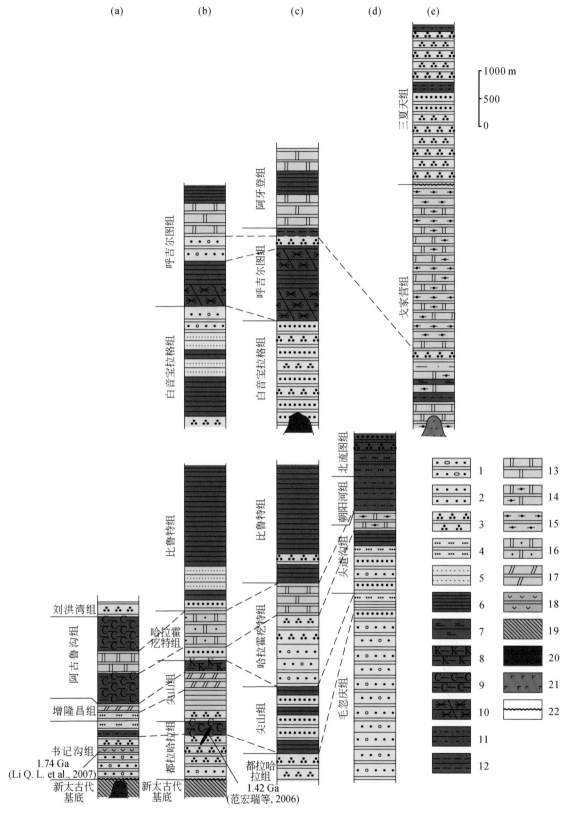

图 8.5　渣尔泰–白云鄂博–化德裂谷中—新元古代地层柱状图

（a）渣尔泰群；（b）白云鄂博群（王楫等，1989）；（c）内蒙古自治区商都地区白云鄂博群；（d）内蒙古自治区化德地区化德群下部；（e）河北省康保地区化德群上部。1. 变质含砾砂岩；2. 变质砂岩；3. 石英岩；4. 变质细砂岩；5. 变质粉砂岩；6. 板岩；7. 千枚岩；8. 富钾板岩；9. 碳质板岩；10. 阳起石角岩；11. 石英片岩；12. 云母片岩；13. 大理岩–结晶灰岩；14. 透辉–透闪大理岩、石英大理岩；15. 方柱透辉岩、方解透辉–透闪岩；16. 粉砂质结晶灰岩；17. 白云岩；18. 变质安山岩；19. 新太古代结晶基底；20. 花岗岩；21. 辉长岩；22. 角度不整合，下同

盐岩；③朝阳河组以石英片岩为主；④北流图组主要为变质石英砂岩，主要在化德县南部地层连续出露[图 8.5(d)]。化德群上部⑤戈家营组为大理岩和钙硅碳酸盐岩组合，而⑥三夏天组则是一套变质碎屑岩，主要连续出露于康保县[图 8.5(e)]。

对于化德群沉积早期的时代有元古宙和早古生代之争。早期的区域地质调查将化德群的时代定为元古宙（河北省地质矿产局，1989）。曾有文献报道，化德群中发现过寒武-奥陶纪化石（陈丛云，1993；谭励可和石铁铮，2000），但是对这些化石尚存争议（陈孟莪，1993；李勤和张满江，1993；张允平，1994）。对侵入化德群的花岗岩锆石 U-Pb 定年研究，支持化德群时代为古元古代。

化德群下部最年轻的碎屑锆石年龄为 1.8 Ga，限制其下部四个组的沉积时代不早于 1.8 Ga（胡波等，2009）；而在化德县南，侵入头道沟组—北流图组的花岗岩岩体锆石 U-Pb 年龄为 1.331~1.313 Ga，又限制化德群下部四个组的沉积时代不晚于 1.33 Ga（Zhang et al.，2012b）。康宝西北化德群上部三夏天组最年轻的碎屑锆石年龄为 1.46 Ga，限制化德群上部的沉积时代不早于 1.46 Ga（胡波等，2009）。因此，可将化德群的沉积时代厘定为 1.8~1.3 Ga，与长城系—蓟县系时代基本一致。

8.2.4　胶辽徐淮裂谷（裂陷带）

胶辽徐淮裂谷是胶东-辽东裂谷和徐州-淮北裂谷的统称（参见 2.3.2 节），其包含辽东坳陷（又称复州-大连盆地）、鲁西-胶东坳陷和徐淮坳陷（又称徐州-淮河盆地），大体上顺沿华北克拉通东缘的郯庐大断裂带分布，并延伸到朝鲜半岛北部的平南（Pyongnam）盆地等地（白瑾等，1993）。

平南盆地位于朝鲜半岛北部的狼林（Nangrim）地块，由不整合于太古宙和古元古代早期结晶基底之上的新元古代—三叠纪地层组成。新元古代的沉积序列包括祥源（Sangwon）系和狗岘（Kuhyon）系，均属一套绿片岩相变质的沉积岩系，二者之间为角度不整合接触关系，图 8.6 展示其详细的地层划分。Hu 等（2012）报道祥源系下部长寿山（Jangsusan）组最年轻的碎屑锆石平均年龄为 984 Ma，指示祥源系的沉积时代不早于 980 Ma，且祥源系被年龄为 899 Ma 的镁铁质岩床所侵入（Peng et al.，2011b）。因此祥源系的沉积时代应介于 1000 Ma 和 900 Ma 之间，可与华北克拉通青白口系沉积时代相对应，而且 899 Ma 的镁铁质岩床被狗岘系覆盖，指示狗岘系的沉积晚于 900 Ma。

辽东坳陷复州盆地的新元古代沉积序列自下而上包含榆树砬子群、永宁组、细河群、五行山群和金县群[图 8.7(a)]：①榆树砬子群为一套低绿片岩相变质的碎屑岩沉积；②永宁组与细河群均为石英砂岩、粉砂岩夹灰岩；③五行山群主要由碎屑岩和叠层石碳酸盐岩组成。榆树砬子群平行不整合覆盖在古元古代辽河群之上；永宁组与榆树砬子群也呈平行不整合接触，榆树砬子群曾被认为是古元古代地层，永宁组和细河群则可与青白口系对比。此外，榆树砬子群和细河群中最年轻的碎屑锆石平均年龄为约 1.1 Ga（Luo et al.，2006；高林志等，2010），从而制约了二者的最大沉积时代。结合侵入这些地层中的约 900 Ma 的基性岩床（Peng et al.，2011a），辽东坳陷（复州-大连盆地）的沉积时代可被限制为中元古代末—新元古代。大连盆地中的金县群主要由泥晶灰岩、叠层石灰岩、粉砂岩和页岩组成；金县群与下伏五行山群白云岩则为整合接触[图 8.7(b)]，五行山群和金县群的地质时代则应归属于震旦纪（辽宁省地质矿产局，1989）。

胶东坳陷的蓬莱群为一套浅变质岩系，自下而上分为四个组[图 8.7(c)]：①豹山口组、②辅子夼组和③南庄组以碎屑岩为主；最上部的④香夼组主要是泥灰岩和灰岩。Li X. H. 等（2007）报道蓬莱群最年轻的碎屑锆石年龄峰值约 1.2 Ga，推测蓬莱群沉积的起始时代为 1.1~0.8 Ga。

鲁西坳陷的土门群呈角度不整合覆盖于新太古代的泰山杂岩之上，主要由石英砂岩、灰岩和钙质页岩组成，自下而上划分为五个组[图 8.7(e)]：①黑山官组；②二青山组；③佟家庄组；④浮来山组；⑤石旺庄组。土门群中叠层石灰岩的全岩 Rb-Sr 等时线年龄为约 910 Ma（周建波和胡克，1998；山东省第四地质矿产勘查院，2003），最年轻碎屑锆石的平均年龄约 1.1 Ga（Hu et al.，2012），这些年龄数据基本上限定土门群的沉积时代为中元古代末—新元古代。

徐淮坳陷中—新元古代地层自下而上被划分为 13 个组[图 8.7(d)]：①兰陵组、②新兴组和③峄山组主要由砾岩、石英砂岩、细砂岩、粉砂岩等碎屑岩夹页岩、泥灰岩所组成；④贾园组、⑤赵圩组、

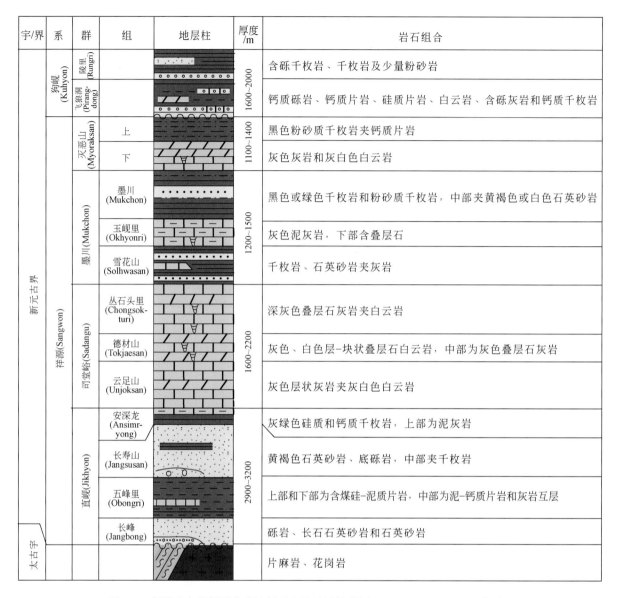

图 8.6　朝鲜半岛北部平南盆地新元古代地层柱状图（Paek et al.，1993，修改）

⑥倪园组、⑦九顶山组、⑧张渠组和⑨魏集组主要是砂质泥灰岩、灰岩和白云岩等碳酸盐岩；⑩史家组以页岩、粉砂岩和海绿石砂岩等碎屑岩为主；⑪望山组主要为灰岩和泥灰岩等碳酸盐岩；⑫金山寨组和⑬沟后组主要由页岩和白云岩组成。据 Liu Y. Q. 等（2006）报道，侵入赵圩组、倪园组及史家组的辉绿岩岩床的锆石^{207}Pb/^{206}Pb U-Pb 年龄为 1038 Ma 和 976 Ma。Peng 等（2011b）指出，这些锆石的^{206}Pb/^{238}U 平均年龄 918 Ma 可代表岩床的结晶年龄。结合与辽东坳陷、鲁西坳陷和胶东坳陷的地层对比，徐淮坳陷的沉积时代可被限定为中元古代末—新元古代。

　　图 8.8 展示了华北克拉通不同裂谷中—新元古代的地层组合和沉积序列。华北克拉通南缘发育火山作用的熊耳裂谷起始时间早于长城系；熊耳群上覆汝阳群和洛峪群、官道口群和栾川群，以及西北缘的渣尔泰群、白云鄂博群和化德群与长城系—蓟县系基本上属于同期沉积。朝鲜半岛北部的祥源系，辽东坳陷的榆树砬子群、细河群、五行山群和金县群，胶东坳陷的蓬莱群，鲁西坳陷的土门群以及徐淮坳陷中的地层与青白口系大体同时代沉积。朝鲜半岛北部的狗岘系，熊耳裂谷中的黄连垛组、东坡组可能与南华系、震旦系基本上同时代。

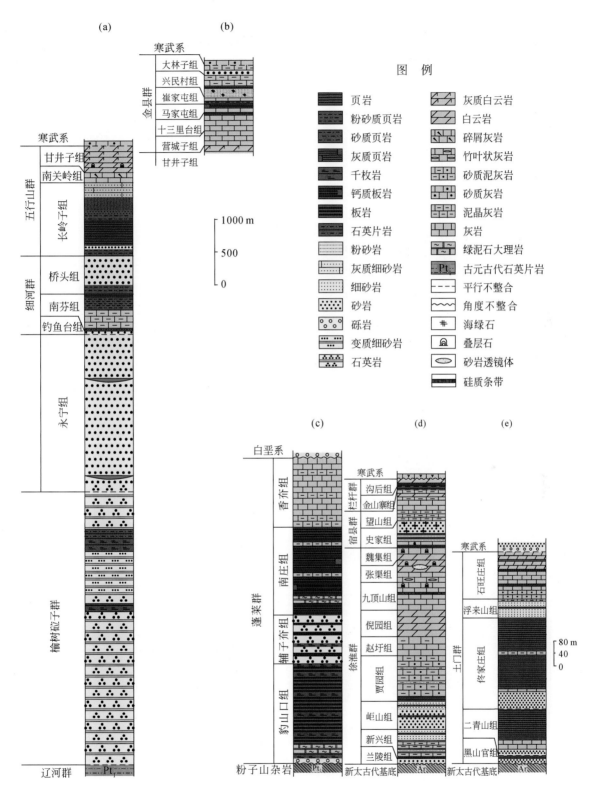

图 8.7　胶辽徐淮裂谷中元古代末—新元古代地层柱状图

（a）辽东坳陷复州盆地（辽宁省地质矿产局，1989，修改）；（b）辽东坳陷大连盆地（辽宁省地质矿产局，1989，修改）；（c）胶东坳陷（山东省第四地质矿产勘查院，2003，修改）；（d）徐淮坳陷①；（e）鲁西坳陷（山东省第四地质矿产勘查院，2003，修改）

①　江苏省地质局区测队，1977，1：200000 徐州幅地质图（未刊资料），有修改。

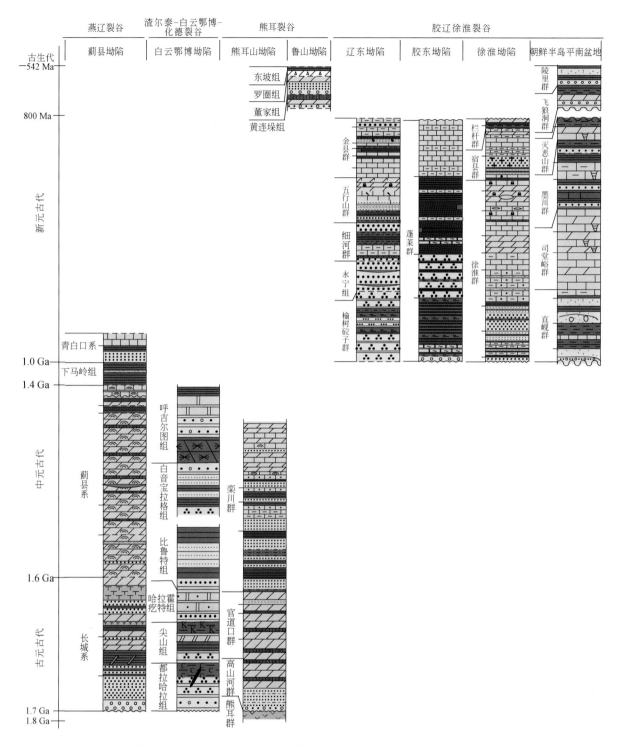

图 8.8　华北克拉通不同裂谷中—新元古代地层对比示意图（图例参见图 8.3 ~ 图 8.7）

8.3　主要岩浆事件

　　华北克拉通的一系列中—新元古代岩浆事件，主要发生在 1780 ~ 1730 Ma、1730 ~ 1620 Ma、1320 ~ 1230 Ma 及 925 ~ 810 Ma 四个地质时期（彭澎，2016；图 8.9、图 8.10），其中约 1780 Ma、1320 Ma 和 925 Ma 岩浆事件，导致三期大火成岩省（Large Igneous Province，LIPs）的形成。这些大火成岩省的研究，对于理解华北克拉通元古宙构造演化具有重要的意义。

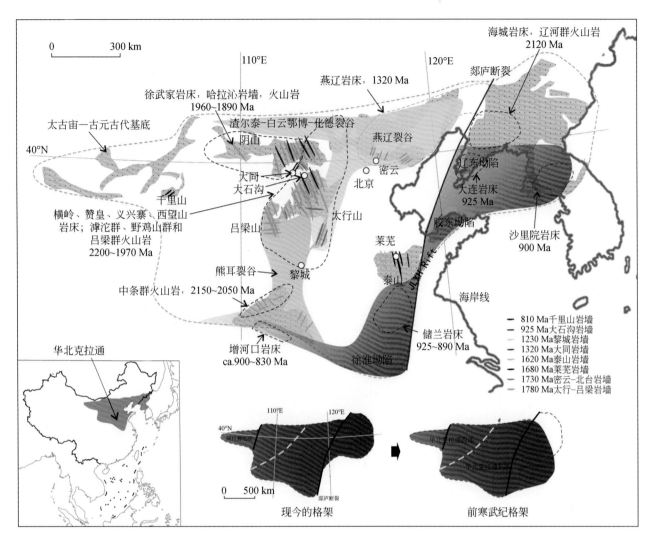

图 8.9　华北克拉通中—新元古代岩墙群分布简图（Peng，2015，修改）
底部三个插图显示华北克拉通的地理位置以及其现今与前寒武纪时的分布格架

8.3.1　太行岩浆事件（约 1780 Ma）

约 1780 Ma 的岩浆事件主要包括太行-吕梁基性岩墙群、熊耳裂谷火山岩省（Peng et al.，2015；图 8.11），以及稍晚一些的约 1730 Ma 密云-北台基性岩墙群（Peng et al.，2012；图 8.9）。太行-吕梁岩墙群和密云-北台基性岩墙群分布于华北克拉通中部（图 8.11），主要由辉绿岩和辉长辉绿岩组成，呈玄武质-玄武安山质，属于拉斑系列，产状特征基本一致，单个岩墙呈直立或近直立，常与围岩之间具有明显的边界，出露长度可达 60 km，岩墙宽度可达 100 m，通常约 15 m（Peng et al.，2015）。这些岩墙以北北西走向（315°～345°）为主，少量呈北西向（250°～290°）和北东向（20°～40°；图 8.11），但是岩相学和地球化学特征存在一定的差异。近东西向（250°～290°）的岩墙群主要分布在吕梁、南太行山、霍山和中条山地区（图 8.11），其中呈 250°～270°走向的主要分布在吕梁和太行山地区，而 270°～290°走向的主要分布在中条和霍山地区。排除中生代以来华北克拉通内部块体的相对运动，这些岩墙主体上构成了一个放射状几何学形态，其岩浆中心位于华北南缘熊耳裂谷系（Peng et al.，2006；Hou et al.，2008；Xu et al.，2014）。至于北东走向的岩墙，主要分布在南太行山（Wang et al.，2004）和燕山密云地区（Peng et al.，2012），在华北克拉通南缘也有少量分布（Hou et al.，2006）。太行-吕梁岩墙群的年龄为 1770～1780 Ma（Halls et al.，2001；Wang et al.，2004；Peng et al.，2005，2006；Peng，2015）。约 1730 Ma 密云-北台岩墙群出露于太行山和燕辽裂谷（图 8.9）。岩墙群呈北东走向，岩性主要为玄武岩和玄武安山

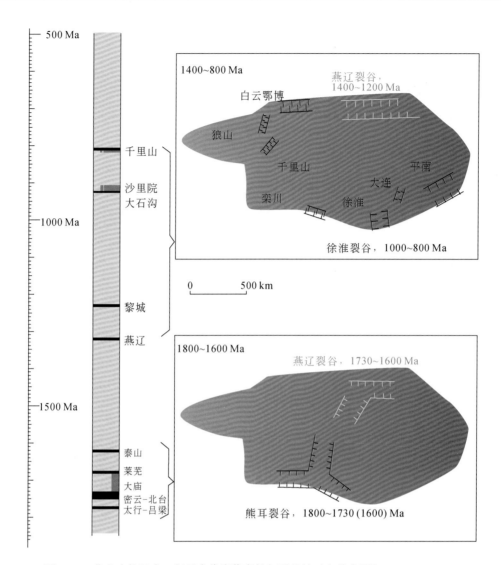

图 8.10　华北克拉通中—新元古代岩浆事件与裂谷的时空分布图解（Peng，2015）

岩。长英质岩墙相对较少。这些岩墙的微量元素和 Sr-Nd 同位素特征与来自古老岩石圈地幔的岩浆相似（Peng，2015）。

熊耳裂谷火山岩省包括华北南缘熊耳群/西阳河群中的火山岩系，以及华北中部吕梁山地区的小河岭组、汉高山组等，厚度达 3000~7000 m，主体分布于华北克拉通南缘，呈三岔裂谷系。"三岔"的两支与华北克拉通南界一致，另一支从中条山地区一直延续到华北中部（王同和，1995；Zhao T. P. et al.，2002；赵太平等，2002，2004b；徐勇航等，2007；Peng et al.，2008）。

熊耳群自下而上分为：①大古石组、②许山组、③鸡蛋坪组和④马家河组 [图 8.3、图 8.12（a）]；其中除了大古石组为陆源碎屑岩建造之外，其余三个组均以火山岩为主，而火山岩又以安山岩为主体（图 8.12）。熊耳火山岩在 1770~1790 Ma 期间大量喷发（赵太平等，2004b；He et al.，2009；Cui et al.，2011），其中一些块状 Pb-Zn 硫化物和金矿的形成可能与火山作用有关（瓮纪昌等，2006，裴玉华等，2007）。

熊耳群被认为是板内环境的双峰式拉斑系列火山岩系（孙枢等，1985；赵太平等，2002；Zhao T. P. et al.，2002；Peng et al.，2008；Wang et al.，2010）。也有学者认为熊耳火山岩系为岛弧相关的钙碱系列火山岩系（Jia，1987；胡受奚等，1988；He et al.，2009；Zhao G. C. et al.，2009）。Peng 等（2015）认为熊耳火山岩系与太行-吕梁岩墙群有成因联系，玄武岩和玄武安山岩是岩墙群的一部分，流纹岩和英安岩可能是高 Ti-Fe 镁铁质岩墙不混溶共轭的高 Si 部分 [图 8.12（c）、（d）；Peng et al.，2007]。

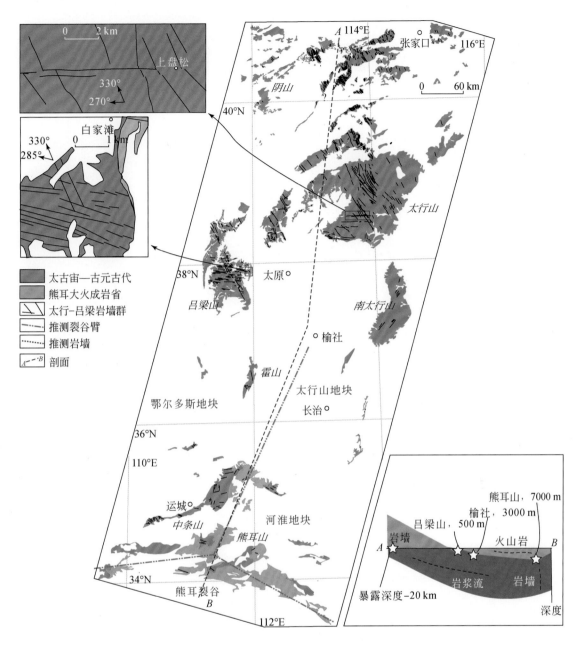

图 8.11　太行大火成岩省分布地质简图（Peng et al.，2008）

约 1780 Ma 时期的太行-吕梁岩墙群和熊耳火山岩省的展布面积约达 30×10^4 km^2，产生的岩浆量达 2×10^4 km^3，构成了一个大岩浆岩省（Peng，2015）。关于其构造背景则有不同观点：有人认为是同碰撞环境（Wang et al.，2004，2008；He et al.，2009；Zhao G. C. et al.，2009）；也有人认为是非造山环境（Zhai et al.，2000；Kusky and Li，2003；Peng et al.，2005，2008，2015；Hou et al.，2006，2008；Wang et al.，2010）；还有学者认为岩墙群和大火成岩省是华北克拉通于 1780 Ma 与之前相连的陆块分离的结果（Peng et al.，2005；Hou et al.，2008；Peng，2015）。

Peng 等（2008）认为，熊耳火山岩省与 1780~1770 Ma 基性岩墙群属于相同成因，即熊耳火山岩省是基性岩墙的岩浆通道，其主要证据如下：①熊耳火山岩省的岩浆通道、部分岩墙时代和成分特征，与岩墙群完全一致；②岩墙群的几何特征，与熊耳火山岩省所在三岔裂谷系的几何学可以完全匹配，具有一致的岩浆中心；③岩墙群的出露深度和熊耳火山岩省的分布，在空间上相对应；④岩墙群和熊耳火山岩省具有重叠的岩石学、地球化学变化特征。另外，出露较浅的岩墙和火山岩省大多经历同岩浆期的钠长石化。因此，熊耳火山岩省与岩墙群同属一个相同的岩浆来源，只不过在经过岩浆通道到达地表的过程中，岩浆经历过明显的结晶分异以及不同程度的地壳混染作用（Peng et al.，2008）。

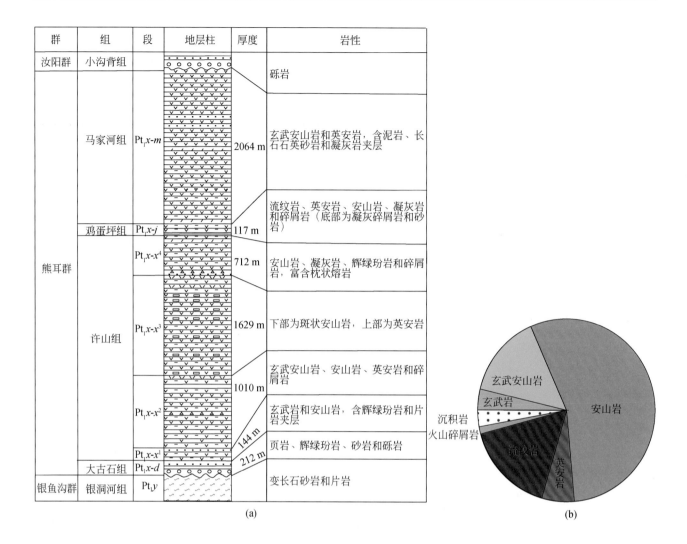

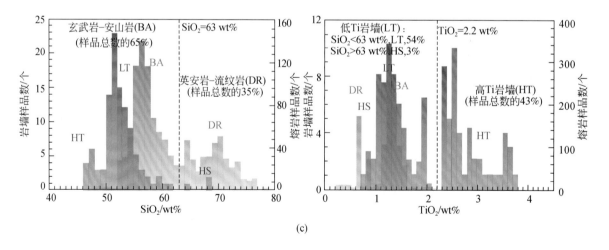

图 8.12　（a）熊耳群地层柱状图、（b）岩性组成百分比与（c）太行岩墙群和熊耳火成岩省 SiO₂-TiO₂ 直方图
（a）和（b）Peng et al.，2015；（c）彭澎，2016。HS. 高 Si 岩墙

8.3.2　非造山岩浆活动（约 1720~1620 Ma）

约在 1720~1620 Ma 期间，在华北克拉通北部发育大庙岩体型斜长岩杂岩体、密云环斑花岗岩岩体和

长城系大红峪组火山岩，在华北克拉通南部发育龙王幢 A 型花岗岩、镁铁质岩墙群和碱性岩类。本节扼要介绍其地质–地球化学特征、岩石成因和构造环境。

8.3.2.1　河北大庙岩体型斜长岩杂岩体

岩体型斜长岩杂岩体是由大于 90% 的斜长石组成的岩浆岩，具独立岩体的产出特征；它们的形成时代仅限于元古宙（2.1~0.9 Ga），且常赋存有 Fe-Ti 氧化物矿床。一直以来，作为了解元古宙地幔性质、地壳演化、壳幔相互作用以及成矿作用的重要窗口，岩体型斜长岩倍受关注。华北克拉通北缘的河北大庙岩体型斜长岩杂岩体是中国唯一的岩体型斜长岩，规模虽不大（面积约 100 km^2），但各类岩石齐全，包括 85% 的斜长岩、10% 的苏长岩、4% 的纹长二长岩、小于 1% 的橄长岩及小部分铁闪长质和辉长质脉体，还赋存有 Fe-Ti-P 矿床（解广轰和王俊文，1988；解广轰，2005）。

赵太平等（2004b）测得杂岩体的结晶年龄分别为 1693±7 Ma 和 1715±6 Ma；Zhang 等（2007）运用高灵敏度高分辨率离子微探针（Sensitive High Resolution Ion Micro Probe，SHRIMP）锆石 U-Pb 定年法获得斜长岩的结晶年龄 1726±9 Ma；Zhao 等用激光剥蚀–电感耦合等离子体质谱（Laser Ablation-Inductively Coupled Plasma Mass Spectrometry，LA-ICPMS）和 SHRIMP 锆石 U-Pb 定年方法，分别测得杂岩体的苏长岩和纹长二长岩的年龄分别为 1742±17 Ma 和 1739±14 Ma（Zhao T. P. et al.，2009）。这些年龄说明大庙岩体型斜长杂岩体形成于中元古代，杂岩体的侵位可能持续 10~20 Ma。

在大庙斜长岩类中，巨晶斜长石的出溶特征以及斜方辉石的高 Al_2O_3 含量（5.5%~9.0%）表明，这些矿物是最终侵位之前，在大于 10 kbar 高压环境下的结晶产物；而出溶特征则显示，杂岩体在约 4 kbar 的相对低的最终压力下侵位，从而杂岩体呈现出变压结晶特点。杂岩体中不同岩相带具有相似的 Nd-Hf 同位素组成，全岩 $\varepsilon_{Nd}(t)$ 值大部分处于 –5.4 与 –4.0 之间，且锆石 $\varepsilon_{Hf}(t)$ 值为 –7.5 至 –4.7（Zhang et al.，2007；Zhao T. P. et al.，2009）；结合其全岩主、微量元素以及矿物成分的连续变化特点，说明杂岩体是由同一岩浆演化形成的。Zhang 等（2007）认为，古宙地壳物质的再循环，导致陆下岩石圈地幔的富集，大庙斜长岩正是属于富集地幔部分熔融的母岩浆结晶分异成因。而 Zhao T. P. 等（2009）将大庙高铝辉长岩脉（$Mg^{\#}=56~73$）与世界上代表斜长岩体母岩浆成分的高铝辉长岩作对比，发现二者的矿物组成、稀土元素（Rare Earth Element，REE）组成和 Sr 组成均非常相似；据此判断大庙杂岩体也应源自高铝辉长质的母岩浆。大庙高铝辉长岩脉具有高 Sr（约 1000 ppm）、低 Cr（23~301 ppm）、低 La/Yb 值（约 10）与 Zr/Nb 值（约 12）的特征，明显不同于华北克拉通源于 I 型富集地幔（Enriched Mental I，EMI）的同期的基性火山岩及基性岩墙群，而与下地壳成分相似；再结合岩脉具有偏负的 Nd-Hf 同位素特征，认为该辉长质母岩浆应主要来源于下地壳，而受上地幔组分的影响较小；进而推测基性下地壳在大于 75% 高度部分熔融的条件下，才可能形成此种基性程度的高铝辉长质岩浆，其温度大于 1271℃，压力约 12 kbar。基于同时期华北克拉通在幔源的镁铁质岩墙群和古老的下地壳包体的 Sr 含量和 $^{87}Sr/^{86}Sr$ 初始值，Chen 等（2015）提出，大庙斜长岩的母岩浆可能来自于亏损地幔，并在下地壳底部的岩浆房中，同化混染约 30% 的下地壳物质（Al_2O_3 值 15wt%~24wt%；Sr 值为 800~2000 ppm），或者混合了下地壳的熔体。这个模式可解释在许多斜长岩杂岩体中，不同岩相带具有不同同位素组成的特征。

8.3.2.2　北京密云环斑花岗岩岩体

北京密云环斑花岗岩岩体是华北最典型的环斑花岗岩杂岩体之一，它与河北大庙斜长岩、古北口富钾花岗岩、怀柔古洞沟富钾花岗岩、兰营石英正长岩、新地斜长岩、赤城环斑花岗岩等，共同构成华北克拉通北部古元古代晚期的一条斜长岩–环斑花岗岩岩带（解广轰，2005）。中外学者从不同方面对密云环斑花岗岩岩体进行研究，取得不少成果（Rämö et al.，1995；郁建华等，1996；解广轰，2005；杨进辉等，2005；Zhang et al.，2007；高维等，2008）。

密云环斑花岗岩岩体侵入太古宙片麻岩、麻粒岩、斜长角闪岩和磁铁石英岩等变质岩系中，岩体长 12 km、宽 2~3 km，出露面积约 25 km^2。岩体北侧与变质岩呈断裂接触，南侧则明显地侵位于变质围岩之中（杨进辉等，2005）。岩体主要由环斑角闪石黑云母花岗岩和斑状黑云母花岗岩组成，其中斑状黑云母花岗岩是密云岩体的主要岩相，出露于岩体中部和东部，而环斑花岗岩主要分布于岩体西部，约占岩体面积的 1/4。此外，还有少量中细粒黑云母花岗岩、中粒二云母花岗岩和浅色的细粒花岗岩，主要见于岩体边部。岩体南北两侧均发育许多岩脉，主要是环斑花岗岩岩脉、细粒黑云母花岗岩岩脉和辉绿岩岩脉等（郁建华等，1996；解广轰，2005）。环斑花岗岩中 30% 以上的钾长石斑晶具有斜长石外环，呈现典型的环斑结构。

许多学者对密云环斑花岗岩岩体采用多种同位素方法定年，其年龄值相差很大，其中热电离质谱（Thermal Ionization Mass Spectrometry，TIMS）锆石 U-Pb 年龄多数集中在 1679 ~ 1735 Ma 范围内，锆石 SHRIMP U-Pb 年龄主要为 1685±15 Ma（高维等，2008），LA-ICPMS 锆石 U-Pb 年龄为 1681±10 Ma 和 1679± 10 Ma（杨进辉等，2005）。杨进辉等（2005）根据其中的锆石的 Hf 同位素 $\varepsilon_{Hf}(t)$ 值（−5）和两阶段模式年龄（T_{DM2} = 2.6 ~ 2.8 Ga），认为环斑花岗岩岩体源自太古宙新生地壳的部分熔融。而结合其全岩主微量及 Sr-Nd-Pb 同位素特征以及锆石 Hf 同位素特征，Zhang 等（2007）认为其是由 I 型富集地幔（EMI）形成的基性岩浆，经过分离结晶作用和地壳物质的混染而形成的。据 Jiang 等（2011）报道，赤城县温泉的环斑 A 型花岗岩的形成年龄为 1697±7 Ma，此 A 型花岗岩与密云环斑花岗岩以及在华北克拉通北部出露的相同时期的花岗岩，具有相似的 Nd-Hf 同位素特征（图 8.13）、地球化学特征及氧化程度，表明它们具有相同的源区和成因，华北克拉通新太古代结晶基底是它们的源区岩石。

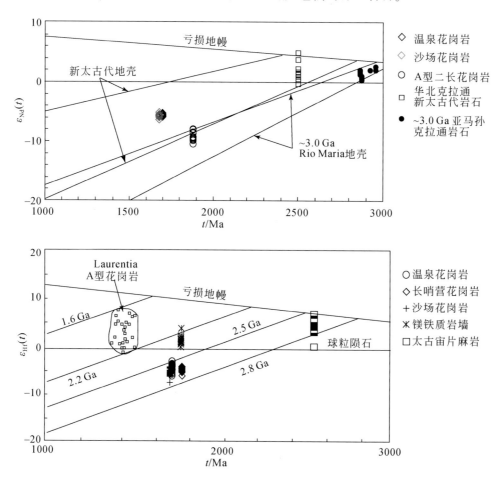

图 8.13　环斑花岗岩及相关岩石的 $\varepsilon_{Nd}(t)$ – 年龄和 $\varepsilon_{Hf}(t)$ – 年龄图解（Jiang et al.，2011）

8.3.2.3　长城系大红峪组火山岩

长城系大红峪组广泛分布于华北克拉通北部，在北京平谷和天津蓟州地区，最大厚度分别为 718 m 和 490 m，出露面积约 600 km²。大红峪组主要是石英砂岩，中上部有少量火山岩和白云岩。火山岩的锆石 U-Pb 年龄为 1625.3±6.2 Ma（陆松年和李惠民，1991）和 1625.9±8.9 Ma（高林志等，2008）。大红峪火山岩自西向东呈现出复杂的岩石类型，包括熔岩、火山角砾岩（集块岩）及凝灰岩；西部火山活动较为强烈，持续时间长，熔岩比例大，总厚度近 500 m；而东部以火山角砾岩为主。此外，在大红峪组下伏的团山子组中，从富钾安山岩获得单颗粒锆石 U-Pb 年龄 1683±67 Ma（李怀坤等，1995）；而上覆于大红峪组上覆高于庄组的凝灰岩 SHRIMP 锆石 U-Pb 年龄为 1559±12 Ma（李怀坤等，2010）。这些地质年代学数据很好地限定了大红峪组的时限。

图 8.14 选取了几个典型的大红峪组的地层剖面柱状图，直观地展示由西到东火山活动的喷发类型、厚度、岩性等的区域变化特征。根据火山活动的产物及其间间隔的碎屑沉积（图 8.14 中 I ~ III 夹层），可分为四期火山活动（图 8.14 中 V1 ~ V4 层熔岩）。其中，V4 期熔岩最为发育，遍布全区；V4 期之前喷发的火山岩主要是超钾质火山岩，如高钾碱性玄武岩、响岩和少量火山碎屑岩（胡俊良等，2007）。在地球化学特征上，火山岩和火山碎屑岩显示富集轻稀土元素（Light Rare Earth Element，LREE）和大离子亲石元素（Large Ion Lithophile Element，LILE；如 Rb、Ba、K 等），贫重稀土元素（Heavy Rare Earth Element，HREE）和高场强元素（High Field Strength Element，HFSE；如 Th、Zr、Hf 等），具轻微的 Nb、Ta 负异常及 Eu 的正异常。岩石较稳定的 La/Nb 值和 $\varepsilon_{Nd}(t)$ 值说明岩浆在上升过程并未遭受到明显的岩浆上升过程中的地壳混染作用；Nb、Ta 的弱亏损和 $\varepsilon_{Nd}(t)$ 值（-0.66 ~ 0.63）反映其地幔源区特征。胡俊良等（2007）认为其岩浆来源于被地壳物质改造过的富集地幔，并受到软流圈物质的影响。

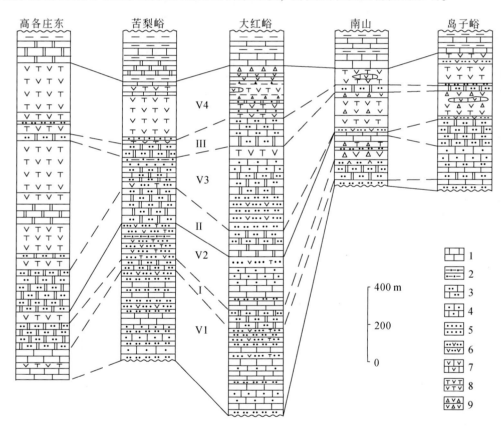

图 8.14　燕辽裂谷中部蓟县层型剖面中不同位置大红峪组地层柱状图（胡俊良等，2007）

1. 白云岩；2. 硅质岩；3. 石英岩；4. 砂质灰岩、凝灰质白云岩；5. 石英砂岩、砂砾岩；6. 砂质混积岩、凝灰岩；
7. 碳酸盐质混积岩；8. 钾质熔岩；9. 火山角砾岩、集块岩；V1 ~ V4. 火山事件；I ~ III. 碎屑沉积

8.3.2.4　河南龙王幢 A 型花岗岩

中元古代在华北克拉通南缘分布有一条东西向的碱性岩-碱性花岗岩带。该带西起陕西洛南，经河南卢氏、栾川和方城等地，东到舞阳，长达 400 km 以上，其中位于栾川县境内的龙王幢岩体是规模最大且典型的 A 型花岗岩岩体（卢欣祥，1989）。龙王幢岩体东西长 20 km、南北宽 10 km，分布面积约 140 km²，长轴与区域构造线方向一致。岩体侵入太古宇太华岩群中，东部为燕山期伏牛山斑状黑云母花岗岩。岩体主体为灰白色钠铁闪石花岗岩，其南北两侧及周边由红色黑云母钾长花岗岩构成一个红色镶边。局部

可见晚期脉岩，如辉长辉绿岩-碱性黑云母正长岩岩脉、霓石正长岩岩脉、花岗斑岩岩脉、石英二长岩岩脉等。

该岩体获得 1602±6 Ma 和 1616±20 Ma 的 LA-ICPMS 锆石 U-Pb 年龄（包志伟等，2009；Wang et al.，2013）以及 1625±16 Ma 的 SHRIMP 锆石 U-Pb 年龄（陆松年等，2003）。岩体具有高硅（$SiO_2 = 72.2\% \sim 76.8\%$）和富碱（$K_2O+Na_2O = 8.3\% \sim 10.2\%$，$K_2O/Na_2O > 1$）的特征，分异指数（Differentiation Index，DI）达 95～97，铝指数为 0.96～1.13，含铁指数高 [$FeO^*/(FeO^*+MgO) = 0.90 \sim 0.99$]。岩石可分为准铝质-弱过铝质、碱性-碱钙性和铁质 A 型花岗岩。岩石富集大离子亲石元素，稀土元素含量很高（854～1572 ppm）；高场强元素 Nb、Ta、Zr 和 Hf 的富集程度明显低于大离子亲石元素；岩石显著亏损 Ba、Sr、Ti、Pb；全岩 $\varepsilon_{Nd}(t)$ 值为 -7.2～-4.5，Nd 模式年龄为 2.3～2.5 Ga；锆石 $\varepsilon_{Hf}(t)$ 值为 -5.26～-1.11，相应的二阶段模式年龄 $T_{DM}^C = 2.4 \sim 2.6$ Ga。对龙王幢花岗岩的成因认识不一致，卢欣祥（1989）和 Wang 等（2013）认为是由下地壳物质部分熔融所形成，而包志伟等（2009）认为是富集地幔部分熔融的玄武质岩浆经强烈结晶分异的产物。

8.3.2.5 非造山岩浆活动

对华北克拉通中元古代非造山岩浆活动的起源已有一些文章进行讨论（Wang et al.，2013 及其参考文献）。一些学者将其成因与地幔柱和哥伦比亚超大陆的裂解相联系（赵太平等，2002；Zhao T. P. et al.，2002；Zhang et al.，2007，2009，2012a，2017a；Hou et al.，2008）。对于以下几个问题需要关注：

（1）该时期的岩浆岩大多具有与岛弧火山岩类似的地球化学特征，如富集大离子亲石元素以及亏损 Nb、Ta 等高场强元素，全岩 $\varepsilon_{Nd}(t)$ 值和锆石 $\varepsilon_{Hf}(t)$ 值都表现出富集地幔成分的特征，表明其地幔源区经受古俯冲组分的改造，或有大量地壳物质的加入（图 8.15）。

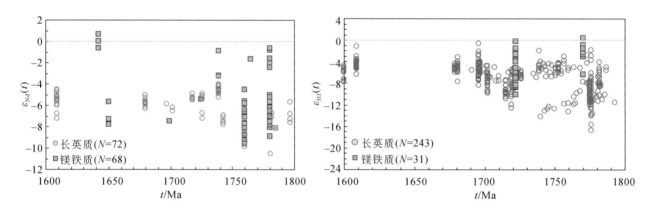

图 8.15　非造山岩浆岩的全岩 $\varepsilon_{Nd}(t)$-年龄和锆石 $\varepsilon_{Hf}(t)$-年龄图解

（2）该时期的岩浆岩普遍富铁和钾，其成因一直没有得到很好的解释。如熊耳群的中基性熔岩和同期的侵入岩铁含量普遍在 10% 左右（$FeO+Fe_2O_3$ 或全铁作为 Fe_2O_3），少数达到 15%。然而，镁铁质岩墙群的铁含量普遍在 10% 以上，多数在 15% 左右，有的甚至高达 20% 左右，TiO_2 含量普遍为 1% 左右，只有少数岩样大于 2%。此外，多数的中基性岩（包括基性岩墙群）都显示高度分异，具有拉斑质系列火山岩的演化趋势和矿物学特征，其 SiO_2 含量大多大于 52%，铁镁矿物主要是单斜辉石，几乎不含角闪石。

（3）在华北克拉通本时期的岩浆岩中，迄今没有发现苦橄岩、洋岛玄武岩（Ocean Island Basalt，OIB）或其他直接来自于软流圈亏损地幔的岩浆岩。岩浆活动也不是短时期巨量发育的，而是"持续的、脉动的"，成岩时代在 1.72～1.62 Ga。

（4）与约 1.78 Ga 的岩浆作用相比，该期岩浆活动持续的时间长，导致其地球化学特征也是逐步变化的，明显不同于与地幔柱相关的岩浆岩。目前已发现的非造山岩浆岩主要分布在熊耳裂谷和燕辽裂谷（图 8.16），因此推测它们属于约 1.78 Ga 的大火成岩事件或地幔柱之后引发的裂谷持续过程中的岩浆作用。

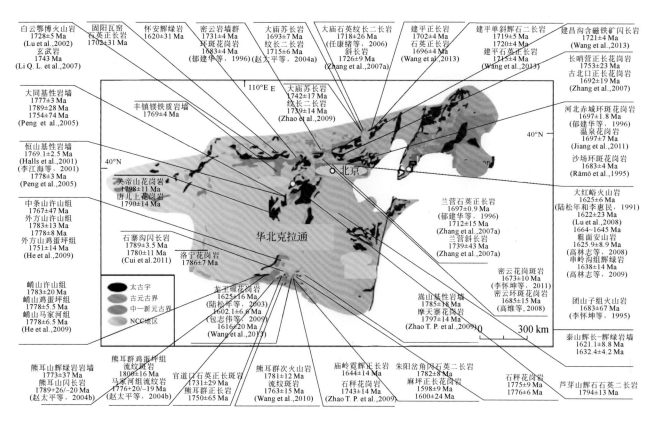

图 8.16　华北克拉通元古宙非造山岩浆岩的分布及其年龄示意图

8.3.3　燕辽岩浆事件（约 1320 Ma）

　　燕辽裂谷发现大量约 1320 Ma 的镁铁质岩床（李怀坤等，2009；Zhang et al.，2009，2012b，2017a；参见第 10 章；图 8.17）。这些镁铁质岩床主要侵入下马岭组（图 8.18）和雾迷山组之中，少量见于串岭

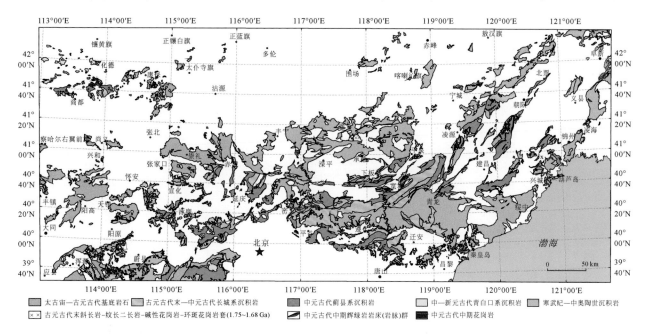

图 8.17　华北克拉通北缘约 1320 Ma 基性岩床的分布图（Zhang et al.，2012b）

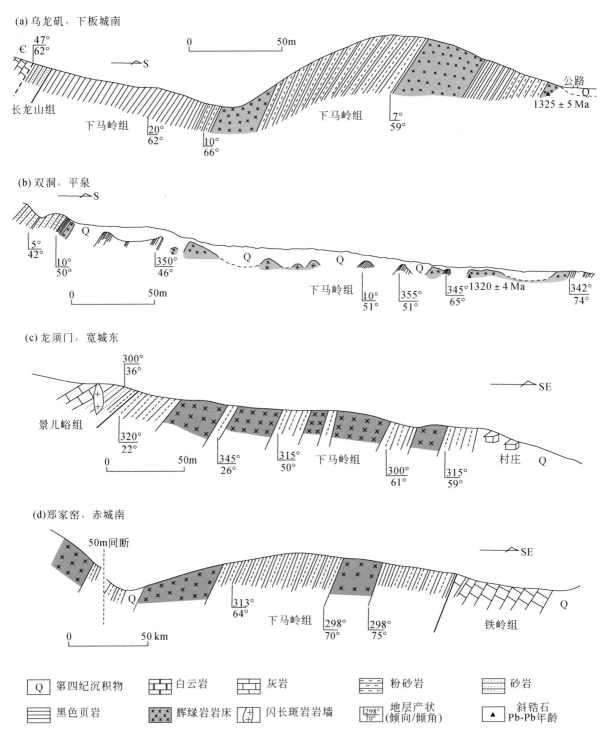

图 8.18　燕辽裂谷不同位置约 1320 Ma 的岩床侵入下马岭组的地质剖面图（Zhang et al.，2017a）

沟组、高于庄组、洪水庄组和铁岭组，岩性主要为辉绿岩、辉长辉绿岩或粗玄岩，主要由 40vol%～60vol% 普通辉石和 40vol%～55vol% 斜长石组成（Zhang et al.，2009，2017a）。其中最重要的进展是，在河北张家口、平泉、兴隆、宽城、下板城、怀来，辽宁凌源、朝阳以及京西等地区，发现一组辉绿岩-辉长辉绿岩岩床（岩脉）；在一些出露区，可观察到 3～5 层岩床，构成辉绿岩岩床（岩脉）群的分布范围可断续延伸达 400 km 以上（李怀坤等，2009；Zhang et al.，2009，2012b，2017a；参见第 10 章）。例如，在宽城地区下马岭组中，见有 2～4 层顺层侵入的岩床，以隐晶质辉长辉绿岩为主，部分为辉绿岩，局部相变为中晶辉长辉绿岩，岩床累计厚度 117.5 m 至 312.3 m 不等，岩床顶底板的泥质围岩大都蚀变成角岩或板岩（参见第 10 章）。

　　岩石学与地球化学特征反映燕辽裂谷侵入下马岭组的辉长辉绿岩岩床具有板内玄武岩（Within Plate Basalt，WPB）的成分特征，二次离子质谱（Secondary Ion Mass Spectrometry，SIMS）的斜锆石^{207}Pb/^{206}Pb 年龄为 1327.5±2.4 Ma 和 1327.5±2.3 Ma（参见第 10 章）。李怀坤等（2009）对辉绿岩斜锆石进行同位素稀释热电离质谱（Isotope Dilution-Thermal Ionization Mass Spectrometry，ID-TIMS）定年，得到 U-Pb 年龄为 1320±6 Ma，以及斜锆石和锆石混合测定的不一致线与谐和线交点年龄为 1323±21 Ma。Zhang 等（2012b）采集燕辽裂谷多个侵入中元古代地层的辉绿岩岩样，测得锆石和斜锆石年龄为 1313~1331 Ma。上述工作不仅精确地厘定了燕辽裂谷下马岭组镁铁质岩床的形成年龄，而且精确地厘定了下马岭组的上限年龄（1320 Ma）。

8.3.4　大石沟岩浆事件（约 925 Ma）

　　华北克拉通年龄约 925 Ma 的岩浆事件，主要为发育于晋、冀、蒙地区，大石沟基性岩墙群〔图 8.19、图 8.20(e)~(g)〕，构成大石沟大火成岩省（Peng et al.，2011a，2011b），在地质构造单元上属于燕辽裂谷向华北克拉通中部的延伸部位。通常这些岩墙宽达 10~15 m、长达 10~20 m，走向为 340°~350°，呈放射状几何学分布；主要由辉长岩和辉绿岩组成，矿物成分由约 65% 的斜长石、25% 的单斜辉石，以及少量角闪石、钾长石和磁铁矿组成，有些见有橄榄石或石英，未变质；其斜锆石 U-Pb 年龄为 920~925 Ma（Peng et al.，2011a）。

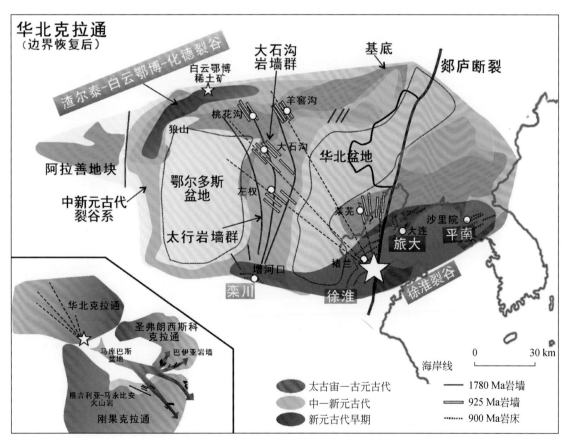

图 8.19　华北克拉通约 925 Ma 大石沟岩墙群和同期裂谷系的分布图（Peng et al.，2011a）
左下角插图为推断的华北、圣弗朗西斯科和刚果三个克拉通连接图，其中华北克拉通恢复成前寒武纪时的形状

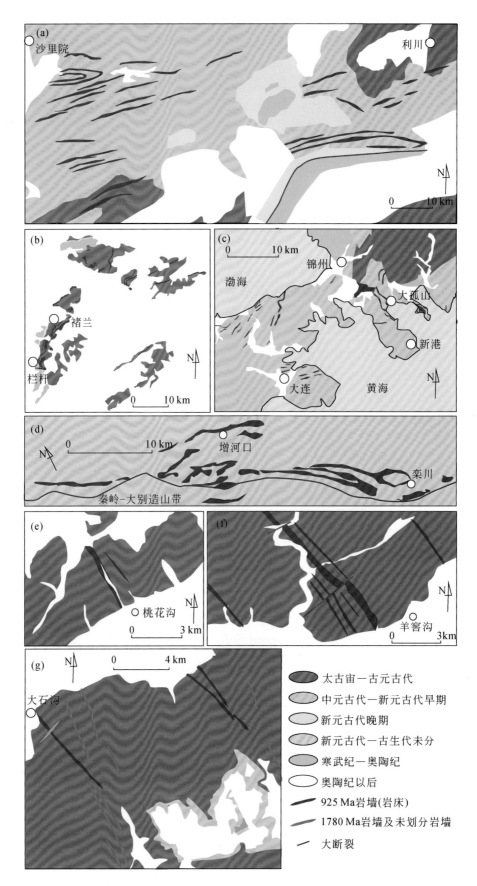

图 8.20　年龄约 925 Ma 的岩墙（岩床）群分布图（Peng et al.，2011a）

（a）朝鲜平南盆地 925~890 Ma 的岩床群；（b）胶辽徐淮裂谷徐州-淮河；（c）胶辽徐淮裂谷大连；
（d）胶辽徐淮裂谷栾川；（e）~（g）燕辽裂谷大石沟岩墙群

华北克拉通东南缘，沿胶辽徐淮裂谷的栾川［图8.19、图8.20(d)；Wang et al.，2011］，经褚兰、徐淮［图8.19、图8.20(b)；柳永清等，2005；Wang et al.，2012］、辽东［图8.19、图8.20(c)］，延伸到朝鲜的平南盆地［图8.19、图8.20(a)；Peng et al.，2011a］都发育有年龄约900 Ma的一些岩床，稍晚于大石沟岩墙群。这些岩床厚度从几米到150 m；主要岩石组成为粗玄岩，轻微变质，最高达绿片岩相（如平南盆地；Peng et al.，2011b），部分有轻微变形。主要由长石、残留单斜辉石（部分变为角闪石）以及变质矿物（如绿帘石、绿泥石、钠长石和角闪石等）组成。平南盆地同一条岩床内，测得斜锆石年龄约900 Ma，而锆石年龄约400 Ma，前者指示岩浆结晶年龄，后者则为岩墙的变质时代（Peng et al.，2011a）。

如果恢复显生宙时期郯庐断裂引起断裂两侧的块体走滑，并将华北克拉通的这一期岩床的分布范围连起来，就会构成一个约成120°的夹角。据此Peng等（2011a）推测，这些沉积盆地或坳陷可能同属于一个三岔裂谷系的组成部分，约925~880 Ma的岩浆事件可能与元古宙的地幔柱有关（图8.19）。图8.21展示了华北克拉通15个主要岩墙或岩床群的Nd同位素范围，指示1780~1730 Ma和约925~880 Ma的岩墙事件可能均属与地幔柱相关的岩浆活动产物。此外，1780~1730 Ma的岩墙事件可能改造华北克拉通东部大陆下的岩石圈地幔，而约925~880 Ma的岩墙事件则对岩石圈地幔的影响很小（Peng，2015）。

由于岩浆群的几何学分布呈现出放射状形态，其发散中心位于徐淮坳陷，而且岩墙与岩床具有相似或相关的成分特征，Peng等（2011b）认为，这些岩墙群与火山岩系的成因相关。全球约900 Ma的岩浆活动比较稀少，然而在刚果克拉通与圣弗朗西斯科克拉通具有时代完全一致的火山岩系和岩墙群，如巴西的巴利亚（Balia）岩墙群。因此，Peng等（2011b）提出，在900 Ma前，华北克拉通与刚果-圣弗朗西斯科克拉通相连成为一个联合古陆的构想（图8.19）。

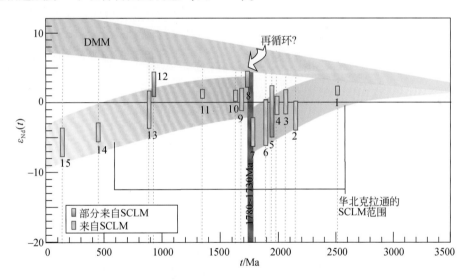

图8.21　华北克拉通15个代表性岩墙-岩床群的$\varepsilon_{Nd}(t)$-年龄图解（Peng，2015及其参考文献）

1. 黄柏峪岩墙；2. 横岭岩床；3. 义兴寨岩墙；4. 西望山岩墙；5. 徐武家岩床；6. 哈拉沁岩墙-火山岩；7. 太行岩墙；8. 密云岩墙；9. 莱芜岩墙；10. 泰山岩墙；11. 燕辽岩床；12. 大石沟岩墙；13. 沙里院岩墙；14. 山西岩墙；15. 蒙阴岩墙。SCLM. 大陆下岩石圈地幔；DMM. 亏损的洋中脊玄武岩地幔

8.4　华北克拉通多期裂谷事件及其地质意义

地球历史上曾存在过多个超大陆（图8.22；Condie，2004）。两个构造过程分别对应超大陆的会聚和裂解，即板块构造与超大陆会聚有关，地幔柱构造与超大陆裂解相关。文献中业已报道的超大陆有北极-肯诺兰（Arctica-Kenorland）超大陆、内拉（Nera）［又称大西洋（Antlantica）］超大陆、哥伦比亚超大陆、罗迪尼亚超大陆和联合古陆（Pangea，又称潘吉亚大陆、泛大陆、盘古大陆）等。罗迪尼亚超大陆之前还存在过冈瓦纳超大陆（Gondwana；图8.22）。每个超大陆都曾经裂解成数个大陆。超大陆的重建基于

对大陆内部古老造山带、裂谷和全球性地质事件的研究。北极–肯诺兰超大陆包含华北克拉通的一部分，说明他们在约 2.5 Ga 时曾经相连。华北克拉通在 2.0 ~ 2.2 Ga 时从北极–肯诺兰超大陆漂走（Zhai et al.，2000）。华北克拉通的古元古代造山带是哥伦比亚超大陆形成时的俯冲和碰撞结果所致（Zhai and Liu，2003）。中—新元古代的华北克拉通显然是稳定的，处于伸展的构造背景下，发育多阶段的裂谷。在此期间没有强烈的地壳缩短发生（Zhang et al.，2012b；翟明国等，2014）。

华北克拉通古元古代末—新元古代的沉积记录中，碎屑锆石与岩浆岩记录了这个时期的地壳演化。图 8.22 展示在地球演化的不同时期，可能存在的超大陆，图中把主要的地质事件分成超大陆拼合与超大陆裂解（或超级地幔柱）过程。太古宙末存在过一个超大陆（超级克拉通），紧接着发生一次古元古代早期的裂解事件；其后又有陆块拼合形成新生的哥伦比亚超大陆；再后即罗迪尼亚超大陆（图 8.22 的 R）和联合古陆（图 8.22 的 P）等的形成与裂解。图中还标注了在联合古陆形成前，冈瓦纳超大陆（图 8.22 的 G）的形成。以上假说是在分析和总结地球历史上各个陆块可识别的造山带和裂谷带的基础上得出的。超大陆的形成是一个全球规模的拼合事件，而超大陆的裂解则是全球范围的伸展事件。前者基于板块构造，后者借助于地幔柱构造。华北自太古宙末期假设有一个拼合微陆块事件（翟明国和卞爱国，2000；Zhai and Santosh，2011），形成现代规模后又假设在古元古代早期发生裂解，经历了裂谷–俯冲–碰撞过程，表现出多次裂谷事件。不少学者试图将这些裂谷事件的发生与哥伦比亚超大陆、罗迪尼亚超大陆的演化相联系，但在其他古大陆找不到与熊耳群相同时代的火山岩系，而在华北克拉通缺乏块体拼合的构造事件以及大陆裂解或洋盆发育的记录。

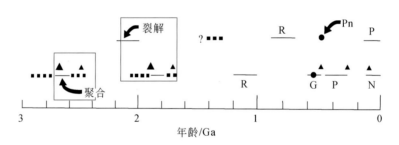

图 8.22　超大陆循环示意图（Condie，2004）

黑三角形代表地幔柱事件，三角形的大小表示事件的强度。R. 罗迪尼亚超大陆；G. 冈瓦纳超大陆；

Pn. 潘诺西亚大陆（Pannotia）；P. 联合古陆；N. 现今正在形成的新超大陆

如前所述，华北克拉通的中—新元古代地层（特别是中元古代地层）中，碎屑锆石主要记录 1.85 ~ 1.6 Ga 的岩浆事件，局部还有 1.2 Ga 的岩浆记录。1.85 ~ 1.65 Ga 代表大陆裂解的镁铁质岩墙群，裂谷型火山岩和非造山的斜长岩–纹长二长岩–紫苏花岗岩–花岗岩（Anorthosite-Mangerite-Charnockite-Granite，AMCG）组合花岗岩大量出露（李江海等，2001；Lu et al.，2002，2008；陆松年等，2003；赵太平等，2004a，2004b；Peng et al.，2005；杨进辉等，2005；刘振锋等，2006；任康绪等，2006；Zhai et al.，2007a；高维等，2008；高林志等，2009），它们是沉积岩中锆石的来源。在燕辽裂谷还陆续发现 1.56 Ga、1.43 Ga、1.37 Ga 和 1.32 Ga 的火山岩或基性岩床（岩墙），这些岩浆的锆石也发现于中—新元古代的沉积岩（高林志等，2007，2008；Gao et al.，2007；Su et al.，2008；李怀坤等，2009，2010；Zhang et al.，2009；苏文博等，2010）。但是，在华北克拉通 1.2 Ga 的岩浆岩很少出露，如在中、朝边界处，见含角闪石花岗岩体，具有年龄为 1195±4 Ma 的岩浆岩（Zhao et al.，2006）。

图 8.23 是渣尔泰–白云鄂博–化德裂谷的化德群和胶辽徐淮裂谷的土门群中，碎屑锆石中岩浆锆石的地壳模式年龄分布［图 8.23（a）~（c）］和 $\varepsilon_{Hf}(t)$–$^{207}Pb/^{206}Pb$ 年龄图［图 8.23（b）~（d）］。如图 8.23（a）~（c）中数据所示，2.4 ~ 2.8 Ga 岩浆锆石的 Hf 地壳模式年龄峰值为约 2.85 Ga，指示华北克拉通在约 2.85 Ga 时有大规模的新生地壳形成，并在约 2.5 Ga 时受到改造。该特征与华北克拉通变质基底岩石一

致。化德群中 1.7 ~ 2.05 Ga 的岩浆锆石 $\varepsilon_{Hf}(t)$ 值多在 -3 与 +4 之间，并具有约 2.5 Ga 的 Hf 地壳模式年龄峰值；少数 $\varepsilon_{Hf}(t)$ 值在 -6 与 -3 之间，并约 2.85 Ga（2.6 ~ 3.3 Ga）的 Hf 地壳模式年龄峰值。这两组模式年龄分别体现出对约 2.5 Ga 和约 2.85 Ga 地壳的改造。土门群和化德群中 1.05 ~ 1.7 Ga 的岩浆碎屑锆石的 $\varepsilon_{Hf}(t)$ 值大多分布于球粒陨石演化线和亏损地幔演化线之间，Hf 地壳模式年龄多数介于 1.6 ~ 2.3 Ga [图 8.23(b) ~ (d)]，指示华北克拉通中元古代大陆岩浆作用对应于古老地壳和地幔的共同作用。

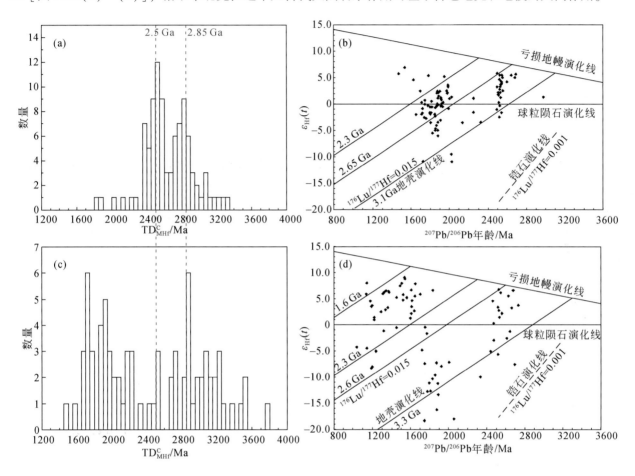

图 8.23　化德群和土门群岩浆型碎屑锆石的地壳模式年龄分布和 $\varepsilon_{Hf}(t)$ - ^{207}Pb/^{206}Pb
年龄图（Hu et al.，2012）
(a)、(b) 化德群；(c)、(d) 土门群

　　Zhai（2011）、翟明国等（2014）认为，华北克拉通中元古代的构造过程具有全球意义。Cawood 和 Hawkesworth（2014）把 1.7 ~ 0.75 Ga 时期称为"地球中世纪"（"Earth Middle Age"），并总结了该时期的地质现象特征：被动边缘少，海水和碎屑锆石中无明显的 Sr 异常，缺少造山带型金矿床和火山岩型块状硫化物矿床，以及缺少冰川沉积和条带状铁建造等。另一方面，该时期广泛发育斜长岩及相关岩体与大规模的 Mo、Cu 矿化。Cawood 和 Hawkesworth（2014）把这个时期归结于约 1.75 Ga 时哥伦比亚超大陆形成，稳定持续到约 0.75 Ga 时罗迪尼亚超大陆裂解。相对于其前和后的地球剧烈变化，设想"地球中世纪"是一段构造稳定期。华北克拉通中—新元古代也以所有上述地质现象为特征（翟明国等，2014）。

　　古老沉积岩碎屑锆石所记录的岩浆作用信息与四期岩浆作用是一致的，即约 1.78 Ga 的基性岩浆群-熊耳火山岩事件、1.7 ~ 1.6 Ga 的非造山岩浆作用、约 1.35 Ga 的辉绿岩岩床群、约 0.9 Ga 的基性岩墙群。一些学者假设华北克拉通参与了哥伦比亚超大陆的演化（Zhao G. C. et al.，2002；Li and Zhao，2007），但是对超大陆裂解的响应时间尚存有争议。基于对上述岩浆活动性质的不同理解，大体上文献中提出三种认识：①古元古代晚期—中元古代早期（约 1.78 Ga；Zhao T. P. et al.，2002；赵太平等，2004a；Peng et al.，2008）；②中元古代中期（约 1.62 Ga；杨进辉等，2005；高林志等，2008）；和③中元古代中晚期（1.35 ~ 1.31 Ga；Zhang et al.，2009，2012b）。此外，由于 900 ~ 800 Ma 的岩浆活动峰期时代可与罗迪尼亚超大陆的裂解时限相对应，部分学者提出这一期岩浆活动可能记录了相关的过程（翟明国，2004；彭润民等，2010）。尽管尚未得到该时期前寒武纪沉积地层的定年记录，但是在北京西山地区，寒武纪砂岩却很好地保存有该时期岩浆和变质事件的信息（胡波等，2009）。这几期岩浆活动的出现，指示在古元古代末—新元古代，华北克拉通可能经历过一个多期的持续性裂谷事件，并保存一些与大陆裂谷和非造山岩浆相关的成矿记录，如大庙大型钒钛磁铁矿、白云鄂博大型稀土矿床和狼山铅锌铜铁硫化物矿床等。

1.3～1.0 Ga 时期的岩浆少有锆石记录，仅少量记录见于华北东缘和北缘的碎屑沉积锆石（Luo et al.，2006；Li X. H. et al.，2007；Hu et al.，2012）以及侵入岩的捕获锆石（Yang et al.，2004；张华锋等，2009）。目前发现地表出露约 1.2 Ga 的岩浆岩，只有朝鲜狼林地块北部的一个结晶年龄为 1.195 Ga 的含角闪石花岗岩岩体（Zhao et al.，2006），没有明确的代表大陆聚合过程的岩浆记录。

8.5　结　　论

（1）1.8～0.7 Ga 华北克拉通发育巨厚的沉积序列。这些沉积序列直至中侏罗世尚未发生过强烈的缩短和变质作用。中—新元古代华北克拉通发育四个裂谷：熊耳裂谷、燕辽裂谷、渣尔泰–白云鄂博–化德裂谷和胶辽徐淮裂谷。熊耳群底部火山岩的年龄为 1.8～1.78 Ga（赵太平等，2004b），表明华北南缘的裂谷始于这个时期。燕辽裂谷的发育较为完整连续的约 1.67～1.32 Ga 的中元古代沉积序列，但是新元古代地层较为欠发育。而胶辽徐淮裂谷的新元古代沉积却有良好的保存。华北克拉通东北部的新元古代沉积序列自下而上划分为景儿峪组、桥头组、五行山组和金县组，分别与青白口系、南华系和震旦系对应。因为缺乏可靠的同位素年龄，地层的划分对比尚待进一步落实。元古宙地层与其上覆寒武系呈平行不整合接触，说明华北克拉通在新元古代末未经历强烈的地壳缩短。华北克拉通的沉积作用发生在滹沱运动之后的 1.8～0.7 Ga 的伸展背景下，可能持续到约 540 Ma。换言之，华北克拉通在"地球中世纪"处于稳定的构造背景，该时期裂谷盆地和陆表沉积的发育提供了证据支持。

（2）华北克拉通中—新元古代四期岩浆作用被识别：①1.8～1.78 Ga 的基性岩墙群和熊耳火山作用；②1.73～1.62 Ga 的非造山岩浆作用；③1.35～1.32 Ga 的辉绿岩岩床群；④约 900 Ma 的基性岩墙群和双峰式火山作用。第一期和第四期的岩浆事件可能是地幔柱的作用结果；而据推测，第二期的非造山岩浆作用可能产生自于热的地幔；第三期的辉绿岩岩床可能来自于亏损软流圈地幔的部分熔融，并有轻微地壳混染。因此本章认为华北克拉通的岩石圈在"地球中世纪"处于构造稳定期，并有一个热的地幔。地幔的持续加热状态对应多期地幔和下地壳的部分熔融，并引发裂谷作用。中—新元古代的矿床包括与斜长岩和辉长岩侵入相关的岩浆型 Fe-Ti-P 矿床、中—新元古代的热水喷流（Sedimentary Exhalative，SEDEX）型 Pb-Zn-Cu 矿床和稀土元素 Fe-Nb 矿床。所有这些矿床与中元古代大陆裂谷、伸展相关的岩浆作用和地幔上涌有密切联系。

（3）最早的超大陆在 2.5 Ga 之前形成，在 2.35～2.25 Ga 期间裂解（Condie et al.，2001）。据推测，另两个超大陆（哥伦比亚超大陆以及罗迪尼亚超大陆）也存在于元古宙。哥伦比亚和罗迪尼亚超大陆为约 2.1～1.95 Ga 和约 1.1～0.9 Ga 的变质和岩浆事件所记录。而华北克拉通在中—新元古代期间并未经历强烈的压缩变形和变质作用。新元古代的沉积作用和岩浆演化的记录并不支持华北克拉通存在格林威尔造山带（翟明国等，2014）。华北克拉通中元古代的确有岩浆事件，但是它们只与 1.78～1.30 Ga 的哥伦比亚超大陆裂解以及 0.925～0.82 Ga 的罗迪尼亚超大陆裂解相关（赵太平等，2004b；Zhang et al.，2009；高林志等，2009；Peng et al.，2011a；Peng et al.，2014）。1.78～1.30 Ga 或 0.82 Ga 的时限对于裂解过程似乎太长，因此大陆裂解的观点不易被接受。基于古地磁的研究，华北克拉通在元古宙时可能位于哥伦比亚超大陆的遥远边缘（Zhang et al.，2000，2012b）。这与华北克拉通缺乏中—新元古代造山作用的地质记录相吻合（翟明国等，2014）。因此，元古宙超大陆循环的存在与否依然不清。

本章主要结论如下：

（1）作为古元古代的构造事件，滹沱运动发生在华北克拉通，包括其依次发生的裂解、俯冲和碰撞过程。此后，华北克拉通在"地球中世纪"进入持续超过 1.0 Ga 的稳定克拉通期，中—新元古代的沉积序列广泛发育在变质基底之上。

（2）华北克拉通在中—新元古代存在四期岩浆作用，伴随着多期裂谷作用；华北克拉通从 1.8 ~ 0.7 Ga 转为板内构造背景。

（3）岩浆型铁矿与斜长岩–辉长岩的岩浆作用密切相关；中—新元古代的裂谷作用对 REE-Nb-Fe 和 Pb-Zn-Cu-Fe 矿床的形成起重要作用。

（4）华北克拉通在中—新元古代没有发生格林威尔或其他造山作用。如果哥伦比亚超大陆确实存在，元古宙时期的华北克拉通可能处于其遥远的边缘。"地球中世纪"是一个特殊的地质历史阶段，此时期的地球具有稳定岩石圈和热地幔特征，这已被多期的岩浆作用和裂谷作用所证实。

致谢：本章受科技部 973 项目（编号：2012CB4166006）、国家自然科学基金项目（编号：41030316、41210003）支持。感谢彭润民、郭敬辉、张艳斌、李秋立、张晓辉、赵越、胡建民、孙勇和张成立提供帮助和有价值的数据。感谢 Tim Kusky 给予本章的讨论和建议。感谢钟焱、周艳艳、赵磊和王浩铮帮忙准备图件。非常感谢两位审稿人对本章的提出宝贵的意见和建议。

参 考 文 献

白瑾，黄学元，戴凤岩，吴昌华.1993.中国前寒武纪地壳演化.北京：地质出版社.

包志伟，王强，资锋，唐功建，杜凤军，白国典.2009.龙王幢 A 型花岗岩地球化学特征及其地球动力学意义.地球化学，38(6)：509-522.

陈丛云.1993.白云鄂博群渣尔泰群和化德群的时代隶属.中国区域地质，1：59-67.

陈晋镳，张惠民，朱士兴，赵震，王振刚.1980.蓟县震旦亚界的研究.见：中国地质科学院天津地质矿产研究所.中国震旦亚界.天津：天津科学技术出版社：56-114.

陈孟莪.1993.对清河镇动物群和昌图动物群的质疑.地质科学，28(2)：199-200.

范宏瑞，胡芳芳，陈福坤，杨奎峰，王凯怡.2006.白云鄂博超大型 REE-Nb-Fe 矿区碳酸岩墙的侵位年龄——兼答 Le Bas 博士的质疑.岩石学报，22(2)：519-520.

范蔚茗，陈欣，Mcnzies M A.1993.中国东部 I 型地幔包体主要元素的区域性变化及其与地壳/岩石圈年龄、厚度的关系.大地构造与成矿学，17(3)：221-228.

高林志，张传恒，史晓颖，周洪瑞，王自强.2007.华北青白口系下马岭组凝灰岩锆石 SHRIMP U-Pb 定年.地质通报，26(3)：249-255.

高林志，张传恒，尹崇玉，史晓颖，王自强，刘耀明，刘鹏举，唐烽，宋彪.2008.华北古陆中、新元古代年代地层框架——SHRIMP 锆石年龄新依据.地球学报，29(3)：366-376.

高林志，张传恒，刘鹏举，丁孝忠，王自强，张彦杰.2009.华北–江南地区中、新元古代地层格架的再认识.地球学报，30(4)：433-446.

高林志，张传恒，陈寿铭，刘鹏举，丁孝忠，刘燕学，董春燕，宋彪.2010.辽东半岛细河群沉积岩碎屑锆石 SHRIMP U-Pb 年龄及其地质意义.地质通报，29(8)：1113-1122.

高维，张传恒，高林志，史晓颖，刘耀明，宋彪.2008.北京密云环斑花岗岩的锆石 SHRIMP U-Pb 年龄及其构造意义.地质通报，27(6)：793-798.

河北省地质矿产局.1989.河北省区域地质志.北京：地质出版社.

河南省地质矿产局.1989.河南省区域地质志.北京：地质出版社.

胡波，翟明国，郭敬辉，彭澎，刘富，刘爽.2009.华北克拉通北缘化德群中碎屑锆石的 LA-ICP-MS U-Pb 年龄及其构造意义.岩石学报，25(1)：193-211.

胡俊良，赵太平，徐勇航，陈伟.2007.华北克拉通大红峪组高钾火山岩的地球化学特征及其岩石成因.矿物岩石，27(4)：70-77.

胡受奚，林潜龙，陈泽铭，黎世美.1988.华北与华南古板块拼合带地质和成矿.南京：南京大学出版社.

贾承造，施央申，郭令智.1988.东秦岭板块构造.南京：南京大学出版社.

李怀坤，李惠民，陆松年.1995.长城系团山子组火山岩颗粒锆石 U-Pb 年龄及其地质意义.地球化学，24(1)：43-48.

李怀坤，陆松年，李惠民，孙立新，相振群，耿建珍，周红英.2009.侵入下马岭组的基性岩床的锆石和斜锆石 U-Pb 精确定年——对华北中元古界地层划分方案的制约.地质通报，28(10)：1396-1404.

李怀坤，朱士兴，相振群，苏文博，陆松年，周红英，耿建珍，李生，杨锋杰.2010.北京延庆高于庄组凝灰岩的锆石 U-Pb 定年研究及其对华北北部中元古界划分新方案的进一步约束. 岩石学报, 26(7): 2131-2140.

李怀坤, 苏文博, 周红英, 耿建珍, 相振群, 崔玉荣, 刘文灿, 陆松年. 2011. 华北克拉通北部长城系底界年龄小于1670 Ma: 来自北京密云花岗斑岩岩脉锆石 LA-MC-ICP MS U-Pb 年龄的约束. 地学前缘, 18(3): 108-120.

李江海, 侯贵廷, 钱祥麟, Halls H C, Davis D. 2001. 恒山中元古代早期基性岩墙群的单粒锆石 U-Pb 年龄及其克拉通演化意义. 地质论评, 47(3): 234-238.

李钦仲, 杨应章, 贾金昌. 1985. 华北地台南缘(陕西部分)晚前寒武纪地层研究. 西安: 陕西交通大学出版社.

李勤, 张满江. 1993. 冀北"清河镇动物群"质疑. 中国区域地质, 4: 365-371.

辽宁省地质矿产局. 1989. 辽宁省区域地质志. 北京: 地质出版社.

刘振锋, 王继明, 吕金波, 郑桂森. 2006. 河北省赤峰县温泉环斑花岗岩的地质特征及形成时代. 中国地质, 33(5): 1052-1058.

柳永清, 高林志, 刘燕学, 宋超, 王宗秀. 2005. 徐淮地区新元古代初期铁镁质岩浆事件的锆石 U-Pb 定年. 科学通报, 50(21): 2514-2521.

卢欣祥. 1989. 龙王(礃)A 型花岗岩地质矿化特征. 岩石学报, (1): 67-77.

陆松年, 李惠民. 1991. 蓟县长城系大红峪组火山岩的单颗粒锆石 U-Pb 法准确测年. 中国地质科学院院报, 22: 137-146.

陆松年, 李怀坤, 李惠民, 宋彪, 王世炎, 周红英, 陈志宏. 2003. 华北克拉通南缘龙王礃碱性花岗岩 U-Pb 年龄及其地质意义. 地质通报, 22(10): 762-768.

裴玉华, 严海麒, 马雁飞. 2007. 河南嵩县-汝州熊耳群古火山机构与矿产的关系. 华南地质与矿产, 1: 51-58.

彭澎. 2016. 华北陆块前寒武纪岩墙群及相关岩浆岩地质图及说明书(1:2500000). 北京: 科学出版社.

彭润民. 1998. 内蒙古狼山炭窑口一带钾质细碧岩的发现. 科学通报, 43(2): 212-216.

彭润民, 翟裕生. 1997. 内蒙古东升庙矿区狼山群中变质"双峰式"火山岩夹层的确认及其意义. 地球科学——中国地质大学学报, 22(6): 589-594.

彭润民, 翟裕生, 王志刚, 韩雪峰. 2004. 内蒙古狼山炭窑口热水喷流沉积矿床钾质"双峰式"火山岩层的发现及其示踪意义. 中国科学 D 辑, 34(12): 1135-1144.

彭润民, 翟裕生, 韩雪峰, 王志刚, 王建平, 刘家军. 2007. 内蒙古狼山–渣尔泰山中元古代被动陆缘裂陷槽裂解过程中的火山活动及其示踪意义. 岩石学报, 23(5): 1007-1017.

彭润民, 翟裕生, 王建平, 陈喜峰, 刘强, 吕军阳, 石永兴, 王刚, 李慎斌, 王立功, 马玉涛, 张鹏. 2010. 内蒙狼山新元古代酸性火山岩的发现及其地质意义. 地质通报, 55(26): 2611-2620.

邱家骧, 廖群安. 1998. 北京地区中元古代与中生代火山岩的酸度系列构造环境及岩浆成因. 岩石矿物学杂志, 17(2): 104-117.

任康绪, 闫国翰, 蔡剑辉, 牟保磊, 李凤堂, 王彦斌, 储著银. 2006. 华北克拉通北部地区古—中元古代富碱侵入体年代学及意义. 岩石学报, 22(2): 377-386.

山东省第四地质矿产勘查院. 2003. 山东省区域地质. 济南: 山东省地图出版社.

苏文博, 李怀坤, Huff W D, Ettensohn F R, 张世红, 周红英, 万渝生. 2010. 铁岭组钾质斑脱岩锆石 SHRIMP U-Pb 年代学研究及其地质意义. 科学通报, 55(22): 2197-2206.

苏文博, 李怀坤, 徐莉, 贾松海, 耿建珍, 周红英, 王志宏, 蒲含勇. 2012. 华北克拉通南缘洛峪群—汝阳群属于中元古界长城系——河南汝州洛峪口组层凝灰岩锆石 LA-MC-ICP MS U-Pb 年龄的直接约束. 地质调查与研究, 35(2): 96-108.

孙枢, 张国伟, 陈志明. 1985. 华北断块地区南部前寒武纪地质演化. 北京: 冶金工业出版社.

谭励可, 石铁铮. 2000. 内蒙古商都白云鄂博群小壳化石的发现及其意义. 地质论评, 46(6): 573-583.

万渝生, 张巧大, 宋天锐. 2003. 北京十三陵长城系常州沟组碎屑锆石 SHRIMP 年龄: 华北克拉通盖层物源区及最大沉积年龄的限定. 科学通报, 48(18): 1970-1975.

王鸿祯, 李光岑. 1990. 国际地层时代对比表. 北京: 地质出版社.

王楫, 王保良, 徐成海, 梁玉左, 李家驹, 马云平, 李双庆. 1989. 内蒙古渣尔泰山群与白云鄂博群时代对比及含矿性. 呼和浩特: 内蒙古人民出版社.

王楫, 李双庆, 王保良, 李家驹. 1992. 狼山–白云鄂博裂谷系. 北京: 北京大学出版社.

王凯怡, 范宏瑞, 谢奕汉, 李惠民. 2001. 白云鄂博超大型 REE-Fe-Nb 矿产基底杂岩的锆石 U-Pb 年龄. 科学通报, 46(16): 1390-1394.

王同和. 1995. 晋陕地区地质构造演化与油气聚集. 华北地质矿产杂志, 10(3): 283-421.

瓮纪昌, 李战明, 杨志强, 李文智. 2006. 热水沉积-热液改造成因铅锌矿床——河南熊耳群火山岩中一种新的矿床类型. 地质通报, 25(4): 502-505.

解广轰. 2005. 大庙斜长岩和密云环斑花岗岩的岩石学和地球化学——兼论全球岩体型斜长岩和环斑花岗岩类的时空分布

及其意义. 北京：科学出版社.

解广轰, 王俊文. 1988. 大庙斜长岩杂岩体侵位年龄的初步研究. 地球化学, 1: 13-17.

邢裕盛, 刘桂芝, 乔秀夫, 高振家, 王自强, 朱鸿, 陈忆元, 全秋奇. 1989. 中国地层 3：中国的上前寒武系. 北京：地质出版社.

徐勇航, 赵太平, 彭澎, 翟明国, 漆亮, 罗彦. 2007. 山西吕梁地区古元古界小两岭组火山岩地球化学特征及其地质意义. 岩石学报, 23(5): 1123-1132.

杨进辉, 吴福元, 柳小明, 谢烈文. 2005. 北京密云环斑花岗岩锆石 U-Pb 年龄和 Hf 同位素及其地质意义. 岩石学报, 21(6): 1633-1644.

杨奎锋. 2008. 内蒙古白云鄂博区元古宙构造-岩浆演化史与超大陆 REE-Nb-Fe 矿床成因. 北京：中国科学院博士学位论文.

郁建华, 付会芹, 哈巴拉 I, 拉莫 O T, 发斯乔基 M, 莫坦森 J K. 1996. 华北克拉通北部 1.70 Ga 非造山环斑花岗岩岩套. 华北地质矿产杂志, 11(3): 9-18.

翟明国. 2004. 华北克拉通 2100~1700 Ma 地质事件群的分解和构造意义探讨. 岩石学报, 20(6): 1343-1354.

翟明国. 2008. 华北克拉通中生代破坏前的岩石圈地幔与下地壳. 岩石学报, 24(10): 2185-2204.

翟明国, 卞爱国. 2000. 华北克拉通新太古代末超大陆拼合及元古代末—中元古代裂解. 中国科学 D 辑：地球科学, 30: 129-137.

翟明国, 彭澎. 2007. 华北克拉通古元古代构造事件. 岩石学报, 23(11): 2665-2682.

翟明国, 郭敬辉, 赵太平. 2001. 新太古—古元古代华北陆块构造演化的研究进展. 前寒武纪研究进展, 24(3): 17-27.

翟明国, 胡波, 彭澎, 赵太平. 2014. 华北中—新元古代的岩浆作用与多期裂谷事件. 地学前缘, 21(1): 100-119.

张华锋, 周志广, 刘文灿, 李真真, 章永梅, 柳长峰. 2009. 内蒙古中部白乃庙地区格林威尔岩浆事件记录：石英二长闪长岩脉锆石 LA-ICP-MS U-Pb 年龄证据. 岩石学报, 25: 1512-1518.

张允平. 1994. 清河镇动物群之否定. 地质科学, 29(2): 175-185.

赵澄林, 李儒峰, 周劲松. 1997. 华北中新元古界油气地质与沉积学. 北京：地质出版社.

赵太平, 金成伟, 翟明国, 夏斌, 周美夫. 2002. 华北陆块南部熊耳群火山岩的地球化学特征与成因. 岩石学报, 18(1): 59-69.

赵太平, 陈福坤, 翟明国, 夏斌. 2004a. 河北大庙斜长岩杂岩体锆石 U-Pb 年龄及其地质意义. 岩石学报, 20(3): 685-690.

赵太平, 翟明国, 夏斌, 李惠民, 张毅星, 万渝生. 2004b. 熊耳群火山岩锆石 SHRIMP 年代学研究：对华北克拉通盖层发育初始时间的制约. 科学通报, 49(22): 2342-2349.

赵太平, 王建平, 张忠慧, 等. 2005. 中国王屋山及邻区元古宙地质研究. 北京：中国大地出版社.

赵太平, 徐勇航, 翟明国. 2007. 华北陆块南部元古宙熊耳群火山岩的成因与构造环境：事实与争议. 高校地质学报, 13(2): 191-206.

赵宗溥. 1993. 中朝准地台前寒武纪地壳演化. 北京：科学出版社.

周建波, 胡克. 1998. 沂沭断裂晋宁期的构造活动及性质. 地震地质, 20(3): 208-212.

Cawood P A, Hawkesworth C J. 2014. Earth's middle age. Geology, 42(6): 503-506.

Chen W T, Zhou M F, Gao J F, Zhao T P. 2015. Oscillatory Sr isotopic signature in plagioclase megacrysts from the Damiao anorthosite complex, North China: implication for petrogenesis of massif-type anorthosite. Chemical Geology, 393-394: 1-15.

Condie K C. 2004. Precambrian superplume event. In: Eriksson P G, Altermann W, Nelson D R, Mueller W U, Catuneanu O (eds). The Precambrian Earth Tempos and Events: Development in Precambrian Geology. Amsterdam: Elsevier: 163-172.

Condie K C, Kröner A. 2008. When did plate tectonics being? Evidence from the geological record. Geological Society of America Special Paper, 440: 281-294.

Condie K C, Des Marais D J, Abbot D. 2001. Precambrian superplumes and supercontinents: a record in black shales, carbon isotopes and palaeoclimates. Precambrian Research, 106: 239-260.

Cui M L, Zhang B L, Zhang L C. 2011. U-Pb dating of baddeleyite and zircon from the Shizhaigou diorite in the southern margin of North China Craton: constrains on the timing and tectonic setting of the Palaeoproterozoic Xiong'er Group. Gondwana Research, 20: 184-193.

Fan Q C, Hooper P R. 1991. The Cenozoic basaltic rocks of eastern China: petrology and chemical composition. Journal of Petrology, 32: 765-810.

Gao L Z, Zhang C H, Shi X Y, Zhou H R, Wang Z Q, Song B. 2007. A new SHRIMP age of the Xiamaling Formation in the North China Plate and its geological significance. Acta Geologica Sinica(English Edition), 81(6): 1103-1109.

Geng Y S, Du L L, Ren L D. 2012. Growth and reworking of the Early Precambrian continental crust in the North China Craton: constraints from zircon Hf isotopes. Gondwana Research, 21: 517-529.

Halls H C, Campal N, Davis D W, Bossi J. 2001. Magnetic studies and U-Pb geochronology of the Uruguayan dyke swarm, Rio de la Plata Craton, Uruguay: palaeomagnetic and economic implications. Journal of South American Earth Sciences, 14: 349-361.

He Y H, Zhao G C, Sun M, Xia X P. 2009. SHRIMP and LA-ICP-MS zircon geochronology of the Xiong'er volcanic rocks: implications for the Palaeo-Mesoproterozoic evolution of the southern margin of the North China Craton. Precambrian Research, 168(3-4):213-222.

He Y H, Zhao G C, Sun M. 2010. Geochemical and isotopic study of the Xiong'er volcanic rocks at the southern margin of the North China Craton: petrogenesis and tectonic implications. Journal of Geology, 118(4): 417-433.

Hou G T, Liu Y L, Li J H. 2006. Evidence for ~1.8 Ga extension of the Eastern Block of the North China Craton from SHRIMP U-Pb dating of mafic dyke swarms in Shandong Province. Journal of Asian Earth Sciences, 27: 392-401.

Hou G T, Santosh M, Qian X L, Lister G S, Li J H. 2008. Configuration of the Late Palaeoproterozoic supercontinent Columbia: insights from radiating mafic dyke swarms. Gondwana Research, 14: 395-409.

Hu B, Zhai M G, Li T S, Li Z, Peng P, Guo J H, Kusky T M. 2012. Mesoproterozoic magmatic events in the eastern North China Craton and their tectonic implications: geochronological evidence from detrital zircons in the Shandong Peninsula and North Korea. Gondwana Research, 22: 828-842.

Hu J M, Gong W B, Wu S J, Liu Y, Liu S C. 2014. LA-ICP-MS zircon U-Pb dating of the Langshan Group in the northeast margin of the Alxa Block, with tectonic implications. Precambrian Research, 255: 756-770.

Jia C Z. 1987. Geochemistry and tectonics of the Xiong'er Group in the eastern Qinling mountains of China—a Mid-Proterozoic volcanic arc related to plate subduction. Geological Society, London, Special Publication, 33: 437-448.

Jiang N, Guo J H, Zhai M G. 2011. Nature and origin of the Wenquang granite: implications for the provenance of Proterozoic A-type granites in the North China Craton. Journal of Asian Earth Sciences, 42:76-82.

Korenaga J. 2006. Archean geodynamics and the thermal evolution of Earth. In: Benn K, et al (eds). Archean Geodynamics and Environments. Washington DC: American Geophysical Union: 7-32.

Korenaga J, Jordan T H. 2001. Effects of vertical boundaries on infinite Prandtl number thermal convection. Geophysical Journal International, 147(3): 639-659.

Kröner A, Wilde S A, Li J H, Wang K Y. 2005. Age and evolution of a Late Archaean to Early Palaeozoic upper to lower crustal section in the Wutaishan/Hengshan/Fuping terrain of northern China. Journal of Asian Earth Sciences, 24: 577-595.

Kusky T M, Li J H. 2003. Palaeoproterozoic tectonic evolution of the North China Craton. Journal of Asian Earth Sciences, 22: 383-397.

Kusky T M, Li J H, Santosh M. 2007a. The Paleoproterozoic North Hebei Orogen: North China Craton's collisional suture with the Columbia supercontinent. Gondwana Research, 12(1-2): 4-28.

Kusky T M, Windley B F, Zhai M G. 2007b. Tectonic evolution of the North China Block: from orogen to craton to orogen. In: Zhai M G, et al (eds). Mesozoic Sub-continental Lithospheric Thinning Under Eastern Asia. Geological Society, London, Special Publications, 280(1): 1-34.

Kusky T M, Windley B F, Wang L, Wang Z S, Li X Y, Zhu P M. 2014. Flat slab subduction, trench suction, and craton destruction: comparison of the North China, Wyoming, and Brazilian Cratons. Tctonophysics, 630: 208-221.

Li Q L, Chen F K, Guo J H, Li X L, Yang Y H, Siebel W. 2007. Zircon ages and Nd-Hf isotopic compositon of the Zha'ertai Group (Inner Mongolia): evidence for Early Preoterozoic evolution of the northern North China Craton. Journal of Asia Earth Sciences, 30: 573-590.

Li S Z, Zhao G C. 2007. SHRIMP U-Pb zircon geochronology of the Liaqji granitoids: constraints on the evolution of the Paleoproterozoic Jiao-Liao-Ji belt in the eastern block of the North China. Precambrian Research, 158: 1-16.

Li X H, Chen F K, Guo J H, Li Q L, Xie L W, Siebel W. 2007. South China provenance of the lower-grade Penglai Group north of the Sulu UHP orogenic belt, eastern China: evidence from detrital zircon ages and Nd-Hf isotopic composition. Geochemical Journal, 41: 29-45.

Liu S W, Zhao G C, Wilde, S A, Shu G M, Sun M, Li Q G, Tian W, Zhang J. 2006. Th-U-Pb monazite geochronology of the Lüliang and Wutai Complexes: constraints on the tectonothermal evolution of the Trans-North China Orogen. Precambrian Research, 148: 205-225.

Liu Y Q, Gao L Z, Liu Y X, Song B, Wang Z X. 2006. Zircon U-Pb dating for the earliest Neoproterozoic mafic magmatism in the southern margin of the North China Block. Chinese Science Bulletin, 51(19): 2375-2382.

Lu S N, Yang C L, Li H K, Li H M. 2002. A group of rifting events in the terminal Palaeoproterozoic in the North China Craton. Gondwana Research, 5(1): 123-131.

Lu S N, Zhao G C, Wang H C, Hao G J. 2008. Precambrian metamorphic basement and sedimentary cover of the North China Craton: a review. Precambrian Research, 160: 77-93.

Luo Y, Sun M, Zhao G C. 2006. LA-ICP-MS U-Pb zircon geochronology of the Yushulazi Group in the Eastern Block, North China Craton. International Geology Review, 48: 828-840.

Meng Q R, Wei H H, Qu Y Q, Ma S X. 2011. Stratigraphic and sedimentary records of the rift to drift evolution of the northern North China Craton at the Palaeo- to Mesoproterozoic transition. Gondwana Research, 20: 205-218.

Menzies M A, Fan W M, Zhang M. 1993. Palaeozoic and Cenozoic lithoprobes and the loss of >120 km of Archean lithosphere, Sino-Korean Craton, China. Geological Society, London, Special Publications, 76: 71-81.

Paek R J, Kan H G, Jon G P, Kim Y M, Kim Y H. 1993. Geology of Korea. Pyongyang: Foreign Languages Books Publishing House.

Peng P. 2015. Precambrian mafic dyke swarms in the North China Craton and their geological implications. Science China: Earth Sciences, 58: 649-675.

Peng P, Zhai M G, Zhang H F, Guo J H. 2005. Geochronological constraints on the Palaeoproterozoic evolution of the North China Craton: SHRIMP zircon ages of different types of mafic dikes. International Geology Review, 47: 492-508.

Peng P, Zhai M G, Guo J H. 2006. 1.80-1.75 Ga mafic dyke swarms in the central North China Craton: implications for a plume-related break-up event. In: Hanski E, et al (eds). Dyke Swarms-Time Markers of Crustal Evolution. London: Taylor and Francis: 99-112.

Peng P, Zhai M G, Guo J H, Kusky T, Zhao T P. 2007. Nature of mantle source contributions and crystal differentiation in the petrogenesis of the 1.78 Ga mafic dykes in the central North China Craton. Gondwana Research, 12: 29-46.

Peng P, Zhai M G, Ernst R E, Guo J H, Liu F, Hu B. 2008. A 1.78 Ga large igneous province in the North China Craton: the Xiong'er volcanic province and the North China dyke swarm. Lithos, 101: 260-280.

Peng P, Bleeker W, Ernst R E, Söderlund U, McNicoll V. 2011a. U-Pb baddeleyite ages, distribution and geochemistry of 925 Ma mafic dykes and 900 Ma sills in the North China Craton: evidence for a Neoproterozoic mantle plume. Lithos, 127: 210-221.

Peng P, Zhai M G, Li Q L, Wu F Y, Hou Q L, Li Z, Li T S, Zhang Y B. 2011b. Neoproterozoic (~900 Ma) Sariwon sills in North Korea: geochronology, geochemistry and implications for the evolution of the south-eastern margin of the North China Craton. Gondwana Research, 20: 243-354.

Peng P, Liu F, Zhai M G, Guo J H. 2012. Age of the Miyun dyke swarm: constraints on the maximum depositional age of the Changcheng System. Chinese Science Bulletin, 57(1): 105-110.

Peng P, Wang X, Lai Y, Wang C, Windley B F. 2015. Large-scale liquid immiscibility and fractional crystallization in the 1780 Ma Taihang dyke swarm: implications for genesis of the bimodal Xiong'er volcanic province. Lithos, 136-137: 106-122.

Peng R M, Zhai Y S, Wang J P, Liu Q. 2014. The Discovery of the Neoproterozoic rift-related mafic volcanism in the northern margin of North China Craton: implications for Rodinia reconstruction and mineral exploration. Xi'an: International Conference on Continental Dynamicsa.

Prokoph A, Ernst R E, Buchan K L. 2004. Time-series analysis of large igneous provinces: 3500 Ma to present. Journal of Geology, 11: 1-22.

Rämö O T, Haapala I, Vaasjoki M, Yu J H, Fu H Q. 1995. 1700 Ma Shachang Complex, Northeast China: Proterozoic rapakivi granite not associated with Palaeoproterozoic orogenic crust. Geology, 23(9): 815-818.

Santosh M, Sajeev K, Li J H, Liu S J, Itaya T. 2009. Counterclockwise exhumation of a hot orogen: the Palaeoproterozoic ultrahigh-temperature granulites in the North China Craton. Lithos, 110: 40-152.

Stern R J, Tsujimori T, Harlow G, Groa, L A., 2013. Plate tectonic gemstones. Geology, 41: 723-726.

Su W B, Zhang S H, Huff W D, Li H K, Ettensohn F R, Chen X Y, Yang H M, Han Y G, Song B, Santosh M. 2008. SHRIMP U-Pb ages of K-bentonite beds in the Xiamaling Formation: implications for revised subdivision of the Meso- to Neoproterozoic history of the North China Craton. Gondwana Research, 14: 543-553.

Wan Y S, Liu D Y, Wang S J, Yang E X, Wang W, Dong C Y, Zhou H Y, Du L L, Yang Y H, Diwu C R. 2011. ~2.7 Ga juvenile crust formation in the North China Craton (Taishan-Xintai area, western Shandong Province): further evidence of an understated event from U-Pb dating and Hf isotopic composition of zircon. Precambrian Research, 186: 169-180.

Wang Q H, Yang D B, Xu W L. 2012. Neoproterozoic basic magmatism in the southeast margin of North China Craton: evidence from whole-rock geochemistry, U-Pb and Hf isotopic study of zircons from diabase swarms in the Xuzhou-Huaibei area of China. Science China Earth Sciences, 55(9): 1461-1479.

Wang X L, Jiang S Y, Bai B Z. 2010. Melting of enriched Archean subcontinental lithospheric mantle: evidence from the ca. 1760

Ma volcanic rocks of the Xiong'er Group, southern margin of the North China Craton. Precambrian Research, 182: 204-216.

Wang X L, Jiang S Y, Dai B Z, Griffin W L, Dai M N, Yang Y H. 2011. Age, geochemistry and tectonic setting of the Neoproterozoic (ca. 830 Ma) gabbros on the southern margin of the North China Craton. Precambrian Research, 190(1-4): 35-47.

Wang X L, Jiang S Y, Dai B Z, Kern J. 2013. Lithospheric thinning and reworking of Late Archean juvenile crust on the southern margin of the North China Craton: evidence from the Longwangzhuang Palaeoproterozoic A-type granites and their surrounding Cretaceous adakite-like granites. Geological Journal, DOI: 10.1002/gj.2464.

Wang Y J, Fan W M, Zhang Y H, Guo F, Zhang H F, Peng T P. 2004. Geochemical, $^{40}Ar/^{39}Ar$ geochronological and Sr-Nd isotopic constraints on the origin of Palaeoproterozoic mafic dikes fromthe southern Taihang Mountains and implications for the ca. 1800 Ma event of the North China Craton. Precambrian Research, 135: 55-77.

Wang Y J, Zhao G C, Fan W M, Peng T P, Sun L H, Xia X P. 2007. LA-ICP-MS U-Pb zircon geochronology and geochemistry of Palaeoproterozoic mafic dykes from western Shandong Province: implications for back-arc basinmagmatism in the Eastern Block, North China Craton. Precambrian Research, 154: 107-124.

Wang Y J, Zhao G C, Cawood P A, Fan W M, Peng T P, Sun L H. 2008. Geochemistry of Palaeoproterozoic (~1770 Ma) mafic dikes from the Trans-North China Orogen and tectonic implications. Journal of Asian Earth Sciences, 33: 61-77.

Windley B F. 1995. The Evolving Continents, 3rd ed. New York: John Wiley and Sons: 401-460.

Xie G H. 1980. Petrochemical characteristics of the anorthosite suit in Damiao, Hebei Province, China. Geochimica, 9(3): 263-277.

Xu H R, Yang Z Y, Peng P, Meert J G, Zhu R X. 2014. Palaeo-position of the North China Craton within the supercontinent Columbia: constraints from new palaeomagnetic results. Precambrian Research, 255: 276-293.

Yang J H, Wu F Y, Zhang Y B, Zhang Q, Wilde S A. 2004. Identification of Mesoproterozoic zircons in a Triassic dolerite from the Liaodong Peninsula, Northwest China. Chinese Science Bullietin, 49: 1958-1962.

Yang K F, Fan H R, Santosh M, Hu F F, Wang K Y. 2011. Mesoproterozoic mafic and carbonatitic dykes from the northern margin of the North China Craton: implications for the final breakup of Columbia supercontinent. Tectonophysics, 498: 1-10.

Zhai M G. 2011. Cratonization and the Ancient North China Continent: a summary and review. Science China Earth Sciences, 54(8): 1110-1120.

Zhai M G, Liu W J. 2003. Palaeoproterozoic tectonic history of the North China Craton: a review. Precambrian Research, 122, 183-199.

Zhai M G, Santosh M. 2011. The Early Precambrian odyssey of North China Craton: a synoptic overview. Gondwana Research, 20(1): 6-25.

Zhai M G, Bian A G, Zhao T P. 2000. The amalgamation of the supercontinent of Noth China Craton at the end of Neo-Archaean and its breakup during Late Palaeoproterozoic and Meso-Proterozoic. Science in China Series D: Earth Sciences, 43: 219-232.

Zhai M G, Yang J H, Fan H R, Miao L C, Li Y G. 2002. A large-scale cluster of gold deposits and metallogenesis in the eastern North China Craton. International Geology Review, 44: 458-476.

Zhai M G, Guo J H, Liu W J. 2005. Neoarchean to Palaeoproterozoic continental evolution and tectonic history of the North China Craton. Journal of Asian Earth Sciences, 24(5): 547-561.

Zhai M G, Fan Q C, Zhang H F, Sui J L. 2007a. Lower crustal processes leading to Mesozoic lithospheric thinning beneath eastern North China: underplating, replacement and delamination. Lithos, 96: 36-54.

Zhai M G, Guo J H, Peng P, Hu B. 2007b. U-Pb zircon age dating of a rapakivi granite batholith in Rangnim Massif, North Korea. Geological Magazine, 144: 542-547.

Zhai M G, Li T S, Peng P, Hu B, Liu F, Zhang Y B. 2010. Precambrian key tectonic events and evolution of the North China Craton. Geological Society, London, Special Publications, 338: 235-262.

Zhai M G, Hu B, Zhao T P, Peng P, Meng Q R. 2015. Late Palaeoproterozoic-Neoproterozoic multi-rifting events in the North China Craton and their geological significance: a study advance and review. Tectonophysics, 662: 153-166.

Zhang S H, Li Z X, Wu H, Wang H. 2000. New palaeomagnetic results from the Neoproterozoic successions in southern North China Block and palaeogeographic implications. Science in China Series D: Earth Sciences, 43: 234-244.

Zhang S H, Liu S W, Zhao Y, Yang J H, Song B, Liu X M. 2007. The 1.75-1.68 Ga anorthosite-mangerite-alkali granitoid-rapakivi granite suite from the northern North China Craton: magmatism related to a Palaeoproterozoic orogen. Precambrian Research, 155: 287-312.

Zhang S H, Zhao Y, Yang Z Y, He Z F, Wu H. 2009. The 1.35 Ga diabase sills from the northern North China Craton: implications for breakup of the Columbia (Nuna) supercontinent. Earth and Planetary Science Letters, 288: 588-600.

Zhang S H, Li Z X, Evans D A D, Wu H C, Li H Y, Dong J. 2012a. Pre-Rodinia supercontinent Nuna shaping up: a global synthesis with new palaeomagnetic results from North China. Earth and Planetary Science Letters, (353-354): 145-155.

Zhang S H, Zhao Y, Santosh M. 2012b. Mid-Mesoproterozoic bimodal magmatic rocks in the northern North China Craton: imprecations for magmatism related to breakup of the Columbia supercontinent. Precambrian Research, 222-223: 339-367.

Zhang S H, Zhao Y, Ye H, Hu G. 2016. Early Neoproterozoic emplacement of the diabase sill swarms in the Liaodong Peninsula and pre-magmatic uplift of the southeastern North China Craton. Precambrian Research, doi: 10.1016/j. precamres. 2015.11.005.

Zhang S H, Zhao Y, Li X H, Ernst R E, Yang Z Y. 2017a. The 1.33−1.30 Ga Yanliao large igneous province in the North China Craton: implications for reconstruction of the Nuna (Columbia) supercontinent, and specifically with the North Australian Craton. Earth and Planetary Science Letters, 465: 112-125.

Zhang S H, Zhao Y, Liu Y S. 2017b. A precise zircon Th-Pb age of carbonatite sills from the world's largest Bayan Obo deposit: implications for timing and genesis of REE-Nb mineralization. Precambrian Research, 291: 202-219.

Zhao G C, Wilde S A, Cawood P A, Sun M. 2001. Archaean blocks and their boundaries in the North China Craton: lithological, geochemical, structural and P-T path constraints and tectonic evolution. Precambrian Research, 107: 45-73.

Zhao G C, Gao L, Wilde S A, Cawood P A, Sun M. 2002. SHRIMP U-Pb zircon ages of the Fuping Complex: implications for late Archean to Paleoproterozoic accretion and assembly of the North China Craton. American Journal of Science, 302: 191-226.

Zhao G C, Gao L, Wilde S A, Choe W J, Li S Z. 2006. Implications based on the first SHRIMP U-Pb zircon dating on Precambrian granitoid rocks in North Korea. Earth and Planetary Science Letters, 251: 365-379.

Zhao G C, He Y H, Sun M. 2009. The Xiong'er volcanic belt at the southern margin of the North China Craton: petrographic and geochemical evidence for its outboard position in the Palaeo- Mesoproterozoic Columbia Supercontinent. Gondwana Research, 16: 170-181.

Zhao T P, Zhou M F, Zhai M G, Xia B. 2002. Palaeoproterozoic rift- related volcanism of the Xiong'er Group in the North China Craton: implications for the break-up of Columbia. International Geology Review, 44: 336-351.

Zhao T P, Chen W, Zhou M F. 2009. Geochemical and Nd-Hf isotopic constraints on the origin of the ~1.74 Ga Damiao anorthosite complex, North China Craton. Lithos, 113: 673-690.

Zhu X Y, Chen F K, Li S Q, Yang Y Z, Nie H, Siebel W, Zhai M G. 2011. Crustal evolution of the North Qinling terrain of the Qinling Orogen, China: evidence from detrital zircon U-Pb ages and Hf isotopic composition. Gondwana Research, 20 (1): 194-204.

第9章　华南新元古代岩浆作用与构造演化

李献华[1]，李武显[2]

1. 中国科学院地质与地球物理研究所，岩石圈演化国家重点实验室，北京，100029；
2. 中国科学院广州地球化学研究所，同位素地球化学国家重点实验室，广州，510640

摘　要：华南广泛发育新元古代岩浆岩，根据岩浆岩的形成时代及其与区域构造、变质作用和盆地演化的成因关系，可将其划分为三个主要时期：①同造山期（1.00~0.90 Ga）；②造山后期（0.89~0.85 Ga）；③裂谷期（0.84~0.75 Ga），并进一步分为裂谷早期（0.84~0.82 Ga）和裂谷峰期（0.81~0.75 Ga）。尽管过去二十年进行了大量研究，但对华南新元古代岩浆作用的构造环境，特别是大规模花岗岩质岩浆作用的成因仍然存在争论。花岗岩类岩石的地球化学特征，通常反映其源岩成分以及熔体的熔融和结晶历史，因此不具明确的构造指示意义。玄武岩和玄武质脉岩的地球化学特征，可以反映地幔源区的组成特征和热结构，所以具有良好的岩浆-构造组合意义。本章综合华南前新元古代结晶基底和新元古代玄武质岩石的高精度同位素年龄、全岩元素和同位素地球化学数据，以及玄武岩岩石成因、地幔源区成分和潜能温度等方面研究结果，并结合其他地质记录，试图探讨华南新元古代构造背景与岩浆演化的关系。

第一组同造山期玄武质岩石零星分布在扬子地块（包含扬子克拉通和江南造山带）周缘，包括地块西缘扬子克拉通年龄约0.90 Ga的盐边群玄武岩、约1.00 Ga的会理群镁铁质岩脉，西北缘约0.95~0.89 Ga时期的西乡群玄武岩以及东南缘江南造山带约0.96 Ga的平水群细碧岩。它们与区域钙碱性中酸性火山岩-花岗岩共生，均有明显的变形和不同程度的变质。西乡群玄武岩和平水群玄武岩均为钙碱性系列，具有明显的岛弧玄武岩（Island Arc Basalt，IAB）地球化学特征；盐边群为拉斑玄武岩和钙碱性玄武岩共生，与弧后盆地玄武岩（Back-Arc Basin Basalt，BABB）组合及其地球化学特征相似。因此，扬子地块周缘的第一组同造山期岩浆岩形成于活动大陆边缘。

第二组造山后期玄武质岩石主要见于扬子地块西北缘，以拉斑质辉长岩和碱性侵入杂岩为主，包括扬子克拉通西缘约0.87 Ga的康定宝兴辉长岩、约0.89 Ga汉南柳树店辉长岩和米仓山碱性杂岩。在东南缘江南造山带见有少量基性岩墙和碱性双峰式火山岩，如约0.85 Ga神坞辉绿岩和珍珠山碱性玄武岩。

第三组第一阶段裂谷早期玄武质岩石分布在扬子地块周缘，由拉斑玄武岩和碱性玄武岩以及辉绿岩组成，包括地块东南缘江南造山带0.83~0.82 Ga时期的益阳科马提质玄武岩、广丰碱性玄武岩和鹰阳关细碧岩，以及西缘和西北缘扬子克拉通0.82~0.80 Ga时期苏雄碱性玄武岩、碧口和铁船山拉斑玄武岩。华夏地块闽西北发育约0.82 Ga的马面山双峰式火山岩（碱性玄武岩和流纹岩）；大多数0.83~0.82 Ga时期的双峰式火山岩发育在中—新元古代裂谷盆地火山-沉积岩系的底部。在裂谷早期玄武岩中，受到岩石圈地幔和（或）大陆地壳不同程度的污染者，其地球化学特征与典型洋岛玄武岩（Oceanic Island Basalt，OIB）相似，具有OIB与IAB过渡的特征。

第三组第二阶段裂谷峰期玄武质岩石，包括地块东南缘江南造山带约0.79 Ga上墅玄武岩和道林山辉绿岩、约0.77 Ga桂北细碧岩和湘西辉绿岩，以及地块西缘康滇裂谷中出现的众多0.78~0.75 Ga时期镁铁质岩墙。这些玄武质岩石均属于拉斑系列和碱性系列，地球化学特征与OIB

相似。

此外，第一组玄武质岩石和第二组年龄约 0.85 Ga 的神坞辉绿岩地幔源区潜能温度（T_p）为 1355~1470℃，与新元古代洋中脊玄武岩（Mid-Ocean Ridge Basalt，MORB）的地幔源区温度（1350~1450℃）相当。但是，第三组玄武质岩石的地幔源区 T_p 比 MORB 源区地幔 T_p 普遍高 25~140℃，显示出不同程度高温地幔柱物质的贡献，如年龄约 0.82 Ga 的益阳科马提质玄武岩地幔源区 T_p 高达约 1618℃，比 MORB 地幔源区温度高约 260℃，表明起源于异常热的地幔柱。玄武质岩石的岩石类型、地球化学成分和地幔潜能温度的变化，则揭示扬子地块和华夏地块在新元古代经历了从四堡造山运动（1.00~0.90 Ga）到陆内裂谷作用（0.84~0.75 Ga）的区域构造属性转换。地幔柱（超级地幔柱）活动对中—新元古代裂谷期地幔岩浆作用有重要的贡献。玄武质岩石地球化学研究结果与其他地质记录（包括区域构造、变质作用和盆地演化）基本一致，指示在约 0.90 Ga 时，扬子地块与华夏地块最终聚合，形成统一的华南板块，并连接澳大利亚–东南极和劳伦古陆（Laurentia），构成罗迪尼亚超大陆的核心。时四堡造山运动的结束（约 0.90 Ga）标志罗迪尼亚超大陆的最终聚合。中—新元古代 0.84~0.75 Ga 时期的地幔柱（超地幔柱）活动，导致华南板块广泛的非造山岩浆作用以及裂谷盆地的形成。

关键词：华南大陆、新元古代岩浆作用、玄武岩、造山作用、裂谷盆地、罗迪尼亚（Rodinia）超大陆。

9.1　引　　言

目前大多数学者认为，华南大陆在区域地质上属于华南板块，是由扬子地块和华夏地块拼合形成的，但对于两个地块的拼合时间和演化历史，学界仍存有分歧。近十几年来大量研究结果表明，华南板块的形成演化与罗迪尼亚超大陆聚合–裂解有密切的关系。因此，华南板块的形成与演化不仅是一个区域地质问题，而且对于深入理解罗迪尼亚超大陆的演化，也具有非常重要的意义。本章试图综合近十余年来华南前新元古代结晶基底与岩浆岩的研究成果，特别是玄武质岩浆岩的时代、地球化学组成、成因、地幔组成特征以及潜能温度（T_p）等研究结果，用以探讨新元古代区域岩浆作用与构造演化的关系，为华南板块新元古代地质构造演化及其与罗迪尼亚超大陆聚合–裂解的关系提供约束。

9.2　华南前新元古代结晶基底

9.2.1　扬　子　地　块

扬子地块包含扬子克拉通与江南造山带两个组成部分，在前新元古代时期二者是统一的地质构造单元，其中零星出露的前新元古代结晶基底，包含峡东地区的古太古代—古元古代崆岭杂岩，南秦岭的新太古代陡岭杂岩，西北缘扬子克拉通的新太古代鱼洞子杂岩、早古元古代后河杂岩，西南缘的中—新太古代撮科杂岩，越南北部的新太古代—早元古代番西邦（Phan Si Pan）杂岩、晚古元古代—中元古代基性侵入岩和变质火山–沉积岩，东南缘江南造山带的中元古代田里片岩以及南缘–西南缘少量的晚中元古代双峰式火山岩（bimodal volcanic rock；图 9.1）。

扬子地块北部峡东地区的崆岭杂岩是华南地区目前已知最古老的结晶基底，主要由太古宙高级变质英云闪长岩–奥长花岗岩–花岗岩（Tonalite-Trondhjemite-Granite，TTG）组合片麻岩、变沉积岩、斜长角闪岩（局部有基性麻粒岩）以及古元古代花岗岩所组成。最早的高灵敏度高分辨率离子微探针（Sensitive High Resolution Ion Micro Probe，SHRIMP）锆石 U-Pb 法所测定的崆岭杂岩中 TTG 组合片麻岩的结晶年龄为 2.90~2.95 Ga（Qiu et al., 2000）。迄今为止，已报道的扬子地块最古老的岩石是在崆岭杂岩中少量出现的奥长花岗质片麻岩，其年龄为 3.22~3.45 Ga（焦文放等，2009；Gao et al., 2011；Guo et al., 2014；图 9.1）；最近报道的富 Nb 基性岩墙年龄为 2.84~2.90 Ga（Jiang et al., 2020），其暗示在中太古代发生过地壳俯冲过程。在2.00～1.90 Ga期间，所有TTG组合片麻岩都经历过高级变质作用，与大别山黄土岭麻粒岩相的变质作用时代相一致（Sun and Zhou，2008；Wu et al.，2008，2012），而且可能与哥伦比亚（Columbia）［又称努纳（Nuna）］超大陆聚合所引起的古元古代造山运动有关（Wu et al.，2008）。此外，扬子地块北缘发育的华山观环斑花岗岩（张丽娟等，2011）和侵入崆岭杂岩的圈椅塃A型花岗岩的年龄均约1.85 Ga（熊庆等，2008），很可能属于扬子地块古元古代造山运动减弱阶段的晚–后造山期岩浆作用产物，它标志扬子地块古元古代造山运动的终结。

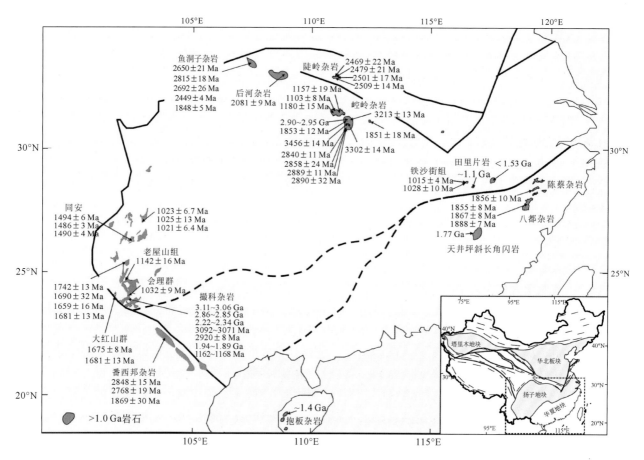

图9.1　华南地区前新元古代变质结晶基底岩石分布图

资料来源：Chen et al.，1991；金文山和孙大中，1997；Li，1997；Qiu et al.，2000；刘邦秀等，2001；Li Z. X. et al.，2002，2007，2008b，2010；Greentree et al.，2006；Ye et al.，2007；Zhang et al.，2007；Greentree and Li，2008；舒良树等，2008；熊庆等，2008；陈志洪等，2009；焦文放等，2009；Li et al.，2009；Gao et al.，2011；张丽娟等，2011；Deng et al.，2017；Hui et al.，2017；Zhou G. et al.，2018；Zhao et al.，2019a，2019b，2020；Cui et al.，2019，2020，2021；Jiang et al.，2020；Liu et al.，2021

位于扬子地块北缘的陡岭杂岩主要由闪长质–花岗质片麻岩、角闪岩、片岩、大理岩和石英岩组成，出露面积达约500 km²，并被大量新元古代花岗质岩石所侵入。此闪长质–花岗质片麻岩的锆石U-Pb年龄约2.5 Ga（Hu et al.，2013；Wu et al.，2014；图9.1）。

扬子地块西北缘的后河杂岩，由英云闪长岩片麻岩和少量角闪岩、大理岩组成，经历过高角闪岩相变质和混合岩化作用；锆石U-Pb定年结果表明，英云闪长质片麻岩大约形成于2.08 Ga，可指证后河杂岩的形成时代（Wu et al.，2012；图9.1）。

扬子地块西南缘广泛出露的前新元古代花岗质侵入岩和变质火山–沉积岩，包括近年报道的撮科杂岩中发育的太古宙至中元古代的花岗质侵入岩（Cui et al.，2019，2020，2021；Zhao et al.，2020；Liu et al.，2020，2021），越南北部番西邦杂岩中的新太古代到早中元古代花岗质片麻岩（Zhao et al.，2019a，2019b）、古元古代晚期的大红山组及相当地层（如河口群、东川群和下昆阳群）以及中元古代晚期到新元古代早期的会理群及相当地层（如上昆阳群和盐边群）。在撮科杂岩中，年龄约3.11 Ga的花岗片麻岩（Cui et al.，2021）是扬子地块西南缘已知的最古老基底岩石。大红山群及相当地层均已强烈变形，并经历过高绿片岩相-低角闪岩相的变质过程，其沉积变质岩中的火山岩夹层年龄为 1.66 ~ 1.74 Ga（Greentree and Li，2008；Zhao et al.，2010；Zhao and Zhou，2011）。在同安地区，约 1.50 Ga 时大量辉长岩和基性岩脉侵入会理群下部黑山组页岩和白云石中（Fan et al.，2013），因此会理群下部的形成时代应早于 1.50 Ga。而会理群上部和上昆阳群的变质火山岩年龄则为 1.00 ~ 1.03 Ga（Greentree et al.，2006；耿元生等，2007；Zhang et al.，2007；图 9.1）。

田里片岩是目前扬子地块南缘江南造山带唯一的中元古代晚期高绿片岩相变质岩（图 9.1）。田里片岩经历过两期变形作用，对两期变形的白云母激光原位 $^{40}Ar/^{39}Ar$ 定年结果显示，田里片岩的变质年龄为 1.02 ~ 1.04 Ga，而白云母-黑云母的冷凝年龄为 0.94 ~ 0.97 Ga，表明大约在 0.90 Ga 时发生过构造再活化作用（Li et al.，2007）。田里片岩最年轻的碎屑锆石 U-Pb 年龄为 1.53 Ga，指示田里片岩母岩的沉积时代应介于 1.53 Ga 和 1.04 Ga 之间（Li et al.，2007）。作为广丰裂谷盆地的基底，田里片岩与上覆年龄约 0.83 Ga 的未变质-变形的裂谷盆地火山-沉积岩呈角度不整合（Li W. X. et al.，2008a）。

最近 Li 等（2013）报道，扬子地块南缘江南造山带江西弋阳铁山街的双峰式火山岩的年龄为 1.16 Ga，与地块西缘云南老屋山群变质双峰式火山岩的形成年龄 1.14 Ga（Greentree et al.，2006；Zhang et al.，2007）相一致，其差值处于测年误差范围之内。这些双峰式火山岩均含有碱性玄武岩，且形成于裂谷盆地。另外，在扬子克拉通北缘的神农架地区还出露一套年龄约 1.10 Ga 的钙碱性和碱性火山岩，形成于活动大陆边缘，可能与扬子地块和澳大利亚大陆在格林威尔期的相碰撞与聚合相关（Qiu et al.，2011）。

9.2.2　华夏地块

组成华夏地块前新元古代结晶基底的岩石，主要为浙西南八都杂岩、浙北陈蔡杂岩、闽西北天井坪斜长角闪岩以及海南岛西北部的抱板杂岩（图 9.1）。

八都杂岩主要由沉积变质岩、斜长角闪岩、混合岩和片麻状花岗岩组成，其中片麻状花岗岩侵入于沉积变质岩中。沉积变质岩的岩浆碎屑锆石年龄主要约 2.50 Ga，并经历过约 1.88 Ga 和 0.26 ~ 0.23 Ga 两期高级变质作用（Xiang et al.，2008；Yu et al.，2012）。侵入于八都杂岩的片麻状花岗岩年代为 1.89 ~ 1.83 Ga（Liu et al.，2009；Yu et al.，2009；Li Z. X. et al.，2010；Xia et al.，2012）。这些片麻状花岗岩是目前华夏地块发现的最古老结晶岩石，其限定八都变质沉积岩的最晚沉积时间约 1.89 Ga。因此，八都变质沉积岩的沉积年代应该为 2.50 ~ 1.90 Ga。

在闽西北天井坪斜长角闪岩和浙北陈蔡杂岩中，斜长角闪岩的结晶年代在 1.78 ~ 1.77 Ga（Li，1997；Li Z. X. et al.，2010）。天井坪斜长角闪岩的地球化学特征，与洋岛玄武岩（Ocean Island Basalt，OIB）和富集型洋中脊玄武岩（Enriched Mid-ocean Ridge Basalt，E-MORB）类似，初始 $\varepsilon_{Nd}(t)$ 值高达 +8.5，远高于约 1.80 Ga 时的全球亏损地幔值 +5。因此，它们很可能来自极度亏损的地幔源区，属于典型陆内裂谷环境成因的玄武岩（Li et al.，2000）。总之，华夏地块可能经历过 1.89 ~ 1.88 Ga 同造山 S 型花岗岩、1.87 ~ 1.83 Ga 晚造山到后造山 A 型花岗岩以及 1.78 ~ 1.77 Ga 陆内裂谷型玄武质岩等多期次的岩浆作用。

海南岛西北部的抱板杂岩是华夏地块西南部已知最古老的结晶基底，其由角闪岩相变质的片麻状花岗岩、沉积岩和火山岩组成。SHRIMP 锆石 U-Pb 定年结果表明，片麻状花岗岩和变质火山岩的形成年龄约 1.43 Ga（Li Z. X. et al.，2002，2008b；Yao et al.，2017；图 9.1）；而邻近的石碌群的年龄也约 1.43 Ga，与抱板杂岩的火山-沉积岩均为中元古代的同时代产物，而不是前人认为的形成于新元古代。抱板杂岩经历过 1.30 ~ 1.00 Ga 格林威尔期变质作用（Li et al.，2002）。碎屑锆石 U-Pb 年龄分析结果表明，不整合覆盖在石碌群之上的石灰顶组石英岩和石英片岩的沉积年代为 1.20 ~ 1.00 Ga，属于新元古代格林威尔期前陆盆地的近源沉积产物（Li Z. X. et al.，2008b；Yao et al.，2017）。

9.3　新元古代岩浆岩的时空分布

不同于零星分布的前新元古代岩浆岩露头，华南大陆广泛出露新元古代的侵入岩和火山-沉积岩系，特别是在扬子地块大面积分布新元古代花岗岩。这些新元古代岩浆岩为研究华南新元古代地质构造演化提供了重要的岩石记录。本章运用近十余年来发表的高质量岩浆岩年龄数据，试图讨论扬子地块和华夏地块新元古代岩浆岩的时空分布。

9.3.1　扬子地块

扬子地块新元古代岩浆岩的形成时代，贯穿新元古代的早期（1.00~0.90 Ga）至晚期（约0.63 Ga），其中大规模的岩浆活动主要集中在0.83~0.75 Ga（图9.2、图9.3）。

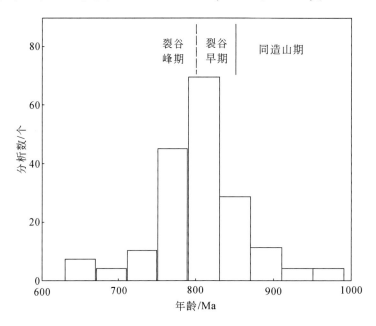

图9.2　华南新元古代岩浆岩同位素年龄分布直方图

9.3.1.1　新元古代早期岩浆岩

扬子地块周边零星出露新元古代早期岩浆岩。在地块东南缘的江南造山带，沿江绍断裂带北侧的浙江绍兴平水–富阳双溪坞地区出露一套钙碱性火山岩，包括玄武安山岩、安山岩、英安岩、流纹岩、英云闪长岩和花岗闪长岩，其中火山岩经历过绿片岩相的变质作用和变形过程。双溪坞群平水组火山岩主要由玄武岩、安山岩和英安岩所组成，形成年龄为约0.96 Ga（陈志洪等，2009；Li et al.，2009），并被0.92~0.91 Ga时期的英云闪长岩和花岗闪长岩所侵入（Ye et al.，2007）。双溪坞群火山岩自下而上依次为北坞组安山岩–英安岩、岩山组火山碎屑岩和章村组英安岩–流纹岩。北坞组火山岩和章村组火山岩的年龄分别为约0.93 Ga和约0.89 Ga（Li et al.，2009；图9.3）。

在扬子地块西南缘，厘定出两个早新元古代时期（四堡期或格林威尔期）的同构造花岗岩，即为攀枝花东北的回箐沟片麻状花岗岩（Li et al.，2002）和米易垭口变质–变形二长花岗岩（杨崇辉等，2009），它们的形成年龄均为约1.00 Ga。

扬子地块北缘的汉南–米仓山地区，也有少量新元古代早期岩浆岩，包括年龄为约0.90 Ga的柳树店辉长岩（Dong et al.，2011；Zhou J. L. et al.，2018）和光雾山花岗岩（Dong et al.，2012），以及同时代的西乡群变质火山岩（Ling et al.，2003）。西乡群变质火山岩由下部年龄约0.95 Ga的低Ti拉斑玄武岩–高镁安山岩和上部约0.89 Ga的钙碱性玄武岩–安山岩–英安岩–流纹岩所组成；前者可能为一套弧前玻安岩组合，而后者可能是活动大陆边缘弧的岩浆组合（Ling et al.，2003）。最近在龙门山推覆带，报道有年龄为约0.97 Ga的通木梁群细碧岩–角斑岩–石英角斑岩组合，并认为属于类似大洋弧的构造背景（Li J. Y. et al.，2018；图9.3）。

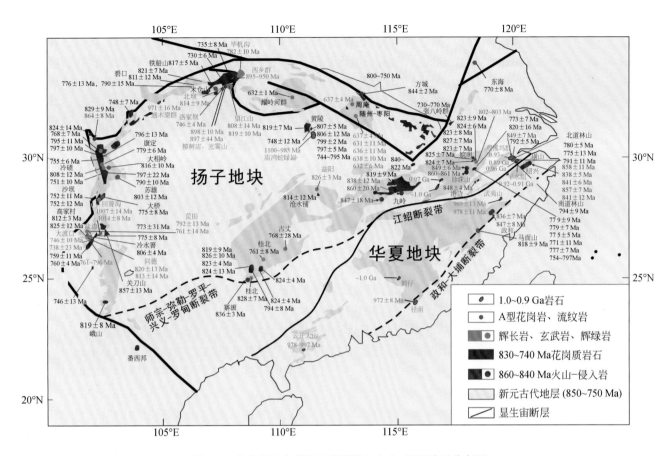

图 9.3　华南新元古代侵入岩浆岩和火山-沉积岩系分布图

资料来源：Li，1999；Li X. H. et al.，1999，2003a，2003b，2006，2008a，2009，2010；Li Z. X. et al.，1999，2003，2010；Sinclair，2001；沈渭洲等，2002；Zhou et al.，2002a，2002b，2006；Ling et al.，2003，2007；凌文黎等，2006；Shu et al.，2006，2011；Wu et al.，2006；Wang X. C. et al.，2007，2008；Zhou et al.，2007；Bao et al.，2008；Huang et al.，2008，2009；Li W. X. et al.，2008a，2008b，2010；Sun and Zhou，2008；Sun et al.，2008a；Wang X. L. et al.，2008，2012；Zhao and Zhou，2008；Zhao X. F. et al.，2008；Zheng et al.，2008b；Zhu et al.，2008，2010；夏林圻等，2009；Zhang et al.，2009；董树文等，2010；高林志等，2010；Wang et al.，2010；Dong et al.，2011，2012；薛怀民等，2011；Zhang A. M. et al.，2012；刘树文等，2013；Wang Y. J. et al.，2013

9.3.1.2　新元古代中期岩浆岩

新元古代中期的岩浆岩广泛分布于扬子地块，依据同位素年龄，可以划分为 0.89 ~ 0.85 Ga、0.84 ~ 0.82 Ga、0.81 ~ 0.73 Ga 和 0.70 ~ 0.63 Ga 四个形成阶段，其中第四阶段的岩浆活动较弱，仅见于扬子地块的北缘。

（1）第一阶段（0.89 ~ 0.85 Ga）：岩浆岩相对较少出露，主要沿扬子地块周缘零星分布。在扬子地块东南缘，包括浙东南地区侵入双溪坞群的约 0.85 Ga 的神坞辉绿岩（Li X. H. et al.，2008a），赣东北地区约 0.85 Ga 的港边正长岩（Li X. H. et al.，2010），德兴地区约 0.85 Ga 的珍珠山双峰式火山岩（Li W. X. et al.，2010），婺源-德兴地区约 0.86 Ga 的变质玄武岩、英安岩、流纹岩（刘树文等，2013），浙西诸暨陈蔡地区的璜山双峰式火山岩（Lyu et al.，2017）以及桂北约 0.83 Ga 辉长岩（Yao et al.，2014）。在扬子地块西缘康滇地区，出露年龄约 0.86 Ga 的关刀山闪长岩、格宗花岗岩（Li et al.，2003b；Sun and Zhou，2008；Zhou et al.，2002a）和约 0.85 Ga 的泸定桥头辉长岩（沈渭洲等，2002）。此外，扬子地块北缘也报道有少量 0.86 ~ 0.84 Ga 时期的岩浆岩，包括汉南的天平河岩体（凌文黎等，2006）、米仓山地区的几个闪长岩和花岗闪长岩岩体（Dong et al.，2012）以及东秦岭造山带 0.84 Ga 的方城碱性正长岩（Bao et al.，2008；图 9.3）。

（2）第二阶段（0.84 ~ 0.82 Ga）：岩浆岩广泛分布于扬子地块周缘和内部，包括大规模花岗岩岩基、大陆溢流玄武岩（Continental Flood Basalt，CFB）、双峰式和（或）长英质火山岩。属于 0.84 ~ 0.82 Ga

时期的花岗岩主要出露于扬子地块南缘，包括皖南歙县、休宁花岗岩，赣北九岭花岗岩，桂北本洞、元宝山、三防（摩天岭）和寨滚花岗岩以及云南峨山花岗岩（Li，1999；Li et al.，2003a；Wu et al.，2006；Wang et al.，2006；Zheng et al.，2008a）。在扬子地块北部，长江三峡地区有年龄约0.82 Ga的黄陵花岗岩（马国干等，1989；Zhang et al.，2009）；地块北缘米仓山地区有0.83~0.82 Ga的西河花岗岩、北坝花岗岩（Dong et al.，2012）；地块西缘四川盆地中部钻探发现新元古代裂谷盆地沉积下伏年龄约0.83 Ga的花岗岩（He et al.，2017）。此外，最近在越南北部番西邦杂岩中，报道有年龄约0.83 Ga的花岗岩（Li X. C. et al.，2018）。虽然同时代的玄武岩和基性侵入岩体的出露面积均较小，却广泛分布于整个扬子地块，包括皖南许村复合岩墙（Wang X. L. et al.，2012），赣东北广丰盆地双峰式火山岩（Li W. X. et al.，2008a），赣北庐山地区0.84~0.83 Ga的双峰式火山岩（董树文等，2010；Cheng et al.，2020），湖南益阳科马提质玄武岩（Wang X. C. et al.，2007；Wu et al.，2018），桂北基性岩脉（Li et al.，1999），贵州梵净山玄武岩（Zhou et al.，2009），扬子地块西缘高家村、冷水箐镁铁-超镁铁质侵入岩和同德、冷碛辉长岩（Sinclair，2001；李献华等，2002；Zhu et al.，2007），湖南沧水铺少量同时代的中性火山岩（王剑等，2003；Zhang et al.，2013），扬子地块西北缘汉南地区的望江山、西家坝辉长岩（Zhou et al.，2002b；Dong et al.，2011），大规模喷发的碧口大陆溢流玄武岩（Wang X. C. et al.，2008）以及铁船山、孙家河双峰式火山岩（Ling et al.，2003；夏林圻等，2009）。

（3）第三阶段（0.81~0.73 Ga）：岩浆岩广泛分布于整个华南大陆。该期花岗岩类侵入岩包含扬子地块东南缘的道林山花岗岩、石耳山花岗岩（Li et al.，2003；Li X. H. et al.，2008a；Wang et al.，2010；Wang X. L. et al.，2012），扬子地块西缘康滇地区南北走向的大面积分布的花岗质侵入岩（Zhou et al.，2002a；Li et al.，2003；Zhao and Zhou，2007a，2007b；Huang et al.，2008；Zhao J. H. et al.，2008；Zhao X. F. et al.，2008；Huang et al.，2009），扬子地块西北缘汉南杂岩、龙门山推覆带中的花岗质侵入岩（凌文黎等，2006；Qi and Zhao，2020），越南北部番西邦杂岩中的花岗质侵入岩（Li X. C. et al.，2018）以及大别-苏鲁造山带的超高压变质片麻岩母岩（Zheng et al.，2009a）。同期的火山岩以及基性侵入岩包括浙北上墅组、皖南铺岭组的双峰式火山岩（Li X. H. et al.，2008；Wang X. L. et al.，2012），桂北-湘西地区的辉绿岩和川西地区的辉绿岩岩墙（Li et al.，2003；Zhu et al.，2008，2010；Lin et al.，2007），扬子地块北缘汉南地区西家坝、酉水、望江山、毕机沟的基性-超基性侵入岩及一些共生的花岗岩（Zhou et al.，2002a；Zhao and Zhou，2008，2009；Zhu et al.，2010；Dong et al.，2011），南秦岭造山带中的花岗质侵入岩（Zhu et al.，2018；Wang et al.，2019），湘西的辉绿岩岩墙（Zhou et al.，2007），黄陵地区的晓峰复合岩岩墙（Li et al.，2004）、武当山群火山岩（凌文黎等，2007）以及郯庐断裂带张八岭群细碧岩-角斑岩-石英角斑岩的火山岩组合（Yuan et al.，2021）。

（4）第四阶段（0.70~0.63 Ga）：岩浆岩主要出露于扬子地块北缘，包括西家坝花岗岩和西乡群花岗岩（Dong et al.，2012），南秦岭耀岭河群火山岩、基性侵入岩群（凌文黎等，2007）和基性-超基性岩墙（薛怀民等，2011），周庵超基性岩（王梦玺等，2012）以及随州-枣阳基性-超基性岩（薛怀民等，2011）。

9.3.2　华夏地块

由于广泛的显生宙沉积岩和古生代、中生代岩浆作用的覆盖，华夏地块的新元古代岩浆岩仅呈零星出露，主要形成于新元古代早期（1.00~0.90 Ga）和中期（0.85~0.72 Ga）。

9.3.2.1　新元古代早期岩浆岩

华夏地块新元古代早期变质镁铁质和长英质岩石零星出露，包括1.00~0.98 Ga时期的云开大山斜长角闪岩（Zhang A. M. et al.，2012；Wang Y. J. et al.，2013）、武夷山0.98~0.97 Ga的斜长角闪岩和辉绿岩（Wang Y. J. et al.，2013）、赣南约1.00 Ga的鹤仔片麻状花岗岩（刘邦秀等，2001）以及粤东约0.97 Ga的径南流纹岩（舒良树等，2008）。

9.3.2.2　新元古代中期

在华夏地块东部出露一些0.86~0.84 Ga时期的基性侵入岩，包括浙北绍兴地区四个辉长岩岩体

（Shu et al.，2006，2011；Li Z. X. et al.，2010）和闽西北政和地区两个片麻状辉长岩岩体（Shu et al.，2011），此外，浙北陈蔡和绍兴地区也有同时代玄武岩和双峰式火山岩（Li Z. X. et al.，2010；Shu et al.，2011）。以往陈蔡（群）杂岩和麻源（群）杂岩被认为是古元古代变质基底，马面山群属中元古代。最近的锆石 U-Pb 定年结果表明，陈蔡杂岩和麻源杂岩中的正变质岩原岩形成于 0.84 ~ 0.72 Ga（Wan et al.，2007；Li Z. X. et al.，2010），早古生代经历过角闪岩相变质作用；马面山双峰式火山岩的形成时代为 0.82 Ga（Li et al.，2005）。最近，Yao 等（2012）报道浙北诸暨年龄为约 0.83 Ga 的花岗闪长岩。

基于高质量同位素年代学资料，表 9.1 展示扬子地块和华夏地块前寒武纪地质年代学格架，从中可见两个地块所保存的前新元古代岩浆活动记录明显不相同，但自新元古代中期（约 0.85 Ga）之后，它们的岩浆活动记录和岩石组合却十分相似。

表 9.1 扬子板块前寒武纪地质年代学格架

时代		华夏地块	扬子地块
新元古代		—	0.70 ~ 0.63 Ga：少量花岗岩、火山岩和基性–超基性侵入岩
		0.83 ~ 0.72 Ga：少量花岗岩、双峰式火山岩和正片麻岩；少量低 δ^{18}O 岩浆岩	0.84 ~ 0.73 Ga：大规模酸性火山岩和花岗岩，伴随科马提质玄武岩、溢流玄武岩、双峰式火山岩、基性侵入体；南华裂谷盆地、康滇裂谷盆地；环绕扬子地块低 δ^{18}O 岩浆岩带约 0.82 Ga "伏川蛇绿岩"？
		0.86 ~ 0.84 Ga：少量基性侵入岩、玄武岩和双峰式火山岩	0.89 ~ 0.85 Ga：双峰式火山岩、辉绿岩岩脉、辉长岩、碱性岩和花岗岩
		—	0.96 ~ 0.89 Ga：俯冲型钙碱性岩浆作用；约 1.0 Ga："赣东北蛇绿岩"
		1.00 ~ 0.97 Ga：少量斜长角闪岩和变质酸性火山岩（与俯冲有关的钙碱性岩浆岩？）	1.04 ~ 0.94 Ga：东南缘田里片岩两期变形和高绿片岩相变质作用；西南缘前陆盆地
中元古代		—	约 1.10 Ga：北缘碱性和钙碱性中性–基性岩浆岩；1.00 ~ 1.10 Ga：西缘辉绿岩、斜长角闪岩、花岗质侵入岩和火山岩；约 1.15 Ga：南缘基性玄武岩和双峰式火山岩；约 1.10 Ga："庙湾蛇绿岩"？
		1.30 ~ 1.00 Ga：抱板杂岩记录的高级变质作用	—
		1.43 Ga：抱板杂岩中的非造山花岗岩和火山岩	—
		—	约 1.50 Ga：辉长辉绿岩岩脉、岩株（钒钛磁铁矿化）
古元古代		1.78 ~ 1.77 Ga：斜长角闪岩（源岩为 OIB 型和 MORB 型玄武岩，Nd 同位素极度亏损）	1.80 ~ 1.60 Ga：辉长辉绿岩岩床、火山岩
		1.89 ~ 1.88 Ga：麻粒岩相变质；1.89 ~ 1.83 Ga：花岗岩	1.85 Ga：A 型花岗岩和基性岩脉
		—	2.00 ~ 2.10 Ga：TTG 和麻粒岩相变质作用
太古宇		—	2.50 Ga：闪长质–花岗质片麻岩；2.70 ~ 2.60 Ga：A 型花岗岩；3.40 ~ 2.90 Ga：TTG 和角闪岩相变质作用

注：除 1.10 Ga 的庙湾蛇绿岩（Peng et al.，2012；Jiang et al.，2016；Deng et al.，2017）之外，本表所列其他数据的来源见正文讨论和参考文献。

9.4 华南新元古代岩浆作用与构造演化

新元古代早期至中期华南发育各类岩浆岩，时空分布上与火山沉积盆地密切相关，特别是新元古代中期（0.83 ~ 0.75 Ga），发育大规模花岗质岩石、长英质火山岩及其同时代的玄武岩，其中花岗质岩石包括 S 型、I 型和 A 型花岗岩以及少量埃达克质岩。不同学者对这些花岗质岩石的成因及其构造环境的解释存在很大分歧，如对于广泛发育的年龄约 0.82 Ga 的花岗岩形成环境，就有同造山 ［弧–陆和（或）陆–陆碰撞］、晚造山–后造山（造山带垮塌）和非造山（与地幔柱活动有关的板内裂谷）等不同的解释（Li，1997，1999；Li et al.，2003b；Wang et al.，2004，2006；Zhang et al.，2007，2009；Zhang S. B. et al.，2012）。对康滇地区 0.75~0.80 Ga 时期的 A 型花岗岩和埃达克质岩形成的构造环境，存在陆内裂谷和俯冲带两种不同的认识（Zhou et al.，2006；Zhao and Zhou，2007b；Huang et al.，2008，2009；Zhao X. F. et al.，2008）。由于花岗质岩石的地球化学特征，不仅受到源岩成分的影响，还受到岩浆形成和演化等多种因素的制约，通常对于其构造环境，地球化学特征不具明确的指示意义。相对而言，幔源基性岩浆（包括玄武岩和玄武质岩脉）的地球化学成分却能够更好地反映地幔组成和热结构，比花岗质岩石具有更明确的构造环境指示意义。此处试图运用新元古代玄武质岩石的地球化学和同位素数据，结合其他地质记录，探讨其成因与构造演化。

9.4.1　新元古代早期 (1.00~0.90 Ga) 玄武质岩石

9.4.1.1　地球化学特征

扬子地块新元古代早期的玄武质岩石，包括其西缘年龄约 1.00 Ga 的会理群基性岩脉（Zhu et al.，2016）、约 0.90 Ga 的盐边群玄武岩（Li et al.，2006），西北缘约 0.95~0.89 Ga 时期的西乡群玄武岩（Ling et al.，2003）和东南缘约 0.96 Ga 的平水群细碧岩（Li et al.，2009），这些玄武质岩石均不同程度地受到变形和变质作用的影响。在 Winchester 和 Floyd（1976）的 Zr/TiO_2-Nb/Y 分类图上，这些玄武岩的 Nb/Y 值较低（0.05~0.7），属于亚碱性玄武岩 ［图 9.4（a）］。盐边群玄武岩的微量元素组成可明显地区分成两组：①第一组钙碱性玄武岩，富集 Th、U 和轻稀土元素（Light Rare Earth Element，LREE），亏损 Nb-Ta、Zr-Hf 和 Ti，类似于平水群细碧岩和西乡群玄武岩；②第二组拉斑玄武岩，亏损 Th、U、Nb、Ta 和 LREE，与正常型洋中脊玄武岩（Normal Mid-Ocean Ridge Basalt，N-MORB）类似。在 Miyashiro（1974）的 TiO_2-FeO_T/MgO 图解中，平水群细碧岩、西乡群玄武岩和盐边群钙碱性玄武岩的 TiO_2 含量较低，并且随 FeO_T/MgO 值的增高而降低 ［图 9.4（b）］。相形之下，盐边群拉斑玄武岩和会理群基性岩脉具有较高的 TiO_2 值（大于 1.5%），并随着 FeO_T/MgO 值的升高而增加，显示拉斑玄武岩的趋势 ［图 9.4（b）］。西乡群和平水群玄武岩微量元素组成具有富集 Th、U 和 LREE，亏损 Nb、Ta、Zr、Hf 和 Ti 的特征，类似于典型的岛弧玄武岩（Island Arc Basalt，IAB；Ling et al.，2003；Li et al.，2009）。在 Vermeesch（2006）的玄武质岩石构造背景 Ti-Sm-V 判别图上，平水群细碧岩、西乡群玄武岩和盐边群钙碱性玄武岩均处于 IAB 区；而盐边群和会理群拉斑玄武岩则落入洋中脊玄武岩（MORB；图 9.5）区。总之，扬子地块新元古代的早期玄武质岩石，与活动大陆边缘弧玄武岩非常相似；会理群基性岩脉与四堡造山期之前的扬子地块

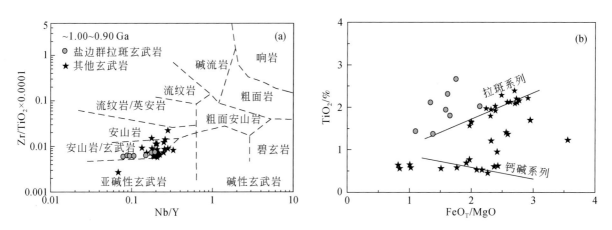

图 9.4　扬子地块新元古代早期玄武质岩石分类图（李献华等，2008）

(a) Zr/TiO_2-Nb/Y 分类图；(b) TiO_2-FeO_T/MgO 分类图

和华夏地块最初碰撞有关（Zhu et al., 2016）；而盐边群拉斑玄武岩则可能是由弧后盆地亏损地幔源区的大比例部分熔融所形成的（Li et al., 2006）。

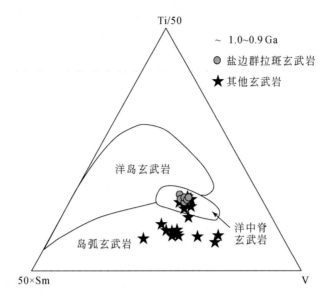

图9.5 扬子新元古代早期玄武质岩石的 Ti-Sm-V 判别图（李献华等，2008）

华夏地块新元古代早期的玄武质岩石主要为云开大山和武夷山的斜长角闪岩。在 Zr/TiO_2-Nb/Y 分类图上，这些斜长角闪岩的 Nb/Y 值较低（0.05 ~ 0.67），落在亚碱性玄武岩区［图9.6（a）］。在 TiO_2-FeO_T/MgO 分类图上，所有样品的 TiO_2 含量随着 FeO_T/MgO 值的升高而增加，显示出拉斑玄武岩的演化趋势。根据岩样的微量元素和 Nd 同位素组成特征，Wang Y. J. 等（2013）将这些斜长角闪岩区分成四组［图9.6（b）］：①第一组弧前洋中脊型玄武岩；②第二组 E 型洋中脊玄武岩；③第三组富 Nb 玄武岩，其地球化学特征与加拿大安大略省西北皮克尔莱克（Pickle Lake）绿岩带中的富铌玄武岩相似；④第四组火山弧玄武岩。

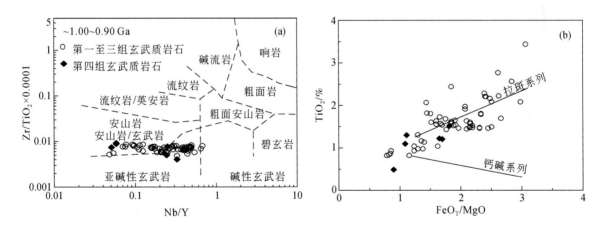

图9.6 华夏地块新元古代早期玄武质岩石分类图（数据来源：Zhang A. M. et al., 2012；Wang Y. J. et al., 2013）
(a) Zr/TiO_2-Nb/Y 分类图；(b) TiO_2-FeO_T/MgO 分类图

在 Ti-Sm-V 判别图上，前三组斜长角闪岩均落入洋中脊玄武岩区；第四组的六个样品中有四个落入岛弧玄武岩区，其余两个样品落入洋中脊玄武岩区（图9.7）。综合元素和同位素特征，Wang Y. J. 等（2013）认为，这些玄武质岩石（斜长角闪岩原岩）形成于岛弧和弧后盆地环境。值得注意的是，华夏地块新元古代早期玄武质岩石似乎缺乏钙碱性系列岩石，而且绝大多数岩样的微量元素特征类似于洋中脊玄武岩，与活动大陆边缘环境中形成的岩浆组合不同，这些斜长角闪岩很可能是在弧后裂谷盆地伸展环境中形成的。

9.4.1.2　地幔潜能温度与源区组成特征

玄武岩的原始岩浆化学组成数据已广泛用于估算地幔熔融条件，包含熔融温度、熔融压力和地幔潜能温度（T_p）（Albarède，1992；Sugawara，2000；Herzberg and O'Hara，2002；Herzberg et al.，2007），其中 T_p 是描述地幔热状态的最重要参数。李献华等（2008）采用 Herzberg 等（2007）的方法，计算出扬子地块新元古代早期代表性玄武岩的原始岩浆成分（表 9.2）。西乡群玄武岩和盐边群钙碱性玄武岩的原始岩浆成分，具有高 SiO_2（49%~50%），低 MgO（12.6%~13.8%）、FeO（7.8%~8.4%）含量的特征；而盐边群拉斑玄武岩的原始岩浆呈现出较低 SiO_2（46%），中等 MgO（15%）、FeO（9.5%）的含量。依据原始岩浆 MgO 含量与熔融温度的直接相关性（Albarède，1992；Herzberg et al.，2007），运用原始岩浆的化学成分（表 9.2）和 Albarède（1992）的计算公式 $T(℃) = 2000×MgO/(MgO+SiO_2)$（wt%）$+969$，可算出西乡群玄武岩、盐边群钙碱性玄武岩和盐边群拉斑玄武岩的熔体温度，分别约 1302℃、1262℃ 和 1417℃，并且与西乡群玄武岩和盐边群钙碱性玄武岩的 T_p 分别为 1399℃ 和 1355℃ 相互对应，表明这些玄武岩浆最有可能来源于俯冲带之上的含水地幔楔；其中盐边拉斑玄武岩的 T_p 较高，与流圈地幔源区温度相似（表 9.2），这些拉斑玄武岩具有高度亏损的 Nd 同位素组成，$\varepsilon_{Nd}(t)$ 值为 +5.7 至 +10.7，以至 $\varepsilon_{Nd}(t)$ 值与 MgO 含量以及 Nb/Th 与 Nb/La 值均呈明显的正相关关系，最低的 Nb/Th 值小于 14，表明这些拉斑玄武岩在形成过程中有硅铝质地壳物质的加入（Li et al.，2006）。结合盐边群拉斑玄武岩较高的熔体温度（1417℃）和 T_p（达 1470℃），它们应该形成于弧后盆地环境，其岩浆来自减薄的大陆岩石圈的下伏软流圈地幔。

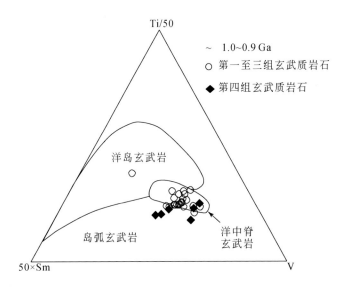

图 9.7　华夏新元古代早期玄武质岩石的 Ti-Sm-V 判别图

（数据来源：Zhang A. M. et al.，2012；Wang Y. J. et al.，2013）

表 9.2　华南新元古代玄武质岩石原始熔体成分、压力、熔体温度和地幔潜能温度一览表

（李献华等，2008b；Wang et al.，2009）

样品	原始熔体成分/%			熔体温度/℃		地幔潜能温度/℃	
	SiO_2	FeO	MgO	T	±1	T_p	±1
新元古代早期同造山期（1.00~0.90 Ga）							
盐边群钙碱性玄武岩	50	7.8	12.6	1262	9	1355	45
盐边群拉斑玄武岩	46	9.5	15	1417	10	1470	11
西乡群玄武岩	49	8.4	13.8	1302	8	1399	44
新元古代中期造山后-前裂谷期（0.89~0.85 Ga）							
神坞辉绿岩	49	7.9	12	1284	7	1353	19

续表

样品	原始熔体成分/%			熔体温度/℃		地幔潜能温度/℃	
	SiO_2	FeO	MgO	T	±1	T_p	±1
新元古代中期裂谷期-I（0.84~0.82 Ga）							
碧口群下部玄武岩	48	9.9	15	1369	9	1457	25
铁船山玄武岩	49	7.9	13.8	1342	8	1425	20
益阳科马提质玄武岩	47	10.3	20	1521	18	1618	46
马面山玄武岩	47	9.8	15	1382	9	1457	23
新元古代中期裂谷期-II（0.81~0.75 Ga）							
盐边 LREE 富集型岩脉	48	10.4	16	1386	11	1485	33
道林山辉绿岩	48	9.5	14	1353	8	1429	17
上墅玄武岩	47	10.2	16	1414	10	1494	22
碧口群上部玄武岩	47	10.8	17	1453	11	1535	26
苏雄玄武岩	44	10.7	16	1445	13	1505	21
康定 LREE 富集型岩脉	48	10.7	17	1428	13	1529	32
康定 LREE 亏损型岩脉	47	11	18	1475	14	1565	33
盐边 LREE 亏损型岩脉	47	10	18	1470	14	1562	33
湘西辉绿岩	48	10.9	19	1446	18	1573	54
桂北细碧岩	46	10.6	19	1507	16	1588	37

注：新元古代 MORB 源区地幔 $T_p \approx 1350~1450℃$，显著高于该温度表明有异常高温地幔柱组分的加入。

9.4.2　新元古代中期玄武岩

9.4.2.1　岩石地球化学特征

除了分布面积约达 10000 km^2 的碧口群大规模溢流玄武岩之外，扬子地块新元古代中期玄武质岩石的岩体规模较小。不同地方的碧口群溢流玄武岩厚度变化较大，估计从几百米到约 9 km 不等（Wang X. C. et al.，2008）。在时空上，这些玄武质岩石与大规模花岗质岩石密切共生。根据它们与南华和康定裂谷盆地的时空关系（Wang and Li，2003），新元古代中期玄武质岩石可区分为两个主要期次：裂谷早期（0.85~0.80 Ga）和裂谷峰期（0.79~0.75 Ga）。年龄约 0.85 Ga 的神坞辉绿岩属于裂谷早期，依据有二：①同时代的港边碱性杂岩很可能形成于四堡造山期之后，系由华南最初裂谷作用形成的非造山岩浆岩（Li X. H. et al.，2008a）；②虽然原先认为约 0.85 Ga 神坞辉绿岩的形成要"早于"新元古代中期的不整合面（0.83~0.82 Ga），但最近的研究表明，该不整合面很可能与约 0.83 Ga 地幔柱所造成的快速区域型地壳抬升、去顶和盆地沉降事件有关（Yang et al.，2015），并非前人所说的"四堡期造山作用产物"。此外，最近在扬子地块东南缘还报道一系列年龄约 0.84 Ga 的火山岩，包括四堡玄武岩、张源玄武岩、歙县玄武岩和庐山玄武岩（Zhao and Zhou，2013；Zhao and Asimow，2014），以及伏川玄武岩和登山玄武岩（Zhang et al.，2013b；Yao et al.，2015；Li et al.，2016；Zhang and Wang，2016）。

在 Zr/TiO_2-Nb/Y 分类图上 [图 9.8（a）]，除华夏地块年龄约 0.82 Ga 的马面山玄武岩，扬子地块约 0.81 Ga 的苏雄碱性玄武岩、约 0.76 Ga 的湘西辉绿岩投在碱性玄武岩区外，大多数新元古代中期玄武岩的 Nb/Y 值均较低（<0.7），处于亚碱性玄武岩区。在 TiO_2-FeO_T/MgO 分类图上几乎所有新元古代中期玄武岩样品均显示正相关趋势 [图 9.8（b）]，均属于拉斑质玄武岩。造山后-前裂谷期玄武质岩石，包括年龄约 0.84 Ga 的神坞辉绿岩和珍珠山玄武岩；这些玄武质岩石具有类似 OIB 和 E-MORB 的微量元素特征，富集大多数不相容元素，呈 Nb-Ta 弱亏损（Li X. H. et al.，2008b；Li W. X. et al.，2010）。

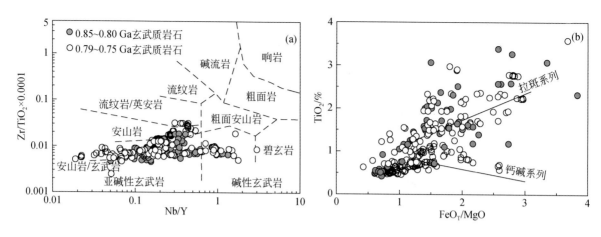

图 9.8　华南新元古代中期玄武质岩石分类图（李献华等，2008，修改）

（a）Zr/TiO$_2$-Nb/Y 分类图；（b）TiO$_2$-FeO$_T$/MgO 分类图

　　裂谷早期（裂谷期-I）玄武质岩石的微量元素地球化学特征变化较大，可分为两组（李献华等，2008）：①第一组包括年龄约 0.83 Ga 益阳科马提质玄武岩、约 0.82 Ga 铁船山玄武岩以及大多数 0.82 ~ 0.81 Ga 时期的碧口玄武岩。这些玄武岩具有 OIB 向 IAB 过渡的微量元素特征，富集大多数不相容元素（如 LILE 和 LREE），Nb 和 Ta 呈中等至弱亏损。②第二组包括年龄约 0.82 Ga 马面山碱性玄武岩、约 0.81 Ga 苏雄玄武岩以及少量 0.82 ~ 0.81 Ga 时期的碧口玄武岩，这些玄武岩富集大多数不相容微量元素，但 Nb 和 Ta 没有明显的亏损，类似于 OIB。

　　根据微量元素特征，裂谷峰期（裂谷期-II）玄武质岩石可分为三类（李献华等，2008）：①第一类包括年龄约 0.79 Ga 的上墅组玄武岩和道林山辉绿岩、约 0.76 Ga 的桂北细碧岩，以及 0.79 ~ 0.76 Ga 时期康定、盐边地区的 LREE 富集型辉绿岩岩脉。这些玄武岩富集不相容元素，如大离子亲石元素（Large Ion Lithophile Element，LILE）和 LREE，呈弱至中等程度的 Nb-Ta 亏损，类似于裂谷早期的第一组玄武岩。②第二类为年龄约 0.76 Ga 的湘西辉绿岩，其微量元素特征类似于 OIB。③第三类包括 0.79 ~ 0.76 Ga 时期康定、盐边地区的 LREE 亏损型辉绿岩岩脉，这些辉绿岩不同程度地亏损 LREE 和其他强不相容元素。在 Vermeesch（2006）的 Ti-Sm-V 构造判别图上，新元古代中期的玄武质岩石绝大多数落在 OIB 区和 MORB 区（图 9.9），与板内玄武岩（Within Plate Basalt，WPB）类似，但明显不同于 IAB，这些玄武质岩石的 Ti/V 值均较高（>20），并与 Nb/La 值呈正相关关系（图略），其 V 的富集与低 Nb/La 值的大陆地壳物质的同化混染有关。

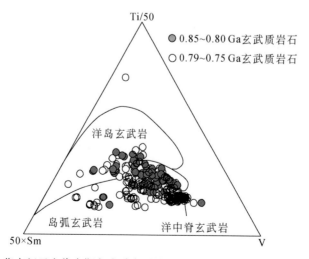

图 9.9　华南新元古代中期玄武质岩石的 Ti-Sm-V 判别图（李献华等，2008）

9.4.2.2　地幔潜能温度与源区组成特征

前裂谷期（约 0.85 Ga）的玄武质岩石出露规模较小，除一些小基性岩侵入体外，只有少量玄武岩喷发和基性岩墙侵入，以年龄约 0.85 Ga 的神坞辉绿岩为代表（李献华等，2008）。计算获得的神坞辉绿岩原始岩浆成分的 MgO 和 FeO 含量较低（分别为 12% 和 7.9%），但 SiO_2 含量较高（可达 49%），计算的熔体温度为 1280℃，地幔潜能温度（T_p）为 1353℃。

华南裂谷期-I（0.84~0.82 Ga）的玄武岩分布广泛，包括扬子地块的益阳科马提质玄武岩、碧口群下部溢流玄武岩和铁船山玄武岩等。其中，益阳科马提质玄武岩原始熔体的 MgO 含量最高（约 20%），计算的熔体温度可达 1521℃，具有最高的 T_p，为 1618℃（表 9.2）。但是，马面山玄武岩、铁船山玄武岩和碧口群下部玄武岩原始熔体的 MgO 含量相对较低（13.8%~15%），计算的熔体温度为 1342~1382℃，T_p 为 1425~1457℃。

裂谷峰期（裂谷期-II；0.81~0.75 Ga）的玄武质岩石主要出露于扬子地块周缘，包括南缘的上墅双峰式火山岩、广丰双峰式火山岩、道林山辉绿岩和湘西辉绿岩，西缘的苏雄玄武岩以及西北缘的碧口群上部玄武岩及大量的基性岩脉。苏雄玄武岩和碧口群上部玄武岩原始熔体的 MgO 含量也较高（16%~17%），计算的熔体温度为 1445~1453℃，T_p 为 1505~1535℃。道林山辉绿岩、上墅玄武岩和盐边 LREE富集型岩脉的原始熔体 MgO 含量普遍较低（14%~16%），计算的熔体温度为 1353~1414℃，地幔潜能温度为 1429~1494℃。但是，年龄约 0.76 Ga 的湘西辉绿岩、桂北细碧岩、康定辉绿岩和盐边 LREE 亏损型岩脉的原始熔体的 MgO 含量高（17%~19%），计算的熔体温度为 1428~1507℃，T_p 较高，为 1529~1588℃（表 9.2）。

9.4.3　扬子地块低 $\delta^{18}O$ 值岩浆岩环带

大规模的低 $\delta^{18}O$ 值岩浆形成于高温水-岩相互作用对地壳岩石的重熔。大陆裂谷（或热点）环境具有高的地温梯度和区域尺度的地壳伸展，是发生高温水-岩相互作用的最佳场所。华南是已知全球规模最大的新元古代低 $\delta^{18}O$ 值岩浆岩省，广泛的低 $\delta^{18}O$ 值岩浆岩和碎屑锆石出现于环绕扬子地块的周边区域（Liu and Zhang，2013；Huang et al.，2019；Zou et al.，2021）。扬子地块北缘新元古代岩浆成因低 $\delta^{18}O$ 值锆石的分布面积可达 20000 km^2（Zheng et al.，2004），包括苏鲁-大别造山带中普遍发育的新元古代含低 $\delta^{18}O$ 值锆石火成岩、变质岩和沉积岩，以及三叠纪超高压变质岩中出现的低 $\delta^{18}O$ 值锆石核（Zheng et al.，2007；Chen et al.，2011；Fu et al.，2013）；随县地区新元古代随县群沉积岩和火山岩中，锆石的低 $\delta^{18}O$值可达-1.3‰（Yang et al.，2016）；秦岭中部耀岭河群火山岩和沉积岩中，普遍含有低 $\delta^{18}O$ 值（1‰~4‰）锆石（Liu and Zhang，2013）。最近在扬子地块西缘新元古代沉积岩和岩浆岩中也有低 $\delta^{18}O$ 锆石的报道，新元古代宝兴杂岩发育大量低 $\delta^{18}O$ 值锆石（平均 $\delta^{18}O$ 值约 4‰；Fu et al.，2013），新元古代石棉岩体和瓜子坪岩体岩浆锆石的 $\delta^{18}O$ 约可达 3‰（Zou et al.，2021）；在扬子地块南缘，大量新元古代低$\delta^{18}O$ 值碎屑锆石，出现在裂谷沉积地层中（Wang et al.，2011；Yang et al.，2015）。同时代的低 $\delta^{18}O$ 值的岩浆岩和碎屑锆石，也发育在华夏地块中部（Huang et al.，2019）。扬子地块发育的新元古代低 $\delta^{18}O$ 值岩浆岩，属于同岩浆高温热液蚀变、地壳物质重熔或"自噬"的产物。环绕扬子地块发育的新元古代低 $\delta^{18}O$值岩浆岩分布区直径大于 1500 km（图 9.10），而在俯冲环境下是不可能形成如此规模的环扬子地块低$\delta^{18}O$ 值岩浆省，其最合适的解释应该在新元古代罗迪尼亚（Rodinia）超大陆之下，超级地幔柱驱动广泛大陆裂谷活动的产物（Zou et al.，2021）。

9.4.4　新元古代构造-岩浆组合：从四堡造山期到南华裂谷期

9.4.4.1　1.00~0.90 Ga 时期同造山玄武质岩浆作用

扬子地块南缘和北缘的新元古代早期玄武质岩石主要为钙碱性系列，这些玄武岩的地球化学特征类

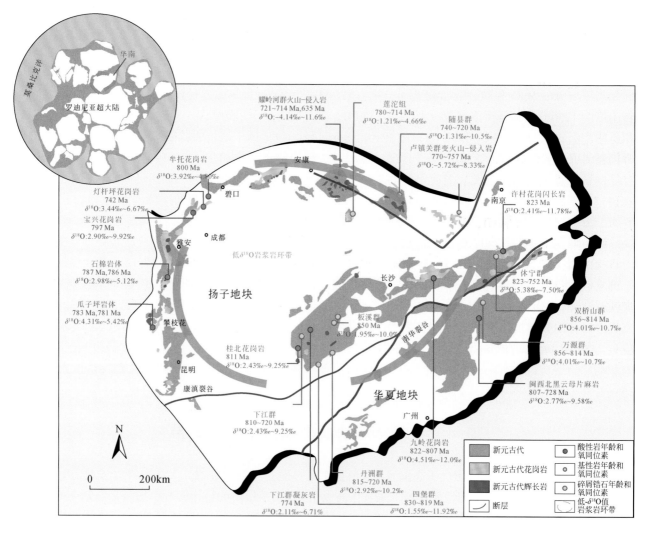

图 9.10　华南板块地块低 $\delta^{18}O$ 值岩浆岩的分布图

似于活动大陆边缘的岩浆岩；其中只有盐边玄武岩为拉斑系列，可能形成于弧后盆地（Li et al., 2006）。因此，华南新元古代早期玄武质岩石是在四堡造山期，由扬子地块南缘和北缘的双向大洋岩石圈俯冲形成的，俯冲作用改变了扬子地块次大陆岩石圈地幔（Subcontiental Lithosphere Mantle，SCLM）的组成，导致 SCLM 选择性富集强不相容元素和一些含水矿物，这种解释为下列相关的地质记录所验证：

（1）田里片岩的变质作用：田里片岩是扬子地块东南缘江南造山带唯一出露的四堡期变质杂岩，主要由石英云母片岩组成，含少量石英岩和大理石，与上覆新元古代中期年龄约 0.83 Ga 的裂谷火山-沉积岩呈不整合接触（Li W. X. et al., 2008a）。该不整合面上覆与下伏地层的变质程度、变形构造样式与方向均明显不同。田里片岩经历过中-高级绿片岩相变质作用，原始地层层理几乎完全转变成构造叶理。其原位白云母的激光 $^{40}Ar/^{39}Ar$ 和 SHRIMP 锆石 U-Pb 定年结果，最年轻的碎屑锆石厘定田里片岩原岩的沉积年龄小于 1.53 Ga，而 $^{40}Ar/^{39}Ar$ 白云母年龄限定其沉积年龄大于 1.04 Ga（Li et al., 2007）。田里片岩的变质作用应发生在 1.04 ~ 1.01 Ga 期间（即新元古代初期），并在 0.90 Ga 时再经历构造活化，与四堡运动的终止时间基本一致。

（2）赣东北约 1.00 Ga 的蛇绿混杂岩：赣东北蛇绿混杂岩出露于扬子地块东南缘的四堡期江南造山带的东段，属于扬子地块和华夏地块碰撞、拼合的缝合带。在蛇绿混杂岩带中，基性岩浆岩来源于约 1.00 Ga 时的高度亏损地幔源（Chen et al., 1991；Zhang et al., 2015）；年龄约 0.97 Ga 的埃达克质花岗岩（Li and Li, 2003）和约 0.88 Ga 的仰冲型花岗岩（Li W. X. et al., 2008b）均侵入于此蛇绿混杂岩中。赣东北蛇绿混杂岩被认为形成于 1.00 ~ 0.90 Ga 时期双溪坞岩浆弧的弧后盆地中（Li et al., 2009），该弧后盆地最终在约 0.88 Ga 时闭合，标志着华南四堡运动的终结。

（3）四堡造山带西段东西走向同造山变形构造：由于古生代以来四堡造山带东段造山作用与岩浆作用的叠加，导致地层与岩石的造山变形构造难以识别，但在四堡造山带西段却有所保存，如扬子地块西南缘年龄约1.00 Ga的同造山片麻状花岗岩（Li et al.，2002；杨崇辉等，2009）。特别是在康滇裂谷盆地基底中，仍然遗存一些重要的四堡期变质–变形记录，常见野外紧闭褶皱，褶皱的轴面为近垂直或向南陡倾，褶皱轴大多近水平或缓倾，表明构造应力总体由南向北挤压。在盐边地区，年龄约0.86 Ga的关刀山岩体切割了东西–北东东走向的构造线，标志在约0.90 Ga的四堡运动的最后阶段发生一次南北向的褶皱和逆冲事件（Li et al.，2006）；而侵入其中的基性–超基性岩体和不整合覆于其上的苏雄组双峰式火山岩所代表的晚期（0.82~0.80 Ga）岩浆岩则没有发生变形，其形成于非造山构造环境。

（4）盆地演化的沉积记录：在1.00 Ga之前，扬子地块和华夏地块的岩浆活动历史具有明显差异（表9.1）。华夏地块出现特有的1.44~1.43 Ga时期花岗岩和火山岩（Li Z. X. et al.，2002，2008b；Yao et al.，2017），而扬子地块缺乏该期岩浆活动。一旦扬子地块和华夏地块碰撞、拼合，该期的岩浆岩碎片很可能会沉积在另一个地块的前陆盆地中。在年龄约1.00 Ga的昆阳群和会理群变质沉积岩中，碎屑锆石U-Pb定年出现相当数量年龄约1.43 Ga的碎屑锆石（图9.11；Li et al.，2002；Li et al.，2014）。这些约1.43 Ga的碎屑锆石，与在华夏地块海南岛出现的1.44~1.43 Ga时期花岗岩一致，表明昆阳群和会理群很可能是扬子地块西南缘与华夏地块碰撞、拼合期间形成的前陆盆地沉积（Li et al.，2002）。因此，扬子地块西缘与华夏地块最可能在约1.00 Ga时发生碰撞、拼合，形成约1.00 Ga的同构造花岗岩（Li et al.，2002；杨崇辉等，2009）和区域性近东西向构造线变形（Li et al.，2006）。

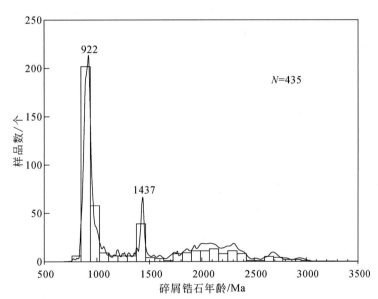

图9.11　扬子地块西部新元古代早期沉积岩碎屑锆石年龄谱图（Li et al.，2002；Greentree and Li，2008；
Sun et al.，2008）

新元古代中期沉积岩广泛分布于扬子地块南部，以约0.82 Ga的角度不整合面为界线，可划分为下部四堡群（冷家溪群）和上部丹洲群（板溪群）。目前普遍相信，不整合面之上的丹洲群及其同时代地层沉积于0.82~0.716 Ga时期的裂谷盆地中（Li et al.，2003；Wang and Li，2003；Lan et al.，2014），而不整合面之下的四堡群及其同时代地层的沉积环境仍存在很大的争议。

目前学术界的共识是，新元古代华南大陆是由扬子地块和华夏地块通过四堡（或江南）造山运动拼合形成的，但对于造山运动发生的时间以及两个地块最终拼合的时间，仍然存在很大的分歧。综合新元古代早期玄武质岩石成因、变质作用、变形作用、沉积地球化学、盆地分析和蛇绿混杂岩等方面的地质记录，四堡造山运动的时限可厘定在1.00~0.90 Ga时期，两个地块的最初碰撞可能发生在扬子地块的西南缘，而前陆盆地昆阳群和会理群的沉积母源来自华夏地块的碎屑沉积物，并以1.43 Ga的碎屑锆石为特征，而且在随后的前陆褶皱和冲断过程中，形成同造山期片麻状花岗岩。由于洋壳向扬子地块俯冲，在扬子地块东南缘形成高绿片岩相变质的田里片岩、0.96~0.89 Ga时期的双溪坞岩浆岩弧、年龄约1.00 Ga的赣东北弧后盆地蛇绿混杂岩，弧后盆地俯冲形成约 0.97 Ga 的西湾埃达克质花岗岩以及弧后盆地最终闭合形成约 0.88 Ga 的西湾逆冲型花岗岩，表明在大约 0.88 Ga 时最终形成统一的华南大陆。

华夏地块出露的大多数 1.00 ~ 0.97 Ga 时期斜长角闪岩的地球化学特征类似于弧后盆地玄武岩，表明在华夏地块南侧（Zhang A. M. et al., 2012）或北侧（Wang Y. J. et al., 2013），可能存在格林威尔期岩浆弧。粤东兴宁地区出露约 0.98 Ga 的径南变流纹岩与变杂砂岩互层，两者同褶皱、变质，且在地球化学上具钙碱性特征，类似于活动大陆边缘形成的酸性火山岩（舒良树等，2008）。在赣南也有约 1.00 Ga 片麻状花岗岩的报道（刘邦秀等，2001）。此外，华夏地块各个时代的沉积岩，含有大量格林威尔期（1.20 ~ 0.96 Ga）岩浆成因的碎屑锆石，表明在华夏地块或周边地区，曾有大量格林威尔期的岩浆岩出露（Wu et al., 2010）。由于华夏地块新元古代早期岩石很少出露，并且普遍遭受到显生宙构造岩浆活动的强烈改造，华夏地块新元古代早期的构造演化还有待进一步研究。

9.4.4.2　0.90 ~ 0.85 Ga 时期从四堡造山期到板内裂谷期的岩浆作用

虽然年龄约 0.85 Ga 的岩浆岩非常罕见，但是在扬子地块和华夏地块仍有报道。目前学术界对该期岩浆岩形成的构造环境尚有争论。一种观点认为，这些岩浆岩形成于陆内后造山和（或）非造山-裂谷环境（Li X. H. et al., 2003b，2008a；Bao et al., 2008；Li W. X. et al., 2010）；另一种观点认为，这些岩石形成于活动大陆边缘（Zhou et al., 2002a；沈渭洲等，2002；Sun and Zhou, 2008；Sun et al., 2008；董树文等，2010）。值得注意的是，扬子地块的该期岩浆活动以双峰式火山岩和碱性杂岩组合为特征，中性岩浆岩少见，明显不同于活动大陆边缘的岩浆岩组合。而且扬子地块西南缘，新元古代早期地层呈现出近东西向穿透性褶皱构造线，与同时期四堡造山带的走向一致（Li et al., 2006），却与推测的扬子地块西缘近南北走向的活动大陆边缘呈明显的直交（Zhou et al., 2002a，2002b；Zhao J. H. et al., 2008；Zhao and Cawood, 2012），这一事实不支持康滇地区新元古代早期存在南北向活动大陆边缘的说法。华夏地块年龄约 0.85 Ga 的辉长岩和变质基性岩，均具有板内玄武质岩石的地球化学特征（Shu et al., 2006，2011）。综合这些岩石组合和地球化学特征，特别是这个时期的扬子地块和华夏地块，同时出现板内玄武质岩浆活动，因此华南地区年龄约 0.85 Ga 的岩浆岩最可能形成于板内非造山或裂谷环境。如果这种解释可以成立，扬子地块与华夏地块的拼合成统一的华南大陆的时间应该早于约 0.85 Ga（Li X. H. et al., 2008a，2009；Shu et al., 2011），因此从四堡造山期到板内裂谷期的过渡应该发生在 0.90 ~ 0.85 Ga。

9.4.4.3　0.84 ~ 0.75 Ga 时期板内岩浆作用与裂谷盆地

扬子地块上广泛发育 0.83 ~ 0.75 Ga 时期大规模的新元古代中期岩浆岩，但在以往二十多年中，对于该期岩浆活动的构造背景一直存有争议；另一个存在长期争议的重要问题是，扬子南缘四堡群（及相当地层）和丹洲群（及相当地层）之间约 0.82 Ga 时区域性不整合的构造意义，此不整合的成因是理解华南新元古代构造演化的一个关键问题。

从岩浆岩组合看，该期岩浆活动可细分为两期，第一期（0.84 ~ 0.82 Ga）广泛发育的岩浆岩主要为玄武岩-英安（流纹）岩构成的双峰式火山岩组合，以及同期的花岗岩和基性-超基性侵入岩组合，中性火成岩罕见或缺失，仅湖南益阳沧水铺等地有少量安山岩出露（王剑等，2003；Wang Y. J. et al., 2013）。玄武质岩石主要为高温熔岩，包括益阳科马提质玄武岩、碧口溢流玄武岩以及一些拉斑玄武岩-碱性玄武岩，很少见有钙碱性玄武岩，具典型板内玄武岩的地球化学特征。第二期（0.81 ~ 0.75 Ga）岩浆岩广泛分布于整个华南大陆，以双峰式侵入岩-火山岩以及辉绿岩岩脉和花岗质侵入岩为特征，罕见中性火成岩。该期玄武质岩石的微量元素变化较大，具有 OIB 向 N-MORB 过渡的特征。

华南新元古代中期沉积盆地是典型的大陆裂谷盆地，包括扬子地块西缘南北走向的康滇盆地和南缘北东走向的南华盆地（王剑，2000；Wang and Li, 2003）。地层和沉积相分析表明，盆地内新元古代地层由四个主要沉积岩组合构成，代表裂谷作用的四个阶段（Wang and Li, 2003）：第一阶段发生在 0.84 ~ 0.82 Ga 时期双峰式岩浆活动之后，即大约在 0.82 Ga；第二阶段约发生在 0.80 Ga；第三阶段是主裂谷阶段，发生在 0.78 ~ 0.75 Ga 期间，第二和第三阶段广泛发育裂谷有关的火山岩；第四阶段处于南沱冰期，属大陆裂谷-漂移期，火山活动很弱。值得注意的是，0.83 ~ 0.82 Ga 时期广泛的岩浆活动时间与 0.82 Ga

新元古代中期不整合面的形成时间非常接近，并伴随着有区域性地壳隆起和去顶作用（Li et al., 1999；Wang and Li, 2003）。

新元古代中期不整合面长期被认为是造山作用所致。因此许多研究者认为，不整合面下伏的四堡群（及相当地层）沉积于弧后盆地的构造环境（Gu et al., 2002；Wang X. L. et al., 2007；Wang W. et al., 2012, 2013, 2016）。但是，最近的研究表明，四堡群（及相当地层）和丹洲群（及相当地层）都发育于大陆裂谷盆地之中（Wang X. C. et al., 2008；Yang et al., 2015），其证据有：①新元古代中期不整合的时限为824～819 Ma，因此不整合面上覆与下伏的地层之间没有明显的时间间隔；②在四堡群上部和丹洲群底部沉积岩中，碎屑锆石的年龄分布样式和 Hf-O 同位素特征极为相似，表明二者具有相同的物源区，并沉积于相似的构造环境中；③沉积岩中出现大量的低 $\delta^{18}O$ 值碎屑锆石颗粒，与约在 0.85 Ga 广泛分布的板内非造山岩浆作用相一致，表明 0.85～0.83 Ga 时期的四堡群和 0.82～0.72 Ga 时期的丹洲群最可能沉积于陆内裂谷盆地环境。

作为新元古代中期岩浆活动的一个显著特征，扬子地块北缘和西北缘都广泛发育低 $\delta^{18}O$ 值岩浆岩（Zheng et al., 2004, 2007, 2008a, 2008b；Liu and Zhang, 2013）。虽然扬子地块南缘尚未发现低 $\delta^{18}O$ 值花岗岩，但相当一部分沉积岩中已发现低于 5‰ 的低 $\delta^{18}O$ 值碎屑锆石（Wang et al., 2011；Yang et al., 2015），表明沉积岩的物源区具有低 $\delta^{18}O$ 值花岗质岩石。破火山口和裂谷构造是地表热液系统最发育的地区，也是地表水参与深部循环的最有利环境。而高温水–岩反应是低 $\delta^{18}O$ 值花岗质岩石的主要成因（Zheng et al., 2008a；Bindeman, 2011）。因此，扬子地块周缘新元古代中期大规模低 $\delta^{18}O$ 值花岗质岩石的形成，与同时期发育板内玄武岩的大陆裂谷盆地构造背景相一致。然而，对于这些低 $\delta^{18}O$ 值花岗质岩石的成因，研究者尚有不同的看法（Wang et al., 2017；Huang et al., 2019）。

华夏地块由于受到古生代以来多期次造山运动和岩浆作用的改造，少有完整的新元古代中期沉积记录得以保存。闽北年龄约 0.82 Ga 的马面山双峰式火山岩与扬子地块南缘新元古代南华盆地底部的双峰火山岩在时代、岩石组合及地球化学特征上都非常相似（Li et al., 2005），表明介于扬子地块和华夏地块之间的南华裂谷盆地，应该发育在一个统一的华南大陆背景之上。

9.4.4.4　华南新元古代岩浆–构造演化

根据新元古代玄武质岩石成因研究，结合区域地质与盆地演化等方面资料，作者等曾提出华南新元古代早–中期的地球动力学演化模型（图9.12；李献华等，2008；Wang et al., 2009）。

在 1.00～0.90 Ga 的四堡造山期间，扬子地块南北两侧同时发生大洋板块双向俯冲，形成新元古代的活动大陆边缘岩浆岩。俯冲作用改变了扬子地块次大陆岩石圈地幔（Subcontiental Lithosphere Mantle, SCLM）的组成，导致 SCLM 选择性富集强不相容元素和一些含水矿物。另外，来自软流圈的流体–熔体的长期渗透，也可能导致 SCLM 组成的改变。这些过程会在 SCLM 中，形成新的单斜辉石、石榴子石，以及少量金红石、磷灰石，还可能形成少量变质成因的石榴辉石岩。因此，改造后的 SCLM 具有较低的固相线温度。

在 0.89～0.85 Ga 期间的区域构造体制，从四堡运动转变为陆内非造山–裂谷环境。在约 0.83 Ga，华南岩石圈地幔底部受到上升的地幔柱头部冲击，引起岩石圈内部的热传导，诱发含水的 SCLM 发生部分熔融，沿着早期的构造薄弱带发生幔源岩浆侵位，如约 0.85 Ga 的神坞辉绿岩等。地幔柱活动的直接证据是出现约 0.83 Ga 的益阳科马提质玄武岩和大规模的地壳区域性抬升和去顶。地幔柱头部的上升会造成岩石圈的热侵蚀和抬升，最终导致岩石圈沿着早期缝合带减薄；地幔柱提供的热量会诱发地壳深熔作用，从而形成大范围的花岗质岩浆活动。

这一时期形成的玄武岩大多具有贫 FeO、亏损高场强元素（High Field Strength Element, HFSE）的特征，主要来源于 SCLM，与卡鲁（Karoo）和西伯利亚大陆溢流玄武岩特征非常相似（Lassiter and DePaolo, 1997）。

0.82～0.80 Ga 期间，华南岩石圈的厚度可能从 100 km 左右，减薄到 ≤70 km，同时伴随着强烈的大陆裂谷作用。大量 0.82～0.81 Ga 时期的大陆溢流玄武岩，以碧口群溢流玄武岩为代表，可能底侵在壳幔过渡带，导致这一时期地壳增厚。

(a)1.00~0.90 Ga:扬子陆块南北缘洋壳俯冲形成岩浆弧并交代SCLM

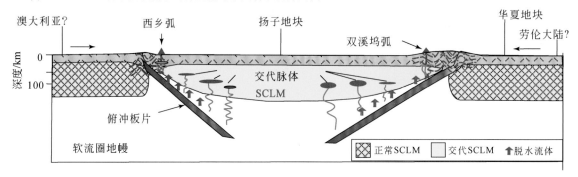

(b)~825 Ma:高温科马提质玄武岩和陆溢流玄武岩开始喷发

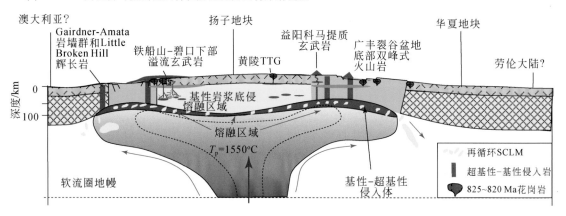

(c)810~800 Ma:地幔柱直接部分熔融

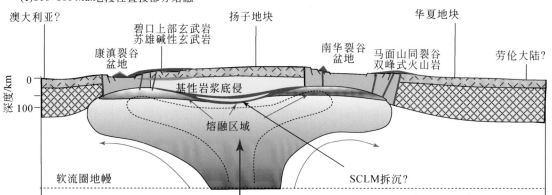

(d)790~760 Ma:高温玄武岩-基性岩墙群和双峰式火山岩形成

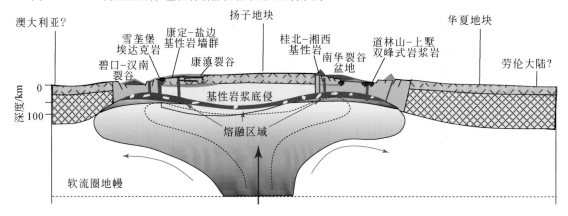

图9.12　华南新元古代早-中期地球动力学演化模型图（李献华等，2008；Wang et al.，2009，修改）

　　华南岩石圈厚度在 0.79 ~ 0.75 Ga 期间进一步减薄，这个时期地幔源区处于异常热的状态，地幔潜能温度（T_p）的峰值约 1520℃。在伸展背景下，岩石圈底部和软流圈顶部发生大规模部分熔融。该时期扬子地块也有一些高温玄武质岩石，如西缘同德地区的苦橄岩脉，以及南缘桂北细碧岩和湘西辉绿岩（表 9.2），表明可能存在地幔柱活动。

9.5　华南在罗迪尼亚超大陆中的定位

　　绝大多数学者认为，扬子地块和华夏地块在新元古代拼合为统一的华南大陆，并属于罗迪尼亚超大陆的一个组成部分。但是，对于这两个地块拼合的具体时间以及华南大陆在罗迪尼亚超大陆中的定位，一直存在两种不同的观点。一种观点认为，华南大陆位于澳大利亚-东南极洲和劳伦古陆之间，处于罗迪尼亚超大陆的"中心"位置（Li Z. X. et al., 1995, 2002, 2008a）。在约 1.00 Ga 时，扬子地块和华夏地块先在西部拼合（Li et al., 2002, 2007；Li et al., 2006），而然两个地块逐渐向东拼合，最终在约 0.89 ~ 0.88 Ga 时期完全拼合（Ye et al., 2007；Li W. X. et al., 2008b；Li et al., 2009）。华南和其他大陆在 0.83 ~ 0.75 Ga 时期大规模非造山岩浆活动，与造成罗迪尼亚超大陆最终裂解的新元古代中期超级地幔柱活动有关（Li et al., 2003；Wang X. C. et al., 2007, 2008）。

　　然而另一种观点认为，扬子地块和华夏地块在 0.83 ~ 0.82 Ga 时期通过陆-陆或陆-弧-陆碰撞、拼合，形成统一的华南大陆（Li, 1999；Wang X. L. et al., 2006, 2007, 2008；Zheng et al., 2007, 2008b；Zhao et al., 2011；Wang Y. J. et al., 2013）；华南大陆可能处于罗迪尼亚超大陆的北缘（Zhou et al., 2006；Yu et al., 2008；Cawood et al., 2013；Wang Y. J. et al., 2013）。此外，还有一个"折衷"观点认为，约 0.82 Ga 时，由于扬子地块东南缘地幔柱和岩浆弧的共存，导致同时发生与二者相关的岩浆作用（Zhang et al., 2013a）。

　　重建某个具体的大陆（地块）在罗迪尼亚超大陆中的位置，需要取得有关超大陆聚合前的大陆（地块）基底组成、演化历史，造山带、盆地演化历史，高质量的同位素地质年代学、古地磁数据，超大陆裂解时对应的裂谷边界、地幔柱事件以及与地幔柱相关的火山作用、基性岩墙群等多学科研究资料的综合约束（Li Z. X. et al., 2008a）。

　　近年来，华南新元古代古地磁资料的报道日益增多（Li et al., 2004；Niu et al., 2016；Jing et al., 2020, 2021）。根据这些古地磁资料，华南大陆在罗迪尼亚超大陆中定位，可能置于两个位置：一是介于劳伦古陆、澳大利亚和南极大陆之间，即处于超大陆的核心位置（Li et al., 1995）；另一是邻近澳大利亚大陆西部和印度大陆南部，处于超大陆的边缘位置。最近，Jing 等（2021）根据古地磁研究结果，将华南大陆、印度大陆和喀拉哈里（Kalahari）大陆共同置于劳伦大陆的西南部。此外，Wang 等（2021）根据地层和碎屑锆石年代学对比，认为华南大陆和印度大陆邻近，处于超大陆的北缘。

　　如果华南大陆位于罗迪尼亚超大陆的北缘，在新元古代大多数时期，扬子地块西北缘应该存在一个长期的活动大陆边缘。尽管碎屑锆石研究支持这种认识（Wang et al., 2021），但是岩石地球化学研究并不苟同这一观点。对这个时期玄武质岩石的成因和形成的构造背景研究表明，扬子地块活动大陆边缘持续时限在 0.95 ~ 0.89 Ga，并从 0.89 ~ 0.82 Ga 开始进入板内大陆裂谷环境（Ling et al., 2003；Zhou J. L. et al., 2018）。扬子地块西北缘约 0.82 ~ 0.81 Ga 时期的碧口群玄武岩很可能是地幔柱成因的大陆溢流玄武岩的残余（Wang X. C. et al., 2008），与同时期出现的地幔柱相关的约 0.83 Ga 益阳科马提质玄武岩（Wang X. C. et al., 2007）一致。

　　此外，扬子地块北缘至东北缘，大别-苏鲁造山带的许多新元古代中期岩浆岩具有异常低 $\delta^{18}O$ 值的特征，表明裂谷盆地中强烈的高温水-岩反应导致低 $\delta^{18}O$ 值岩浆岩的产生（Zhang et al., 2009；Zheng et al., 2009b；Liu and Zhang, 2013），同样的低 $\delta^{18}O$ 值碎屑岩和岩浆岩锆石在扬子地块西缘和南缘，以致在华夏地块均有报道（Huang et al., 2019；Zou et al., 2021），揭示一个环扬子地块的低 $\delta^{18}O$ 值岩浆活动带。上述地质证据表明，在新元古代中期，环绕扬子地块存在着一系列的大陆裂谷，而不是活动大陆边缘，并且也不支持将华南大陆定位于罗迪尼亚超大陆的北缘。

　　从表 9.1 扬子地块与华夏地块前寒武纪岩浆活动的年代记录可以看出，华夏地块的一个独特记录是海南岛出露年龄约1.43 Ga的非造山花岗岩（Li Z. X. et al., 2002, 2008a; Yao et al., 2017），很可能属于劳伦大陆南部1.50~1.30 Ga时期非造山岩浆带的西延部分（Nyman et al., 1994），该岩浆带也可能成为中元古代晚期华夏地块与劳伦大陆沉积物的共同物源区（Li Z. X. et al., 2008b）。但是迄今为止，在扬子地块尚未发现约1.40 Ga的非造山花岗质岩石。最近据报道，在澳大利亚中部和南极洲东部（Goodge et al., 2008）均见有年龄约1.40 Ga的少量岩浆岩。这些发现支持古SWEAT（Southwest United States-East Antarrctic Connection）型哥伦比亚超大陆重建模型，将华夏地块置于澳大利亚–东南极洲和劳亚古陆之间（Li Z. X. et al., 2008a; Zhang S. H. et al., 2012; Pisarevsky et al., 2013）。

扬子地块东南缘田里片岩的变质时代为1.04~0.94 Ga，与变质–变形的双溪坞岛弧岩浆岩（0.96~0.89 Ga）基本同时（Ye et al., 2007; Li et al., 2007; Li et al., 2009）。双溪坞岛弧岩浆岩被未变质–变形的约0.85 Ga神坞辉绿岩岩脉侵入（Li X. H. et al., 2008），后者与邻近地区约0.85 Ga珍珠山双峰式火山岩（Li W. X. et al., 2010）、港边碱性岩（Li X. H. et al., 2010）以及华夏地块北部的板内基性岩浆岩（Shu et al., 2006, 2011）属同时代产物，表明约在0.85 Ga时，华南大陆已经从四堡造山期的挤压环境，转换为陆内非造山的伸展环境。扬子地块南缘0.85~0.83 Ga时期的四堡群（及同时代地层）应沉积形成于非造山伸展盆地中（高林志等，2010; Yang et al., 2015）。

根据IGCP-440项目"罗迪尼亚超大陆聚合与裂解"工作组的项目总结（Li Z. X. et al., 2008a），华南大陆处于冈瓦纳和劳伦两大古陆之间。扬子地块和华夏地块最终在约0.90 Ga时拼合形成统一的华南大陆，完成了冈瓦纳和劳伦两个古陆的最终聚合。此外，华南四堡运动与印度东部的东高止山脉构造带（Eastern Ghats Belt）及南极东部的雷纳省（Rayner Province）造山运动的时限0.99~0.90 Ga一致，标志着罗迪尼亚超大陆在约0.90 Ga时最终聚合。新元古代中期0.83~0.75 Ga地幔柱（超地幔柱）活动，导致了全球范围的裂谷作用和非造山岩浆活动［图9.13(b)］。华南大陆保存了新元古代中期地幔柱活动和相关的板内岩浆活动的完整记录，并且最有可能位于地幔柱（超级地幔柱）的中心，但是在约0.75 Ga（图9.13; 0.85~0.74 Ga）时与罗迪尼亚超大陆分离。

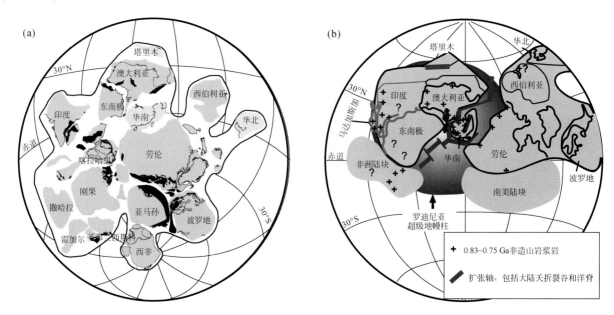

图9.13　（a）罗迪尼亚超大陆约0.90 Ga最终聚合和（b）0.83~0.75 Ga超级地幔柱活动
导致超大陆裂解（Li Z. X. et al., 2003, 2008a, 修改）

9.6　总　　结

通过综合华南新元古代玄武质岩石的年代学和地球化学研究成果，结合其他方面的地质资料，我们认为扬子地块周缘的第一组玄武质岩石（1.00~0.90 Ga）形成于活动大陆边缘构造环境，是扬子地块南北缘大洋板块向其下双向俯冲的结果。但是，华夏地块的同时代玄武质岩石形成于伸展构造环境。新元古代早期约 0.90 Ga 时，扬子地块和华夏地块的拼合形成了统一的华南大陆，并导致罗迪尼亚超大陆最终聚合。新元古代中期玄武质岩石主要为拉斑玄武岩和亚碱性玄武岩，0.85～0.80 Ga 玄武质岩石形成于早期裂谷盆地中，并且在 0.79～0.75 Ga 的主裂谷期岩浆活动达到顶峰。地幔柱（超地幔柱）活动对华南广泛的新元古代中期非造山岩浆活动起着重要作用，并造成华南大陆在约 0.75 Ga 时从罗迪尼亚超大陆分离。虽然华南大陆在罗迪尼亚超大陆的古位置目前仍然难于确定，但根据目前的各方面地质证据，劳伦-华夏-扬子-澳大利亚-东南极洲连接模型应该是目前最佳解决方案。

参 考 文 献

陈志洪, 邢光福, 郭坤一, 董永观, 陈荣, 曾勇, 李龙明, 贺振宇, 赵玲. 2009. 浙江平水群角斑岩的成因:锆石 U-Pb 年龄和 Hf 同位素制约. 科学通报, 54(5):610-617.

董树文, 薛怀民, 项新葵, 马立成. 2010. 赣北庐山地区新元古代细碧-角斑岩系枕状熔岩的发现及其地质意义. 中国地质, 37:1021-1033.

高林志, 戴传固, 刘燕学, 王敏, 王雪华, 陈建书, 丁孝忠, 张传恒, 曹茜, 刘建辉. 2010. 黔东南桂北地区四堡群凝灰岩锆石 SHRIMP U-Pb 年龄及其地层学意义. 地质通报, 29:1259-1267.

耿元生, 杨崇辉, 杜利林, 王新社, 任留东, 周喜文. 2007. 天宝山组形成时代和形成环境——锆石 SHRIMP U-Pb 年龄和地球化学证据. 地质论评, 53:556-563.

焦文放, 吴元保, 彭敏, 汪晶, 杨赛红. 2009. 扬子板块最古老岩石的锆石 U-Pb 年龄和 Hf 同位素组成. 中国科学(D 辑), 39:972-978.

金文山, 孙大中. 1997. 华南大陆深部地壳结构及其演化. 北京:地质出版社.

李献华, 李正祥, 周汉文, 刘颖, 梁细荣. 2002. 川西新元古代玄武质岩浆岩的锆石 U-Pb 年代学、元素和 Nd 同位素研究:岩石成因与地球动力学意义. 地学前缘, 9(4):329-338.

李献华, 王选策, 李武显, 李正祥. 2008. 华南新元古代玄武质岩石成因与构造意义:从造山运动到陆内裂谷. 地球化学, 37:382-398.

凌文黎, 高山, 程建萍, 江麟生, 袁洪林, 胡兆初. 2006. 扬子陆核与陆缘新元古代岩浆事件对比及其构造意义——来自黄陵和汉南侵入杂岩 LA-ICPMS 锆石 U-Pb 同位素年代学的约束. 岩石学报, 22(2):387-396.

凌文黎, 任邦方, 段瑞春, 柳小明, 毛新武, 彭练红, 刘早学, 程建萍, 杨红梅. 2007. 南秦岭武当山群、耀岭河群及基性侵入岩群锆石 U-Pb 同位素年代学及其地质意义. 科学通报, 52(12):1445-1456.

刘邦秀, 刘春根, 邱永泉. 2001. 江西南部鹤仔片麻状花岗岩类 Pb-Pb 同位素年龄及地质意义. 火山地质与矿产, 22:264-268.

刘树文, 杨朋涛, 王宗起, 罗平, 王永庆, 罗国辉, 王伟, 郭博然. 2013. 赣东北婺源-德兴地区新元古代浅变质火山岩的地球化学和锆石 U-Pb 年龄. 岩石学报, 29(2):581-593.

马国干, 张自超, 李华芹, 陈平, 黄照先. 1989. 扬子地台震旦系同位素年代地层学研究. 宜昌地质矿产研究所所刊, 14:83-123.

沈渭洲, 高剑峰, 徐士进, 周国庆. 2002. 扬子板块西缘泸定桥头基性杂岩体的地球化学特征和成因. 高校地质学报, 8:380-389.

舒良树, 邓平, 于津海, 王彦斌, 蒋少涌. 2008. 武夷山西缘流纹岩的形成时代及其地球化学特征. 中国科学 D 辑:地球科学, 38:950-959.

王剑. 2000. 华南新元古代裂谷盆地演化——兼论与 Rodinia 解体的关系. 北京:地质出版社.

王剑, 李献华, Duan T Z, 刘敦一, 宋彪, 李忠雄, 高永华. 2003. 沧水铺火山岩锆石 SHRIMP U-Pb 年龄及"南华系"底界新证据. 科学通报, 48(16):1726-1731.

王梦玺, 王焰, 赵军红. 2012. 扬子板块北缘周庵超镁铁质岩体锆石 U/Pb 年龄和 Hf-O 同位素特征:对源区性质和 Rodinia 超大陆裂解时限的约束. 科学通报, 57(34):3283-3294.

夏林圻, 夏祖春, 马中平, 徐学义, 李向民. 2009. 南秦岭中段西乡群火山岩岩石成因. 西北地质, 42:1-37.

熊庆, 郑建平, 余淳梅, 苏玉平, 汤华云, 张志海. 2008. 宜昌圈椅埫 A 型花岗岩锆石 U-Pb 年龄和 Hf 同位素与扬子大陆古元古代克拉通化作用. 科学通报, 53(22):2782-2792.

薛怀民, 马芳, 宋永勤. 2011. 扬子克拉通北缘随(州)-枣(阳)地区新元古代变质岩浆岩的地球化学和 SHRIMP 锆石 U-Pb 年代学研究. 岩石学报, 27(4):1116-1130.

杨崇辉, 耿元生, 杜利林, 任留东, 王新社, 周喜文, 杨铸生. 2009. 扬子地块西缘 Grenville 期花岗岩的厘定及其地质意义.

中国地质, 26: 647-657.

张丽娟, 马昌前, 王连训, 佘振兵, 王世明. 2011. 扬子地块北缘古元古代环斑花岗岩的发现及其意义. 科学通报, 56(1): 44-57.

Albarède F. 1992. How deep do common basaltic magmas form and differentiate? Journal of Geophysical Research, 97: 10997-11009.

Bao Z W, Wang Q, Bai G D, Zhao Z H, Song Y W, Liu X M. 2008. Geochronology and geochemistry of the Fangcheng Neoproterozoic alkali-syenites in East Qinling Orogen and its geodynamic implications. Chinese Science Bulletin, 53 (13): 2050-2061.

Bindeman I N. 2011. When do we need pan-global freeze to explain ^{18}O-depleted zircons and rocks? Geology, 39: 799-800.

Cawood P A, Wang Y, Xu Y, Zhao G. 2013. Locating South China in Rodinia and Gondwana: a fragment of greater India lithosphere? Geology, 41: 903-906.

Chen J, Foland K A, Xing F, Xu X, Zhou T. 1991. Magmatism along the southeastern margin of the Yangtze Block: Precambrian collision of the Yangtze and Cathaysia Blocks of China. Geology, 19: 815-818.

Chen Y X, Zheng Y F, Chen R X, Zhang S B, Li Q L, Dai M N, Chen L. 2011. Metamorphic growth and recrystallization of zircons in extremely 18O-depleted rocks during eclogite-facies metamorphism: evidence from U-Pb ages, trace elements, and O-Hf isotopes. Geochimica et Cosmochimica Acta, 75(17): 4877-4898.

Cheng J X, Li W X, Wang X C, Li X H, Pang C J. 2020. Petrogenesis of ca. 830 Ma Lushan bimodal volcanic rocks at the southeastern margin of the Yangtze Block, South China: implications for asthenospheric upwelling and reworking of juvenile crust. Precambrian Research, 342: 105673.

Cui X Z, Wang J, Sun Z M, Wang W, Deng Q, Ren G M, Liao S Y, Huang M D, Chen F L, Ren F. 2019. Early Paleoproterozoic (ca. 2.36 Ga) post-collisional granitoids in Yunnan, SW China: implications for linkage between Yangtze and Laurentia in the Columbia supercontinent. Journal of Asian Earth Sciences, 169: 308-322.

Cui X Z, Wang J, Ren G M, Deng Q, Sun Z M, Ren F, Chen F L. 2020. Paleoproterozoic tectonic evolution of the Yangtze Block: new evidence from ca. 2.36 to 2.22 Ga magmatism and 1.96 Ga metamorphism in the Cuoke Complex, SW China. Precambrian Research, 337: 105525.

Cui X Z, Wang J, Wang X C, Wilde S A, Ren G M, Li S J, Deng Q, Ren F, Liu J P. 2021. Early crustal evolution of the Yangtze Block: constraints from zircon U-Pb-Hf isotope systematics of 3.1−1.9 Ga granitoids in the Cuoke Complex, SW China. Precambrian Research, 357: 106155.

Dong Y P, Liu X M, Santosh M, Zhang X N, Chen Q, Yang C, Yang Z. 2011. Neoproterozoic subduction tectonics of the northwestern Yangtze Block in South China: constrains from zircon U-Pb geochronology and geochemistry of mafic intrusions in the Hannan Massif. Precambrian Research, 189: 66-90.

Dong Y P, Liu X M, Santosh M, Chen Q, Zhang X, He D, Zhang G. W. 2012. Neoproterozoic accretionary tectonics along the north-western margin of the Yangtze Block, China: constraints from zircon U-Pb geochronology and geochemistry. Precambrian Research, 196-197: 247-274.

Deng H, Peng S, Polat A, Kusky T, Jiang X, Han Q, Wang L, Huang Y, Wang J, Zeng W, Hu Z. 2017. Neoproterozoic IAT intrusion into Mesoproterozoic MOR Miaowan ophiolite, Yangtze Craton: evidence for evolving tectonic settings. Precambrian Research, 289: 75-94.

Fan H P, Zhu W G, Li Z X, Zhong H, Bai Z J, He D F, Chen C J, Cao C Y. 2013. Ca. 1.5 Ga mafic magmatism in South China during the break-up of the supercontinent Nuna/Columbia: the Zhuqing Fe-Ti-V oxide ore-bearing mafic intrusions in western Yangtze Block. Lithos, 168-169: 85-98.

Fu B, Kita N T, Wilde S A, Liu X C, Cliff J, Greig A. 2013. Origin of the Tongbai-Dabie-Sulu Neoproterozoic low-^{18}O igneous province, east-central China. Contributions to Mineralogy and Petrology, 165(4): 641-662.

Gao S, Yang J, Zhou L, Li M, Hu Z C, Guo J L, Yuan H L, Gong H J, Xiao G Q, Wei J Q. 2011. Age and growth of the Archean Kongling terrain. South China, with emphasis on 3.3 Ga granitoid gneisses. American Journal of Science, 311: 153-182.

Goodge J W, Vervoort J D, Fanning C M, Brecke D M, Farmer G L, Williams I S, Myrow P M, DePaolo D J. 2008. A positive test of East Antarctica-Laurentia juxtaposition within the Rodinia supercontinent. Science, 321: 235-240.

Greentree M R, Li Z X. 2008. The oldest known rocks in south-western China: SHRIMP U-Pb magmatic crystallisation age and detrital provenance analysis of the Paleoproterozoic Dahongshan Group. Journal of Asian Earth Sciences, 33: 289-302.

Greentree M R, Li Z X, Li X H, Wu H. 2006. Late Mesoproterozoic to Earliest Neoproterozoic basin record of the Sibao Orogenesis in western South China and relationship to the assembly of Rodinia. Precambrian Research, 151: 79-100.

Gu X X, Liu J M, Zheng M H, Tang J X, Qi L. 2002. Provenance and tectonic setting of the Proterozoic turbidites in Hunan, South

China: geochemical evidence. Journal of Sedimentary Research, 72: 393-407.

Guo J L, Gao S, Wu Y B, Li M, Chen K, Hu Z C, Liang Z W, Liu Y S, Zong K Q, Zhang W, Cehn H H. 2014. 3.45 Ga granitic gneisses from the Yangtze Craton, South China: implications for Early Archean crustal growth. Precambrian Research, 242: 82-95.

He D F, Li C X, Li Y Q, Mei Q H. 2017. Neoproterozoic rifting in the Upper Yangtze Continental Block: constraints from granites in the Well W117 borehole, South China. Scientific Resports, 7: 1254.

Herzberg C, O'Hara M J. 2002. Plume-associated ultramafic magmas of Phanerozoic age. Journal of Petrology, 43: 1857-1883.

Herzberg C, Asimow P D, Arndt N, Niu Y, Lesher C M, Fitton J G, Saunders A D. 2007. Temperature in ambient mantle and plumes: constraints from basalts, picrites, and komatiites. Geochemistry, Geophysics, Geosystems, 8: Q02006.

Hu J, Liu X C, Chen L Y, Qu W, Li H K, Geng J Z, 2013. A ~2.5 Ga magmatic event at the northern margin of the Yangtze Craton: evidence from U/Pb dating and Hf isotopic analysis of zircons from the Douling Complex in the South Qinling Orogeny. Chinese Science Bulletin, 58(Z2): 3564-3579.

Huang D L, Wang X L, Xia X P, Wan Y S, Zhang F F, Li J Y, Du D H. 2019. Neo-proterozoic low-δ^{18}O zircons revisited: implications for Rodinia configuration. Geophysical Research Letters, 46(2): 678-688.

Huang X L, Xu Y G, Li X H, Li W X, Lan J B, Zhang H H, Liu Y S, Wang Y B, Li H Y, Luo Z Y, Yang Q J. 2008. Petrogenesis and tectonic implications of Neoproterozoic, highly fractionated type granites from Mianning, South China. Precambrian Research, 165: 190-204.

Huang X L, Xu Y G, Lan J B, Yang Q J, Luo Z Y. 2009. Neoproterozoic adakitic rocks from Mopanshan in the western Yangtze Craton: partial melts of a thickened lower crust. Lithos, 112: 367-381.

Hui B, Dong Y P, Cheng C, Long X P, Liu X M, Yang Z, Sun S, Zhang F, Varga J. 2017. Zircon U-Pb chronology, Hf isotope analysis and whole-rock geochemistry for the Neoarchean-Paleoproterozoic Yudongzi Complex, northwestern margin of the Yangtze Craton, China. Precambrian Research, 301: 65-85.

Jiang X, Peng S, Polat A, Kusky T, Wang L, Wu T, Lin M, Han Q. 2016. Geochemistry and geochronology of mylonitic metasedimentary rocks associated with the Proterozoic Miaowan ophiolite complex, Yangtze Craton, China: implications for geodynamic events. Precambrian Research, 279: 37-56.

Jiang X F, Hong Z L, Deng H, Han Q S. 2020. Ca 2.85 Ga Nb-enriched mafic dikes from the southern Huangling dome of the Yangtze Block, southern China: implications for Mesoarchean subduction zone processes. Geological Journal, 56(5): 2583-2601.

Jing X, Yang Z, Evans D A D, Tong Y, Xu Y, Wang H. 2020. A pan-latitudinal Rodinia in the Tonian true polar wander frame. Earth and Planetary Science Letters, 530: 115880.

Jing X, Evans D A D, Yang Z Y, Tong Y, Xu Y, Wang H. 2021. Inverted South China: a novel configuration for Rodinia and its breakup. Geology, 49: 463-467.

Lan Z W, Li X H, Zhu M Y, Chen Z Q, Zhang Q R, Li Q L, Lu D B, Liu Y, Tang G Q. 2014. A rapid and synchronous initiation of the wide spread Cryogenian glaciations. Precambrian Research, 255: 401-411.

Lassiter J C, DePaolo DJ. 1997. Plume/lithosphere interaction in the generation of continental and oceanic flood basalts: chemical and isotopic constraints. Geophysical Monograph, 100: 335-355.

Li J Y, Wang X L, Gu Z D. 2018. Early Neoproterozoic arc magmatism of the Tongmuliang Group on the northwestern margin of the Yangtze Block: implications for Rodinia assembly. Precambrian Research, 309: 181-197.

Li L M, Lin S F, Xing G F, Davis D W, Davis W J, Xiao W J, Yin C Q. 2013. Geochemistry and tectonic implications of Late Mesoproterozoic alkaline bimodal volcanic rocks from the Tieshajie Group in the southeastern Yangtze Block, South China. Precambrian Research, 230: 179-192.

Li L M, Lin S F, Xing G F, Davis D W, Jiang Y, Davis W, Zhang Y. 2016. Ca. 830 Ma back-arc type volcanic rocks in the eastern part of the Jiangnan Orogen: implications for the Neoproterozoic tectonic evolution of South China Block. Precambrian Research, 275: 209-224.

Li W X, Li X H. 2003. Adakitic granites within the NE Jiangxi ophiolites, South China: geochemical and Nd isotopic evidence. Precambrian Research, 122: 29-44.

Li W X, Li X H, Li Z X. 2005. Neoproterozoic bimodal magmatism in the Cathaysia Block of South China and its tectonic significance. Precambrian Research, 136: 51-66.

Li W X, Li X H, Li Z X. 2008a. Middle Neoproterozoic syn-rifting volcanic rocks in Guangfeng, South China: petrogenesis and tectonic significance. Geological Magazine, 145: 475-489.

Li W X, Li X H, Li Z X, Lou F S. 2008b. Obduction-type granites within the NE Jiangxi ophiolite: implications for the final amalgamation between the Yangtze and Cathaysia Blocks. Gondwana Research, 13: 288-301.

Li W X, Li X H, Li Z X. 2010. Ca. 850 Ma bimodal volcanic rocks in northeastern Jiangxi Province, South China: initial extension during the breakup of Rodinia? American Journal of Science, 310: 951-980.

Li X C, Zhao J H, Zhou M F, Gao J F, Sun W H, Tran M. 2018. Neoproterozoic granitoids from the Phan Si Pan Belt, Northwest Vietnam: implication for the tectonic linkage between Northwest Vietnam and the Yangtze Block. Precambrian Research, 309: 212-230.

Li X H. 1997. Timing of the Cathaysia Block Formation: constraints from SHRIMP U-Pb zircon geochronology. Episodes, 30: 188-192.

Li X H. 1999. U-Pb zircon ages of granites from the southern margin of the Yangtze Block: timing of Neoproterozoic Jinning Orogeny in SE China and implications for Rodinia assembly. Precambrian Research, 97: 43-57.

Li X H, Sun M, Wei G J, Liu Y, Lee C Y, Malpas J G. 2000. Geochemical and Sm-Nd isotopic study of amphibolites in the Cathaysia Block, SE China: evidence for extremely depleted mantle in the Paleoproterozoic. Precambrian Research, 102: 251-262.

Li X H, Li Z X, Ge W, Zhou H, Li W, Liu Y, Wingate M T D. 2003a. Neoproterozoic granitoids in South China: crustal melting above a mantle plume at ca. 825 Ma? Precambrian Research, 122: 45-83.

Li X H, Li Z X, Zhou H W, Liu Y, Liang X R, Li W X. 2003b. SHRIMP U-Pb zircon age, geochemistry and Nd isotope of the Guandaoshan pluton in SW Sichuan: petrogenesis and tectonic significance. Science in China Series D: Earth Sciences, 46: 73-83.

Li X H, Li Z X, Sinclair J A, Li W X, Carter G. 2006. Revisiting the "Yanbian Terrane": implications for Neoproterozoic tectonic evolution of the western Yangtze Block, South China. Precambrian Research, 151: 14-30.

Li X H, Li W X, Li Z X, Liu Y. 2008. 850−790 Ma bimodal volcanic and intrusive rocks in northern Zhejiang, South China: a major episode of continental rift magmatism during the breakup of Rodinia. Lithos, 102: 341-357.

Li X H, Li W X, Li Z X, Lo C H, Wang J, Ye M F, Yang Y H. 2009. Amalgamation between the Yangtze and Cathaysia Blocks in South China: constraints from SHRIMP U-Pb zircon ages, geochemistry and Nd-Hf isotopes of the Shuangxiwu volcanic rocks. Precambrian Research, 174: 117-128.

Li X H, Li W X, Li Z X, Lo C H, Wang J, Ye M F, Yang Y H. 2010. Petrogenesis and tectonic significance of the ~850 Ma Gangbian alkaline complex in South China: evidence from in situ zircon U-Pb dating, Hf-O isotopes and whole-rock geochemistry. Lithos, 114: 1-15.

Li X H, Li Z X, Li W X. 2014. Detrital zircon U-Pb age and Hf isotope constrains on the generation and reworking of Precambrian continental crust in the Cathaysia Block, South China: a synthesis. Gondwana Research, 25: 1202-1215.

Li Z X, Zhang L, Powell C M. 1995. South China in Rodinia: part of the missing link between Australia-East Antarctica and Laurentia? Geology, 23: 407-410.

Li Z X, Li X H, Kinny P D, Wang J. 1999. The break up of Rodinia: did it start with a man the plume beneath South China. Earth and Planetary Science Letters, 173: 171-181.

Li Z X, Li X H, Zhou H W, Kinny P D. 2002. Grenvillian continental collision in South China: new SHRIMP U-Pb zircon results and implications for the configuration of Rodinia. Geology, 30: 163-166.

Li Z X, Li X H, Kinny P D, Wang J, Zhang S. Zhou H. 2003. Geochronology of Neoproterozoic syn-rift magmatism in the Yangtze Craton, South China and correlations with other continents: evidence for a mantle superplume that broke up Rodinia. Precambrian Research, 122: 85-109.

Li Z X, Evans D A D, Zhang S. 2004. A 90° spin on Rodinia: possible causal links between the Neoproterozoic supercontinent, superplume, true polar wander and low-latitude glaciation. Earth and Planetary Science Letters, 220: 409-421.

Li Z X, Wartho J A, Occhipinti S, Zhang C L, Li X H, Wang J, Bao C. 2007. Early history of the eastern Sibao orogen (South China) during the assembly of Rodinia: new mica ^{40}Ar/^{39}Ar dating and SHRIMP U-Pb detrital zircon provenance constraints. Precambrian Research, 159: 79-94.

Li Z X, Bogdanova S V, Collins A S, Davidson A, De Waele B, Ernst R E, Fitzsimons I C W, Fuck R A, Gladkochub D P, Jacobs J, Karlstrom K E, Lu S, Natapov L M, Pease V, Pisarevsky S A, Thrane K, Vernikovsky V. 2008a. Assembly, configuration, and break-up history of Rodinia: a synthesis. Precambrian Research, 160: 179-210.

Li Z X, Li X H, Li W X, Ding S J. 2008b. Was Cathaysia part of Proterozoic Laurentia? new data from Hainan Island, South China. Terra Nova, 20: 154-164.

Li Z X, Li X H, Wartho J A, Clark C, Li W X, Zhang C L, Bao C M. 2010. Magmatic and metamorphic events during the Early Paleozoic Wuyi-Yunkai Orogeny, southeastern South China: new age constraints and pressure-temperature conditions. Geological Society of America Bulletin, 122: 772-793.

Lin G C, Li X H, Li W X. 2007. SHRIMP U-Pb zircon age, geochemistry and Nd-Hf isotopes of the Neoproterozoic mafic dykes from western Sichuan: petrogenesis and tectonic implications. Science in China Series D: Earth Sciences, 50: 1-16.

Ling W L, Gao S, Zhang B, Li H, Liu Y, Cheng J. 2003. Neoproterozoic tectonic evolution of the northwestern Yangtze Craton South China: implications for amalgamation and break-up of the Rodinia supercontinent. Precambrian Research, 122: 111-140.

Liu G C, Qian X, Li J, Zi J W, Zhao T Y, Feng Q L, Chen G Y, Hu S B. 2020. Geochronological and geochemical constraints on the petrogenesis of Early Paleoproterozoic (2.40-2.32 Ga) Nb-enriched mafic rocks in southwestern Yangtze Block and its tectonic implications. Journal of Earth Science, 31(1): 35-52.

Liu G C, Li J, Qian X, Feng Q L, Wang W, Chen G Y, Hu S B. 2021. Geochronological and geochemical constraints on the petrogenesis of Late Mesoproterozoic mafic and granitic rocks in the southwestern Yangtze Block. Geoscience Frontiers, 12: 39-52.

Liu J B, Zhang L M. 2013. Neoproterozoic low to negative $\delta^{18}O$ volcanic andintrusive rocks in the Qinling Mountains and their geological significance. Precambrian Research, 230: 138-167.

Liu R, Zhou H, Zhang L, Zhong Z, Zeng W, Xiang H, Jin S, Lu X, Li C. 2009. Paleoproterozoic reworking of ancient crust in the Cathaysia Block, South China: evidence from zircon trace elements, U-Pb and Lu-Hf isotopes. Chinese Science Bulletin, 54(9): 1543-1554.

Lyu P L, Li W X, Wang X C, Pang C J, Cheng J X, Li X H. 2017. Initial breakup of supercontinent Rodinia as recorded by ca. 860-840 Ma bimodal volcanism along the southeastern margin of the Yangtze Block, South China. Precambrian Research, 296: 148-167.

Miyashiro A. 1974. Volcanic rock series in island arc and active continental margins. American Journal of Sciences, 274: 321-355.

Niu J, Li Z X, Zhu W. 2016 Palaeomagnetism and geochronology of Mid-Neoproterozoic Yanbian dykes, South China: implications for a ca. 820-800 Ma true polar wander event and the reconstruction of Rodinia. In: Li Z X, Evans D A D, Murphy J B (eds). Supercontinent Cycles Through Earth History. Geological Society, London, Special Publications, 424: 191-211.

Nyman M W, Karlstrom K E, Kirby E, Graubard C M. 1994. Mesoproterozoic contractional orogeny in western North America: evidence from ca. 1.4 Ga plutons. Geology, 22: 901-904.

Peng S B, Kusky T M, Jiang X F, Wang L, Wang J P, Deng H. 2012. Geology, geochemistry, and geochronology of the Miaowan ophiolite, Yangtze Craton: implications for South China's amalgamation history with the Rodinian supercontinent. Gondwana Research, 21: 577-594

Pisarevsky S A, Elming S Å, Pesonen L J, Li Z X. 2013. Mesoproterozoic paleogeography: supercontinent and beyond. Precambrian Research, 244: 207-225.

Qi H, Zhao J H. 2020. Petrogenesis of the Neoproterozoic low-$\delta^{18}O$ granitoids at the western margin of the Yangtze Block in South China. Precambrian Research, 351: 105953.

Qiu X F, Ling W L, Liu X M, Kusky T, Berkana W, Zhang Y H, Gao Y J, Lu S S, Kuang H, Liu C X. 2011. Recognition of Grenvillian volcanic suite in the Shennongjia region and its tectonic significance for the South China Craton. Precambrian Research, 191: 101-119

Qiu Y M, Gao S, McNaughton N J, Groves D I, Ling W L. 2000. First evidence of ~3.2 Ga continental crust in the Yangtze Craton of South China and its implications for Archean crustal evolution and Phanerozoic tectonics. Geology, 28: 11-14

Shu L S, Faure M, Jiang S Y, Yang Q, Wang Y J. 2006. SHRIMP zircon U-Pb age, litho- and biostratigraphic analyses of the Huaiyu Domain in South China: evidence for a Neoproterozoic orogen, not Late Paleozoic-Early Mesozoic collision. Episodes, 29: 244-252.

Shu L S, Faure M, Yu J H, Jahn B M. 2011. Geochronological and geochemical features of the Cathaysia Block (South China): new evidence for the Neoproterozoic breakup of Rodinia. Precambrian Research, 187: 263-276.

Sinclair J A. 2001. A re-examination of the "Yanbian Ophiolite Suite": evidence for western extension of the Mesoproterozoic Sibao Orogen in South China. Geological Society of Australia, Abstract Volume, 65: 992100.

Sugawara T. 2000. Empirical relationships between temperature, pressure, and MgO content in olivine and pyroxene saturated liquid. Journal of Geophysical Research, 105: 8457-8472.

Sun W H, Zhou M F. 2008. The 860-Ma, Cordilleran-type Guandaoshan Dioritic Pluton in the Yangtze Block, SW China: implications for the Origin of Neoproterozoic Magmatism. Journal of Geology, 116: 238-253.

Sun W H, Zhou M F, Yan D P, Li J W, Ma Y X. 2008. Provenance and tectonic setting of the Neoproterozoic Yanbian Group, western Yangtze Block (SW China). Precambrian Research, 167: 213-236.

Vermeesch P. 2006. Tectonic discrimination diagrams revisited. Geochemistry, Geophysics, Geosystems, 7: Q06017.

Wan Y S, Liu D Y, Xu M, Zhuang J, Song B, Shi Y, Du L. 2007. SHRIMP U-Pb zircon geochronology and geochemistry of metavolcanic and metasedimentary rocks in Northwestern Fujian, Cathaysia Block, China: tectonic implications and the need to redefine lithostratigraphic units. Gondwana Research, 12: 166-183.

Wang J, Li Z X. 2003. History of Neoproterozoic rift basins in South China: implications for Rodinia break-up. Precambrian Research, 122: 141-158.

Wang Q, Wyman D A, Li Z X, Bao Z W, Zhao Z H, Wang Y X, Jian P, Yang Y H, Chen L L. 2010. Petrology, geochronology and geochemistry of ca. 780 Ma A-type granites in South China: petrogenesis and implications for crustal growth during the breakup of the supercontinent Rodinia. Precambrian Research, 178: 185-208.

Wang R R, Xu Z Q, Santosh M. 2019. Neoproterozoic magmatism in the northern margin of the Yangtze Block, China: implications for slab rollback in a subduction-related setting. Precambrian Research, 327: 176-195.

Wang W, Zhou M F, Yan D P, Li J W. 2012. Depositional age, provenance, and tectonic setting of the Neoproterozoic Sibao Group, southeastern Yangtze Block, South China. Precambrian Research, 192-195: 107-124.

Wang W, Zhou M F, Yan D P, Li L, John M. 2013. Detrital zircon record of Neoproterozoic active-margin sedimentation in the eastern Jiangnan Orogen, South China. Precambrian Research, 235: 1-19.

Wang W, Zhou M F, Zhao J H, Pandit M K, Zheng J P, Liu Z R. 2016. Neoproterozoic active continental margin in the southeastern Yangtze Block of South China: evidence from the ca. 830−810 Ma sedimentary strata. Sedimentary Geology, 342: 254-267.

Wang W, Cawood P A, Zhou M F, Pandit M K, Xia X P, Zhao J H. 2017. Low-O rhyolites from the Malani igneous suite: a positive test for South China and NW India linkage in Rodinia. Geophysical Research Letters, 44: 10298-10305.

Wang W, Cawood P A, Pandit M K, Xia X P, Raveggi M, Zhao J H, Zheng J P, Qi L. 2021. Fragmentation of South China from greater India during the Rodinia-Gondwana transition. Geology, 49: 228-232.

Wang X C, Li X H, Li W X, Li Z X. 2007. Ca. 825 Ma komatiitic basalts in South China: first evidence for >1500℃ mantle melts by a Rodinian mantle plume. Geology, 35: 1103-1106.

Wang X C, Li X H, Li W X, Li Z X, Liu Y, Yang Y H, Liang X R, Tu X L. 2008. The Bikou basalts in northwestern Yangtze Block, South China: remains of 820−810 Ma continental flood basalts? Geological Society of America Bulletin, 120: 1478-1492.

Wang X C, Li X H, Li W X, Li Z X. 2009. Variable involvements of mantle plumes in the genesis of Mid-Neoproterozoic basaltic rocks in South China: a review. Gondwana Research, 15: 381-395.

Wang X C, Li Z X, Li X H, Li Q L, Tang G Q, Zhang Q R, Liu Y. 2011. Nonglacialorigin for low-^{18}O Neoproterozoic magmas in the South China Block: evidence from new in-situ oxygen isotope analyses using SIMS. Geology, 39: 735-738.

Wang X L, Zhou J C, Qiu J S, Gao J F. 2004. Geochemistry of the Meso- to Neoproterozoic basic-acid rocks from Hunan Province South China: implications for the evolution of the western Jiangnan Orogen. Precambrian Research, 135: 79-103.

Wang X L, Zhou J C, Qiu J S, Zhang W, Liu X, Zhang G. 2006. LA-ICP-MS U-Pb zircon geochronology of the Neoproterozoic igneous rocks from northern Guangxi, South China: implications for tectonic evolution. Precambrian Research, 145: 111-130.

Wang X L, Zhou J C, Griffin W L, Wang R C, Qiu J S, O'Reilly S Y, Xu X S, Liu X M, Zhang G L. 2007. Detrital zircon geochronology of Precambrian basement sequences in the Jiangnan Orogen: dating the assembly of the Yangtze and Cathaysia Blocks. Precambrian Research, 159: 117-131.

Wang X L, Zhao G C, Zhou J C, Liu Y S, Hu J. 2008. Geochronology and Hf isotopes of zircon from volcanic rocks of the Shuangqiaoshan Group, South China: implications for the Neoproterozoic tectonic evolution of the eastern Jiangnan Orogen. Gondwana Research, 14: 355-367.

Wang X L, Shu L S, Xing G F, Zhou J C, Tang M, Shu X J, Qi L, Hu Y H. 2012. Post-orogenic extension in the eastern part of the Jiangnan Orogen: evidence from ca. 800−760 Ma volcanic rocks. Precambrian Research, 222-223: 404-423.

Wang Y J, Zhang A M, Cawood P A, Fan W M, Xu J, Zhang G, Zhang Y. 2013. Geochronological, geochemical and Nd-Hf-Os isotopic fingerprinting of an Early Neoproterozoic arc-back-arc system in South China and its accretionary assembly along the margin of Rodinia. Precambrian Research, 231: 343-371.

Winchester J A, Floyd P A. 1976. Geochemical magma type discrimination: application to altered and metamorphosed basic igneous rocks. Earth and Planetary Science Letters, 28: 459-469.

Wu L, Jia D, Li H, Deng F, Li Y. 2010. Provenance of detrital zircons from the Late Neoproterozoic to Ordovician sandstones of South China: implications for its continental affinity. Geological Magazine, 147: 974-980.

Wu R X, Zheng Y F, Wu Y B, Zhao Z F, Zhang S B, Liu X M, Wu F Y. 2006. Reworking of juvenile crust: element and isotope evidence from Neoproterozoic granodiorite in South China. Precambrian Research, 146: 179-212.

Wu T, Wang X C, Li W X, Wilde S A, Pang C J, Li J. 2018. The 825 Ma Yiyang high-MgO basalts of central South China: insights from Os-Hf-Nd data. Chemical Geology, 502: 107-121.

Wu Y B, Zheng Y F, Gao S, Jiao W F, Liu Y S. 2008. Zircon U-Pb age and trace element evidence for Paleoproterozoic granulite facies metamorphism and Archean crustal rocks in the Dabie Orogen. Lithos, 101: 308-322.

Wu Y B, Gao S, Zhang H F, Zheng J P, Liu X C, Wang H, Gong H J, Zhou L, Yuan H L. 2012. Geochemistry and zircon U-Pb geochronology of Paleoproterozoic arc related granitoid in the northwestern Yangtze Block and its geological implications. Precambrian Research, 200-203: 26-37.

Wu Y B, Zhou G, Gao S, Liu X, Qin Z, Wang H, Yang J, Yang S. 2014. Petrogenesis of Neoarchean TTG rocks in the Yangtze Craton and its implication for the formation of Archean TTGs. Precambrian Research, 254: 73-86.

Xia Y, Xu X S, Zhu K Y. 2012. Paleoproterozoic S- and A-type granites in southwestern Zhejiang: magmatism, metamorphism and implications for the crustal evolution of the Cathaysia basement. Precambrian Research, 216-219: 177-207.

Xiang H, Zhang L, Zhou H W, Zhong Z Q, Zeng W, Liu R, Jin S. 2008. U-Pb zircon geochronology and Hf isotope study of meta-morphosed basic-ultrabasic rocks from metamorphic basement in southwestern Zhejiang: the response of the Cathaysia Block to Indosinian orogenic event. Science in China Series D: Earth Sciences, 51: 788-800.

Yang C, Li X H, Wang X C, Lan Z. 2015. Mid-Neoproterozoic angular unconformity in the Yangtze Block revisited: insights from detrital zircon U-Pb age and Hf-O isotopes. Precambrian Research, 266: 156-178.

Yang Y N, Wang X C, Li Q L, Li X H. 2016. Integrated in situ U-Pb age and Hf-O analyses of zircon from Suixian group in northern Yangtze: new insights into the Neoproterozoic low-^{18}O magmas in the South China Block. Precambrian Research, 273: 151-164.

Yao J L, Shu L S, Santosh M, Li J Y. 2012. Precambrian crustal evolution of the South China Block and its relation to supercontinent history: constraints from U-Pb ages, Lu-Hf isotopes and REE geochemistry of zircons from sandstones and granodiorite. Precambrian Research, 208-211: 19-48.

Yao J L, Shu L S, Santosh M, Zhao G C. 2014. Neoproterozoic arc-related mafic-ultramafic rocks and syn-collision granite from the western segment of the Jiangnan Orogen, South China: constraints on the Neoproterozoic assembly of the Yangtze and Cathaysia Blocks. Precambrian Research, 243: 39-62.

Yao J L, Shu L S, Santosh M, Li J. 2015. Neoproterozoic arc-related andesite and orogeny-related unconformity in the eastern Jiangnan orogenic belt: constraints onthe assembly of the Yangtze and Cathaysia Blocks in South China. Precambrian Research, 262: 84-100.

Yao W H, Li Z X, Li W X, Li X H. 2017. Proterozoic tectonics of Hainan Island in supercontinent cycles: new insights from geo-chronological and isotopic results. Precambrian Research, dx. doi. org/10. 1016/j. precamres. 2017. 01. 001.

Ye M F, Li X H, Li W X, Liu Y, Li Z X. 2007. SHRIMP U-Pb zircon geochronological and geochemical evidence for Early Neoprot-erozoic Sibaoan magmatic arc along the southeastern margin of Yangtze Block. Gondwana Research, 12: 144-156.

Yu J H, O'Reilly S Y, Wanf L, Griffin W L, Zhang M, Wang R, Jiang S, Shu L. 2008. Where was South China in the Rodinia su-percontinent? Evidence from U-Pb geochronology and Hf isotopes of detrital zircons. Precambrian Research, 164: 1-15.

Yu J H, Wang L J, Griffin W L, O'Reilly S Y, Zhang M, Li C Z, Shu L S. 2009. A Paleoproterozoic orogeny recorded in a long-lived cratonic remnant (Wuyishan terrane), eastern Cathaysia Block, China. Precambrian Research, 174: 347-363.

Yu J H, O'Reilly S Y, Zhou M F, Griffin W L, Wang L J. 2012. U-Pb geochronology and Hf-Nd isotopic geochemistry of the Badu Complex, southeastern China: implications for the Precambrian crustal evolution and paleogeography of the Cathaysia Block. Precambrian Research, 222-223: 424-449.

Yuan X Y, Niu M L, Cai Q R, Wu Q, Zhu G, Li X C, Sun Y, Li C. 2021. Bimodal volcanic rocks in the northeastern margin of the Yangtze Block: response to breakup of Rodinia supercontinent. Lithos, 390-391: 106108.

Zhang A M, Wang Y J, Fan W M, Zhang Y Z, Yang J. 2012. Earliest Neoproterozoic (ca. 1.0 Ga) arc-back-arc-basin nature along the northern Yunkai Domain of the Cathaysia Block: geochronological and geochemical evidence from the metabasite. Precambrian Research, 220-221: 217-233.

Zhang C H, Gao L Z, Wu Z J, Shi X Y, Yan Q R, Li D. 2007. SHRIMP U-Pb zircon age of tuff from the Kunyang Group in central Yunnan: evidence for Grenvillian Orogeny in South China. Chinese Science Bulletin, 52(11): 1517-1525.

Zhang C L, Li H K, Santosh M. 2013a. Revisiting the tectonic evolution of South China: interaction between the Rodinia superplume and plate subduction? Terra Nova, 25: 212-220.

Zhang C L, Santosh M, Zou H B, Li H K, Huang W C. 2013b. The Fuchuan ophiolite in Jiangnan Orogen: geochemistry, zircon U-Pb geochronology, Hf isotope and implications for the Neoproterozoic assembly of South China. Lithos, 179: 263-274.

Zhang C L, Zou H B, Zhu Q B, Chen X Y. 2015. Late Mesoproterozoic to Early Neoproterozoic ridge subduction alongsouthern margin of the Jiangnan Orogen: new evidence from the northeastern Jiangxi ophiolite (NJO), South China. Precambrian Research, 268: 1-15.

Zhang S B, Zheng Y F, Zhao Z F, Wu Y B, Yuan H L, Wu F Y. 2009. Origin of TTG-like rocks from anatexis of ancient lower crust: geochemical evidence from Neoproterozoic granitoids in South China. Lithos, 113: 347-368.

Zhang S B, Wu R X, Zheng Y F. 2012. Neoproterozoic continental accretion in South China: geochemical evidence from the Fuchuan ophiolite in the Jiangnan Orogen. Precambrian Research, 220-221: 45-64.

Zhang S H, Li Z X, Evans D A D, Wu H C, Li H Y, Dong J. 2012. Pre-Rodinia supercontinent Nuna shaping up: a global synthesis with new paleomagnetic results from North China. Earth and Planetary Science Letters, 353-354: 145-155.

Zhang Y Z, Wang Y J. 2016. Early Neoproterozoic (~840 Ma) arc magmatism: geochronological and geochemical constraints on the metabasites in the central Jiangnan Orogen. Precambrian Research, 275: 1-17.

Zhang Y Z, Wang Y J, Fan W M, Zhang A M, Ma L Y. 2013. Geochronological and geochemical constraints on the metasomatised source for the Neoproterozoic (similar to 825 Ma) high-Mg volcanic rocks from the Cangshuipu area (Hunan Province) along the Jiangnan domain and their tectonic implications. Precambrian Research, 220: 139-157.

Zhao G, Cawood P A. 2012. Precambrian geology of China. Precambrian Research, 222-223: 13-54.

Zhao J H, Asimow P D. 2014. Neoproterozoic boninite-series rocks in South China: a depleted mantle source modified by sediment-derived melt. Chemical Geology, 388: 98-111.

Zhao J H, Zhou M F. 2007a. Geochemistry of Neoproterozoic mafic intrusions in the Panzhihua district (Sichuan Province, SW China): implications for subduction related metasomatism in the upper mantle. Precambrian Research, 152: 27-47.

Zhao J H, Zhou M F. 2007b. Neoproterozoic adakitic plutons and arc magmatism along the western margin of the Yangtze Block, South China. Journal of Geology, 115: 675-689.

Zhao J H, Zhou M F. 2008. Neoproterozoic adakitic plutons in the northern margin of the Yangtze Block, China: partial melting of a thickened lower crust and implications for secular crustal evolution. Lithos, 104: 231-248.

Zhao J H, Zhou M F. 2009. Secular evolution of the Neoproterozoic lithospheric mantle underneath the northern margin of the Yangtze Block, South China. Lithos, 107: 152-168.

Zhao J H, Zhou M F. 2013. Neoproterozoic high-Mg basalts formed by melting of ambient mantle in South China. Precambrian Research, 233: 193-205.

Zhao J H, Zhou M F, Yan D P, Yang Y H, Sun M. 2008. Zircon Lu-Hf isotopic constraints on Neoproterozoic subduction-related crustal growth along the western margin of the Yangtze Block, South China. Precambrian Research, 163: 189-209.

Zhao J H, Zhou M F, Yan D P, Zheng J P, Li J W. 2011. Reappraisal of the ages of Neoproterozoic strata in South China: no connection with the Grenvillian Orogeny. Geology, 39: 299-302.

Zhao T Y, Cawood P A, Wang K, Zi J W, Feng Q L, Nguyen Q M, Tran D M. 2019a. Neoarchean and Paleoproterozoic K-rich granites in the Phan Si Pan Complex, North Vietnam: constraints on the early crustal evolution of the Yangtze Block. Precambrian Research, 332: 105395.

Zhao T Y, Cawood P A, Zi J W, Wang K, Feng Q L, Nguyen Q M, Tran D M. 2019b. Early Paleoproterozoic magmatism in the Yangtze Block: evidence from zircon U-Pb ages, Sr-Nd-Hf isotopes and geochemistry of ca. 2.3 Ga and 2.1 Ga granitic rocks in the Phan Si Pan Complex, North Vietnam. Precambrian Research, 324: 253-268.

Zhao T Y, Li J, Liu G C, Cawood P A, Zi J W, Wang K, Feng Q L, Hu S B, Zeng W T, Zhang H. 2020. Petrogenesis of Archean TTGs and potassic granites in the southern Yangtze Block: constraints on the early formation of the Yangtze Block. Precambrian Research, 347: 105848.

Zhao X F, Zhou M F. 2011. Fe-Cu deposits in the Kangdian region, SW China: a Proterozoic IOCG (iron-oxide-copper-gold) metallogenic province. Mineralium Deposita, 46: 731-747.

Zhao X F, Zhou M F, Li J W, Wu F Y. 2008. Association of Neoproterozoic A- and I-type granites in South China: implications for generation of A-type granites in a subduction-related environment. Chemical Geology, 257: 1-15.

Zhao X F, Zhou M F, Li J W, Sum M, Gao J F, Sun W H, Yang J H. 2010. Late Paleoproterozoic to Early Mesoproterozoic Dongchuan Group in Yunnan, SW China: implications for tectonic evolution of the Yangtze Block. Precambrian Research, 182: 57-69.

Zheng Y F, Wu Y B, Chen F K, Gong B, Li L, Zhao Z F. 2004. Zircon U-Pb and oxygen isotope evidence for a large-scale ^{18}O depletion event in igneous rocks during the Neoproterozoic. Geochimica et Cosmochimica Acta, 68: 4145-4165.

Zheng Y F, Zhang S B, Zhao Z F, Wu Y B, Li X H, Li Z X, Wu F Y. 2007. Contrasting zircon Hf and O isotopes in the two episodes of Neoproterozoic granitoids in South China: implications for growth and reworking of continental crust. Lithos, 96: 127-150.

Zheng Y F, Gong B, Zhao Z F, Wu Y B, Chen F K. 2008a. Zircon U-Pb age and O isotope evidence for Neoproterozoic low-^{18}O magmatism during supercontinental rifting in South China: implications for the snowball earth event. American Journal of Science, 308:

484-516.

Zheng Y F, Wu R X, Wu Y B, Zhang S B, Yuan H L, Wu F Y. 2008b. Rift melting of juvenile arc-derived crust: geochemical evidence from Neoproterozoic volcanic and granitic rocks in the Jiangnan Orogen, South China. Precambrian Research, 163: 351-383.

Zheng Y F, Chen R X, Zhao Z F. 2009a. Chemical geodynamics of continental subduction-zone metamorphism: insights from studies of the Chinese continental scientific drilling (CCSD) core samples. Tectonophysics, 475: 327-358.

Zheng Y F, Gong B, Zhao Z F, Wu Y B, Chen F K. 2009b. Zircon U-Pb age and O isotope evidence for neoproterozoic low-^{18}O magmatism during supercontinental rifting in South China: implications for the snowball Earth event. American Journal of Science, 308: 484-516.

Zhou G, Wu Y B, Li L, Zhang W, Zheng J, Wang H, Yang S. 2018. Identification of ca. 2.65 Ga TTGs in the Yudongzi Complex and its implications for the early evolution of the Yangtze Block. Precambrian Research, 314: 240-263.

Zhou J B, Li X H, Ge W C, Li Z X. 2007. Age and origin of Middle Neoproterozoic mafic magmatism in southern Yangtze Block and relevance to the break-up of Rodinia. Gondwana Research, 12: 184-197.

Zhou J C, Wang X L, Qiu J S. 2009. Geochronology of Neoproterozoic mafic rocks and sandstones from northeastern Guizhou, South China: coeval arc magmatism and sedimentation. Precambrian Research, 170: 27-42.

Zhou J L, Li X H, Tang G Q, Gao B Y, Bao Z A, Ling X X, Wu L G, Lu K, Zhu Y S, Liao X. 2018. Ca. 890 Ma magmatism in the northwest Yangtze Block, South China: SIMS U-Pb dating, in-situ Hf-O isotopes, and tectonic implications. Journal of Asian Earth Sciences, 151: 101-111.

Zhou M F, Kennedy A K, Sun M, Malpas J, Lesher C M. 2002a. Neoproterozoic arc-related mafic intrusions along the northern margin of South China: implications for the accretion of Rodinia. Journal of Geology, 110: 611-618.

Zhou M F, Yan D P, Kennedy A K, Li Y, Ding J. 2002b. SHRIMP U-Pb zircon geochronological and geochemical evidence for Neoproterozoic arc-magmatism along the western margin of the Yangtze Block, South China. Earth and Planetary Science Letters, 196: 51-67.

Zhou M F, Yan D P, Wang C L, Qi L, Kennedy A K. 2006. Subduction-related origin of the 750 Ma Xuelongbao adakitic complex (Sichuan Province, China): implications for the tectonic setting of the giant Neoproterozoic magmatic event in South China. Earth and Planetary Science Letters, 248: 286-300.

Zhu J, Wu B, Wang L X, Peng S G, Zhou H W. 2018. Neoproterozoic bimodal volcanic rocks and granites in the western Dabie area, northern margin of Yangtze Block, China: implications for extension during the break-up of Rodinia. International Geology Review, DOI: 10.1080/00206814.2018.1512058.

Zhu W G, Zhong H, Li X H, Liu B G, Deng H L, Qin Y. 2007. ^{40}Ar-^{39}Ar age, geochemistry and Sr-Nd-Pb isotopes of the Neoproterozoic Lengshuiqing Cu-Ni sulfide-bearing mafic-ultramafic complex, SW China. Precambrian Research, 155: 98-124.

Zhu W G, Zhong H, Li X H, Deng H L, He D F, Wu K W, Bai Z J. 2008. SHRIMP zircon U-Pb geochronology, elemental, and Nd isotopic geochemistry of the Neoproterozoic mafic dykes in the Yanbian area, SW China. Precambrian Research, 164: 66-85.

Zhu W G, Li X H, Zhong H, Wang X C, He D F, Bai Z J, Liu F. 2010. The Tongde picritic dykes in the western Yangtze Block: evidence for ca. 800 Ma mantle plume magmatism in South China during the breakup of Rodinia. Journal of Geology, 118: 509-522.

Zhu W G, Zhong H, Li Z X, Bai Z J, Yang Y J. 2016. SIMS zircon U-Pb ages, geochemistry and Nd-Hf isotopes of ca. 1.0 Ga mafic dykes and volcanic rocks in the Huili area, SW China: origin and tectonic significance. Precambrian Research, 273: 67-89.

Zou H, Li Q L, Bagas L, Wang X C, Chen A Q, Li X H. 2021. A Neoproterozoic low-δ^{18}O magmatic ring around South China: implications for configuration and breakup of Rodinia supercontinent. Earth and Planetary Science Letters, 575: 117196.

第10章 华北克拉通燕辽裂陷带下马岭组辉长辉绿岩岩床的侵位年龄及成因机制

苏　犁[1]，王铁冠[2]，李献华[3]，宋述光[4]，杨书文[1]，张红雨[1]，张　骁[1]

1. 中国地质大学（北京）科学研究院，地质过程与矿产资源国家重点实验室，北京，100083；
2. 中国石油大学（北京），油气资源与探测国家重点实验室，北京，102249；
3. 中国科学院地质与地球物理研究所，岩石圈演化国家重点实验室，北京，100029；
4. 北京大学地球与空间科学学院，造山带与地壳演化教育部重点实验室，北京，100871

摘　要：在华北克拉通燕辽裂陷带北部，沿东西向分布延伸约 400 km 的下马岭组（Pt_2^3x）中，普遍含有辉长辉绿岩岩床或辉绿岩岩脉，尤其是在冀北坳陷，大面积出露 2～4 层辉长辉绿岩岩床自下而上，分别命名为 $\beta\mu1$～$\beta\mu4$，累计厚度达 117.5～312.3 m，约占下马岭组总厚度的 50%；而在燕辽裂陷带南部的京西坳陷和冀东坳陷，下马岭组则少见基性侵入体，揭示燕辽裂陷带北部中元古代大规模玄武质熔浆上侵中心位于冀北坳陷，幔源熔浆活动受控于燕辽裂陷带北缘边界深断裂。

二次离子质谱（Secondary Ion Mass Spectrometry，SIMS）斜锆石年代学研究表明，冀北坳陷侵入下马岭组的辉长辉绿岩岩床的 $^{207}Pb/^{206}Pb$ 年龄（$\beta\mu1$：1327.5±2.4 Ma；$\beta\mu3$：1327.3±2.3 Ma）指示下马岭组的年龄早于 1327 Ma。依据岩石学和地球化学特征，该期 $\beta\mu1$～$\beta\mu4$ 基性侵入体均具有典型板内玄武岩（WPB）的成分特征，并揭示华北克拉通存在着与哥伦比亚泛大陆裂解相关的中元古代裂谷岩浆活动。结合华北克拉通北缘下马岭组斑脱凝灰岩（1366～1372 Ma）、辉绿岩岩墙（约 1345 Ma）的分布、成分与侵位时限等研究，提出华北克拉通北缘约 1327 Ma 幔源熔浆大规模上侵至上部地壳，顺层侵入形成燕辽裂陷带广阔区带内的多层辉长辉绿岩岩床，标志着陆内裂谷逐渐发育成熟，华北克拉通北缘与哥伦比亚泛大陆裂离。

关键词：大陆裂谷、华北克拉通、中元古代、下马岭组、辉长辉绿岩岩床。

10.1　区域地质背景

华北克拉通呈一巨大的三角形古陆块，其北界为内蒙–兴安造山带、西接秦岭–大别–苏鲁造山带、东为郯庐深断裂，南邻扬子克拉通。吕梁运动导致华北克拉通发育多个中—新元古代裂陷带，包括北缘的白云鄂博裂陷带、燕辽裂陷带和泛河裂陷带，西南侧的豫陕（熊耳）裂陷带，东侧的胶辽徐淮裂陷带，各裂陷带发育巨厚的中元古代—新元古代沉积（乔秀夫和高林志，1999）。

燕辽裂陷带由宣龙、冀北、辽西、京西和冀东五个坳陷，以及山海关与密怀两个隆起所组成（图 10.1），坳陷内沉积盖层自下而上划分为中元古界长城系（Pt_2^1）、蓟县系（Pt_2^2）和下马岭组（Pt_2^3x）以及新元古界青白口系（Pt_3^1），缺失"玉溪系"（Pt_2^4）、南华系（Pt_3^2）和震旦系（Pt_3^3），地层总厚度为 4095～9260 m。五个坳陷中，长城系—青白口系地层层序、岩性、岩相的同一性，标志中元古代燕辽裂陷带各沉积坳陷之间无明显的古隆起分隔，整体处于统一的构造–沉积环境。由地层厚度变化分析，指示燕辽裂陷带中元古界沉积作用在中、东部坳陷形成巨厚沉积，西部坳陷沉积地层厚度明显变薄，沉降中心处于冀东坳陷和冀北坳陷一带，地层厚度达 8143～9260 m（图 10.1），密怀隆起属后元古代构造运动的产物。

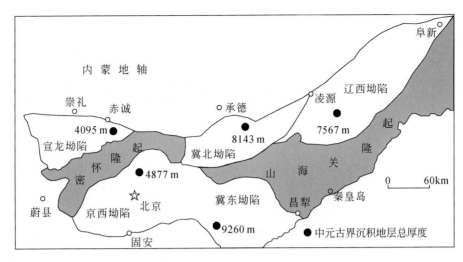

图 10.1　华北克拉通燕辽裂陷带构造分区及沉积厚度变化示意图（王铁冠，1980，修改）

　　燕辽裂陷带中元古界下马岭组（Pt_2^3x）主要为一套细粒碎屑岩沉积，上部以灰黑色和黄绿色粉砂质页岩为主，夹细粒粉砂岩；下部主要由灰色、灰紫色粗砂岩，灰黑色粉砂质页岩和粉砂岩组成；底部见有 2 ~ 4 m 厚的底砂岩，为纯硅质胶结石英砂岩，与下伏蓟县系铁岭组（Pt_2^2t）灰岩呈平行不整合接触，该期地壳运动命名为"芹峪上升"。其顶部受到不同程度的剥蚀，上覆为新元古界青白口系骆驼岭组（Pt_3^1l）砂岩，其间也呈平行不整合接触，称为"蔚县上升"。受"蔚县上升"与剥蚀作用的影响，在燕辽裂陷带的不同坳陷内，下马岭组的地层残余厚度变化甚大，从 540.6 m（宣龙坳陷）至 168.0 m（冀东坳陷）不等，冀北坳陷下马岭组厚 369.5 m（表 10.1）。

表 10.1　燕辽裂陷带下马岭组地层厚度变化表①

地层单元	地层厚度/m				
	宣龙坳陷	冀北坳陷	辽西坳陷	京西坳陷	冀东坳陷
下马岭组（Pt_2^3x）	540.6	369.5	303.4	249.0	168.0

　　下马岭组中含有实测年龄为 14 ~ 13.2 Ga 的凝灰岩、辉长辉绿岩岩墙（岩脉）（高林志等，2007，2008a，2008b；Gao et al.，2009；李怀坤等，2009；Zhang et al.，2009，2012；Su et al.，2010），揭示燕辽裂陷带下马岭组沉积时期处于特定构造体制下的幔源熔浆活动高峰期。裂陷带北部的宣龙-冀北-辽西坳陷，自张家口至凌源一线，东西向跨度超过 400 km，下马岭组含有辉长辉绿岩和辉绿岩的岩床或岩脉，特别是在冀北坳陷，广泛出露 2 ~ 4 层岩床，自下而上分别依次命名为 $\beta\mu1$ ~ $\beta\mu4$。据冀北坳陷中部承德、平泉、宽城、凌源境内 11 条下马岭组实测地层剖面的统计①，仅承德滴水岩剖面发育四层基性岩床，其他剖面均见两层或三层岩床（表 10.2）；辉长辉绿岩岩床的单层厚度从 13.3 m（宽城苇子沟，$\beta\mu2$）至 143.5 m（平泉双洞，$\beta\mu1$）不等，其中尤以 $\beta\mu1$ 岩床的厚度为最，厚度可达 63.5 m 以上；每条地层剖面的辉长辉绿岩岩床累计厚度则可达 117.5 m（宽城正沟）至 312.3 m（承德滴水岩），分别占下马岭组厚度的 42.7% ~ 62.2%（表 10.2），而且，每个岩床的顶底板围岩遭到强烈的热烘烤作用，普遍造成一定厚度的蚀变带。图 10.2 为宽城一带五条下马岭组剖面的地层对比栅状图，展示了该区 $\beta\mu1$ ~ $\beta\mu3$ 辉长辉绿岩岩床的横向产状变化。

---

　　① 燕山地区地质勘查三大队（王铁冠、高振中、刘怀波等），1979，燕山地区中段冀北坳陷石油地质基本特征，荆州：江汉石油学院，102 页。

表 10.2　冀北坳陷下马岭组辉长辉绿岩岩床厚度统计表①　　　　　　　　（单位：m）

岩性	承德	宽城						平泉			凌源
	滴水岩	老爷庙	三岔口	二道沟	正沟	苇子沟	窑顶沟	上庄	小金杖子	双洞	龙潭沟
围岩	1.3										
βμ4	67.1	44.4				70.5	67.7			缺失	61.2
围岩	74.8										
βμ3	47.2	54.4	250.3	136.1	122	58.7	83.0	222.5	221.6	66.7	65.9
围岩	47.0	28.3				66.7	43.78			79.1	38.9
βμ2	113.9	33.3				13.3	66.0			32.5	19.0
围岩	22.1	100.1				42.8	44.7			111.6	150.2
βμ1	84.1	116.3	81.1	109.4	63.5	97.0	77.0	69.5	78.9	143.5	79.6
围岩	45.6	43.5	33.8	87.6	89.9	112.5	126.2	33.9	45.9	44.9	37.5
累计厚度	312.3	204.0	231.2	142.2	117.5	169.0	226.0	161.6	165.4	242.7	164.5

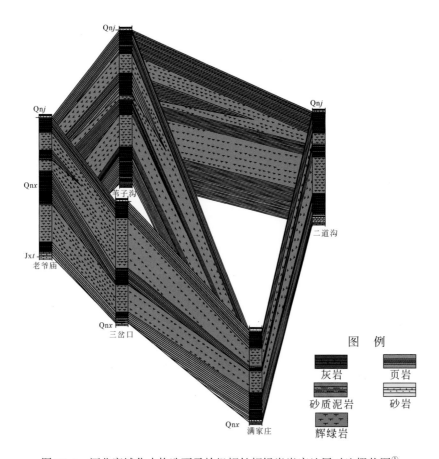

图 10.2　河北宽城化皮构造下马岭组辉长辉绿岩岩床地层对比栅状图①

　　宣龙坳陷下马岭组的基性侵入体明显增多，岩体厚度明显变薄，呈现岩脉或薄层岩床产状。以怀来赵家山剖面为例，下马岭组共含有九条辉绿岩岩床或岩脉，岩体厚度为 0.85~31.5 m，累计厚度仅 91 m，且岩床顶底板围岩蚀变带的厚度较薄，对下马岭组围岩的烘烤作用明显减弱。此外，燕辽裂陷带南部京西坳陷和冀东坳陷则未见下马岭组基性岩侵入体。从基性火成岩体的产出规模与分布状况来看，燕辽裂陷带中元古代晚期基性熔浆的上侵中心应位于冀北坳陷一带，该期基性熔浆的活动系显然是受到燕辽裂

　　① 燕山地区地质勘查三大队（王铁冠、高振中、刘怀波等），1979，燕山地区中段冀北坳陷石油地质基本特征，荆州：江汉石油学院，102 页。

陷带北缘边界深大断裂的制约。

　　以冀北坳陷凌源龙潭沟剖面为例，$\beta\mu1\sim\beta\mu4$ 岩床均导致顶底板明显的围岩蚀变，其中最厚的 $\beta\mu1$ 岩床蚀变最为显著，底板蚀变带厚 16.1 m，页岩均变成板岩和角岩，砂质、灰质条带分别变成石英岩和大理岩条带；而顶板蚀变带的厚度虽可达 60 m 以上，但蚀变强度较弱，蚀变程度也不均匀，页岩蚀变成板岩或碳质页岩。该剖面上四层岩床的岩浆侵入活动，使得下马岭组黑色页岩的有机质均达到过成熟的高演化状态，生烃潜力基本丧失殆尽（图 10.3）。

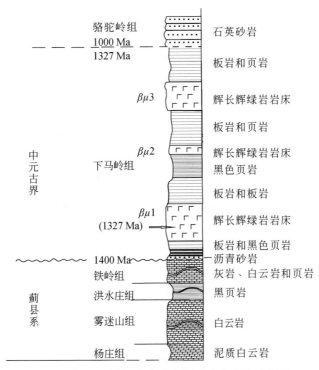

图 10.3　河北凌源龙潭沟剖面下马岭组地层剖面与辉长辉绿岩岩床产状示意图（Wang and Simoneit，1995）

　　在郭杖子单斜带北缘宽城县化皮溜子乡北杖子村，地质浅钻探井冀浅 2 井（JQ-2）清晰地揭示辉长辉绿岩岩床与围岩的接触关系 [图 10.4（a）、（b）]。该井从地表下马岭组中部砂岩露头开钻，钻穿 $\beta\mu1$ 隐晶质的辉绿岩岩床，岩床厚度达 115 m；其顶底板围岩蚀变强烈，顶板为 24.2 m 厚的灰白色变石英砂岩、钙质-硅质板岩，底板为深灰色、黑灰色板岩或角岩（图版 10.I）；$\beta\mu1$ 辉长辉绿岩岩床的岩石类型较为单一，主要为辉绿岩，局部相变成发育堆晶粒序层理的辉长岩，如距岩床顶部 66.1 m 和 111.3 m 处可见具有典型辉长结构的中粗晶辉长岩（图 10.5，图版 10.II）。

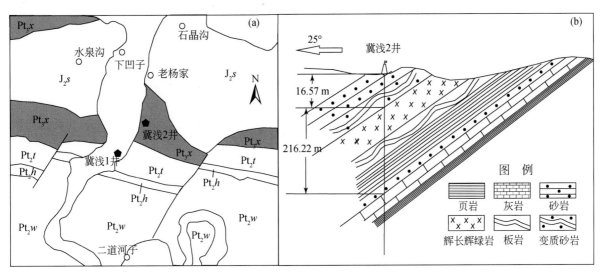

图 10.4　冀浅 2 井周缘地质图与钻井地质剖面图

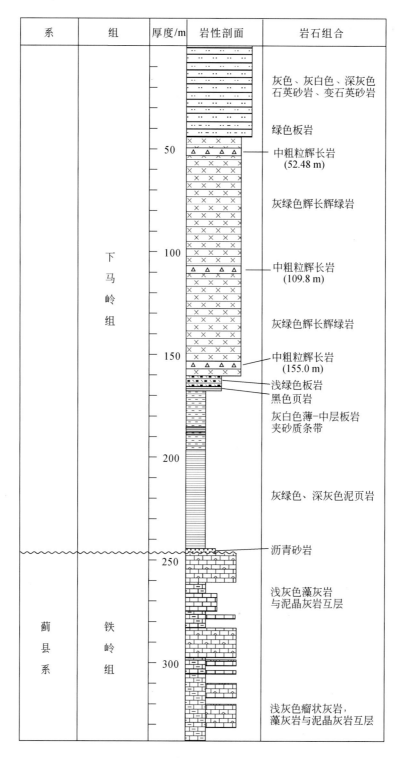

系	组	厚度/m	岩性剖面	岩石组合

下马岭组内容：
- 灰色、灰白色、深灰色石英砂岩、变石英砂岩
- 绿色板岩
- 中粗粒辉长岩 (52.48 m)
- 灰绿色辉长辉绿岩
- 中粗粒辉长岩 (109.8 m)
- 灰绿色辉长辉绿岩
- 中粗粒辉长岩 (155.0 m)
- 浅绿色板岩
- 黑色页岩
- 灰白色薄-中层板岩夹砂质条带
- 灰绿色、深灰色泥页岩
- 沥青砂岩

蓟县系 铁岭组内容：
- 浅灰色藻灰岩与泥晶灰岩互层
- 浅灰色瘤状灰岩，藻灰岩与泥晶灰岩互层

厚度标尺：50、100、150、200、250、300

图 10.5　冀浅 2 井地层柱状图

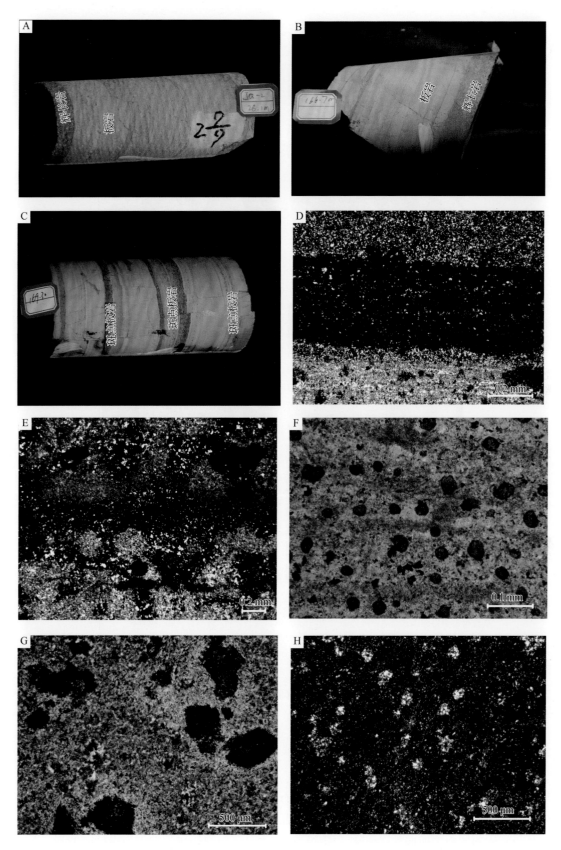

图版 10. I　冀浅 2 井辉长辉绿岩岩体与下马岭组围岩接触关系及其外接触带岩石显微特征照片

岩心照片：A. 辉长辉绿岩顶板与围岩接触关系；B. 辉长辉绿岩底板与围岩接触关系；C. 底板外接触带斑点板岩。岩石薄片显微照片：
D. 顶板钙质−硅质板岩；E. 底板硅质−钙质板岩；F. 底板钙质−硅质斑点板岩；G. 顶板硅质斑点板岩；H. 顶板硅质板岩中石英聚斑

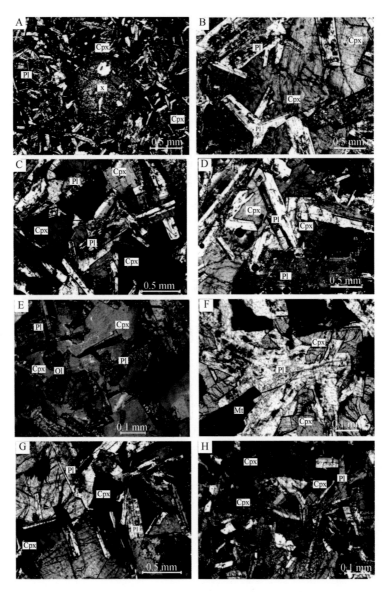

图版 10. II　冀浅 2 井辉长辉绿岩、辉长岩显微照片

从接触带向岩床内部结晶粒度逐渐增大。Cpx. 单斜辉石；Pl. 斜长石；Mt. 磁铁矿；x. 捕虏体

10.2　辉长辉绿岩岩床岩石学特征

10.2.1　接触变质带岩石学特征

　　对地表露头与冀浅 2 井（JQ-2）钻探岩心的岩石学观察揭示，冀北坳陷区辉长辉绿岩岩床主体呈顺层状侵入下马岭组（图版 10. IA、B），顶底板岩层均发生强烈的热变质，蚀变带厚 16 ~ 60 m，且围岩蚀变程度随其与岩床的间距增加而渐次递降（图 10.3）。下马岭组外接触带的围岩由硅质泥岩、长石石英粉砂岩、钙质泥岩、薄层灰岩等，因玄武质熔浆侵入引起热烘烤蚀变，普遍发生蚀变质重结晶（图版 10. IE、H），蚀变为硅质板岩、钙质板岩（图版 10. IC、D）和大理岩，也多见有含细晶绢云母+绿泥石+钙质+铁质微粒卵圆形球斑的斑点板岩层（图版 10. IC、F ~ H），部分硅质板岩局部也见石英聚晶构成的变斑状结构（图版 10. IH）。而辉长辉绿岩岩床的内接触带，主要由辉绿岩、细粒辉长岩组成，常含有长石石英砂岩、灰岩等围岩捕虏体（图版 10. IIA）。

冀北坳陷区辉长辉绿岩岩床顶底板围岩受到热烘烤作用影响，重结晶变质程度高，明显有别于下马岭组主体岩石；岩体与围岩侵入关系揭示玄武质熔浆以顺层侵入成岩为特征（图版 10. IA、B），玄武质熔浆的侵入并未造成下马岭组页岩明显的脆性破裂，反映该期玄武质熔浆的侵入和定位时间应与下马岭组沉积物的埋藏成岩作用近于呈准同生关系。

10.2.2　辉长辉绿岩岩床的岩石学特征

冀北坳陷下马岭组辉长辉绿岩岩床的内接触带为辉长辉绿岩、细粒辉长岩、辉长闪长岩，含有围岩捕房体（图版 10. IIA）。据冀浅 2 井（JQ-2）$\beta\mu1$ 辉长辉绿岩岩床的岩心观察，该类基性岩床的岩石类型单一，主体为辉绿岩（图版 10. IIA）和晶粒粒径不等的辉长岩（图版 10. IIC、D）。$\beta\mu1$ 岩床上部还见有含 1%~5% 磁铁矿的含磁铁矿辉长岩（图版 10. IIF）；造岩矿物主要为单斜辉石、基性斜长石，部分岩石中含少量斜方辉石、角闪石，矿物普遍呈自形–半自形晶，具辉长结构（图版 10. IIB～D）、细粒–粗粒结构，由粒度变化构成的粒序层发育，即呈现出清晰的韵律层状构造，表明该岩床为玄武质熔浆结晶分异层状辉长岩体，岩体粒序变化韵律层产状与围岩下马岭组层理产状一致（图版 10. IA、B），显示该岩体为基本无晚期熔浆补给的玄武质熔浆顺层侵入、原地堆晶产物。

从冀北坳陷 $\beta\mu1$ 与 $\beta\mu3$ 岩床的辉长辉绿岩样品中，挑选锆石和斜锆石晶体（表10.3），其中冀浅 2 井（井深为 109.8 m）$\beta\mu1$ 岩床的中粗晶辉长岩岩心和河北平泉 $\beta\mu3$ 岩床地表露头的粗晶辉长岩中分别分选出 310 粒和 650 粒斜锆石晶体。

表 10.3　冀北坳陷下马岭组辉长辉绿岩分选的锆石、斜锆石晶体数量统计表

样品号	采样位置（井深/m）	岩床编号	岩石名称	样品重量/kg	单矿物名称：数量
JQ-2-3	冀浅 2 井（47.61）		细晶辉绿岩	约 4.0	锆石：20 粒
JQ-2-6	冀浅 2 井（109.8）	$\beta\mu1$	中粗晶辉长岩	约 5.0	锆石：40 粒；斜锆石：310 粒
JQ-2-4	冀浅 2 井（155.0）		中晶辉绿岩	约 5.0	锆石：16 粒
PQ-SD-1	河北平泉（地表）	$\beta\mu3$	粗晶辉长岩	约 11.0	锆石：1000 粒；斜锆石：650 粒
KC-HP4-3	河北宽城化皮（地表）	—	中晶辉绿岩	约 6.0	锆石：100 粒

10.3　岩石地球化学特征

10.3.1　分析方法

在中国地质大学（北京）科学研究院同位素地球化学实验室进行岩石主量与痕量元素的含量测定。岩石主要氧化物含量测定采用碱熔法作样品的化学预处理，使用 Leeman Prodigy 型电感耦合等离子体发射光谱仪（Inductively Coupled Plasma-Optical Emission Spectrometry，ICP-OES）进行定量分析，以美国地质调查局（United States Geological Survey，USGS）岩石标样 AGV-2 和中国地质测试中心岩石标样 GSR-1、GSR-3 监控检测结果，检测误差：TiO_2 小于 1.5%、P_2O 小于 2.0%、其他元素小于 1.0%。岩石微量元素丰度测定，采用两酸（HNO_3+HF）高压反应釜法进行样品的化学预处理，使用 Agilent 7500a 型 ICP-MS 进行定量分析，检测定值工作曲线为美国标准局标准溶液 STD-1、STD-2、STD-4 的多个浓度稀释液检测值，美国地质调查局（USGS）岩石标样 AGV-2、W-2 和中国地质测试中心岩石标样 GSR-3 为全流程监控标样，检测结果误差：Ta、Tm、Gd 小于 15%，Cu、Sc、Nb、Er、Th、U、Pb 小于 10%，其他元素小于 5%。分析方法同 Su 等（2021）。

采自河北宽城冀浅 2 井（JQ-2）不同深度的 $\beta\mu1$ 岩床的辉绿岩、含磁铁矿辉长岩、辉长岩（图 10.5）和河北平泉双洞背斜 $\beta\mu3$ 岩床蚀变辉绿岩的主要氧化物含量、微量元素丰度检测结果见表 10.4。

表 10.4　冀北坳陷下马岭组辉长辉绿岩岩床岩石化学组成表

样品号	JQ2-3	JQ2-6B	JQ2-7B	JQ2-8B	JQ2-10B	JQ2-11B	JQ2-13B	JQ2-14B	JQ2-15B
岩性	辉长辉绿岩	辉长岩	含磁铁矿辉长辉绿岩	含磁铁矿辉长辉绿岩	含磁铁矿辉长辉绿岩	含磁铁矿辉长辉绿岩	辉长辉绿岩	辉长辉绿岩	辉长辉绿岩
取样位置	冀浅 2 井（47.61 m）	冀浅 2 井（52.48 m）	冀浅 2 井（55.43 m）	冀浅 2 井（59.70 m）	冀浅 2 井（62.33 m）	冀浅 2 井（73.26 m）	冀浅 2 井（81.40 m）	冀浅 2 井（87.75 m）	冀浅 2 井（100.26 m）
SiO_2	48.00	49.26	49.14	49.43	49.31	50.15	48.64	49.96	47.76
TiO_2	2.44	2.42	2.9	3.2	3.52	3.07	1.63	2.23	1.82
Al_2O_3	13.46	12.81	12.45	11.24	11.19	10.66	12.29	12.64	13.89
TFe_2O_3	16.32	16.51	19.06	19.09	18.97	18.16	14.96	13.19	13.29
MnO	0.21	0.21	0.25	0.24	0.26	0.25	0.19	0.20	0.19
MgO	6.15	4.86	4.38	3.49	3.30	2.86	6.12	5.69	6.48
CaO	8.26	9.05	8.47	7.59	7.43	6.78	8.81	9.18	10.34
Na_2O	1.97	2.10	2.07	1.89	1.96	2.11	2.25	2.25	2.37
K_2O	0.13	0.85	0.82	1.05	1.43	1.35	1.15	1.55	0.93
P_2O_5	0.22	0.21	0.27	0.31	0.31	0.35	0.15	0.16	0.17
LOI	2.02	1.44	1.11	1.75	1.53	1.72	3.18	1.94	1.93
SiO_2^*	49.00	49.98	49.69	50.32	50.08	51.05	50.25	50.96	48.71
TiO_2^*	2.49	2.46	2.93	3.26	3.58	3.13	1.68	2.27	1.86
Mg#	47	41	35	30	29	27	49	50	53
Li	18.33	9.726	7.956	10.66	8.888	11.01	12.46	10.73	11.60
Sc	40.32	42.58	41.56	40.50	39.14	38.74	43.15	45.08	43.44
Ti	13854.0	15759	17606	20628	20718	19926	10162	13396	10728
V	445.8	453.0	490.8	462.2	354.8	275.2	387.7	462.8	387.0
Cr	110.3	108.8	27.10	5.086	2.686	0.813	100.6	142.9	349.6
Co	47.90	46.66	46.20	44.56	41.54	41.06	40.11	46.50	48.48
Ni	65.68	45.56	31.14	19.32	11.39	7.464	48.68	57.10	88.36
Cu	105.4	127.6	146.9	173.9	133.1	114.2	77.66	95.96	81.32
Zn	159.0	127.1	141.1	157.8	159.3	164.1	87.68	104.1	100.9
Ga	22.54	23.54	24.16	24.84	24.66	27.12	20.77	20.96	21.12
Rb	9.602	27.52	25.58	51.00	59.10	57.66	50.45	57.06	32.74
Sr	178.4	248.2	206.6	197.3	194.1	209.0	218.5	245.0	300.0
Y	33.24	37.76	42.62	50.06	52.32	61.88	26.29	30.24	26.60
Zr	162.5	182.2	202.7	255.8	268.9	318.3	112.7	132.9	114.5
Nb	16.06	19.52	22.34	27.59	30.74	33.81	11.86	14.97	12.56
Cs	1.443	2.006	3.002	3.520	3.412	3.890	3.257	0.642	1.370
Ba	101.3	470.2	354.8	372.2	402.4	511.2	300.0	246.0	181.9
La	18.07	20.34	23.02	27.74	30.00	35.74	13.13	15.30	13.35
Ce	40.26	44.90	51.08	61.48	65.42	78.70	29.00	34.02	29.74
Pr	5.348	6.002	6.856	8.240	8.680	10.41	3.904	4.560	4.008
Nd	23.90	26.30	30.04	35.88	37.78	45.04	17.16	20.08	17.72
Sm	6.054	6.602	7.552	8.970	9.386	11.09	4.435	5.138	4.570
Eu	1.916	2.126	2.294	2.746	2.852	3.220	1.418	1.656	1.524

样品号	JQ2-3	JQ2-6B	JQ2-7B	JQ2-8B	JQ2-10B	JQ2-11B	JQ2-13B	JQ2-14B	JQ2-15B
岩性	辉长辉绿岩	辉长岩	含磁铁矿辉长辉绿岩	含磁铁矿辉长辉绿岩	含磁铁矿辉长辉绿岩	含磁铁矿辉长辉绿岩	辉长辉绿岩	辉长辉绿岩	辉长辉绿岩
取样位置	冀浅2井(47.61 m)	冀浅2井(52.48 m)	冀浅2井(55.43 m)	冀浅2井(59.70 m)	冀浅2井(62.33 m)	冀浅2井(73.26 m)	冀浅2井(81.40 m)	冀浅2井(87.75 m)	冀浅2井(100.26 m)
Gd	6.472	7.286	8.296	9.814	10.32	12.16	4.978	5.746	5.122
Tb	1.010	1.132	1.284	1.530	1.593	1.874	0.778	0.902	0.798
Dy	6.334	7.132	8.004	9.514	9.914	11.65	4.921	5.652	5.022
Ho	1.251	1.449	1.618	1.923	2.002	2.356	0.992	1.153	1.016
Er	3.534	4.038	4.504	5.380	5.588	6.576	2.783	3.198	2.826
Tm	0.489	0.555	0.619	0.748	0.766	0.906	0.382	0.434	0.386
Yb	3.162	3.562	3.978	4.774	4.966	5.780	2.460	2.812	2.482
Lu	0.463	0.521	0.581	0.698	0.734	0.845	0.357	0.407	0.362
Hf	3.937	4.617	5.195	6.489	6.889	8.140	3.002	3.551	3.072
Ta	0.983	1.246	1.423	1.792	1.977	2.187	0.773	0.949	0.802
Pb	2.534	5.616	5.232	7.080	7.224	6.686	1.682	4.464	3.364
Th	2.892	3.418	3.818	4.808	5.036	6.170	2.217	2.562	2.340
U	0.565	0.694	0.769	0.967	0.999	1.217	0.432	0.510	0.444
$\sum$REE	118.3	131.9	149.7	179.4	190.0	226.4	86.7	101.1	88.9
$(La/Yb)_N$	4.1	4.1	4.2	4.2	4.3	4.4	3.8	3.9	3.9
δEu	0.93	0.93	0.88	0.89	0.88	0.84	0.92	0.93	0.96

样品号	JQ2-16B	JQ2-6	JQ2-19B	JQ2-20B	JQ2-25B	JQ2-26B	JQ2-4	KC-HP4-3	PQ-SD-1
岩性	辉长辉绿岩	辉长辉绿岩	辉长辉绿岩	辉长辉绿岩	辉长岩	辉长岩	中粒辉长岩	辉长辉绿岩	辉长辉绿岩
取样位置	冀浅2井(107.55 m)	冀浅2井(109.80 m)	冀浅2井(125.10 m)	冀浅2井(128.90 m)	冀浅2井(151.95 m)	冀浅2井(152.65 m)	冀浅2井(155.03 m)	宽城化皮乡(地表)	平泉双洞乡(地表)
SiO_2	47.64	47.66	48.65	47.04	48.66	47.53	47.82	49.44	46.76
TiO_2	1.78	1.66	1.79	1.83	2.09	2.14	2.28	2.30	2.66
Al_2O_3	14.81	14.28	14.45	14.1	13.38	13.42	13.06	13.67	14.36
TFe_2O_3	14.76	14.03	14.6	15.72	15.94	15.96	16.18	15.79	13.68
MnO	0.19	0.18	0.19	0.18	0.19	0.20	0.23	0.20	0.10
MgO	6.62	6.86	6.21	6.59	6.46	6.18	5.66	4.94	8.85
CaO	9.17	9.03	8.70	8.58	8.10	8.22	8.30	7.38	2.31
Na_2O	2.28	2.35	2.08	2.45	1.98	1.95	2.03	1.95	3.71
K_2O	0.98	0.73	0.88	0.66	1.32	1.32	0.89	0.91	0.34
P_2O_5	0.17	0.2	0.17	0.18	0.18	0.18	0.23	0.23	0.24
LOI	1.76	2.12	1.59	2.01	2.04	2.12	1.75	3.39	6.33
SiO_2^*	48.49	48.70	49.44	48.01	49.67	48.57	48.69	51.17	49.94
TiO_2^*	1.81	1.70	1.82	1.87	2.13	2.19	2.32	2.38	2.84
Mg#	51	53	50	49	49	47	45	42	60
Li	12.65	17.36	13.67	13.61	15.76	16.48	16.56	20.38	76.84
Sc	32.92	33.78	32.52	32.56	34.64	37.36	37.28	36.52	43.32
Ti	10193	9818.0	11581	11954	13140	13864	13406	13352	15064
V	322.6	336.8	346.4	348.2	385.6	406.2	426.0	416.6	479.4
Cr	189.5	187.2	104.1	96.10	95.66	100.3	97.54	85.74	120.5
Co	52.06	58.86	54.74	56.58	53.58	55.00	56.80	51.88	56.98

续表

样品号	JQ2-16B	JQ2-6	JQ2-19B	JQ2-20B	JQ2-25B	JQ2-26B	JQ2-4	KC-HP4-3	PQ-SD-1
岩性	辉长辉绿岩	辉长辉绿岩	辉长辉绿岩	辉长辉绿岩	辉长岩	辉长岩	中粒辉长岩	辉长辉绿岩	辉长辉绿岩
取样位置	冀浅2井 (107.55 m)	冀浅2井 (109.80 m)	冀浅2井 (125.10 m)	冀浅2井 (128.90 m)	冀浅2井 (151.95 m)	冀浅2井 (152.65 m)	冀浅2井 (155.03 m)	宽城化皮乡 (地表)	平泉双洞乡 (地表)
Ni	101.9	120.3	114.3	121.2	108.6	111.6	109.5	84.9	100.4
Cu	82.58	97.08	93.72	96.38	104.40	109.60	129.90	119.70	136.60
Zn	101.0	139.2	109.8	106.8	97.40	117.1	125.1	129.2	257.6
Ga	21.72	21.42	22.74	21.56	21.82	21.44	22.50	22.06	24.74
Rb	33.74	29.14	27.06	29.20	42.80	40.48	31.88	35.80	19.91
Sr	276.0	229.8	262.4	271.6	244.6	252.4	195.1	210.2	58.22
Y	25.44	24.60	27.98	28.62	33.32	33.14	33.30	33.30	27.22
Zr	113.9	120.2	127.7	132.3	166.8	151.2	155.4	156.5	167.9
Nb	12.53	10.37	14.15	14.74	16.95	17.10	16.12	16.21	17.74
Cs	0.943	4.820	1.320	3.022	1.571	1.580	1.717	1.862	2.942
Ba	171.2	148.9	174.7	208.6	393.0	412.8	340.2	443.4	133.2
La	13.85	13.22	14.53	15.30	18.30	17.82	17.50	17.96	17.15
Ce	30.52	29.38	32.44	33.82	40.06	39.18	39.30	39.50	38.36
Pr	4.070	3.914	4.370	4.522	5.300	5.212	5.196	5.264	5.098
Nd	17.70	17.17	19.10	19.74	22.94	22.72	23.38	23.38	22.12
Sm	4.440	4.378	4.838	4.994	5.746	5.710	5.868	5.880	5.388
Eu	1.463	1.458	1.603	1.607	1.798	1.824	1.875	1.868	1.135
Gd	4.860	4.688	5.306	5.480	6.268	6.244	6.322	6.384	5.578
Tb	0.761	0.734	0.828	0.847	0.975	0.969	0.996	0.991	0.892
Dy	4.740	4.700	5.158	5.288	6.108	6.040	6.362	6.234	5.588
Ho	0.960	0.929	1.042	1.063	1.240	1.217	1.271	1.266	1.119
Er	2.694	2.650	2.904	2.972	3.458	3.428	3.552	3.530	3.166
Tm	0.372	0.359	0.397	0.410	0.484	0.470	0.491	0.487	0.449
Yb	2.366	2.374	2.548	2.600	3.092	2.988	3.154	3.104	2.950
Lu	0.346	0.348	0.374	0.381	0.447	0.438	0.465	0.466	0.421
Hf	3.034	2.896	3.300	3.422	4.305	3.868	3.868	3.823	4.142
Ta	0.804	0.715	0.857	0.928	1.098	1.052	1.064	1.135	1.171
Pb	3.396	3.300	4.806	4.156	3.744	3.932	4.184	4.188	59.30
Th	2.258	2.092	2.392	2.528	3.332	2.866	2.876	2.980	3.128
U	0.480	0.404	0.482	0.508	0.660	0.589	0.568	0.417	0.613
$\sum REE$	89.1	86.3	95.4	99.0	116.2	114.3	115.7	116.3	109.4
$(La/Yb)_N$	4.2	4.0	4.1	4.2	4.2	4.3	4.0	4.2	4.2
δEu	0.96	0.98	0.96	0.93	0.91	0.93	0.94	0.93	0.63

注：元素含量值单位：μg/g；氧化物单位：wt%；*扣除烧失量后含量值。

10.3.2　常量元素地球化学特征

由表10.4可见，下马岭组辉长辉绿岩岩床岩石的 SiO_2、Al_2O_3 含量稳定，SiO_2^* 含量为48.01%~51.17%，在 TAS（$Na_2O+K_2O-SiO_2$）分类图中均落入玄武岩区 [图10.6(a)]；Mg#值变化较大，介于27~60，显示出富铁，贫镁特征；TiO_2 含量均大于1.5%，部分样品高达3.0%以上，揭示母岩浆为富钛玄武质熔浆。由冀浅2井（JQ-2）钻探获得的 $\beta\mu1$ 岩床自下而上的岩石系统对比，还可见由下部层位

(除近底板接触带外) 向上部层位，TiO_2^* 和 TFe_2O_3 含量呈现明显增高趋势，即随着结晶分异，残余熔浆逐渐富钛、铁，结晶晚期随氧逸度的改变，磁铁矿、钛磁铁矿结晶充填于硅酸盐造岩矿物粒间，岩体顶部结晶含磁铁矿辉长岩。在 $FeO_T/MgO\text{-}SiO_2$ 判别图 [图 10.6(b)] 上，所有岩样点都落在拉斑玄武岩区，指示其母岩浆属亚碱性拉斑玄武质熔浆。

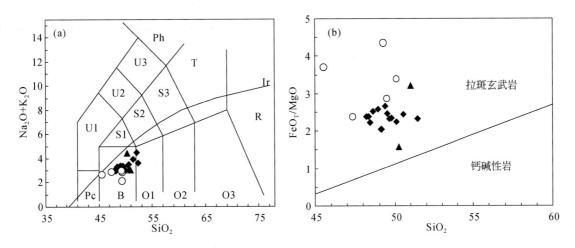

图 10.6　下马岭组辉长辉绿岩岩石成分分类图解

(a) $Na_2O+K_2O\text{-}SiO_2$ (TAS) 成分分类图解 (Maitre et al., 1989)；(b) $FeO_T/MgO\text{-}SiO_2$ 图解 (Miyashiro, 1974)。◆深部钻井岩心；○含磁铁矿辉长岩。▲地表岩石。Pc. 苦橄岩；B. 玄武岩；O1. 安山玄武岩；O2. 安山岩；O3. 英安岩；R. 流纹岩；S1. 粗玄武岩；S2. 玄武质粗安岩；S3. 粗安岩；T. 粗面岩；U1. 碧玄岩；U2. 响质碱玄岩；U3. 碱玄质响岩；Ph. 响岩；Ir. 碱性岩和亚碱性岩分界线

10.3.3　微量元素地球化学

从微量元素含量分析结果表 10.4 可见，下马岭组辉长辉绿岩岩床的稀土元素 (Rare Earth Element, REE) 丰度较高，ΣREE 值介于 86.3 $\mu g/g$ 和 226.4 $\mu g/g$ 之间，具有基本一致的右倾 REE 配分模式 [图 10.7(a)]，轻稀土元素 (Light Rare Earth Element, LREE) 明显富集，$(La/Yb)_N$ 值为 3.8 ~ 4.4；出露于地表的 $\beta\mu3$ 等岩床样品呈现 Eu 弱负异常，δEu 值为 0.84 ~ 0.98；由冀浅 2 井具有明确结晶层序的 $\beta\mu1$ 岩床的对比分析反映，自岩床下部向上部 ΣREE 呈增高趋势，其中岩床上部含磁铁矿辉长岩 (JQ2-7B、JQ2-8B、JQ2-10B、JQ2-11B) 的 ΣREE 值最高可达 190.0 $\mu g/g$，显著高于岩体下部岩石，并呈现 Eu 值负异常，δEu 值也明显降低 (<0.9)，且这类岩样的 U 含量明显偏高，可达 0.967 ~ 1.217 $\mu g/g$，可能与岩浆结晶晚期存在壳源物质的混染，或岩浆房氧逸度的明显改变相关。平泉地区地表出露的 $\beta\mu3$ 辉长辉绿岩岩床，也具有与 $\beta\mu1$ 岩床岩石基本一致的右倾 REE 配分模式，但 Eu 值呈明显亏损，δEu 值为 0.63。在微量元素蛛网图 [图 10.7(b)] 上，所有岩样也均呈大离子亲石元素含量较高的右倾模式，Pb 含量呈正异常，Sr 含量均呈负异常。岩石的稀土元素和微量元素丰度特征，反映该期玄武质岩浆明显不同于正常型洋中脊玄武岩 (Normal Mid-Ocean Ridge Basalt, N-MORB) 和富集型洋中脊玄武岩 (Enriched Mid-Ocean Ridge Basalt, E-MORB)，而与洋岛玄武岩 (Oceanic Island Basalt, OIB) 具有相似性，但其高含量 Pb，较弱的 Nb-Ta 亏损特征反映有地壳物质的混染，而强烈的 Sr 负异常则反映其母岩浆源区存在斜长石的分离结晶。冀浅 2 井 $\beta\mu1$ 岩床与平泉 $\beta\mu3$ 岩床岩石微量元素特征的一致性反映它们具有同源同期形成的特征。

在 Zr/Y-Zr 构造环境判别图 [图 10.8(a)] 上，岩石成分的数据点均落在板内玄武岩 (Within Plate Basalt, WPB) 区内；在 V-Ti/1000 图解上，除个别成分点落入 OIB 区之外，也集中于大陆溢流玄武岩 (Continental Flood Basalt, CFB) 区，反映该期岩浆活动与板内裂解事件引发的幔源玄武质熔浆活动相关。

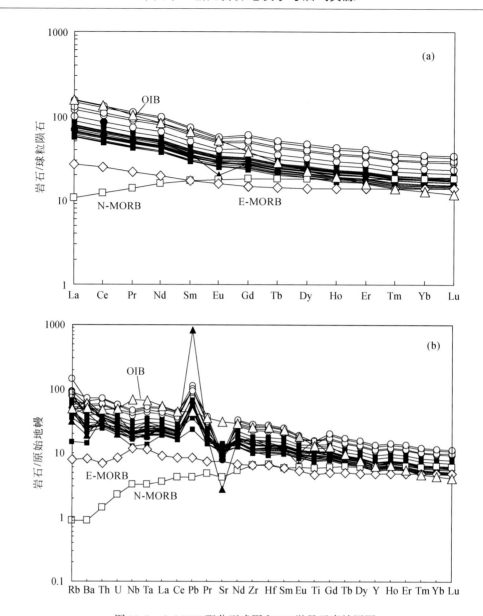

图 10.7　（a）REE 配分型式图和（b）微量元素蛛网图

OIB、E-MORB、N-MORB 微量元素曲线据 Niu, 2004 和 Boudinier and Goodard, 2003；球粒陨石和原始地幔数据源自
Sun and McDonough, 1989。■深部钻孔井岩心；○含磁铁矿辉长岩；△地表岩样

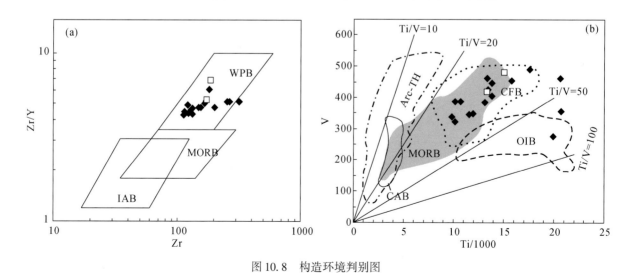

图 10.8　构造环境判别图

（a）Zr/Y-Zr 图解（Pearce and Norry, 1979）；（b）V-Ti/1000 图解（Shervais, 1986）。◆深部钻井岩心；□地表露头岩样。
WPB. 板内玄武岩；MORB. 洋中脊玄武岩；IAB. 岛弧玄武岩；Arc-TH. 弧拉斑玄武岩；CFB. 大陆溢流玄武岩；OIB. 洋岛型玄武岩

10.4　侵位年龄——斜锆石 U-Pb 年代学

锆石以及仅在 SiO_2 含量不饱和基性火成岩中结晶的斜锆石等含铀矿物的 U-Pb 年龄测定，可准确查明基性侵入体的侵位时限。在文献中尚无确定的下马岭组基性岩床侵位年龄。在冀浅 2 井 109.8 m 处，$\beta\mu1$ 岩床的中粒辉长岩（编号：JQ-2-6）和河北平泉双洞地表露头 $\beta\mu3$ 岩床的蚀变辉长辉绿岩（编号：PQ-SD-1）中，总共分选获得 960 粒斜锆石晶体（表 10.3），为查明该期玄武质熔浆侵位年龄提供了物质条件。

10.4.1　分　析　方　法

在河北廊坊宇能单矿物实验室完成斜锆石的分选，采用"重选+磁选"方法，进行单矿物锆石、斜锆石的初步分选，然后在双目镜下手工准确挑选出斜锆石晶体。将分选获得的斜锆石黏贴并加热固结于直径 1 in[①] 的环氧树样品靶上，经磨抛光后使斜锆石颗粒暴露于样品靶表面。

在北京大学物理学院电子显微镜实验室进行斜锆石阴极发光（Cathodoluminescene，CL）图像分析，测试方法同于 Chen 等（2006），使用仪器为 Quanta 200F 场发射环境扫描电镜-Gatan Mono CL3-阴极荧光光谱仪联合构成的高分辨阴极荧光光谱分析仪。在北京大学地球与空间科学学院拉曼光谱实验室，使用 Ranisow RM-100 型拉曼光谱仪，进行斜锆石拉曼谱分析。

斜锆石的 $^{207}Pb/^{206}Pb$ 年龄测定在中国科学院地质与地球物理研究所离子探针实验室完成，使用 Cameca IMS-1280 型高分辨二次离子质谱仪，测试方法参见 Li 等（2009）文献。

10.4.2　斜锆石的晶体特征

斜锆石是锆的氧化物（ZrO_2），其与锆石相同均富含铀，但其仅结晶于硅不饱和火成岩中，是辉长岩等基性火成岩体成岩年龄确定最可靠的年代学研究样品。

从冀浅 2 井 $\beta\mu1$ 岩床中部的中粗粒辉长岩（JQ-2-6）和河北平泉双洞乡 $\beta\mu3$ 岩床地表露头的蚀变辉长辉绿岩（PQ-SD-1）中，分别分选获得 310 粒和 650 粒斜锆石，两个样品中的斜锆石均多呈四方柱状，长宽比普遍大于 2，晶粒的粒度为 40～150 μm；在透射光下 JQ-2-6 岩样中，斜锆石呈棕褐色，CL 图像不显现明显的结晶振荡环带，多呈灰黑色（图版 10. IIIA、C），PQ-SD-1 中斜锆石多呈棕绿色，CL 图像也不显现结晶振荡环带（图版 10. IIIB、D）。

10.4.3　斜锆石拉曼光谱研究

由 JQ-2-6 和 PQ-SD-1 岩样的斜锆石拉曼光谱与斜锆石标样拉曼光谱对比图（图 10.9）可见，两个岩样的斜锆石拉曼谱图与斜锆石标样基本一致，表明分选获得的斜锆石可用于 U-Pb 年龄测定，但与斜锆石标样的拉曼谱峰和拉曼谱计数强度相比，JQ-2-6 中斜锆石的晶体结构比较接近纯斜锆石［图 10.9(b)］；而 PQ-SD-1 岩样的斜锆石则含有相对较多的锆石分子团［图 10.9(c)］，并且在 CL 图像（图版 10. IID）上也可见斜锆石含有较多细小锆石包裹体。

二次离子质谱（SIMS）$^{207}Pb/^{206}Pb$ 年龄测定结果揭示：$\beta\mu1$ 岩床 JQ-2-6 岩样 19 粒斜锆石的 $^{207}Pb/^{206}Pb$ 一致年龄和 $\beta\mu3$ 岩床 PQ-SD-1 岩样 18 粒斜锆石的 $^{207}Pb/^{206}Pb$ 一致年龄的误差范围内一致。冀浅 2 井 $\beta\mu1$ 岩床（井深为 109.8 m）粗粒辉长岩的成岩年龄为 1327.5±2.4 Ma［图 10.10(a)］，平泉双洞地表露头 $\beta\mu3$ 岩床蚀变辉长辉绿岩的成岩年龄为 1327.3±2.3 Ma［图 10.10(b)］，表明冀北坳陷侵入下马岭组的 $\beta\mu1$～$\beta\mu3$ 岩床属同期岩浆活动产物。据此确认，燕辽裂陷带在陆块初始裂解阶段喷发年龄约 13.68 Ma 的凝灰岩（高林志等，2007，2008a）和侵位年龄约 1345 Ma 的辉绿岩岩墙群（Zhang et al.，2009）之后，

---

① 1 in=2.54 cm。

在约 1327 Ma 裂谷发育成熟阶段，发生了更大规模的、具有 CFB 成分特征的玄武质熔浆上侵事件。

图版 10. III　斜锆石的透射光和阴极荧光图像

斜锆石透射光照片：A. JQ-2-6；B. PQ-SD-1。斜锆石 CL 图像：C. JQ-2-6；D. PQ-SD-1。Byd. 斜锆石；Zir. 锆石

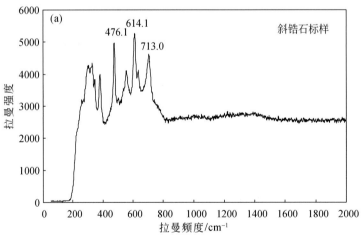

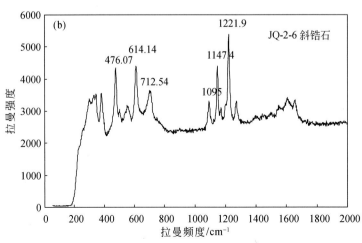

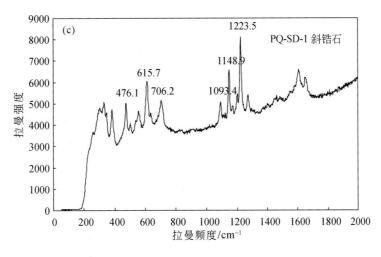

图 10.9　斜锆石拉曼光谱图

（a）斜锆石标样；（b）$\beta\mu1$ 岩床中粗晶辉长岩的斜锆石；（c）$\beta\mu3$ 岩床蚀变辉长辉绿岩的斜锆石

10.4.4　斜锆石 $^{207}Pb/^{206}Pb$ 年龄测定

二次离子质谱（SIMS）测定斜锆石 $^{207}Pb/^{206}Pb$ 年龄的数据列于表 10.5，$\beta\mu1$ 岩床 JQ-2-6 岩样和 $\beta\mu3$ 岩床 PQ-SD-1 岩样的斜锆石一致年龄结果见图 10.10。

表 10.5　斜锆石二次离子质谱（SIMS）$^{207}Pb/^{206}Pb$ 年龄测定结果表

检测点	$^{204}Pb/^{206}Pb_m$	±1σ/%	$^{207}Pb/^{206}Pb_m$	±1σ/%	$^{207}Pb/^{206}Pb_c$	±1σ/%	$t_{207/206}$/Ma	±1σ
JQ-2-6@1	2.6×10^4	6	0.08621	0.13	0.08569	0.13	1331	4
JQ-2-6@2	5.0×10^4	7	0.08602	0.10	0.08575	0.10	1333	4
JQ-2-6@3	1.2×10^4	12	0.08700	0.19	0.08591	0.24	1336	5
JQ-2-6@4	1.1×10^4	6	0.08666	0.14	0.08537	0.17	1324	4
JQ-2-6@5	9.0×10^4	8	0.08548	0.09	0.08533	0.09	1323	4
JQ-2-6@6	4.5×10^4	8	0.08586	0.14	0.08556	0.14	1328	4
JQ-2-6@7	7.9×10^4	7	0.08586	0.08	0.08569	0.08	1331	4
JQ-2-6@8	2.0×10^5	27	0.08512	0.25	0.08505	0.26	1317	5
JQ-2-6@9	1.6×10^5	15	0.08578	0.13	0.08570	0.14	1331	4
JQ-2-6@10	8.6×10^4	12	0.08550	0.15	0.08534	0.15	1323	4
JQ-2-6@11	3.5×10^4	10	0.08611	0.19	0.08572	0.20	1332	4
JQ-2-6@12	6.2×10^5	28	0.08556	0.12	0.08554	0.12	1328	4
JQ-2-6@13	1.2×10^5	12	0.08574	0.15	0.08563	0.15	1330	4
JQ-2-6@14	1.8×10^5	15	0.08542	0.12	0.08535	0.12	1323	4
JQ-2-6@15	1.3×10^5	19	0.08597	0.21	0.08586	0.21	1335	4
JQ-2-6@16	1.9×10^5	17	0.08540	0.14	0.08533	0.14	1323	4
JQ-2-6@17	7.7×10^5	48	0.08542	0.19	0.08540	0.19	1325	4
JQ-2-6@18	2.1×10^5	17	0.08523	0.13	0.08516	0.13	1319	4
JQ-2-6@19	4.4×10^5	24	0.08561	0.14	0.08558	0.14	1329	4
PQ-SD-1@1	3.0×10^5	19	0.08556	0.12	0.08551	0.12	1327	4
PQ-SD-1@2	6.5×10^4	14	0.08608	0.20	0.08587	0.21	1335	4

检测点	$^{204}Pb/^{206}Pb_m$	±1σ/%	$^{207}Pb/^{206}Pb_m$	±1σ/%	$^{207}Pb/^{206}Pb_c$	±1σ/%	$t_{207/206}$/Ma	±1σ
PQ-SD-1@3	$6.5×10^4$	16	0.08561	0.22	0.08540	0.22	1325	4
PQ-SD-1@4	$1.1×10^5$	17	0.08581	0.17	0.08569	0.17	1331	4
PQ-SD-1@5	$1.2×10^4$	7	0.08703	0.20	0.08588	0.22	1336	4
PQ-SD-1@6	$2.5×10^4$	11	0.08572	0.27	0.08518	0.28	1320	5
PQ-SD-1@7	$5.6×10^4$	9	0.08565	0.14	0.08541	0.14	1325	4
PQ-SD-1@8	$4.8×10^4$	10	0.08574	0.14	0.08546	0.15	1326	4
PQ-SD-1@9	$7.3×10^5$	27	0.08566	0.12	0.08564	0.12	1330	4
PQ-SD-1@10	$2.3×10^5$	22	0.08567	0.19	0.08561	0.19	1329	4
PQ-SD-1@11	$2.8×10^4$	5	0.08611	0.10	0.08563	0.11	1330	4
PQ-SD-1@12	$2.4×10^5$	22	0.08528	0.17	0.08522	0.17	1321	4
PQ-SD-1@13	$4.7×10^5$	24	0.08547	0.13	0.08544	0.13	1326	4
PQ-SD-1@14	$3.0×10^5$	25	0.08568	0.15	0.08564	0.15	1330	4
PQ-SD-1@15	$2.1×10^5$	27	0.08528	0.22	0.08521	0.22	1320	4
PQ-SD-1@16	$4.1×10^5$	24	0.08547	0.17	0.08543	0.17	1325	4
PQ-SD-1@17	$4.5×10^5$	23	0.08550	0.13	0.08547	0.13	1326	4

注：$^{204}Pb/^{206}Pb_m$和$^{207}Pb/^{206}Pb_m$为实测值；$^{207}Pb/^{206}Pb_c$为普通铅校正的计算值。分析流程同于 Li 等（2009）文献。

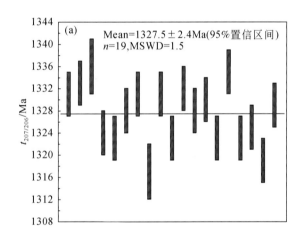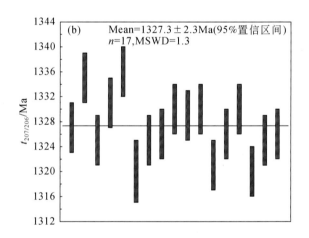

图 10.10　斜锆石$^{207}Pb/^{206}Pb$一致年龄谱图

（a）$\beta\mu$1 岩床 JQ-2-6 斜锆石；（b）$\beta\mu$3 岩床 PQ-SD-1 斜锆石。Mean：加权平均年龄值；MSWD：加权偏方差均值；n：检测点数

10.5　燕山地区 1400~1300 Ma 基性火成岩成因机制与意义

　　1380~1360 Ma 时期的火山岩和岩床（或岩席）广泛分布于非洲和加拿大地盾，如非洲刚果克拉通（Congo Craton）的安哥拉一带，发育 1380~1370 Ma 的火成岩体（Ernst et al.，2013），形成库内内（Kunene 或 Cunene）基性–超基性杂岩体和同时代的 A 型花岗岩（Mayer et al.，2004；Ernst and Bleeker，2010；Ernst et al.，2013）；在加拿大地盾区出露有侵位年龄 1386~1380 Ma 的哈特河（Hart River）玄武岩岩墙，以及侵位年龄为 1379 Ma 的鲑鱼河（Salmon River）辉长岩岩床，它们的成分特征指示其形成于裂谷构造环境（Ernst and Bleeker，2010）。近年来的研究表明，华北克拉通北缘是 1400~1300 Ma 期间岩浆强烈活动的地区之一，已见诸报道的有燕辽裂陷带中段冀北坳陷 1366~1372 Ma 的斑脱凝灰岩（高林志等，2007，2008a，2008b；Gao et al.，2009）、1320 Ma 的辉绿岩"岩墙"（李怀坤等，2009）、1345 Ma 的

辉绿岩（Zhang et al.，2009，2012）和 1327 Ma 的多层顺层侵入辉长岩岩床（本章研究）；渣尔泰–白云鄂博–化德裂陷带的狼山–白云鄂博–化德–渣尔泰山一带，出露 1354±59 Ma 的碳酸岩岩脉（Yang et al.，2011）、1313～1231 Ma 的辉绿岩（Yang et al.，2011；Zhang et al.，2012）和 1331～1324 Ma 的花岗岩（Zhang et al.，2012）等。目前认为，1400～1300 Ma 期间全球范围的幔源岩浆活动与哥伦比亚泛大陆的裂解事件相关。

燕辽裂陷带 1400～1300 Ma 期间的岩浆活动早期以间歇式火山喷发为主，形成多层凝灰岩，如铁岭组和雾迷山组中 1485 Ma（李怀坤等，2014）和 1437 Ma（Su et al.，2010）的斑脱凝灰岩层，以及下马岭组中 1366～1372 Ma 的斑脱凝灰岩（高林志等，2007，2008a，2008b；Gao et al.，2009）。大约在 1350 Ma 时期，华北克拉通从哥伦比亚超大陆裂解分离出来，形成多条陆内或陆缘裂谷带，伴随伸展作用的发展，受无热点活动影响、具有大陆裂谷玄武质熔浆属性的幔源玄武质熔浆上侵至地壳上部岩浆房，形成大范围、多个顺层侵入的辉长辉绿岩岩床和近地表的辉绿岩岩墙等次火山岩。

中—新元古代华北克拉通裂解事件，导致沉积层序中出现不少于五个沉积间断和不整合面，这些不整合面是哥伦比亚超大陆裂解过程中华北克拉通的各个阶的段响应所致，这一时期的岩浆活动和沉积间断伴有相关矿产的形成，如白云鄂博稀土矿等。需要指出的是，近年来，在燕辽裂陷带和鄂尔多斯盆地西南缘（李荣希等，2011）等地的铁岭组—下马岭组中，陆续发现有含沥青的白云岩层，它们与华北克拉通北缘的裂解事件以及幔源玄武质熔浆上侵之间的内在联系，有待更深入研究。

华北克拉通北缘，特别是燕辽裂陷带中段的冀北坳陷，顺层辉长辉绿岩、辉绿岩岩床（岩脉）的地质–地球化学特征及其侵位年龄约 1327 Ma 等新成果揭示：①由于玄武质熔浆顺层侵入下马岭组，并造成岩床顶底板围岩热蚀变带（图 10.3、图 10.5，图版 10. IA、B），明确指示下马岭组年龄上限时间应早于 1327 Ma；②冀北坳陷的高温幔源玄武质熔浆大规模顺层侵入下马岭组，形成 $\beta\mu1～\beta\mu4$ 辉长辉绿岩岩床，导致下马岭组富含有机质的黑色页岩遭受强烈的热烘烤变质，生烃潜力丧失殆尽。

参 考 文 献

高林志，张传恒，史晓颖，周洪瑞，王自强. 2007. 华北青白口系下马岭组凝灰岩锆石 SHRIMP U-Pb 定年. 地质通报，26(3)：249-255.

高林志，张传恒，史晓颖，宋彪，王自强，刘耀明. 2008a. 华北古陆下马岭组归属中元古界的锆石 SHRIMP 新证据. 科学通报，53(21)：2617-2623.

高林志，张传恒，尹崇玉，史晓颖，王自强，刘耀明，刘鹏举，唐烽，宋彪. 2008b. 华北古陆中、新元古代年代地层框架 SHRIMP 锆石年龄新依据. 地球科学——中国地质大学学报，29(3)：366-376.

李怀坤，陆松年，李惠民，苏文博，陆松年，周红英，耿建珍，李生，杨锋杰. 2009. 侵入下马岭组基型岩床的锆石和斜锆石 U-Pb 精确定年——对华北中元古界地层划分方案的制约. 地质通报，28(10)：22-29.

李怀坤，苏文博，周红英，相振群，田辉，杨立公，Huff W D，Frank E R. 2014. 中—新元古界标准剖面蓟县系首获高精度年龄制约——蓟县剖面雾迷山组和铁岭组斑脱岩锆石 SHRIMP U-Pb 同位素定年研究. 岩石学报，30(10)：2999-3012.

李荣希，梁积伟，翁凯. 2011. 鄂尔多斯盆地西南部蓟县系古油藏沥青. 石油勘探与开采，38(2)：168-172.

乔秀夫，高林志. 1999. 华北中新元古代及早古生代地震灾变事件及与 Rodinia 的关系. 科学通报，44(16)：1753-1758.

邵济安，张履桥，李大明. 2002. 华北克拉通元古代三次伸展事件. 岩石学报，18(2)：52-60.

王铁冠. 1980. 燕山地区震旦亚界油苗的原生性及其石油地质意义. 石油勘探与开发，7(2)：34-52.

王铁冠，韩克猷. 2011. 论中—新元古界油气资源. 石油学报，31(1)：1-7.

Boudinier J L, Goodard M. 2003. Orogenic, ophiolitic and abssal peridotites. In: Carlson R W (ed). Treatise on Geochemistry, Vol. 2: Mantle and Core. Amsterdam: Elsevier Science Ltd: 103-170.

Chen L, Xu J, Su L. 2006. Application of cathodoluminecence to zircon in FEG-ESEM. Progress in Natural Science, 16(9): 919-924.

Ernst R E, Bleeker W. 2010. Large igneous provinces (LIPs), giant dyke swarms, and mantle plumes: significance for breakup events within Canada and adjacent regions from 2.5 Ga to present. Canadian Journal of Earth Sciences, 47: 695-739.

Ernst R E, Pereira E M A, Hamilton S A, Pisarevsky J, Rodriques C C G, Tassinari W, Teixeira V, Van-Dunem V. 2013. Meso-proterozoic intraplate magmatic "barcode" record of the Angola portion of the Congo Craton: newly dated magmatic events at 1500 and 1110 Ma and implications for Nuna (Columbia) supercontinent reconstructions. Precambrian Research, 230: 103-118.

Gao L Z, Zhang C H, Liu P J, Ding X Z, Wang Z Q, Zang Y. 2009. Recognition of Meso- and Neoproterozoic stratigraphic framework in North and South China. Acta Geoscientica Sinica, 30(4): 433-446.

Li X H, Liu Y, Li Q L, Guo C H, Chamberlain K R. 2009. Precise determination of Phanerozoic zircon Pb/Pb age by multi-collector SIMS without external standardization. Geochemistry, Geophysics, Geosystems, 10: Q04010.

Maitre L, Walter R, Bateman E, Dudek P, Keller A. 1989. A Classification of Igneous and Glossary of Terms, Recommendations of the International Union of Geological Sciences, Subcommission on the Sysymatics of Igneous Rocks. Blackwell: John Wiley and Sons.

Mayer A, Hofmann A W, Sinigoi S, Morais E. 2004. Mesoproterozoic Sm-Nd and U-Pb ages for the Kunene anorthosite complex of SW Angola. Precambrian Research, 133: 187-206.

Miyashiro A. 1974. Volcanic rock series in island arc and active continental margin. American Journal of Science, 247: 321-355.

Niu Y. 2004. Bulk-rock major and trace element complsitions of abyssal-peridotites: implications for mantle melting, melt extraction and past melting process beneath Mid-Ocean Ridge. Journal of Petrology, 45(12): 2423-2458.

Pearce J A, Norry M J. 1979. Petrogenetic implications of Ti, Zr, Y and Nb variations in volcanic rocks. Contributions to Mineralogy and Petrology, 69: 33-47.

Shervais J W. 1986. Ti-V plots and the petrogenesis of modern and ophiolitic lavas. Earth and Planetary Science Letters, 59:101-118.

Su L, Song S G, Wang C, Mark B. Allen, Zhang H Y. 2021. Picrite-basalt complex in the Baoshan-Gongshan Block of northern Sibumasu: onset of a mantle plume before breakup of Gondwana and opening of the Neo-Tethys Ocean. GSA Bulletin, https://doi. org/10.1130/B36028.1.

Su W B, Zhang S H, Huff W D, Li H K, Ettensohn F R, Chen X Y, Yang H M, Han Y G, Song B, Santosh M. 2008. SHRIMP U-Pb ages of K-bentonite beds in the Xiamaling Formation: implications for revised subdivision of the Meso-to Neoproterozoic history of the North China Craton. Gondwana Research, 14: 543-553.

Su W B, Li H K, Huff W D, Etttensohn F R, Zhang S H, Zhao H Y, Wan Y S. 2010. SHRIMP U-Pb dating for a K-bentonite bed in the Tieling Formation, North China. Chinese Science Bulletin, 55(29): 3312-3323.

Sun S S, McDonough W F. 1989. Chemical and isotope systematics of oceanic basalts: implication for mantle composition and processes, In: Saunders A D, Norry M J (eds). Magmatism in the Ocean Basins. Geological Society, London, Special Publications, 42: 313-345.

Wang T G, Simoneit B R T. 1995. Tricyclic terpanes in Precambrian bituminous sandstone, eastern Yanshan region, North China. Chemical Geology, 120: 155-170.

Yang K F, Fan H R, Santosh M, Hu F F, Wang K Y. 2011. Mesoproterozoic carbonatitic magmatism in the Bayan Obo deposit, Inner Mongolia, North China: constraints for the mechanism of super accumulation of rare earth elements. Ore Geology Reviews, 40: 122-131.

Zhang S H, Zhao Y, Yang Z Y, He Z F, Wu H. 2009. The 1.35 Ga diabase sills from the northern North China Craton: implications for breakup of the Columbia (Nuna) supercontinent. Earth and Planetary Science Letters, 288: 588-600.

Zhang S H, Zhao Y, Santosh M. 2012. Mid-Mesoproterozoic bimodal magmatic rocks in the northern North China Craton: implications for magmatism related to breakup of the supercontinent Columbia. Precambrian Research, (222-223): 339-367.

Zhang S H, Zhao Y, Li X H, Ernstd R E, Yang Z Y. 2017. The 1.33−1.30 Ga Yanliao large igneous province in the North China Craton: implications for reconstruction of the Nuna (Columbia) supercontinent, and specifically with the North Australian Craton. Earth and Planetary Science Letters, 465: 112-125.

第 11 章　全球与中国中—新元古界油气资源研究进展与现状

王铁冠，宋到福，杨程宇，方镕慧，李　萍

中国石油大学（北京），油气资源与探测国家重点实验室，北京，102249

摘　要： 自从1960年以来，对于元古宇地球早期生命和生物多样性，以及中—新元古界古老富含有机质的暗色页岩与碳酸盐岩烃源层的重大研究进展，为中—新元古界原生沉积有机质与含油气性的研究，奠定了物质基础，并具备提供规模性油气资源的条件，迄今为止在前寒武系中，全球至少已发现数十处原生油气藏，其中一些还具有相当的储量与产能规模，其油气均来源于底寒武系烃源层。

据不完全统计，全球总共有四个地区，即西伯利亚克拉通的勒拿–通古斯卡石油省（Lena-Tunguska Petroleum Province，LTPP；俄罗斯）、阿拉伯克拉通的阿曼含盐盆地群（阿曼）、印度克拉通的巴克尔瓦拉（Baghewala）油田（印度），以及扬子克拉通西部的安岳气田与威远气田（中国），已具有规模性的中—新元古界油气储量与产量，并进行商业性开发；业已证实有九个国家或地区获得中—新元古界原生油气流，发现油气苗和（或）沥青，但尚无商业性开发；还有五个国家或地区已经揭示具备底寒武系烃源层。

中国是全球中—新元古界沉积地层发育最为完整的国家之一，也是最早研究中—新元古界地质学的国家。但是，我国中—新元古界油气资源的研究与勘探，却面临地层更古老、地质条件更复杂、科研创新空间更加宽阔的挑战性现实。如何研究与评价我国中—新元古界的油气资源，业已成为一个重要而又紧迫的问题。

本章汇总俄罗斯勒拿–通古斯卡石油省、东欧克拉通、阿曼含盐盆地群、印度–巴基斯坦沉积盆地、北非陶代尼盆地（Taoudenni Basin）、澳大利亚盆地群、北美中央大陆裂谷系以及中国四川、华北等地区中—新元古界的油气资源分布现状与勘探、开发进展，结合我国的石油地质学与地球化学研究，探讨中—新元古界的含油性问题。

关键词： 中—新元古界、勒拿–通古斯卡石油省、安岳气田、阿曼含盐盆地群、燕辽裂陷带。

11.1　引　　言

作为化石燃料，石油赋存于不同地质时代、不同类别的孔隙性或裂隙性储集岩中，但是规模性的石油和天然气资源只形成于富含有机质的沉积地层之中，全球具有商业价值的原生油气资源也仅发现于沉积盆地之中，唯有地质时期古代生物的存在，才能提供沉积有机质的物质来源。但是，就距今 1800～541 Ma 的前寒武纪（或中—新元古代）地层而言，作为地球上最早的沉积地层，在 20 世纪 50 年代以前，由于在发育前寒武纪地层的沉积盆地、地向斜、地台和克拉通之中，一般认为是不可能具备烃类沉积的。而且前寒武系地层柱中，缺乏前古生代的早期生命存在的特征，一直也未发现确凿的古生物化石，这就成为最经常强调的理由，用来解释为什么前寒武系领域应该为石油地质学家所忽视（Dickes，1986a）。

然而，近 60 年以来，科学界对于元古宙地球上早期生命及其生物多样性的研究，取得长足进展（Dickes，1986b；陈均远等，1996；侯先光，1999；陈均远，2004；孙淑芬，2006；杜汝霖等，2009；舒

德干团队，2016 年）。同期的石油地质学与地球化学研究，不仅揭示了在古老的中—新元古界暗色页岩与碳酸盐岩中，含有丰富的有机质，甚至成为极佳的烃源岩，而且其沉积有机质的成熟度，可以跨越临界成熟–成熟–高成熟–过成熟等不同的有机质热演化阶段，以至有些地区迄今仍处于生烃的"液态窗"范畴之内，其中还发现众多原生的油气苗，具备形成规模性油气聚集的条件，从而对于中—新元古界含油气性与油气资源潜力的研究，具有非常重要的意义，并重新引起石油地质学家们的关注。

事实上，从 20 世纪 60 年代以来，在前寒武系中，全球至少已发现数十处原生油气田、凝析油气田和气田[①]（北京石油勘探开发科学研究院和华北石油管理局，1992；Fedorov，1997；Craig et al.，2009；Bhat et al.，2012）。但是，自 20 世纪 90 年代以来，石油地质学家们发表的全球油气资源分布的统计数据中，元古宇的油气份额也仅占 1%~2%（Hunt，1991；Klemme and Ulmishek，1991），近期已发表的油气储量份额统计数据中，中—新元古界还是空白（图 11.1）[②]。

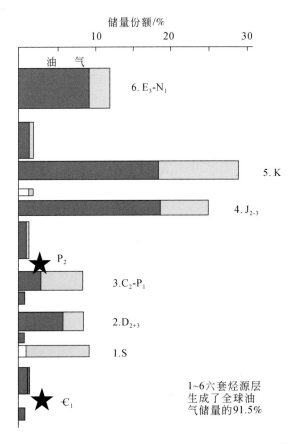

图 11.1　各地质时代烃源层生成的油气储量所占份额[①]

Menchikoff（1949）和 Pruvost（1951）最早提出一个非正式的地质学术语"底寒武系（Infracambrian）"。在当今应用中，"底寒武系"一词被宽松地定义为包含前寒武纪至寒武纪最早期的沉积层序（Smith，2009），即从下寒武统含三叶虫的层位以下，直至岩浆岩或变质岩结晶基底之上的地层层序，整体上称之为"底寒武系（Infracambrian）"或"始寒武系（Eocambrian）"。2006 年，英国伦敦地质学会召开"全球底寒武系油气系统会议"，会后出版专著《全球新元古界油气系统：北非萌现的（油气）潜力》（Global Neoproterozoic Petroleum Systems：The Emerging Potential in North Africa），旨在总结当前对世界各地有关新元古界—下寒武统油气的研究成果，探讨北非的新元古界是否值得予以更多的关注，并以多种方式表明"底寒武系"将是北非、西亚油气勘探的一个新篇章（Craig et al.，2009）。

中国是全球中—新元古界沉积地层发育良好、保存完整的国家之一，也是世界上研究中—新元古界

①　IHS Energy Group. 2005. International Petroleum Exploration and Development Database.
②　梁狄刚，2008，我国南方海相生烃成藏研究的若干新进展，中国石油大学（北京）学术报告。

沉积地层较早的国家（Lee and Chao，1924；Kao et al.，1934）。但是中国有相当大的中—新元古界分布区，属于复杂地质构造带范畴，或者是沉积有机质过成熟演化的地域，对于原生油气的保存与勘探增加了难度。因此，对我国中—新元古界油气资源的研究，既具有地层发育齐全、前人科研积淀深厚等有利条件，又面临地层更为古老、地质条件更加复杂、科研创新空间更宽阔的挑战性现实，所以如何研究与评价我国中—新元古界的油气资源成为一个迫在眉睫的重大问题。本章试图汇总迄今已知的全球中—新元古界原生油气资源的分布状况，结合深入的石油地质学–地球化学研究，探讨我国中—新元古界的油气资源前景问题。

11.2　全球中—新元古界油气资源的分布

据 Craig 等（2009）的不完全统计资料，全球总共有四个地区，即①西伯利亚克拉通勒拿–通古斯卡石油省（LTPP；俄罗斯）、②扬子克拉通西部安岳气田与威远气田（中国）、③阿拉伯克拉通东部阿曼含盐盆地群（阿曼）和④印度克拉通巴克尔瓦拉油田（印度），具有中—新元古界原生油气的规模性储量与产能，并且业已进行商业性开发生产（图11.2）。

现已证实九个地区具有中—新元古界原生油气，包括⑤东欧克拉通莫斯科盆地与卡马–贝尔斯克盆地（Kama-Belsk Basin；俄罗斯）、⑥华北克拉通北缘燕辽裂陷带（大量油苗；中国）、⑦扬子克拉通西部龙门山前山带（大型沥青脉；中国）、⑧印度克拉通温迪彦超级盆地（Vindhyan Superbasin；印度）、⑨北美克拉通诺内萨奇（Nonesuch）油苗（美国）、⑩澳大利亚克拉通麦克阿瑟盆地（McArthur Basin）与中央超级盆地（Centralian Superbasin；澳大利亚）、⑪西非克拉通陶代尼盆地（毛里塔尼亚–马里–阿尔及利亚）和⑫廷杜夫盆地（Tindouf Basin；利比亚）以及⑬苏尔特/昔兰尼加盆地（Sirte/Cyrenica Basin；利比亚；图11.2）。

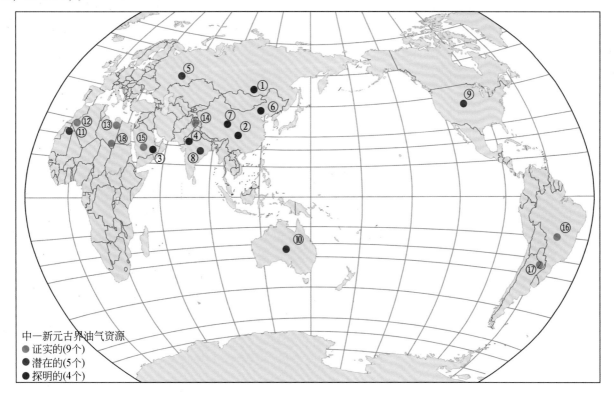

图11.2　全球探明、证实与潜在的中—新元古界油气资源分布图（Craig et al.，2009；Smith，2009，修改）

探明资源：①勒拿–通古斯卡石油省；②安岳气田与威远气田；③阿曼含盐盆地群；④巴克尔瓦拉油田。证实资源：⑤莫斯科盆地与卡马–贝尔斯克盆地；⑥燕辽裂陷带；⑦龙门山前山带；⑧温迪彦超级盆地；⑨诺内萨奇油苗；⑩麦克阿瑟盆地与中央超级盆地；⑪陶代尼盆地；⑫廷杜夫盆地；⑬苏尔特/昔兰尼加盆地。潜在资源：⑭博德瓦尔盆地；⑮沙特阿拉伯；⑯圣佛朗西斯科；⑰阿根廷–玻利维亚–巴拉圭；⑱阿尔库夫拉盆地

此外，还有五个地区（或国家），即⑭印度克拉通博德瓦尔盆地（Potwar Basin；巴基斯坦）、⑮阿拉伯克拉通沙特阿拉伯、⑯亚马孙克拉通圣佛朗西斯科（Sân Francisco；巴西）、⑰阿根廷–玻利维亚–巴拉圭和⑱西非克拉通阿尔库夫拉盆地（Al Kufra Basin，利比亚），具有潜在的中—新元古界油气资源（图 11.2；童晓光和徐树宝，2004；Craig et al.，2009；Ghori et al.，2009；Lottaroli et al.，2009；王铁冠和韩克猷，2011）。

11.2.1　西伯利亚克拉通勒拿–通古斯卡石油省（俄罗斯）

11.2.1.1　区域地质背景

西伯利亚克拉通（图 11.3）位于俄罗斯东北部，介于叶尼塞河与勒拿河之间，面积达 4.5×10^6 km^2。在地理区划上，作为该克拉通最重要的油气产区，西伯利亚克拉通的中—新元古界油气田群，分布于勒拿河流域和通古斯卡地区；在区域地质构造上，属于克拉通西南部的五个一级构造单元，俄罗斯（苏联）的石油地质学家称之为勒拿–通古斯卡石油省（LTPP），分布面积为 2.8×10^6 km^2；其东侧和北侧分别以太古宙—古元古代的阿尔丹隆起（Aldan Uplift）和阿纳巴尔隆起（Anabar Uplift）为界，其余的边界则为一系列前寒武纪褶皱带所环绕，即在西侧、西南侧和南侧分别为叶尼塞（Yenisey）褶皱带、东萨彦（East Sayan）褶皱带和贝加尔–帕托姆（Baikal-Patom）褶皱带（图 11.3；Kuznetsov，1997）。

勒拿–通古斯卡石油省的主要烃源层和储集层属于中—新元古界里菲系（Riphean）、文德系（Vendian）至下寒武统。约在 1650 Ma（或 1600 Ma）至 540 Ma（或 530 Ma）期间，持续沉积巨厚的中—新元古界，总厚度可达 5000 m 以上，地层覆盖西伯利亚克拉通的大片版图（Frolov et al.，2015）。在上覆寒武系中，含有厚层的岩盐层，构成一个区域性的超级盖层，与里菲系、文德系的烃源层、储集层组成良好的生–储–盖层组合，有利于古老油气资源的保存（Ghori et al.，2009）。以文德系砂岩作为中—新元古界油气的主要储集层，其油气储量份额可占达 86.8%，里菲系占 6.6%，而寒武系仅占 5.3%（据 IHS Energy Group 基础数据统计①）。

11.2.1.2　有效烃源层

沿着西伯利亚克拉通周缘分布的里菲纪古沉积盆地［即前帕托姆海槽（Cis-Patom Trough）以及图鲁汉斯克（Turukhansk）和乌贾（Udzha）等盆地；图 11.4］，里菲系的油气藏及其烃源岩极其可能业已被具深度侵蚀作用的贝加尔造山事件所毁灭。例如，在图鲁汉斯克隆起（Turukhansk Uplift）上，尽管里菲系烃源层以高有机碳含量为特征，TOC 值可达 4%，但生烃潜力（S_2）和氢指数（Hydrogen Index，HI）仍然极低（分别小于 0.1 mg$_{烃}$/g$_{岩石}$和小于 50 mg$_{烃}$/g$_{TOC}$），表明这些岩石的生烃有机质业已完全丧失殆尽（Frolov et al.，2015）。

但是，作为某种例外，在里菲纪克拉通内的古老沉积盆地中，如伊斯基涅瓦（Irkineeva）–瓦纳瓦纳（Vanavana）和库雷卡（Kureika）–阿纳巴尔（Anabar）诸盆地（图 11.4），上里菲统伊雷梅肯组（Iremeken Formation）的富有机质页岩是不可能遭受到前文德纪的重大侵蚀事件影响的。迄今采自巴依基特隆起（Baykit Uplift）上的尤鲁勃欣-104（Yurubchen-104）井 2182～2186 m 井段伊雷梅肯组页岩的岩样，仍然具有很高的生烃参数，总有机碳（TOC）值为 12.6%，氯仿沥青含量为 0.56%，HI 为 463 mg$_{烃}$/g$_{TOC}$，热解峰顶温度（T_{max}）为 445℃（Larichev et al.，2004），呈现出中–高有机质丰度与中等成熟度的特征。因此，就中—新元古界油气成藏而言，伊雷梅肯页岩完全具备有效烃源层的条件，如巴依基特隆起和卡坦格鞍部（Katanga Saddle）里菲系卡诺夫群（Kanov Group）的油气藏，尤其是在尤鲁勃欣构造带（图 11.5；Filipstsove et al.，1999；Ulmishek et al.，2002；Everett，2010；Frolov et al.，2015）。

从总体上看，在涅普–鲍图奥宾隆起（Nepa-Botuobin Uplift）的中部和北部以及图鲁汉斯克隆起上，文德系和下寒武统的沉积成为现有油田的主要烃源层（图 11.3、图 11.5；Frolov et al.，2015）。

---

① IHS Energy Group. 2005. International Petroleum Exploration and Development Database.

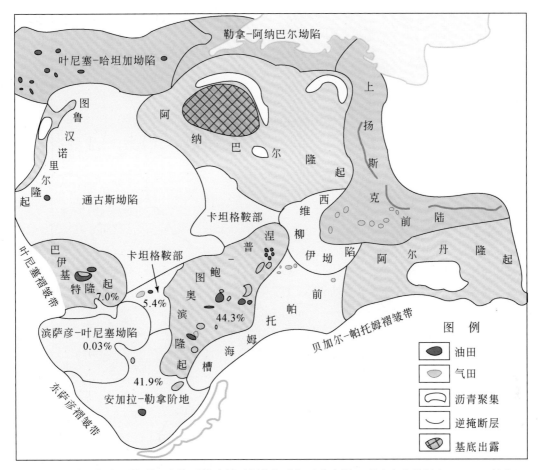

图 11.3　俄罗斯东西伯利亚克拉通构造单元划分与油气田分布图（童晓光和徐树宝，2004，补充）

图中标注的百分数系每个构造单元中—新元古界油气储量的份额

11.2.1.3　油气资源

作为全球最重要的中—新元古界原生油气的产区，早在 1954～1964 年期间，该区业已发现七个中—新元古界原生油气田，从 20 世纪 70 年代起陆续进行勘探、开发与生产。据 Meyerhoff（1982）测算，勒拿-通古斯卡地区油气资源总潜力为原油 2 Gbbl[①]（约 2.74×10^8 t），气 83 Tcf[②]（约 2.35×10^{12} m^3；Ghori et al.，2009）。

根据 IHS Energy Group[③] 的基础数据统计，在勒拿-通古斯卡石油省的中—新元古界至下寒武统中，如今具有由 168 个油气藏，组成 64 个油气田，其"探明+控制"油气储量：天然气 2.027×10^{12} m^3，凝析油 0.76×10^8 t，原油 5.52×10^8 t，总计油气地质储量达到 22.36×10^8 $t_{油当量}$。与前述 Meyerhoff（1982）测算的数据大体相近。然而，美国地质调查局（United States Geological Survey，USGS）在两次油气资源评价结果，西伯利亚克拉通油气的保存量从 1997 年的原油 2.8 Gbbl（约 3.8×10^8 t），天然气 48.9 Tcf（约 1.38×10^{12} m^3；Masters et al.，1997），合计油气资源总量 14.9×10^8 $t_{油当量}$，增长到 2001 年的原油 11.3 Gbbl（约 15.5×10^8 t），天然气 175 Tcf（约 5.0×10^{12} m^3）；合计油气资源总量 55.5×10^8 $t_{油当量}$（Ulmishek，2001）。仅时隔四年，这两次评估的油气资源总量竟增长 3.7 倍之多。对于如此大的资源量差别，Ulmishek 等（2002）认为，油气资源量如此增长的原因在于：此期间在勒拿-通古斯卡石油省，新发现了 30 多个油气田（大部分是气田和凝析油田），尤其是其中尤鲁勃欣-托霍姆（Yurubchen-Tokhomo）和科维克金

---

① 1 Gbbl = 1×10^9 bbl ≈ 0.137×10^9 t。

② 1 Tcf = $10^{12} ft^3$ ≈ $2.831 \times 10^{10} m^3$。

③ IHS Energy Group. 2005. International Petroleum Exploration and Development Database.

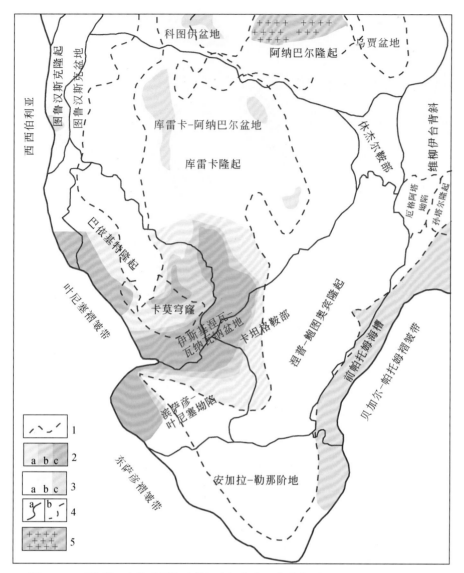

图 11.4　西伯利亚克拉通周缘里菲纪古沉积盆地的分布图（Frolov et al.，2015）

1. 里菲纪古沉积盆地边界。2. 西伯利亚克拉通南部和中部里菲纪古沉积盆地及其在前文德系不整合面下伏地层层位：a. 下—中里菲统；b. 中—上里菲统；c. 上里菲统。3. 西伯利亚克拉通北部里菲纪古沉积盆地及其设想的沉积填充沉积厚度：a. <2 km；b. 2~3 km；c. >3 km。4. 西伯利亚克拉通近代主要构造单元边界：a. 一级构造；b. 二级构造。5. 现代基地露头

（Kovyktin）两大油气田的发现（图 11.5），导致油气储量的大幅度增长。此外，该区沿着发育巨厚烃源层的古裂谷带中央部位，具有由里菲–文德系储层构成的主要油气勘探前景区（北京石油勘探开发科学研究院和华北石油管理局，1992；Posinikov and Postnikova，2004；Ghori et al.，2009）。此外，据 Efimov 等（2012）估算，西伯利亚克拉通的中—新元古界硅质碎屑岩和碳酸盐岩油气藏，具有约 $6×10^8$ t 原油和 $2.7×10^{12}$ m³ 天然气储量（Ghori et al.，2009）。

根据 IHS Energy Group[①]的基础数据统计，在西伯利亚克拉通不同构造单元中，"探明+控制"储量的分布情况，油气总储量的 86.3% 集中于涅普–鲍图奥宾隆起（单独占比 44.4%）和安加拉–勒拿阶地（Angara-Lena Terrace；占比 41.9%），7.0% 的油气分布于巴依基特隆起，5.4% 见于卡坦格鞍部，而滨萨彦–叶尼塞坳陷（Cis-Sayan-Yenisey Syneclise）仅占 0.03%（图 11.3；童晓光和徐树宝，2004；王铁冠和韩克猷，2011）。

油气"探明+控制"储量的地层层位分布比率为寒武系占 5.31%，"寒武系+文德系"占 1.26%，文

---

① IHS Energy Group. 2005. International Petroleum Exploration and Development Database.

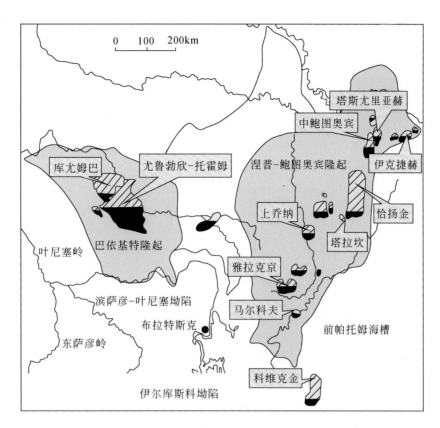

图 11.5　俄罗斯东西伯利亚克拉通勒拿–通古斯卡石油省主要油气田的分布图[1]（Fedorov，1997，修改）

德系占 86.8%，"文德系+里菲系"占 0.01%，里菲系占 6.58%，另有 0.01% 仍不明层位[1]。显然，文德系油气藏具有油气"探明+控制"储量的最大份额。主要的文德系油气田，包括恰扬金（Chayndin）、中鲍图奥宾（Middle Boutuobin）和上乔纳（Upper Chona）这样的大型油气田，均坐落于涅普–鲍图奥宾隆起上，还有一些则位于安哥拉–勒拿阶地（包括科维克金油气田）以及前帕托姆海槽（图 11.4）。但是，里菲系的碳酸盐岩油气藏仅占有次要的储量份额，迄今里菲系油气田仅见于巴依基特隆起一处，即尤鲁勃欣–托霍姆油气田（Frolov et al.，2015）。前文所论及的主要油气田的油气储量详见表 11.1。

表 11.1　西伯利亚克拉通最大油气田的油气储量表[1]

类型	油气田	油/10^6 t		气/10^9 m³	
		自开发以来累计产量	储量（A+B+C₁）*	自开发以来累计产量	储量（A+B+C₁）*
油–气	中鲍图奥宾	0.9	100	5.7	164
气	恰扬金	—	50	0.1	1200
气–油	尤鲁勃欣–托霍姆	0.7	168	—	140
油	库尤姆巴	0.3	110	—	20
油	上乔纳	16.1	150	0.5	16
油–气	塔拉坎	19.2	167	0.5	43
气	科维克金	—	115	0.5	1900

* A. 探明开发与投产的储量（PDP）；B. 探明尚未开发的储量（PUD）；C₁. 潜在储量。

---

[1]　Galimov E. M.，2014，俄罗斯前寒武系石油地质研究（包括东西伯利亚、东欧地台），北京讲学讲稿。

11.2.1.4　油气聚集

以中鲍图奥宾油气田为例，该凝析气田位于涅普–鲍图奥宾隆起北部，为复杂的长轴背斜型带油环的块状凝析气田，构造面积达 1570 km²，而油气田面积仅 800 km²，其中油环面积占 600 km²（图 11.5、图 11.6）。该油气田发现于 1970 年 7 月，整整十年之后才投入开发，至少已钻油井 108 口[①]（童晓光和徐树宝，2004），"A+B+C₁"级天然气储量为 $164×10^9 m^3$，石油储量为 $100×10^6 t$[①]（表 11.1），其中 64% 储存于文德系砂岩中，而寒武系砂岩所占储量份额仅 36%；油气均来源于文德系的页岩烃源层。油气藏驱动类型以水驱与气驱为主，部分属溶解气驱，原油单井产量 24 t/d，气产量 $24×10^4 \sim 26×10^4 m^3$[①]（童晓光和徐树宝，2004）。

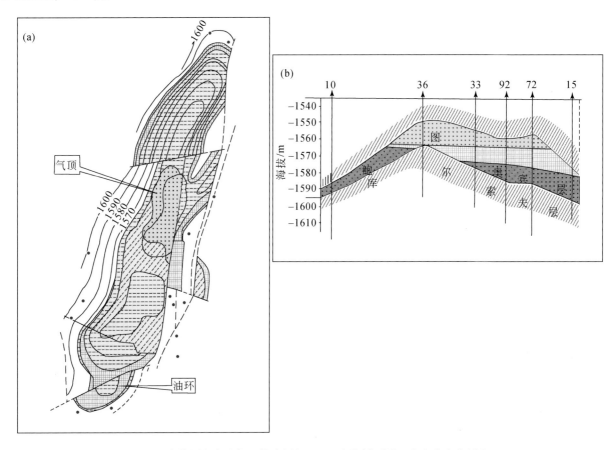

图 11.6　　（a）中鲍图奥宾油气田构造图与（b）油藏剖面图（童晓光和徐树宝，2004）

又如，巴依基特隆起上的特大型古潜山油气田，尤鲁勃欣–托霍姆带油环的凝析气田，属于地层不整合面与断层面遮挡的岩溶–裂缝型碳酸盐岩油气藏（图 11.5、图 11.7）。该油气田于 1997 年首次测试，1982 年 IO-2 探井获得高产油气流以后，至少已钻探井 101 口。原油与天然气聚集于文德系储层，而凝析油（气）则产于中—上里菲统储层（童晓光和徐树宝，2004）；其探明含油面积为 3100 km²，具有"A+B+C₁"级原油储量 $168×10^6 t$，天然气储量 $140×10^9 m^3$[①]（表 11.1），烃源层为里非系的伊雷梅肯组泥质碳酸盐岩（童晓光和徐树宝，2004；Frolov et al.，2015）。

2014 年 5 月中国与俄罗斯两国签署协议，合建西伯利亚东西两条天然气管线向中国输气；其中东线在俄方境内命名为"西伯利亚力量"输气管线，已于 2015 年 8 月开工铺设，业已投产，设计年供气量将达到 $380×10^8 m^3$（约 $3000×10^4 t_{油当量}$）。这些天然气均产自西伯利亚克拉通的两个中—新元古界特大型的恰扬金油气田和科维克金油气田（图 11.5），二者的天然气储量规模均达到万亿立方米级；按照"A+ B+

---

① Galimov E. M.，2014，俄罗斯前寒武系石油地质研究（包括东西伯利亚、东欧地台），北京讲学讲稿。

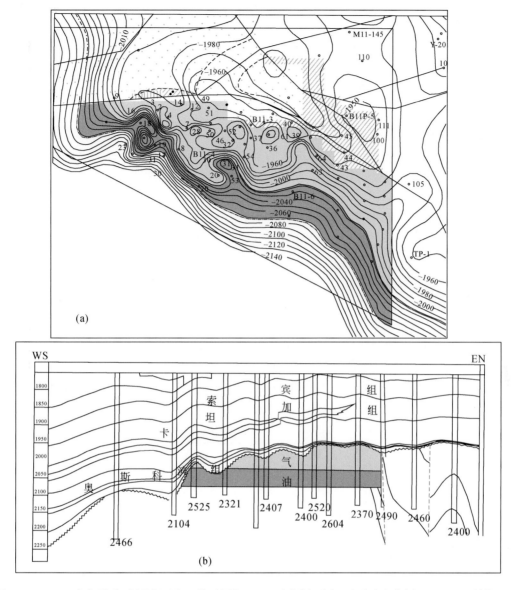

图 11.7　（a）尤鲁勃欣–托霍姆油气田构造图与（b）油藏剖面图（童晓光和徐树宝，2004；单位：m）

C_1'' 级三级储量计算，恰扬金油气田的石油储量为 $50×10^6$ t，天然气储量 $1.2×10^{12}$ m³；科维克金油气田的石油储量达 $115×10^6$ t，天然气储量 $1.9×10^{12}$ m³[1]（表 11.1）。

就油气聚集条件而论，Kuznetsov（1997）提出，里菲系的烃源层与储集层分布于巴依基特隆起和卡坦格鞍部，其上覆为文德系不整合覆盖。在该地区，所有的油气田（如尤鲁勃欣–托霍姆油气田）均产自里菲系白云岩，而由文德系和下寒武统的碳酸盐岩、泥岩和粉砂岩提供区域性盖层。里菲系的厚层页岩可作为层间盖层。Frolov 等（2015）认为，在克拉通内的古沉积盆地中，约在古生代时期大部分里菲系达到最大埋深；而且一项数值模拟计算也表明，大部分烃类运移发生在泥盆纪之前，而其后的烃类运移对于油气成藏也具有重要意义（Kuznetsov，1997）。

11.2.1.5　石油成藏时间

Everett（2010）指出，依据石油地球化学研究与盆地模拟结果，西伯利亚克拉通的烃源层属于晚里菲期至早文德期，关键时刻或石油成藏期主要受早寒武世岩盐盖层的制约，烃类的有效聚集终结于晚奥陶

---

① Galimov E. M.，2014，俄罗斯前寒武系石油地质研究（包括东西伯利亚、东欧地台），北京讲学讲稿。

世至早志留世；涅普–鲍图奥宾隆起50%的天然气可归属于湿气类型，意指烃源层的热成熟程度低于等效镜质组反射率 eqR。2.0%，其余的天然气则属于热成因的干气类型，很可能是区域性变质作用与地壳抬升过程中，烃源岩相对快速过成熟化的产物。

11.2.2　东欧克拉通莫斯科盆地与卡马–贝尔斯克盆地（俄罗斯）

东欧克拉通又称为俄罗斯克拉通。在俄罗斯境内，介于伏尔加河与乌拉尔山脉之间的地区是东欧克拉通重要的油气区，早在19世纪初就发现有油苗和固体沥青，苏联称之为"第二巴库"。目前在古生界泥盆系、石炭系和二叠系中，已发现约1040个油气田，中—新元古界中也含有油显示，但尚未发现商业性的烃类聚集。

在东欧克拉通，中元古界里菲系是其沉积盖层的最底层，下部以碎屑岩为主，地层厚达数千米，同位素年龄为1650～1350 Ma；上部为几千米厚的碳酸盐岩与碎屑岩沉积，同位素年龄为1350～1000 Ma。里菲系上覆为新元古界文德系，以碎屑岩沉积为主，厚度仅数百米，同位素年龄为1000～650 Ma。文德系泥岩与碳酸盐岩中含有烃源岩，TOC值为0.1%～9.9%，；60%的文德系砂岩、粉砂岩都符合储集层标准，有七个地区的储层孔隙度达20%；具有连续40～60 m厚的泥岩、粉砂岩和碳酸盐岩，可构成局域性或区域性的盖层；因此，具备良好的生–储–盖层组合，有利于油气成藏。

在伏尔加–乌拉尔地区约35×10⁴ km²的范围内，已有35口井钻达里菲系，235口井钻达文德系。已发现里菲系的地震局部构造57个，文德系局部高点占277个。全区已有40多口井在各层位见到油气显示，但是在文德系仅获得低产油流，一般产量仅为1～3 t/d不等。该区可能存在若干个中—新元古界含油远景区，如莫斯科盆地和卡马–贝尔斯克盆地等[①]（图11.8；Fedorov，1997）。

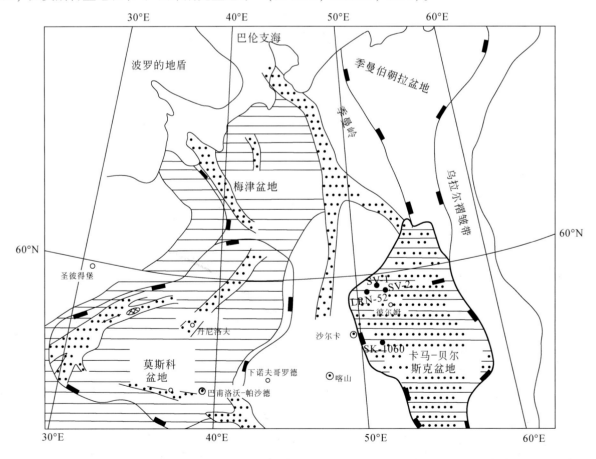

图11.8　东欧克拉通元古界沉积盆地与相关探井的分布图[①]（Fedorov，1997，汇编）

LRN. 拉里诺夫；SK. 沙尔坎；SV. 锡温斯科；●井位；○城市

---

①　Galimov E. M.，2014，俄罗斯前寒武系石油地质研究（包括东西伯利亚、东欧地台），北京讲学讲稿。

11.2.2.1　莫斯科盆地

作为典型的克拉通内坳陷，莫斯科盆地位于东欧克拉通的中部（图 11.8）。盆地的地层厚达 5000 m，其中的元古宇与古生界近于等厚，而上覆的中生界则相对较薄，而元古宇以里菲系为最厚，而文德系分布则最为广范围。

根据深地震测深（Deep Seismic Sounding, DSS）资料，在该盆地之下，可能存在一个地幔底辟构造，系莫霍面隆起所致，从而形成充填里菲系沉积物的北东–南西向地堑系统。DSS 研究认定，这个地堑系统属于裂谷成因（Fedorov，1997）。

在丹尼洛夫（Danilov）地区 1、4 和 9 号井中，文德系上部列德基诺（Redkino）统的砂岩有获得油流的记录（图 11.8）。9 号井记录产 50 L/d 油流，带有 1000 m³/d 天然气（烃类气体含量占 92%），原油密度为 0.79 ~ 0.83 g/cm³，含 26% 至 35%~42% 的汽油馏分，硫含量为 0.04%~0.39%，而且以具有链烷烃含量（63%~82%）对芳烃含量（0.37%~3.9%）的优势为特色。这些轻质油成分属于石蜡基–芳香基烃类，可能其低密度的轻质馏分早期并未散失，或者是晚近时期（也许是中—新生代）又有低密度馏分的原油充注所致（Fedorov，1997）。由于局域性的沉降，烃类的生成也可能发生在中生代—新生代（Vysotsky et al.，1993）。

11.2.2.2　卡马–贝尔斯克盆地

卡马–贝尔斯克盆地（Kama-Belsk Basin）是一个克拉通边缘坳陷，位于东欧克拉通的东缘（图 11.8）。依据钻井与地球物理资料，该盆地的里菲系地层最厚可达 10 km，并为文德系所覆盖。此外，在锡温斯科（Sivinsk, SV）-1 井、SV-2 井，拉里诺夫（Larionov, LRN）-52 井和沙尔坎（Sharkan, SK）-1060 井（图 11.8）等均有从文德系砂岩采出重质油流的生产记录，产量从 1 m³/d 至 7 t/d 不等（北京石油勘探开发科学研究院与四川石油管理局，1992；Fedorov，1997）。这些原油大都属于环烷基石油。沙尔坎油田原油的典型特征为原油密度高达 0.97 g/cm³，"非烃+沥青质"含量达 30%，汽油馏分占 26% 至 35%~42%，原油组分类似于生物降解油（北京石油勘探开发研究院和华北石油管理局，1992；Fedorov，1997）。然而与西伯利亚克拉通的里菲系和文德系原油以及沉积有机质均相似（Vysotsky et al.，1993）。考虑到储层的年代与成藏时间，Vysotsky 等（1993）认为，原油的生物降解作用可能发生于前泥盆纪构造隆起遭受剥蚀的时期。

11.2.3　阿拉伯克拉通阿曼含盐盆地群

11.2.3.1　区域地质背景

阿曼苏丹国位于阿拉伯半岛（或阿拉伯克拉通）的东南缘，国土面积为 30×10⁴ km²（图 11.9 的插图）。该地区的石油勘探始于 1925 年，直到 1962 年才钻成第一口油气发现井，1998 年初阿曼原油的平均日产量已达到 90×10⁴ bbl/d（约 12.3×10⁴ t/d；Knott，1998）。

阿曼境内发育一系列北北东向的封闭性沉积盆地，主要是南阿曼（South Oman）、盖拜（Ghabah）及费胡德（Fahud）三个含盐盆地，以南阿曼含盐盆地为最主要的产油区，其间分别被中央阿曼（Central Oman）和马卡伦（Makarem）两个凸起所分隔（图 11.9；Edgell，1991；Peters et al.，2003；Amthor et al.，2005），这些盐盆地的分布，可能从印度克拉通，经阿拉伯克拉通东端，延伸到伊朗北部的霍尔木兹（Hormuz）盆地，甚至更远（Amthor et al.，2005）。地震资料表明，南阿曼含盐盆地的西缘为复杂构造的转换挤压变形带前缘所界定（Immerz et al.，2000）；与之相反，它的东缘则以向邻近现今阿曼海岸的构造高部位，呈现出地层变薄和叠覆为特征（图 11.9；Amthor et al.，2005）。

11.2.3.2　地层划分

表 11.2 展示阿曼新元古界至寒武系的标准地层柱（Amthor et al.，2005；Grosjean et al.，2009）。在阿

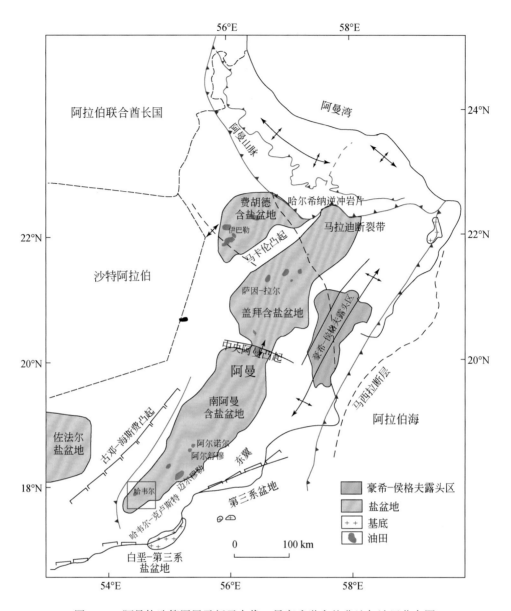

图 11.9　阿曼构造简图展示新元古代—早寒武世含盐盆地与油田分布图

(Peters et al.，2003；Amthor et al.，2005，汇编)

拉伯克拉通，新元古代晚期至早寒武世的含盐层系以侯格夫超群（Huqf Supergroup；725～540 Ma）与海马超群（Haima Supergroup）为代表。侯格夫超群不整合于古老的结晶基底之上（Bowring et al.，2007），并进一步划分为三个群，自下而上为：①阿布马哈拉群（Abu Mahara Group）、②奈丰群（Nafun Group）和③阿拉群（Ara Group）；其中阿布马哈拉群和奈丰群又细分为六个岩性地层组，以岩性（不按层序）划分为硅质岩组：盖迪尔-曼吉勒组（Ghadir-Manqil Formation）、马西拉湾组（Masirah Bay Formation）和舒拉姆组（Shuram Formation），以及碳酸盐岩组：胡费组（Khufai Formation）和布艾赫组［Buah Formation；表 11.2(a)］。

侯格夫超群上部的阿拉群由一套厚层韵律性的碳酸盐岩、蒸发岩和相关的硅质碎屑岩所组成，自下而上再细分为五个组（段）比尔巴（Birba）段、"U"段、阿瑟尔（Athel）段、阿尔诺尔（Al Noor）段以及宰海班组［Dhahaban Formation；表 11.2(a)］。这些地层至少可与南阿曼含盐盆地中央的七个三级蒸发岩-碳酸盐岩层序（A0～A6 沉积旋回）对比［表 11.2(a)］。其中，比尔巴段由 A0～A3 旋回组成。A4旋回 "U" 段由富含有机质的页岩（约80 m厚）、碳酸盐岩、蒸发岩和火山灰夹层组成，此火山灰层可用于提供 U-Pb 年代地层学数据。A4 旋回中的阿瑟尔组包含三个段：①阿尔舒穆（Al Shomou）微晶硅质岩段为厚300～400 m 的富含有机质燧石，②苏莱拉特（Thuleilat）页岩段，以及③阿瑟尔碳酸盐岩段［表

11.2(b)], 其中阿尔舒穆微晶硅质岩段被两层区域性广布的富有机质页岩段所夹持, 其下伏为 "U" 页岩段, 上覆是苏莱拉特页岩段, 在地层学上组成两段页岩夹硅质岩的 "三明治结构" [表 11.2(b); Amthor et al., 2003]。

表 11.2　阿曼新元古界—寒武系标准地层柱表

界/系	超群	群	组	备注
寒武系	海马	迈赫塔德 侯迈德	安代姆	寒武纪动物群
			米格拉特	
			阿明	
		尼姆尔	哈拉德	
			卡里姆	
		阿拉	A6 宰海班	
			A5 阿尔诺尔	
			A4 "U"、阿瑟尔	541 Ma
			A0~A3 比尔巴	
新元古界	侯格夫	奈丰	布艾赫	
			舒拉姆	
			胡费	<580 Ma
			马拉西湾	
		阿布马哈拉	盖迪尔-曼吉勒	~635 Ma
		结晶基底		~800~850 Ma

(a)

群	组	段	层	岩性
阿尔诺尔盐	阿尔诺尔盐	A6		盐
		A5		微晶硅质岩
				盐
侯格夫	阿瑟尔	苏莱拉特	苏莱拉特页岩 / 阿瑟尔碳酸盐岩	
		阿尔舒穆微晶硅质岩	A4	微晶硅质岩
	"U"	"U"页岩		页岩
				盐

(b)

注: (a) 阿拉群中 A4~A6 层段的组成据 Grosjean et al., 2009; (b) 据 Amthor et al., 2005, 简化。

侯格夫超群覆盖于年龄为 850~800 Ma 的结晶基岩之上, 两期冰川年龄约 713 Ma 和小于 645 Ma。在阿曼, 阿拉群底部碳酸盐岩中, A0 旋回火山灰层的定年为 547 Ma, 而 A4 旋回底部年龄 (约 541 Ma) 接近于埃迪卡拉纪–寒武纪的界限年龄 (表 11.2; Grosjean et al., 2009)。

11.2.3.3　烃源层与原油类型

在阿曼含盐盆地中, 新元古界—下寒武统侯格夫超群上部的阿拉群、志留系、上侏罗统和白垩系均具有生烃条件 (Terken and Frewin, 2000), 原油具有五种类型, 分别与上述四套烃源层具有可比性。然而, 从地球化学角度来看, 大部分南阿曼原油主要属于两种类型: "侯格夫型" 和 "Q型" (Grantham et al., 1987)。两类原油都呈现出明显的中间分支的单甲基链烷烃, 取名为 "X-化合物", 与侯格夫烃源岩的有机物质可对比, 并认为是前寒武系—寒武系沉积有机质特有的特征。据此, 在这些原油可与侯格夫超群之间, 建立起一个直接的相关性, 确认侯格夫超群作为烃源层 (Grantham, 1986; Grantham et al., 1987; Terken and Frewin, 2000; Terken et al., 2001; Ghori et al., 2009); 且主要源自阿拉群上部的薄层状碳酸盐岩或页岩烃源岩 (O'Dell and Lamers, 2003)。

依据特殊生物标志物以及空间、地层分布情况推测, "Q型" 原油也属于前寒武系油源, 且聚集于南阿曼含盐盆地北部以及阿曼北部诸盆地 (O'Dell and Lamers, 2003; Grosjean et al., 2009)。"侯格夫型" 原油沿着南阿曼含盐盆地的东翼最为富集; 与之相反, "Q型" 原油大都分布于阿曼中部, 在南阿曼含盐盆地最北部也能见到, 在那里还能遇到在同一口油井中 "Q型" 油藏出现在 "侯格夫型" 油藏之上的产状 (Grosjean et al., 2009)。

Terken 和 Frewin (2000) 指出, 阿曼北部宰海班油气系统 "Q型" 原油的烃源灶, 主要位于费胡德含盐盆地的浅层, 其次为盖拜含盐盆地的西缘。据 Grantham 等 (1987)、Edgell (1991)、Terken 等 (2001) 研究, 侯格夫超群烃源层是阿曼埃迪卡拉系及其上覆古生界、中生界油藏约 11.4×10^8 t 石油与不明数量天然气主要的烃源。

11.2.3.4　特殊油藏类型——微晶硅质岩油藏与碳酸盐岩"网脉状"油藏

最重要的"侯格夫型"原油藏产于阿拉群盐体（盐丘）内的碳酸盐岩"网脉状"（stringer）油藏与阿瑟尔组微晶硅质岩（silicilyte）油藏（图11.10、图11.11）。在南阿曼含盐盆地，碳酸盐岩"网脉状"油藏和微晶硅质岩油藏的埋藏深度达4～5 km，在地层学上均与阿拉群盐体密切相关，并为岩盐所封闭（图11.10、图11.11）。

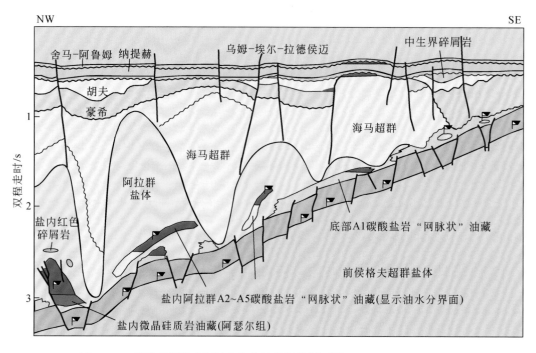

图 11.10　简化的穿越南阿曼含盐盆地地质横剖面图（Peters et al.，2003）

图中油藏以绿色标注

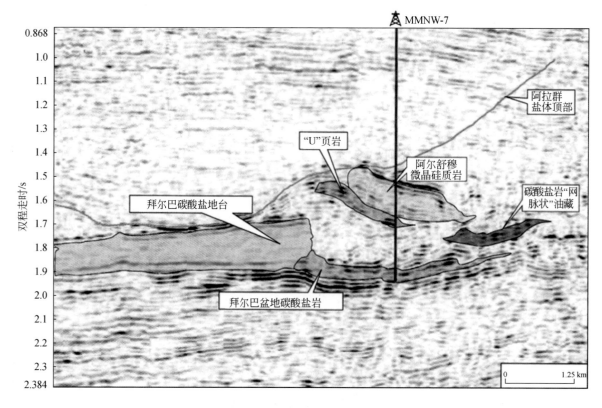

图 11.11　阿拉群碳酸盐岩"网脉状"油藏和微晶硅质岩油藏地震横剖面图（Amthor et al.，2003）

微晶硅质岩，又称微晶燧石，岩石学上"燧石"（chert）系指隐晶质石英（主要是 α-石英），而阿曼当地新命名的岩石学术语"silicilyte"，特指由微晶硅质组成的岩石，由 80%～90% 微晶石英（晶粒粒径为 2～3 μm）组成，通常构成席状集合体，产状规模可达 400 m 厚和数千米宽，呈富含有机质的硅质岩板片（slab），其 TOC 值平均可高达 7%，密封于大型盐体之中。典型的阿尔舒穆微晶硅质岩油藏具有含 48°API 轻质酸性油的细薄板片状储层，以微孔隙度高（达 30%）、渗透率低（仅 0.02 mD）、超压高（平均压力梯度为 19.8 kPa/m）及原油饱和度高（大于 80%）为特征（Amthor et al., 1998）。而且，阿尔舒穆微晶硅质岩油藏的烃源岩与储集岩是一体的，并被"U"页岩段以及苏莱拉特页岩段所夹持，呈"三明治结构"，三者均富含有机质，因而使"微晶硅质岩"构成自生自储油藏。例如，阿尔诺尔油田和阿尔舒穆油田的微晶硅质岩油藏（图 11.9；Amthor et al., 2005），其未经改造的油井初始产油量达 250～600 bbl/d（约 34～82 t/d），经水力体积压裂技术处理后，可增产达 2500 bbl/d（约 342 t/d；Wong et al., 1998）。2000 年 8 月在阿尔诺尔油田首次产出油流（图 11.9；Amthor et al., 2005）。

此外，在南阿曼含盐盆地南部，阿拉群盐体内的碳酸盐岩"网脉状"油藏频繁地遭受到白云岩化的影响，产油层厚 80～120 m，平均孔隙度为 8%～12%。由于其通常都是富含有机质的层段，"网脉状"储层可形成密封于盐体内部的自生自储油藏（图 11.10），生产测试的单井产量可达 6000 bbl/d（约 842 t/d）以上，尤其以高超压油藏更为显著（Peters et al., 2003）。萨因-拉尔（Saih Rewl）油田是盖拜含盐盆地最大的油气田，而费胡德含盐盆地则以伊巴勒（Yibal）油田为最大（图 11.9；Pollastro, 1999）。

11.2.3.5　油气资源与实例研究

根据美国地质调查局（USGS）的一项早期评价，阿曼中-北部盖拜含盐盆地与费胡德含盐盆地中，宰海班油气系统分布面积达 5×10^4 km^2，地下原油储量至少达 1.6×10^9 m^3，天然气储量 1000×10^9 m^3；原油可采储量为 0.35×10^9 m^3，天然气为 700×10^9 m^3。原油类型属于"Q 型"油，油源来自新元古界侯格夫超群盐层顶部的阿拉群班宰海组［表 11.2（a）］。

1997～2002 年阿曼取得一系列勘探成果，仅在南阿曼含盐盆地的哈韦尔-克卢斯特地区（Harweel-Cluster region），原油储量约达 3.5×10^8 m^3（图 11.9），这些油藏一般为深层、高压、低渗透率油层（1～10 mD），气油比（GOR）为 185 m^3/m^3，含 15% CO_2 和 5% H_2S，原油物性变化范围大，产凝析油至黑油等。哈韦尔-克卢斯特地区，在阿拉群 A2 与 A3 旋回中，七个盐体内的碳酸盐岩油田发现九个"网脉状"油藏，其中六个属于弹性压力驱动，三个为水动力驱动。这些油田是达法格（Dafag）油田、盖菲尔（Ghafeer）油田、哈韦尔-迪普（Harweel Deep）油田、拉巴布（Rabab）油田、萨希亚（Sakhiya）油田、萨尔马德（Samadf）油田和扎尔扎拉（Zalzala）油田，只有盖菲尔油田和萨希亚油田的两套含盐碳酸盐岩旋回中都有油藏（O'Dell and Lamers, 2003）。该地区油源均来自侯格夫超群烃源层，并且该烃源层还可向二叠系、白垩系油藏供油（O'Dell and Lamers, 2003）。

南阿曼含盐盆地南部的迈尔穆勒油田（Marmul oil field）估计有 2G bbl（约 2.74×10^8 t）重油，平均 API 密度 21.5°。在地质年代上，属于寒武系至石炭-二叠系的储层，油源都来自侯格夫超群中部普遍存在的烃源层，原油遭受过不同程度的生物降解作用（Katz and Everett, 2016）。

据不完全统计，仅迈尔穆勒油田、盖拜含盐盆地与费胡德含盐盆地以及哈韦尔-克卢斯特地区等地的油气储量合计将超过 21.2×10^8 t$_{油当量}$。

11.2.3.6　石油生成与成藏时间

以南阿曼含盐盆地迈尔穆勒油田侯格夫超群中部的烃源层为例，据 Katz 和 Everett（2016）的综述，基于地层埋藏史与油气生成历史分析，石油的生成始于 520 Ma（即早寒武世），而在奥陶纪和志留纪大量生烃，并于 350 Ma（即早石炭世）结束生烃（Terken et al., 2001）。磷灰石裂变径迹数据说明，泥盆纪时期的一次重要的地壳抬升（Visser, 1991），导致志留系、泥盆系和石炭系整体缺失（Aley and Nash, 1984）。等效镜质组反射率 eqR_o 值表明，在中寒武世—早志留世期间，烃源层达到最大埋藏深度（Terken et al., 2001）。在区域上，石油的生成时间要早于圈闭的演化，据此已生成的石油需要经历一个储集—再运移—二次聚集的过程。因此看来石油的运移并进入构造成藏，应发生在古近纪、新近纪时期（Heward,

1989）。

此外 Pollastro（1999）重建的阿曼北部费胡德含盐盆地伊巴勒（Yibal）油田地层埋藏史表明，早志留世侯格夫超群中下部经历过一个次要的早期石油生成阶段，并在晚二叠世或早三叠世（约 250 Ma）达到生油高峰（Visser，1991）。然而，数值模拟指出，费胡德含盐盆地在自 80 Ma 至今的一段时期内，从侯格夫烃源层排出的裂解气才穿过费胡德含盐盆地，并充注入构造形成油藏（Amthor et al.，1998）。

作为一个确认具有底寒武纪油源的早古生代生烃区带，阿曼的构造稳定性与盐体超级盖层都是有利于早期生成石油保存的良好例证（Lüning et al.，2009）。

11.2.4　印度克拉通印度与巴基斯坦盆地群

印度和巴基斯坦两国总共有三个潜在的中—新元古界含油气区，即中印度河盆地（Central Indus Basin，CIB）、温迪彦超级盆地和古德伯盆地（Cuddapah Basin；图 11.12）。在印、巴接壤的中印度河盆地，两国具有相似的地层沉积环境与构造背景，但对地层与区域构造单元，印、巴两国尚缺乏统一的专业术语。

图 11.12　印度克拉通（印度境内）中—新元古代主要沉积盆地分布图（Ram，2012）

11.2.4.1　中印度河盆地：旁遮普地台或比卡内尔-纳高尔盆地

（1）区域地质背景：中印度河盆地（CIB）处于印、巴两国的边境地区，在区域地质构造上属于印度克拉通的西北端，东界为北东-南西向阿拉瓦利岭（Arawallis Range，印度境内），西界达苏莱曼岭 [Sulaiman Range，巴基斯坦境内；图 11.13（a）]。作为大型沉积盆地，CIB 的面积约达 $29×10^4$ km²，在地质学上，印、巴境内分别使用不同的地层和构造术语，该盆地中-西部巴方境内称旁遮普地台（Punjab Platform），而东部印度境内则称为比卡内尔-纳高尔盆地 [Bikaner-Nagaur Basin；图 11.13（a）、（b）]。在巴基斯坦一侧，CIB 可划分成三个构造单元：①旁遮普地台-比卡内尔盆地，②苏莱曼坳陷（前渊）（Sulaiman Depression/Foredeep），③苏莱曼褶皱带（Sulaiman Fold Belt；Kadri，1995；Asim et al.，2015）。

旁遮普地台呈一个宽阔的单斜构造，往西向苏莱曼坳陷平缓倾伏（图 11.13；Asim et al., 2015），覆盖面积达 $10×10^4$ km^2 以上；向东则延伸到印度境内，称为比卡内尔–纳高尔盆地（图 11.13；Aadil and Sohail, 2011；Bhat et al., 2012）。在地层学上，钻探证据表明新元古界—寒武系延伸并穿过印、巴边界，据巴基斯坦东南部的马儿维-1（Marvi-1）井记录，地层总厚度约 1500 m（Bhat et al., 2012）。旁遮普地台的新元古界均归于盐岭组（Salt Range Formation）的地层单元；而在比卡内尔–纳高尔盆地则自下而上细分成①焦特布尔组（Jodhpur Formation）、②比拉蜡组（Bilara Formation）、③汉塞伦组（Hanseran Formation）三个地层单元（表 11.3）。二者均与邻国阿曼的侯格夫超群层位相当（Ghori et al., 2009；Sheikh et al., 2003）。CIB 的位置、石油探井的井位以及概括性的地层对比关系见图 11.13 与表 11.3（Ghori et al., 2009；Aadil and Sohail, 2011）。

（2）石油地质与油气资源：旁遮普地台的石油勘探起始于 1950 年，对新元古界—寒武系业已钻过 15 口探井，但油气勘探未获成功（Hasany et al., 2012）。尽管勘探失利，1959 年在旁遮普地台的格拉姆布尔-1（Karampur-1）井的新元古界盐岭组白云岩裂隙中，首次产出沥青质重油，但无商业性烃类产出［图 11.13（a）；表 11.3；Ghori et al., 2009］。1991 年在比卡内尔–纳高尔盆地巴克尔瓦拉-1（Baghewala-1）井的浅层 1103～1117 m 井段，获得主要的重质油发现，最初从新元古界焦特布尔组砂岩与碳酸盐岩油藏产出仅约 7 bbl（约 0.96 t）富含硫原油，其密度范围为 0.9042～0.9529 g/cm^3，富含正烷烃与环状类异戊二烯烃，属于非生物降解成因的高硫重质油［图 11.13（a）；Peters et al., 1995；Ghori et al., 2009；Asim et al., 2015］。

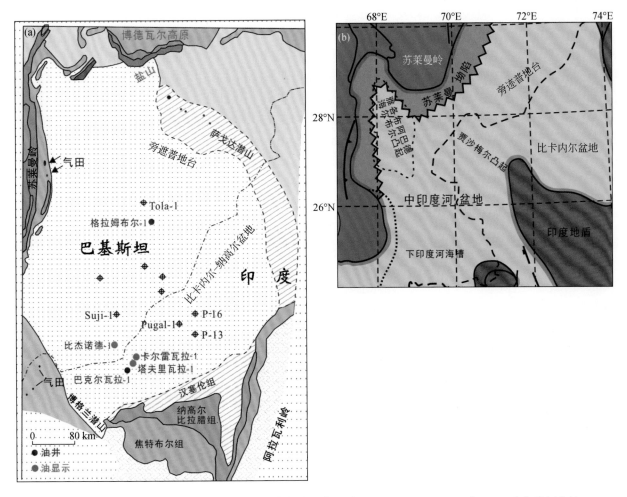

图 11.13　（a）旁遮普地台、比卡内尔–纳高尔盆地位置图（Ghori et al., 2009）与（b）中印度河盆地构造单元划分图（Aadil and Sohail, 2011, 修改）

表 11.3　CIB 新元古界—下寒武统地层简表（Ghori et al.，2009，修改）

层位	旁遮普地台	比卡内尔-纳高尔盆地
寒武系	古萨克组（Kussak Formation）； 凯瓦拉组（Khewra Formation）	上碳酸盐岩组
新元古界	盐岭组格拉姆布尔-1 井	汉塞伦组蒸发岩
		比拉蜡组纹层状白云岩（巴克尔瓦拉-1 井）
		焦特布尔组砂岩（巴克尔瓦拉-1 井）

依据生物标志物对比，确认巴克尔瓦拉油田高硫重质油的烃源层为低成熟的新元古界比拉蜡组纹层状碳酸盐岩（表 11.3），其含有典型倾油性的高硫有机质，具有中等至高 TOC 含量，氢指数（HI）达 400 mg$_{烃}$/g$_{TOC}$，并呈现出 Tmax≥436℃，指示处于早期生油窗范畴的临界成熟特征（Peters et al.，1995；Sheikh et al.，2003；Ghori et al.，2009；Ram，2012；Asim et al.，2015）。地层等厚线图表明，CIB 的寒武系与前寒武系的沉积中心均位于旁遮普地台的东南部，并且往西朝着苏莱曼坳陷的方向，地层埋藏变深，烃源层趋于更加成熟（Aadil and Sohail，2011）。

据报道，巴克尔瓦拉油田原油的地质储量为 628 Mbbl（约 8600×10^4 t）。该油田具有四个相互分隔的油藏。其中最老的油藏为埃迪卡拉系焦特布尔组砂岩油藏，具有孔隙度 16%～24%，含油饱和度从 65% 至 80% 不等。下寒武统的上碳酸盐岩组白云岩含有最年青的油藏，其有孔隙度为 7%～15%（表 11.3；Peters et al.，1995；Sheikh et al.，2003；Ghori et al.，2009）。

此外，在毗邻旁遮普地台的比杰诺德-1（Bijnot-1）井以及比卡内尔-纳高尔盆地的卡尔雷瓦拉-1（Kalrewala-1）井、塔夫里瓦拉-1（Tavriwala-1）井等三口探井中，也获得良好的油显示。在巴基斯坦旁遮普地台和博德瓦尔（Potwar）盆地，还发现有较高成熟度的轻质油，印度比卡内尔-纳高尔盆地至少也有一口井见到低含硫、低密度（0.78～0.82 g/cm^3）的轻质油［图 11.13(a)；Ghori et al.，2009］。

值得注意的是，上述格拉姆布尔-1 井与巴克尔瓦拉-1 井所产重质油的地球化学特征，与阿曼的侯格夫超群烃源岩、原油非常相似，从而对印、巴两国的比卡内尔-纳高尔盆地与旁遮普地台的含油气前景以及进一步的油气勘探，提供了强有力的依据（Grantham et al.，1987；Peters et al.，1995；Sheikh et al.，2003；Ghori et al.，2009；Grosjean et al.，2009）。

11.2.4.2　温迪彦超级盆地

（1）区域地质背景：新月形的温迪彦超级盆地位于印度克拉通的中央部位（图 11.12），其中发育中元古代晚期至早寒武世的砂岩、页岩与灰岩层系，地层厚度达 5000 m 以上，分布面积约 16.2×10^4 km^2；其北部和东北部约有 8000 km^2 的面积，延伸进入根加瓦利盆地（Ganga Valley Basin），并倾伏于喜马拉雅前渊的新生代沉积之下。迄今温迪彦超级盆地尚未发现商业性烃类（Ojha，2012）。

作为一个前寒武系—下寒武统的内陆凹陷倾伏盆地，根加瓦利盆地系由温迪彦超级盆地向北部的延伸部分所构成（图 11.14，表 11.4）。在根加瓦利盆地中，依据重力异常，确认总计具有五个次级凹陷；其中一个最大的次凹，萨尔达次凹（Sarda Subsag）呈东西向展布，地层厚度达 7000 m 以上，图 11.15 展示一条沿东西向横穿萨尔达次凹的地质剖面简图。

（2）石油地质学：地球化学研究指出，在烃源岩评价上，根加瓦利盆地的 TOC 含量属于中等至好的烃源岩范畴。下温迪彦超群的默图伯尼组（Madhubani Formation）为潮下潟湖相页岩、砂岩与灰岩互层。在萨尔达次凹比拉斯布尔（Bilaspur）井的 4670～5144 m 井段，烃源岩的 TOC 值达到 1.62%～2.24%，而且该盆地的潜在烃源层通常局限于上温迪彦超群乌恰尼组（Ujhani Formation）。

作为埋藏最深的次凹，默图伯尼次凹发育厚达 7000 m 以上的沉积层系。在该次凹中，默图伯尼-1 井的完井深度达 5957 m（图 11.15）。据报道，该井默图伯尼组获得少量气显示，C$_1$ 含量大于 97%，可能属于深埋的干气。多个层位还有荧光显示，指示在钻进作业过程中有烃类存在（Ojha，2012）。

（3）油气勘探：宋瓦利（Son Valley）盆地处于温迪彦超级盆地的最东段（参见图 11.14 的索引图），具有与温迪彦超级盆地相似的地层与油气地质条件。在宋瓦利盆地内，由印度石油天然气委员会（Oil and Natural Gas Commission，ONGC）钻成贾贝尔-1（Jabera-1）井。作为第一口天然气发现井，该井钻达井深 3597.7 m 时，还在多个层段见有天然气显示，中途测试（DSTs）结果，分别从上温迪彦超群（或称塞姆里群；Ram，2012）的杰代伯哈尔组（Jardepahar Formation）上部获得日产 2000~3000 m³ 的天然气流，以及从下温迪彦超群恰尔格里亚组（Charkaria Formation）获得日产 4000 m³ 的天然气流，二者均属非商业性烃类气体；其天然气化学组成：C_1 为 65.2%~75.4%，C_2 为 5.3%~13.6%，C_{3+} 为 0.8%~17.8%，CO_2 为 0~0.3%，N_2 为 0~27.7%，He 为 0~0.21%。这些分析数据指示天然气属于湿气范畴，表明温迪彦超级盆地是具有生烃潜力的（Ojha，2012）。Ray 等（2003）报道这些烃类气体源自年龄早于 1700 Ma 的中元古界卡贾拉赫特（Kajarahat）灰岩下伏的黑色页岩烃源层；据此 Ojha（2012）认为，该黑色页岩可能属于世界上最古老烃源层之一，该井天然气流的发现确定温迪彦-宋瓦利盆地是一个活的油气系统。

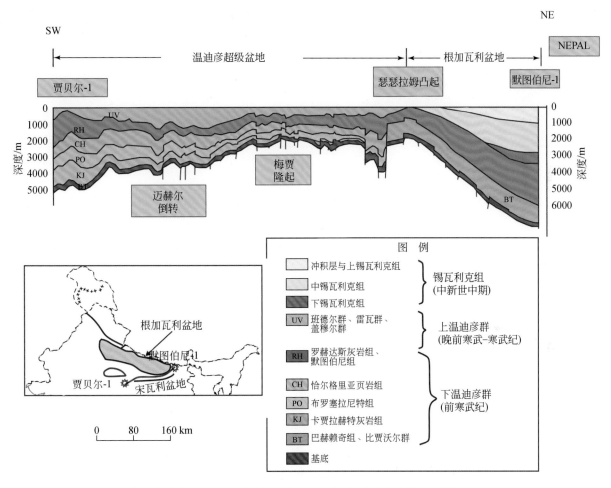

图 11.14　从东温迪彦超级盆地至根加瓦利盆地的南西-北东向地质剖面简图（Ojha，2012）

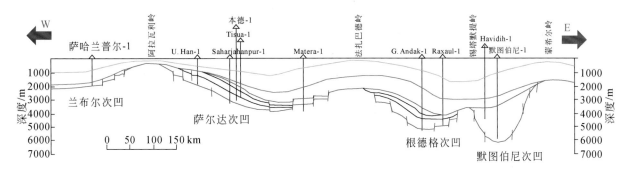

图 11.15　穿越根加瓦利盆地的东西向地质剖面示意图（Ojha，2012）

展示该盆地内四个次凹的分布

表 11.4　温迪彦超级盆地与根加瓦利盆地地层总表

地层单位	群（超群）	组	岩性简述	沉积旋回	环境
新生代下中新统锡瓦利克（Siwalik）沉积作用					
410~394（16）Ma 沉积间断					
下泥盆统—中志留统	上温迪彦超群的延伸	格尔诺布组（Karnapur Formation）	含砂叶状页岩为主	—	半干旱碳酸盐岩陆架
下志留统—下奥陶统	—	蒂勒尔组（Tilhar Formation）	含灰质页岩的灰岩	布伦布尔-根德格（Puranpur-Gandak）	—
480~454（26）Ma 沉积间断					
下奥陶统—新元古界	上温迪彦超群	乌恰尼组	亚杂砂岩-砂屑岩、叶状页岩，常含薄层泥质-白云质灰岩夹层		—
					浅海
1130~800（330）Ma 沉积间断					
中元古界	下温迪彦超群，即塞姆里群（Semri Group）	默图伯尼组、巴赫赖奇组（Bahraich Formation）	白云岩、灰岩、页岩、粉砂岩与石英岩-千枚岩-片岩	巴赫赖奇-萨哈布尔（Bahraich-Sahaspur）	边缘海
太古宇	基底		花岗岩-片麻岩	克拉通	

11.2.5　西非克拉通陶代尼盆地

11.2.5.1　区域地质背景

作为西非和北非最大的宽阔克拉通内盆地，陶代尼盆地的面积约 $2 \times 10^6 \, \text{km}^2$，属于西非克拉通的一部分，涵盖地理范围从毛里塔尼亚南部与东部，延伸到马里西北部与阿尔及利亚西南部（图 11.16；Ghori et al.，2009；Rahmani et al.，2009；Albert-Villanueva et al.，2016）。该盆地东界为元古宙特兰斯-苏哈兰（Trans-Suharan）缝合带，西界是海西期毛里塔尼亚断裂带，北界赖吉巴特（Reguibat）地盾，南界象牙海岸地盾，两个地盾均由太古宇的变质岩和花岗岩基底所组成（图 11.16；Bronner et al.，1980；Albert-Villanueva et al.，2016）。

陶代尼盆地内部发育平缓下倾（倾角<1°），既未变质，又未变形的新元古界—石炭系的沉积层系（Kah et al.，2009），其沉降中心的地层总厚度可达 5~6 km。在盆地北缘广泛出露底寒武系阿塔尔群（Atar Group）的碳酸盐岩地层，地质时代（约 1000~750 Ma）相当于拉伸纪—成冰纪早期的前"雪球地球"时期的沉积（Deynoux，1980；Clauer and Deynoux，1987）；在盆地内部阿塔尔群上覆有厚约 3000 m 的中—新生界薄沉积盖层。阿塔尔群发育叠层石灰岩与黑色页岩互层，平均地层厚度为 3000 m，其黑色含黄铁矿页岩富含有机质，TOC 值达 10%~20%，可作为良好的烃源层；叠层石灰岩还构成潜在的储集岩相带，露头剖面的沉积特点与探井的井下地层剖面相互一致。陶代尼盆地中央的斯特克蒂拉（Structural）凸起，将盆地分隔成东部的陶代尼坳陷与西部的马克泰里（Maqueter）坳陷[①]（Ghori et al.，2009；图 11.16）。陶代尼盆地的沉积地层可划分为四个超群，自下而上依次为超群-1 至超群-4，其间分别以四个区域性的不整合面分界（Albert-Villanueva et al.，2016）。

（1）据 Kah 等（2009）报道，中—新元古界的超群-1 由陆相至海相层系所组成，自下而上可细分成三个群：

①中元古代沙尔群（Char Group），超覆于太古宇基底之上，由河流相、风成相和浅海相粗粒至细粒硅质碎屑岩与少量碳酸盐岩沉积所组成，出露的最大地层厚度可达 400 m（Kah et al.，2009）。

---

① Kolonic S, Gelger M, Peters H, Thusu B, Lüning S. 2004. Infracambrian hydrocarbon potential of the Taoudenni Basin (Mauritania-Algeria-Mali). Maghreb Petroleum Research Group (MPRG), London-Bremen, 51 (unpublished).

②晚中元古代—早新元古代阿塔尔群，由白云质碳酸盐岩、细粒硅质碎屑岩和少量蒸发岩地层组成，形成遍及克拉通的洪积相和浅海相沉积（Kah et al.，2009），在阿博拉格-1（Abolag-1）井和亚尔巴-1（Yarba-1）井，揭示的地层厚度分别为约 350 m 和达 600 m（Gaters，2005）。海绿石与伊利石的 Rb-Sr 法定年指出，阿塔尔群沉积于新元古代拉伸纪—成冰纪（890±35 ~ 775±52 Ma；Clauer，1981），但是近期的 Re-Os 地球化学分析提出，该群的年龄将近 200 Ma（中元古代；Rooney et al.，2010）。

③晚新元古代阿萨拜特–埃尔–哈阿锡安群（Assabet el Haasiane Group），由前积河流–三角洲相沉积物组成，自下而上包括阿萨拜特组（Assabet Formation）厚层细粒砂岩和粉砂岩、杰布利亚特组（Jebliat Formation）冰川沉积和泰尼亚古里组（Teniagouri Formation）厚层页岩（Jean-Pierre et al.，2014）；其中细粒硅质碎屑岩地层富含埃迪卡拉动物群（620 ~ 590 Ma，即埃迪卡拉纪；Albert-Villanueva et al.，2016）。

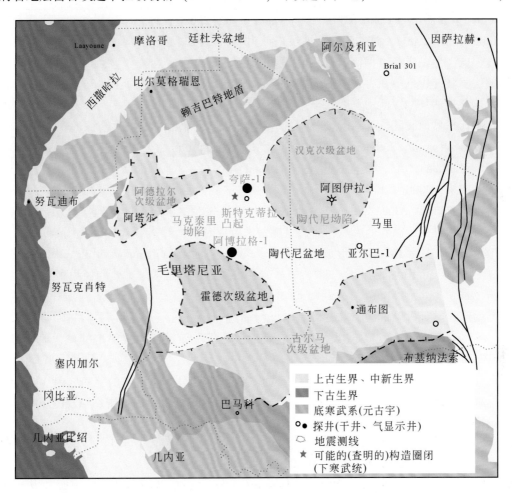

图 11.16　北非毛里塔尼亚–马里–阿尔及利亚的陶代尼、廷杜夫盆地地质简图

（据 Lottaroli et al.，2009；Ghori et al.，2009，修改）

（2）晚寒武世—奥陶纪超群-2 由海相含绿帘石、绢云母的黑色砂质页岩、硅质页岩、粉砂岩组成，含砂岩互层。

（3）早志留世超群-3 由海相石英砂岩和粉砂岩组成。

（4）泥盆纪—石炭纪的超群-4 则为海相与陆相砂岩和页岩层系（Albert-Villanueva et al.，2016）。而且在盆地中心，新元古界—石炭系被一套中生界与新生界薄层系所覆盖（Ghori et al.，2009）。

11.2.5.2　石油地质学与油气勘探

据报道，在陶代尼盆地，用毛里塔尼亚地层术语来说，富含有机质的页岩和石灰岩分布于中元古代晚期的阿塔尔群；其相当于阿尔及利亚地层术语的汉克群（Hank Group）和达谢赫群（Dar Cheikh Group），以及海特–毛里塔尼亚汉克（Khatt-Mauritanian Hank）的埃尔穆赖蒂群（El Mreiti Group）。在 890 ~

620 Ma 期间，这些地层沉积发育于非洲西北部（Moussine-Pouchkine and Bertrand-Sarfoti, 1997）。并且陶代尼盆地西北部的一口水井钻穿其底寒武系 I 型烃源岩，TOC 值为 17%～20%，氢指数（HI）达 800 $mg_{烃}/g_{TOC}$，反映具有高生烃潜力（Gaters, 2005）。但是，阿博拉格-1 井的 14 个岩样分析结果，超群-1 中元古界沙尔群页岩的 TOC 值仅为 0.2%～0.68%，而超群-2 寒武系绿色硅质页岩的 TOC 值可达 0.81%（Lüning et al., 2009；Albert-Villanueva et al., 2016）。

1972～1985 年期间，在该盆地进行过密集的烃类勘探。1974 年毛里塔尼亚境内，在斯特克蒂拉凸起的南、北两侧，由两家石油公司曾分别钻两口深探井，即阿博拉格-1 井（德士古石油公司，Texaco）和夸萨-1（Quasa-1）井（意大利通用石油公司，AGIP；图 11.16、图 11.17）。在阿博拉格-1 井 2300～3000 m 井段见天然气显示，即在井深约 3000 m 的底寒武系最上部阿塔尔群裂隙石灰岩中，经钻杆测试短期放喷天然气 480 Mcf/d，折算产量为 1.36×10^{5} m^3/d[①]（Ghori et al., 2009），标志陶代尼盆地底寒武系烃类勘探的可行性（Lüning et al., 2009）。进一步对阿博拉格-1 井含气层段岩心、岩屑的地球化学分析表明，该段地层有机质丰度偏低，但是成熟度偏高，处于"凝析气窗"的成熟度范畴[②]。然而，夸萨-1 井并未钻达寒武系勘探目的层，其井位也不在有效的圈闭范围之内，因此仅见少量非商业性气显示，以至油气钻探失利，从此陶代尼盆地油气勘探活动一度处于停滞状态。

后来，在陶代尼盆地又陆续有新的油气勘探作业公司，以新元古界作为勘探的主要勘探目标，总计钻三口探井（Lottaroli et al., 2009）。西班牙雷普索尔（Repsol）石油公司部署了陶代尼盆地西北缘的 R 井（图 11.17）和西部的"A"井，法国道达尔（Total）公司在盆地东部钻"B"井，但是至今尚未获得具有经济价值的成果。2000 年 R 井的中—新元古界阿塔尔群白云岩化叠层石碳酸盐岩中，有固体沥青与焦沥青的记录（图 17.17；Albert-Villanueva et al., 2016），发现大量具有"细锯齿形"产状的焦沥青碎片，指示焦沥青遭受过液压破碎的影响，并且可能是中生代时期，储集岩（即沥青围岩）内的热液过程，引起沥青的液压破碎与局部热裂解，形成焦沥青和天然气（Albert-Villanueva et al., 2016）。此外，"A"和"B"井沿着阿萨拜特组砂岩与阿塔尔群碳酸盐岩产出气苗，但是均无重要的烃类聚集，迄今也无商业性发现（Jean-Pierre et al., 2014）。

古生物与地球化学分析确定一个低有机质丰度与高成熟度的含气层系，其年龄范围为从拉伸纪至成冰纪早期[②]。至于底寒武系烃源层成熟度的厘定，其地层底部等效镜质组反射率的最大值超过 3.6%，中底寒武系顶部超过 2.6%，而上底寒武系顶部则超过 2.0%（Gang, 2009）。假设采用当今的大地热流值和简单的埋藏模式，陶代尼盆地较深部位的底寒武系，仍然应当处于生气窗的范畴之内（Gaters, 2005）。

陶代尼盆地的北面为廷杜夫盆地（图 11.2），其北缘处于摩洛哥境内，曾钻 AZ-1 探井，该井的底寒武系灰岩层系中也发现过天然气显示[①]。

11.2.5.3　盆地热历史模拟与油气生成运移时

据 Gang（2009）研究，陶代尼盆地新元古界烃源层应在前寒武纪末期进入生油窗，并在奥陶纪—泥盆纪时期处于生油高峰阶段。但是，Albert-Villanueva 等（2016）对阿博拉格-1 井的热历史模拟指出，在东、西部两个沉降中心部位，晚中元古代—早新元古代阿塔尔群黑色页岩，自新元古代早期（940～920 Ma）开始生成石油，至新元古代晚期（约 600 Ma）达到生油高峰；石油运移发生则在阿塔尔群叠层石碳酸盐岩白云岩化与孔隙生成之后，并在寒武纪—奥陶纪时期，从沉降中心，沿上倾方向侧向运移进入储层，并由阿塔尔群的层间页岩构成盖层；与烃类相关的酸性孔隙水导致白云石晶体边缘溶蚀，从而改善阿塔尔群白云岩的孔隙性。在中寒武世—早奥陶世时期，两个沉降中心的阿塔尔群烃源层均进入生气窗阶段；而在中石炭世时期，石油处于过成熟裂解生气与再运移阶段，此时阿博拉格-1 井所在的阿博拉格地垒的阿塔尔群白云岩才达到生气窗阶段（Albert-Villanueva et al., 2016）。

---

① Geiger M, Lüning S, Thusu B. 2004. Infracambrian hydrocarbon potential of Morocco. Scouting Fieldtrip to the Anti-Atlas, September 2004. Maghreb Petroleum Research Group（MPRG）, London：University College（unpublished）.

② Kolonic S, Gelger M, Peters H, Thusu B, Lüning S. 2004. Infracambrian hydrocarbon potential of the Taoudenni Basin（Mauritania-Algeria-Mali）. Maghreb Petroleum Research Group（MPRG）, London-Bremen, 51（unpublished）.

图 11.17　陶代尼盆地构造纲要图与油气探井分布图（Albert-Villanueva et al.，2016，修改）

R．R"井；Ab．阿博拉格-1；Qu．夸萨-1 井；At．阿图伊拉-1（Atouila-1）井；Yb．亚尔巴-1 井

11.2.6　澳大利亚克拉通麦克阿瑟盆地与中央超级盆地

澳大利亚境内元古宇发育，古—中元古界分布在北部的麦克阿瑟盆地（McArthur Basin），新元古界分布于中央超级盆地①，以及南部的阿德莱德（Adelaide）褶皱带。中央超级盆地包含乔治那盆地（Georgina Basin）、恩加利亚盆地（Ngalia Basin）、阿马迪厄斯盆地（Amadeus Basin）、奥菲舍盆地（Officer Basin）等（Ghori et al.，2009；图 11.18）。

在新元古代时期（840～545 Ma），中央超级盆地呈现统一的沉积体系，其底寒武系（即新元古界—下寒武统）自下而上可划分为四个超级层序：超级层序-I（SS1）是成冰系下部的前"雪球地球"时期沉积物，由砂岩、碳酸盐岩与蒸发岩所组成，是油气勘探最有前景的层系；超级层序-II（SS2）和超级层序-III（SS3）构成成冰系的中、上部，分别包含斯图特（Sturtian）和马里诺（Marinoan）两期冰川沉积；超级层序-IV（SS4）为后"雪球地球"时期的埃迪卡拉系—下寒武统沉积。后来历经彼得曼（Petermann，600～540 Ma）和爱丽丝（Alice，400～300 Ma）两期造山运动（表 11.5），被分割成不同的构造盆地（Walter et al.，1995）。澳大利亚的中—新元古界发育有良好的烃源岩，油气显示分布较为广泛，但至今尚无商业性油气开采。

---

① Walter M R，Gorter J．1993．Centralian Superbasin，Australia．Petroconsultants Australia，Sydney（unpublished）．

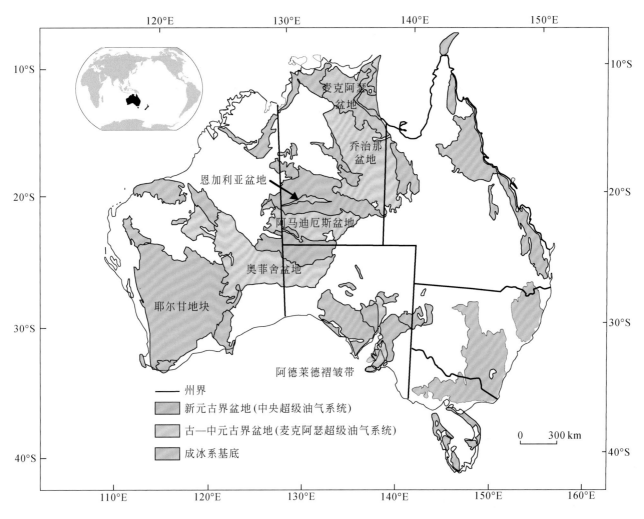

图 11.18　澳大利亚元古宇与沉积盆地分布图（Ghori et al.，2009）

11. 2. 6. 1　麦克阿瑟盆地

（1）区域地质背景：麦克阿瑟盆地面积达 20×10^4 km²，主要发育未变质的中元古界的水平与褶皱沉积地层。在临近北澳大利亚克拉通的东北缘（图 11.18），形成一套克拉通的盖层层系。中元古界层系的岩性地层层序，自下而上划分为①塔瓦拉尔斯群（Tawallsh Group）、②麦克阿瑟群（McArthur Group）、③内森群（Nathan Group）和④罗珀群（Roper Group），其间均为区域性不整合面所分隔（Jackson et al.，1988）。塔瓦拉尔斯群由厚约 4000 m 的过成熟长石砂岩或富含石英的砂岩所组成。麦克阿瑟群与内森群合计地层厚度约 5500 m，主要由蒸发岩和叠层石、燧石白云岩组成，含白云质粉砂岩和页岩夹层，属于边缘海相、潟湖相和河流相沉积；其中只对麦克阿瑟群中部的巴尼克里克组（Barney Creek Formation）测定过年龄，已发表三个年龄数据：一个锆石晶体的 U-Pb 年龄为 1690±30 Ma（即古元古代晚期）；两个伊利石的 Rb-Sr 定年数据，分别为 1589±28 Ma 和 1537±52 Ma（即中元古代早期）。罗珀群的最上部由厚 10~300 m 的石英砂屑岩、粉砂岩，以及通常在稳定海洋背景中沉积的 100~400 m 厚的页岩组成；在靠近该群底部实测最古老的海绿石 Rb-Sr 年龄为 1390±20 Ma，而侵入该群上部的白云岩岩床 K-Ar 法定年得到的最小年龄数据为 1280 Ma，二者限定其地层年龄相当于中元古代中期（Jackson et al.，1988）。

表 11.5　西澳大利亚奥菲舍盆地地质年代、地震地层学、构造事件与生–储–盖层组合简表（Ghori et al., 2009）

时代		年代/Ma	地质事件	超级层序	层序	准层序	盆地	构造事件	烃源层	储集层	盖层
古生代	二叠纪		帕特森组				甘巴瑞尔盆地				
	石炭纪	300						爱丽丝造山运动			
	泥盆纪		旺纳组								
			伦尼斯组								
	志留纪							罗丁甘运动			
	奥陶纪	480 490	泰布尔火山岩								
	寒武纪		拉普顿组　瓦恩斯组					德拉米尔造山运动			
新元古代		545 560	麦克法登组	SS4			奥菲舍盆地	彼得曼造山运动			
		580 620	沃尔吉组	SS3							
				SS2				阿雷扬格运动			
		750	斯特普托组			S2					
						S1					
			坎帕组			K2					
						K1					
						H5					
						H4					
			胡萨尔组	SS1		H3					
						H2					
						H1					
						B6					
			布朗组			B5					
					B	B4					
						B3					
						B2					
						B1					
			莱特洛伊组								
			汤森-洞茨赛特								
		840					前奥菲舍盆地	迈尔斯造山运动			

图例：
- 砂岩
- 页岩–泥岩
- v　v　火山岩
- SS　超级层序
- ～～～　不整合面
- 白云岩
- ▲　▲　冰碛岩
- 潜在的储集层夹层和盖层

（2）石油地质学：据报道，在古—中元古代麦克阿瑟盆地中，含有机质最丰富的烃源岩属于麦克阿瑟群的湖相巴尼克里克组和罗珀群的海相维尔克里组（Jackson et al., 1986；Womer, 1986；Rawlings, 1999），这二套中元古界的烃源层厚度与生烃潜力，与显生宇烃源层相当，其 TOC 值可达 7%，具有 I 和 II 型干酪根，热成熟度处于临界成熟–过成熟阶段（Crick et al., 1988）。以麦克阿瑟盆地必特鲁次级盆地为例，据原始能源公司（Origin Energy）测算，在 1.6×10^4 km² 面积的范围内，维尔克里组页岩的 TOC 均值为 2.38%，Tmax 值<435℃，属于临界成熟烃源岩（刘恩然等，2018）。

20 世纪 70 年代中期，在麦克阿瑟盆地的几口铅锌矿探井中，出现流油和气喷现象，并观察到两种不同的原油类型：一种可能生成于铅锌矿的矿化作用过程，属于与方铅矿、闪锌矿、重晶石伴生的生物降解成因重质油；另一种是在晚期构造事件中生成的"金黄蜂蜜色"非常挥发性油（Wilkins，2007；Ghori et al.，2009）。麦克阿瑟盆地的罗珀群是当代澳大利亚烃类勘探的最古老层系之一，20 世纪 80 年代的地层钻井与石油探井中，广泛报道有油气苗的发现（Jackson et al.，1988；Ghori et al.，2009）。

近期原始能源公司在必特鲁次级盆地（Beetaloo Subbasin）进行页岩气勘探（图 11.19），依据卡拉拉 S-1（Kalala S-1）、谢南多厄-1（Shenandoah-1）和必特鲁 W-1（Beetaloo W-1）井三口直探井以及一口水平探井阿蒙吉 NW-1H（Amungee NW-1H）井的钻探，结合地震勘探成果，在 1000 km² 的探区范围内，对约 500 m 厚的罗珀群维尔克里组中段（Velkerri-B）地层的资源综合预测结果，按采收率 16% 计算，页岩气地质资源量达到 1388×10^{12} m³，其中技术可采资源量为 3.88×10^{12} m³，页岩气得出地质资源丰度达 8.68×10^{12} m³/km²（刘恩然等，2018）。

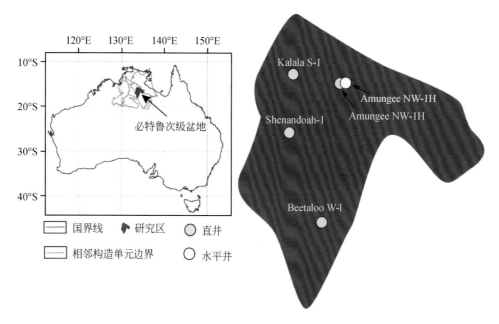

图 11.19 麦克阿瑟盆地必特鲁次级盆地位置图（刘恩然等，2008）

11.2.6.2 中央超级盆地

（1）区域地质背景：中央超级盆地以其中的奥菲舍盆地为例，该盆地呈北西-南东向延伸，新元古界地层厚度达 8000 m 以上。从 20 世纪 60 年代晚期至 90 年代晚期，总共钻 16 口油气探井，揭示超级层序-I 含有五个烃源层段，其有机质大多属于 II 型干酪根，具良好的生-储-盖层组合，最具油气勘探前景，已有九口探井不同程度地见到了油气显示（Ghori et al.，2009；图 11.20）。

①超级层序-I（SS1；早成冰纪）始于一层席状厚砂层，上覆为白云岩、灰岩、蒸发岩和细粒硅质碎屑岩所覆盖。在奥菲舍盆地，总厚度达 3000 m 以上，成为最具油气勘探前景的层系。

②超级层序-II（SS2；中—晚成冰纪）依据斯图特冰川沉积界定其底界，上覆为广泛分布的岩浆岩岩床以及含碳酸盐岩和砂岩夹层的页岩所叠覆。该层系主要发育于阿马迪厄斯盆地。

③超级层序-III（SS3；晚成冰纪）依据马里诺冰川沉积界定其底界，广布于大陆范围内（Priss and Forbes，1981）。作为全球冰川作用产物，该层系可能与广泛见于全球范围的冰碛岩同属一个时代。

④超级层序-IV（SS4；埃迪卡拉纪）底部主要依据含"埃迪卡拉动物群"的砂岩界定，顶部的年代厘定为寒武纪（Ghori et al.，2009）。

奥菲舍盆地也呈北西-南东走向，其中发育 8000 m 以上的新元古界，上覆为下古生界。上述超级层序-I、超级层序-III 和超级层序-IV 的不整合界面分布, 遍及奥菲舍盆地的大部分地区, 且可以与关键性的构造幕对比 (表 11.5)。阿雷扬格运动 (Areyonga Movement) 似乎导致奥菲舍盆地较大构造的形成, 以及 SS1 与 SS3 的分隔。SS3 与 SS4 内部的构造与地层变化则分别归因于彼得曼造山运动以及德拉米尔造山运动 (Delamerian Orogeny; 表 11.5; Wade et al., 2005)。SS1 内部的各地层单位, 均由整合的、横向具有可比性的, 且为洪积冲刷面所分隔的成因准层序单位所组成。这些地层单位构成了布朗组 (Brown Formation, B1~B6 段)、胡萨尔组 (Hussar Formation, H1~B5 段)、坎帕组 (Kanpa Formation, K1~K2 段) 和斯特普托组 (Steptoe Formation, S1~S2 段; 表 11.5)。在大部分测线的地震剖面中, SS1 以连续平行的反射层为特征, 并且均可穿越盆地内大部分地区进行追踪 (Ghori et al., 2009)。

(2) 石油地质学与油气勘探: 在 20 世纪 80 年代早期和晚期, 以及 90 年代晚期三个油气勘探阶段, 总共部署了 16 口探井与 19 条地震测线 (图 11.20)。现有的地球化学资料表明, 在一些探井与地矿钻孔中, 薄层段烃源层具有中等-优质生烃潜力。富含有机质的烃源层出现在布朗组 B2 与 B4 段、胡萨尔组 H3 段、坎帕组 K1 段以及斯特普托组 S1 段。热解气相色谱与抽提物分析指出, 这些烃源层段的大部分有机质均属于有利油气生成的 II 型干酪根, TOC 值为 0.93%~2.05% (最高达 21.5%), HI 值为 131~498 $mg_{烃}/g_{TOC}$ (最低至 68~77 $mg_{烃}/g_{TOC}$), 且 Tmax 值为 413~471℃。盆地模拟研究指出, 在新元古代时期, 布朗组的生烃潜力业已大都消耗殆尽; 但是, 胡萨尔组和坎帕组并未被埋藏得这么深, 其烃类的生成可持续到显生宙时期 (Ghori et al., 2009)。

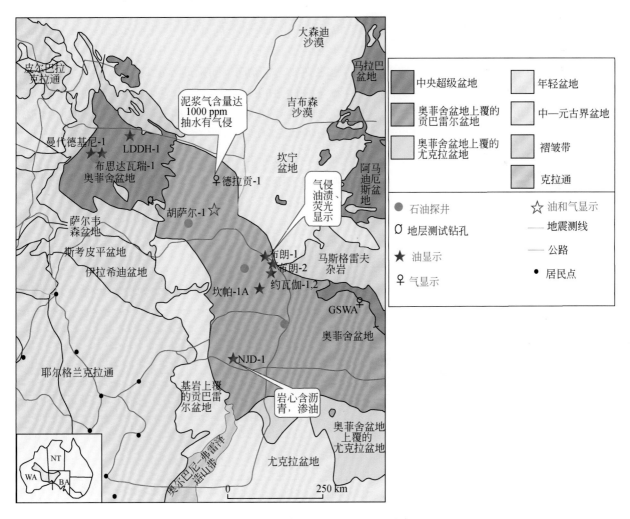

图 11.20　澳大利亚奥菲舍盆地构造单元与油气显示井的分布图 (Ghori et al., 2009)

表 11.5 归纳总结了奥菲舍盆地的年代地层学层序、构造事件与烃源层-储集层-盖层的分布。在该盆地钻探的许多油气探井中, 曾报道过少量油显示以及为数众多的沥青产状 (表 11.6; Ghori et al., 2009)。然而, 尽管早期对含油气的前景持有乐观的评估, 奥菲舍盆地的勘探进展仍然不能令人十分满意

（Jackson et al., 1988）。

表 11.6　澳大利亚西部奥菲舍盆地新元古界录井烃类显示表（Ghori et al., 2009）

井号	烃类显示的产状	产层
布恩达瓦瑞-1（Boondawari-1）	岩心中痕量原油和40%原油荧光显示	斯皮尔霍组（Spearhole Formation）
布朗-1（Brown-1）	气侵泥浆，岩屑萃取物荧光显示，岩心中痕量原油	布朗组
德拉贡-1（Dragoon-1）	C1～C5泥浆气含量相当于10%甲烷	布朗组
胡萨尔-1（Hussar-1）	录井泥浆气读数1000 ppm，可能气举时排气，起下钻气达到总气量的4.6%，录井分析含油饱和度达到72%	坎帕组、胡萨尔组
坎帕-1A（Kanpa-1A）	暗淡的橘黄色样品与淡黄白色岩屑萃取物荧光显示，棕色油侵砂岩和白云岩岩屑	坎帕组
LDDH-1	岩心含沥青	塔卡尼亚组（Tarcunyah Formation）
曼代德基尼-1（Mundadjini-1）	岩心中10%原油荧光显示	斯皮尔霍组
NJD-1	岩心渗油，并含沥青	
OD-23	岩心渗油，并含沥青	新元古界
瓦恩斯-1（Vines-1）	高出背景值25倍的录井气体峰	

　　自1963年以来，阿马迪厄斯盆地已经钻过50口以上的油气探井，1981年在新元古界—下寒武统中，取得丁戈气田（Dingo gas field）的重要发现。阿马迪厄斯盆地位于澳大利亚中部，是一个呈东西方向延伸下坳的盆地，面积约 $17 \times 10^4\ km^2$（图11.18、图11.20）。盆地周边明确地界定北、南边界为太古宇阿伦塔（Arunta）地块和马斯格雷夫（Musgrave）杂岩（图11.20）；而东、西边界则被较年轻的沉积盖层所覆盖。表11.7列出该盆地的主要地层单位，其地层年代简表反映一套由陆棚、潟湖、大陆和浅海沉积物构成的新元古界层系，包含碳酸盐岩与蒸发岩，其中细粒碎屑碳酸盐岩和蒸发岩均含倾气性沉积有机质，佩塔塔塔卡组（Pertatataka Formation）、阿里杨格组（Areyomga Formation）以及苦泉组（Bitter Springs Formation）的吉伦段（Gillen Member）则衍生少量倾油性的干酪根，显现出上述新元古界层系相当的油源潜力，其上覆为古生代沉积物（表11.7）。

表 11.7　阿马迪厄斯盆地地层简表（Wells et al., 1970）

界、系、统	群、组、段	最大地层厚度/m
下石炭统至中—上泥盆统	帕特贾拉群（Pertnjara Group）	3658
下—中泥盆统至上志留统	默里尼（Mereenie）砂岩	975
上奥陶统	卡迈克尔（Carmichael）砂岩	91
下—中奥陶统	拉腊平塔群（Larapinta Group）	2500
寒武系	佩塔奥塔群（Pertaoorta Group）	>2102
新元古界	尤利组（Julie Formation）；佩塔塔塔卡组	610～1829
	阿里杨格组	396
	苦泉组	914
	西夫维特里（Heavitree）石英岩	457
阿伦塔杂岩		

　　在阿马迪厄斯盆地发现丁戈气田，该气田位于爱丽丝泉（Alice Springs）北领地以南约 75 km 处［图11.21(a)、(b)］；在地质构造上，呈现出背斜或穹窿构造的特征，构造闭合面积达 68.9 km²，垂直闭合高度 160 m［图11.21(c)］；在丁戈-1井的地层剖面上，发现两个产气层段：下寒武统佩塔奥塔群底部的阿鲁姆贝拉（Arumbera）砂岩，以及新元古界层系顶部的尤利组。然而，丁戈气田还是一个经济的，但是未开发的气田（Ozimic et al., 1986）。

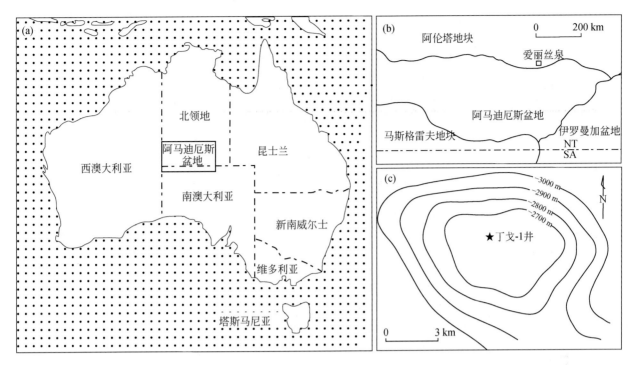

图 11.21 (a) 阿马迪厄斯盆地、(b) 丁戈气田的地理位置图以及 (c) 丁戈气田构造等高线图 (Ozimic et al., 1986)

11.2.7 北美克拉通盆地中央大陆裂谷系

11.2.7.1 区域地质背景

北美克拉通的前寒武系主要分布于中央大陆裂谷系（Midcontinent Rift System）、亚利桑那州北部的大峡谷（Grand Canyon）、蒙大拿州西北部的尤尼塔（Unita）以及落基（Rocky）山脉等地区。尽管前寒武系的分布遍及美国境内，但通常均埋藏于沉积盆地的深部，对其烃源层和油气资源却不甚了了（Palacas, 1997），仅在文献中曾经报道过北美克拉通的中央大陆裂谷系中—新元古界烃源岩的潜力与一些油苗。

作为中央大陆裂谷系是北美克拉通的主要构造单元，对中央大陆裂谷系的强重、磁异常曾做过报道，其中充填了与裂谷相关的、厚达 15 km 的基性火山岩，上覆沉积物也厚达 10 km（Behrendt et al., 1988）。这些裂谷系岩石出露于美国密歇根州、威斯康星州北部和明尼苏达州的苏必利尔湖区，并且在地下还往南西方向延伸，经过艾奥瓦州、内布拉斯加州，直到美国中部堪萨斯州东北部，其中充填巨厚的中—新元古界碎屑岩系（Dickes, 1986c；图 11.22）。

这个长达 1500 km 的中央大陆裂谷系现今是一个已夭折的裂谷，以充填厚达 9754 m 原位碎屑岩的一系列不对称裂谷盆地为特征（Anderson, 1989；Palacas, 1997）。这些碎屑岩属于中元古界的基威诺万超群（Keweenawan Supergroup），该群由下部的奥伦图群（Oronto Group）与上部的贝菲尔德群（Bayfield Group）所组成。奥伦图群自下而上包含科珀港组（Copper Harbor Formation）砾岩、诺内萨奇组（Nonesuch Formation；1.05 Ga）页岩以及弗雷达组（Freda Formation）砂岩（Daniels, 1982；Elmore et al., 1989；Ghori et al., 2009；表 11.8）。科珀港组是一套厚 2 km 的红色砂岩与砾岩，其 U-Pb 年龄为 1087.2±1.6 Ma（Palacas, 1997）；诺内萨奇组为 40～300 m 厚的绿色至灰色粉砂岩和页岩，其全岩年龄为 1044±45 Ma（即中元古界末期）；而弗雷达组由厚达 4 km 的红色砂岩组成（Mauk and Hieshima, 1992）。

苏必利尔湖区怀特派恩（White Pine）铜矿诺内萨奇组的薄层段粉砂质页岩产原生油苗，即为著名的诺内萨奇油苗。诺内萨奇组页岩富含有机质，TOC 值高达 3%，属于临界成熟-成熟有机质，处于生烃液态窗范畴（Mauk and Hieshima, 1992）。

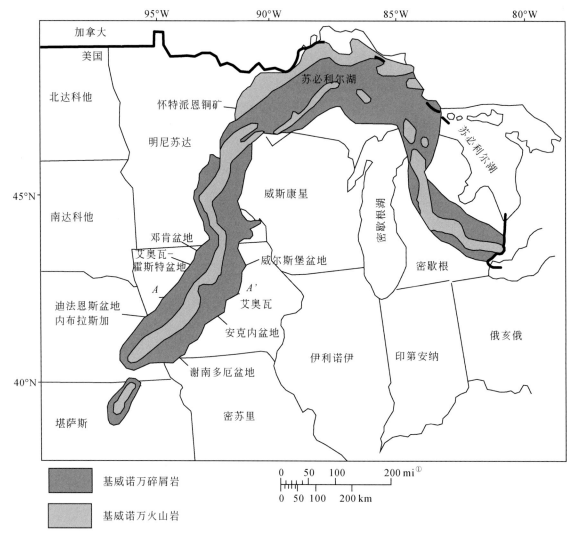

图 11.22　中央大陆裂谷系的总体位置与主要岩石类型图（Palacas，1997）

裂谷系包含四个组成段：①苏必利尔湖段的露头带；②明尼苏达段；③艾奥瓦段；④堪萨斯段

大峡谷地区东部亚利桑那州的新元古界楚尔群（Chuar Group）页岩含有机质最为丰富，其成熟烃源岩的 TOC 值高达 10%，局部的生烃潜力达 16 $mg_{烃}/g_{岩石}$，有机抽提物含量达 4000 ppm，可能成为亚利桑那州北部和犹他州南部新元古界—古生界潜在油藏的烃源层（Palacas，1997）。

11.2.7.2　石油地质学

由于苏必利尔湖段的怀特派恩铜矿诺内萨奇组油苗与焦沥青的发现，中央大陆裂谷系的油气资源潜力早已为人们所认识（Dickes，1986c）。野外考查与岩石学研究确认具有六种油苗产状类型：①在岩脉中充填，或临近逆断层与横推断层的液态油包裹体；②在岩脉中的微滴状固体焦沥青（即蚀变沥青）包裹体，与逆断层和横推断层相关；③在岩脉的显微裂隙中，近于平行的链状液态油包裹体，成因与显微逆断层相关；④砂岩的固体焦沥青胶结物；⑤充填在"下部砂岩"层段孔隙中的石油；⑥浅层出现遍布全矿区（不论局部构造岩相）的诺内萨奇组薄层段粉砂质页岩中的活油苗。

在铜矿洞中，油苗呈现宽 1～5 m 的渗出带，液态原油从断层、节理以及顶板的螺栓孔渗滤出来（Mauk and Hieshima，1992）。所有的油苗均来自矿洞顶板的背面，表明烃源层或储集层处在矿层的上方。部分原油也出现在砂岩孔洞之中，空间上与焦沥青胶结物有关，但是未观察到任何顺沿层理面的油苗来源（Palacas，1997）。

---

①　1 mi = 1.609344 km。

表 11.8　中央大陆裂谷系地层简表（Ghori et al.，2009，修改）

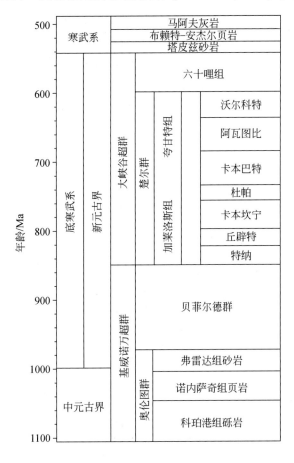

砂岩中的第①、②和③类型包裹体以及第④类型焦沥青胶结物均与压性地层特别相关，说明在逆冲断裂活动与金属成矿作用同时发生的条件下，石油是沿着与断层相关的通道，运移进入怀特派恩铜矿的（Mauk and Hieshima，1992）。

处于奥伦图群的中部层段，诺内萨奇组厚 76~213 m（均值为 183 m），由暗绿色至绿色砂岩、粉砂岩和砂质页岩互层组成（Palacas，1997）；其 TOC 值一般低于 0.3%，但薄层段中的细纹层状砂质或碳酸盐质页岩的 TOC 值为 0.25%~2.8%（均值为 0.6%），二氯甲烷抽提物含量均值约 20 ppm，最大值约 300 ppm（Hiershima et al.，1989；Pratt et al.，1991），而且干酪根岩石热解分析的 Tmax 值为 435~440℃，成熟度相当于 II 型干酪根生烃高峰的初始阶段（Pratt et al.，1991）。

Palacas（1997）提出，如果这些细纹层的生烃页岩从其露头带向地下倾伏，而且在地质历史过程中，如若这些页岩曾处于高热演化阶段，在苏必利尔湖及邻近区域应该具有中上等的烃源潜力。

11.3　中国中—新元古界油气资源

中国的中—新元古界油气资源主要分布在三个地区，即华南的扬子克拉通、华北的华北克拉通和西北的塔里木地块（图 11.23）。就中—新元古界的原生油气资源而论，迄今中国"底寒武系"（新元古界—下寒武统）的两个已知的天然气田，即威远气田与安岳气田，现今在地理上均处于四川盆地的中南部，而在地质学上则属于扬子克拉通西部的川中隆起［以往的地质文献曾称为"乐山-龙女寺（古）隆起"，参阅第 14 章］；其次，已知烃源来自新元古界震旦系陡山沱组黑色页岩的矿山梁沥青脉，则产于现今四川盆地西北缘龙门山推覆构造带的前山带（参阅第 15 章）；此外，在华北克拉通北缘的燕辽裂陷带，中元古界中还发现为数众多的原生液态油苗、固体沥青、沥青砂岩与沥青砂（图 11.23；参阅第 10~12 章）。而在塔里木地块，目前也证实具有潜在的新元古界—下寒武统烃源层（参阅第 6 章）。

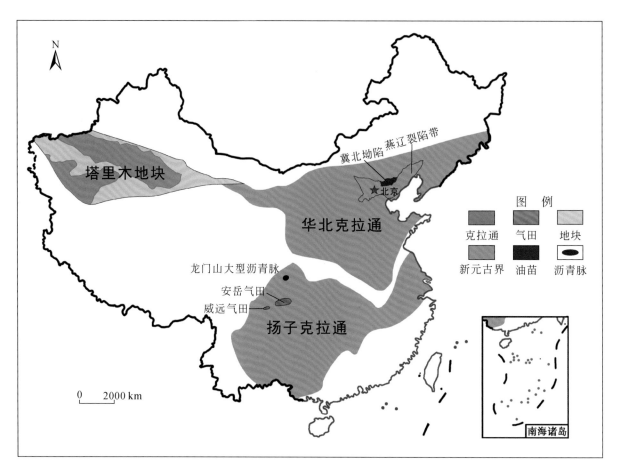

图 11.23　中国中—新元古界沉积盆地分布图

11.3.1　扬子克拉通西部的川中隆起

11.3.1.1　地质背景

在扬子克拉通西部，底寒武系自下而上由震旦系陡山沱组和灯影组，以及下寒武统麦地坪组、筇竹寺组（又称九老洞组）、沧浪铺组和龙王庙组所构成（表11.9），其中陡山沱组与筇竹寺组的黑色页岩是两套主要的烃源层。但是与周缘地区的地层对比结果，在川中隆起构造轴部的女基井、威117井和资阳1井等探井中，钻探发现陡山沱组具有侧向地层厚度明显减薄，岩性变粗的趋势，即在周缘沉积坳陷区陡山沱组为厚约百米的深水还原环境黑色页岩沉积，而横向上向川中隆起轴部则变成几米至几十米厚的浅水氧化环境紫红色页岩、白云岩与灰白色砂岩等沉积。地层的岩性-岩相的侧向变化表明，在震旦纪早期，川中隆起就业已显现出隆起构造的雏形，导致陡山沱组黑色页岩仅发育在环绕川中隆起的周围区域。而且，灯二段、灯四段、麦地坪组与龙王庙组的顶部，与其上覆地层之间，也都呈平行不整合的接触关系（表11.9；参阅第14章）。

灯影组顶面的地震反射层构造等高线图显示，川中隆起是由东、西两个次级凸起及其间夹持的一个次级凹陷所组成的北东东轴向大型隆起构造。西部凸起是一个面积约1200 km² 的穹窿状构造，以威远背斜为今构造高点；而东部则是一个似哑铃状的凸起，分别以磨溪背斜与高石梯背斜构成两个构造高点，合计圈闭面积达3500 m²；东、西两凸起之间的凹陷部位称为德阳-资阳裂陷（图11.24、图11.25），其形成与演化受筇竹寺组沉积早期的一系列多阶同生断层所制约。在地震横剖面图上，多阶同生断层清晰可见（图11.25），但在100 m 等高距的地震反射层构造高线图上，却无任何同生断层的显示，表明单条同生断层的断距是有限的（图 11.24）。但是，多阶断层却导致德阳-资阳裂陷内部的筇竹寺组明显增厚，从而形成筇竹寺组的沉降中心，以致高石 17 井筇竹寺组的最大厚度可达 540 m，使德阳-资阳裂陷成为川中隆起上的主要烃源灶。

表 11.9　川中隆起震旦系—下寒武统地层简表

地层				岩性
系、统	组、段	代号	厚度/m	
中寒武统	高台组	$\epsilon_2 g$	0～200	灰黄色页岩和白云质砂岩
下寒武统	龙王庙组	$\epsilon_1 l$	0～300	灰色颗粒白云岩、泥质白云岩与灰岩
	沧浪铺组	$\epsilon_1 ch$	0～300	灰黄色、灰绿色沙质页岩与砂岩
	筇竹寺组	$\epsilon_1 q$	170～540	灰色、黑色泥质粉砂岩、灰质页岩
	麦地坪组	$\epsilon_1 m$	0～200	深灰色、黑色混积岩层段
震旦系	灯影组 灯四段	$Z_2 dn_4^2$	110～200	凝块状白云岩、纹层状白云岩和砂屑白云岩夹泥质白云岩
		$Z_2 dn_4^1$	100～170	砂屑白云岩、泥质白云岩和藻白云岩
	灯三段	$Z_2 dn_3$	50～100	暗色页岩、蓝灰色泥岩含白云岩与凝灰岩夹层
	灯二段	$Z_2 dn_2$	440～520	上段：泥晶白云岩； 下段：葡萄状结构的白云岩
	灯一段	$Z_2 dn_1$	20～70	泥质、泥晶至粉晶白云岩、藻纹层白云岩和部分膏盐
	陡山沱组	$Z_1 ds$	10～100	深灰色、黑色页岩、灰质页岩含白云岩夹层

　　川中隆起是扬子克拉通西部多个古隆起之一（参阅第 13 章）。在震旦-寒武纪时期，作为震旦纪至早古生代的古隆起，川中隆起保持持续稳定的核部隆升状态，且在奥陶-志留纪时期继续显示古隆起的存在，其志留系剥蚀区面积超过 6×10^4 km²。在前二叠纪古地质图上，川中隆起还呈现出一个南陡北缓的大型古断鼻构造格局，其长轴呈北东东向伸展，并向东倾伏（图 11.26）。

　　在川中隆起的两个凸起部位，烃类聚集形成两个底寒武系天然气田，即东部凸起的磨溪-高石梯背斜形成安岳气田，西部凸起的威远背斜形成威远气田，威远背斜的海拔明显高于磨溪-高石梯背斜（图 11.24；参阅第 13 章）。

11.3.1.2　安岳气田

　　（1）石油地质学背景：发育在川中隆起东部凸起上的磨溪-高石梯背斜，分别从灯二段和灯四段以及龙王庙组的碳酸盐岩储层中，钻探获得商业性油流（表 11.9）。灯二段和灯四段发育丘滩相藻白云岩建隆储层，并经历后期岩溶作用改造，形成发育良好的白云岩储集空间。作为第一口发现井，2011 年在高石梯背斜高石 1 井的灯二段气藏中，获得 102×10^4 m³/d 的高产天然气流。此外，磨溪背斜的龙王庙组还发育滩相颗粒白云岩储层，呈多层叠覆的席状分布产状，构成连通性良好的天然气高产储层，其平面上的含气面积超越现今的构造圈闭面积，形成构造-岩性圈闭类型的天然气藏。2012 年从磨溪 8 井龙王庙组的上部与下部层段，合计获得又一高产天然气流 190.68×10^4 m³/d。因此，安岳气田得以发现、确认与命名。

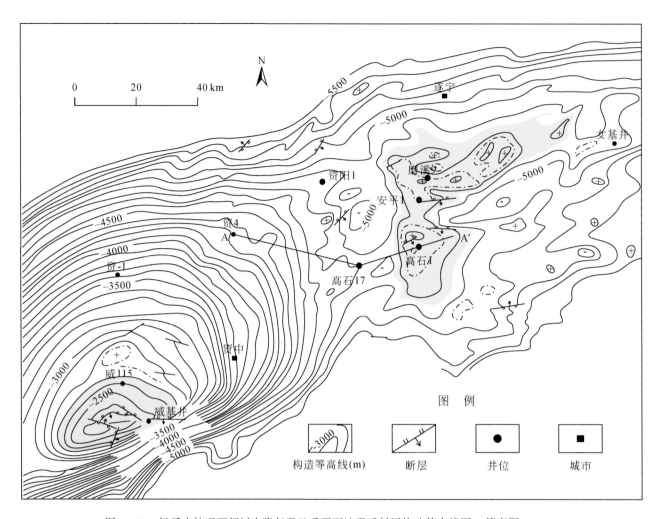

图 11.24　扬子克拉通西部川中隆起震旦系顶面地震反射层构造等高线图（等高距 100 m）

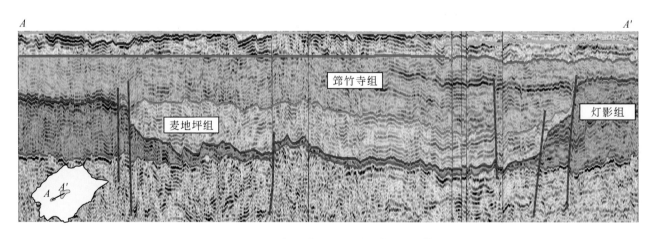

图 11.25　德阳–资阳裂陷地震横剖面图①

　　作为主要产气层段，磨溪背斜龙王庙组天然气储层，在构造形态上呈南陡北缓的短轴背斜。总体上，磨溪 9 井气藏高点海拔为 –4226.3 m，而磨溪 16 井的气–水界面海拔为 –4458.3 m，气水界面呈现西高东低的产状，气藏高度达 232 m（图 11.27）；然而，平均单井含气高度为 53.5 m。该气藏的天然气探明储

---

　　①　邹才能，杜金虎，徐春春，魏国齐，2016，四川盆地古老碳酸盐岩油气地质特征与安岳大气田发现，中俄古老碳酸盐岩油气地质学术报告集，廊坊：中国石油勘探开发研究院。

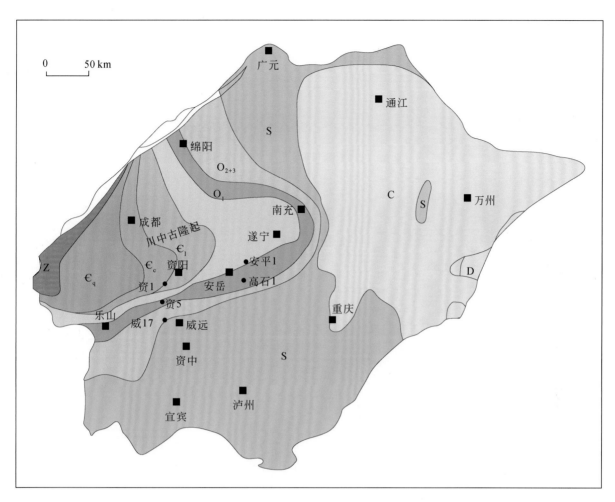

图 11.26　川中隆起前二叠纪古地质图（魏国齐等，2013）

图幅范围仅限于当今的四川盆地

量为 4403.8×10^8 m^3，产出的天然气干燥系数达 0.99 ~ 1.00，属于液态石油裂解气成因的过成熟气[1]。

（2）储层焦沥青与古油藏：储层焦沥青（reservoir pyrobitumen）广泛分布于川中隆起上（刘树根等，2009；杨程宇，2018）。据杜金虎等（2016）报道，在安岳气田磨溪背斜与高石梯背斜的 22 口天然气井中，气藏储层的岩心大都含焦沥青，其中灯影组气藏有八口井含焦沥青［图 11.28(a)］，龙王庙组气藏有14 口井［图 11.28(b)］；而且，最近在磨溪气藏和高石梯气藏，采焦沥青样的井数已达到 73 口井［杨程宇，2018；图 11.28(c)］。在热演化过程中，焦沥青成因与过成熟裂解气密切相关，由原油的歧化作用（disproportionation）所形成，二者同为古油藏（paleo-reservoir）的一对共生产物，即原始液态石油的烷烃组成被裂解成甲烷干气，同时芳烃组成则缩聚成为固态的储层焦沥青。因此，储层焦沥青在地下原地的分布面积，大体上可以表征古油藏的分布范围与产状特征。

（3）古油藏的原油充注途径示踪与烃源灶预测：基于储层焦沥青的氯仿抽提物分析，二甲基二苯并噻吩（dimethyldibenzothiophenes，DMDBTs）可作为分子示踪标志，示踪油藏中原油的充注途径（Wang et al., 2004, 2008），应用于安岳气田灯四段与龙王庙组古油藏的原油充注途径示踪研究，还可预测其潜在的烃源灶方位。

① 文龙，沈平，蒋伟雄，罗冰，夏茂龙等，2014，四川盆地乐山–龙女寺古隆起油气成藏与区带评价研究，成都：中国石油西南油气田公司勘探开发研究院。

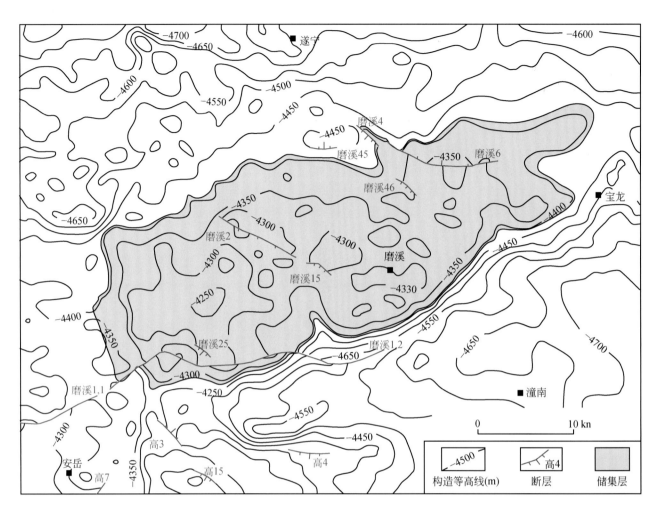

图 11.27　磨溪背斜下寒武统龙王庙组顶面地震反射层构造等高线图①
图中展示龙王庙组气藏（黄色区域）的分布范围

　　作为有效的分子示踪参数，4,6-/(1,4+1,6)-DMDBTs 的等值线图显示出，在磨溪背斜与高石梯背斜的中-西段，灯四段与龙王庙组古油藏分别以磨溪 12 井以及高石 7 井与高石 10 井为充注点，两个古油藏原油的主要充注途径均为由西向东充注。因此，沿着此主要充注途径的上游方向逆向追溯的结果，可指示其主要烃源灶的方位指向德阳-资阳裂陷 ［图 11.29(a)、(b)；Wang et al.，2004，2008］。

　　此外，示踪结果还显示出，在磨溪背斜与高石梯背斜的东段，灯四段与龙王庙组古油藏还另有两条次要的原油充注途径，分别以磨溪 11 井与磨溪 39 井，以及磨溪 26 井与磨溪 39 井作为充注点，原油从北往南充注成藏 ［图 11.29(a)、(b)］。依据这个次要的原油充注途径，可以推测在磨溪背斜的北方，应另有一个烃源灶存在，而且指示其沿途均为天然气的有利勘探方位 ［图 11.29(a)、(b)］。

　　基于地震地质解释与钻探成果，郭旭升②曾报道，在川中隆起的北面（或西北面），存在着一个潜在的烃源灶，可能具有下寒武统筇竹寺组与震旦系陡山沱组烃源层 ［图 11.30(a)］。而且，在川中隆起以北潜在的"川北坳陷"之最北缘，马深 1 井 7090～8058 m 井段，发现筇竹寺组黑色页岩的 TOC 值高达 1.89%～8.95%（均值为 4.99%）；若以 TOC 值大于 2.0% 为统计标准，黑色页岩的累计厚度可达 128 m ［图 11.30（b）］。因此初步推测，"川北坳陷"的筇竹寺组存在一个潜在的烃源灶，但因钻井资料尚欠充分，此判断尚待进一步证实。然而，2020 年在距磨溪-高石梯背斜高石 1 井以北约 126 km 处，钻探的角

　　① 文龙，沈平，蒋伟雄，罗冰，夏茂龙等，2014，四川盆地乐山-龙女寺古隆起油气成藏与区带评价研究，成都：中国石油西南油气田公司勘探开发研究院。

　　② 郭旭升，2016，南方海相碳酸盐岩层系大中型气田形成规律与勘探评价，国家重大科技专项"大型油气田及煤层气开发"课题（编号：2011ZX05005-003），北京：中国石油化工股份有限公司勘探分公司。

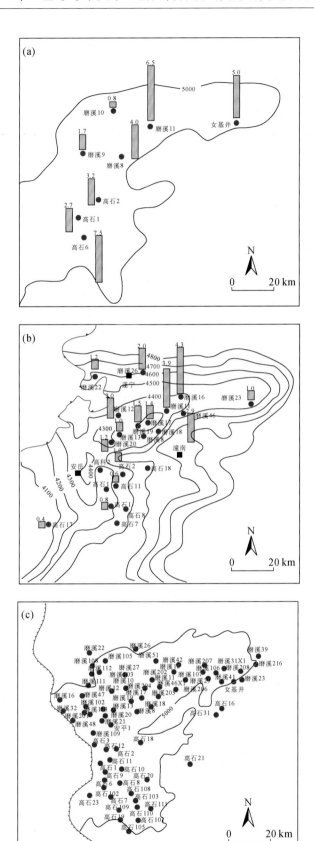

图 11.28　磨溪-高石梯背斜灯影组和龙王庙组储层焦沥青与焦沥青采样井分布图
（a）灯影组气藏，八口井（杜金虎等，2016）；（b）龙王庙组气藏，14 口井（杜金虎等，2016）；
（c）龙王庙组和灯影组焦沥青采样井，73 口井（杨程宇，2018）

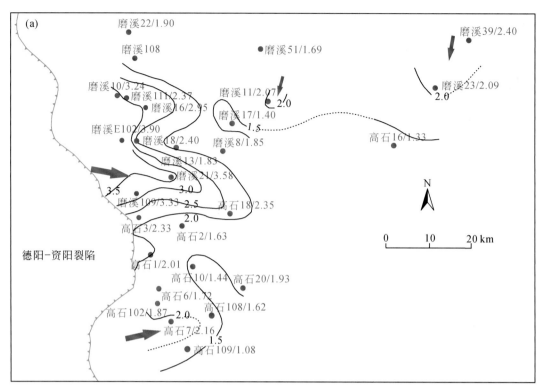

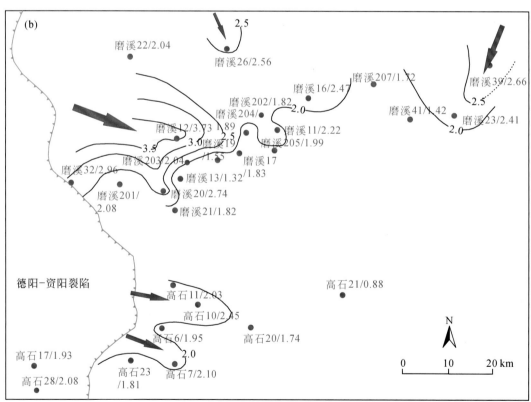

图 11.29　分子参数 4,6-/(1,4+1,6)-DMDBTs 等值线图示踪古油藏原油充注途径图

(a) 震旦系灯四段古油藏, 总计 28 口井的分析数据; (b) 下寒武统龙王庙组古油藏, 总计 29 口井的分析数据。

DMDBTs. 二甲基二苯并噻吩

探 1 井 6972～7026 m 井段, 发现下寒武统沧浪铺组砂岩气藏, 获得 51.62×10⁴ m³/d 的高产天然气流。角探 1 井的井位恰好处于上述潜在的"川北坳陷"烃源灶, 与安岳气田之间的南北向充注途径上。因此, 角探 1 井高产气流的发现, 无疑是为"川北坳陷"烃源灶的预测, 提供了一个佐证。

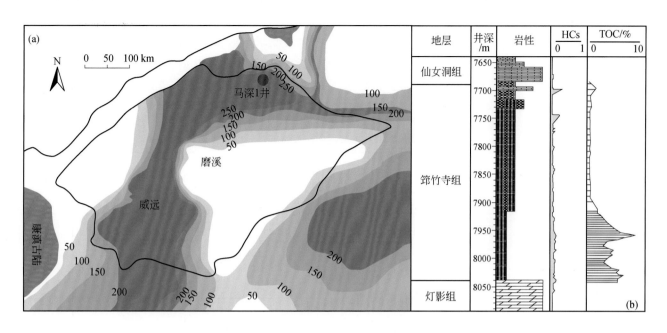

图 11.30　（a）川中隆起北侧潜在烃源灶的分布图与（b）马深 1 井地球化学剖面图（郭旭升[①]资料；单位：m）

HCs. 总烃含量

（4）古油藏的原油充注成藏时间：采用裂变径迹方法，结合等效镜质组反射率 eqR_o 实测数据，邱楠生等[①]报道了川中隆起东段女基井的大地热流曲线，并重建其区域热演化历史（图 11.31；Zhu et al.，2016；Liu et al.，2018），据此将川中隆起划分为三个大地热流演化期，即热流低稳上升期、热流高峰期和热流衰退期（图 11.31，表 11.10；杨程宇，2018）。

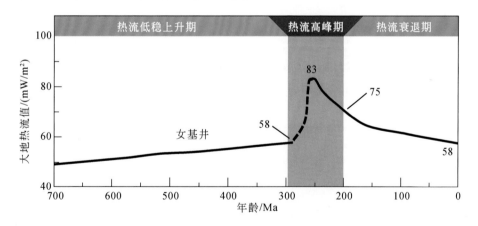

图 11.31　采用裂变径迹法实测的女基井大地热流曲线（邱楠生等[②]资料修改）

表 11.10　实测女基井大地热流史的热演化分期表（数据来源：邱楠生等[②]资料）

大地热流演化期	热流低稳上升期	热流高峰期	热流衰退期
大地热流值/(mW/m²)	40～58	58～83～75	75～58
地质年龄/Ma	700～300	300～200	200～0
地质时代	南华纪—早二叠世	早二叠世—三叠纪	侏罗纪至今

① 郭旭升，2016，南方海相碳酸盐岩层系大中型气田形成规律与勘探评价，国家重大科技专项"大型油气田及煤层气开发"课题（编号：2011ZX05005-003），北京：中国石油化工股份有限公司勘探分公司。

② 邱楠生，刘一锋，吴斌，石波，朱传庆等，2016，典型大气田形成的温压条件研究，国家重大专项"大气田形成条件、成藏机制与富集规律研究"课题（编号：2011ZX05007-002），北京：中国石油大学（北京）。

基于长期的研究成果，笔者在华北克拉通冀北坳陷构建了中元古界的大地热流值与生烃门限深度的相关性，实测大地热流值 30～54 mW/m² 相对应的生烃门限深度 ≥3500 m（表 11.11；王铁冠等，2016）。而且据统计，在邻近的华北克拉通北部大港、胜利、华北和冀东等多个古近系油田，前人分别实测与报道的大地热流值分布范围为 60.7～79.5 mW/m²，相应的生烃门限深度在 2300～3000 m 范围内（表 11.11；朱芒征和陈建渝，2002；郝芳等，2006；刚文哲等，2012；蔡希源，2012）。

表 11.11　大地热流值与生烃门限深度相关性的地质类比表

地区		大地热流值/（mW/m²）	生烃门限深度/m	参考文献
冀北坳陷新元古界		30～54	≥3500	王铁冠等，2016
川中隆起	南华纪—早二叠世	40～58	约 3500	地质类比法
	早二叠世—三叠纪	58～83～75	2500～2800	
华北克拉通北部古近系油田		60.7～79.5	2300～3000	朱芒征和陈建渝，2002；郝芳等，2006；刚文哲等，2012；蔡希源，2012

依据女基井的实测大地热流曲线，以及上述大地热流值与生烃门限深度相关性，通过地质类比研究，可厘定在不同热演化时期，川中隆起筇竹寺组烃源灶的生烃门限深度。如图 11.31 所示，在南华纪—早二叠世的漫长地质时期（700～300 Ma；表 11.10），川中隆起处于大地热流低稳上升期，热流值处于 40～58 mW/m² 范围内，与冀北坳陷中元古界的大地热流值相当，可类比厘定其门限深度应约为 3500 m（表 11.11）。在早二叠世—三叠纪时期，川中隆起已经处于大地热流高峰期，热流值高达 58 mW/m² 至 83～75 mW/m²（图 11.31），接近华北克拉通古近系油田群的热流值 60.7～79.5 mW/m²，届时其生烃门限深度应介于 2300 m 与 3000 m 之间，因此川中隆起的生烃门限深度相应地可厘定为 2500～2800 m（表 11.11）。

为了厘定磨溪-高石梯背斜古油藏的成藏时间，依据 BasinMod I 软件单井数值模拟成果和实测镜质组热演化剖面，重建高石 17 井筇竹寺组烃源层的地层埋藏-热历史。数值模拟结果表明，在热流低稳上升期（南华纪—早二叠世），筇竹寺组最大埋深仅为 2650 m（图 11.32；杨程宇，2018；杨程宇等，2020），还未达到生烃门限深度（约 3500 m；表 11.11），此时，筇竹寺组尚处于未成熟阶段，黑色页岩烃源层还未生烃，古油藏也尚未形成。

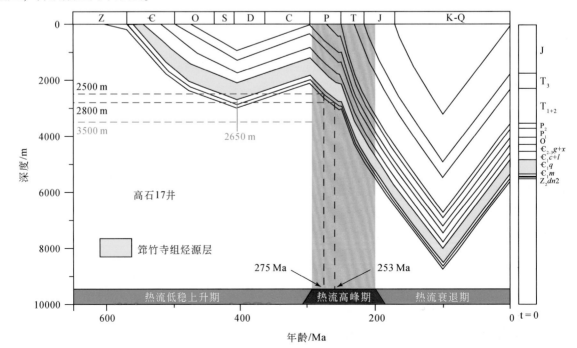

图 11.32　重建的德阳-资阳裂陷高石 17 井地层埋藏史以及磨溪-高石梯背斜筇竹寺组古油藏充注成藏时间的厘定
（杨程宇，2018；杨程宇等，2020，修改）

　　然而，由于峨眉山地幔柱，或大火山岩省的热效应（徐义刚和钟孙霖，2001，徐义刚等，2007；Liu et al.，2018），在早二叠世—早侏罗世期间，川中隆起进入大地热流高峰期（275 ~ 253 Ma；图 11.31、图 11.32），筇竹寺组烃源层的大地热流温度迅速上升，热流值达到 58 ~ 83 ~ 75 mW/m² （表 11.10，图 11.31），烃源层的埋深达到 2500 ~ 2800 m，与邻近的华北克拉通北部古近系油田的大地热流值范围（60.7 ~ 79.5 mW/m³），及其相应的生烃液态窗门限深度（2300 ~ 3000 m）大致相符。据此以高石 17 井为例证，可厘定在早二叠世晚期—中二叠世时期（275 ~ 253 Ma），川中隆起筇竹寺组烃源层的埋深业已达到生烃门限范畴，并进入生烃成藏期，原油得以向磨溪-高石梯背斜灯四段与龙王庙组的构造圈闭运移充注，并持续成藏。

　　（5）裂解气藏的天然气定位成藏时间：根据显微镜下岩石薄片观察，灯影组与龙王庙组气藏含有大量流体包裹体，包括产于自生矿物石英以及晚期鞍状白云石中的纯甲烷气体包裹体，以及与之共生的气-水两相包裹体 [图 11.33（b）、（c）]；其中纯甲烷包裹体可借助于拉曼光谱加以鉴别 [图 11.33（a）]。

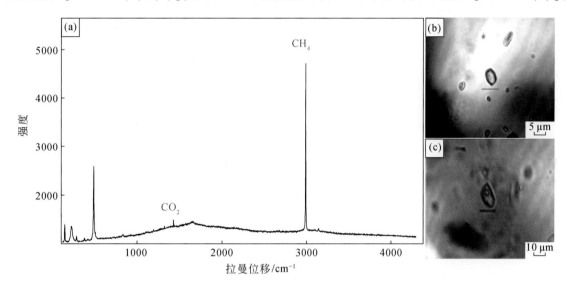

图 11.33　高石 6 井灯四段气藏中流体包裹体显微照片及其拉曼光谱图（Yang et al.，2018）
（a）甲烷包裹体拉曼光谱，井深 5049 m；（b）单偏光透射光下，甲烷包裹体显微照片，井深 5049 m；
（c）单偏光透射光下，气-水两相包裹体显微照片，井深 5048.97 m

　　运用流体包裹体厘定天然气藏定位成藏时间的前提条件是：流体包裹体是以单一相态捕集于岩石中的。因此，气-水两相包裹体均一温度的主频应标志包裹体的最低捕集温度（Emery and Robinson，1993），而且可以近似地作为天然气定位成藏温度的下限。本节以高石 6 井的灯四段白云岩气藏为例证，试图采用显微测温术，厘定裂解气藏的定位成藏时间。

　　显微测温结果表明，在高石 6 井灯四段气藏的实测均一温度直方图上，气-水两相包裹体呈现单峰态分布型式，均一温度主峰处于 170 ~ 180℃（均值为 180℃；图 11.34）。但就裂解气藏的相态分析而言，此均一温度主频是从两相态向单相态转化的临界温度，也是流体包裹体的最低捕集温度，因此需通过压力校正，将其精确地转换为实际的地下流体捕集温度（Emery and Robinson，1993）。

　　为了取得地下流体包裹体的实际的捕集温度，特别是天然气的捕集温度，Hanor（1980），Emery 和 Robinson（1993），Aplin 等（2000），Goldstein（2001），Liu 等（2003），刘德汉等（2010）以及 Ni 等（2016）分别运用显微镜冷热台，探索均一温度的压力校正方法。采用类似的校正方法，Yang 等（2018）实测了高石 6 井井深 5049 m 处灯四段裂解气藏校正后的流体包裹体均一温度，其研究程序如下：

　　首先，对共生的甲烷包裹体与气-水两相包裹体，分别实测二者的均一温度和盐度（或冰点）。

　　其次，在包裹体压力-温度（P-T）相关图上，分别构建甲烷与气-水两相两类包裹体的等容线（图 11.35；方法与原理参阅 Goldstein，2001；刘德汉等，2010）。若对这两类包裹体各自标绘一条实测等容线，在 P-T 图上两线将交会出一个 P-T 耦合点；如果对每一类包裹体各自实测出多条等容线，则两组等容线则交汇出一个 P-T 耦合区。这个耦合点或耦合区标志两类包裹体共生环境的温度、压力条件，也是两

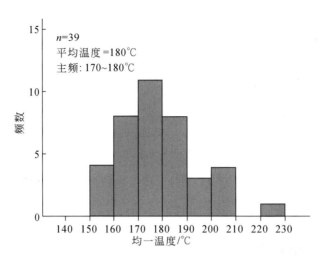

图 11.34　高石 6 井灯四段白云岩气藏气–水两相包裹体均一温度直方图（Yang et al.，2018）

组共生流体包裹体在地下实际被捕集时的温度与压力。安岳气田灯四段气藏高石 6 井的实例中，其 P-T 相关图上甲烷与两相包裹体具有两组等容线，呈现出两个耦合区，按照二者的温、压值加以区分，低 P-T 耦合区处于 185 ~ 227℃ 和 84 ~ 700 bar[①] 区间，而高 P-T 耦合区在 249 ~ 319℃ 和 1619 ~ 2300 bar 区间（图 11.35）。

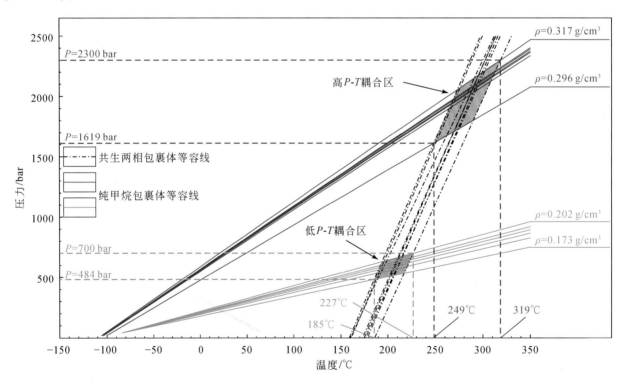

图 11.35　安岳气田灯四段气藏纯甲烷与气–水包裹体的压力–温度相关图
展示两组包裹体等容线的两个压力–温度（P-T）耦合区间

最后，两组共生包裹体的低 P-T 耦合温度（185 ~ 227℃；图 11.35）略高于实测的气–水包裹体均一温度主频（170 ~ 180℃；图 11.34），况且均一温度主频也未必是两组共生包裹体的实际捕集温度，而是包裹体可能的最低捕集温度（Emery and Robinson，1993）。因此，上述低 P-T 耦合温度与实测均一温度是

_____

① 1bar=10^5 Pa。

相匹配的，况且将此低 P-T 耦合温度 185～227℃区间已经达到并超越液相原油裂解成天然气的起始温度 180℃，因此可厘定为原油裂解气包裹体的地下捕集温度（Waples，2000；杨程宇，2018；Yang et al.，2018）。

至于高 P-T 耦合区的温度 249～319℃（图 11.35），远远超出实测的流体包裹体均一温度主频的分布范围 170～180℃（图 11.35），而且，这些流体包裹体的宿主矿物（石英与鞍状白云石）均归属于中温热液型自生矿物类型（杨程宇，2018；Yang et al.，2018），区域上又深受峨眉山地幔柱或大火山岩省的热流影响（徐义刚和钟孙霖，2001；徐义刚等，2007；Liu et al.，2018），因此，高 P-T 耦合区的纯甲烷气相包裹体很可能具有中温热液起源。

为了将天然气包裹体的地下捕集温度转换成天然气的捕集时间，即裂解气藏定位成藏的时间，选择高石 6 井，通过 BasinMod I 单井数值模拟，重建灯影组和龙王庙组的地层埋藏–热历史（图 11.36）。高石 6 井与高石 7 井均位于川中隆起的构造轴部，两口井井位相距仅 20 km，两口井的其地层埋藏–热历史是一致的（对照图 11.36 和图 11.32），二者的灯四段气藏都经历过两期沉降–隆起的构造旋回。在前二叠纪的第一期构造旋回期间，灯四段古油藏的古地温低于 140℃，还不足以引起古油藏的原油裂解与热蚀变。但是，在二叠纪以来第二期构造旋回期间，强烈的地壳沉降使地层的埋深超过 8500 m，古地温高于 220℃，从而跨越了原油裂解气的温度范围（Waples，2000）。从而通过单井数值模拟，重建的高石 6 井地层埋藏–热历史（图 11.36），然后，将校正后的灯四段气藏地下天然气包裹体捕集温度为 185～227℃，直接转换成天然气包裹体的捕集时间为 175～144 Ma，即相当于中侏罗世晚期—早白垩世早期，并作为原油裂解气的定位成藏时间。

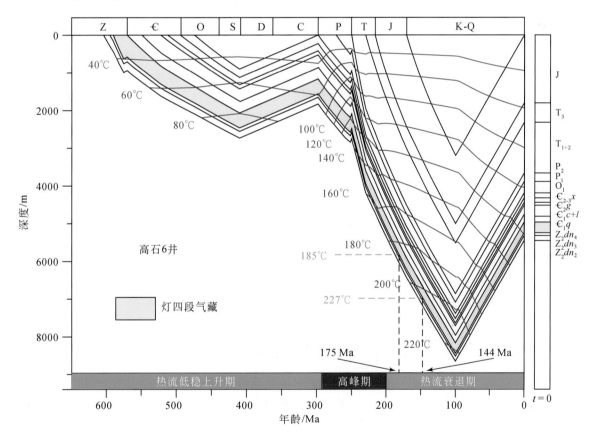

图 11.36　基于单井数值模拟重建的高石 6 井地层埋藏–热历史（Yang et al.，2018）

11.3.1.3　威远气田

威远气田位于四川省自贡市境内，其地质构造单元属于川中隆起以威远背斜为高点的西部凸起（图 11.24）。威远背斜是一个轴向北东东的震旦系—三叠系穹窿背斜构造，其震旦系顶面构造长 53.5 km、宽 26.3 km，闭合面积达 850 km²，闭合度为 895 m，具有中部和西南部两个高点，以中部高点为主高点；背斜两翼不对称，南陡（地层倾角为 9°33′~11°00′），北缓（地层倾角为 3°30′~5°30′）；在主高点附近发育四条断层，断距均小于 60 m，对构造圈闭不起破坏作用［图 11.37（a）；包茨，1988；戴金星等，2003］。

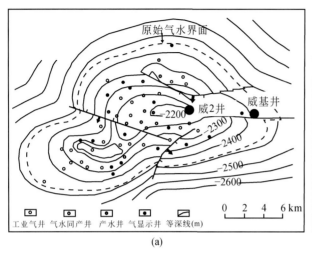 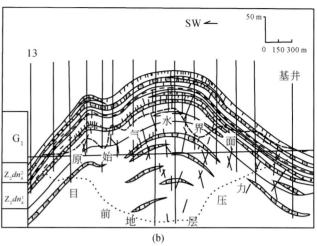

图 11.37 （a）威远气田构造图与（b）气藏剖面图（戴金星等，2003，修改）

震旦系灯二段（Z_2dn_2）储层以藻白云岩与颗粒白云岩为主，而灯四段（Z_2dn_4）储层多有剥蚀（表 11.9），具有多个白云岩孔-洞-缝集层，单层厚度小，仅 1~2 m，有效储层的累计厚度可达 90 m，属于多期岩溶改造的藻白云岩-颗粒白云岩气藏。产出的天然气为干气，含微量乙烷，并含惰性稀有气体氦。威远背斜构造规模虽大，但气藏的充满程度较低，气藏最大高度为 244 m，平均气藏高度为 84.35 m，原始气水界面海拔高度为-2434 m［图 11.37（a）］，实际含气面积约 220 km²（包茨，1988），具有统一的油水界面，属于背斜型底水块状气藏，系弱水驱-弹性气驱的混合驱动类型。原始地层压力为 29.5 MPa，天然气产层最大埋深达 2800 m，探明天然气原始地质储量为 408.61×10⁸ m³，可采储量为 147.82×10⁸ m³［图 11.37（a）、(b)；戴金星等，2003］。

多年来，对于威远天然气的气源问题，研究者们主要提出两种观点：包茨（1988）提出，威远气田属于自生自储型热裂解气，气源来自震旦系灯影组自身；而陈文正（1992），黄藉中和陈盛吉（1993），王顺玉和王兴甫（1999），戴金星等（2003）均认为，主要气源层为下寒武统筇竹寺组（又称九老洞组）深灰色、黑色页岩（表 11.9）。

威远气田的发现经历了一个曲折复杂的勘探历程：1942 年，根据地面构造高点钻探威 1 井无果；1956 年 5 月，在原地井口位移 18 m 钻探威基井；1958 年 4 月，钻至井深 2438.65 m，进入寒武系九老洞组，因受限于钻机条件而停钻；1964 年，重新加深钻探钻入震旦系，在 2852.00~2859.39 m 井段发生井漏，经中途测试，产天然气 14.5×10⁴ m³/d，从而发现灯影组白云岩底水气藏；1965 年，依据深层地震构造图，在距威基井 8.5 km 处的构造中部高点（主高点）再钻威 2 井，终于在 2835.5~3005 m 井段获得高产气流，产天然气 74.5×10⁴ m³/d，进一步探明天然气地质储量 408.61×10⁸ km³，成为当时国内发现的最大天然气田（图 11.36）。威远气田开采 17 年后，因气产量低，含硫量高，生产效益差而停产，总计采气 145.94×10⁸ m³，天然气采收率仅 36%，剩余可采储量为 1.88×10⁸ m³。目前仅有少数气井保持生产，以开采天然气中的氦气资源为生产目的。

11.3.2　华北克拉通燕辽裂陷带

11.3.2.1　区域地质背景

燕辽裂陷带处于华北克拉通的北缘，大体上呈近东西向伸展，横跨冀、辽、京、津四省（直辖市），

总面积约 $10.6×10^4$ km² （图 11.38）。在区域构造轮廓上，其中央部位为山海关隆起和密怀隆起，主要由太古宇变质岩与多期花岗岩的结晶基底所组成；在隆起的南、北两侧各发育一条中—新元古界的沉积坳陷带，自东而西可进一步区划为北侧的辽西坳陷、冀北坳陷、宣龙坳陷，以及南侧的冀东坳陷、京西坳陷（图 11.39）。在其沉积坳陷中，发育巨厚的中元古界长城系（Pt_2^1）、蓟县系（Pt_2^2）、下马岭组（$Pt_2^3 x$）与新元古界青白口系（Pt_3^1），其中缺失"玉溪系"（Pt_2^4）、南华系（Pt_3^2）和震旦系（Pt_3^3；表 11.12，图 11.38）；新元古界上覆为古生界和中生界沉积盖层。

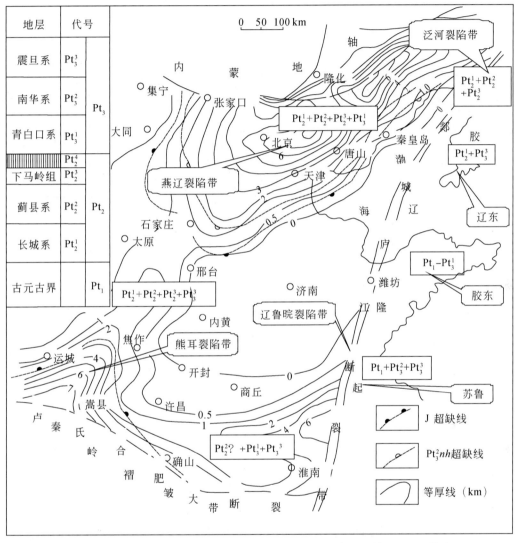

图 11.38　华北克拉通东部中—新元古界地层等厚图 （郝石生等，1990，修改）

　　总体上，燕辽裂陷带的中—新元古界沉积地层总厚度呈现东厚西薄的变化规律，其中以冀东坳陷地层最厚，可达 9260 m；冀北和辽西坳陷地层总厚度次之，分别为 8143 m 和 7567 m；而在京西坳陷和宣龙坳陷地层总厚度最薄，分别仅厚 4877 m 和 4095 m（图 11.38、图 11.39，表 11.12），其中主要的沉积地层为中元古界叠层石碳酸盐岩，含部分碎屑岩沉积。中—新元古界的沉降中心主要位于燕辽裂陷带东段的冀东坳陷和冀北坳陷；但不同地质时代有所变异，即长城纪的沉降中心在冀北坳陷，蓟县纪沉降中心东移到冀东坳陷，而下马岭组沉积时期西迁至宣龙坳陷，到青白口纪又回迁到冀东坳陷（表 11.12）。在燕辽裂陷带内部，五个沉积坳陷的叠层石与宏观化石组合、岩性-岩相特征以及地层划分，均显示高度的一致性，表明在中—新元古代时期，整体上各个坳陷古海洋的海域沉积环境是互连互通的，因此古海洋具有统一的海域沉积环境。目前，分隔南北侧沉积坳陷带的山海关隆起与密怀隆起理应属于后期隆起的构造单元，并未完全分隔燕辽裂陷带中—新元古代时期的海域。

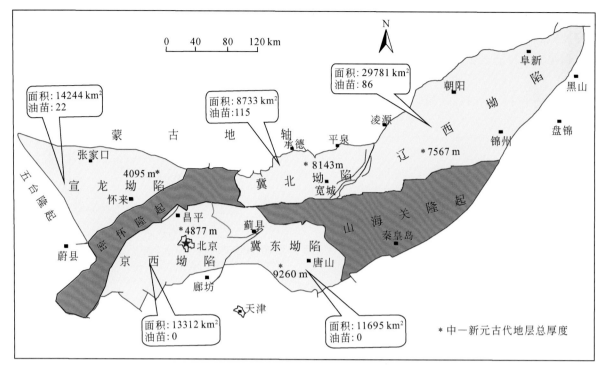

图 11.39　燕辽裂陷带中—新元古界构造单元划分与油苗点总数图（王铁冠，1980，修改）

表 11.12　燕辽裂陷带中—新元古界地层层序与厚度表　　　　　　　（单位：m）

	系、组（年代/Ma）	京西坳陷①	宣龙坳陷②	冀北坳陷②③④	辽西坳陷⑤⑥	冀东坳陷⑦
地层	青白口系（Pt_3^1）（760~1000 Ma）	193.2	71.9	111.8	168.2	230★
	"玉溪系"（Pt_2^4）（1000~1200 Ma）			地层缺失		
	下马岭组（Pt_2^3x）（1320~1400 Ma）	249.0	540.6★	369.5	303.4	168
	蓟县系（Pt_2^2）（1400~1600 Ma）	3448.1	2967.3	4519.0	4563.8	6175★
	铁岭组（Pt_2^2t）	209.7	213.9	211.1	328.8	325
	洪水庄组（Pt_2^2h）	100.9	41.6	101.7	92.1	131
	雾迷山组（Pt_2^2w）	2168.4	1874.6	2947.2	2936.4	3416
	杨庄组（Pt_2^2y）	78.3	36.0	322.4	255.8	707
	高于庄组（Pt_2^2g）	890.8	801.2	936.6	950.7	1596
	长城系（Pt_2^1）（1600~1670 Ma）	387.6	515.0	3042.6★	2586.5	2687
	地层总厚度	4278	4095	8043	7622	9260

注：★为地层沉降中心。

11.3.2.2　石油地质学

在山海关隆起与密怀隆起北侧的辽西坳陷、冀北坳陷和宣龙坳陷之中，地面油苗、固体沥青分布广泛。以冀北坳陷为例，迄今共计已发现 115 处油苗、沥青和沥青砂（沥青砂岩）出露点，其中 98 处产于

①　燕山地区地质勘查一大队（张一伟、赵澄林、黄醒汉、张长根等），1979，燕山地区西段石油地质基本特征，东营：华东石油学院。
②　王铁冠、钟宁宁、朱士新等，2009，华北地台下组合含油性及区带预测（科研报告），北京：中国石油大学（北京）。
③　燕山地区地质勘查三大队（王铁冠、高振中、刘怀波等），1979，燕山地区中段冀北坳陷石油地质基本特征，荆州：江汉石油学院。
④　罗顺社、高振中、旷红伟，2009，燕山地区中—新元古界层序地层学与沉积相研究，荆州：长江大学。
⑤　燕山地区地质勘查二大队（陈章明、关德范），1978，辽西朝阳区石油地质调查报告，安达：大庆石油学院。
⑥　欧光习、夏毓亮，辽西-冀北地区中新元古界油气运聚史研究，北京：核工业北京地质研究院。
⑦　天津地质矿产研究所，2007，蓟县中—新元古界简介。

中—新元古界，占油苗、沥青点总数的 85.2%（表 11.13），且以液态油苗为主（图版 11.IB）；而在燕辽裂陷带南部的冀东坳陷、京西坳陷，竟然未发现一处中—新元古界油苗（张长根和熊继辉，1979；王铁冠，1980；王铁冠和韩克猷，2011；图 11.39，图版 11.I，表 11.13）。

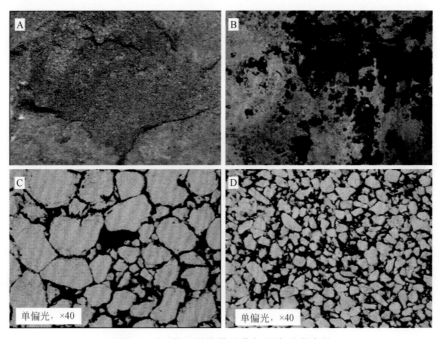

图版 11.I　燕辽裂陷带油苗与沥青砂岩产状
A. 下马岭组沥青砂岩（地表露头照片）；B. 雾迷山组白云岩液态油苗（矿洞内照片）；C、D. 沥青砂岩（显微照片）

作为燕辽裂陷带的主要烃源层，中元古界高于庄组黑色泥晶白云岩与洪水庄组黑色页岩，均具高有机质丰度，TOC 均值分别为 1.16% 和 4.65%，最高可达 4.29% 和 7.21%；氯仿沥青含量均值分别为 63 ppm 和 265 ppm，最高可达 152 ppm 和 4510 ppm；实测的等效镜质组反射率 eqR_o 值分别为 1.38%~1.75% 和 0.9%~1.42%；分属高成熟-过成熟（高于庄组）和成熟-高成熟（洪水庄组）的高丰度烃源层。若以 TOC 值 0.5% 作为有效烃源岩的标准，则高于庄组与洪水庄组的有效烃源岩的累计厚度分别达到 164 m 和 60 m（表 11.14）。

因此，就燕辽裂陷带中—新元古界而言，高于庄组与洪水庄组两个有效烃源层，特别是洪水庄组烃源岩的有机质丰度，完全可以与邻区渤海湾盆地古近系、新近系的最佳烃源岩相媲美。至于其他层位，如铁岭组、雾迷山组等，其碳酸盐岩和泥页岩的有机质丰度总体上均未达到有效烃源岩的标准，属非烃源岩范畴。

此外，由于燕辽裂陷带东段，特别是冀北坳陷、辽西坳陷，下马岭组早期基性岩浆的顺层侵入，形成 2~4 层辉长辉绿岩-辉绿岩岩床，其累计厚度可达 117.5~312.3 m 不等，使仅厚 369 m 的下马岭组黑色页岩遭受到热烘烤围岩蚀变，达到过成熟高演化阶段，完全丧失生烃潜力。然而在燕辽裂陷带西段的宣龙坳陷，基性岩浆侵入活动明显减弱，大都呈岩脉产出，对围岩的蚀变作显著减弱。

表 11.13　燕辽裂陷带冀北坳陷油苗类型及其产层分布（王铁冠和韩克猷，2011）

序号	油苗产状			油苗类型	油苗数目（总计 115 处）		占油苗点总数/%	
	界	系	组					
1	中生界	白垩系	西瓜园组（K_1x）	油、沥青	2		1.7	
2	下古生界	奥陶系	马家沟组（O_2m）	沥青	1	3	0.9	2.6
3			治里组（O_1y）	油、沥青	2		1.7	
4		寒武系	长山组（ϵ_3c）	沥青	1		0.9	
5			馒头组（ϵ_1m）	油、沥青	8	12	7	10.5
6			府君山组（ϵ_1f）	沥青、油	3		2.6	

续表

序号	油苗产状			油苗类型	油苗数目（总计115处）		占油苗点总数/%		
	界	系	组						
7		待建系	下马岭组（Pt_2^2x）	沥青、油	20		17.4		
8	中元古界	蓟县系	铁岭组（Pt_2^1t）	油、沥青	60	77	52.2	66.9	85.2
9			洪水庄组（Pt_2^1h）	油	2		1.7		
10			雾迷山组（Pt_2^1w）	油、沥青	15		13		
11			高于庄组（Pt_2^1g）	沥青	1		0.9	0.9	

表 11.14 燕辽裂陷带冀北坳陷有效烃源岩地球化学参数表

评价指标	高于庄组*	洪水庄组*
总有机碳（TOC）含量/%	0.50-4.29/1.16（69）	0.50-7.21/4.65（36）
氯仿沥青含量/ppm	26-152/63（11）	34-4510/2650（10）
氢指数（HI）/（$mg_{烃}/g_{TOC}$）	11-45/21（61）	97-311/233（36）
生油潜量（S_1+S_2）/（$mg_{烃}/g_{岩石}$）	0.09-2.39/0.32（61）	0.52-18.23/12.2（36）
等效镜质组反射率 eqR_o/%	1.38-1.75/1.59	0.90-1.42/1.19
有效烃源岩累计厚度**/m	164	60

＊最低值-最高值/均值（样品数）；＊＊有效烃源岩以 TOC＝0.5% 为下限标准，统计累计厚度。

下马岭组底部发育中-薄层石英砂岩层或透镜体，砂粒质纯，由石英、硅质岩屑组成，粒径粗细不一，硅质胶结，面孔率可达 15%～25%，呈致密坚硬的白色硅质石英砂岩。部分底砂岩的孔隙中充填沥青，呈黑色硅质-沥青质胶结的沥青砂岩（图版 11.ⅠA、C、D），甚至还有未经胶结的松散状沥青砂产出。而且在冀北坳陷中央向斜带的南北两翼均有沥青砂发现，在南翼见于辽宁凌源龙潭沟沥青砂岩厚 3.8 m，冀北坳陷宽城芦家庄沥青砂岩古油藏出露点地面可追踪 8 km（图 11.40）。下马岭组沥青砂岩、沥青砂的这种呈规模性的发现，标志一个迄今已知最为古老的中元古代古油藏（paleo-reservoir）的存在（1400 Ma；王铁冠等，1988；Wang，1991a，1991b；Wang and Simoneit，1995；参阅第 12 章）。

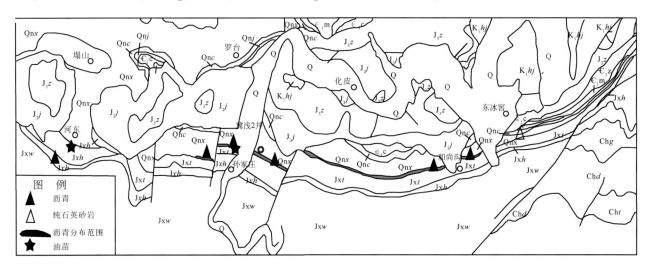

图 11.40 冀北坳陷宽城芦家庄沥青砂岩古油藏出露点的分布

11.3.2.3 油苗、沥青、沥青砂岩-烃源岩烃源对比

通过气相色谱-质谱分析，在冀北坳陷中元古界液态油苗、固体沥青以及下马岭组底部的沥青砂岩饱

和烃馏分中，普遍检测并鉴定出一个新的 $C_{18} \sim C_{23}$ 13α（正烷基）- 三环萜烷生物标志物系列 ［Wang，1991a，1991b；图 11.41（d）~（f）］。迄今为止，这个生物标志物系列仅见于华北克拉通燕辽裂陷带中元古界沉积有机质（Wang and Simoneit，1995，Zhang et al.，2007；Wang et al.，2011）以及扬子克拉通龙门山前山带新元古界沥青脉（黄第藩和王兰生，2008；参阅第 15 章），因此推测其可能是前寒武纪有机质的专属性的生物标志物。

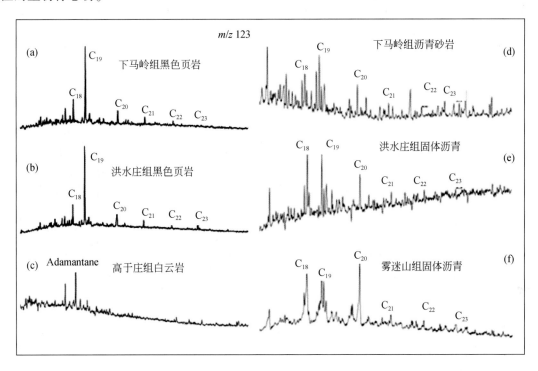

图 11.41　燕山冀北坳陷中元古界油苗与洪水庄组黑色页岩饱和烃馏分质量色谱图①

$C_{18} \sim C_{23}$. $C_{18} \sim C_{23}$ 13α（正烷基）- 三环萜烷，下同

　　然而，潜在烃源岩的气相色谱–质谱分析结果表明，洪水庄组与下马岭组的黑色页岩饱和烃馏分中，均检测出 $C_{18} \sim C_{23}$ 13α（正烷基）- 三环萜烷系列，只有高于庄组黑色泥晶白云岩不含 13α（正烷基）- 三环萜烷 ［图 11.41（a）~（c）］。上述烃源对比初步排除高于庄组作为油苗和沥青之烃源层的可能性，但仍不能从洪水庄组与下马岭组的页岩中确认其烃源层。

　　运用上述烃源岩中分离、提纯的干酪根，采用催化加氢降解技术，对干酪根降解产物进行气相色谱–质谱分析结果，唯有洪水庄组黑色页岩的干酪根降解产物中可检测到 $C_{18} \sim C_{22}$ 13α（正烷基）- 三环萜烷系列，并与上述油苗和沥青之间具有良好的相关性 ［图 11.42（b）、（d）~（f）］，高于庄组与下马岭组烃源岩的干酪根降解产物均不含 13α（正烷基）- 三环萜烷，从而指示洪水庄组黑色页岩是冀北坳陷油苗与沥青唯一的或主要的烃源层。

11.3.2.4　下马岭组底部沥青砂岩的石油地质学意义

　　显然，砂岩中的沥青并非流体，难以直接注入下马岭组底砂岩微细的粒间孔隙（图版 11.IA、C、D），此沥青砂岩原先理应是古油砂或含油砂岩，由于遭受后期的热蚀变，才形成沥青砂岩（参阅第 10、12 章）。因此，沥青砂岩本身即是古油藏的存在标志。特别是辽宁凌源龙潭沟的下马岭组底砂岩的野外露头上，经人工槽探施工，还发现新鲜未经胶结的沥青砂，表明在下马岭组底砂岩成岩作用的初期，砂层胶结作用还未完成之际，砂层尚处于松散状态，液态石油即已开始充注成藏。由于已知下马岭组底砂岩开始沉积的时间，即相当于中元古界下马岭组底界的年龄 1400 Ma（高林志等，2008），因此，这个时间也

①　钟宁宁、张枝焕、黄志龙等，2010，燕山地区中—新元古界热演化生烃与油气成藏史（科研报告），北京：中国石油大学（北京）。

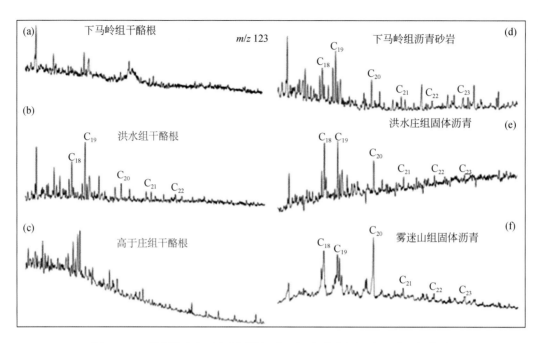

图 11.42　冀北坳陷中元古界固体沥青、沥青砂岩烃源对比质量色谱图
（a）～（c）烃源岩干酪根的催化加氢降解产物；（d）～（f）固体沥青与沥青砂岩的饱和烃馏分

是下马岭组底部沥青砂岩开始充注，形成古油藏成藏的年龄。

11.4　结　　论

（1）从全球范围来看，中—新元古界沉积地层中，确实具有优质烃源层以及相当规模的油气资源。就中—新元古界原生油气资源而论，已知全球现有四个地区或国家，即俄罗斯的勒拿-通古斯卡石油省、中国安岳气田和威远气田、阿曼含盐盆地群、印度巴克尔瓦拉油田，具有探明油气地质储量和（或）获得商业性产量；九个地区或国家业已证实具有原生的油、油苗和（或）沥青，但是尚无商业性产出；五个地区或国家的底寒武系具有生烃潜力。所有上述原生油气均来源于中—新元古界烃源层，在某些情况下，早寒武世烃源层也有所贡献，因此，也称作底寒武系油气资源。

（2）中元古代至早寒武世原生油气的产状包括原油、凝析油（气）、天然气，甚至沥青或焦沥青。考虑到有机质的热演化阶段，这些原生油气呈现出不同的热成熟度，从临界成熟（如巴克尔瓦拉原油），经成熟（如勒拿-通古斯卡原油），到过成熟（如安岳裂解干气和储层焦沥青）阶段。不同热成熟度的油气资源之存在，取决于各自的区域性的地质条件与热演化历史。区域性的低大地热流值或低地温梯度也有利于中—新元古界原生油气资源的保存。

中国中—新元古界的有机质热演化程度一般均偏高，更适于关注天然气的勘探，如四川盆地川中隆起已有底寒武系威远气田、安岳气田的发现。此外，在中—新元古界分布区，仍有热演化程度不算过高的区带，勘探目的层在地史上未曾经历过深埋藏，上覆沉积盖层不太厚的古隆起单元（如扬子克拉通龙门山前山带），或者地壳（或岩石圈）明显增厚的"冷圈、冷壳、冷盆"单元（如华北克拉通燕辽裂陷带），对于中—新元古界，乃至下古生界，古老油气资源的保存十分有利，均可能成为石油勘探的有利区带。

（3）几乎所有的（或大多数的）具有商业性规模的底寒武系油气藏均可归于晚期定位成藏类型。在许多情况下，中—新元古界原生油气藏的成藏年龄都不早于早古生代，甚至在中生代时期成藏，晚期成藏有利于底寒武纪原生油气资源的保存。

（4）俄罗斯勒拿-通古斯卡石油省寒武系广泛分布盐层以及阿曼的大型不规则的盐体是区域性的超级盖层，有利于底寒武系原生油气的成藏与保存。

（5）迄今某些特定的生物标志物，如引人注目的中间分支的单甲基烷烃（所谓的"X-化合物"）和
13α（正烷基）-三环萜烷见于前寒武纪石油和沉积有机质，可应用于油源对比，对于识别原生的中—新元
古界石油与沥青具有重要意义。尽管在过成熟的油藏焦沥青中，一些芳烃类的分子标志物，如烷基二苯
并噻吩类化合物，仍然可以有效地示踪古油藏的原油运移、充注成藏途径，指示有利的油气勘探方向，
预测烃源灶方位。

（6）在阿曼发现的新型的底寒武系油藏，即盐内的富有机质的"微晶燧石"和"网脉状"碳酸盐岩
油藏，二者均属自生自储类型，并为巨大盐体所包围密封，在烃源层、储集层与生-储-盖层组合研究上，
颇有新意。

　　致谢：本章的研究与撰写过程中，得到中石油四川油田分公司韩克猷、文龙高级工程师、西华大学
刘树根教授、中国石油大学（北京）白国平教授、王志欣副教授等专家的支持与帮助，近期参与本章有
关燕辽裂陷带研究工作的还有天津地质矿产研究所朱士兴和孙淑芬研究员、中国石油大学（北京）钟宁
宁教授和王春江副教授、长江大学罗顺社和王正允教授等，对此深表谢忱。

参 考 文 献

包茨. 1988. 天然气地质学. 北京：科学出版社.

北京石油勘探开发科学研究院，华北石油管理局. 1992. 深层油气藏储集层与相态预测（冀中坳陷和里海盆地南部为例）. 北
　京：石油工业出版社：273-357.

蔡希源. 2012. 湖相烃源岩生排烃机制及生排烃效率差异——以渤海湾盆地东营凹陷为例. 石油与天然气地质，33（3）：329-
　334，345.

陈均远. 2004. 动物世界的黎明. 南京：江苏科学出版社.

陈均远，周桂琴，朱茂炎，叶贵玉. 1996. 澄江生物群：寒武纪大爆发的见证. 台中：自然科学博物馆.

陈文正. 1992. 再论四川盆地威远震旦系1气藏的气源. 天然气工业，12（6）：28-32.

戴金星，陈践发，钟宁宁，庞雄奇，秦胜飞. 2003. 中国大气田及其气源. 北京：科学出版社.

杜金虎，汪泽成，邹才能，徐春春，沈平，张宝民，姜华，黄士鹏. 2016. 上扬子克拉通内裂陷的发现及对安岳大型气田形成
　的控制作用. 石油学报，37（1）：1-6.

杜汝霖，田立富，胡华斌，孙黎明，陈洁. 2009. 中国前寒武纪古生物研究成果：新元古代青白口纪龙凤山生物群. 北京：科学
　出版社.

刚文哲，仵岳，高岗，马乾，庞雄奇. 2012. 渤海湾盆地南堡凹陷烃源岩地球化学特征和生烃作用机理. 石油实验地质，
　27（5）：9-18.

高林志，张传恒，史小颖，宋彪，王自强，刘耀明. 2008. 华北古陆下马岭组归属中元古界的锆石SHBIMP年龄新证据. 科学
　通报，53（21）：2617-2623.

郝芳，邹华耀，方勇，胡建武. 2006. 超压环境有机质热演化和生烃作用机理. 石油学报，27（5）：9-18.

郝石生，高耀斌，张有成. 1990. 华北北部中—上元古界石油地质学. 东营：石油大学出版社.

侯先光. 1999. 澄江动物群：5.3亿年前的海洋动物. 昆明：云南科技出版社.

黄第藩，王兰生. 2008. 川西北矿山梁地区沥青脉地球化学特征. 石油学报，29（1）：23-28.

黄籍中，陈盛吉. 1993. 震旦系气藏形成的烃源地球化学条件分析. 天然气地球化学，（4）：16-30.

刘德汉，戴金星，肖贤明，田辉，杨春，胡安平，米静奎，宋之光. 2010. 普光气田中高密度甲烷包裹体的发现及形成的温度
　和压力条件. 科学通报，55（4）：359-366.

刘恩然，张立琴，王艳红. 2018. 澳洲北部发现了超级页岩气资源. 中国地质，45（6）：1314.

刘树根，马永生，蔡勋育，徐国胜，王国芝，雍自权，孙玮，袁海锋，盘昌林. 2009. 四川盆地震旦系—下古生界天然气成藏
　过程和特征. 成都理工大学学报（自然科学版），36（4）：345-354.

苏德干. 2016. 寒武大爆发时的人类远祖. 西安：西北大学出版社.

孙淑芬. 2006. 中国蓟县中、新元古界微古植物. 北京：地质出版社.

童晓光，徐树宝. 2004. 世界石油勘探开发图集（独联体分册）. 北京：石油工业出版社：138-163.

王顺玉，王兴甫. 1999. 威远和资阳震旦系天然气地球化学特征与含气系统. 天然气地球化学，10（3-4）：63-69.

王铁冠. 1980. 燕山地区震旦亚界油苗的原生性及其石油地质意. 石油勘探与开发，7（2）：34-52.

王铁冠，韩克猷. 2011. 论中—新元古界油气资源. 石油学报，31（1）：1-7.

王铁冠, 黄光辉, 徐中一. 1988. 辽西龙潭沟元古界下马岭组底砂岩古油藏探讨. 石油与天然气地质, 9(3): 278-287.

王铁冠, 钟宁宁, 王春江, 朱毅秀, 刘岩, 宋到福. 2016. 冀北坳陷下马岭组底砂岩古油藏成藏演变历史与烃源分析. 石油科学通报, 1(1): 24-37.

魏国齐, 沈平, 杨威, 张健, 焦贵浩, 谢武仁, 谢增业. 2013. 四川盆地震旦系大气田形成条件与勘探远景区. 石油勘探与开发, 40(2): 129-138.

徐义刚, 钟孙霖. 2001. 峨眉山大火成岩省: 地幔柱活动的证据及其熔融条件. 地球化学, (1): 1-9.

徐义刚, 何斌, 黄小龙, 罗震宇, 朱丹, 马金龙, 邵辉. 2007. 地幔柱大辩论及如何验证地幔柱假说. 地学前缘, 14(2): 1-9.

杨程宇. 2018. 乐山-龙女寺隆起油气成藏演化历史. 北京: 中国石油大学(北京)博士学位论文.

杨程宇, 文龙, 王铁冠, 罗冰, 李美俊, 田兴旺, 倪志勇. 2020. 川中隆起安岳气田古油藏成藏时间厘定. 石油与天然气地质, 41(3): 48-58.

张长根, 熊继辉. 1979. 燕山西段震旦亚界油气生成问题探讨. 华东石油学院学报, (1): 88-102.

朱芒征, 陈建渝. 2002. 惠民凹陷临南洼陷下第三系烃源岩生烃门限. 油气地质采收率, 9(2): 35-37.

Aadil N, Sohail G M D. 2011. Stratigraphic correlation and isopach maps of Punjab Platform in middle Indus Basin, Pakistan. The 2nd South Asian Geoscience Conference and Exhibition: 1-6.

Albert-Villanueva E, Permanyer A, Tritlla J, Levresse G, Salas R. 2016. Solid hydrocarbons in Proterozoic dolostones, Taoudenni Basin, Mauritania. Journal of Petroleum Geology, 39(1): 5-28.

Aley A A, Nash D F. 1984. A summary of the geology and oil habitat of the eastern flank hydrocarbon province of South Oman. Proceedings of Seminar on the Source and Habitat of Petroleum in Arab Countries, Kuwait: 521-541.

Amthor J E, Smith W, Nederlof P, Frewin N I, Lake S. 1998. Plolific oil production from a source rock-the Athel silicilyte source-rock play in South Oman. American Association of Petroleum Geologists Annual Convention: A22.

Amthor J E, Grotzinger J P, Schröder S, Bowring J, Ramezani S A, Martin M W, Malter A. 2003. Extinction of Cloudina and Nama-calathusat the Precambrian-Cambrian boundary in Oman. Geology, 31: 431-434.

Amthor J E, Ramseyer K, Faulkner T, Lucas P. 2005. Stratigraphy and sedimentology of a Chert reservoir at the Precambrian-Cambrian Boundary: the AI Shomou silicilyte, South Oman Salt Basin. GeoArabia: Journal of Middle East Petroleum Geosciences, 10(2): 89-122.

Anderson R R. 1989. Gravity and magnetic modeling of central segment of Mid-Continent Rift in Iowa—new insights into its stratigraphy, structure, and geological history. American Association of Petroleum Geologists Bulletin, 73(8): 1043.

Aplin A C, Larter S R, Bigge M A, Macleod G, Swarbrick R E, Grunberger D. 2000. PVTX history of the North Sea's Judy oilfield. Journal of Geochemical Exploration, 69: 641-644.

Asim S, Zhu P, Qureshi S N, Naseer M T. 2015. A case study of Precambrian to Eocene sediments hydrocarbon potential assessment in Central Indus Basin of Pakistan. Areb J Geosci, 8: 10339-10357.

Behrendt J C, Green A G, Cannon W F, Hutchinson D R, Lee M W, Milkereit B, Ahena W F, Spencer C. 1988. Crustal structure of the Midcontinent Rift system: results from GLIMPCE deep seismic reflection profile. Geology, 16: 81-85.

Bhat G M, Craig J, Hafiz M, Hakhoo N, Thurow J W, Thusu B, Cozzi A. 2012. Geology and hydrocarbon potential of Neoproterozoic-Cambrian Basins in Asia: an introduction. In: Bhat G M, et al (eds). Geology and Hydrocarbon Potential of Neoproterozoic-Cambrian Basins in Asia. Geological Society, London, Special Publications 366.

Bowring S A, Grotzinger J P, Condon D J, Ramezani J, Newall M. 2007. Geochronologic constraints on the chronostratigraphic framework of the Neoproterozoic Huqf Supergroup, Sultanate of Oman. American Journal of Science, 307: 1097-1145.

Bronner G, Roussel J, Trompette R. 1980. Genesis and geodynamic evolution of the Taoudenni Cratonic Basin (Upper Precambrian and Paleozoic), western Africa. Dynamic of Plat Interiors, Geodynamics Series, 1: 73-80.

Clauer N. 1981. Rb-Sr and K-Ar dating of Precambrian clays and glauconies. Precambrian Research, 15: 53-71.

Clauer N, Deynoux M. 1987. New information on the probable isotopic age of the Late Proterozoic glaciation in West Africa. Precambrian Research, 37: 89-94.

Craig J, Thurow J, Thusu B, Whitham A, Abutarruma Y. 2009. Global Neoproterozoic Petroleum Systems: The Emerging Potential in North Africa. Geological Society, London, Special Publications 326: 1-25.

Crick I H, Boreham C J, Cook A C, Powell T G. 1988. Petroleum geology and geochemistry of Middle Proterozoic McArthur Basin, northern Australia II: assessment of source rock potential. AAPG Bulletin, 72: 1495-1514.

Daniels P A Jr. 1982. Upper Precambrian sedimentary rocks: Oronto Group, Michigan-Wisconsin. In: Wold R J, Hinze W J (eds). Geology and Tectonics of the Lake Superior Basin. Geological Society of American Memoir, 156: 107-133.

Deynoux M. 1980. Les formationd glaciaires du Précambrien terminal et de la fin de l'Ordovicien en afrique de l'ouest. Travaux des

Laboratoires des Sciences de la Terre, Serie B, 17: 544.

Dickes A B. 1986a. Precambrian as a hydrocarbon exploration target. Geoscience Wisconsin, 11: 5-7.

Dickes A B. 1986b. Worldwide distribution of Precambrian hydrocarbon deposit. Geoscience Wisconsin, 11: 8-13.

Dickes A B. 1986c. Comparative Precambrian stratigraphy and structure along the Mid-Continent Rift. American Association Geologists Bulletin, 70(3): 225-238.

Edgell H S. 1991. Proterozoic salt basins of the Persian Gulf area and their hydrocarbon generation. Precambrian Research, 54: 1-14.

Efimov A S, Cert A A, Mel'nikov P N, Starosel'tcev V S, Vymyatin A A, Akimov V G, Cherepanova I I, Brazhnikov M V. 2012. About current state and trends of hydrocarbon Resource potential, geological exploration and licensing in East Siberia and Sakha Republic (Yakutia). Geol Neft Gasa, 5: 57-74. (in Russian)

Elmore R D, Milavec G J, Imbus S W, Engel M H. 1989. The Precambrian Nonesuch Formation of the North American Mid-Continent rift, sedimentology and organic geochemical aspects of lacustrine deposition. Precambrian Research, 43:181-213.

Emery D, Robinson A. 1993. Inorganic Geochemistry: Application to Petroleum Geology. Oxford: Blackwell Scientific Publication: 41-66.

Everett M A. 2010. Characterizing the Precambrian petroleum system of eastern Siberia: evidence from oil geochemistry and basin modeling. SPE Russian Oil and Gas Conference and Exhibition, 136334:1-11.

Fedorov D L. 1997. The stratigraphy and hydrocarbon potential of the Riphean-Vendian (Middle-Late Proterozoic) succession on the Russian Platform. Journal of Petroleum Geology, 20(2): 205-222.

Filipstove Y A, Petrishina Y V, Bogorodskaya L I, Kontrorovich A A, Krinin V A. 1999. Evaluation of maturity and oil- and gas-generation properties of the organic matter in Riphean and Vendian rocks of the Baykit and Katanga petroleum regions. Geologiya i Geofizika, 40: 1362-1374.

Frolov S V, Akhmanov G G, Bakay E A, Lubnina N V, Korobova N I, Karnyushina E E, Kozlova E V. 2015. Meso-Neoproterozoic petroleum systems of the eastern Siberian sedimentary basins. Precambrian Research, 259: 95-113.

Gang W Z. 2009. Hydrocaebon generation conditions and exploration potential of the Taoudenni Basin, Mauritania. Petroleum Science, 6: 29-37.

Gaters G. 2005. Hydrocarbon project in Mauritania and Mali, West Africa. Technical Experts Report in Farmout Brochure by Baraka Petroleum, South Perth, Australia.

Ghori K A R, Craig J, Thusu B, Lüning S, Geiger M. 2009. Global Infracambrian petroleum systems: a review. In: Craig J, et al (eds). Global Neoproterozoic Petroleum Systems: The Emerging Potential in North Africa. Geological Society, London, Special Publications 326: 110-136.

Goldstein R H. 2001. Fluid inclusions in sedimentary and diagenetic systems. Lithos, 55(1): 159-193.

Grantham P J. 1986. The occurrence of unusual C_{27} and C_{29} sterane predominances in two types of Oman crude oil. Organic Geochemistry, 9: 1-10.

Grantham P J, Lijmbach G W M, Posthuma A J, Hughes C M W, Willink R J. 1987. Origin of crude oils in Oman. Journal of Petroleum Geology, 11: 61-80.

Grosjean E, Love G D, Stalvies C, Fike D A, Summons R E. 2009. Origin of petroleum in the Neoproterozoic-Cambrian South Oman Salt Basin. Organic Geochemistry, 40: 87-110.

Hanor J. 1980. Dissolved methane in sedimentary brines; potential effect on the PVT properties of fluid inclusions. Economic Geology, 75(4): 603-609.

Hasany S T, Aftab M, Siddiqui R A. 2012. Refound Exploration Opportunities and Cambrian Sediments of Punjab Platform, Pakistan. Karachi: Pakistan Petroleum Limited.

Heward A P. 1989. Early Ordovician alluvial fan deposits of the Marmul oil field South Oman. Journal of the Geological Society, London, 146: 557.

Hiershima G B, Zaback D A, Pratt L M. 1989. Petroleum potential of Precambrian Nonesuch Formation, Mid-Continent Rift system. Gull Amer Assoc Petrol Geol, 73: 363.

Hunt J. 1991. Generation of gas and oil from coal and other terrestrial organic matter. Organic Geochemistry, 17(6): 673-680.

Immerz P, Oterdoom W H, Yonbery E L. 2000. The Huqf/Haima hydrocarbon system of Oman and the terminal phase of the Pan-African Orogeny: evaporite deposition in a compressive setting. The 4th Middle East Geoscience Conference, GEO2000, GeoArabia, Abstract: 387-433.

Jackson J M, Powell T G, Summons R E, Sweet I P. 1986. Hydrocarbon shows and petroleum source rocks in sediments as old as 1.7×10^9 years. Nature, 322: 727.

Jackson J M, Sweet I P, Powell T G. 1988. Studies on petroleum geology and geochemistry of the of Middle Proterozoic McArthur Basin, northern Australia I: petroleum Potential. Australian Petroleum Exploration Association Journal, 28: 283-302.

Jean-Pierre G, Herbert E, Amir K. 2014. Petroleum system, migration and charge history in the Neo- and Meso-Proterozoic series of the Taoudenni Basin, Adrar: insights from fluid inclusions. International Petroleum Technology Conference, IPTC-18011-MS: 1-5.

Kadri I B. 1995. Petroleum Geology of Pakistan. Karachi: Pakistan Petroleum Limited.

Kah C L, Bartley J K, Stagner A F. 2009. Reinterpreting a Proterozoic enigma: Conophyton-Jacutophyton stromatolites of the Meso-Proterozoic Atar Group, Mauritania, Special Publication, International Association of Sedimentologists, 41: 277-296.

Kao C S, Hsiung Y H, Kao P. 1934. Preliminary notes on Sinian stratigraphy of North China. Bulletin of the Geological Society of China, 13(2): 243-288.

Katz B J, Everett M A. 2016. An overview of Pre-Devonian petroleum systems—unique characteristics and elevated risks. Marine and Petroleum Geology, 73: 492-516.

Klemme H D, Ulmishek G F. 1991. Effective petroleum source rocks of the world: stratigraphic distribution and controlling factors. AAPG Bulletin, 75(12): 1809-1851.

Knott D J. 1998. Omam prepares for oil expansion and gas production for LNG export. Oil and Gas Journal, 96: 29-34.

Kuznetsov V G. 1997. Riphean hydrocarbon reservoir of the Yurubchen-Tokhom zone, Lena-Tunguska Province, NE Russia. Journal of Petroleum Geology, 20(4): 459-474.

Larichev A I, Melenevskii V N, Shvedenkov G Y, Sukhoruchko V I. 2004. Aquapyrolysis of organic matter from the Riphean carbon-rich argillite of the Yurubchen-Takhom oil and gas accumulation zone. Doklady Earth Sciences, 398(7): 961-963.

Lee L S, Chao Y T. 1924. Geology of the Gorge district of the Yangtze (from Ichang to Tzeckuei) with special reference to the development of the Gorges. Bulletin of the Geological Society of China, 3(3-4): 351-391.

Liu D H, Xiao X M, Mi J K, Li X Q, Shen J K, Song Z G, Peng P A. 2003. Determination of trapping pressure and temperature of petroleum inclusions using PVT simulation software—a case study of Lower Ordovician carbonates from the Lunnan Low Uplift, Tarim Basin. Marine and Petroleum Geology, 20(1): 29-43.

Liu W, Qiu N S, Xu Q C, Liu Y. 2018. Precambrian temperature and pressure system of Gaoshiti-Moxi Block in the central palaeo-uplift of Sichuan Basin, Southwest China. Precambrian Research, 313: 91-108.

Lottaroli F, Craig J, Thusu B. 2009. Neoproterozoic-Early Cambrian (Infracambrian) hydrocarbon prospectivity of North Africa: a synthesis. In: Craig J, et al (eds). Global Neoproterozoic Petroleum Systems: The Emerging Potential in North Africa. Geological Society, London, Special Publications 326: 137-156.

Lüning S, Kolonic S, Geiger M, Thusu B, Bell J S, Craig J. 2009. Infracambrian hydrocarbon source rock potential and petroleum prospectivity of NW Africa. In: Craig J, et al (eds). Global Neoproterozoic Petroleum Systems: The Emerging Potential in North Africa. Geological Society, London, Special Publications 326: 157-180.

Masters C D, Root D H, Turner R M. 1997. World of resource statistic geared for electronic access. Oil and Gas Journal, 95: 98-104.

Mauk J L, Hieshima G B. 1992. Organic matter and copper mineralization at White Pine, Michigan. Chemical Geology, 99: 189-211.

Menchikoff N. 1949. Quelques traits de l'hisoire geologique du Sahara occidentail. Annales Hebert et Haug, 7: 303-325.

Meyerhoff A A. 1982. Hydrocarbon resources in arctic add sub-arctic regions. Arctic Geology and Geophysics, Canadian Society of Petroleum, Memoir 8: 451-552.

Moussine-Pouchkine A, Bertrand-Sarfoti J. 1997. Tectonosedimentary subdivisions in the Neoproterozoic to Early Cambrian cover of the Taudenni Basin (Algiria-Mauritania-Mali). Journal of African Earth Sciences, 24: 425-443.

Ni Z Y, Wang T G, Li M J, Fang R H, Li Q M, Tao X W, Cao W. 2016. An examination of the well RP 3-1 at the Halahatang Sag in Tarim Basin, Northwest China: implications for hydrocarbon charging time and fluid evolution. Journal of Petroleum Science and Engineering, 146: 326-339.

O'Dell M, Lamers E. 2003. Subsurfacen uncertainty management in the Harweel Cluster, South Oman. SPE 84189, Richardson: Society of Petroleum Engineerings.

Ojha P S. 2012. Precambrian sedimentary basins of India: an appraisal of their petroleum potential. In: Bhat G M, et al (eds). Geology and Hydrocarbon Potential of Neoproterozoic-Cambrian Basins in Asia. Geological Society, London, Special Publications 366: 19-58.

Ozimic S, Passmore V L, Pain L, Lavering I H. 1986. Australian Petroleum Accumulation Report 1: Amadeus Basin, Central Australia. Canberra: Australian Government Publication Service.

Palacas J G. 1997. Source-rock potential of Precambrian rocks in selected basins of the United States. United States Geological Survey Bulletin, 2147J: 125-134.

Peters K E, Watters C C, Gupta Das U, McCaaffrey M A, Lee C Y. 1995. Recognition of an Infracambrian source rock based on biomarkers in the Baghewala oil field, India. AAPG, 79: 1481-1494.

Peters J M, Filbrandt J B, Grotzinger J P, Newall M J, Shuster M W, Al-Syabi H A. 2003. Surface-piercing salt domes of interior North Oman, and their significance foe the Ara carbonate "stringer" hydrocarbon play. GeoArabia, 8: 231-270.

Pollastro R M. 1999. Ghaba Salt Basin province and Fuhud Salt Basin province, Oman—geological overview and total petroleum systems. United States Geological Survey Bulletin, 2167: 1-41.

Posinikov A V, Postnikova O V. 2004. Vendian-Riphan deposits as main objective of hydrocarbon exploration on the Siberian Platform. International Conference on Global Infracambrian and the Emerging Potential in North Africa, London, Geological Society: 39-40.

Pratt L M, Summons R E, Hieshima G B. 1991. Sterane and triterpane biomarkers in the Precambrian Nonesuch Formation, North American Midcontinent Rift. Geochimca et Cosmochimica Acta, 55: 911-916.

Priss W V, Forbes B G. 1981. Stratigraphy, correlation and sedimentary history Adelaidean (Late Proterozoic) Basin in Australia. Precambrian Research, 15: 255-304.

Pruvost P L. 1951. Infracambrian. Bulletin de La Societe Belogie Palaentologie et Hygrologie: 43-65.

Rahmani A, Goucem A, Boukhallat S, Saadallah N. 2009. Infracambrian petroleum play elements of the NE Taoudenni Basin (Algeria). In: Craig J, et al (eds). Global Neoproterozoic Petroleum Systems: The Emerging Potential in North Africa. Geological Society, London, Special Publications 326: 221-229.

Ram J. 2012. Neoproterozoic successions in Peninsular India and their hydrocarbon prospectivity. In: Bhat G M, et al (eds). Geology and Hydrocarbon Potential of Neoproterozoic-Cambrian Basins in Asia. Geological Society, London, Special Publications 366: 75-90.

Rawlings D J. 1999. Stratigraphic resolution of a multiphase intracraton basin system: the McArthur Basin, northern Australia. Australian Journal of Earth Sciences, 46: 703-723.

Ray J S, Veizer J, Davis W J. 2003. C, O, Sr and Pb isotope systematics of carbonate sequence of the Vindhyan Supergroup, India: age, diagenesis, correlations and implications for global events. Precambrian Research, 121: 103-140.

Rooney A D, Selby D, Houzay J P, Renne P R. 2010. Re-Os geochemistry of a Mesoproterozoic sedimentary succession, Taoudenni Basin, Mauritania: Implications for basin-wide correlations and Re-Os organic-rich sediments systematic. Earth and Planetary Science Letters, 289: 486-496.

Sheikh R A, Jamil M A, McCann J, Saql M I. 2003. Distribution of Infracambrian reservoir on Punjab Platform and central Indus Basin of Pakistan. ATC 2003 Conference and Oil Show, Istanbad: Society of Petroleum Engineers (SPE) and Pakistan Association of Petroleum Geologists (PAGG): 1-17.

Smith A G. 2009. Neoproterozoic timescales and stratigraphy. In: Craig J, et al (eds). Global Neoproterozoic Petroleum Systems: The Emerging Potential in North Africa. Geological Society, London, Special Publications 326: 27-54.

Terken J M J, Frewin N L. 2000. Dhahaban petroleum system of Oman. AAPG Bulletin, 84(4):523-544.

Terken J M J, Frewin N L, Indrelid S L. 2001. Petroleum systems of Oman: charging timing and risks. AAPG Bulletin, 85: 1817-1845.

Ulmishek G F. 2001. Petroleum geology and resources of the Baykit high province, East Siberia, Russia. United States Geological Survey Bulletin, 2201-F: 1-18.

Ulmishek G F, Lindquist S J, Smith-Rouch L S. 2002. Region I Former Soviet union-summary. US Geological Survey Digital Data Series, 60, United State Geological Survey 2002 World Petroleum Assessment.

Visser W. 1991. Burial and thermal history of Proterozoic source rocks in Oman. Precambrian Research, 54: 15-36.

Vysotsky I V, Korehagina Y I, Sokolov B A. 1993. Genetic aspects of assessment of the petroleum potential of the Moscow syneclise. Geologiya Nefit i Gaza, 12: 26-29. (in Russia)

Wade B P, Hand M, Barovich K M. 2005. Nd isotopic and geochemical constraints on provenance of sedimentary rocks in the eastern Officer Basin, Australia; implications for the duration of the intracratonic Precambrian Orogeny. Journal of the Geological Society, 162: 513-530.

Walter M R, Veevers C R, Calver C R, Grey K. 1995. Neoproterozoic stratigraphy of the Centralian Superbasin, Australia. Precambrian Research, 73: 173-195.

Wang C J, Wang M, Xu J, Li Y L, Yu Y, Bai J, Dong T, Zhang X Y, Xiong X F, Gai H F. 2011. 13α(n-alkyl)-tricyclic terpanes: a series of biomarkers for the unique microbial mat ecosystem in the Middle Mesoproterozoic (1.45 – 1.30 Ga) North China Sea. Mineralogical Magazine, 75: 2114.

Wang T G. 1991a. A novel tricyclic terpane biomarker series in the Upper Proterozoic bituminous sandstone, eastern Yanshan region. Science in China (Series B), 34(4): 479-489.

Wang T G. 1991b. Geochemical characteristics of Longtangou bituminous sandstone in Lingyuan, eastern Yanshan region, North China—approach to a Precambrian reservoir bitumen. Journal of Asian Earth Sciences, 5(1-4): 373-379.

Wang T G, Simoneit B R T. 1995. Tricyclic Terpanes in Precambrian bituminous sandstone from the eastern Yanshan region, North China. Chemical Geology, 120: 155-170.

Wang T G, He F Q, Li M J, Hou Y, Guo S Q. 2004. Alkyl-dibenzothiophenes: molecular tracers for filling pathway in oil reservoirs. Chinese Science Bulletin, 49(22): 2399-2404.

Wang T G, He F Q, Wang C J, Zhang W B, Wang J Q. 2008. Oil filling history of the Ordovician oil reservoir in the major part of the Tahe oilfield, Tarim Basin, NW China. Organic Geochemistry, 39(11): 1637-1646.

Waples D W. 2000. The kinetics of in-reservoir oil destruction and gas formation: constraints from experimental and empirical data, and from thermodynamics. Organic Geochemistry, 31(6): 553-575.

Wells A J, Forman D J, Ranferd L C, Cooks P J. 1970. Geology of the Amadeus Basin. Bureau of Mineral Resources, Australia Bulletin.

Wilkins N. 2007. Proterozoic evangelist tries to convent the unbelievers. Oil and Gas Gazette, December 2006–January 2007: 2-3.

Womer M B. 1986. Hydrocarbon Occurrence and diagenetic history within Proterozoic sediments, McArthur River area, northern Territory, Australia. Australian Petroleum Exploration Association Journal, 26(1): 363-374.

Wong S W, Ford S, Turner B. 1998. Massive fracture stimulation in deep, high-pressure Athel Formation. Society of Petroleum Engineers, 50614: 407-412.

Yang C Y, Ni Z Y, Wang T G, Chen Z H, Hong H T, Wen L, Luo B, Wang W Z. 2018. A new genetic mechanism of natural gas accumulation. Scientific Reports, 8(1): 8336.

Zhang S C, Zhang BM, Bian L Z, Jin Z J, Wang D R, Chen J F. 2007. The Xiamaling oil shale generated through Rhodophyta over 800 Ma ago. Science in China Series D: Earth Sciences, 50(4): 527-535.

Zhu C Q, Hu S B, Qiu N S, Rao S, Yuan Y S. 2016. The thermal history of the Sichuan Basin, SW China: evidence from the deep boreholes. Science China: Earth Sciences, 59(1): 70-82.

第12章　冀北坳陷下马岭组底砂岩古油藏成藏演变历史与烃源剖析

王铁冠[1]，钟宁宁[1]，王春江[1]，朱毅秀[1]，刘　岩[1,2]，宋到福[1]，杨程宇[1]

1. 中国石油大学（北京）油气资源与探测国家重点实验室，北京，102249；

2. 长江大学录井技术与工程研究院，荆州，434023

摘　要：燕辽裂陷带冀北坳陷的中元古界（1800～1320 Ma）具有高于庄组黑色泥晶白云岩和洪水庄组黑色页岩两套烃源层，以及龙潭沟、双洞、芦家庄三处已知的下马岭组底部沥青砂岩（沥青砂）古油藏。沥青砂岩古油藏含有两期储层沥青组分，早期组分的沥青反射率 R_b 高达 1.68%～2.52%，晚期组分 R_b 值仅 0.81%～1.01%。冀北坳陷下马岭组广泛分布 2～4 层辉长辉绿岩岩床，其岩浆的侵位造成原始的砂岩油藏蚀变成沥青砂岩，含高 R_b 值的早期储层沥青，系具有中间相雏晶镶嵌结构的焦沥青，沥青砂岩可作为古油藏（paleo-reservoir）的识别标志。岩床围岩蚀变带中还发现稠油油苗，提供了在岩浆侵位凝固成岩床后，发生过晚期石油充注的佐证，正是石油晚期充注才导致古油藏中含有晚期储层沥青。沥青砂的发现证明，在下马岭组底砂岩成岩作用的初期（距今约 1400 Ma），业已发生石油的早期充注成藏过程，依据岩浆的侵位时间（1327 Ma），还可厘定底砂岩古油藏的蚀变年龄。据此推算，下马岭组底砂岩原始油藏的存续时限应在 1400～1327 Ma 期间，其存续期达可达 73 Ma。油源对比确定，古油藏早期储层沥青组分的油源来自高于庄组烃源层，晚期储层沥青组分则源自洪水庄组烃源层，并以高于庄组为主要烃源层。根据层序地层厚度分析，厘定冀北坳陷生烃的门限深度约 3600 m，据此确定洪水庄组烃源层的生烃–充注–成藏过程应发生在中生代时期。冀北坳陷雾迷山组和铁岭组等中的液体油苗，以及下马岭组沥青砂岩晚期储层沥青的可溶烃组分均源自洪水庄组烃源层。

关键词：中元古界、下马岭组、底部沥青砂岩、古油藏、生烃门限深度、成藏时间。

12.1　引　　言

冀北坳陷分布于河北省北部兴隆、承德、宽城、平泉和辽宁省西部凌源等市（县）境内，地理上归属于燕山地区；地质构造上则属于燕辽裂陷带中–北部的中—新元古界沉积坳陷，坳陷面积为 8733 km²。该坳陷北界以承德–平泉–凌源大断裂与"内蒙地轴"相邻；东界连接辽西坳陷，二者以凌源–叨尔登走滑断裂为界；西界以密怀隆起与宣龙坳陷相隔；南界为山海关隆起，并与京西坳陷、冀东坳陷相分隔。总体上燕辽裂陷带具有"五坳+两隆"的区域构造轮廓（图 11.39）。

燕辽裂陷带的五个沉积坳陷均发育巨厚的中元古界，包含长城系（Pt_2^1，1800～1600 Ma）、蓟县系（Pt_2^2，1600～1400 Ma）和下马岭组（Pt_2^3x，1400～1320 Ma）等"三系十组"，以冀东–冀北坳陷作为沉降中心；但缺失"玉溪系"（Pt_2^4，1320～1000 Ma）。新元古界仅发育青白口系（Pt_3^1，1000～780 Ma），地层厚度则较薄，可划分为两个组，地层沉降中心也迁移至宣龙坳陷，并且缺失南华系（Pt_3^2，780～630 Ma）与震旦系（Pt_3^3，630～542 Ma）的沉积（表 12.1）。

以冀北坳陷为例，中元古界沉积厚达 7931 m，新元古界青白口系仅厚 111.8 m，中—新元古界俱以碳酸盐岩为主，含部分碎屑岩沉积，总厚度达 8043 m（表 12.1），上覆为古生界与中生界。

以往下马岭组曾作为新元古界青白口系（Pt_3^1）底部的一个地层单位，近年来基于锆石、斜锆石同位素定年的新证据，厘定其地层的年龄时限为1400～1320 Ma，因而将下马岭组（Pt_2^3x）的层位划归中元古界（高林志等，2008；参阅第2、3章）。作为独立的地层单元，下马岭组相当于《国际年代地层表》上的延展系（Ectasian，时限1400～1200 Ma）中下部地层。

表12.1　冀北坳陷中—新元古界地层表（王铁冠等[①]资料修改）

界	系/统		组	地层厚度/m		岩性	年龄时限/Ma
古生界	下寒武统	$\in_1$	府君山组	—		灰白色灰岩，含三叶虫	← 542
新元古界	震旦系	Pt_3^3		地层缺失(地壳隆升期257 Ma)			— 630
	南华系	Pt_3^2					800
	青白口系	Pt_3^1	景儿峪组	39.2	111.8	蛋青色、灰白色白云质灰岩	
			骆驼岭组	72.6		长石石英砂岩、海绿石砂岩和杂色页岩	1000
中元古界	"玉溪系"	Pt_2^3		地层缺失(地壳隆升期327 Ma)			1320
		Pt_2^3x	下马岭组	369.5	369.5	黑色、绿色页岩和杂色砂岩、细砂岩粉砂岩	1400
	蓟县系	Pt_2^2	铁岭组	211.1	4519.0	含锰白云岩、杂色页岩和叠层石灰岩	
			洪水庄组	101.7		黑色页岩和浅色泥质白云岩	
			雾迷山组	2947.2		燧石条带白云岩和叠层石白云岩	
			杨庄组	322.4		紫红色、灰白色泥砂质白云岩	
			高于庄组	936.6		燧石条带白云岩、含锰白云岩、白云质灰岩	1600
	长城系	Pt_2^1	大红峪组	442.6	3042.6	砂岩和富钾基性火山岩	
			团山子组	259.2		富铁白云岩	
			串岭沟组	293.0		绿色和黑色页岩	
			常州沟组	2047.8		砾岩和砂岩	← 1670

下马岭组岩性以页岩为主，其沉降中心位于宣龙坳陷，地层最大厚度为540 m，自下而上可细分四个岩性段，其中以下三段黑色页岩为主要烃源层段。但是，因期后"蔚县上升"地壳隆升剥蚀，在冀北坳陷、冀东坳陷仅残余底部下一段砂质页岩，下三段烃源层则全部缺失。

迄今为止，冀北坳陷总共发现油苗、沥青、沥青砂岩点115处，其中78处产于中元古界，占油苗、沥青点总数的85.2%[①②]（表12.1；王铁冠，1980；王铁冠和韩克猷，2011）。据油苗的产层与相态统计，液态油苗、固体沥青主要产于铁岭组（共计60处，占比52.2%）和雾迷山组（20处，占比13%）的碳酸盐岩中，下马岭组产沥青砂岩（20处，占17.4%），主要见于该组底砂岩之中。

作为冀北坳陷沥青砂岩与古油藏的前期研究，辽宁凌源龙潭沟下马岭组底部沥青砂岩陆续见诸文献报道[①]（王铁冠等，1988；王铁冠，1990），并将底砂岩古油藏的调查研究，进一步拓展到宽城芦家庄古油藏和河北平泉双洞古油藏[①③]（刘岩等，2011）。

本章试图剖析下马岭组底部沥青砂岩古油藏的烃类来源、充注成藏与热演变历史以及石油地质意义。

12.2　底砂岩的岩石学特征

受"芹峪运动"影响，冀北坳陷下马岭组与下伏铁岭组呈平行不整合接触，在不整合面上发育厚0.5 m（宽城芦家庄）至7.58 m（凌源何杖子）的下马岭组底砂岩。在纵、横向上，底砂岩的岩性变化较大，通常呈灰白色、白色含硅-硅质中-粗粒或粉-细粒石英砂岩，局部含有细砾。砂粒质纯，以单晶石英粒为

① 王铁冠、钟宁宁、朱士兴等，2009，华北地下组合含油性及区带预测（科研报告），北京：中国石油大学（北京）。
② 卢学军、刘宝泉、吴继龙等，1992，冀北坳陷油苗调查报告，任丘：华北油田石油管理局勘探开发研究院。
③ 钟宁宁、张枝焕、黄志龙等，2010，燕山地区中—新元古界热演化生烃与油气成藏史（科研报告），北京：中国石油大学（北京）。

主（占90%以上），含硅质岩岩屑（燧石或多晶石英颗粒，占1%~10%），微含长石与云母；且砂粒的原始圆球度高，矿物成分的成熟度极高，属于滨岸前滨带沉积，岩石薄片中可见石英砂粒发育两期次生加大边，并可见有溶蚀（图版12.IA）。

　　总体上，底砂岩的储层沥青含量与硅质胶结物含量之间呈现出互补关系：以硅质胶结为主的底砂岩，不含或微含储层沥青，胶结致密，岩性坚硬（图版12.IA）；而以储层沥青为主要胶结物的底砂岩，硅质胶结物含量甚少，岩性疏松易碎，甚至在凌源龙潭沟、宽城芦家庄等地，均见到未胶结的沥青砂（图版12.ID）与硅质胶结含沥青砂岩（图版12.IB）共生的现象（图版12.IB、C）。

　　底砂岩主要呈硅质胶结，含少量泥质和碳酸盐胶结物，泥质源自早期长石蚀变或粒间的杂基。胶结物含量多变，变化范围可达1%~12%，其分布主频为2%~3%，胶结程度非常不均匀（图版12.IB~D）。

　　在下马岭组底砂岩的粒间孔隙与裂缝中，可充填黑色、灰黑色、黑褐色储层沥青，以致底砂岩新鲜露头和岩石新鲜断面均呈黑色，风化面则常见墨绿色、黄绿色。粒间孔隙中充填的储层沥青可对砂粒形成次生胶结（图版12.IB、D），而砂岩缝隙中的储层沥青填隙物则呈脉状、条带状、丝带状产状（图版12.IC）。底砂岩的储层沥青含量多变，镜下估算其含量范围为1%~25%，均值达13.6%，使含硅-硅质石英砂岩变成含沥青石英砂岩或沥青质石英砂岩，本章统称为"沥青砂岩"。底砂岩沥青含量影响砂岩的胶结方式，沥青含量≥10%的多呈孔隙式胶结，而沥青含量小于10%的则常呈接触式和镶嵌式胶结。

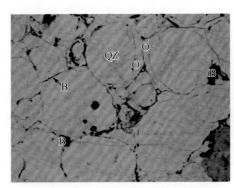
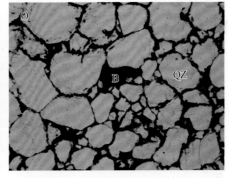

A. 含硅石英砂岩，胶结物：12%，沥青：4%　　　　B. 沥青砂岩，胶结物：5%，沥青：20%~25%

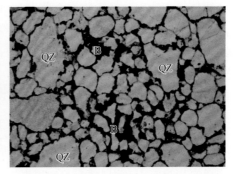

C. 沥青条带状填隙物，胶结物：10%，沥青：10%　　　D. 沥青砂，沥青：20%~30%，胶结物：痕量

图版12. I　下马岭组底砂岩与沥青砂岩显微照片
单偏光镜下，放大倍数：A. ×50；B~D. ×40。QZ. 石英砂粒；O. 石英次生加大边（硅质胶结物）；B. 储层沥青

12.3　底砂岩古油藏的分布与地质产状

　　冀北坳陷的二级构造单元由卸甲营向斜带、平泉背斜带、党坝向斜带、郭杖子单斜带组成，自北向南形成正向-负向单元相间的构造格局，且从西往东呈东西—北东向展布。正向构造单元平泉背斜带与郭杖子单斜带，地表出露中—新元古界；而卸甲营与党坝向斜带作为负向构造单元，中—新元古界上覆还有古生界与中生界，因此更有利于中元古界油气藏的形成与保存，并确认这种构造格局定型于中生代

时期。

已知冀北坳陷下马岭组底部沥青砂岩分布在党坝向斜带的南、北两侧，即构成南侧的龙潭沟古油藏、芦家庄古油藏以及北侧的双洞古油藏（图12.1）。

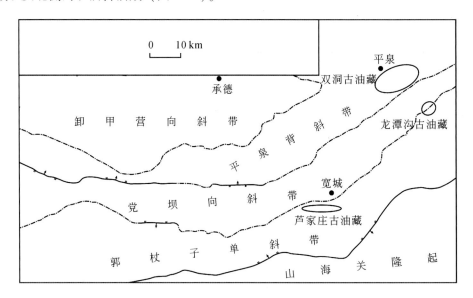

图12.1　冀北坳陷二级构造单元与下马岭组底砂岩古油藏分布图①

12.3.1　平泉双洞古油藏

双洞古油藏见于河北省平泉县双洞子乡，区域构造部位属于平泉背斜带东北端的双洞短轴背斜构造。地面构造由雾迷山组—中奥陶统组成。地表油苗分布广泛，在萤石矿洞、露天采石场等人工露头上，从蓟县系雾迷山组、铁岭组和下寒武统府君山组碳酸盐岩的裂隙中，常见"活油苗"渗出，或含有无流动性的稠油，常有固体沥青伴生，已知此类油苗点共约30处，构成背斜型古油藏①。在双洞背斜构造主高点的南翼，还发现下马岭组底部沥青砂岩，其胶结物含量较少（硅质含量为1.5%~2.5%，泥质含量为1%~2.5%），砂岩面孔率达7.5%~20%，而储层沥青含量可达5%~8%，岩性疏松。

12.3.2　凌源龙潭沟古油藏

凌源龙潭沟古油藏位于辽宁省凌源市大河北乡龙潭沟一带，距冀、辽省界约700 m处；区域地质构造部位属于郭杖子单斜带的北部，由中元古界构成北西倾向的单斜构造（图12.1、图12.2）。

下马岭组黑色页岩具有中-薄层状石英砂岩夹层或透镜体，沥青砂岩见于底砂岩之中。底砂岩平面分布稳定，顺沿地层走向分布。在何杖子—龙潭沟—中心村一线约5 km范围内，断续出露下马岭组底部的沥青砂岩，属于岩性-地层型古油藏（图12.2）。底部沥青砂岩厚3.8（龙潭沟）~7.58 m（何杖子），砂岩储层沥青含量与胶结物含量呈互补关系，致使沥青富集程度有明显差别，例如，何杖子北沟前梁下马岭组底部为纯沥青砂（图版12.ID），呈灰黑色、黑色，未胶结或仅含痕量硅质胶结物，岩性疏松，手捻易碎；而在马石烈沟和宋杖子，底砂岩呈肉红色，岩性较致密坚硬，未见或少见储层沥青，仅见少量沥青充填粒间孔隙（图版12.IA）。

① 王铁冠、钟宁宁、朱士兴等，2009，华北地台下组合含油性及区带预测（科研报告），北京：中国石油大学（北京）。

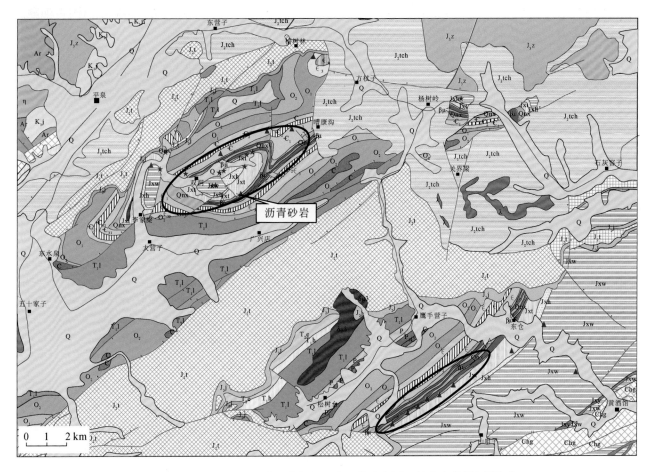

图 12.2　冀北坳陷龙潭沟古油藏与双洞古油藏分布图（钟宁宁等①资料修改）

12.3.3　宽城芦家庄古油藏

　　宽城芦家庄古油藏在河北省宽城县塔山乡境内。在区域构造上，芦家庄古油藏与龙潭沟古油藏同处于郭杖子单斜带的北部。顺着区域地层走向，沿河东村—芦家庄—和尚沟村一线，下马岭组底砂岩厚 0.5～7.67 m 不等，在平距 10 km 范围内，地表断续出露八处沥青砂岩露头，构成岩性-地层型古油藏（图 12.3）；芦家庄古油藏以芦家庄-冀浅 2 井为中心点，下马岭组底砂岩以厚-中厚层状含砾粗砂岩和粗粒-中粒砂岩为主，岩性较疏松、孔渗性较好、古面孔率高（均值为 15.9%，最高达 33%），沥青砂岩厚 4.32 m，地层厚度占比为 97.7%；而在冀浅 2 井，底砂岩的岩性为粉-细粒砂岩，其中沥青砂岩厚达 7.67 m，在底砂岩的地层厚度占比可达 100%。从中心点向东西两侧岩性逐渐变致密，颜色变化逐次呈现灰黑色、灰色、灰白色或红色，古面孔率也向逐渐降低。

　　在党坝向斜带南侧与郭杖子单斜带的北缘，平泉双洞、凌源龙潭沟与宽城芦家庄三处古油藏的产状类型与沥青属性均完全相同，三者均可顺沿产层的区域走向延续追踪，而且南北遥相对应，相互可对比。由此判断，下马岭组古油藏的成藏过程与分布范围，业已具备相当的规模，波及党坝向斜带的两翼（图 12.3）。

① 钟宁宁、张枝焕、黄志龙等，2010，燕山地区中—新元古界热演化生烃与油气成藏史（科研报告），北京：中国石油大学（北京）。

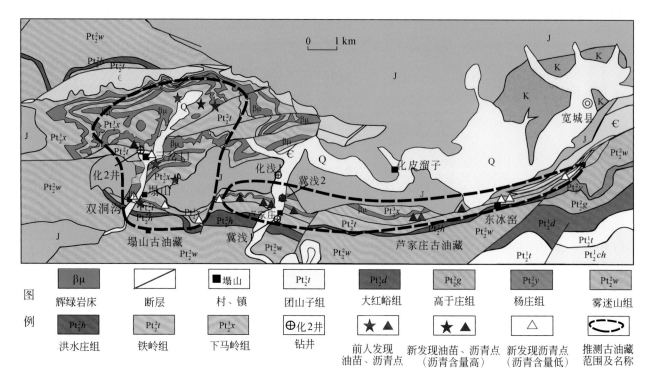

图 12.3　冀北坳陷芦家庄古油藏分布图（刘岩等，2011）

12.4　古油藏成藏演变历史与沥青砂岩成因

12.4.1　底砂岩古油藏充注时间厘定

显然，就下马岭组底砂岩古油藏而言，无流动性的固体沥青是难以直接注入底砂岩的孔缝空间的，其应以液态石油的渗滤方式，进入底砂岩的粒间孔隙，形成油砂层或含油砂岩，经次生热蚀变作用才得以演变成沥青砂或沥青砂岩，因此，沥青砂岩可作为古油层或古油藏的存在标志。下马岭组底部沥青砂岩在党坝向斜带的两侧分布，其地面露头的连续分布长度可达 5 km（龙潭沟，图 12.2）至 10 km（芦家庄，图 12.3），纵向上沥青砂岩的厚度从 3.8 m（龙潭沟，图 12.4）至 7.67 m（冀浅 2 井）。

特别值得注意的是，在龙潭沟与芦家庄古油藏中，均发现未曾胶结的新鲜沥青砂（图版 12. ID）与胶结致密的沥青砂岩（图版 12. IB）共生产状，标志在下马岭组的成岩作用早期，即砂岩胶结成岩作用尚未终结之时，就已经有液态石油注入部分未胶结的底砂层之中，从而驱替其储集空间的原生孔隙水，使得砂层不会再有自生矿物沉淀，砂粒的胶结过程也戛然终止，因而形成松散的油砂，为沥青砂的前身物。因此，该沥青砂的发现，可以标志下马岭组底砂岩古油藏充注成藏的起始时间应接近于下马岭组底界的地质年龄 1400 Ma（表 12.1）。

12.4.2　辉长辉绿岩的岩床侵位时间与围岩蚀变

12.4.2.1　围岩蚀变带的地质产状

冀北坳陷下马岭组地层剖面中，普遍夹有 1～4 层顺层分布的辉长辉绿岩岩床侵入体，自下而上依次命名为 $\beta\mu1$～$\beta\mu4$ 岩床。仅据宽城一带 11 条野外实测地层剖面与冀浅 2 井钻井剖面的统计：单层岩床厚度为 13.3～143.5 m 不等，其中尤以 $\beta\mu1$ 岩床为最厚（超过 63.5 m）；每条地层剖面多层岩床的累计厚度达 117.5 ~ 312.3 m，地层厚度占比为 43% ~ 62%（参阅第 10 章）①。

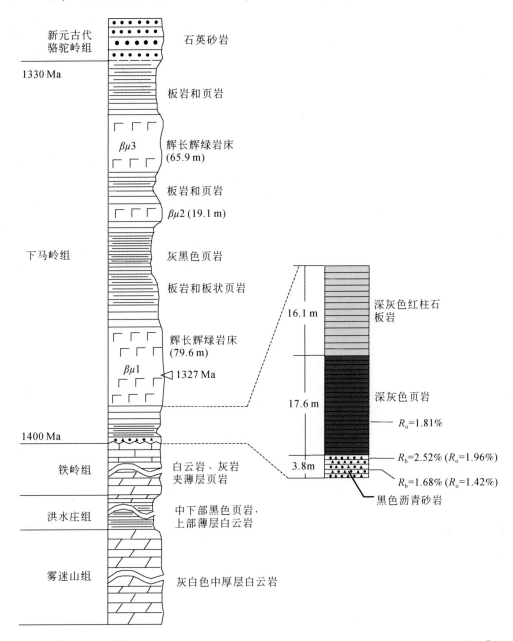

图 12.4　凌源龙潭沟下马岭组辉长辉绿岩岩床与底部沥青砂岩产状剖面图（燕山地区地质勘查三大队①资料修改）

　　以凌源龙潭沟剖面为例，下马岭组夹有 $\beta\mu1$ ~ $\beta\mu3$ 三层岩床，每层岩床的顶底板均具有明显的围岩蚀变带（图 12.4），其中厚达 79.6 m 的 $\beta\mu1$ 岩床具有最厚的围岩蚀变带，其顶板蚀变带厚 60 m 以上，但蚀变强度相对较弱，蚀变程度甚不均匀，以致造成板岩与碳质页岩的混杂伴生产状；然而底板蚀变带厚度仅 16.1 m，但蚀变强度大，蚀变带中页岩全部变成深灰色红柱石板岩，底板的下伏岩层均未蚀变，依次是 17.6 m 厚的深灰色页岩以及 3.8 m 厚的底砂岩（图 12.4），但是岩浆烘烤作用的热效应，仍可穿透底板蚀变带和下伏的深灰色页岩，其余热甚至波及距 $\beta\mu1$ 岩床底面之下 33.7 m 以外的底砂岩，导致 3.8 m 厚的底砂岩古油层全部蚀变成沥青砂岩（图 12.4），连底砂岩下伏的铁岭组灰岩也不含任何液态的油显示，仅在显微镜下可见灰岩缝合线内残余的储层沥青填隙物。因此，辉长辉绿岩岩床的侵入活动是导致下马岭组底砂岩古油藏蚀变与沥青砂岩形成的直接原因。

---

① 燕山地区地质勘查三大队（王铁冠、高振中、刘怀波等），1979，燕山地区中段冀北坳陷石油地质基本特征，荆州：江汉石油学院。

12.4.2.2　两期沥青反射率

在凌源龙潭沟古油藏的三条露头地层剖面上，采集到下马岭组底部黑色沥青石英砂岩样品，并实测其储层沥青反射率 R_b，以厘定储层沥青组分的成熟度（表12.2）。

表12.2　凌源龙潭沟下马岭组底砂岩两期储层沥青组分判识表

样品	岩性	地层剖面	采样层位	沥青组分期次	储层		雏晶镶嵌结构出现的频数
					$R_b/\%$	测点数/个	
L2	下马岭组底砂岩、黑色沥青石英砂岩	龙潭沟兔子山	至底砂岩顶面1.8 m	早期	2.52	16	大量
				晚期	0.81	35	无
L1			至底砂岩顶面2.9 m	早期	1.68	17	少量
				晚期	1.01	17	无
LY-LT-17		龙潭沟北沟前梁	至底砂岩顶面0.5 m	早期	2.39	30	大量
LY-LT-16			至底砂岩顶面2.0 m	早期	2.22	35	大量
LY-2-1		何杖子北沟前梁	至底砂岩顶面0.2 m	早期	2.38	11	大量
					1.98	7	无

由表12.2可见，在龙潭沟兔子山剖面的沥青砂岩中，通过镜下实测得到高、低两组沥青反射率 R_b 数据，二者之间成熟度差异非常显著。这意味着沥青砂岩包含早、晚两期具有明显热演化差异的储层沥青组分：早期 R_b 高达1.68%~2.52%，沥青热演化已达到过成熟阶段；晚期 R_b 为0.81%~1.01%，沥青热演化程度仍处于成熟烃类的"液态窗"阶段。

此外，在龙潭沟北沟前梁、何杖子北沟前梁两条地层露头剖面的沥青砂岩中，还分别测得储层 R_b 为1.98%~2.39%，均属于早期沥青组分 R_b 值的分布范围内，但不含晚期沥青组分（表12.2）。

无论从实测储层沥青组分的样品数来看，还是就沥青组分的测点数而言，下马岭组底砂岩早期沥青组分分布普遍，具有明显数量优势，晚期沥青组分仅见于部分沥青砂岩。如表12.2所示，五件岩样均含早期沥青组分，而晚期沥青组分仅见于两件岩样；早期沥青组分的镜下总测点数高达116个，晚期沥青组分却只有52个测点，二者的总测点数相差2.2倍。据此可推断，下马岭组底部沥青砂岩以早期过成熟的储层沥青组分居数量优势，其古油藏应以早期石油充注成藏为主，晚期的石油充注只是侵染、叠覆于早期沥青组分之上。

在正常的地层热演化条件下，地层剖面的上部层位较之下部层位埋藏深度浅，实测 R_b 值应呈现出"上低–下高"的正常递增规律。但是，就此处论及的下马岭组底部沥青砂岩而言，龙潭沟兔子山地层剖面的中上部（距顶界1.8 m处）早期沥青组分的 R_b 值达2.52%，而地层剖面下部（距顶界2.9 m处）R_b 值则为1.68%，在纵向上二者的地层间距仅1.1 m，竟然呈现出 R_b 值"上高–下低"逆向递增的异常现象（表12.2），区域性的地温梯度是不可能在如此狭小的厚度间距间内出现这种 R_b 值差异的，更不可能有 R_b 逆向递增的热异常。对此逆向热异常现象的唯一解释：在该沥青砂岩的上覆地层中，理应存在一个"局域性热源"。事实上，龙潭沟下马岭组底部沥青砂岩的上覆地层厚度间距33.7 m处，确实存在一层79.6 m厚的 $\beta\mu1$ 岩床，可作为"局域性热源"，使得古油砂层上部受热烘烤蚀变作用比下部更加强烈（图11.4）。

但是，在龙潭沟北沟前梁地层剖面，沥青砂岩的晚期沥青组分 R_b 值分布范围从0.81%至1.01%，俱处于石油液态窗范围之内，标志其为有机质成熟阶段的产物，并呈现出 R_b 值的"上低–下高"正常递增规律，表明该沥青组分的演化受控于区域性地温梯度，并未受到 $\beta\mu1$ 辉长绿岩"局域性热源"的影响，应该是在 $\beta\mu1$ 岩床的岩浆冷却凝固之后才形成的，属于晚期沥青组分范畴（表12.2）。

12.4.2.3　中间相焦沥青及其石油地质学意义

下马岭组底砂岩古油藏的早期过成熟的沥青组分中，在正交偏光显微镜下可见到出现频数不一的镶嵌微晶结构（Mosaic Crystallite Texture，MCT；图版12.II，表12.2），而且此雏晶镶嵌结构出现的频

数与沥青反射率 R_b 值密切相关。早期过成熟储层沥青组分的 R_b 值高达 2.22% ~ 2.52% 时，镶嵌状雏晶结构大量出现（图版 12.II）；当其 R_b 值降低至 1.68% ~ 1.98% 时，只见少量镶嵌状雏晶结构，甚至无雏晶结构（表 12.2）；而晚期的成熟储层沥青组分 R_b 为 0.81% ~ 1.01% 则呈现出全消光，无雏晶结构（表 12.2）。

储层沥青镶嵌状雏晶结构的存在，标志着在高温岩浆的持续热烘烤作用下，使原先油藏的原油中性可溶烃类组分裂解气化形成甲烷气体；而极性组分（芳烃、非烃与沥青质）则缩聚成焦沥青（pyrobitumen），并进一步深化演变成石油焦或天然焦（petroleum coke/natural coke），这个双向演化过程称为"歧化反应（disproportionation reaction）"。在歧化反应过程中，由于储层沥青的氢原子急剧减少，可溶烃类组分逐渐丧失殆尽，极性组分的芳香环不断向纯碳环方向转化，碳原子开始结晶成雏晶，呈现出中间相（mesophase）镶嵌状雏晶结构光性特征，使固体沥青蚀变成焦沥青。因此，焦沥青不仅具有中间相光性结构，而且呈现极低的可溶烃含量，通常其氯仿抽提物（氯仿沥青）含量不超过 50 ppm，标志地层中规模性的液态石油已经不复存在。

所谓"中间相"系煤化学领域衍生的理念，即指介于各向同性的固体沥青/缩合芳烃非晶质芳香环结构，与次石墨-石墨各向异性的结晶质碳环结构之间的过渡性物理相态。而在石油地质学-地球化学领域，"中间相"的焦沥青是非晶质固体沥青向结晶质次石墨-石墨方向演化的中间产物，即在正交偏光显微镜下，原来全消光的储层沥青显现出镶嵌状雏晶结构光性特征。中间相光性特征可作为鉴定焦沥青，判识有机质过成熟热演化阶段，以及厘定石油死亡线的直观标志。

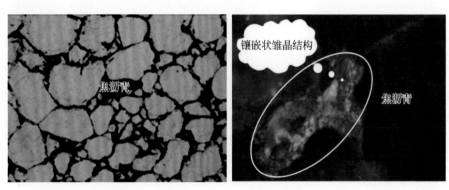

A. 沥青砂岩，沥青含量15%，单偏光，×40　　　B. 储层焦沥青，正交偏光，油浸镜头，×500

图版 12.II　下马岭组沥青砂岩及其早期充注的储层焦沥青组分的镶嵌状雏晶结构镜下照片①

12.4.2.4　辉长辉绿岩岩床侵位时间厘定

从冀浅 2 井（井位见图 12.3）岩心以及平泉双洞沥青砂岩的地面露头地层剖面（图 12.3）的下马岭组 $\beta\mu1$ 与 $\beta\mu3$ 岩床，共采集到两件中晶辉长岩的新鲜岩样。通过镜下选矿，从中总共获得 960 粒斜锆石晶体 [图 12.5(b)]。

在中国科学院地质与地球物理研究所，使用 Cameca IMS-1280 型高分辨二次离子质谱仪，对上述两件岩样中的 36 粒斜锆石晶体，测定 U-Pb 法年龄，从而获得 $\beta\mu1$ 和 $\beta\mu3$ 两个辉长辉绿岩岩床相互一致的侵位年龄值 1327 Ma [图 12.5(b)；详阅第 10 章]②，从而表明下马岭组多层辉长辉绿岩岩床属于同期的侵入体，而且此年龄值应该也是确切的下马岭组辉长辉绿岩岩床围岩蚀变时间，还是底部沥青砂岩古油藏的形成时间。

综上所述，下马岭组底砂岩原始油藏的石油充注成藏起始时间应为 1400 Ma，其蚀变形成古油藏的时间为 1327 Ma，因此底砂岩古油藏的存续时限为 1400 ~ 1327 Ma，其原始油藏的实际存续期只有 72.5 Ma。

---

① 钟宁宁、张枝焕、黄志龙等，2010，燕山地区中—新元古界热演化生烃与油气成藏史（科研报告），北京：中国石油大学（北京）。

② 王铁冠、钟宁宁、朱士兴等，2009，华北地台下组合含油性及区带预测（科研报告），北京：中国石油大学（北京）。

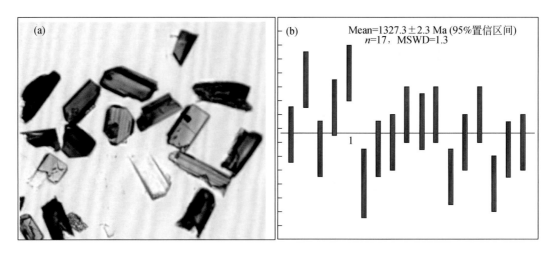

图 12.5　冀北坳陷下马岭组辉长辉绿岩岩床中的（a）斜锆石晶体及其（b）高分辨二次离子质谱 U-Pb
法年龄谱（参阅第 10 章）[①]

依据这个岩床侵位年龄，可确认冀北坳陷中元古界下马岭组底砂岩古油藏应当是迄今已知成藏年代最为古老的古油藏。

12.4.2.5　古油藏两期石油充注的旁证

　　冀北坳陷下马岭组，辉长辉绿岩岩床的岩浆侵入导致下马岭组页岩普遍遭受高温热蚀变。值得注意的是，在岩体穿层［图 12.6(a)］与顺层［图 12.6(b)］的围岩蚀变带中，均观察到黑色稠油油苗的存在。在 1327 Ma 时辉长辉绿岩岩浆侵位下马岭组底砂岩，使早期原始油藏的原油遭到热烘烤蚀变，形成由早期储层沥青组分构成的沥青砂岩古油藏；而现今赋存于围岩蚀变带的稠油油苗，并无任何热烘烤的蚀变迹象，显然是在岩浆冷却、岩床凝固成岩之后，晚期石油充注得的产物。因此，这些围岩蚀变带的稠油油苗应该是在 1327 Ma 以后，发生晚期石油再次运移充注的证据。晚期石油运移、充注正是形成下马岭组底砂岩的晚期储层沥青组分及其可溶烃组分的物质来源。

图 12.6　下马岭组辉长辉绿岩岩床围岩蚀变带的稠油油苗产状
（a）与围岩穿层接触的蚀变带，宽城化皮背斜大东沟（露头素描；王铁冠等资料[①]）；（b）与围岩顺层接触的蚀变带，
承德公路旁（钟宁宁未刊资料）

②　王铁冠、钟宁宁、朱士兴等，2009，华北地台下组合含油性及区带预测（科研报告），北京：中国石油大学（北京）。

12.5　底砂岩古油藏的烃源研究

12.5.1　有效烃源层分析

研究表明，燕辽裂陷带中元古界共发育三套烃源层，即蓟县系（Pt_2^2）高于庄组和洪水庄组，以及下马岭组（$Pt_2^3 x$）；但是，就冀北坳陷而论，由于地层剥蚀与围岩蚀变的影响，仅保留洪水庄组与高于庄组两套有效烃源层。

本章以总有机碳（TOC）值≥0.5%作为判识有效烃源岩有机质丰度下限的标准，冀北坳陷洪水庄组黑色页岩烃源层累计厚度达 60 m，具有高 TOC 值（均值为 4.65%，最高达 7.21%）与高氯仿沥青含量（340～4510 ppm，均值为 265 ppm），具有高有机质丰度的烃源岩特征，其等效镜质组反射率 eqR_o 为 0.90%～1.42%，均值为 1.19%，基本上处于成熟烃源岩的生烃"液态窗"阶段。因此，洪水庄组烃源层属于有效的成熟–高成熟好烃源层范畴。

冀北坳陷 TOC 值≥0.5% 的高于庄组黑色、灰黑色泥晶白云岩烃源层累计厚度达 164 m，同样具有高 TOC 值（均值为 1.16%，最高达 4.29%）；但氯仿沥青含量偏低，仅 26～152 ppm（均值为 63 ppm），其等效镜质组反射率 eqR_o 高达 1.38%～1.75%（均值为 1.59%），属于典型高有机质丰度的过成熟烃源岩。

在下马岭组沉积之后，由于"蔚县运动"地壳隆升与剥蚀的影响，冀北坳陷下马岭组仅残留底部的下一段，该组下三段的黑色页岩最佳烃源层段业已被剥蚀殆尽。而且下马岭组还普遍含 2～4 层辉长辉绿岩岩床（图 12.4、图 12.6），岩床累计厚度可占下马岭组总厚度的 43%～62%，岩床顶底板的泥质围岩也因遭受高温热烘烤，而蚀变成角岩或红柱石板岩，围岩蚀变带的厚度 16～60 m 不等，残余的黑色页岩生烃潜力基本丧失。因此，冀北坳陷下马岭组业已不具备生烃潜力，并非有效的烃源层。

12.5.2　底砂岩古油藏烃源剖析

12.5.2.1　烃源层生烃门限深度的厘定

鉴于冀北坳陷中元古界只有高于庄组与洪水庄组两个有效烃源层，从下马岭组底界至洪水庄组烃源层底界，地层间距只有 312.8 m（表 12.1、表 12.3）。鉴于下马岭组底部未曾胶结的沥青砂的发现（参阅 12.2 节），证明在底砂岩的胶结成岩作用阶段（相近于下马岭组底界年龄 1400 Ma），古油藏开始早期充注成藏，此时洪水庄组黑色页岩的埋藏深度最多仅有 312.8 m，远未达到生烃门限深度，烃源层尚处于未成熟阶段，不可能为下马岭组底砂岩供油，所以洪水庄组黑色页岩不可能成为底砂岩古油藏早期成藏的烃源层。然而，在 1400 Ma 时，高于庄组至下马岭组底界的地层间距则可达到 3582 m（表 12.1、表 12.3），此时高于庄组烃源层已达到生烃门限深度；因此高于庄组黑色泥晶白云岩已经具备向下马岭组底砂岩供油的条件，完全可以作为沥青砂岩古油藏的有效油源层。

表 12.3　冀北坳陷下马岭组古油藏成藏期（1400 Ma）两套烃源层的埋藏深度表

地层			铁岭组	洪水庄组	雾迷山组	杨庄组	高于庄组
厚度/m			211.1	102.7	2947.2	322.4	939.6
埋藏深度/m	洪水庄组	顶界	211.1	—		—	
		底界	313.8		—		
	高于庄组	顶界	3582.4			—	
		底界	4523.0				

Pt_3^3（时限 800～543 Ma），其间地壳再度隆升 257 Ma；至古生代时期又缺失中奥陶统—下石炭统（时

限 465 ~ 310 Ma），地壳再次隆升 155 Ma。从中元古代晚期至古生代中期，燕辽裂陷带的地壳隆升期总计长达 7.39 Ga，期间缺失相应的沉积地层。据此推算，洪水庄组烃源层埋藏进入 3600 m 门限深度的时间，应在中生代时期。这正是冀北坳陷不仅具有晚期生油、运移、充注成藏，而且至今还能保存大量中元古代烃源的液态油苗的原因之所在。

12.5.2.2 油苗、沥青的烃源对比

王铁冠（1990）最早从冀北坳陷下马岭组底部沥青砂岩的饱和烃馏分中，检测出一个新的生物标志物系列，即 C_{18} ~ C_{23} 13α(正烷基)-三环萜烷系列 ［图 12.7(d)；Wang，1991；Wang and Simoneit，1995］。此后据文献报道，从冀北坳陷、宣龙坳陷的雾迷山组、铁岭组油苗、沥青 ［图 12.7(e) ~ (f)；张水昌等，2007；Wang et al.，2011；刘岩等，2011］，以及川西北龙门山的大型沥青脉中（黄第藩和王兰生，2008），均检测到 13α(正烷基)-三环萜烷。由于龙门山大型沥青脉的烃源来自震旦系陡山沱组黑色页岩（参阅第 15 章），迄今为止，历时 43 年，13α(正烷基)-三环萜烷的发现，仅限于元古宇生源的烃类之中，推测这类化合物可能作为元古宇烃类的特征性生物标志物。

从燕辽裂陷带高于庄组黑色泥晶白云岩、洪水庄组与下马岭组黑色页岩三个潜在烃源层中，分离、提纯出干酪根，通过人工加氢催化降解反应，获得干酪根的降解产物（方法与机理参阅周建伟等，2005，2006）。高于庄组泥晶白云岩和下马岭组黑色页岩的干酪根降解产物中，均未检出 13α(正烷基)-三环萜烷 ［图 12.7(a)、(c)］，唯有洪水庄组黑色页岩的干酪根降解产物中，才检测出 C_{18} ~ C_{22} 13α(正烷基)-三环萜烷系列 ［图 12.7(b)］。

而且，雾迷山组、铁岭组的油苗与固体沥青 ［图 12.7(e)、(f)］，以及下马岭组底部沥青砂岩 ［图 12.7(d)］ 的饱和烃馏分与高于庄组、下马岭组烃源岩的催化加氢降解产物 ［图 12.7(a)、(c)］ 均无可比性，以致使 13α(正烷基)-三环萜烷成为洪水庄组烃源层干酪根独有的生物标志物 ［图 12.7(b)］，并且与冀北坳陷雾迷山组、铁岭组液体油苗、下马岭组底部沥青砂岩的饱和烃馏组分 ［图 12.7(d) ~ (f)］ 都具有良好的可比性，从而证明冀北坳陷洪水庄组黑色页岩是中元古界液体油苗以及下马岭组沥青砂岩可溶烃组分的烃源层。

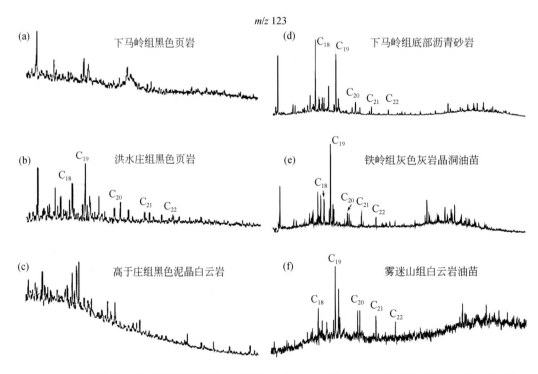

图 12.7　冀北坳陷中元古界烃源岩催化加氢裂解产物与油苗的 m/z 123 质量色谱图油–岩对比图①

---

① 王铁冠、钟宁宁、朱士兴等，2009，华北地台下组合含油性及区带预测（科研报告），北京：中国石油大学（北京）。

12.5.2.3　沥青砂岩的两期可溶烃组分

如前所述，下马岭组底砂岩原始油藏早期成藏的油源来自高于庄组烃源层。在 1327 Ma 时岩浆侵入下马岭组，导致原始油藏原油蚀变为过成熟沥青砂岩，其沥青的物质组成以早期储层沥青组分为主，由于成熟度过高，其中仅残留痕量的早期可溶烃组分。直到中生代时期，洪水庄组烃源层的埋深达到生烃门限深度，引起晚期石油生成、运移、充注成藏，形成雾迷山组、铁岭组等层位的潜在油藏与地表液体油苗。同时，晚期石油也注入下马岭组底砂岩古油藏，形成晚期储层沥青组分及其共生的可溶烃组分。在沥青砂岩中，虽然晚期储层沥青含量有限，但其可溶烃组分的含量，足以掩盖早期储层沥青组分痕量可溶烃的生物标志物信息，造成下马岭组沥青砂岩可溶烃组分的烃源对比结果，呈现出洪水庄组黑色页岩的烃源特征［图 12.7(d)］。

12.5.2.4　岩石圈埋深与燕辽裂陷带的生烃门限深度

在徐常芳（1996）报道的我国大地电磁法（Magnetotellurics method，MT）测深对深部地壳结构解释成果中，燕辽裂陷带北部宣龙坳陷、冀北坳陷、辽西坳陷一带，处于岩石圈的深埋地带，岩石圈顶界埋深可达到 140 km 以深，具有中国东部最厚的岩石圈和最低的古、今地温梯度，其上覆地壳沉积盖层构成中国东部唯一的"冷圈""冷盆"地带（图 12.8）。

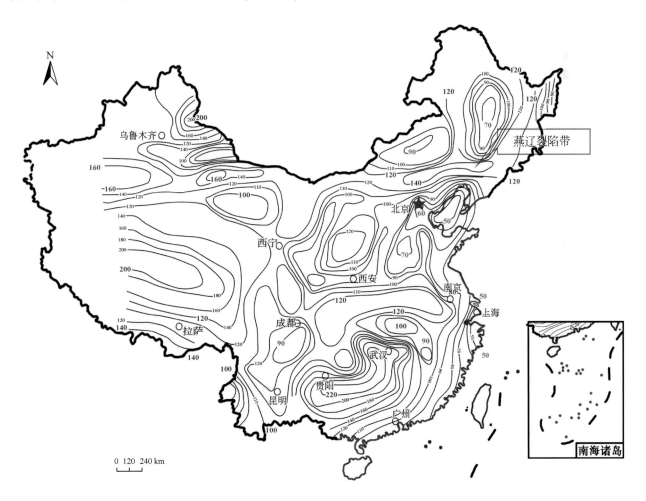

图 12.8　中国大陆上地幔高导层埋藏深度等值线图（徐常芳，1996，修改；单位：km）

中国东部中—新生代沉积盆地的生烃门限深度一般均在 2500 m 左右，通常不足 3000 m；然而燕辽裂陷带具有中国东部最大的岩石圈埋深，以及最大的生烃门限深度，以致冀北坳陷高于庄组的生烃门限深度约 3600 m，并且足以保证高于庄组烃源层在 1400 Ma 时期，作为向下马岭组古油藏早期供油的有效烃源层，这一深度也可作为厘定洪水庄组烃源层生烃门限深度的依据，这既是将洪水庄组烃源层的生烃与成藏时期厘定为中生代三叠纪的内在缘由，又是冀北坳陷大量中元古界"活油苗"得以保存至今的根本原因。

因此，深埋的岩石圈，"冷圈""冷盆"的深部地壳结构，以及区域性的低地温梯度与低地热场，导致中元古界烃源层在显生宇时期生烃-成藏，也有利于冀北坳陷中元古界"活油苗"与油气资源的长期保存。

12.6　结　　论

（1）冀北坳陷中元古界具有两套有效烃源层，即高于庄组过成熟黑色泥晶白云岩（累计厚度为164 m）和洪水庄组成熟的黑色页岩（累计厚度60 m），对于整个燕辽裂陷带的油气地质学研究与油气勘探具有重要意义。

（2）冀北坳陷在凌源龙潭沟、平泉双洞、宽城芦家庄发现三处中元古界下马岭组底部沥青砂岩古油藏。古油藏含有两期储层沥青组分，并以早期储层焦沥青为主，沥青反射率 R_b 为 1.68%~2.52%，在正交偏光显微镜下可见中间相的镶嵌状雏晶结构，但是其可溶烃组分基本丧失殆尽；部分沥青砂岩含有晚期储层沥青组分，R_b 为 0.81%~1.01%，不具中间相镶嵌状雏晶结构，而可溶烃组分含量却相对较高。在沥青砂岩的饱和烃馏分中，晚期可溶烃组分足以掩盖早期储层焦沥青可溶烃组分的分子信息。古油藏研究对于认识冀北坳陷，乃至燕辽裂陷带的石油地质条件具有重要参考价值。

（3）依据特殊生物标志物油源对比结果，冀北坳陷雾迷山组、铁岭组等液体油苗以及下马岭组沥青砂岩的可溶烃组分，均源自洪水庄组烃源层。洪水庄组是冀北坳陷中元古界液态烃类资源的主要烃源层。

（4）冀北坳陷下马岭组夹有区域性分布的多层辉长辉绿岩岩床及其围岩蚀变带；在下马岭组底砂岩古油藏中，早期过成熟焦沥青以及围岩蚀变带稠油的发现，标志中元古界经历过早、晚两期石油运移、充注成藏的历史。

（5）下马岭组底砂岩古油藏中，沥青砂的发现标志在底砂岩的成岩初期（1400 Ma），原始油藏业已开始早期充注成藏；在 1327 Ma 时期，辉长辉绿岩侵位导致早期充注石油蚀变为过成熟的早期储层焦沥青组分，原始油砂层蚀变成沥青砂岩或沥青砂，原始油藏的存续时限为 1400~1327 Ma，存续期达 73 Ma。

（6）基于地层层序与厚度分析，确定下马岭组早期原始油藏的原油只能源自高于庄组烃源层，其生烃门限深度约 3600 m；大地电磁法（MT）测深揭示，燕辽裂陷带北部宣龙坳陷、冀北坳陷、辽西坳陷一带的岩石圈埋深达到 140 km 以深，属于"冷圈""冷盆"结构，应具有较深的生烃门限深度。按照此门限深度，洪水庄组烃源层的成藏时间应厘定于中生代三叠纪时期，具有元古宇烃源层晚期生烃与成藏的特征。

（7）深埋的岩石圈，"冷圈""冷盆"的深部地壳结构，低地温梯度与区域性低地热场，中—新元古界烃源层在显生宇时期生烃与成藏，无疑都是有利于中—新元古界油气资源长期保存和油气勘探的地质条件。

致谢： 在对燕辽裂陷带古、今地温梯度与岩石圈结构的研讨中，马宗晋院士提供并介绍徐常芳研究员的大地电磁测深成果，这里对两位先生谨致由衷的谢忱。中国地质大学（北京）苏犁教授、中国科学院地质与地球物理研究所李献华院士协助完成辉长辉绿岩的岩石薄片鉴定与年代学测定，中国石油大学（北京）李术元、岳长涛教授为干酪根加氢催化反应提供实验流程指导与实验装置，在此一并致谢。

参 考 文 献

高林志，张传恒，史小颖，宋彪，王自强，刘耀明. 2008. 华北古陆下马岭组归属中元古界的锆石 SHRIMP 年龄新证据. 科学通报，53(21)：2617-2623.

黄第藩，王兰生. 2008. 川西北矿山梁地区沥青脉地球化学特征. 石油学报，29(1)：23-28.

李怀坤，苏文博，周红英，相振群，田辉，杨立功，Huff W D，Ettensohn F R. 2014. 中—新元古界标准剖面蓟县系首获高精度年龄制约——蓟县剖面雾迷山组和铁岭组斑脱岩 SHRIMP U-Pb 同位素年研究. 岩石学报，30(10)：2999-3012.

刘岩, 钟宁宁, 田永晶, 齐雯, 母国研. 2011. 中国最老古油藏——中元古界下马岭组沥青砂岩古油藏. 石油勘探与开发, 38(4): 503-512.

王铁冠. 1980. 燕山地区震旦亚界油苗的原生性及其石油地质意义. 石油勘探与开发, 7(2): 34-52.

王铁冠. 1990. 燕山东段上元古界含沥青砂岩中一个新三环萜烷系列生物标志物. 中国科学 B 辑, 20(10): 1077-1085.

王铁冠, 韩克猷. 2011. 论中—新元古界油气资源. 石油学报, 31(1): 1-7.

王铁冠, 黄光辉, 徐中一. 1988. 辽西龙潭沟元古界下马岭组底砂岩古油藏探讨. 石油与天然气地质, 9(3): 278-287.

徐常芳. 1996. 中国大陆地壳上地幔电性结构及地震分布规律(一). 地震学报, 18(2): 254-261.

张水昌, 张宝民, 边立曾, 边立曾, 金之钧, 王大锐, 陈践发. 2007. 8 亿多年前由红藻堆积而成的下马岭组油页岩. 中国科学 D 辑: 地球科学, 37(5): 636-643.

周建伟, 李术元, 钟宁宁. 2005. 催化加氢热解/气相色谱–质谱研究从沉积物中生物标志物. 燃料化学学报, (5): 586-589.

周建伟, 李术元, 岳长涛, 钟宁宁. 2006. 高演化沉积有机质中共价键结合的生物标志物的提取及分析. 石油学报(石油加工), (4): 83-88.

Wang C J, Wang M, Xu J, Li Y L, Yu Y, Bai J, Dong T, Zhang X Y, Xiong X F, Gai H F. 2011. 13α(n-alkyl)-tricyclic terpanes: a series of biomarkers for the unique microbial mat ecosystem in the Middle Mesoproterozoic (1.45–1.30 Gyr) North China Sea. Mineralogical Magazine, 7: 2114.

Wang T G. 1991. Geochemical characteristics of Longtangou bituminous sandstone in Lingyuan, eastern Yanshan region, North China—approach to a Precambrian reservoir bitumen. Journal of Southeast Asian Earth Sciences, 5(1-4): 373-379.

Wang T G, Simoneit B R T. 1995. Tricyclic terpanes in Precambrian bituminous sandstone from the eastern Yanshan region, North China. Chemical Geology, 120: 155-170.

第 13 章　华南扬子克拉通西部震旦系含气性与勘探前景

韩克猷[1]，孙　玮[2]，李　丹[1]

1. 中国石油西南油田公司勘探开发研究院，成都，610051；2. 成都理工大学，成都，610059

摘　要：基于半个多世纪的油气勘探与地质研究成果，本章试图采用地层岩相及古构造分析方法，探讨扬子克拉通西部（主要是现今的四川盆地）震旦系的含气性及其勘探前景。震旦系下部陡山沱组黑色页岩成为扬子克拉通西部的第一套有效烃源层；震旦系上部灯影组主要由含藻白云岩和浅滩相粒屑白云岩组成，其中灯二段、灯四段具有良好的储集条件，且二者顶部均具有平行不整合地层剥蚀面，使之成为优质储集层；下寒武统筇竹寺组黑色页岩也是灯影组气藏的直接盖层，从而为扬子克拉通西部大气田形成提供最为古老而又现实的生-储-盖层组合，具备形成大型气田的基本地质条件。古生代扬子克拉通西部发育有多个古隆起，地层的生-储-盖层组合与古今构造高点相耦合，形成数以十计的古油藏，川中隆起的古油藏只是其中之一。中生代地层持续深埋升温，导致原油裂解成气，古油藏转变成裂解气藏，造成古隆起的多产层、高产量的大型天然气区。因此，在扬子克拉通西部，应将古隆起作为灯影组和寒武系气藏的重点勘探目标，除了川中古隆起之外，川东华蓥山、川西北天井山、黔中、湖北京山等古隆起也是油气勘探值得关注的有利地区。

关键词：扬子克拉通西部、川中隆起、震旦系、陡山沱组、灯影组。

13.1　引　言

自从 1964 年威远气田发现以来，石油地质学家们始终未停止过对扬子克拉通西部（主要在现今的四川盆地）震旦系含油气性的探索与油气勘探。在扬子克拉通西部部署了一系列的油气地质调查、地震勘探、深井钻探以及相关的油气地质学研究，从而积累了有关川中隆起（以往称为"乐山-龙女寺隆起"）新元古界产天然气地质条件的认识，特别是 2011～2012 年在该隆起的天然气勘探取得突破性进展，发现大面积的含气区和高产的安岳气田。然而，鉴于主要油气探区所处的晋宁期（720 Ma）古隆起带上，缺失南华系沉积，震旦系下部陡山沱组也略欠发育，现只有个别深探井钻穿震旦系上部灯影组，一些深层地震勘探资料品质欠佳，迄今对扬子克拉通西部灯影组及其下伏地层仍然知之尚少。为了对震旦系及其下伏与上覆地层的含气性提供一个概括性的认识，本章试图结合扬子克拉通西部（主要是现今四川盆地境内）的震旦系天然气勘探成果和地质资料，从更宽泛的视角来探讨扬子克拉通西部的成烃环境、储集层与油气成藏条件，并展望震旦系的天然气勘探前景。

13.2　震旦系天然气勘探概况与成果

13.2.1　勘探概况与进展

几十年来，在扬子克拉通西部，对震旦系的油气勘探主要部署在川渝地区，还在鄂西、鄂中、陕南和黔中等地区钻过少数探井。孙玮（2008）、杜金虎等（2015）归纳其勘探现状如下：

（1）自1964年以来，在威远气田天然气勘探钻井总共达108口，已探明天然气地质储量为408.61×10⁸ m³，累计产天然气143.88×10⁸ m³。

（2）在川中隆起的六个局部背斜构造或区块上共钻12口探井，取得如下进展：在隆起东部龙女寺背斜构造上钻一口基准井（女基井），以及隆起南部荷包场背斜的一口探井（荷深1井）获得工业气流；在德阳–资阳裂陷的一个古构造高点，而今构造为单斜的局部构造上，钻资1井发现资阳含气区；安平店背斜的安平1井见良好气显示；还有两口探井，即高石1井和磨溪8井发现了高产的大型安岳气田，进一步证明川中隆起是一个有利的产气区。

（3）在川中隆起外围地带，钻探自流井、天堂宫、老龙坝、盘龙场、汉王场和大窝顶等一批背斜构造，结果全部产水，有的井还产淡水，表明这些地带天然气保存条件欠佳。

（4）扬子克拉通西部现今四川盆地周缘的勘探结果：川北广元曾家河和南江大两会、陕南宁强铁索关等背斜，共钻探五口井均产淡水；在川南长宁背斜的两口探井，以及渝东南丁山和林滩场、川东鱼皮泽、鄂西利川等背斜上部署的探井，也因产水而导致油气勘探失利。

综上所述，就天然气而言，扬子克拉通西部的钻探结果表明，上述局部构造或区块天然气保存条件大都欠佳，只有川中隆起的天然气钻探效果最好，因为川中隆起是一个自早震旦世以来持续635 Ma的继承性古隆起，并历经南华纪古陆剥蚀，早古生代地壳振荡，晚古生代古陆侵蚀，中生代再度隆起，最终经新生代褶皱，从而形成大型隆起的现今构造面貌（图13.1）。这种特殊的地质构造演化历史，导致川中隆起早期油气成藏的优越条件，加之震旦系上覆的中—下三叠统厚层膏盐盖层，形成良好的油气保存条件，导致现今的大型含油气隆起和良好的天然气勘探效果。

13.2.2　天然气勘探开发的主要成果

13.2.2.1　威远气田

威远构造处于川中隆起西南部，系该隆起上最大的背斜构造，震旦系灯影组顶面的构造圈闭面积达800 km²，闭合度为800 m（图13.1）。早在1938年，依据地表天然气气苗的信息，在威远构造上曾部署钻探第一口探井——威1井，至1942年因钻探无果而完钻。1956年在威1井的井场上，从原井口位移18 m，在更加接近地表背斜构造高点处，部署一口基准井（即威基井；图13.2），该井钻至下寒武统，因钻机设备条件限制而停钻。1959年进行地震勘探，查明地下构造后，再次加深钻探威基井，1964年威基井钻入震旦系灯影组发生井漏，中途测试引起天然气井喷，测试产气14.5×10⁴ m³/d，从而发现灯二段白云岩底水气藏。同年据地震勘探构造图，井位位移为8.5 km，在地下构造主高点上再钻威2井，并于2835.5~3005 m井段获得74.5×10⁴ m³/d的高产气流，确认威远构造为震旦系气田。

历经多年勘探的结果，威远气田总共钻井108口，成功获得88口产气井，其中72口气井的天然气产量1×10⁴ m³/d（探井分布见图13.2），总计探明含气面积216 km²，气藏高度约244 m，气藏充满度25%，原始天然气探明地质储量为408.61×10⁸ m³。

作为中国最大的单一气藏气田和第一个古老的新元古界气田，自1968年正式开发以来，该气田在1968~1972年四年无水开发期内，年产天然气6.63×10⁸ m³。1972~1977年五年带水开发期内，产能逐渐上升，1976年达到产能最高峰，年产天然气11.6×10⁸ m³。1978年进入排水采气期，产能逐渐下降，直到1999年威远气田共动用采气井72口。2004年由于气田生产经济效益差而停产，累计产天然气144.25×10⁸ m³、累计产水1267×10⁸ m³，天然气采收率为38%。目前仅保留少数气井生产，用于开采天然气中的稀有气体氦。

13.2.2.2　资阳含气区

资阳含气区的今构造属于威远背斜北斜坡带的一个单斜局部构造（图13.1），1992~1993年期间经地震勘探证实，该地区为早古生代川中古隆起顶部的一个古背斜圈闭，海拔较威远背斜低1200 m。1993

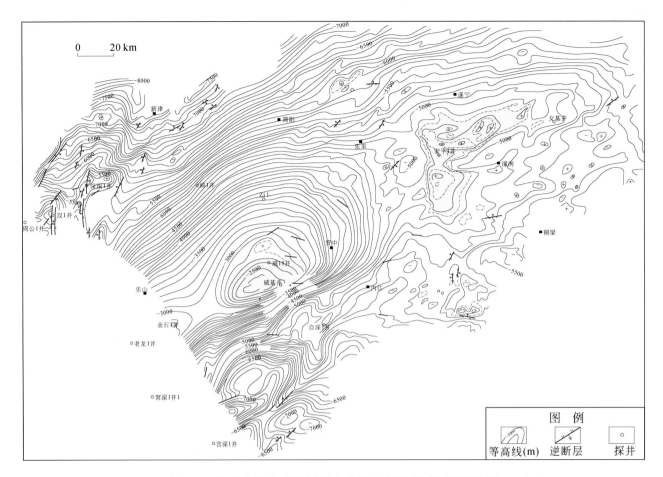

图 13.1　扬子克拉通西部川中隆起带震旦系顶面地震反射构造图

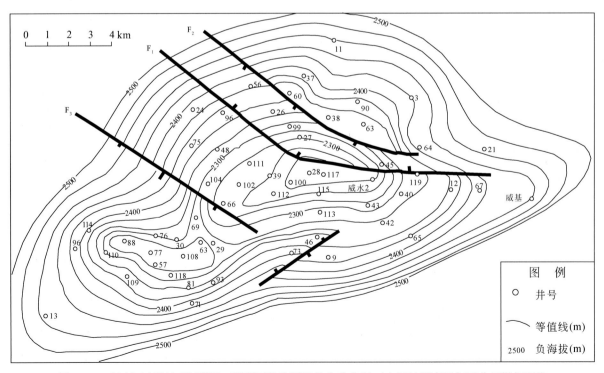

图 13.2　威远气田震旦系灯影组三段顶面构造图及井位分布图（中石油西南油气田公司勘探开发
研究院构造图和钻井资料编绘）

年开始钻探资 1 井（图 13.2），该井中途测试（Drill Stem Test，DST）结果，在井深 4080.5 m 的灯二段产气量为 $13.13×10^4$ m^3/d。此后，资 2 井钻达井深 4534.57 m，完井测试（Well Completing Test，WCT）产气 $5.33×10^4$ m^3/d、产水 86 m^3/d，属于低产含水气藏。截至 1996 年底，共钻探井七口，控制含气面积为 50 km^2，控制天然气地质储量为 $102.1×10^8$ m^3，预测天然气地质储量为 $423×10^8$ m^3。

13.2.2.3　龙女寺背斜

龙女寺背斜位于高石梯背斜和磨溪背斜的东面，这些背斜均属川中隆起的次级局部构造，龙女寺背斜处于隆起的最东段。1972 年 8 月龙女寺背斜上钻探基准井（即女基井；图 13.1）。1977 年该井钻穿震旦系，直达南华系南雄组英安流纹岩，完钻井深 6011 m，系当时我国第一口深探井，通过女基井钻探取得如下重要的地质成果。

（1）女基井揭示的地层分属新元古界至中生界的七个系 13 个组，系统获取岩石物理与地层参数以及油气水信息，如电性、声波、声速、地层压力与地温等，为扬子克拉通西部的进一步地质研究与油气勘探提供各种重要的参考依据。特别是地层热演化参数等效镜质组反射率 eqR_o 数据，可表征沉积有机质的热演化程度，女基井的实测地层 eqR_o 最高达 3.65%，即使达到如此高的有机质热演化程度，依然从女基井的震旦系灯影组产出 $1.85×10^4$ m^3/d 工业性天然气流，当时为探索天然气勘探有效深度下限，提供一项初步的地质–地球化学依据。

（2）女基井总共计获得 14 个地层单位的天然气显示信息，其中新元古界—古生界的气显示占比达 64%，其中包含震旦系灯影组二层、寒武系二层、奥陶系一层。女基井的天然气完井测试（WCT）结果，共发现三个潜在的商业性气层，即灯四段 5206～5248 m 井段产气 $1.85×10^4$ m^3/d，下奥陶统 4523.8～4534.8 m 井段产气 $3.09×10^4$ m^3/d，二叠系栖霞组上部白云岩 4400.5～4408 m 井段产气 $4.68×10^4$ m^3/d。特别是奥陶系和震旦系灯影组的天然气显示与产气层位，构成扬子克拉通西部天然气勘探的下部储–盖组合，从而展示扬子克拉通西部丰富的含气性。

（3）女基井可提供南华纪至早古生代时期川中古隆起业已存在的证据。在井深 5934 m 处，女基井钻穿 9 m 厚的震旦系陡山沱组，揭示南华系苏雄组英安流纹岩（同位素地质年龄 701.5 Ma；罗志立，1986），但缺失南华纪的冰期沉积，其沉积间断可达 150 Ma。此外，在女基井井深 4518 m 处，二叠系直覆盖于 29 m 厚的下奥陶统之上，导致中—上奥陶统、志留系、泥盆系和石炭系缺失。从而证实川中隆起是一个自南华纪开始萌现，至古生代持续存在的古隆起。这种继承性发展的古隆起，在新元古代和古生代时期理应是油气运移的指向区。

13.2.2.4　安岳气田

作为局部构造，安岳气田由高石梯和磨溪两个背斜所组成，属于川中隆起的主要次级局部构造，二者通过一个小而窄的构造鞍部彼此相连。安岳气田东侧与龙女寺等背斜构造相毗邻，西侧与威远背斜之间以狭长的次级断陷（称为德阳-资阳裂陷）相分隔，其震旦系灯三段顶面的海拔较威远背斜低 2000 m（图 13.1）。由于震旦纪末桐湾运动 II 期地层剥蚀轻微，灯影组仍保存较为完整，以至于高石梯背斜和磨溪背斜的灯三段与灯四段厚度较威远背斜厚 200 m。高石梯背斜、磨溪背斜比威远、资阳等构造多保存一个灯四段产气层位。

近十年来，川中隆起的天然气勘探取得了长足进展。2011 年，高石梯背斜高石 1 井震旦系灯二段碳酸盐岩气藏产出工业气流量 $102×10^4$ m^3/d。2012 年磨溪背斜磨溪 8 井完井测试获得了高产气流，即从下寒武统龙王庙组两个白云岩溶孔储集层段获得天然气合计产量达 $190.68×10^4$ m^3/d。

截至 2013 年底，磨溪背斜、高石梯背斜总共有工业气井 23 口。因此，安岳气田（含磨溪背斜和高石梯背斜）已探明的龙王庙组、灯四段和灯二段三个工业性气藏，具有探明地质储量达 $8488×10^8$ m^3，三级地质储量达 $1.2×10^{12}$ m^3，天然气产量达 $130×10^8$ m^3/a。

13.3　扬子克拉通西部陡山沱组的潜在烃源层

13.3.1　岩性与岩相

在震旦世早期陡山沱组沉积时期，扬子克拉通西部的海侵使海平面上升，海相沉积范围扩大，以致原来南华纪的古陆或被淹没，或成为残余的岛群，海域中广泛沉积100～500 m 厚的陡山沱组，并发育四个地层沉降中心，分别为①川西北平武-川西孔定、②川东达州-万州、③湘鄂西和④上海-杭州（图13.3）。每个沉降中心的地层厚度可达300～500 m，发育碳质页岩、黑色硅质岩、深灰色白云岩、磷灰岩和锰质岩沉积，含大量菌藻类化石，其中包含多细胞宏观藻类、海绵以及后生动物群，诸如瓮安生物群、庙河生物群、蓝田生物群等，充分证明陡山沱组沉积期是一个生物多样化快速演化的时代，可谓真核生物大爆发时期，因此在海底强还原条件下，陡山沱组沉积期的古海洋得以沉积保存大量有机质。对沉积物铁、锰含量以及硅质岩、磷灰岩和锰矿的研究表明，陡山沱组沉积具有热水渗入特征，加之生物化学作用形成大量磷灰岩。含磷的海水可以滋养、促进海洋生物的生长和繁盛，因此使陡山沱组不仅成为磷、锰矿的重要成矿层系，而且也是一个的油气生成的极佳烃源层（胡南方，1997；喻美艺等，2005；黄道光等，2010；王铁冠和韩克猷，2011）。

基于岩性、岩石结构和古生物特征编制的岩相古地理图表明，地层厚度、分布以及岩相变化反映陡山沱组具有补尝式沉积的特点，沉积厚的地带为深海相区，薄者为浅海相区。从图13.3 和图13.4 可见，深海至半深海相区的黑色页岩发育，有机碳含量丰富，区域性烃源层广泛分布，构成油气生成的有利相带。浅水相油气生成条件稍差，却是磷矿富集带。大多数磷块岩发育具球粒状结构的含矿层，在一定的水动力条件下才能富集成矿。因此表明，陡山沱组沉积期进入了一个稳定成矿、成油气的重要海相沉积期。

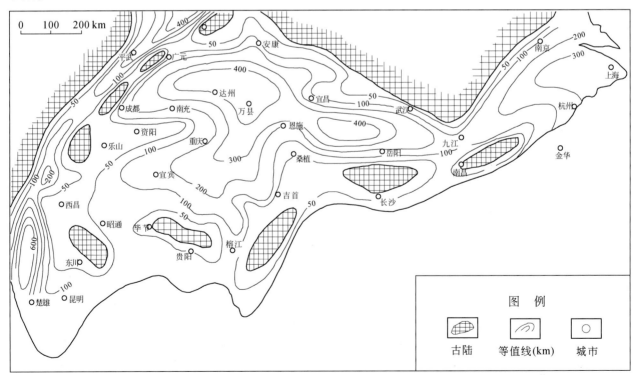

图 13.3　扬子克拉通震旦系陡山沱组地层等厚图

本图根据42 个数据点，川北参考地震资料编制，目的展示陡山沱组分布情况除川滇西昌、昆明地区碎屑岩为主为
红层不具生油条件外，厚度在100m 以上的地区都具有生油条件。它的展布和南华系有继承性，海侵和沉积范围更广，古陆缩小

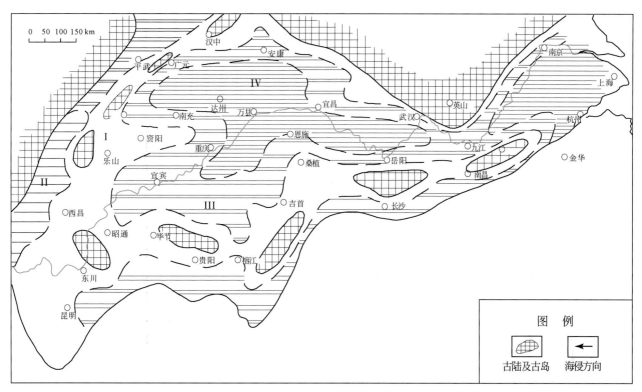

图 13.4　扬子克拉通震旦系陡山沱组岩相古地理图

I. 陆相与滨海砂泥岩相：地层厚度大于 100 m 为石英砂岩和杂色砂岩，有时充填泥质白云岩；II. 浅海白云岩及红色砂泥岩相：碎屑岩较多，氧化环境，有时含磷；III. 浅海黑色磷块岩相：黑色白云岩、碳质泥岩和硅质岩，含磷富集带；IV. 深海及半深海相：黑色碳质页岩、硅质岩和深灰色泥晶灰岩，含磷、锰

13.3.2　生烃潜力

研究认为，扬子克拉通西部震旦系陡山沱组的有机质组成属于由菌、藻类生物输入（殷纯嘏等，1999），TOC 值都很高，在陡山沱组黑色页岩的六个地层露头剖面中，湖北京山为 2%、贵州瓮安为3.5%、湖南石门为 2.4%、重庆城口为 3.2%、陕西勉县为 2.8% 以及四川绵竹为 2.1%。

从表 13.1 可见，I 型（腐泥型）干酪根属于优质生烃母质，热解模拟生烃率可达 42% 以上（王兰生等，1997）。陡山沱组烃源层的厚度变化范围为 20～140 m，一般厚 30～60 m（平均厚 55.8 m）。据 18 条地层剖面统计，陡山沱组烃源层在地层厚度中占比约 25%，平均最大生油强度达 478×10^4 t/km^2。

表 13.1　扬子板块西部震旦系陡山沱组和下寒武统筇竹寺组烃源层生烃指标

地层	TOC/%	干酪根组成/%			可溶有机质组成/%				
		腐泥	沥青	干酪根型	饱和烃	芳烃	非烃	沥青质	总烃
陡山沱组	1.97	71	29	I	42.7	15.1	28.1	13.4	57.9
筇竹寺组	1.71	53.5	46.5	I、II	40.7	12.6	31.0	17.2	53.3

13.4　灯影储层特征与分布

13.4.1　储层纵向分布

在扬子克拉通西部及邻区，震旦系灯影组是一套厚 500～1000 m 的台地相灰色、灰白色藻白云岩和浅滩相粒屑白云岩，夹薄层硅质岩，自下而上灯影组可分划为以下四段：

（1）灯一段：又称为"下贫藻层"，厚约 40～80 m，灰色、深灰色中层状隐-粉晶白云岩，发育细纹层。底界与下伏陡山沱组呈连续沉积，在部分地区不整合于南华系花岗岩之上。

（2）灯二段：下部层段又称为"富藻层"，厚约 80～360 m，为灰白色、灰色中层块状粉-细晶白云岩，富含藻类，以具有明暗相间的葡萄状结构为特征；上部层段又称为"上贫藻层"，约 0～160 m 厚，为灰色、灰白色细-中晶粒屑白云岩，偶含鲕粒和砂糖状白云岩，溶孔、溶洞发育，含干沥青，是威远气田和资阳含气区的第一套储层，也是主力产气层。灯二段顶部与上覆灯三段呈平行不整合接触，系桐湾运动 I 幕所致。

（3）灯三段：由厚 0～60 m 的深色泥岩、页岩和蓝灰色泥岩，夹白云岩、凝灰岩所组成，含疑源类化石，可相变成泥质白云岩。在川中隆起底部有 40 m 厚的蓝灰色或黑色页岩，夹白云岩、砂岩，"鸟眼"构造发育。

（4）灯四段：砂屑白云岩及藻白云岩，含硅质带、少量菌藻类及叠层石，厚 0～350 m。上部为灰色、灰白色藻屑、粒屑细-中晶白云岩段，偶含"鸟眼"和鲕粒，溶孔、溶洞发育，普遍含干沥青，构成第二套储层。该组岩相变化大，滩相粒屑、藻屑白云岩可变为半深水斜坡相深灰色白云岩与硅质岩互层，甚至深水相硅质岩。顶界与寒武系呈平行不整合接触，标志桐湾运动 II 幕。

根据钻探和地面调查，灯影组上、下部均有储层发育。下部储层发育在灯二段上部"上贫藻层"，上部储层位于灯四段上部藻屑、粒屑白云岩段。储层都分布在沉积旋回上部浅滩相带的藻屑、砂屑、粒屑白云岩层段，顶界均有平行不整合剥蚀面，遭受过表生岩溶作用的改造，利于形成溶蚀孔洞。因此其储集空间兼具粒间、晶间原生孔隙与溶孔、溶洞次生孔隙，构成混合型的储集类型，构成灯影组的储层特征（魏国齐等，2010；曹建文等，2011）。

综上所述，灯影组两套储层的发育受到岩性-岩相与岩溶改造作用的双重制约，特别是在震旦纪两幕桐湾运动的地壳隆升剥蚀期间，岩溶作用对储层的改造尤为重要。图 13.5 显示不同区域桐湾运动平行不整合面的差异侵蚀效应。有的地区侵蚀效应不限于灯影组上部的灯四段，乃至整个灯影组全部被剥蚀，如扬子克拉通西南隅雅安、宝兴地区震旦系业已荡然无存，以致中泥盆统直接覆盖在中元古界杂岩之上。在一定程度上，灯影组储层的发育程度与剥蚀幅度密切相关，威远气田和资阳含气区的灯影组灯四段几乎被剥蚀殆尽，只保留灯二段储层，而高石梯气藏、磨溪气藏的灯影组剥蚀幅度小，灯二段、灯四段两套储层都发育保存完好。

13.4.2　储层与岩相

灯影期是震旦纪最广泛的海侵沉积时期，海水覆盖扬子克拉通全境。从桐湾运动以后的灯影组残留地层厚度看（图 13.5），这时期扬子克拉通西部仍然继承南华纪的区域构造架构，沿北西-南东向，大体上形成"两隆-两坳"的构造格局（图 13.6）：

（1）平武-南秦岭坳陷：在扬子克拉通西北缘，沿龙门山后山带分布，震旦系较厚，可达 700～1200 m；

（2）西昌-成都-广元-汉中-城口隆起：位于扬子克拉通北缘，震旦系较薄，仅厚 0～600 m；

（3）昆明-宜宾-达州坳陷：在扬子克拉通西部，现今长江上游一带，具有较厚的震旦系，厚 500～1200 m；

（4）吉首-南昌-九江隆起：位于扬子古拉通中部，震旦系厚度最薄，如震旦系留茶坡组仅厚 80～200 m（图 13.6；汤朝阳等，2009）。

灯影组以白云岩为主的台地相碳酸盐岩沉积广泛分布，其岩相变化体现在岩石颜色、层理特征、硅质岩与藻类发育程度以及粒屑（含藻屑和砂屑）含量上。在结合地层厚度综合编制的扬子克拉通震旦系灯影组岩相图上，扬子克拉通西部呈现出一个大型白云岩台地（图 13.7）。与灯影组的地层等厚图相比较可见，沿昆明-宜宾-达州一带，发育一个北东向的台地中心，地层厚度大于 1000 m（图 13.7 中 I 区）。宁 2 井揭示在灯影组下部有 312 m 厚的盐岩层，在贵州大方 1 井见石膏层，表明早期发育潟湖相沉积。而

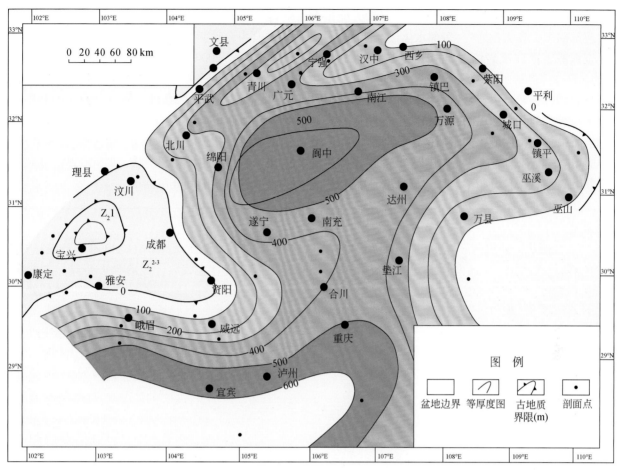

图 13.5　扬子克拉通西部及邻区灯影组上部地层残余等厚图

显示桐湾运动对灯影组的剥蚀作用

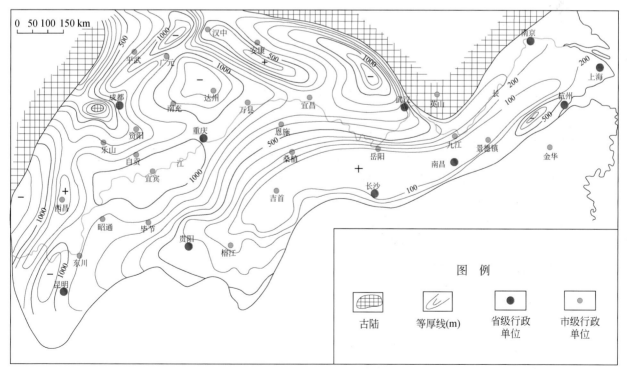

图 13.6　扬子克拉通震旦系灯影组地层等厚图

本图是基于 84 个数据点（包括露头剖面和钻井数据）编制的

其周边的 II 区是台地边缘滩相，水浅，水动力能量大，发育粒屑碳酸盐岩，形成储层发育区。从扬子克拉通西部向东，在克拉通中-东部水体逐渐加深，从台地相过渡为台地斜坡相的深灰色白云岩与硅质岩互层，至深海热水硅质岩的盆地相留茶坡组（图 13.7；陈多福等，2002；余心起等，2003；曹建文等，2011）。

从岩相特征看，只有台地边缘相带（图 13.7 中 II 区）具备储层形成的条件，而且与侵蚀面相匹配，形成了原生粒间孔隙、晶间孔隙和次生溶蚀孔隙等复杂的复合型储层。无论地表，还是井下，灯影组这种储层特征均非常明显，如峨眉范店乡剖面灯四段 80 m 厚的储层，孔隙度达 2.18%~10.69%，对其中有 23.75 m 层段经仔细描述，孔洞层厚 7.55 m 占描述层段的 30.8%，具四种孔洞产状，即针孔状、条带状、蜂窝状和斑块状，且分布不均，大洞分散，小孔成群，大部分属粒间-晶间孔隙储层。

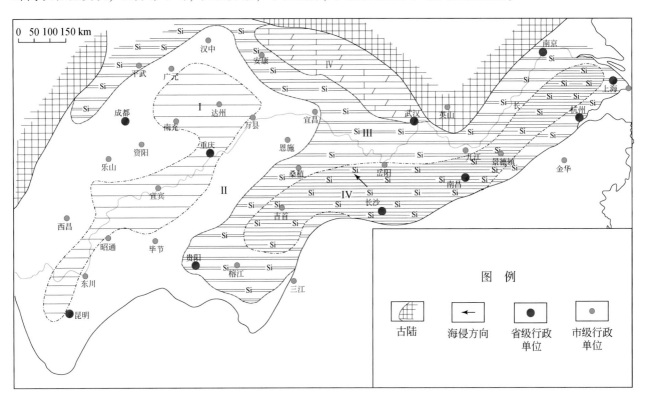

图 13.7　扬子克拉通灯影组岩相古地理图

I. 碳酸盐台地相带：底部潟湖石膏盐岩，中部藻白云岩，上部块状泥晶白云岩，总厚度超过 1000 m；II. 半局限海台地相带：下部富藻白云岩具葡萄状结构，上部潮坪和滩相，含藻屑，多细晶砂糖状白云岩，孔洞穴发育；III. 浅海斜坡相带：下部灰色泥晶白云岩，上部夹硅质层和条带，藻类丰富；IV. 深海盆地相带：黑色硅质岩为主，底部时含白云岩，厚度为 80~150 m

威远气田的威 28 井 3019~3186 m 井段灯四段发育 167 m 厚的储层段，其中有针孔白云岩 2 m、溶孔白云岩 4 m，出现钻具放空；并在井深 3186 m 处发生井涌，天然气测试产量为 41.28×10^4 m³/d，产水 98.2 m³/d。同样，在陕南宁强坑家洞剖面（图 13.8 中 1），灯四段厚 360 m，储集条件很好，发育溶孔-溶洞白云岩，也有发育晶间孔隙的砂糖状白云岩，溶蚀孔、洞类型繁多，呈针孔状、蜂窝状、角砾状和花边状等；孔隙和溶蚀孔洞中都填充沥青。该区南山岭构造钻的强 1 井（图 13.8 中 2）与地表所见一致，含沥青段厚 310 m。此外，在川中磨溪地区安平店背斜安平 1 井灯四段有 13 m 岩心发育蜂窝状溶洞，在 5036~5091 m 井段发育晶间孔隙，孔隙度为 3.4%~8.68%，并含沥青。而且，在该井以南的高石 1 井，同一层位产气 2.85×10^4 m³/d。所有上述实例充分说明，灯影组属于原生孔隙和次生溶蚀孔洞的复合型储层，这种储层区域性分布广泛（表 13.2）。

扬子克拉通的大部分地区均有灯影组白云岩储层分布（表 13.2），其中以威远气田储层的孔隙度为最低（如威 113 井仅 4.85%；表 13.2），而资阳含气区的资 2 井和高石梯背斜高石 1 井呈现出最高的孔隙度（达 11.05%~8.36%；表 13.2）。灯影组白云岩储层与陡山沱组黑色页岩烃源层构成良好的区域性生-储组合，为大气田（群）的形成奠定地质基础。

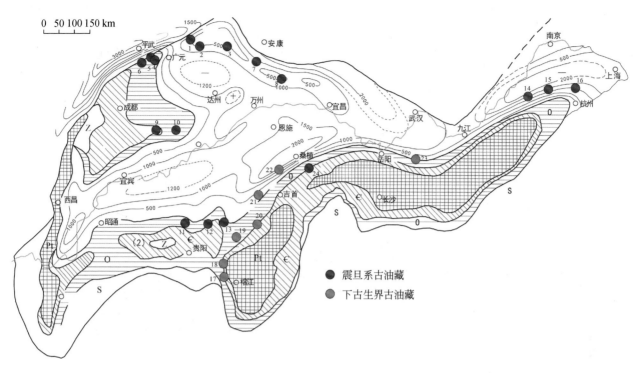

图 13.8　扬子克拉通加里东期古地质及古油藏分布图（单位：m）

1. 宁强坑家洞；2. 宁强强 1 井；3. 南江桥亭（米仓山）；4. 广元矿山梁；5. 青川田坝；6. 江油厚坝；7. 陕南镇巴；8. 重庆城口；9. 资
阳；10. 磨溪–高石梯；11. 贵州金沙岩孔；12. 开阳洋水；13. 瓮安白斗山；14. 皖南太平；15. 安吉康山；16. 余杭泰山；17. 贵州丹寨；
18. 贵州麻江；19. 贵州凯里；20. 贵州铜仁；21. 重庆秀山；22. 永顺王村；23. 湖北通山；24. 湖南慈利

表 13.2　扬子克拉通震旦系灯影白云岩储层参数表

序号	地区	剖面	储层厚度/m	观测孔隙/%	储层沥青含量/%	总孔隙度*/%
1	陕西宁强	强 1 井	310	4.5	4.5	9
2	陕西宁强	坑家洞	360	6.0	6.0	12
3	重庆城口	木魁河	200	3.2	3.6	6.8
4	四川资阳	资 2 井	80	5.76	5.29	11.05
5	四川威远	威 113 井	120	3.92	0.93	4.85
6	四川安岳	高石 1 井	260	4.2	4.5	8.7
7	贵州金沙	岩孔	68	3.36	>5	8.36
8	湖南慈利	南山坪	29	12	5	17
9	浙江余杭	泰山	70	8～24	2～7	15

* 储层沥青和次生矿物充填后残留的视孔隙度。

13.5　油气成藏问题

经地质研究和油气田勘探证实，由于区域构造发展演化，导致震旦系灯影组经历两个油气成藏演变期，即原始古油藏形成期以及原油裂解天然气成藏期（王一刚等，2001；孙玮等，2007）。

13.5.1　古油藏的形成

在具备完好生–储组合的区域地质条件下，早古生代加里东运动导致一系列大型古隆起（图 13.8）成为地质时期石油运移的指向，为油气聚集与成藏创造有利条件。由于地层埋藏和热演化作用，原始油藏中的液态油会发生歧化反应，蚀变成为天然气或轻基质–中质原油，以及沥青或储层沥青，导致气藏或轻基质油藏以及储层沥青古油藏的形成。因此在古隆起震旦系灯影组和下古生界寒武系—志留系中，发现为数众多的古油藏，已知的古油藏有 24 个，其中震旦系灯影组古油藏以及上覆地层中具有陡山沱组烃源的古油藏合计有 16 个，下古生界有八个。这些古隆起与古油藏的分布如图 13.8 所示（应维华，1989；张力和张淮先，1993；赵宗举等，2001；赵泽恒等，2008；戴寒松等，2009）。

已知有些古油藏的石油原始地质储量规模巨大，如陕南宁强灯影组古油藏含沥青的孔洞型白云岩储层有 360 m 厚，单储系数达 1500×10^4 t/km^2（图 13.8 中 1、2）；大巴山区镇巴—城口—巫溪鸡心岭一线（图 13.8 中 8），震旦系灯影组含沥青白云岩储层厚度达 60~200 m，延伸可 100 km 以上；贵州麻江古油藏残存面积 800 km^2，有人测算原始的石油储量 16×10^8 t（图 13.8 中 18）；龙门山前山带的田坝、矿山梁（图 13.8 中 4、5，图 13.9）和天井山背斜，共发现 138 条大、小型沥青脉，厚度大于 1 m 的占 32 条，主要分布于下寒武统，部分分布于奥陶系—志留系，最大的田沥 2 号沥青脉厚达 8.6 m，从其地表出露高度至地下延续的深度合计高度大于 160 m，平面分布的长度 970 m，初步估计其储量约 146×10^4 t，田坝背斜田沥 1 号、田沥 2 号沥青脉的烃源，来自震旦系陡山沱组黑色页岩（王兰生等，2005；参阅第 15 章）。这些沥青脉的等效镜质组反射率 eqR_o 为 0.9%~1.2%，与中等成熟度的软沥青相似，因此除沥青脉外，其歧化反应的产物是轻–中质油，而不是天然气。

上述背斜中，众多固体沥青脉构成古油藏，其中有 32 条沥青脉的厚度在 1m 以上，规模最大的田沥 2 号沥青脉厚 8.6 m、长 97 m、高 160 m（图 13.9、图 13.10），初步估算田坝背斜沥青储量为 146×10^8 t（参阅第 15 章）。在田坝背斜距田沥 2 号沥青脉约 100 m 处，1966 年钻探一口地质浅井——田 1 井（图 13.9）。在田 1 井 333~335 m 井段产 30 升中质油，原油密度为 0.882 g/cm^3；在 149~164 m 井段发现一层视厚度 15 m 的沥青脉。

第二个实例是川北南江米仓山古油藏（图 13.8 中 3），其构造位置位于米仓山隆起，呈一个大型的东西向延伸的背斜构造，构造面积约 4500 km^2。背斜核心区出露前震旦系火地亚群变质杂岩，周缘为震旦系—下古生界环绕（图 13.11；戴寒松等，2009）。震旦系灯影白云岩是主要的含沥青的储集层，灯四段顶部遭受了明显的风化剥蚀，发育孔洞白云岩。在灯影组孔洞状白云岩中，原始液态石油注入岩溶孔洞和顺层裂隙，此后液态油被热烘烤蚀变为固体沥青，进而成为储层焦沥青（戴寒松等，2009）。

依据八个地层剖面的研究，沥青主要分布在距顶面约 100 m 的灯四段之内，特别是次级背斜的高点，如杨坝、盐井河和广家店等地（图 13.11），其有效含沥青层段厚度大于 30 m，沥青平均视孔隙度大于 5%，等效镜质体反射率 eqR_o 高达 2.48%~2.84%，应归于经历深埋藏的过成熟焦沥青范畴（戴寒松等，2009）。

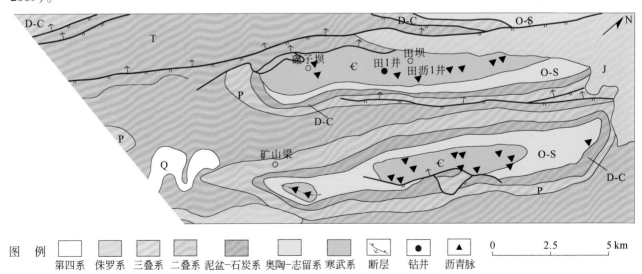

图 13.9　矿山梁背斜和田坝背斜沥青脉的分布示意图（戴寒松等，2009）

J. 侏罗系；T. 三叠系；P. 二叠系；D-C. 泥盆–石炭系；O-S. 奥陶–志留系；Є. 寒武系

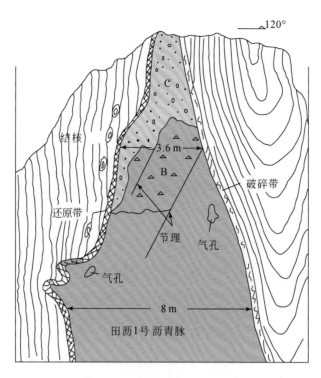

图 13.10　田坝背斜田沥 2 号沥青脉剖面素描图（韩克猷，1966 年，未刊资料）

　　第三个实例是安岳气田，该气田灯二段、灯四段及下寒武统龙王庙组内的大型裂解气藏及伴生的古油藏是典型的过成熟阶段原油歧化作用的热演化产物。这些气藏生产出干气，以及由具一系列"中间相"晶粒状、晶畴状和纤维状微晶镶嵌结构的焦沥青组成的古油藏。"中间相"反映一种介于非晶质无定形沥青与结晶质次石墨–石墨之间有机热演化作用高级演化阶段（杨程宇，2018；参阅第 11、14 章）。

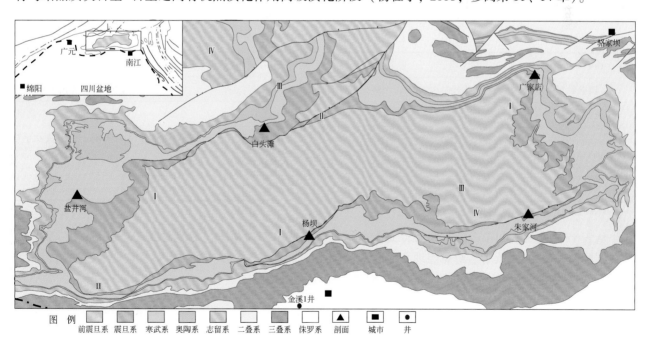

图 13.11　米仓山古油藏地质图（戴寒松等，2009）

　　图 13.8 中的古油藏均受早古生代以来古隆起的制约，这将是新元古界—下寒武统中形成大型油藏的最重要条件。与下古生界相比较，震旦系更多的古油藏（图 13.8），表明震旦系储层分布更为稳定和加更广泛。扬子克拉通西部灯影组储层为震旦系陡山沱组和下寒武统筇竹寺组两套烃源层所夹持。川中隆起

的石油生成期和成藏期的年龄为早二叠世晚期—晚二叠世时期（275～253 Ma），而原油热裂解形成干气和沥青的时间发生在中侏罗世晚期—早白垩世早期（175～144 Ma；杨程宇，2018；参阅第 11、14 章）。

13.5.2　二次裂解气藏

勘探证明，扬子克拉通西部的大多数气藏属于原油裂解形成的次生裂解气藏。随着原始油藏的埋藏加深与地温升高，当达到过成熟阶段，等效镜质组反射率 eqR_o 远高出 1.2% 时，原先的液态石油就会逐渐被裂解成为天然气。震旦系灯影组和下寒武统龙王庙组中富集固体沥青表明，大量原油业已被裂解成为天然气，并收到古隆起的制约。所有已知的裂解气藏，如威远气田和安岳气田的气藏，均分布于古隆起的高部位，现已发现的气藏都分布在燕山期形成的古隆起范围内。在古隆起之外（坳陷之内）众多的局部背斜构造经钻探都不产石油、天然气，而以产水和氮气为主，对天然气藏形成和保存不起控制作用。

为了确定裂解气成藏的时间与了解解气气藏的特征，前人已经更加深入研究过构造演化、天然气性质、储层烃类包裹体以及大地热流等方面的问题，其主要成果归纳综述如下。

13.5.2.1　川中隆起的演化简史

这是一个早在约 780 Ma 之前的晋宁运动时期业已形成的长期继承性古隆起，直到南华纪末期（约 650 Ma），经历 200 Ma 的隆起期，至震旦纪灯影组沉积期的才发生广泛海侵，以至于完全被海水淹没。此后，在桐湾运动期间（约 542 Ma），古隆起再次抬升并遭到剥蚀。由于经历漫长的地质历史时期与多期构造运动，其震旦系顶面古构造的高点与轴线均不断地有所变迁，圈闭面积和闭合度也不断地加大。

依据扬子克拉通西部上三叠统煤层镜质组反射率 R_o 等值线图、R_o 值（或埋藏深度）与女基井古温度之间的相关性重建扬子克拉通西部中生界陆相地层的沉积等厚图以及侏罗纪—白垩纪时期震旦系顶面的古构造图，从而获得各地质时期川中隆起的构造参数（表 13.3）。此外，除了川中隆起外，在侏罗纪至白垩纪时期，扬子克拉通西部还存在两个古隆起，即川东华蓥山古隆起和川西北天井山古隆起（图 13.12）。

表 13.3　川中古隆起构造演化参数表

构造分期	地质时代	隆起幅度/m	圈闭面积/km²	高点埋深/m	圈闭分布范围
加里东	早—中古生代	650	480	500	大邑、洪雅-雅安
海西期期	晚古生代	750	480	1200	大邑-雅安、资阳-磨溪
印支期早期	早—中三叠世	800	160	2500～3000	资阳、安岳-龙女寺
印支期晚期	晚三叠世	850	18800	3000～3500	资阳-龙女寺
燕山期	侏罗纪—白垩纪	1200	19600	6500	乐山-龙女寺

从表 13.3 可见，川中古隆起的闭合面积与闭合度以燕山期为最大，分别达到 19600 km² 和 1200 m，构造圈闭位于乐山-龙女寺。灯影组埋藏深度达 6500 m，折算度古地温可达 215℃，正处于石油裂解成为天然气的热演化阶段，也是形成气藏的最佳时期。由于燕山期圈闭面积巨大，所以川中古隆起的含气潜力还是很可观的。

13.5.2.2　灯影组储层流体包裹体信息

通过对威远、资阳地区和高石梯、安平店等产气井的储层流体包裹体的研究，发现有三期与油、气态烃、沥青包裹体相关的次生矿物，其成果汇总于表 13.4。

据 Waples（2000）报道，油藏内原油破坏与形成裂解气的温度范围为 150～200℃。表 13.4 显示第 II 世代自生矿物主要含油包裹体，具有均一温度为 160～190℃；第 III 世代自生矿物主要含气相烃类加沥青包裹体具有均一温度 200～210℃，处于原油裂解成天然气的演化阶段。而且，与川中隆起灯影组的温度

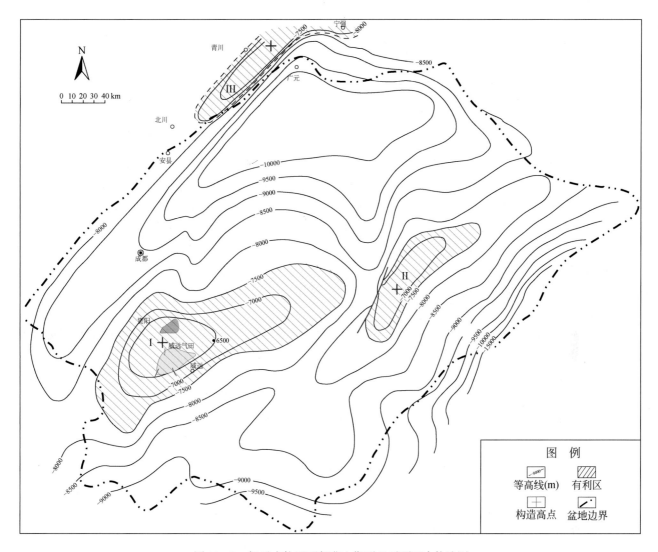

图 13.12　扬子克拉通西部燕山期震旦系顶面古构造图
I. 川中古隆起（乐山-龙女寺古隆起）；II. 华蓥山古隆起；III. 天井山古隆起

演化曲线相比较，在三叠纪时期，灯影组的地温恰好处于 160~200℃（Liu et al., 2018）。因此，天然气定位聚集的时间最晚在中生代时期，从而具有平均均一温度205℃、计算埋藏深度6500~6900 m 的裂解气藏，这个成藏期与天然气勘探和构造研究的结果也相符合。所以，就裂解气成藏而言，中生代的古隆起处于最佳的时空条件（孙玮等，2007，2011；魏国齐等，2010）。

表 13.4　威远-资阳地区灯影组白云岩储层油气包裹体综合资料（王兰生等，1997；唐俊红等，2004，2005）

期次	岩石特征	充填物	荧光	气液比	主要气体成分		CH_4/CO_2	均一温度/℃
					$CH_4/\%$	$CO_2/\%$		
I	泥晶纤维云石，垂直洞壁生长	以油为主，次为液气两相	黄色、紫色	10~25	10.1~22.0	50.7~75.9	0.2~0.38	120~150（135）
II	粗晶云石，平行洞壁生长	液气两相烃包体	棕黄色	15~60	27.6~40.4	44.7~59.4	0.61~0.68	160~190（175）
III	粗晶云石、石英，脉状和块状	气态烃为主，有沥青	无	>60	55.3~74.0	18.8~36.1	2.14~2.53	200~210（205）

13.6　结　　论

扬子克拉通是华南最为稳定的构造单元，其中扬子克拉通西部（现今的四川盆地）是产油气区，占有最大的面积20×10^4 km^2。通过对对扬子克拉通西部天然气勘探和研究进展的总结，取得如下认识：

（1）在扬子克拉通西部，陡山沱组是震旦纪海侵时期的第一套烃源层，接着又沉积一套台地相巨厚藻白云岩储层，然后发生桐湾运动，克拉通隆升为陆地而受到剥蚀。早寒武世海侵导致筇竹寺烃源层沉积，奠定了灯影组和龙王庙组形成众多的储层焦沥青古油藏和大型天然气田的基础。

（2）加里东期川中古隆起成为油气运移的主要指向，下寒武统筇竹寺烃源层和震旦系陡山沱组烃源层生成的原始液态石油，通过灯影组的不整合面，运移、充注形成原始油藏。在持续的深埋作用下，原始液态原油经历热演化过程中的歧化反应，裂解成为干气气藏和储层焦沥青（古油藏）。

参 考 文 献

曹建文，梁彬，陈宏峰，张庆玉. 2011. 雪峰山西侧地区震旦系灯影组储层发育特征与控制因素分析. 科技咨询，31(11)：1838-1851.

陈多福，陈光谦，陈先沛. 2002. 华南古生代海平面变化与大型-超大型热水沉积矿床的形成. 中国科学D辑：地球科学，32(增刊)：120-126.

戴寒松，刘树根，孙玮，韩克猷，罗志立，谢志良，黄耀综. 2009. 龙门山-米仓山地区下组合地表沥青特征研究. 成都理工大学学报(自然科学版)，36(6)：687-696.

杜金虎，汪泽成，邹才能，徐春春，魏国齐，张宝民，杨威，周进高，王铜山，邓胜徽. 2015. 古老碳酸盐岩大气田地质理论与勘探实践. 北京：石油工业出版社.

胡南方. 1997. 贵州震旦系陡山沱组烃源岩特征. 贵州地质，14(3)：244-251.

黄道光，牟军，王安华. 2010. 桂州印江-松桃地区含锰岩系及南华系早期沉积环境演化. 贵州地质，27(1)：13-22.

黄第藩，王兰生. 2008. 川西北矿山梁地区沥青脉地球化学特征及其意义. 石油学报，29(1)：23-28.

江强，朱传庆，邱楠生，曹环宇. 2015. 川南地区热史及下寒武统筇竹寺组页岩热演化特征. 天然气地球科学，26(8)：1563-1570.

刘树根，马永生，孙玮，蔡勋育，刘顺，黄文明，徐国盛，雍自权，王国芝，汪华. 2008. 四川盆地威远气田和资阳含气区震旦系油气成藏差异性研究. 地质学报，82(3)：328-337.

刘雯，邱楠生，徐秋晨，常健. 2018，四川盆地高石梯-磨溪地区下寒武统筇竹寺组生烃增压定量评价. 石油科学通报，(3)：262-271.

罗志立. 1986. 川中是个古陆核吗？成都地质学院学报，13(3)：65-73.

孙玮. 2008. 四川盆地元古宇—下古生界天然气藏形成过程和机理研究. 成都：成都理工大学博士学位论文.

孙玮，刘树根，马永生，蔡勋育，徐国盛，王国艺，雍自权，袁海锋，盘昌林. 2007. 四川盆地威近-资阳地区震旦系油裂解气判定及成藏过程定量模拟. 地质学报，81(8)：1153-1159.

孙玮，刘树根，韩克猷，罗立志，王国芝，徐国盛. 2009. 四川盆地震旦系油气地质条件及勘探前景分析. 石油实验地质，31(4)：350-355.

孙玮，刘树根，徐国盛，王国芝，袁海洋，黄文明. 2011. 四川盆地深层海相碳酸盐岩气藏成藏模式. 岩石学报，27(8)：2349-2361.

汤朝阳，段其发，邹先武，李堃. 2009. 鄂西-湘西地区震旦系灯影期岩相古地理与层控铅锌矿关系初探. 地质论评，55(5)：712-721.

唐俊红，张国伟，鲍征宇，张铭杰. 2004. 四川盆地威远气田碳酸盐岩中有机包裹体研究. 地质论评，2(2)：11-19.

唐俊红，张国伟，鲍征宇，张铭杰. 2005. 川南震旦系储集层有机包裹体研究中的应用. 地球科学——中国地质大学学报，30(2)：228-232.

王兰生，苟学敏，刘国玉. 1997. 四川盆地天然气的有机地球化学特征及其成因. 沉积学报，15(2)：44-53.

王兰生，韩克猷，谢邦华，张鉴，杜敏，万茂霞，李丹. 2005. 龙门山推覆构造带北段油气田形成条件探讨. 天然气工业，25(增刊A)：1-5.

王铁冠，韩克猷. 2011. 论中—新元古界的原生油气资源. 石油学报，1(32)：1-7.

王一刚，陈盛吉，徐世琪. 2001. 四川盆地古生界上元古界天然气成藏条件及勘探技术. 北京：石油工业出版社.

魏国齐，焦贵浩，杨威，谢增业，李德江，谢武仁，刘满仓，曾富英. 2010. 四川盆地震旦系—下古生界天然气成藏条件与勘探前景. 天然气工业, 30(12): 5-9.

杨程宇. 2018. 中国西南乐山-龙女寺隆起油气圈闭和演化史. 北京: 中国石油大学(北京)博士学位论文.

殷纯嘏, 张昀, 姜乃煌. 1999. 瓮安陡山沱组磷块岩中的有机化合物. 北京大学学报(自然科学版), 35(4): 509-516.

应维华. 1989. 湘西北桑植-石门复向斜下古生界天然气保存条件研究. 石油与天然气地质, 10(2): 170-181.

余心起, 舒良树, 邓平, 王德恩, 支利赓. 2003. 皖南晚震旦世中、浅海沉积环境——以滑塌砾岩层、硅质风暴岩为例证. 沉积学报, 21(3): 398-404.

喻美艺, 何明华, 王约, 赵元龙. 2005. 贵州江口震旦系陡山沱组沉积层序和沉积环境分析. 地质科技情报, 24(3): 38-42.

张力, 张淮先. 1993. 大巴山前缘震旦系及下古生界含油气条件探讨. 天然气工业, 13(1): 41-47.

赵泽恒, 张桂权, 薛秀丽. 2008. 黔中隆起下组合古油藏和残余油气藏. 天然气工业, 28(8): 39-42.

赵宗举, 冯加良, 陈学时, 周进高. 2001. 湖南慈利灯影组古油藏的发现及意义. 石油与天然气地质, 22: 114-118.

Liu M, Qiu N S, Xu Q C, Liu Y F. 2018. Precambrian temperature and pressure system of Gaoshiti-Moxi Block in the central paleo-uplift of Sichuan Basin, Southwest China. Precambrian Research, 313: 91-108.

Waples D W. 2000. The kinetics of in-reservoir oil destruction and gas formation: constrains from experimental and empirical data, and from thermodynamics. Organic Geochemistry, 31(6): 1137-1152.

第 14 章　扬子克拉通西部震旦系—下寒武统安岳气田

杜金虎[1]，魏国齐[2]，邹才能[2]，杨　威[2]，谢增业[2]，王志宏[2]，谢武仁[2]，武赛军[2]

1. 中国石油勘探与生产分公司，北京，100007；2. 中国石油勘探开发研究院，北京，100083

摘　要：安岳气田位于扬子克拉通西部现今的四川盆地，是中国目前发现的地层最古老、热演化程度最高、单体储量规模最大的海相碳酸盐岩气田。截至 2016 年底，安岳气田震旦系灯影组及下寒武统龙王庙组的探明天然气地质储量达 8488×10^8 m^3，三级储量超过 1.2×10^{12} m^3。四川盆地发育的大型继承性的川中隆起控制了震旦系—寒武系天然气聚集，尤其是磨溪-高石梯背斜，在地质发展史上始终处于川中隆起的高部位，为早期古油藏的聚集、晚期裂解气藏的富集以及安岳气田形成提供有利地质条件。德阳资阳裂陷处于威远背斜与磨溪-高石梯背斜之间，其中充填下寒武统筇竹寺组（又称九老洞组）的细粒沉积，并控制筇竹寺组黑色泥页岩烃源灶及其两侧的灯影组藻白云岩、龙王庙组颗粒白云岩优质储层的发育。

扬子克拉通西部主要发育两套烃源层，即下寒武统筇竹寺组黑色、灰黑色泥页岩以及震旦系陡山沱组黑色页岩。而筇竹寺组泥页岩是灯影组和龙王庙组裂解气藏的有效烃源层，陡山沱组黑色页岩是川中隆起潜在烃源岩。此外，安岳气田发育三套储集层，包括灯影组的灯二段和灯四段藻白云岩储层（厚度分别为 5.1～69.1 m 和 60～110 m），以及龙王庙组颗粒云岩储层（厚度为 10.8～61.1 m）。

安岳气田发现三种类型气藏，包括下寒武统龙王庙组构造-岩性型气藏、灯四段构造-地层型气藏以及灯二段的构造型气藏。这些气藏均产出中-低含硫量与中等二氧化碳含量的干气。而且龙王庙组气藏属于深层、高温、高压气藏。灯影组的灯二段与灯四段气藏则属于超深层、高温、常压气藏。

关键词：川中隆起、德阳-资阳裂陷、磨溪-高石梯背斜，灯影组、筇竹寺组、龙王庙组。

14.1　引　　言

在地质学上，华南扬子克拉通西部发育大型含油气的叠合盆地，以蕴含天然气作为主要的烃类资源，在地理学上相当于现今的四川盆地，盆地面积约 18×10^4 km^2。该盆地经历过两个大地构造演化阶段，即震旦纪—中三叠世的"克拉通坳陷"以及晚三叠世—新生代的"前陆盆地"。扬子克拉通西部沉积地层发育齐全，震旦系至中—下三叠统为海相地层，以碳酸盐岩沉积为主，地层厚度达 6000～7000 m；上三叠统—新近系以非海相碎屑岩沉积为主，厚 2000～5000 m（四川油气区石油地质志编写组，1989）。在地层剖面中，尤其以震旦系—寒武系层系分布最为广泛，厚度达 2000～3000 m，且具有良好的油气富集地质条件（杨威等，2014；周进高等，2015；李文正等，2016；徐安娜等，2016；谢增业等，2017）。

扬子克拉通西部油气勘探最早始于 20 世纪 40 年代，迄今已有 70 余年勘探历史，勘探历程漫长曲折。直至 2011 年 7 月，高石 1 井从震旦系灯影组获得日产 102×10^4 m^3 的商业性高产气流，自此拉开了大规模震旦系—寒武系天然气勘探的序幕。随后于 2012 年 9 月，磨溪 8 井又于龙王庙组获得日产 190×10^4 m^3 高产气流。上述两口发现井分别位于川中隆起的磨溪背斜和高石梯背斜，至此此新发现的大型气田命名为安岳气田。

截至 2016 年底，安岳气田的灯影组与龙王庙组气藏总计探明天然气地质储量约 8488×10^8 m^3，三级储

量约 $1.2×10^4 m^3$。安岳气田的发现是近年来我国古老海相碳酸盐岩层系油气勘探的重大成果（杜金虎等，2014）。

14.2　地　质　背　景

14.2.1　区　域　地　层

扬子克拉通西部震旦系—下寒武统的地层划分如表 14.1 所示。震旦系包含陡山沱组和灯影组。震旦系下部陡山沱组主要岩性为黑色页岩、粉砂岩、泥晶白云岩、泥质白云岩，含有机质丰度高。在扬子克拉通西北缘龙门山推覆构造带的前山带，业已证实陡山沱组黑色页岩是大量沥青脉的有效烃源层（参阅第 15 章）。在川中隆起上，迄今尚无任何探井揭示陡山沱组黑色页岩；但是基于地震勘探资料解释，这套黑色页岩作为潜在烃源层，极有可能分布于川中隆起周缘的坳陷区，尤其是在川中隆起北侧或西北侧的坳陷。

震旦系上部灯影组岩性主要为藻白云岩、叠层石白云岩、颗粒白云岩、泥晶白云岩。在川中隆起上，灯影组通常厚达 600 m 以上，并且还向周缘的坳陷区逐渐增厚。自下向上灯影组可划分为灯一段至灯四段四个岩性段（表 14.1）；其中灯二段与灯四段发育两套藻白云岩储集层，并由于桐湾运动 I 和 II 幕的影响，造成二者顶部的平行不整合剥蚀面。此外，由于地层厚度与分布范围的局限性，灯三段的黑色、蓝灰色页岩可能仅是一个局域性的潜在烃源层。

下寒武统自下而上包含麦地坪组、筇竹寺组、沧浪铺组和龙王庙组（表 14.1）。麦地坪组系碳酸盐岩、磷酸盐岩、硅质岩、碎屑岩构成的 0~380 m 厚韵律性混积岩，属于洼地充填性沉积，仅见于桐湾运动 II 幕不整合剥蚀面的低洼部位，其中总有机碳（TOC）值较高的页岩较为分散，不能构成重要的烃源层。

筇竹寺组富含三叶虫化石的黑色、灰黑色页岩与碳质页岩，构成广泛分布的主要烃源岩层，而龙王庙组颗粒白云岩、泥晶与泥质白云岩以及白云质灰岩是川中隆起重要储集层。

表 14.1　川中隆起及邻区的区域地层表（杨程宇，2018，修改）

地层			厚度/m	岩性	地质年龄/Ma	构造运动	备注
系	组-段	地层符号					
寒武系	洗象组	$\epsilon_{2-3}x$	0~700	灰色白云岩、颗粒白云岩			
	高台组	$\epsilon_2 g$	0~200	灰黄色页岩、白云质砂岩			
	龙王庙组	$\epsilon_1 l$	70~200	灰色泥质白云岩、颗粒白云岩	513**		储集层
	沧浪铺组	$\epsilon_1 c$	65~300	灰绿细砂岩			
	筇竹寺组	$\epsilon_1 q$	90~540	灰黑色页岩、碳酸盐岩、页岩	520**	桐湾三幕	烃源层
	麦地坪组	$\epsilon_1 m$	0~380	含黑色页岩、混积岩	525* / 541*	桐湾二幕	烃源层
震旦系	灯影组 灯四段	$Z_2 dn^4$	0~350	灰色藻白云岩			储集层
	灯三段	$Z_2 dn^3$	0~50	黑色、蓝灰色页岩		桐湾一幕	烃源层
	灯二段	$Z_2 dn^2$	20~950	灰色藻白云岩			储集层
	灯一段	$Z_2 dn^1$	20~500	灰色白云岩			
	陡山沱组	Z_1	10~420	黑灰色页岩、粉砂岩、白云岩	635*	澄江-晋宁运动	烃源层
南华系	南沱组	$Nh_2 n$		红色硅质碎屑岩、绿色冰碛岩			
	前南华系基底		>6000	结晶基底			

*实测年龄；**推测年龄。

14.2.2　川 中 隆 起

在扬子克拉通西部，大型继承性的川中隆起（前人称为"乐山-龙女寺隆起"）制约了震旦系—寒武系的天然气成藏及富集（魏国齐等，2010；杜金虎等，2014；汪泽成等，2014；刘树根等，2016）。该隆起主要发育于震旦纪至古生代时期。

在川中隆起上，女基井及资阳 1 井业已揭示，震旦系下部陡山沱组从周缘坳陷向隆起方向，地层侧向变薄以致尖灭，岩性由深水页岩向浅水页岩与砂岩变化，地层厚度与岩相的变化意味着在震旦纪早期，已经显现出古隆起的构造雏形。在早寒武世龙王庙组沉积时期之前，川中古隆起一直处于隆升状态，并在古隆起的西部和东部，分别显示出两个古凸起的存在（图 14.1）。至二叠纪之前，川中古隆起愈加显著（图 14.2），隆升过程一直持续到上三叠统须家河组非海相的沉积之前。在晚古生代，由于构造运动的影响，震旦系顶面进一步隆起，西部威远背斜成为古隆起最高点，而东部磨溪-高石梯背斜也一直保持构造高点至今（图 14.3）。长期隆升的古构造地貌格局始终制约着川中隆起烃源层和储层的发育，继承性的隆升为天然气藏与安岳气田的形成，包括早期原始油藏的成藏和晚期裂解气藏的定位聚集，提供了有利的场所，特别是东部凸起的高石梯-磨溪背斜群。

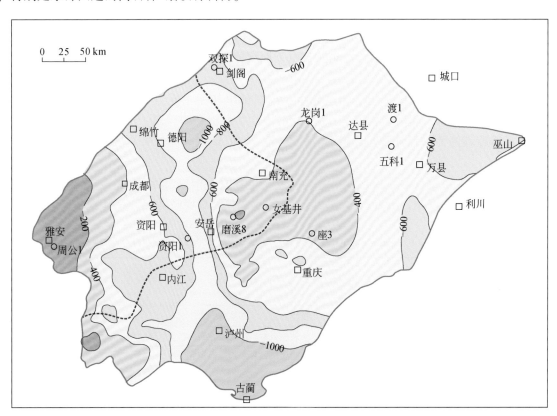

图 14.1　川中隆起下寒武统龙王庙组（$\mathcal{E}_1 l$）沉积前震旦系顶面古构造等高线图（单位：m）

浅蓝色标注古德阳-资阳裂陷；浅橘色标注古磨溪-高石梯背斜；深橘色标注古威远背斜。图幅范围仅限于现今四川盆地

扬子克拉通西部震旦系顶面现今地震反射构造图显示，隆起核部处于威远背斜至磨溪-高石梯背斜一线，系为继承性构造发育的结果，总面积约达 4×10^4 km²；二者之间的近南北向构造鞍部，称为德阳-资阳裂陷，将隆起核部分隔成两个单独的凸起，即西侧的威远背斜在和东侧的磨溪-高石梯背斜（图 14.2、图 14.3）。二者震旦系顶面的构造圈闭面积分别为威远背斜 1800 km² 以及磨溪-高石梯背斜 3500 km²，安岳气田即定位于后者。

此外，自震旦系以来，在川中隆起核部的周缘区域系一大型围斜区，总面积达 8×10^4 km²。直至新生代之前，此围斜区主要呈现简单的单斜构造带背景，缺乏任何构造圈闭。然而，喜马拉雅期构造运动在围斜区上形成众多局部构造圈闭，总圈闭面积约可达 4000 km²，主要分布于川中古隆起东部及南部地带。

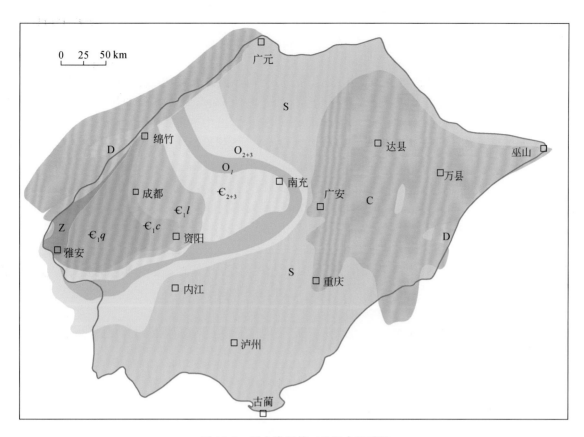

图 14.2　川中隆起前二叠纪古地质图

Z. 震旦系；€. 寒武系；O. 奥陶系；S. 志留系；D. 泥盆系；C. 石炭系。图幅范围仅限于现今四川盆地

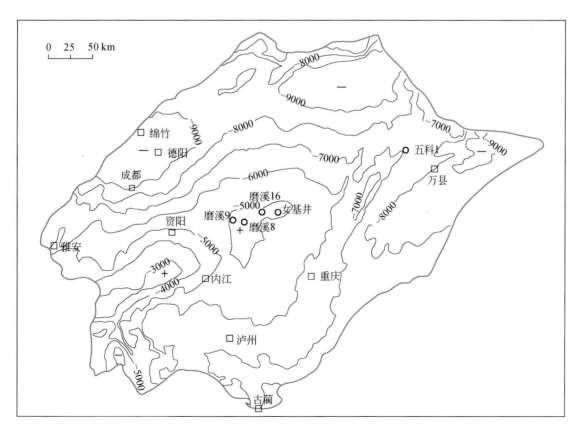

图 14.3　川中隆起震旦系顶面地震反射层构造图（单位：m）

图幅范围仅限于现今四川盆地

14.2.3　德阳–资阳裂陷

作为重要的二级构造单元，德阳–资阳裂陷介于川中隆起威远背斜与磨溪–高石梯背斜群之间（图14.1、图14.4），主要发育下寒武统麦地坪组（地质年龄约541～525 Ma）和筇竹寺组—沧浪铺组沉积（约520～513 Ma；图14.1、图14.5）。在沉积学上，筇竹寺组中下部层段组构绵阳–古蔺细粒沉积体系，该体系沿绵阳—古蔺一线呈近北北西向延展（图14.4），该体系的中段在隆昌–资阳之间恰好跨越川中隆起，沉积体系最窄处仅宽50～55 km，而北段的宽度则可达250 km，甚至更宽（图14.4）。细粒沉积体系内部还发育多阶纵向同沉积断层（图14.4），导致筇竹寺组—沧浪铺组向德阳–资阳裂陷内部明显增厚，尤其是筇竹寺组，其资阳1井最大厚度可达540 m，高石17井甚至更厚（图14.5），使德阳–资阳裂陷成为筇竹寺组的沉降中心和烃源灶。

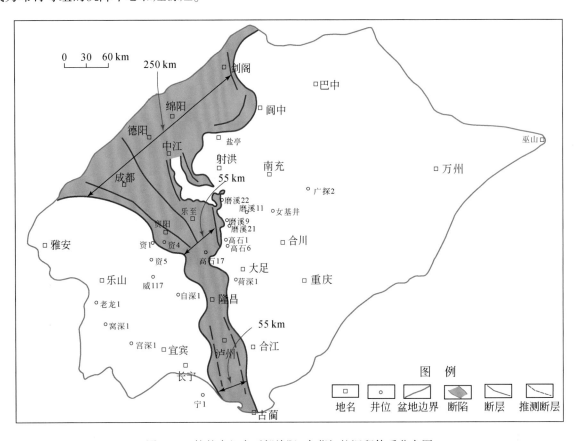

图14.4　筇竹寺组中下部绵阳–古蔺细粒沉积体系分布图
图幅范围仅限于现今四川盆地边界

从通过德阳–资阳裂陷连井剖面地层对比图可见（图14.5），作为该裂陷的基岩，震旦系地层向德阳–资阳裂陷的内部系统地向减薄，以致尖灭。而在裂陷内部，灯四段明显遭受到由桐湾运动Ⅱ幕地壳隆升引起的地层剥蚀，上覆的麦地坪组混积岩仅充填于不整合剥蚀面的低洼部位（图14.5）。上述地层沉积充填特征揭示，在震旦纪早期，德阳–资阳裂陷所在部位业已存在一个川中隆起的古构造高点。因此，德阳–资阳裂陷则恰好叠合在川中隆起的震旦纪古构造高点之上（图14.5）。

德阳–资阳裂陷制约着震旦系—寒武系油气成藏和保存的地质条件，裂陷内部发育下寒武统筇竹寺组的厚层黑色页岩，形成主要的烃源灶；而裂陷两侧古台地边缘则发育震旦系系灯影组白云岩建隆，以及下寒武统龙王庙组的颗粒白云岩，作为主要的储集层。

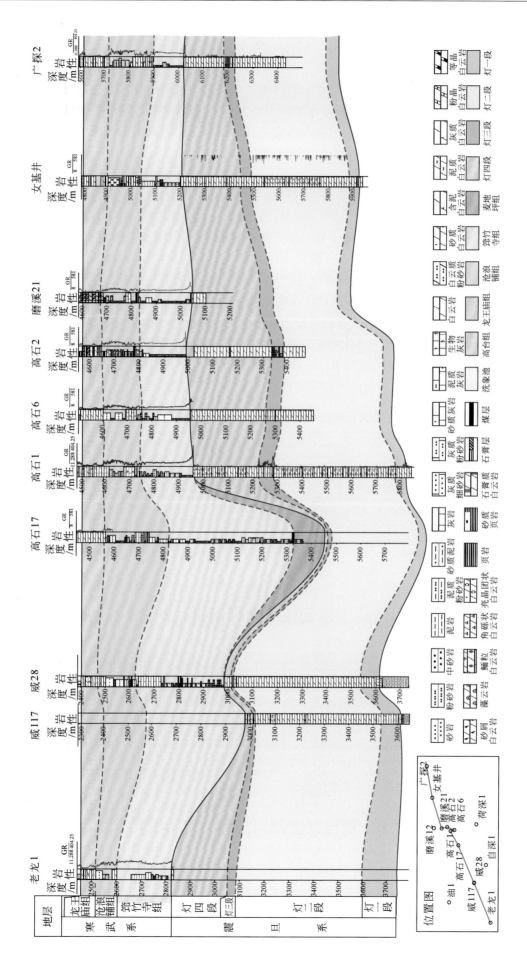

图14.5　通过德阳-资阳裂陷的连井剖面地层对比图（魏国齐等，2015a）

14.3 烃 源 层

前人研究普遍认为，扬子克拉通西部震旦系天然气藏主要源自下寒武统烃源岩，并在震旦系顶部风化壳富集与成藏（包茨，1988；陈文正，1992；戴金星等，2003）。依据四川盆地周缘露头和井下岩心的震旦系—下寒武统烃源层研究提出，川中隆起发育四套潜在的烃源层，分别属于下寒武统筇竹寺组、麦地坪组、震旦系上部灯影组灯三段以及下部陡山沱组（表14.1）。

14.3.1 下寒武统筇竹寺组（$\epsilon_1 q$）

川中隆起下寒武统筇竹寺组烃源层是扬子克拉通西部最佳有效烃源层，主要岩性为黑色、灰黑色泥岩-页岩、碳质泥岩和白云质页岩，地层厚度一般为100~540 m，地层沉降中心处于德阳-资阳裂陷，筇竹寺组最厚达540 m（资阳1井）。烃源岩显微组分以无定形腐泥组分为主（显微组分占比达95%以上）；扫描电镜下观察，呈絮状体，属于低等水生生物生源的I型干酪根（腐泥型）。干酪根碳同位素$\delta^{13}C$值介于-36.4‰与-30‰之间（均值-32.8‰），普遍较轻，指示典型的腐泥型烃源岩特征。据409个岩样的统计，TOC均值达1.95%；按TOC值≥0.5%的烃源岩统计，有效烃源层的累计厚度为300 m。等效镜质组反射率eqR_o为1.84%~2.42%（均值2.12%），已达到过成熟阶段（表14.2，图14.6中高石17井）。以德阳-资阳裂陷黑色泥页岩最为发育，导致筇竹寺组构成主要的过成熟烃源灶。

表14.2 川中隆起潜在烃源层的地球化学与有机岩石学指标

组、段	岩性	厚度/m	TOC*/%	$\delta^{13}C^*_{干酪根}$/‰	eqR_o^*/%	有机质类型	成熟度
筇竹寺组		100~540	0.50~8.49/1.95（409）	-36.4~-30/-32.8（60）	1.84~2.42/2.12		
麦地坪组	页岩	约130	0.52~4.00/1.68	-36.4~-32.0/-34.3	2.23~2.42	I型（腐泥型）	过成熟
灯三段		0~37	0.50~4.73/0.87（62）	-33.4~-28.5/-32.0	3.16~3.21		
陡山沱组		9~30	0.56~14.2/2.91（95）	-31.0~-30.7/-30.9（23）	2.08~3.82		

* 最小值-最大值/平均值（分析测试样品数）。

14.3.2 下寒武统麦地坪组（$\epsilon_1 m$）

作为潜在烃源层，下寒武统麦地坪组由碳酸盐岩、磷酸盐岩、硅质岩和碎屑岩组成韵律性的混积岩所组成，含少量灰质泥岩，地层厚度为0~380 m，仅发育于下伏地层顶部不整合剥蚀面的洼地中。麦地坪组暗色泥岩具较高的有机质丰度，TOC值为0.52%~4.00%，均值可达1.68%。干酪根碳同位素组成$\delta^{13}C$值为-36.4‰至-32.0‰（均值为-34.3‰），属于典型的I型（腐泥型）烃源岩；等效镜质组反射率eqR_o为2.23%~2.42%，达到过成熟阶段（表14.2，图14.6中高石17井）。

事实上，麦地坪组属于洼地填充型沉积，分布局限，在韵律性的混积岩中，暗色泥岩的分布分散而不富集。因此，麦地坪组并非川中隆起的主要烃源层。

14.3.3 震旦系上部灯三段（$Z_1 dn_3$）

川中隆起震旦系上部灯三段烃源层的主要岩性为黑色页岩，夹零星的薄层灰色白云质泥岩，有机质丰度相对较高，据62个岩样统计，TOC值为0.50%~4.73%（均值为0.87%）。干酪根碳同位素$\delta^{13}C$值为-33.4‰至-28.5‰（均值-32.0‰），属I型（腐泥型）烃源岩。等效镜质组反射率eqR_o为3.16%至3.21%，达到过成熟阶段（表14.2）。

总体上川中隆起灯三段以蓝灰色泥岩为特征，地层厚度较薄，一般在10 m与50 m之间，在隆起周缘

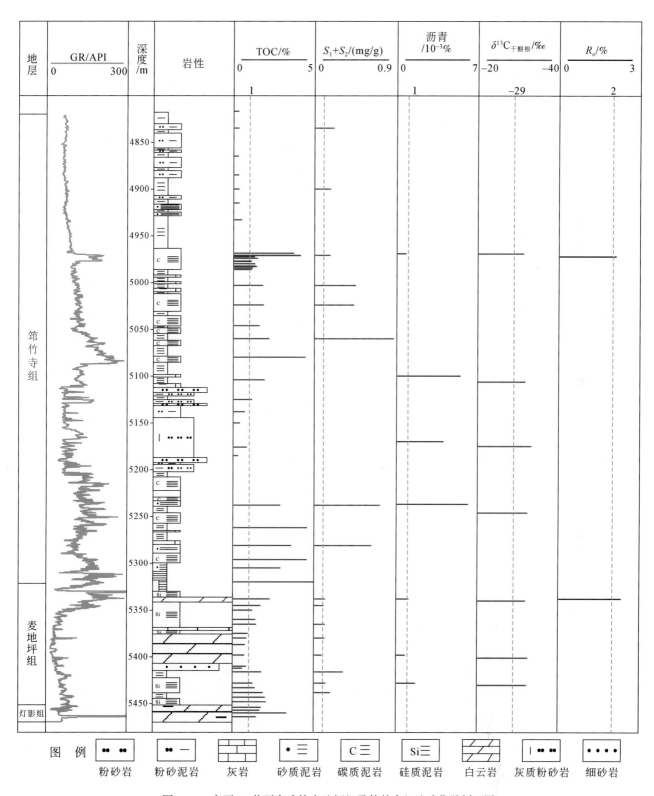

图 14.6　高石 17 井下寒武统麦地坪组及筇竹寺组地球化学剖面图

灯三段更薄。迄今为止仅在个别探井（如高科 1 井）中钻遇 35.5 m 厚的 TOC 值较高的黑色泥岩。因此，灯三段烃源层仅具有局域性意义。

14.3.4　震旦系下部陡山沱组 (Z_1ds)

在川中隆起，震旦系下部陡山沱组是一套白云岩与泥页岩互层，在隆起的周缘坳陷区较为发育，往隆起方向，地层的岩性、岩相与厚度的侧向变化显著，从深水相黑色泥页岩，相变为浅水相紫色、灰绿色泥岩、白云岩，甚至砂岩。迄今在川中隆起只有少数探井钻遇或钻穿陡山沱组地层。在川中隆起轴部揭示其地层厚度一般为几米至30 m不等，如女基井的陡山沱组仅厚9 m。在德阳-资阳裂陷，威117井、资阳1井、威28井及女基井均钻遇陡山沱组，未见烃源岩。

但是，从区域上看，扬子克拉通西部震旦系下部陡山沱组黑色、黑灰色泥、页岩发育，地层厚度可达420 m。黑色泥、页岩有机质丰度高，TOC值在0.50%~14.2%（均值为2.91%），碳同位素δ^{13}C值为−31.2‰至−30.7‰（均值为−30.9‰），属于I型（腐泥型）干酪根。等效镜质组反射率eqR_o为2.08%~3.82%，处于过成熟阶段（表14.2）。

在川西北龙门山推覆构造带的前山带，经烃源对比确认：陡山沱组黑色页岩是众多大型沥青脉的烃源层（王兰生等，2005；参阅第15章）。况且，川中隆起北侧或西北侧的坳陷内，尚有发育陡山沱组烃源层的可能性。因此，目前暂将陡山沱组归于潜在的有效烃源层。

14.4　储　　层

14.4.1　下寒武统龙王庙组（$\epsilon_1 l$）

14.4.1.1　岩性及储集空间

龙王庙组储层岩石类型主要为颗粒白云岩，即砂屑白云岩和晶粒白云岩，包含细-中-粗晶白云岩、含砂屑粉晶白云岩和泥粉晶含砂屑白云岩（图版14.I）。

龙王庙组的储集空间包括溶蚀孔洞、粒间溶孔、晶间溶孔和裂缝（图版14.I）。溶蚀孔洞是龙王庙组最主要的储集空间，孔洞长轴一般为0.2~12.0 m（主频为4~8 mm）。粒间孔主要发育于砂屑白云岩和晶粒白云岩之中，孔径一般为0.02~0.08 mm，呈不规则多边形，常见纤维状或叶片状白云石环边胶结物。晶间溶孔发育于晶粒白云岩中，孔隙多呈三角形或不规则多边形，孔径与晶粒粒径密切相关，孔径一般为0.003~0.004 mm，常含半充填的储层沥青。岩心裂缝较发育，包括构造缝、成岩缝和缝合线，构造缝一般较平直，多呈高角度缝；溶缝经淡水或地下水溶蚀，缝壁不平直，且具港湾状，甚至见串珠状溶孔。

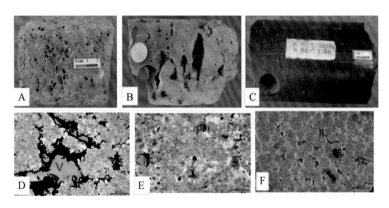

图版14.I　川中隆起典型的龙王庙组储集岩类型与储集空间

A. 细晶白云岩，小孔洞（V）及针孔，磨溪13井，4607.68 m；B. 中粗晶白云岩，溶洞（C），磨溪204井，4667.27 m；C. 鲕粒白云岩，磨溪21井，4660.25 m；铸体（蓝色）显微照片，单偏光，×20；D. 细-中晶残余砂屑白云岩，粒间溶孔（V），磨溪17井，4623.24 m；E. 细晶白云岩，粒间溶孔（V），高石10井，4624.2 m；F. 白云岩，晶间溶孔（P），磨溪202井，4660.3 m

14.4.1.2　储层物理性质

龙王庙组储层岩心塞样的孔隙度为2.00%~18.48%（均值为4.3%），而基质渗透率分布从0.001 mD至2 mD（均值为1.59 mD）。

　　然而，据全直径岩心样品直方图统计，实测孔隙度分布为 0 至大于 10%，主频范围为 4%~6%。在实测岩样中，孔隙度为 2.0%~4.0% 的岩样占比 27.8%，而孔隙度为 4.0%~6.0% 与大于 6.0% 的岩样分别占比 41.8% 和 20.5%，均值为 4.81% [图 14.7(a)]。

　　实测储层渗透率为 0.0101~78.5 mD，主频为 0.01~10 mD，全直径岩心总平均渗透率为 3.91 mD [图 14.7(b)]，单井平均渗透率为 0.534~17.73 mD。依据物性特征，龙王庙组属于低孔、低渗碳酸盐岩储层。

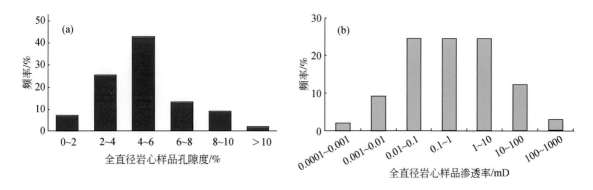

图 14.7　龙王庙组储层全直径岩心的（a）孔隙度与（b）渗透率统计直方图

14.4.1.3　储层产状及分布

　　纵向上，龙王庙组发育四期叠置连片分布的颗粒滩（图 14.8），经历同生期、表生期和埋藏期岩溶作用的三期叠加，形成一套大面积分布的优质储层。

　　龙王庙储层储集空间类型主要为孔隙型，局部为裂缝-孔隙（洞）型储层，单井累计厚度为 10.8~61.1 m（均值为 39.5 m）。储层厚度最大的区域在磨溪背斜一带，其次为高石梯背斜一带。平面上储层呈北东-南西向分布，与颗粒滩带分布方向一致，分布面积达 $5.27×10^4$ km²，属于 I（优质）、II（较优质）类储层，但是，在磨溪背斜与高石梯背斜之间，存在一个储层欠发育带。

14.4.2　震旦统上部灯影组（Z_2dn）

14.4.2.1　岩性及储集空间

　　震旦统灯影组主要由台缘相、局限台地相和斜坡相藻白云岩组成，沉积相、岩性与分布均受控于同沉积期川中古隆起（图 14.8）。

　　灯影组储层主要包含五种岩性类型，即泥-粉晶白云岩、藻砂屑白云岩、层纹石白云岩、凝块石白云岩和雪花状白云岩。泥-粉晶白云岩主要由蓝藻参与的白云岩沉积成因的菌藻微生物白云岩所构成（图版 14.IIC）。藻砂屑白云岩的碎屑成分主要为泥晶、微晶白云岩或菌藻类微晶白云岩，藻砂屑呈次浑圆状、菱角状，形态不规则（图版 14.IIA）。层纹石白云岩为一套富含菌藻席遗迹的白云岩，具有水平纹层或波浪纹层（图版 14.IIB、E、F），主要发育于浅水潮坪和灰泥丘的丘顶。凝块石白云岩为一种完全不同于叠层石的微生物岩，系由中型凝块结构构成宏观凝块石，这些中型凝块结构由难以区分的、以钙化球状蓝细菌为主的、不连续的微生物群所组成。凝块石颜色较暗，有机质含量不高时内部呈球粒结构，发育小型溶孔；有机质含量高时，内部发育窗格孔（图版 14.IIF）。雪花状白云岩系层纹石的一种产状，当藻席生长不均匀，或呈大小不等的斑块状分布时，岩石断面呈雪花状的斑点，这种雪花实际上是藻席分解后，藻体腔孔内所充填的同期或后期白云岩。

　　灯影组的储集空间基本上由燕山期或喜马拉雅期的裂缝、残余针孔、孔洞和溶洞所组成，以中-小型孔洞为最主要的储集空间（图版 14.III），属于裂缝-孔洞型储层。灯影组的灯四段、灯二段岩性具有一定的差别，形成的储集空间也有一定区别。灯四段储层主要岩性是蓝细菌叠层石白云岩、蓝细菌层纹石白云岩和蓝细菌凝块石白云岩，储集空间主要是残余粒间溶孔（洞）、残余岩溶缝洞和洞穴。灯二段储层主要岩性是蓝细菌丘滩白云岩和颗粒白云岩，主要储集空间是残余岩溶缝洞，以顺层分布为特征。

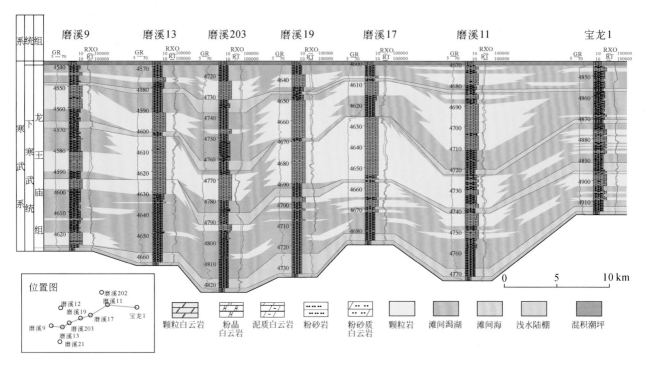

图 14.8　安岳气田磨溪背斜连井地质剖面图
展示龙王庙组碳酸盐岩储层纵向分布的产状

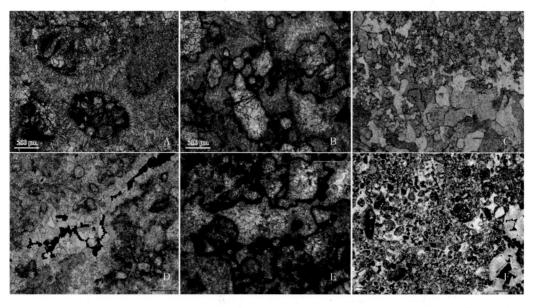

图版 14.II　川中隆起震旦系储层的主要岩石类型单偏光镜下显微照片

A. 藻团块砂屑白云岩，灯二段，高石 1 井，5298 m，×100；B. 泡沫绵层白云岩，灯二段，高石 1 井，5369 m，×100；C. 粉晶白云岩，高石 1 井，灯四段，4972.8 m，×40；D. 泡沫绵层白云岩，灯二段，威 117 井，3044.8 m，×40；E. 泡沫绵层白云岩，灯二段，高科 1 井，5209 m，×40；F. 凝块石白云岩，灯四段，磨溪 8 井，5106.93 m，×40

14.4.2.2　储层物理性质

灯影组储层以低孔、低渗为特征，局部具有高孔隙度层段。总体上，全直径岩心的孔隙度均值为

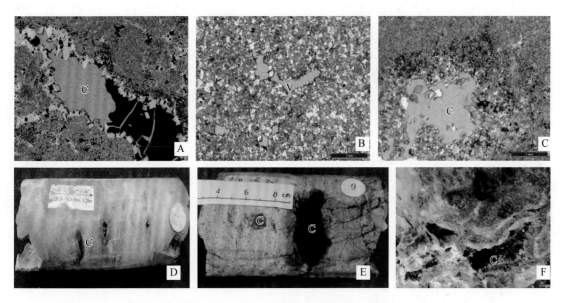

图版 14.III　川中隆起灯影组储集空间特征

铸体（蓝色）显微照片，单偏光，×20：A. 粉晶白云岩，溶蚀孔洞（C），储层沥青半充填，灯四段，高石 1 井，4984.9 m；B. 中粗晶白云岩，粒间孔隙（V），灯四段，高石 7 井，5282 m；C. 粉晶白云岩，粒间孔隙与溶洞（C），灯二段，雅安荣经露头剖面。岩心照片；D. 白云岩，溶孔（C），灯四段，盘 1 井，5628.6 m；E. 粉晶白云岩，溶洞（C），充填储层沥青，灯二段，资 1 井，5628 m；F. 白云岩，溶蚀孔洞充填沥青（C），灯二段，遵义松林露头剖面

3.10%，水平渗透率较高，均值为 6.24 mD，垂直渗透率均值为 0.81 mD（图 14.9）。

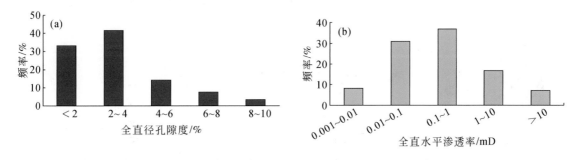

图 14.9　灯影组储层全直径岩心的孔隙度（a）及渗透率（b）统计直方图

就灯四段储层全直径岩心而言，高石 1 井孔隙度分布范围为 0.97%~8.02%（28 个岩心样，均值为 4.28%），渗透率为 0.001~6.32 mD（14 个岩心样，均值为 1.49 mD）。而磨溪 8 井孔隙度为 0.95%~7.89%（24 个岩心样，均值为 2.02%），渗透率为 0.001~9.32 mD（18 个岩心样，均值为 0.63 mD）。

论及灯二段全直径岩心，高科 1 井孔隙度为 4.9%~8.8%（六个岩心样，均值为 6.2%），盘 1 井的孔隙度为 2.7%~5.51%（六个岩心样，均值为 3.8%）。

14.4.2.3　储层产状与分布

震旦系灯影组发育受控于桐湾期古地貌格局。在灯二段、灯四段和麦地坪组沉积末期，灯影组经历过由桐湾 I 和 II 幕构造运动所引起的扬子克拉通整体隆升过程（表 14.1；汪泽成等，2014；武赛军等，2016），导致灯二段、灯四段遭受到长期风化、淋滤、剥蚀和改造，形成灯二段和灯四段两套大面积分布的表生岩溶型储层。这两套储层在安岳气田磨溪-高石梯背斜区的累厚度可达 36~148 m（均值为 70 m），而威远气田则仅保留灯二段岩溶型储层，灯四段已遭强烈剥蚀，储层不发育（图 14.10）。

灯影组优质储层主要围绕川中隆起的台缘带两侧分布，灯二段 I、II 类储层分布面积为 $14.8×10^4$ km²，灯四段为 $12.5×10^4$ km²。

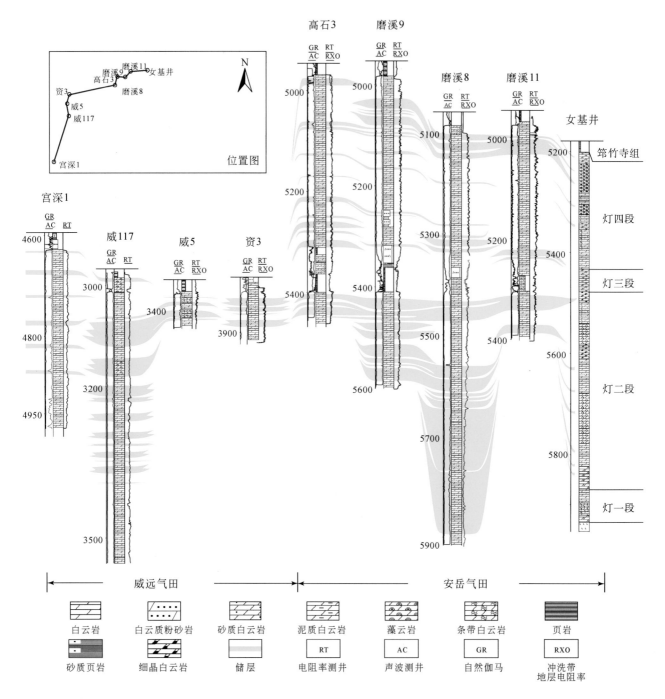

图 14.10　安岳气田和威远气田灯二段、灯四段碳酸盐岩岩溶储层纵向分布连井对比剖面图（单位：m）

14.5　天然气与气藏

14.5.1　天然气组成

通常天然气组成包含烃类和非烃类，安岳气田灯影组和龙王庙组气藏的烃类气体含量以甲烷为主（占 82.7%~97.2%；表 14.3），含痕量乙烷（占 0.03%~0.18%），多数情况下不含 C_{3+} 重烃；干燥系数（C_1/C_{1-5}）可达到 1.0，属于过成熟阶段的裂解干气类型（表 14.3）。

作为天然气的次要成分，安岳气田的非烃气体包括 CO_2、N_2、H_2S 以及惰性稀有气体 He、Ar 等，其

中以 CO_2 和 N_2 为主，CO_2 含量为 $1.4\%\sim14.7\%$，N_2 含量为 $0.4\%\sim2.5\%$；H_2S 含量较少，仅占 $0.24\%\sim2.75\%$（表 14.3）；惰性稀有气体 He 的含量占 $0.01\%\sim0.08\%$。仅在威远气田的 He 含量大于 0.1%，甚至达 0.40%，达到工业品位，并且含有痕量的 Ar；而安岳气田天然气的 He 含量为 $0.01\%\sim0.08\%$，则不具工业品位，且不含 Ar（表 14.3）。

表 14.3　川中隆起天然气组成表

组	天然气组成/%						
	CH_4	C_2H_6	干燥系数（C_1/C_{1-5}）	CO_2	N_2	H_2S	He
安岳气田（磨溪-高石梯背斜）							
龙王庙组（$\epsilon_1 l$）	$90.9\sim97.2$	$0.09\sim0.18$	1.00	$1.4\sim3.4$	$0.6\sim2.4$	$0.32\sim0.97$	$0.01\sim0.03$
灯影组（$Z_2 dn$）	$82.7\sim94.6$	$0.03\sim0.08$	1.00	$4.1\sim14.7$	$0.4\sim2.5$	$0.24\sim2.75$	$0.01\sim0.08$

14.5.2　气　　藏

在地层学上，安岳气田由震旦系灯二段、灯四段和下寒武统龙王庙组三个气藏所组成。由于储层发育与保存条件的制约，从地质构造的视角来看，灯二段气藏分布在威远背斜与磨溪-高石梯背斜，而灯四段气藏仅发育在磨溪-高石梯背斜（图 14.10）。就天然气储量级别而言，磨溪背斜龙王庙组气藏属于探明地质储量，而其南部的高石梯背斜与东部的龙女寺背斜均属预测储量（图 14.11）。

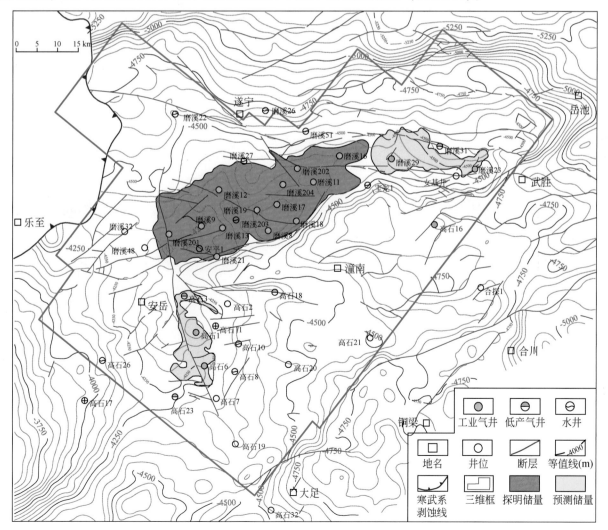

图 14.11　安岳气田龙王庙组气藏探明、预测储量分布图

14.5.2.1　龙王庙组气藏

该气藏属于背斜构造背景上的白云岩岩溶型气藏，储层厚度为 10~60 m，尤其以磨溪背斜储层最厚，平均厚度为 36 m，气柱高度可达 232 m（图 14.12、图 14.13）。气藏的东界超出最低构造圈闭等值线（即"溢出点"）的范围，西界受控于油层物性变差所致的岩性圈闭带（图 14.12），气藏整体面积达 800 km²（图 14.13）。由于受颗粒滩储层的岩性控制，气藏北缘存在多个不同海拔的气-水界面，磨溪 47 井的气-水界面海拔为 -4385 m，磨溪 27 井为 -4459 m，而磨溪 51 井为 -4593 m（图 14.13）。因此，磨溪背斜龙王庙组气藏属于构造-岩性型气藏。

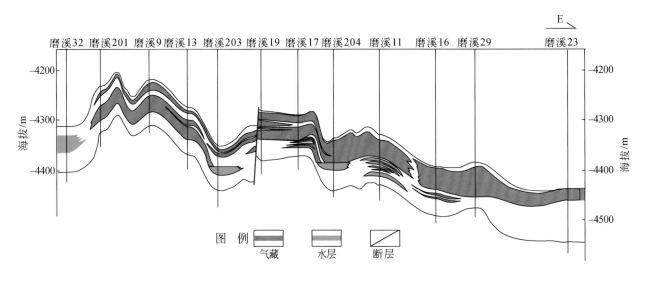

图 14.12　磨溪背斜龙王庙组构造-岩性气藏近东西向连井剖面

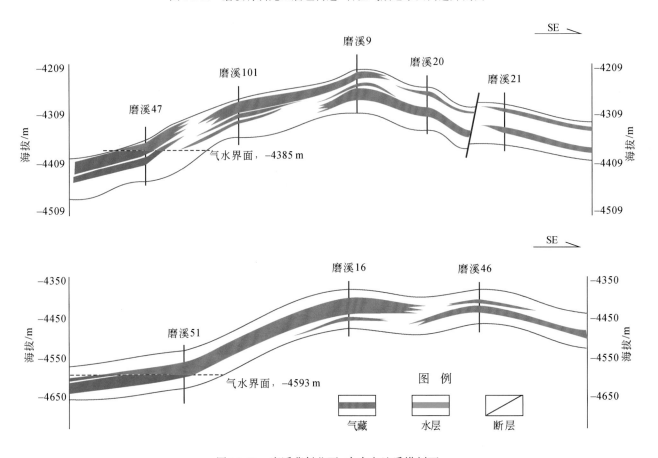

图 14.13　磨溪背斜北西-南东向地质横剖面
展示龙王庙组构造-岩性气藏的产状

论及气藏物理属性，磨溪背斜龙王庙组气藏属于一个深层、高温、高压气藏。气藏埋深大于 4600 ~ 4700 m。气藏中部平均温度为 140.3 ~ 150.4℃，地层压力为 75.7 MPa，压力系数高达 1.65。磨溪背斜龙王庙组气藏探明天然气地质储量为 4403.83×10⁸ m³，因此该气藏是中国天然气储量规模最大的单体碳酸盐岩气藏。

14.5.2.2　灯四段气藏

灯四段储层仅分布于安岳气田，而且属于磨溪-高石梯-龙女寺背斜构造背景上的岩性-地层圈闭气藏。从地质构造上看，高石梯、磨溪、龙女寺等背斜存在着一条共同的构造圈闭线，大致沿震旦系顶面海拔为 -5010 m 的构造等高线分布，总体圈闭面积达 3474 km²（图 14.14）。灯四段气藏的气-水界面海拔为 -5230 m，含气面积达 7500 km²，气-水界面圈定的气藏面积明显大于构造圈面积（图 14.14）。目前仅磨溪背斜北部构造低部位的磨溪 22 井灯四段下亚段钻遇气藏底水，背斜南部尚未见底水（图 14.15；魏国齐等，2015b；杜金虎等，2016）。

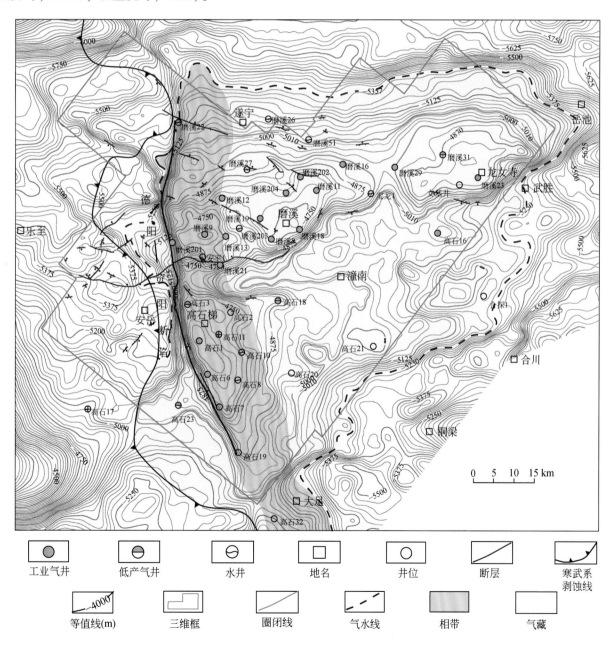

图 14.14　磨溪-高石梯-龙女寺背斜灯四段顶面构造等高线图与丘滩相带分布图

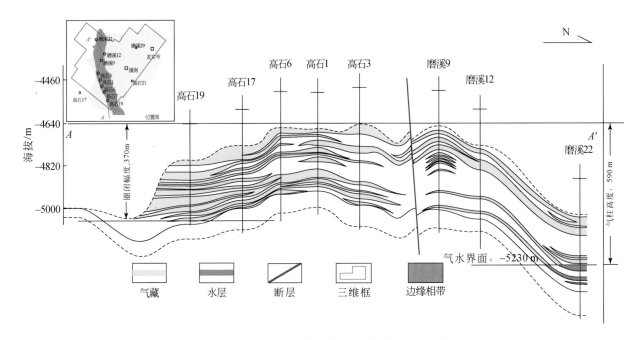

图 14.15　磨溪–高石梯背斜灯四段气藏地质剖面图

此外，灯四段气藏还具有两个不对称的气柱高度，南部高石 19 井气柱高度为 370 m，而北部磨溪 22 井气柱高度为 590 m（图 14.14、图 14.15）。磨溪 22 井灯四段上部层段测试获得 100×10^4 m³/d 天然气流。

在灯四段沉积期，川中古隆起发育镶边台地，西侧边缘相带的面积达 1500 km²，纵向上灯四段顶部侵蚀面的岩溶型孔洞层可向下延伸 300 m，构成优质白云岩岩溶储层的集中发育带，储层累积厚度高达 60 ~ 110 m，形成灯四段台地边缘相带气藏的高产甜点区（图 14.14、图 14.15）。

此外，台缘相带以东还具有面积达 6000 km² 的有利含气区，但与西部的台缘相带或气藏甜点区相比，其灯四段呈薄层状储层，累积厚度一般小于 40 m（图 14.14、图 14.15）。

德阳–资阳裂陷发育下寒武统黑色泥岩优质烃源灶，与其东侧的灯影组镶边台地台缘相带相毗连，横向上构成储层与烃源层对接的格局（图 14.14）；此外在横向上，西侧的烃源层还可起到对灯四段气藏圈闭的侧向封堵作用（图 14.15）。

灯四段气藏埋深达 5000 ~ 5100 m，气藏中部层段的温度可达 149.6 ~ 161.0℃，地层压力为 56.57 ~ 56.63 MPa，具正常压力系数（1.06 ~ 1.13），属于高地层温度和正常地层压力的超深埋藏天然气藏。

14.5.2.3　灯二段气藏

灯二段储层广泛分布于威远气田与安岳气田（图 14.10）。然而在安岳气田，灯二段气藏是不连续分布的，在磨溪背斜与高石梯背斜之间，被一个具有二阶断层的构造鞍部所分割，灯二段气藏可归类于具有底水的构造型气藏（图 14.16、图 14.17）。

在灯二段顶面构造等高线图上，北东东向磨溪背斜与南北向高石梯背斜不具统一的构造圈闭线，分别成为两个单独的圈闭构造，其最低的构造圈闭线在磨溪背斜是以–5170 m 等高线闭合，而在高石梯背斜则以–5150 m 线自成圈闭。据此，二者的灯二段顶面构造圈闭面积和闭合度分别为 586 km² 和 140 m（磨溪背斜），以及 540 km² 和 160 m（高石梯背斜）；明显受到各自背斜构造的控制，呈现不同海拔高度的气–水界面，磨溪气藏气–水界面海拔为–5160 m（磨溪 8 井），而高石梯气藏为–5150 m（高石 1 井；图 14.17；杜金虎等，2016）。

迄今高石梯背斜与磨溪背斜灯二段气藏总计有商业气流井 13 口，控制含气面积为 970 km²。钻井揭示厚度为 5.1 ~ 69.1 m（均值为 34.3 m）的灯二段有效储层，储层岩性及储集空间与灯四段储层基本相似。但灯二段储层横向分布更加稳定，连续性更好。灯二段上部层段产气，而下部层段普遍含水，构成底水层。含气范围分别受现今高石梯背斜、磨溪背斜构造的控制（图 14.16）。

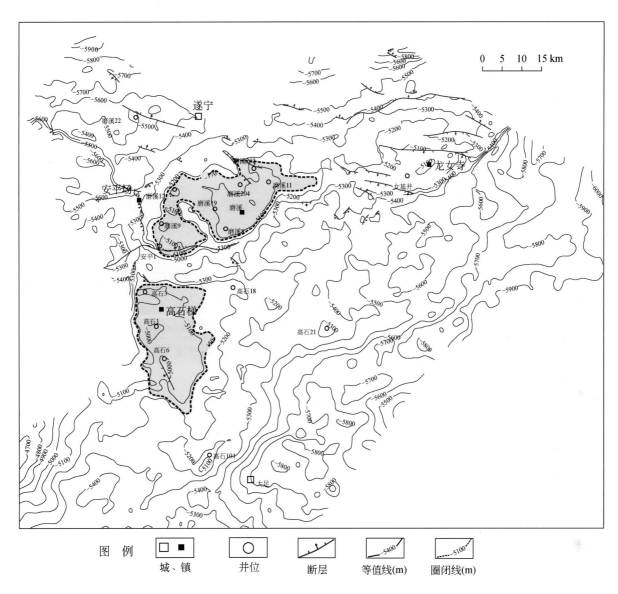

图 14.16　磨溪–高石梯–龙女寺背斜灯二段气藏顶面构造等高线图与气藏分布图

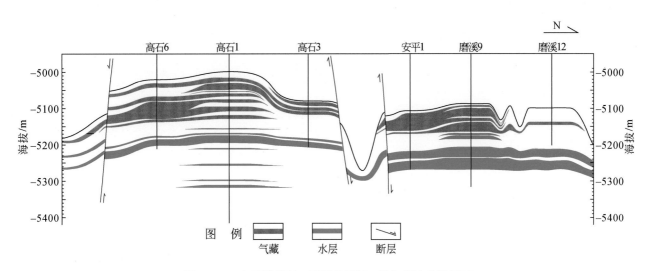

图 14.17　高石梯背斜、磨溪背斜灯二段气藏地质横剖面

与灯四段气藏类似，灯二段气藏也属于具有高地层温度与正常地层压力的超深气藏系统。灯二段气藏埋深 5300 ~ 5400 m，气藏中部层段的地层温度为 155.82 ~ 159.91℃，地层压力为 57.58 ~ 59.08 MPa，具有正常的地层压力系数（1.06 ~ 1.10）。

14.6　结　　论

（1）安岳气田的构造位置处于华南扬子克拉通西部川中隆起东凸起上的磨溪-高石梯背斜，是目前我国地质年代最为古老、热演化程度最高、单体气藏储量规模最大的碳酸盐岩岩溶型气田。截至 2016 年，探明天然气地质储量达 8488×10^8 m³，三级储量超过 1.2×10^{12} m³。

（2）在川中隆起上，发育四套潜在的烃源层，分别为下寒武统筇竹寺组和麦地坪组、震旦系上部灯三段，以及震旦系下部陡山沱组；其中，筇竹寺组黑色页岩是主要的有效烃源层，以德阳-资阳断陷为主要的烃源灶。

（3）安岳气田发育三套含气层系，即下寒武统龙王庙组、震旦系上部灯四段与灯二段。储集层岩石类型主要由龙王庙组砂屑白云岩和晶粒白云岩，以及灯影组泥-粉晶白云岩、藻砂屑白云岩、层纹石白云岩、凝块石白云岩和雪花状白云岩所组成。

（4）在磨溪-高石梯-龙女寺背斜上，龙王庙组发育整装的构造-岩性型气藏。在磨溪-高石梯背斜的构造背景之上，灯四段形成岩性-地层型天然气藏，分别于威远背斜和磨溪-高石梯背斜发育两个灯影组灯二段具有底水的构造型气藏。

（5）所有的上述气藏均产出具有中-低含硫量、中等 CO_2 含量的干气。龙王庙组气藏属于高温、高压深层气藏。灯二段与灯四段气藏则属于高温、常压超深层气藏。

参 考 文 献

包茨. 1988. 天然气地质学. 北京:科学出版社.

陈文正. 1992. 再论四川盆地威远震旦系气藏的气源. 天然气工业，12(6)：28-32.

戴金星，陈践发，钟宁宁，庞雄奇，秦胜飞. 2003. 中国大气田及其气源. 北京：科学出版社：16-30.

杜金虎，邹才能，徐春春，何海清，沈平，杨跃明，李亚林，魏国齐，汪泽成，杨雨. 2014. 川中古隆起龙王庙组特大型气田战略发现与理论技术创新. 石油勘探与开发，41(3)：268-277.

杜金虎，汪泽成，邹才能，徐春春，沈平，张宝民，姜华，黄士鹏. 2016. 上扬子克拉通内裂陷的发现及对安岳特大型气田形成的控制作用. 石油学报，37(1)：1-16.

李文正，周进高，张建勇，郝毅，曾乙洋，倪超，王芳，唐松. 2016. 四川盆地洗象池组储集层的主控因素与有利区分布. 天然气工业，36(1)：52-60.

刘树根，孙玮，钟勇，田艳红，吴娟，王国芝，宋金民，邓宾，冉波，李智武. 2016. 四川叠合盆地深层海相碳酸盐岩油气的形成和分布理论探讨. 中国石油勘探，21(1)：15-27.

四川油气区石油地质志编写组. 1989. 中国石油地质志(卷十)：四川油气区. 北京：石油工业出版社：82-86.

汪泽成，姜华，王铜山，鲁卫华，谷志东，徐安娜，杨雨，徐兆辉. 2014. 四川盆地桐湾期古地貌特征及成藏意义. 石油勘探与开发，41(3)：305-312.

王兰生，韩克猷，谢邦华，张鉴，杜敏，万茂霞，李丹. 2005. 龙门山推覆构造带北段油气田形成条件探讨. 天然气工业，27(增刊)：1-5.

魏国齐，焦贵浩，杨威，谢增业，李德江，谢武仁，刘满仓，曾富英. 2010. 四川盆地震旦系—下古生界天然气成藏条件与勘探前景. 天然气工业，30(12)：5-9.

魏国齐，杜金虎，徐春春，邹才能，杨威，沈平，谢增业，张健. 2015a. 四川盆地高石梯-磨溪地区震旦系—寒武系大型气藏特征与聚集模式. 石油学报，36(1)：1-12.

魏国齐，杨威，杜金虎，徐春春，邹才能，谢武仁，曾富英，武赛军. 2015b. 四川盆地震旦纪—早寒武世克拉通内裂陷地质特征. 天然气工业，35(1)：24-35.

武赛军，魏国齐，杨威，谢武仁，曾富英. 2016. 四川盆地桐湾运动及其油气地质意义. 天然气地球科学，27(1)：60-69.

谢增业，魏国齐，张健，杨威，张璐，王志宏，赵洁. 2017. 四川盆地东南缘南华系大塘坡组烃源岩特征及其油气勘探意义. 天然气工业，37(6)：1-11.

徐安娜，胡素云，汪泽成，薄冬梅，李梅，鲁卫华，翟秀芬. 2016. 四川盆地寒武系碳酸盐岩-膏盐岩共生体系沉积模式及储层分布. 天然气工业, 36(6)：11-20.

杨程宇. 2018. 乐山-龙女寺隆起油气成藏演化历史. 北京:中国石油大学(北京)博士学位论文.

杨威, 魏国齐, 赵蓉蓉, 刘满仓, 金惠, 赵佐安, 沈珏红. 2014. 四川盆地震旦系灯影组岩溶储层特征及展布. 天然气工业, 34 (3)：55-60.

周进高, 徐春春, 姚根顺, 杨光, 张建勇, 郝毅, 王芳, 潘立银, 谷明峰, 李文正. 2015. 四川盆地下寒武统龙王庙组储集层 形成与演化. 石油勘探与开发, 42(2)：158-166.

第 15 章 扬子克拉通西部龙门山前山带大型沥青脉的产状与形成机制

韩克猷[1]，王广利[2]，王铁冠[2]，王兰生[1]

1. 中国石油西南油气田分公司勘探开发研究院，成都，610051；
2. 油气资源与探测国家重点实验室，中国石油大学，北京，102249

摘　要：龙门山前山带是位于龙门山推覆体最前缘的背斜构造带，由于长期处于相对构造隆升状态，未曾经历过深埋藏的历史，在地史期间始终处于低度热演化的地带，含有众多不同规模的沥青脉，其中显著的大型沥青脉直接源自震旦纪晚期灯影组原始白云岩古油藏，并与震旦纪早期陡山沱组黑色页岩的烃类组成具有良好的可比性，二者均含有 $C_{21} \sim C_{22}$ 孕甾烷-升孕甾烷、C_{27} 三降新藿烷（Ts）和 C_{27} 三降藿烷（Tm）、$C_{29} \sim C_{30}$ 藿烷系列、两种三环萜烷系列、C_{24} 四环萜烷、伽马蜡烷等生物标志物，并以孕甾烷与三环萜烷的丰度优势为特征。因此，陡山沱组黑色页岩应该是这些沥青脉的烃源层。耳厂梁大型沥青脉的地质产状，揭示其成因机制的三个条件：①具有超量供给的液态石油作为大型沥青脉原始母质；②推覆构造派生的断裂体系提供石油运移的通道与储集空间；③一个短暂的由异常高压驱动的幕式液压系统。矿山梁背斜的构造应力分析，与长江沟-矿山梁-成水沟推覆体辗掩断层的考察证明，大型沥青脉与龙门山推覆体的双层薄皮构造具有成因联系，属于中—晚三叠世印支运动的产物。龙门山前山带作为一个特殊的石油聚集带，浅层局部薄皮构造与其中的油气藏遭受到印支期推覆构造带的巨大破坏，但深层局部构造与相关的油气藏仍可能得到完好保存，为龙门山前山带勘探新元古界原生油气藏提供了地质-地球化学依据。

关键词：龙门山推覆构造带、前山带、矿山梁背斜、大型沥青脉、陡山沱组烃源层。

15.1 引　　言

龙门山推覆构造带处于扬子克拉通的西北缘，其南起雅安、宝兴，北至广元、青川，长约 380 km、宽 40~70 km、面积约 2.3×10^4 km^2，构成一个北东向的狭长地带，属于松潘-甘孜褶皱带与扬子克拉通相碰撞的产物。该构造带的北段南起安县、北川，北至广元、青川，长约 180 km、宽 40~75 km、面积约 1.2×10^4 km^2（图 15.1），自西向东依次发育青川断裂带、北川断裂带和江油-广元断裂带，从而可将龙门山推覆构造带的北段划分成三个次级构造带（图 15.1）：

（1）后山带：处于青川断裂带和北川断裂带之间，由寒武系、志留系、泥盆系、石炭系、二叠系组成，古生界沉积厚度超过 7000 m，岩性以碎屑岩为主，受动力变质作用，泥页岩可变质成千枚岩，属于沉积地层的浅变质带。

（2）前山带：介于北川断裂带和江油-广元断裂带之间，由志留系、泥盆系、石炭系、二叠溪与三叠系组成一个长约 170 km、宽 15~20 km、面积约 3500 km^2 的狭长推覆构造带，在地质历史上经历过多期地壳隆升，导致前山带的古生界多有缺失，下寒武统至三叠系的累计沉积厚度仅 800~1200 m，震旦纪至下古生界未曾深埋，沉积有机质的热演化程度不高，有利于前山带油气资源的保存和沥青质的保存。

（3）山前带：泛指江油-广元断裂带以东的狭窄地带，该带已发现河湾场气田与中侏罗统沙溪庙组的厚坝油砂体，油砂体呈北东向分布，长 33 km、宽 4~5 km，油砂层厚 27~43.9 m，砂岩孔隙度为 13%~

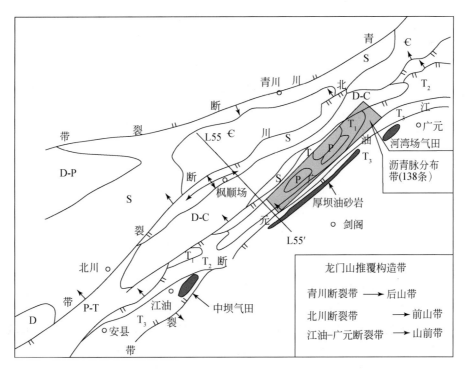

图 15.1 龙门山推覆构造带北段的印支期古地质图、断裂带分布与次级构造带划分图

17%，含油饱和度为 11.2%~30.8%，估算的油砂残油量为 $858 \times 10^4 \sim 2340 \times 10^4$ t。研究认为，厚坝油砂体与前山带沥青脉同源，油源来自震旦系下部陡山沱组页岩（王兰生等，2005；戴鸿鸣等，2007），因而山前带有望作为"古生新储"油气藏的聚集地带。

龙门山北段的前山带以为数众多的油气苗和沥青脉而闻名于世。据不完全统计，该带北段已发现油苗点 77 处、气苗点 33 处、沥青点 166 处，其中沥青脉的主要产地在广元市境内的剑阁县上寺乡和青川县竹园镇之间。前山带发育背斜型局部构造，例如，其南段的中坝、海棠铺和倒流河等背斜构造以及北段的天井山、矿山梁和田坝等背斜构造。这里还是扬子克拉通最早的石油勘探地区，1944 年在江油海棠铺构造钻第一口石油探井，1966 年在矿山梁背斜和田坝背斜下古生界中发现大型沥青脉，同年还在田坝背斜钻探田 1 井，并于 333~335.5 m 井段产出 30 L 黑色中质原油。因此，狭长的前山带介于晚期扬子克拉通西部热盆与浅变质的后山带之间，却是一个低地温的油气富集地带。

基于对前山带沥青脉的地质调查和研究，本章探讨大型沥青脉的产状特征与成因机制，并试图为今后的油气勘探提供一个地质学–地球化学的思路与依据。

15.2 特定的地质背景

15.2.1 古构造的地质演化史

自新元古代南华纪以来，龙门山推覆构造带北段一直是扬子克拉通西北缘的地壳隆升带。后山带古生界地层总沉积厚度可达 7000 m 以上；而前山带的地层却只有 800~1200 m 厚，由下寒武统郭家坝组、中奥陶统宝塔组和中志留系组成，缺失中—上寒武统，下、上奥陶统，下、上志留统，上古生界沉积厚度仅 800~1200 m。在地质时期中，前山带地层始终未曾被深埋过，也未遭受过变质作用，有利于油气的完好保存。特别是中三叠世末的印支运动引起地壳显著隆升，幅度达 400 m，使前山带成为扬子克拉通和龙门山后山带之间的边缘古隆起带，利于油气聚集。

中三叠世末印支运动使前山带隆起更为明显，龙门山地区开始褶皱形成推覆构造带的雏形，隆起形成的古圈闭构造闭合幅度可达 400 m，成为扬子克拉通西部与龙门山褶皱带之间的边缘隆起带中三叠世雷口坡期末，印支运动形成的古隆起成为油气聚集的最佳场所。

晚三叠世印支运动Ⅱ幕期间，龙门山地区开始褶皱，在初始古隆起带的基础上，形成了天井山、矿山梁、田坝等浅层局部古圈闭构造，利于油气向背斜构造聚集成藏。此后，随着地层被剥蚀、夷平、卸荷，下古生界逐渐暴露于地表，导致油藏破坏，油气挥发、散形成沥青脉，而后又被侏罗系沉积覆盖。

15.2.2　独特的双层薄皮构造

龙门山推覆构造带包含大型的推覆逆掩断裂带及其相关褶皱构造，系由印支期古构造自西向东推覆运动形成的一个薄皮推覆构造带。在中生代沉积后，直到古近纪，龙门山推覆构造带再次经历喜马拉雅期褶皱变动，最终形成现今的龙门山推覆构造体系。从图15.2可见，整个龙门山推覆构造带发育一套古生界断裂体系，在寒武系—志留系地层内，由上陡下缓的低角度犁式辗掩断裂构成滑脱面，主辗掩断裂的滑脱面埋深达2~4 km，把推覆构造带分隔成深、浅两个构造层。浅层构造非常复杂，深层构造相对简单，造成一个典型的薄皮推覆构造（王兰生等，2005）。在L55-L55′地震测线上，浅层自东向西由百草沟向斜、轿子顶背斜、仰天窝向斜和天井山背斜四个叠瓦式构造和倒转褶皱组成推覆席（图15.2）。龙门山前山带属于推覆构造带端部的天井山推覆席，其挤压变形复杂，西部有动力变质现象（宋文海，1989）。平衡剖面研究确定，浅层构造断层推滑距达24 km，褶皱缩短距18 km，总压缩距42 km，压缩率达43.3%；而深层构造则属正常褶皱，无倒转现象，估计也无动力变质。在L55地震测线上，深层构造自西向东由枫顺场潜伏背斜和仰天窝向斜及天井山潜伏背斜组成。平衡剖面研究结果，断层的推滑距10 km，褶皱缩短距12 km，总缩短距22 km，压缩率为28.5%。

由于逆掩断裂的推滑，把前山带浅层的天井山、矿山梁和田坝等背斜地面局部构造拦腰切断，导致已形成的浅层初始油藏遭受破坏，沿断层和裂隙出现沥青脉和油苗（图15.3）。野外调查和钻井证实，浅层构造复杂，破坏严重，油气分布广泛；然而相对于浅层构造，深埋构造略显平缓，保存良好，有利于油气保存。

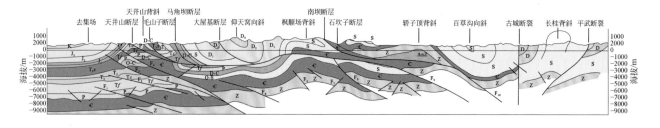

图15.2　根据L55-L55′地震测线解释的龙门山推覆构造带北段辗掩断层带地质构造横剖面（宋文海，1989，修改）

剖面：位置见图15.1

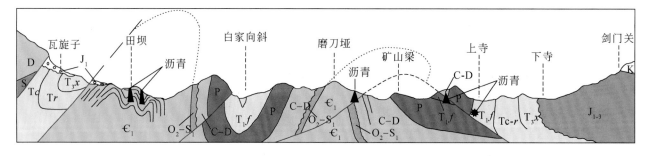

图15.3　矿山梁–田坝背斜构造横剖面及其与沥青脉、油苗的关系

煤洞中飞仙关组（T_1f）—上二叠统（P_2）中产沥青脉（▲）与油苗（●）

深层局部构造以枫顺场潜伏背斜为例（图15.2、图15.4），地震勘探查明，震旦系顶面存在一个梳状高背陡斜构造，长轴40 km、短轴19 km，轴向北东-南西，明显呈南西向倾没，而北东向倾没端则不清

晰。灯影组顶面埋深为 4300 m。总体上构造保存完好，在背斜上形成一条南东向推覆的轴向逆断层，断层位移为 600~1200 m。

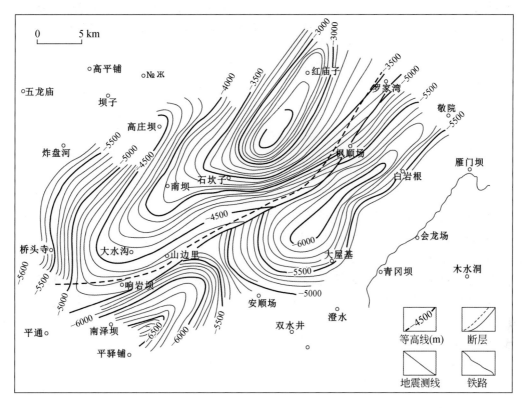

图 15.4　枫顺场潜伏背斜震旦纪顶面构造图

15.2.3　低度热演化区带

众所周知，扬子克拉通西部（现今四川盆地）总体上属于有机质高热演化区带，大量古生代石油裂解成气，天然气资源富饶。然而，由于局部地壳增厚以及低速层存在，阻碍深部大地热流向上传导，以致龙门山的前山带成为一个低度热演化区带。同时在地质历史过程中，龙门山前山带缺失中—晚寒武世，早、晚奥陶世，早、晚志留世，晚石炭世诸多地质时期的沉积盖层，下寒武统上覆的古生界与三叠系的累积厚度仅约 1200 m，致使震旦系与下寒武统始终未曾经历过深埋过程。上述两个原因导致龙门山前山带地层有机质呈现低度热演化特征，其下古生界的实测等效镜质组反射率 eqR_o 为 0.99%~1.5%，上古生界 eqR_o 为 0.75%~1.3%，中生界 eqR_o 为 0.42%~0.65%，是扬子克拉通西部热演化程度最低的区带，非常有利于震旦系与古生界石油的保存。

15.3　沥青脉产状特征与资源规模

15.3.1　沥青脉分布与产状类型

15.3.1.1　沥青脉的分布

据 1966 年野外地质调查结果，在龙门山推覆构造带的前山带中，总共发现古生界大、小型沥青脉 138 条，分布在天井山、矿山梁和田坝三个北东向背斜的核部（图 15.3、图 15.5）。

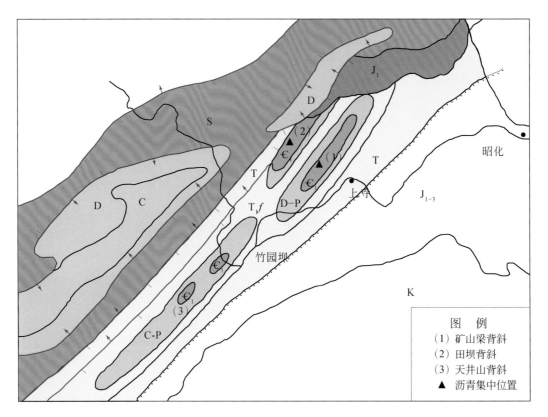

图 15.5　龙门山推覆构造带前山带矿山梁背斜、田坝背斜、天井山背斜地质简图

（1）天井山背斜：地表构造完整，长轴 20 km、短轴 2.5 km。核部出露的最老地层为厚 225 m 的下寒武统郭家坝组砂质页岩。地震和钻探证实，深部构造为推覆断层所切割。仅在构造高点红崖嘴见一条纵向裂缝型的软沥青（稠油）脉。

（2）矿山梁背斜：长轴 15 km、短轴 3.8 km，核部出露郭家坝组厚 485 m。该背斜被长江沟-矿山梁-咸水沟舌形辗掩推覆断层切割，地表高点清晰，已发现 100 条沥青脉，但沥青脉的规模均有限。

（3）田坝背斜：系由众多次级小褶皱组成的复式背斜构造，长轴 12.7 km、短轴 3 km。西南端倾没于碾子坝以南，西北端及东北翼的下寒武统均为下侏罗统不整合覆盖，东南翼出现地层直立倒转。在背斜轴部发现 37 条沥青脉，大型沥青脉集中于背斜核部的耳厂梁一带，如郭家坝组田沥 1 号和田沥 2 号两条大型沥青脉。

按照产层的地质时代统计，前山带的古生界总计产出沥青脉 138 条，其中寒武系占 122 条、奥陶系—志留系占 16 条。据此推测寒武系可能比奥陶系—志留系更接近于沥青脉的烃源。

15.3.1.2　沥青脉的产状类型

沥青脉的地质产状主要区分为四种类型，即断层型、层间型、裂缝型和同生型，其中断层型沥青脉占比 54%，裂缝型 31%，层间型 15%，显然以断层型-裂缝型沥青脉为主，合计占沥青脉总数的 85%，从而表明断层与裂缝是形成龙门山前山带众多沥青脉最主要的物质运移通道与储集空间。

（1）断层型沥青脉［图 15.6（a）］：最典型的断层型沥青脉当属剑阁县长江沟沥青脉。长江沟是一条近东西向沟谷，河流深切穿过，地表覆盖现代沉积物。长江沟的南坡为呈北北东倾向的"长江沟断层"，断层上盘的中泥盆统—下二叠统直接推覆辗掩到下盘下三叠统飞仙关组之上，下盘的泥质岩因动力变质成为千枚岩，并发育牵引小褶皱［图 15.7（a）］。而长江沟的北坡为南东东倾向的"矿山梁-咸水沟断层"，断层上盘的中泥盆统—下二叠统断层辗掩逆冲到下盘的飞仙关组之上［图 15.7（b）］。并且"长江沟断层"穿越长江沟与"矿山梁-咸水沟断层"连接成一条断层面弯曲起伏的大型辗掩断层［图 15.7（c）］，在此断面的缝隙中，夹有薄层沥青脉以及断层泥砂与沥青的混合物，甚至还见液态油渗流［图 15.7（d）］。显然这些薄层沥青脉与油显示均受控于长江沟-矿山梁-咸水沟大辗掩断层，断裂活动不仅沟通了原油与沥青的烃源，而且开辟了原油的运移通道。

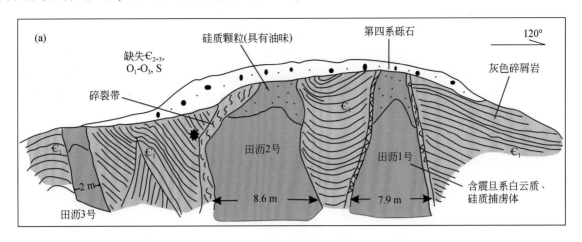

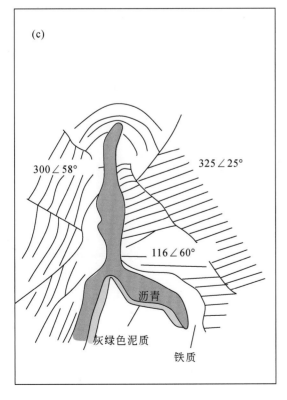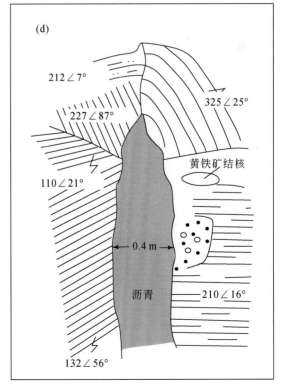

图 15.6　龙门山前山带三种类型沥青脉的素描图（韩克猷 1966 年野外素描）

（a）田坝背斜耳厂梁田沥 2 号、田沥 2 号大型沥青脉与田沥 3 号中型沥青脉，均属断层型沥青脉；

（b）矿山梁背斜马村矿沥 1 层间型沥青脉；（c）、（d）田沥 19 和矿沥 25 裂隙型沥青脉

此外，在田坝背斜耳厂梁的下寒武统郭家坝组中，产田沥1号和田沥2号大型沥青脉［图15.6(a)］，属典型的断层型沥青脉。1966年野外观察到，两条沥青脉的宽度分别达7.9 m和8.6 m，可谓前山带沥青脉规模之最，其北侧还见一条中型的田沥3号沥青脉［图15.6(a)］；同年，在距耳厂梁约100 m处，曾钻探田1井（图版15.IC），从下寒武统的中、下部开孔，在149.0～164.3 m井段发现视厚度达15.3 m的一层沥青，与上述耳厂梁地表沥青脉露头可追踪对比。此后经历民间露天采掘，至2007年野外现场考察时，耳厂梁两条沥青脉的产状、规模均有变化，即沥青脉由三条变成两条，大型沥青脉的厚度分别仅残余约4 m和小于1 m，两条沥青脉，二者的间距也已变小（图版15.IA、B）。如此规模的沥青脉之成因和产状，均与断层密切相关。

就断层型沥青脉而言，地层年龄越老、沥青脉规模越大，其中所含岩矿碎屑的"捕房体"就越多，反映液态原油沿断裂向上渗滤过程中的物质分异作用，油质也会变轻，沥青脉成分则更纯。

（2）层间型沥青脉［图15.6(b)］：这种类型的沥青脉仅见于层间裂隙中，往往呈0.1～0.5 m厚的中型脉，主要产于矿山梁背斜北端马村的奥陶系—志留系，矿山梁矿沥1是一个产层较新的中志留统大型沥青脉，厚达2.2 m，沥青质纯，呈亮黑色，具有镜面光泽［图15.6(b)］。

（3）裂隙型沥青脉［图15.6(c)］：规模一般较小，通常沥青脉厚度大于0.5 m，数量较多，约占沥青脉总数的60%，大多数均呈下厚上薄的产状，多产于下寒武统中上部，沥青颜色黑，质较纯。

（4）同生型沥青脉（图版15.II）：除上述三种沥青脉的产状类型之外，还有第四类沥青产状，即在下寒武统底部郭家坝组的灰色灰质泥岩、泥质粉砂岩中孤立产出的沥青角砾（或称"沥青饼"）和顺层分布的沥青条带，并与灰岩角砾伴生（图版15.II）。这种沥青角砾或沥青条带在天井山背斜、矿山梁背斜和田坝背斜均有所发现。依据沉积岩结构与构造分析，这些角砾和条带均属于同生内碎屑的成因范畴。从沉积物的物源考虑，下寒武统的沥青角砾和条带，理应属于前寒武纪古油藏漏失或破坏后，输入沉积水域的重稠油团块或软沥青的再沉积产物。作为早期重油或沥青的存在标志，其地质意义在于指示下寒武统郭家坝组沉积之前，业已有前寒武纪的稠油、沥青和古油藏的存在。

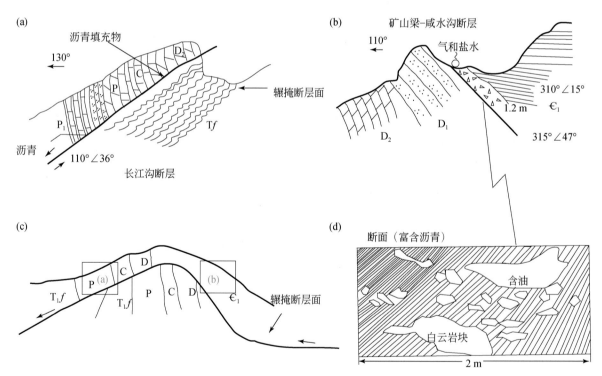

图15.7　长江沟-矿山梁-咸水沟辗掩断层与断层面产状野外素描图（韩克猷1966年野外素描）

（a）长江沟断层，断面上产薄层沥青条带；（b）矿山梁-咸水沟断层；（c）长江沟断层与矿山梁-咸水沟断层跨山沟相连成一体；（d）断层面上的沥青与油显示。逆掩断面上夹有5～10 cm厚的沥青条带，飞仙关组（T_1f）—嘉陵江组泥岩蚀变成千枚岩，并呈发育牵引褶皱

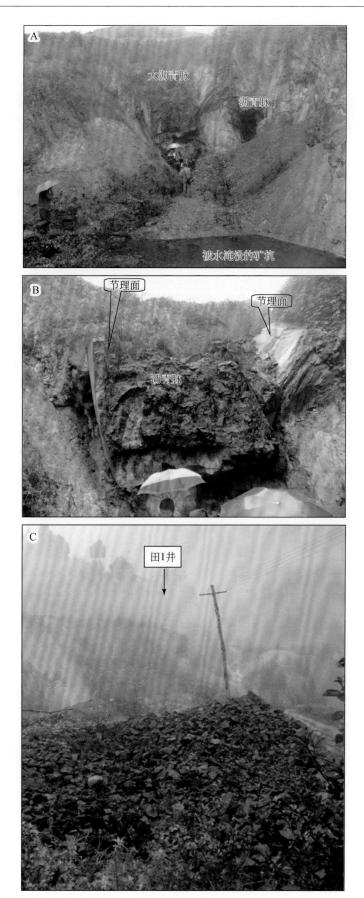

图版 15.I　田坝背斜耳厂梁大型沥青脉野外照片（王广利 2007 年拍摄）

A. 远景照，由右向左为田沥 1 号和田沥 2 号沥青脉，对照图 15.6(a)（1966 年素描图）；B. 近景照，田沥
2 号沥青脉，脉体两侧可见平滑的共轭压剪性节理面；C. 沥青矿石与矿渣堆现场，远处约 100 m 为田 1 井井位

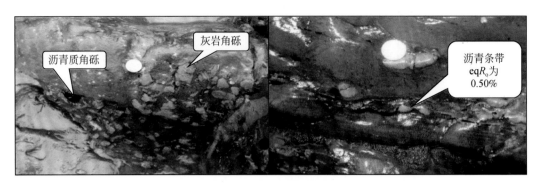

图版 15.Ⅱ　田坝背斜郭家坝组同生沥青质角砾与条带的产状
产地为青川县建峰村北大路旁小河沟（经纬度：105°22.762′E，32°18.874′N）

15.3.2　沥青脉的资源规模

野外地质调查表明，地表沥青脉大小不一，大者可厚达 8 m，小者仅几厘米，其产状、规模均与产层相关；其中厚度大于 0.5~1 m 者共计 40 条，占已知沥青脉总数 29%，尤其以老地层内断层型沥青脉的规模为最。近期有民营公司对龙门山沥青脉进行坑道作业，主要用作建材和工业原材料。

对于田坝背斜沥青脉的储量规模，据民间传闻，历史上早在清光绪年间与 1958 年，曾两度对大型沥青脉进行规模性露天开采，前人据采掘现场遗迹的规模估算，开采的沥青总量达 $8 \times 10^4 \sim 9 \times 10^4$ m³。

1966 年原四川石油会战指挥部 127 地质队对龙门山前山带的沥青脉资源进行为时半年多的野外地质调查，总共发现地面沥青脉 138 条，初步概算沥青地质储量约 47×10^4 m³。同年就地钻探田 1 井，在下寒武统郭家坝组中，钻遇一个 15.3 m 厚的沥青层。田 1 井与耳厂梁田沥 1 号和田沥 2 号大型沥青脉相距仅约 100 m 之遥，估算耳厂梁沥青储量可达 127×10^4 m³。

以田坝背斜耳厂梁沥青脉为例，依据 2007 年拍摄的大型沥青脉照片（图版 15.ⅠA、B）与 1966 年的沥青脉地质素描图 [图 15.6(a)] 的对比可见，期间历经约 40 年变迁，耳厂梁大型沥青脉地表露头的产状业已发生显著变化，不仅地面外观由正地貌变成负地貌，而且出露的三条沥青脉只剩下两条，田沥 1 号和田沥 2 号沥青脉的厚度分别从 8.6 m 和 7.9 m [图 15.6(a)] 减薄至约 4 m 和小于 1 m（图版 15.ⅠA）。

直到 2015 年，四川舜天矿业公司委托前四川省国土资源局化探队，在距田坝背斜大型沥青脉北东方向约 4 km 处的马家沟一带，钻探沥青脉资源，初步探明地下沥青脉储量约 180×10^4 t。马家沟探区的范围约占沥青脉资源潜分布区总面积的 1/5，据此推测，龙门山推覆构造带前山带的沥青脉预测地质储量可望达到 1000×10^4 t。

15.4　沥青理化性质和品位

由于沥青脉产层和产状差异，龙门山前山带的沥青脉可分成三种颜色与品位均有别的沥青，即暗黑色、黑色、亮黑色沥青，其成分也有所的差别（表 15.1）。

表 15.1　龙门山前山带三种颜色与品位沥青的化学分析对比表

沥青种类	烧失量	三氧化硫	氧化镁	石膏	白云石	酸不溶物	氧化物	沥青脉
亮黑色	99.0	0	0	0	0	0.8	0	矿沥 1
黑色	81.4	5.66	0.67	9.62	3.48	6.02	1.0	矿沥 81
暗黑色	53.4	2.47	6.26	4.2	5.76	36.3	2.5	田沥 1 号

由表 15.1 可见，田坝背斜田沥 1 号沥青脉的层位最老，矿山梁背斜矿沥 1 沥青脉产层最新，矿沥 81 沥青脉则居中，反映深部的沥青成分与品位均较为混杂，而浅部者较为质纯的变化规律。三者之中，田

沥 1 号沥青脉含有白云石和油浸硅质（燧石和玉髓）碎块，大者可达 14 cm，且具有浓厚石油味，并以下寒武统郭家坝组（$\in_1 g$）中下部的灰色含砂质页岩作为围岩（图 15.8）。

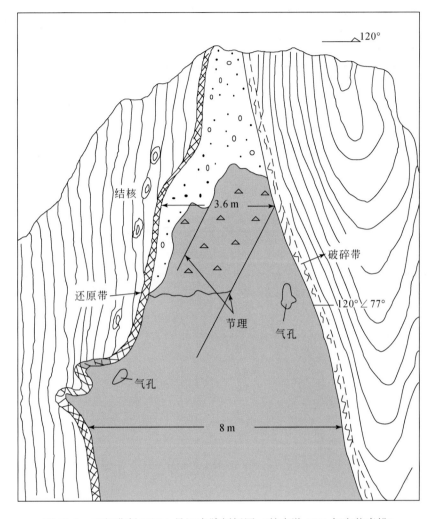

图 15.8　田坝背斜田沥 1 号沥青脉剖析图（韩克猷 1966 年产状素描）

据薄片鉴定结果，田沥 1 号沥青脉的物质组成中，沥青含量只占 67%，而岩矿碎屑则占 30% 以上，其中包括白云石 4.9%、燧石 17%、玉髓 8%、泥质 8%、石膏 3%~6%。值得关注的是，白云石、硅质与石膏等岩矿成分均非郭家坝组围岩的物质成分，但见于灯影组白云岩地层。沥青脉围岩中所见的"捕房体"表明这些岩矿成分应源自郭家坝组下伏的震旦系灯影组。

田沥 1 号沥青脉的实测等效镜质组反射率 eqR_o 为 0.99%，标志其热演化程度尚处于成熟烃类的"液态窗"的阶段。因此，龙门山推覆构造带前山带的沥青脉及其相关的烃源层，仍然具有一定的液态烃生烃潜力。

基于热模拟实验结果，田沥 1 号沥青脉在 480℃ 时的热解产物，裂解油产率为 157 kg/t，CO_2 产率为 132~209 m³/t，沥青产率为 689 kg/t（表 15.2）。事实上，1966 年在田 1 井 333~335.5 m 井段，产 30 L 原油，原油密度为 0.882 g/cm³，50℃ 动力黏度为 12.8 mPa·s，凝固点为 28.4℃，属于中等黏度高凝固点中质油范畴；原油的馏分组成为汽油 10%、煤油 29%、柴油 19%（表 15.2），与沥青脉热模拟实验结果是较为一致的。

2015 年四川舜天矿业对田坝背斜马家沟探区的沥青脉岩心样作简易蒸馏试验，加温至 400℃，蒸馏获得暗棕色液态油，经中国石油大学（北京）重质油国家重点实验室原油物性评价结论如下（表 15.2）：

（1）原油密度为 0.8981 g/cm³，属中质原油（密度为 0.87~0.92 g/cm³）；

（2）运动黏度为 3.03 mm²/s，动力黏度为 2.72 mPa·s，属低黏原油（运动黏度<5 mPa·s）；

（3）胶质含量为9.09%，属胶质原油（胶质含量为8%~25%）；

（4）含蜡量为0.57%，属低蜡原油（含蜡量<1.5%）。

据此确认，马家沟探区的沥青脉蒸馏的油品产物相当于低黏、低蜡、中质胶质原油，品位良好，与1966年田1井的中质原油品位相当。从而表明，马家沟沥青脉的蒸馏产物、田1井中质原油以及田沥1号沥青脉三者馏分组成较为相近，均以柴油+煤油馏分为主，汽油馏分较低，其烃类成分显示烃类物质的同源性。

通常原油沥青组分中，胶质组分的相对分子质量为300~1000，而沥青质则大于1000；由于热演化程度较低，实测 eqR_o 为0.99%，以田沥1号沥青脉为代表的龙门山前山带沥青脉的沥青组分中，沥青质含量仅为6.68%，总类含量（饱和烃+芳烃）>胶质含量>沥青质含量（表15.2），烃类组分含量是沥青质的8.3倍，胶质含量相当于沥青质的6.5倍，因此，前山带沥青脉的沥青性质更偏向于软沥青，而非焦沥青，沥青的品位较高，沥青的平均相对分子质量约1000，作为建材、化工材料具有较高的利用价值，而且对油气资源的保存与勘探也具有重要的指示意义。

表15.2　沥青脉与原油分析测试数据总汇表

测试项目	原油组分与物性		测试样品		
			马家沟沥青脉蒸馏试验产物	田1井中质油	田沥1号沥青脉
原油沥青组分	饱和烃/%		—	—	32.4
	芳烃/%		—	—	23.1
	胶质/%		0.66	—	43.8
	沥青质/%		9.09	—	6.68
	蜡质/%		0.57	—	—
	含硫量/%		2.90	—	—
	盐含量/（mg/L）		1.84	—	—
原油物性	黏度	运动黏度/（mm²/s）	3.03（40℃）	—	—
		动力黏度/（mPa·s）	2.72（40℃）	—	—
	密度（20℃）/（g/cm³）		0.8981	0.882	0.823
	初馏点/℃		—	28	165
模拟蒸馏	汽油馏分/%		25	10	10
	煤油馏分/%		70	29　　48	70
	柴油馏分/%			19	—
热解分析	裂解油产率/（kg/t）		—	—	157
	CO₂产率/（m³/t）		—	—	132~209
	沥青焦产率/（kg/t）		—	—	689
测试时间			2015年	20世纪60年代	

15.5　沥青物质来源探讨

前人研究指出，龙门山沥青脉源自震旦系下部陡山沱组烃源层（王兰生等，2005；黄第藩和王兰生，2008）。但也有研究者认为，寒武系泥岩是龙门山推覆构造带油气的主要贡献者（戴鸿鸣等，2007）。基于地质学与地球化学分析和研究，本章笔者认为，沥青脉的烃类物质应直接来自震旦系上部灯影组白云岩的古油藏，而烃源层则是震旦系下部陡山沱组黑色页岩。

15.5.1　直接烃源来自震旦系上部灯影组白云岩古油藏

如上所述，下列证据表明沥青脉的烃类物质均直接来源于以震旦系上部灯影组白云岩为储层的原生古油藏：

（1）在前山带的地层断裂体系中至少形成 138 条大、小型沥青脉，而且田 1 井钻探证实井下还保存 15.3 m 厚的沥青层。显然固体沥青是不可能直接注入地层裂隙之中的欲形成如此广布、数量众多的大、小沥青脉，就必须有持续供应的、具有可塑性的超量液相烃类流体（即石油），才得以运移、渗滤、注入地层的岩石缝隙，形成如此规模的沥青脉产状。

（2）在田坝背斜耳厂梁大型沥青脉两侧，清晰可见与之伴生的两组倾向相对的节理面（图版 15.IB），构成高角度的 X-共轭裂隙，节理面平直光滑，显示压扭性剪切裂隙属性，欲驱使烃类从地下深层向上渗滤进入压扭性 X-共轭裂隙体系，形成大型沥青脉，还必须有一个类似当代地层水力压裂作业的条件，即在异常高压的持续驱动下，由液态石油构成的液压系统，才能将超量烃类流体挤入压扭性裂隙，并将裂隙撑开到一定的规模（如宽 4~8.6 m），占据并维持其缝隙空间。

（3）常规的烃源岩排烃与油气二次运移过程，一般不具备如此异常高压的驱动条件，也缺乏超量石油的短促供给条件，因此龙门山大型沥青脉的物质来源，既不可能直接来自烃源层的正常排烃过程，也不可能经历漫长时间的常规油气二次运移历史。唯有在强大的幕式构造应力作用下，在较为短促的时间内，将原生油藏中富集的石油高压驱动，超量挤压进入裂隙体系，才得以形成龙门山类型的大型沥青脉。

（4）下寒武统郭家坝组底部灰质泥岩、泥质粉砂岩中，孤立产出内碎屑成因的同生沥青角砾（或称"沥青饼"）与顺层分布的沥青条带，也证明确有前寒武纪古油藏的存在，大型沥青脉中含有白云岩与硅质岩成分的围岩"捕房体"，还可作为震旦系上部灯影组存在白云岩古油藏的旁证。

（5）据黄第藩和王兰生（2008）发表的矿山梁背斜地质图中，共计标绘出 65 条大、小型沥青脉 [图 15.9（a）]。按照沥青脉的平面分布规律，可将其产出裂隙的力学属性区分为两类三组，一组属于平行背斜短轴的张性裂隙；另外两组呈与长轴相交的压剪性 X-共轭裂隙 [图 15.9（b）]，而且与剖面上沥青脉与 X-共轭裂隙的产状吻合（图版 15. IIA、B）；但平行背斜长轴的压性裂隙中则未见沥青脉。据野外地质观察，下古生界寒武系—奥陶系—志留系推覆辗掩到上古生界泥盆系—石炭系—二叠系—下三叠统

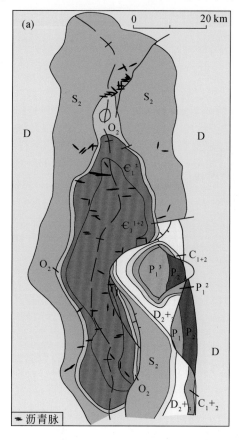

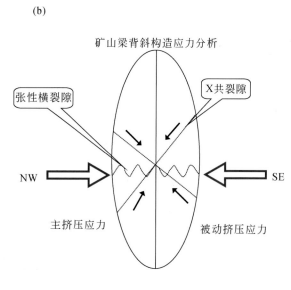

图 15.9　矿山梁背斜地质图（黄第藩和王兰生，2008）及其构造应力分析图

矿山梁背斜轴向呈北东方向

（嘉陵江组）之上，辗掩断层的上盘构成核部出露寒武系的矿山梁背斜［图15.7(a)、图15.9(a)］。构造应力分析表明，沿矿山梁背斜短轴方向应受到北西向挤压应力的作用，导致背斜构造向南东方向辗掩推覆［图15.9(b)］，形成纵、横裂隙与X-共轭裂隙体系。此外，据地质图分析，矿山梁背斜形成时间应在中三叠世时期，即下三叠统嘉陵江组沉积之后，属于印支运动的产物，其沥青脉应与矿山梁背斜、长江沟–矿山梁–咸水沟断裂为同期产物。

15.5.2　烃源来自震旦系下部陡山沱组页岩

15.5.2.1　特殊的有机分子信息

（1）正烷烃系列$nC_{15} \sim nC_{17}$异常丰度优势分布型式：龙门山推覆构造带前山带沥青脉的正烷烃碳数分布范围为$nC_{12} \sim nC_{29}$，不具奇、偶碳数优势，但其中连续出现三个突出的$nC_{15} \sim nC_{17}$正烷烃强峰，呈现出一种罕见的$nC_{15} \sim nC_{17}$异常优势丰度分布型式［图15.10(a)；黄第藩和王兰生，2008］。据查在文献中，此种罕见的正烷烃异常分布型式只见过三个案例，第一例见于澳大利亚克拉通北部麦克阿瑟盆地的古元古界埃鲁拉米纳（Elulamina）碳质页岩［距今2700 Ma；图15.10(c)；Mckirdy，1974］；其次，在我国华北克拉通燕辽裂陷带的中元古界下马岭组底部沥青砂岩古油藏［1400 ~ 1327 Ma，图15.10(b)；王铁冠，1990a］；第三例即为龙门山推覆构造带前山带沥青脉［图15.10(a)；黄第藩和王兰生，2008］。

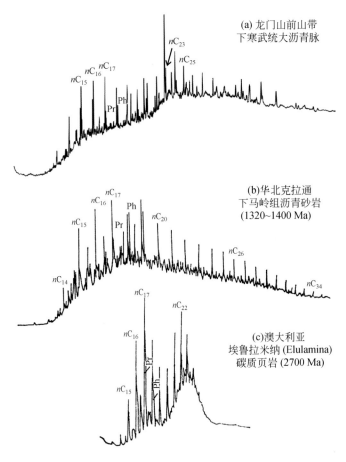

图15.10　正烷烃系列$nC_{15} \sim nC_{17}$优势分布型式的三个例证图

Pr. 姥鲛烷；Ph. 植烷

一般认为，碳数在nC_{21}以下的正烷烃属于菌藻类水生微生物生源的产物；海洋细菌和藻类生源（包含其前寒武纪的原始类别）的正烷烃，不具奇数碳优势，在$nC_{14} \sim nC_{22}$范围内还可能出现个别强峰者（尤其是nC_{17}主峰），通常认为属于兰细菌生源。前述三个案例中$nC_{15} \sim nC_{17}$正烷烃丰度优势的异常分布型式，可能反映前寒武纪烃源输入的特征，或许可作为龙门山沥青脉的前寒武纪烃源的一个旁证。

（2）甾、萜烷系列烃源对比：在 $m/z\,217$ 和 $m/z\,191$ 质量色谱图上，分别从田坝背斜下寒武统郭家坝组大型沥青脉 ［图 15.11（a）、（b）］ 和震旦系下部陡山沱组黑色页岩中 ［图 15.11（c）、（d）］，检测出甾烷、三环萜烷与藿烷等生物标志物系列的分布，其中 $C_{21}\sim C_{22}$ 孕甾烷相对于 $C_{27}\sim C_{29}$ 规则甾烷的丰度优势 ［图 15.11（a）、（c）］，$C_{19}\sim C_{23}$ 三环萜烷相对于 C_{27} Ts、C_{27} Tm 和 $C_{29}\sim C_{35}$ 藿烷的丰度优势，构成一种特殊的分布型式，并且显示出沥青脉与陡山沱组页岩之间，烃类组成的一致性以及烃源的可比性，为陡山沱组黑色页岩作为大型沥青脉的烃源层提供重要依据。

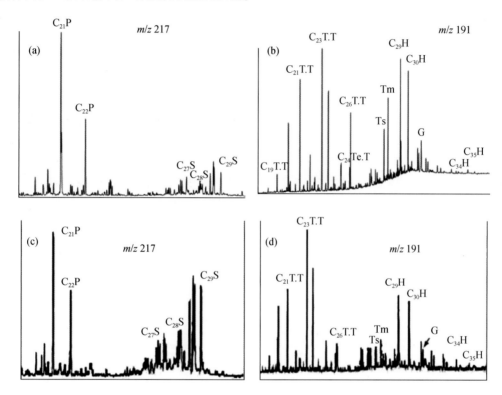

图 15.11　$m/z\,217$ 和 $m/z\,191$ 质量色谱图展示甾烷与萜烷系列的分布

P. 孕甾烷；S. 规则甾烷；H. 藿烷；Ts. 三降新藿烷；Tm. 三降藿烷；T.T. 三环萜烷；G. 伽马蜡烷

特别是 $C_{21}\sim C_{22}$ 孕甾烷对于 $C_{27}\sim C_{29}$ 规则甾烷的丰度优势，通常见于过成熟的轻质油、凝析油及其烃源岩。但就成熟度尚处于生烃"液态窗"范畴的田坝背斜大型沥青脉（eqR_o 为 0.99%）而言，$C_{21}\sim C_{22}$ 孕甾烷的异常丰度优势，可能反映震旦系陡山沱组黑色页岩对沥青脉的烃源贡献。

（3）新型三环萜烷系列——13α（正烷基）-三环萜烷系列：在龙门山矿山梁的下寒武统郭家坝组大型沥青脉中，黄第藩和王兰生（2008）检测出 $C_{19}\sim C_{20}$ 13α（正烷基）-三环萜烷（图 15.12）。不同于文献中常规报道的 13β(H)、14α(H)-三环萜烷系列，$C_{18}\sim C_{23}$ 13α（正烷基）-三环萜烷系列是在华北克拉通中元古界下马岭沥青砂岩中首次鉴定的生物标志物（王铁冠，1990a，1990b），此后在中元古界油苗、烃源岩和干酪根催化降解产物中陆续有所报道（Wang and Simoneit，1995；张水昌等，2007；Wang et al.，2011；参阅第 11 章）。作为一类新的生物标志化合物，13α（正烷基）-三环萜烷可能是前寒武纪烃类的专属性标志。

15.5.2.2　陡山沱组烃源层

陡山沱组（Z_1du）下部为灰色夹少量红色碎屑岩、黑色页岩；中部为灰色灰岩；上部为黑色页岩，含灰质团块、古植物化石与含磷层；地层总厚 0～1200 m，一般厚 130～300 m。该组黑色页岩潜在烃源岩的有机质类型好，显微组分属于 I 型（腐泥型）干酪根，腐泥组含量为 89%～64%（均值为 81%），沥青组含量为 13%～36%（均值为 20%）；有机质丰度高，TOC 含量为 0.2%～7%（均值为 2.98%）；成熟度偏高，等效镜质组反射率 eqR_o 为 1.94%～4.24%（均值为 3.16%），属于过成熟烃源岩范畴。表 15.3 列举三件代表性的陡山沱组黑色页岩的地球化学分析数据，无疑应属于过成熟的优质烃源岩。

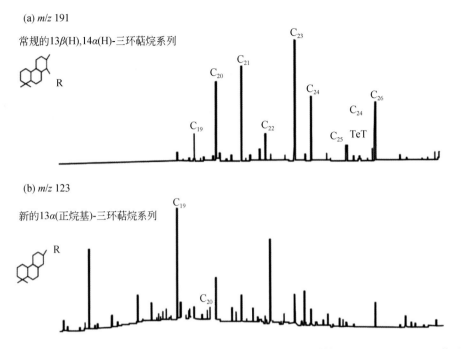

图 15.12　龙门山矿山梁沥青脉中检测出的两类三环萜烷系列（黄第藩和王兰生，2008，修改）

表 15.3　陡山沱组生烃指标

地名	样品数/件	TOC/%	eqR_o/%	腐泥组/%	沥青组/%	干酪根类型
勉县，新铺	5	3.3	3.0	82	18	I
阳平关，郑家沟	9	2.91	2.08	85.5	10.5	I
绵竹，杨家沟	8	2.85	3	82.75	17.2	I

龙门山前山带陡山沱组黑色页岩的潜在烃源层段平均厚度约 67 m，分布范围可达 $1.2\times10^4 \sim 1.5\times10^4$ km²，主要见于陕南宁强–四川北川之间，其生油中心地带处于龙门山北段（图 15.13）；据此概算其生烃强度为 600.7×10^4 t/km²，总生烃量达 $720.8\times10^8 \sim 901\times10^8$ t。生烃强度和生烃总量巨大，具有形成大油田和大油气区的潜在烃源条件。

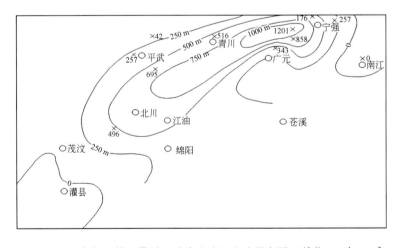

图 15.13　北龙门山前山带震旦系陡山沱组生油强度图（单位：10^4 t/km²）

15.6　大型沥青脉的成因机制

综上所述，龙门山前山带大型沥青脉的成因机制应包含下列制约因素：

（1）作为早期石油或古油藏的形成的标志，在下寒武统郭家坝组地层中，顺层分布的同生沥青角砾（或称"沥青饼"）与同生沥青条带的存在，证明早寒武世时期已发生古油藏局部漏失或破坏，导致重稠油或软沥青团块输入沉积水体，显然这些同生沥青角砾与同生条带的年龄应该早于沥青脉的形成时间，至少可以证明在早寒武世以前，郭家坝组下伏地层中，已经有液态石油聚集或液态古油藏的存在。

（2）大型沥青脉中含有白云岩、硅质岩和石膏岩屑，作为与沥青脉的"捕虏体"，这些岩性绝不是郭家坝围岩的岩石成分，而应是深层灯影组的岩性组成，从而成为沥青脉直接源自灯影组白云岩古油藏的标志。

（3）陡山沱组上部黑色页岩段为腐泥型烃源岩，属于过成熟的烃源层。沥青脉的生物标志物组成与陡山沱组黑色页岩的生物标志物组成之间，具有良好的烃源可比性，指示陡山沱组黑色页岩应当是前山带大、小型沥青脉的烃源层。

（4）田坝背斜耳厂梁的大型沥青脉产状表明，沿剪切压扭性节理面灌入 X-共轭裂隙，并形成大沥青脉，必须具备三个条件：①必须具有超量供给的液态石油作为原始母质，才能够形成如此规模的沥青脉；②推覆构造派生的断裂体系提供石油注入上覆地层的通道与储集空间；③短时间内具有幕式异常高压驱动的液压系统。只有上述三个条件都具备的情况下，原始油藏中足量的原油才能被挤压进入剪切-压扭性裂缝系统，将裂缝撑开达到一定的规模，占据并维持其缝隙空间，形成如此广布的大、小型沥青脉。

（5）在长江沟-矿山梁-咸水沟辗掩断层的断面缝隙中，含有薄层沥青填充物和断面上的油显示，提供了龙门山前山带沥青脉与推覆构造的断裂体系的成因联系，二者均属中—晚三叠世印支期构造运动的产物。

参 考 文 献

戴鸿鸣, 刘文龙, 杨跃明, 李跃纲, 段勇. 2007. 龙门山北段山前带侏罗系油砂岩成因研究. 石油实验地质, 29(6): 604-608.

黄第藩, 王兰生. 2008. 川西北矿山梁地区沥青脉地球化学特征及其意义. 石油学报, 29(1): 23-28.

宋文海. 1989. 论龙门山北段推覆构造及其油气前景. 天然气工业, (3): 2-9.

王兰生, 韩克猷, 谢邦华, 张鉴, 杜敏, 万茂霞, 李丹. 2005. 龙门山推覆构造带北段油气田形成条件探讨. 天然气工业, 25(增刊): 1-5.

王铁冠. 1990a. 生物标志物地球化学研究. 武汉: 中国地质大学出版社: 137-145.

王铁冠. 1990b. 燕山东段上元古界含沥青砂岩中一个新三环萜烷系列生物标志物. 中国科学 B 辑, 20(10): 1077-1085.

张水昌, 张宝民, 边立曾, 金之钧, 王大锐, 陈践发. 2007. 8 亿多年前由红藻堆积而成的下马岭组油页岩. 中国科学 D 辑: 地球科学——中国地质大学学报, (5): 636-643.

Mckirdy D M. 1974. Organic geochemistry in Precambrian research. Precambrian Research, 1(2): 75-137.

Wang C J, Wang M, Xu J, Li Y L, Yu Y, Bai J, Dong T, Zhang X Y, Xiong X F, Gai H. 2011. 13α(n-alkyl)-tricyclic terpanes: a series of biomarkers for the unique microbial mat ecosystem in the Middle Mesoproterozoic (1.45−1.30 Ga) North China Sea. Mineralgical Magazine, 75: 2114.

Wang T G. 1991. Geochemical characteristics of Longtangou bituminous sandstone, eastern Yanshan region, North China—approach to a Precambrian reservoir bitumen. Journal of Southeast Asian Earth Sciences, 5(1-4): 373-379.

Wang T G, Simoneit B R T. 1995. Tricyclic terpanes in Precambrian bituminous sandstone from the eastern Yanshan region in China. Chemical Geology, 120: 155-170.

Zhang S C, Zhang B M, Bian L Z, Jin Z J, Wang D R, Chen J F. 2007. The Xiamaling oil shale generated through Rhodophyta over 800 Ma age. Science in China Series D: Earth Science, 50(4): 527-535.

附录 主题词分类索引

地层学与地质事件

古生物与生物群

沉积学与沉积岩

构造地质学与大地构造学

岩浆活动、岩浆岩与变质岩

地球化学与地球物理学探测技术

石油地球化学

石油地质学

地理学